"先进化工材料关键技术丛书"
编委会

龚俊波　天津大学，教授

贺高红　大连理工大学，教授

胡　杰　中国石油天然气股份有限公司石油化工研究院，教授级高工

胡迁林　中国石油和化学工业联合会，教授级高工

胡曙光　武汉理工大学，教授

华　炜　中国化工学会，教授级高工

黄玉东　哈尔滨工业大学，教授

蹇锡高　大连理工大学，中国工程院院士

金万勤　南京工业大学，教授

李春忠　华东理工大学，教授

李群生　北京化工大学，教授

李小年　浙江工业大学，教授

李仲平　中国运载火箭技术研究院，中国工程院院士

梁爱民　中国石油化工股份有限公司北京化工研究院，教授级高工

刘忠范　北京大学，中国科学院院士

路建美　苏州大学，教授

马　安　中国石油天然气股份有限公司石油化工研究院，教授级高工

马光辉　中国科学院过程工程研究所，研究员

马紫峰　上海交通大学，教授

聂　红　中国石油化工股份有限公司石油化工科学研究院，教授级高工

彭孝军　大连理工大学，中国科学院院士

钱　锋　华东理工大学，中国工程院院士

乔金樑　中国石油化工股份有限公司北京化工研究院，教授级高工

邱学青　华南理工大学 / 广东工业大学，教授

瞿金平　华南理工大学，中国工程院院士

沈晓冬　南京工业大学，教授

史玉升　华中科技大学，教授

孙克宁　北京理工大学，教授

谭天伟　北京化工大学，中国工程院院士

汪传生　青岛科技大学，教授

王海辉　清华大学，教授

王静康　天津大学，中国工程院院士

王　琪　四川大学，中国工程院院士

王献红　中国科学院长春应用化学研究所，研究员

国家出版基金项目
NATIONAL PUBLICATION FOUNDATION

先进化工材料关键技术丛书

中国化工学会 组织编写

高分子微球和微囊

Polymer Microspheres
and Microcapsules

马光辉 等 著

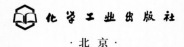

·北京·

内容简介

《高分子微球和微囊》是"先进化工材料关键技术丛书"的一个分册。

《高分子微球和微囊》是多项国家和省部级成果的系统总结,系统阐述了高分子微球和微囊的制备方法、形貌控制以及新的制备方法和结果的新进展,并详述了在重要领域的应用和进展,包括生物化工、医药化工、生物检测、电子信息、储能材料、日化品、涂料等领域的应用,提出了制备和应用中的关键问题和解决思路。

《高分子微球和微囊》既包括中国科学院过程工程研究所近20年在高分子微球微囊制备和应用领域的研究工作,又包括国内外在本领域有突出贡献的同行的工作。本书适合材料、化工领域,尤其是高分子材料领域科研和工程技术人员阅读,也可供高等学校高分子、功能材料、化工、生物工程、应用化学、电子信息及相关专业师生参考。

图书在版编目(CIP)数据

高分子微球和微囊/中国化工学会组织编写;马光辉等著.—北京:化学工业出版社,2021.9(2023.1重印)
(先进化工材料关键技术丛书)
国家出版基金项目
ISBN 978-7-122-39584-9

Ⅰ.①高… Ⅱ.①中… ②马… Ⅲ.①高分子材料
Ⅳ.①TB324

中国版本图书馆 CIP 数据核字(2021)第 145493 号

责任编辑:杜进祥　孙凤英
责任校对:王素芹
装帧设计:关　飞

出版发行:化学工业出版社(北京市东城区青年湖南街13号　邮政编码100011)
印　　装:中煤(北京)印务有限公司
710mm×1000mm　1/16　印张30½　字数608千字
2023年1月北京第1版第2次印刷

购书咨询:010-64518888　售后服务:010-64518899
网　　址:http://www.cip.com.cn
凡购买本书,如有缺损质量问题,本社销售中心负责调换。

定　　价:299.00元　　　　　　　　　　　　版权所有　违者必究

作者简介

马光辉，女，研究员，博士生导师，生化工程国家重点实验室主任。国家杰出青年基金获得者（2001年），中国科学院百人计划优秀结题入选者（2001年），中国颗粒学会理事，中国化工学会生物化工专业委员会副主任委员，国际期刊 *Particuology*、*Eng Life Sci* 主编，*J Microencap*、*IEC Res* 等编委。1984年公派去日本读大学本科，1988年获日本群马大学纤维高分子工学科学士学位，1990年和1993年分别获东京工业大学高分子工学科硕士和博士学位，1994～2001年任东京农工大学助理教授，2001年起任中国科学院过程工程研究所研究员。

研究方向为均一生物微球和微囊的制备及其在生化工程和医学工程中的应用，包括生化分离介质、药物和疫苗递送系统、细胞培养微载体、酶固定化载体等创新产品。在 *Nat Mater*、*Nat Biomed Eng*、*Adv Sci*、*Nat Commun*、*JACS*、*Adv Mater*、*Chem Eng Sci*、*Particuology* 等国际知名期刊上发表 SCI 论文 430 余篇，发表的论文先后获得 Elsevier 出版集团颁发的"Highest Cited Original Research 2006 Awards""Top 50 Highly Cited Articles by Chinese Mainland Authors (2006–2010)""Top Cited Paper for 2010 and 2011"等奖励。出版中英文专著 11 部，撰写中英文章节 20 余章。中国发明专利授权 80 余件，美国、欧洲、日本等国外专利授权 12 件，专利技术和产品在国内外 500 多家单位得到应用。

以第一完成人获国家技术发明二等奖（2009年），亚洲青年女科学家奖工程技术类第一名（2009年），亚洲生物技术协会（AFOB）杰出贡献奖（YABEC Award，2012年），北京市科学技术一等奖（2005年），中国化工学会科学技术奖基础研究成果一等奖（2020年），中国化工学会侯德榜化工科技创新奖（2014年），中国石油和化学工业优秀出版物奖（图书奖）一等奖（2010年），中央国家机关"巾帼建功"先进个人和中国科学院第二届"十大女杰"（2005年），中国科协全国优秀科技工作者（2016年）。作为第二完成人获中国石油和化学工业联合会技术发明一等奖（2013年）、中国分析测试协会科学技术一等奖（2013年）、中国颗粒学会自然科学一等奖（2020年）。

丛书序言

材料是人类生存与发展的基石，是经济建设、社会进步和国家安全的物质基础。新材料作为高新技术产业的先导，是"发明之母"和"产业食粮"，更是国家工业技术与科技水平的前瞻性指标。世界各国竞相将发展新材料产业列为国际战略竞争的重要组成部分。目前，我国新材料研发在国际上的重要地位日益凸显，但在产业规模、关键技术等方面与国外相比仍存在较大差距，新材料已经成为制约我国制造业转型升级的突出短板。

先进化工材料也称化工新材料，一般是指通过化学合成工艺生产的、具有优异性能或特殊功能的新型化工材料。包括高性能合成树脂、特种工程塑料、高性能合成橡胶、高性能纤维及其复合材料、先进化工建筑材料、先进膜材料、高性能涂料与黏合剂、高性能化工生物材料、电子化学品、石墨烯材料、3D打印化工材料、纳米材料、其他化工功能材料等。

我国化工产业对国家经济发展贡献巨大，但从产业结构上看，目前以基础和大宗化工原料及产品生产为主，处于全球价值链的中低端。"一代材料，一代装备，一代产业"，先进化工材料具有技术含量高、附加值高、与国民经济各部门配套性强等特点，是新一代信息技术、高端装备、新能源汽车以及新能源、节能环保、生物医药及医疗器械等战略性新兴产业发展的重要支撑，一个国家先进化工材料发展不上去，其高端制造能力与工业发展水平就会受到严重制约。因此，先进化工材料既是我国化工产业转型升级、实现由大到强跨越式发展的重要方向，同时也是我国制造业的"底盘技术"，是实施制造强国战略、推动制造业高质量发展的重要保障，将为新一轮科技革命和产业革命提供坚实的物质基础，具有广阔的发展前景。

"关键核心技术是要不来、买不来、讨不来的"。关键核心技术是国之重器，要靠我们自力更生，切实提高自主创新能力，才能把科技发展主动权牢牢掌握在自己手里。新材料是国家重点支持的战略性新兴产业之一，先进化工材料作为新材料的重要方向，是化工行业极具活力和发展潜力的领域，受到中央和行业的高度重视。面向国民经济和社会发展需求，我国先进化工材料领域科技人员在"973 计划"、"863 计划"、国家科技支撑计划等立项支持下，集中力量攻克了一批"卡脖子"技术、补短板技术、颠覆性技术和关键设备，取得了一系列具有自主知识产权的重大理论和工程化技术突破，部分科技成果已达到世界领先水平。中国化工学会组织编写的"先进化工材料关键技术丛书"正是由数十项国家重大课题以及数十项国家三大科技奖孕育，经过 200 多位杰出中青年专家深度分析提炼总结而成，丛书各分册主编大都由国家科学技术奖获得者、国家技术发明奖获得者、国家重点研发计划负责人等担任，代表了先进化工材料领域的最高水平。丛书系统阐述了纳米材料、新能源材料、生物材料、先进建筑材料、电子信息材料、先进复合材料及其他功能材料等一系列创新性强、关注度高、应用广泛的科技成果。丛书所述内容大都为专家多年潜心研究和工程实践的结晶，打破了化工材料领域对国外技术的依赖，具有自主知识产权，原创性突出，应用效果好，指导性强。

　　创新是引领发展的第一动力，科技是战胜困难的有力武器。无论是长期实现中国经济高质量发展，还是短期应对新冠疫情等重大突发事件和经济下行压力，先进化工材料都是最重要的抓手之一。丛书编写以党的十九大精神为指引，以服务创新型国家建设，增强我国科技实力、国防实力和综合国力为目标，按照《中国制造 2025》、《新材料产业发展指南》的要求，紧紧围绕支撑我国新能源汽车、新一代信息技术、航空航天、先进轨道交通、节能环保和"大健康"等对国民经济和民生有重大影响的产业发展，相信出版后将会大力促进我国化工行业补短板、强弱项、转型升级，为我国高端制造和战略性新兴产业发展提供强力保障，对彰显文化自信、培育高精尖产业发展新动能、加快经济高质量发展也具有积极意义。

中国工程院院士：

2021 年 2 月

前言

　　高分子微球和微囊支撑着诸多行业的发展，引领和带动了新兴技术的应用成功，例如，高强度琼脂糖微球的发明使蛋白质药物的大规模色谱分离纯化成为可能，带动了生物医药产业的发展；聚乳酸类缓释微球制剂的研发成功使药物的使用由频繁注射转变为每个月甚至半年注射一次，彻底改变了患者的生活质量和医疗模式；高度粒径均一的微球开发成功，使其可用于液晶显示屏间隔材料，使大屏幕液晶显示器的开发和使用成为可能；均一微球的光子晶体催生了绿色印刷；在日化品中的应用实例更是举不胜举，彻底改变了人们的生活方式和质量。

　　随着科学技术的发展和人类对生活质量追求的提高，微球制备技术的发展和应用需求也日益更新，一方面新的制备技术推动应用的发展，另一方面新的高端应用需求推动新的制备技术诞生和发展。例如，为满足对均一微球以及绿色制备的需求，微孔膜乳化制备均一微球技术得到迅速发展，包括理论、方法、产品和规模化制造装备，已经在生物制药和医疗产品中得到广泛应用；批量制备均一纳米微球是限制众多纳米载体实验室成果走向产业化的瓶颈，由此产生了对规模化制备技术的迫切需求，推动了微流控制备纳米微球技术的迅速发展，现已推出系列设备；储能材料是近年来对能源利用提出的新需求，由此促进了储能微囊制备技术的发展。因此，高分子微球和微囊的制备和应用受到广泛重视，除了专门的高分子微球学会以外，不同应用领域的国际学会都设立相关分会场，展示了高分子微球和微囊的重要性及未来更广阔的应用前景。

　　微球和微囊属于高端化工产品，其最大特点是小尺寸和高比表面积，按功能可分为微反应器、微分离器、微储存器、微隔离器、微运输器以及微结构单元等。我们希望新的微球和微囊制备技术及所制造的高端产品将在更多领域应用，促进和带动应用领域的发展，同时也希望应用领域能对微球和微囊的制备提出新的需求，并由此推动微球和微囊科学技术和高端产品的发展以及新的制备方法和理论的诞生。因此，为了推动高分子微球和微囊制备技术和产品的发展以及更广泛和深入的应用，使广大科研人员和产业技术人员较全面地了解高分子微球和微囊的制备技术、制备原理、产品及其最新进展，特撰写《高分子微球和微囊》专著，并将其作为"先进化工材料关键技术丛书"分册之一，对于加强微球和微囊新产品的研发和产业化应用，促进我国高端产品的发展和经济结构改变具有重要的意义。

本书由中国科学院过程工程研究所马光辉研究员编写框架并统稿。内容既包括过程工程所团队近20年在高分子微球和微囊制备及应用领域的研究工作，又包括国内外在本领域有突出贡献的同行的工作。本书分为十一章，第一章是绪论，重点论述高分子微球和微囊的发展、功能及新技术的优势，由马光辉研究员撰写；第二章和第三章为微球的制备，分别重点介绍以单体为原料的制备方法以及以高分子为原料的制备方法，由马光辉研究员主要撰写，那向明副研究员协助微流控制备微球部分的撰写；第四章～第七章重点介绍微球和微囊在生物化工和生物医药行业的应用，由中国科学院过程工程所完成，突出了过程工程所团队的研究进展，分别由周炜清副研究员（第四章）、赵岚副研究员（第五章）、韦祎副研究员和岳华副研究员（第六章）以及吕岩霖博士（第七章）撰写；第八章是高分子微球和微囊在电子信息中的应用，由北京印刷学院孙志成教授撰写；第九章是高分子微球和微囊在储热材料中的应用，由中国科学院过程工程研究所李建强研究员和张英博士研究生、李晓禹副研究员撰写；第十章是高分子微球和微囊在日化品中的应用，由上海应用技术大学肖作兵教授、寇兴然副教授、陆欣宇博士、郑承臻博士和英国伯明翰大学张志兵教授撰写；第十一章是高分子微球和微囊在涂料中的应用，由浙江大学罗英武教授撰写。中国科学院过程工程研究所博士研究生胡宇宁协助了编辑工作。各位赐稿专家为本书的完稿付出了巨大的努力，在此，向他们致以最真诚的感谢！

本书的部分内容是中国科学院过程工程研究所生化工程国家重点实验室在国家自然科学基金委员会、科学技术（科技部）部、中国科学院、北京市科委的支持下取得的。包括国家自然科学基金的重点项目"均一、可控的微球及其制备过程的基础研究"（20536050）和"超大孔生物分离介质的新型制备过程及层析应用中的新特性研究"（21336010）、重点国际合作研究项目"蛋白质层析纯化中的失活机理及新型抗失活介质的制备"（20820102036）、创新研究群体项目"面向疫苗的生物颗粒设计和工业转化"（21821005），国家重大新药创制科技重大专项课题"新型纳微颗粒佐剂及黏膜免疫佐剂的研究"(2014ZX09102045)和"生物技术药新型载体及制剂研究关键技术"（2009ZX09503-027），973计划课题"免疫原的递送与递呈机制"（2013CB531505）和"生物催化剂的环境适应机制研究"（2009CB724705），国家"863"计划课题"基于琼脂糖的高性能分离介质的研究开发"（2018YFC0311101），中国科学院的知识创新工程重要方向项目"新型药用纳米材料与纳米药物的研究"（KJCX2.YW.nano02）、重点部署项目"海洋源功能生物材料及医药制剂开发"（KFZD-SW-218）等，在此表示衷心的感谢。本书中部分成果获国家科学技术发明二等奖"尺寸均一的乳液、微球和微囊的制备技术"、北京市科学技术一等奖"尺寸均一、可控的微球和微囊的制备与应用研究"、中国石油和化学工业联合会技术发明一等奖"复杂超大分子的高效分离纯化和抗失活技术"、中国化工学会科学技术奖基础研究成果一等奖"生物医用颗粒的可控制造原理及应用基础"、中国颗粒学会自然科学一等奖"生物可降解颗粒新结构和新功能的创制及药物递送载体的应用基础"等。"生物医用颗粒的可控制造技术"入选2020年"科创中国"先导技术榜单，成为先进材料领域10项先导技术之一。

在实际科研活动中，往往微球制备科学研究和应用研究所处学科不同，制备和应用有所脱节。因此，本书为了加强制备和应用的紧密联系，既介绍微球和微囊制备理论和技术以及新技术的发展，又介绍不同应用领域的应用进展。虽然著者在2005年出版过《高分子微球材料》一书，但新技术发展日新月异，本书将更加突出先进的制备方法和在重要领域的应用及新进展，生动的应用例会使读者耳目一新。

限于著者的学识和理解，本书还会存在诸多不妥和不足，恳请有关专家和读者不吝指正。

马光辉

2021年2月

目录

第三章
以高分子为原料制备高分子微球和微囊　077

第四章
高分子微球和微囊在生物反应工程中的应用　131

第五章
高分子微球和微囊在生物分离工程中的应用　177

第八章
高分子微球和微囊在电子信息中的应用　313

第九章
高分子微囊在储热材料中的应用　363

第十章

高分子微球和微囊在日化品中的应用　　397

第十一章

高分子微球和微囊在涂料中的应用　　427

索　引　459

第一章

绪　论

高分子微球和微囊是重要的高附加值精细化工产品，其具有微反应器、微分离器、微储存器、微隔离器、微运输器以及微结构单元的功能，在化学工业、生物化工、医药化工、食品化工、日化品、电子信息等高精尖领域发挥着不可替代的作用，支撑着高新技术的发展和我们的日常生活，全球产值达到数千亿美元以上。例如，支撑日常生活[1]的胶乳产品（如聚丁二烯、聚异戊二烯胶乳等）、涂料、黏结剂、纸张的表面涂层、塑料增强剂等，支撑医药工业[2]的药物分离纯化吸附柱的填料、大规模细胞培养的微载体、药物缓/控释微囊、疫苗递送佐剂、分析检测试剂等，支撑食品和化妆品工业的包埋活性物质的微囊，支撑能源和电子信息行业的储能材料、液晶显示屏间隔材料、用于电路板的导电微球、印刷材料等。我国高精尖行业的高附加值微球产品仍然大部分依赖进口，亟待开发其中的关键核心技术；另外，具有新型功能的微球、微囊及其新应用在国内外不断得到研究和发展。因此，高分子微球和微囊在未来科学、民生健康及国民经济发展中将发挥越来越重要的作用。

第一节
高分子微球和微囊简介

一、微球和微囊的分类

高分子微球和微囊是一种特殊形状的高分子材料或以高分子为主要成分的复合材料，直径在纳米级至数百微米级，形状一般为实心球形，也可为棒状、Janus 状（哑铃状）等等。高分子微囊是特殊的微球材料，特指中间有一个或多个微腔，微腔内包埋了功能物质的微球。随着微球技术的不断发展，科学家们开发了多种多样形貌特殊的微球，例如，空心微球、多孔微球、超大孔微球、高尔夫球状微球、草莓状微球、红细胞状微球、多壳层微球、多层状（洋葱型）微球等，以针对不同的应用或开发新的应用。

高分子微球和微囊的最大特点就是小的粒径和高的比表面积，其和周围的液体形成固 - 液界面，界面性质影响高分子微球的分散性。具体应用就是利用其小粒径、表面性质、材料组成、球形或特殊形貌、分散/凝聚的胶体特性等。

高分子微球也经常被称为高分子颗粒（Polymer Particle）。高分子微球的种类非常丰富，按照尺寸（直径）大小可分为微球（Microsphere）、纳微球（Micro/

nanosphere）、纳球或纳米球（Nanosphere），较大尺寸（数十微米以上）的微球有时也被称为微珠；按其组成可分为高分子 - 高分子复合微球（Polymer-polymer Composite Microsphere）、高分子 - 无机复合微球（Polymer-inorganic Composite Microsphere）；按照功能区分可分为荧光微球（Fluorescent Microsphere）、彩色微球（Color Microsphere）、微载体（Microcarrier）、色谱填料（层析介质）（Packing Media）、免疫微球（Immune Microsphere）、药物载体（载药微球）（Drug Carrier）、靶向微球（具有靶向功能的微球）（Targeting Microsphere）、缓释微球（Sustained Release Microsphere）、控释微球（Controlled Release Microsphere）、智能型微球（环境敏感微球）（Intelligent Microsphere，Smart Microsphere）。稳定分散在水或溶剂中的微球称为乳液（Emulsion）或胶乳（Latex）、胶体（Colloid），干燥状态的称为粉体；微球本身能吸收大量水或溶剂的称为微凝胶（Microgel）；在生物技术和医学工程中应用的微球或生物分子构成的微球称为生物微球或生物颗粒（Bioparticle）；具有仿生性质的微球称为仿生微球或仿生颗粒（Biomimetic Microsphere/Particle）。

二、高分子微球和微囊的特性及表征

1. 粒径和粒径分布

粒径和粒径分布（Size and Size Distribution）是微球最重要的特征，是必测的参数，微球粒径分布越窄，其附加值则越高。平均粒径和粒径分布也是检测产品重复性的最重要指标，可用于粒径和粒径分布测试的仪器有激光粒度分析仪、静/动态光散射仪等。一般微米级以上的微球可以用光学显微镜观察和检测，微米级以下的则需用电子显微镜观察和检测，荧光染色后也可用荧光显微镜观察。平均粒径的表示法有数均、面积平均、体积平均等，各自的定义及其粒径分布的计算公式如下：

$$数均粒径 d_n = \frac{\Sigma d_i}{N}$$

$$数均粒径分布系数 CV_n(\%) = \frac{\sqrt{\dfrac{\Sigma(d_i - d_n)^2}{N}}}{d_n} \times 100\%$$

$$面积平均粒径 d_S = \frac{\Sigma d_i^2}{N\Sigma d_i}$$

$$面积粒径分布系数 CV_S(\%) = \frac{\sqrt{\dfrac{\Sigma(d_i - d_S)^2}{N}}}{d_S} \times 100\%$$

$$体积平均粒径d_V = \frac{\Sigma d_i^3}{N\Sigma d_i^2}$$

$$体积粒径分布系数CV_V(\%) = \frac{\sqrt{\dfrac{\Sigma(d_i - d_V)^2}{N}}}{d_V} \times 100\%$$

式中　　d——粒径，nm（或 μm）；

　　　　N——粒子个数。

粒径分布系数也常用 Span 值来表示，其定义如下：

$$\mathrm{Span} = \frac{d_{V,0.9} - d_{V,0.1}}{d_{V,0.5}}$$

式中　　$d_{V,0.9}$——累计体积为 90% 的体积平均直径，nm（或 μm）；

　　　　$d_{V,0.5}$——累计体积为 50% 的体积平均直径，nm（或 μm）；

　　　　$d_{V,0.1}$——累计体积为 10% 的体积平均直径，nm（或 μm）。

粒径分布系数 CV 值和 Span 值越小，表示粒径分布越窄，粒径越均一。

环境敏感型的微球，例如 pH 敏感微球、温度敏感微球，可以在不同 pH、温度条件下用粒度分析仪测试其随环境的粒径变化，由此确定其相变温度。

2．微球的 ζ 电位

微球的表面电位［称为 ζ 电位（ζ-potential of Microsphere）］是高分子微球必测的参数，尤其是针对分散在水中的胶体体系，ζ 电位直接关系到微球在水中的分散性能，是表征微球是否稳定分散的重要指标。根据微球制备时使用的原料、乳化剂或引发剂的电荷，最终制得的微球表面荷正电或负电。表面电荷越大，微球之间的斥力越大，微球在水溶液中就越稳定。

3．微球的组分

微球由两种以上高分子材料组成时，其组分的分析和一般复合高分子一样可以用核磁共振仪（Nuclear Magnetic Resonance, NMR）、红外光谱仪（Infrared Spectrometer, IR）、元素分析仪（Element Analyzer）、能谱仪（Energy Spectrometer）等分析测试。高分子-无机复合微球的组成可以用热重分析仪（Thermogravimetric Analyzer, TGA）分析测试。

4．微球的比表面积

微球的特点是高比表面积，粒径越小，比表面积越高。另外，用于吸附分离的多孔微球，其比表面积更高，其孔径和比表面积与微球的吸附性能密切相关。孔径分布和比表面积可以采用氮气吸附法（Nitrogen Sorption Analysis, NSA）和压汞法（Mercury Intrusion Porosimetry, MIP）测试。

5. 微球的表面性能

微球的表面功能基团可赋予微球新的功能，可包括—COOH、—NH$_2$、环氧基等，在上述表面功能基团的基础上可进一步偶联其他配基或者另一种高分子或化合物，制备成具有新功能的一系列微球。

6. 微球的形貌

微球的形貌（Morphology of Microsphere）分为外部形貌和内部形貌。外部形貌可以用扫描电子显微镜（Scanning Electron Microscopy, SEM）观察，微球表面凹凸程度的定量可以用原子力显微镜（Atomic Force Microscopy, AFM）表征。用离子截面抛光仪（Cross Section Polisher）将微球处理后，可以用 SEM 观察其内部结构，用不同的荧光染料染色微球内不同的组分后，可以用激光共聚焦显微镜观察组分在微球内的分布情况。用超薄切片机（Ultramicrotomes）将微球切成超薄膜切片（Ultrathin Film）后，可以用透射电子显微镜（Transmission Electron Microcopy, TEM）观察内部形貌。如果微球为高分子和无机物的复合微球，则电镜的电子线对两种材料的透过程度不一样，无机物的电子密度强，显示黑色，有机物的电子密度弱，显示白色，因此，可以简单地将两者区分开来。而如果微球为两种高分子的复合微球，则两者的电子密度均很弱，往往难以区分两者的不同，通常采用的方法是用电子密度高的化合物对其中一种组分染色，提高该组分的电子密度，便可与另一组分区分开来。常用的染色剂有 OsO$_4$、RuO$_4$、CH$_3$I 等。OsO$_4$ 容易对带双键的物质染色，例如，用于橡胶产品的丁二烯微球在聚合后仍含有一个双键，可用 OsO$_4$ 染色。RuO$_4$ 可对苯环染色，因此，聚苯乙烯和聚甲基丙烯酸甲酯的复合微球，可采取用 OsO$_4$ 对聚苯乙烯染色的方法，区分聚苯乙烯区域和聚甲基丙烯酸甲酯区域。CH$_3$I 可与带氨基的高分子反应而对其染色，例如，聚（4-乙烯基吡啶）、聚（N,N-二甲氨乙基甲基丙烯酸酯）等。

7. 微囊的药物包埋率和载药率

包埋率（Encapsulation Efficiency, EE）和载药率（Loading Efficiency, LE）是载药微囊的重要指标，前者的定义为加入的药物有多少被包埋到微囊里，后者的定义为单位重量的微囊里包埋了多少药物（即药物与微球的质量比），分别如下式所示：

$$EE(\%) = \frac{实际被包埋的药物质量}{加入药物的质量} \times 100\%$$

$$LE(\%) = \frac{微囊中药物的质量}{微囊质量} \times 100\%$$

8．微囊的缓释性能

药物的缓释行为是表征载药微囊的重要指标，一般用累积释放量来表征。

释放量（%）=（累积释放量/微球中的药物总量）×100%

第二节
高分子微球和微囊制备技术简介

高分子微球可以用单体为原料制备，即边合成高分子边形成微球；也可以用已经合成的高分子或天然高分子为原料，使线型高分子聚集而制备成高分子微球。如图 1-1 所示，前者可采用的方法较多，并可以任意组合不同的单体获得共聚高分子微球，同时较容易制备亚微米级至微米级的均一微球，后者可选择的制备方法较少，往往需要根据材料的特性来选择或开发新方法。

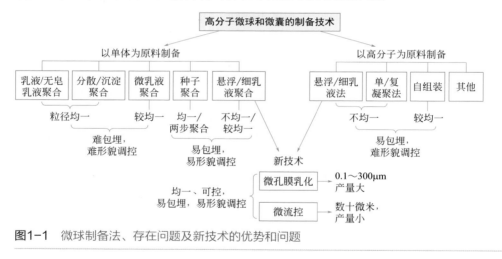

图1-1 微球制备法、存在问题及新技术的优势和问题

微球的均一性关系到其应用性能，往往粒径越均一，附加值越高。这是因为很多高端应用都需要粒径均一，例如当微球用于色谱填料时，粒径越均一，分离效率越高，可将两种物性相近的产物和杂质完全分开，而粒径不均一时，则无法分开。

一、以单体为原料制备高分子微球和微囊的技术

边聚合边成球的聚合方法有乳液／无皂乳液聚合、分散／沉淀聚合、微乳液聚合、

悬浮聚合等。乳液／无皂乳液聚合、分散／沉淀聚合很容易获得均一微球[3]，但不易进行活性物质的包埋和结构的调控，这是由其成球机理而决定的；而悬浮聚合可以简单包埋活性物质并调控结构，但微球粒径分布却很宽、粒径可控性差。近 20 年来新发展的两种微孔膜乳化技术解决了上述的矛盾，可以采用悬浮聚合的机理来制备，而且可以制备得到均一的微球和微囊，粒径可在亚微米级至数百微米级可控，不仅适用于 O/W 体系，也已经被成功拓展至 W/O 和复乳体系，成为一种普适性的方法[4]，同时放大设备、洁净设备也得到开发和应用，今后发展潜力巨大。另外，微流控技术也被用来制备均一的微球，可实现粒径均一、结构可控，但其可制备的规模还较小。

以均一微球为种子（模板），在种子上进行第二步聚合的种子聚合一直以来是研究较多的内容。该方法可控性、可调性好，利用第二步聚合可以获得第一步无法获得的性能，例如，利用第一步高分子和第二步高分子的相分离，可以调控多种多样的结构；在种子溶胀时可以将致孔剂和单体一起加入，聚合后获得多孔微球。因此利用种子聚合法获得各种各样形貌的微球一直是研究的热点。而随着种子聚合法的研究深入和多样化，多种种子溶胀技术得到开发，例如活化溶胀法（Activation Swelling Method）、动态溶胀法（Dynamic Swelling Method）、液滴溶胀法（Droplet Swelling Method）等。

细乳液（Miniemulsion）聚合法近 20 多年来工业应用发展迅速，其兼具了乳液聚合的粒径小、聚合速度快的优势，但可控性、可调性更好，不仅可以以单体为原料，还可以以高分子为原料制备纳米级药物载体和高分子 - 无机复合纳米微球。

二、以高分子为原料制备微球和微囊的技术

用已经合成好的高分子（聚乳酸、聚乙烯醇等）或者天然高分子（多糖、明胶、蛋白质等）制备微球和微囊，悬浮成球法是最常用的方法，即将高分子溶液分散在与之不相溶的连续相里，形成悬浮液滴，然后通过溶剂蒸发、物理／化学交联等方法使液滴固化成微球。和前述的悬浮聚合法类似，虽然可以简单地获得微球，可简单地包埋药物和其他活性物质，但粒径很不均一。针对具体的材料可以发展一些特殊的制备方法，如改性成两亲性高分子后的自组装法、阳离子高分子和阴离子高分子的复合成球法等。如前所述，微孔膜乳化法解决了悬浮聚合粒径不均一的难点，该方法也被拓展至以高分子为原料的体系，可以成功制备出聚乳酸系列、多糖系列等微球和微囊，并且由于粒径均一、体系稳定，从而大幅度提高了药物包埋率，并保证了规模放大的重复性，尤其在医药领域显示出了很好的应用前景。

三、高分子微球的形貌控制

高分子微球需要根据其用途而控制其形貌，形貌和粒径共同决定着其应用性

能。高分子微球的形貌控制可分为单组分和多组分的体系。单组分体系往往需要外力或高分子与溶剂之间的相分离来调控形貌；多组分体系则可利用两种以上高分子之间的相分离来调控，如再加上溶剂的影响，则可获得更多形貌的微球。如前所述，以单体为原料，利用种子聚合法是最容易调控形貌的，可用热力学（相分离）和动力学（聚合速度）共同调控微球形貌。改变两步聚合的共聚单体和交联度可简单调控高分子间的相互作用，而改变第二步的聚合速度，则容易调控动力学。而以高分子为原料的微球制备法，无法进行上述种子聚合，一般将两种高分子混合或者将高分子和溶剂混合，通过固化来调控形貌，高分子本身的组分是已定的，无法任意调控，固化速度的可调范围也很窄，因此形貌控制较难，可获得的形貌有限，发展各种新策略来获得所需的形貌是今后的课题。近年来在以单体和高分子为原料的体系，已发展了特殊的超大孔微球、中空-多孔（内部中空、表面多孔）微球，分别用于超大生物分子分离纯化、微反应器、药物缓释等，新的结构和形貌带来了新的应用发展。

四、高分子-无机复合微球的制备技术

高分子-无机复合微球兼具高分子和无机材料的优势，可以克服各自单独使用时的缺点，而且两者的组合繁多，可以根据需求选择不同的组合。因此，高分子-无机复合微球（Composite Microsphere 或 Hybrid Microsphere）一直是材料领域研究的热点。

高分子和无机颗粒的亲和性差是高分子-无机复合微球制备的主要难点，如用高分子包埋无机颗粒，则需要对无机颗粒表面进行改性来增加两者的亲和性；另外一种基本方法就是在高分子微球内部或表面生成无机颗粒，这一方面需要无机颗粒前驱体与高分子之间的亲和力，另一方面要防止无机颗粒生成时从微球逃逸出去。

高分子磁性微球是研究最为广泛的领域，赋予高分子微球磁性，在分离、检测、药物磁靶向递送方面均具有不可或缺的作用。因此，其制备方法和技术较多且较成熟。其他研究较多的包括用于 TiO_2 颗粒的包埋、染料的包埋、纳米量子点、纳米金颗粒、催化剂的包埋等。

第三节
高分子微球和微囊的应用技术简介

高分子微球和微囊应用广泛，其功能体现在微观上，如图 1-2 所示，包括微

反应器、微分离器、微储存器、微隔离器（微囊，和空气隔离）、微运输器以及微结构单元等。中空-多孔微球可用于微反应器，可将纳米催化剂或酶包埋在中空腔室内，膜壁上的孔可以使反应物和生成物自由出入，实现催化剂的反复使用及与产物的简单分离，反应扩散路径大幅度缩短。中空微囊可用于微储存器，将储能物质包埋在腔室内，微囊的小粒径可根据温度变化迅速地释放出能量；中空微囊还可起到隔离器的作用，即将内部的活性物质与周围环境分开，避免其发生水解、氧化、光反应等。多孔微球可用于微分离器，有选择性地让被分离物质进入孔内，从而达到分离目的，如蛋白质纯化用的微球介质、血液净化用的微球吸附剂等，不同的分离对象需要开发不同孔径、不同材质的微球。微运输器是将所携带的活性物质运输到规定的地方，如药物递送系统等。微结构单元是指微球在整体材料中作为其中的主要组成单元，如构成涂膜、光子晶体的结构单元。本书将对这些功能展开具体介绍。

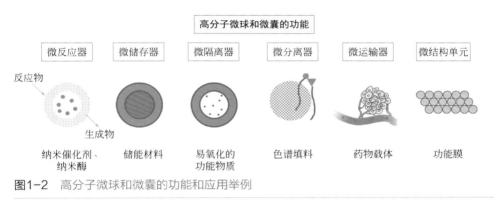

图1-2 高分子微球和微囊的功能和应用举例

高分子微球材料的应用进展和制备进展是互相促进的，一方面新的制备技术、新形貌、新组成的微球推动应用研究和产业的发展，另一方面新的应用需求又推动制备研究的发展。例如，市售蛋白质层析分离和分析用的微球是用机械搅拌分散法制备悬浮液滴，然后物理固化获得微球，虽然加上后续烦琐的筛分工艺，浪费很多原料，但粒径分布仍然很宽。由于粒径不均一，分离效率无法进一步提高，严重影响蛋白质分离纯化的收率和纯度。微孔膜乳化新技术成功制备出了均一琼脂糖微球，并可大幅度提高琼脂糖浓度，使凝胶微球的强度也大幅度提高。琼脂糖微球均一性和高强度大幅度提高了其分辨率和分离速度，推动了蛋白质分离和分析应用领域的发展。又如，颗粒型疫苗分离一直以来采用超高速离心分离纯化，依赖于设备和人工操作，造成产品重复性差；不能采用层析法的原因在于现有琼脂糖介质孔径小，一方面造成载量低，另一方面介质与疫苗之间相互作用强，容易造成蛋白颗粒的解聚，造成失活，于是对微球提出了新的要求；这样的新需求推动了新型超大孔微球介质制备技术的快速发展，成功制备出来的超大孔微球解决了上述问题，又推动了疫苗分离纯化技术的发展[5]。

随着人们对生活质量要求的提高，高分子微球在高精尖领域和日常生活领域的应用都不断得到发展，例如在高精尖的生物医药领域，微球技术在蛋白/多肽药物的缓释/口服递送、抗癌药的靶向递送、疫苗佐剂[6]、基因药的递送、干细胞的培养等领域越来越得到重视，高精尖领域对微球和微囊的质量、生产重复性要求尤其高，可喜的是近年来不仅大量前沿基础研究成果涌现，而且产业化或转化成果也稳步发展，预计今后将有越来越多的医疗产品走向市场。在日常生活领域，人们对化妆品、洗涤剂等日化品的要求也越来越高，例如包埋修复因子的微囊、香料的控释微囊等都是日化品领域的共性科学和技术问题。具体进展将在各章中展开介绍。

第四节
总结和前沿展望

本书将聚焦于备受关注的制备和应用领域展开，第二章和第三章介绍各种微球的制备方法并重点介绍新技术和新过程，第四章~第十章重点介绍高分子微球和微囊的重要应用及其新进展。其中，第二章以对比的方法，介绍以单体为原料的高分子微球的制备机理，并重点介绍新的均一微球制备技术。第三章阐述以高分子为原料的微球基本制备法和研究进展，同样将重点介绍均一微球制备技术的新技术、新进展。第四、五、六、七章分别介绍高分子微球和微囊在细胞培养、蛋白质分离、药物缓释、生物检测等高精尖生物医学领域的应用，为读者开发高新产品、解决卡脖子问题提供参考。第八、九、十、十一章介绍备受关注的电子信息领域、能源领域、日化品领域、涂料领域等的应用和进展，使读者了解微球对于我们日常生活的重要性。

高附加值化工产品是化学工业今后的发展重点，是改变我国经济结构的重要举措之一。微球和微囊产品是重要的高附加值产品，几乎所有领域都有应用。但是，对于高精尖领域的微球产品，质量要求高，而我国大部分技术和产品仍依赖进口，如医药领域的蛋白质药物分离介质产品，缓/控释微囊的制备技术，分析检测试剂，电子产品用微球、微囊等；我国对能源、资源的战略部署和我国人民对高生活质量的追求，储能材料、高端涂料、高端日化品等领域的微球和微囊需求也越来越强，这些是挑战也是机遇。因此，高分子微球和微囊制备和应用的发展前沿将重点在制备过程和高端产品的开发，主要概括如下。

一、高分子微球和微囊的制备

在高分子微球制备方面，均一粒径的微球和微囊是其实现高附加值的基础，一般来说微球越均一，其附加值就越高，因此发展更多的且能批量制备的均一微球和微囊的新过程是制备领域的科学技术前沿。例如，从单体制备均一高分子微球的方法很多，乳液/无皂乳液聚合、分散/沉淀聚合可分别制备均一的亚微米级和微米级微球，但这些方法难以制备更大和更小的微球，也难以包埋功能性物质、制备多孔微球，且大多不具备生物安全性，难以作为药物载体在人体内应用。从多糖、蛋白等天然高分子以及聚酯等生物可降解高分子制备的微球和微囊生物安全性好，可在人体内应用，但无法用上述方法制备均一微球，只能根据材料本身的特点发展特殊方法来控制粒径。

新型微孔膜乳化技术可一步制备亚微米级至数百微米级的均一微球和微囊，且同时适合于从单体体系及生物可降解高分子体系制备微球和微囊，已成为普适性的新化工过程，部分均一微球和微囊产品已获得应用，是微球和微囊制造领域的重要突破，发展前景广阔。但今后仍存在着以下挑战：①更小粒径（数十纳米）的微球和微囊的制备，尤其是针对高黏度的高分子溶液体系，并能实现规模化制备。例如，抗癌药递送、疫苗佐剂领域的生物可降解纳米颗粒，急需发展普适性的化工新过程，实现简单可控的制备方法来推动其实现应用；②将微孔膜乳化法应用到更多的体系，例如硅胶微球的制备、无机颗粒的制备、高分子-无机复合微球的制备等；③生物可降解微球可使用的材料较少，往往需要化学改性才能赋予其更好的功能，但这会影响微球在体内的安全性，因此今后通过制造过程的创新获得新形貌的微球，是赋予微球更多智能功能的重要途径；④减少制球过程中有机溶剂的使用，提高微球制造过程中高分子溶液的浓度和制造效率；⑤针对新制备过程，实现连续化、洁净化生产等。

微流控制备微球和微囊技术可实现均一、多种形貌以及复合微球的制备，但大批量制备、芯片成本高是其实现大规模产业化的障碍；另外，其制备的粒径较大，一般在10μm以上，发展小粒径的高通量制备方法且能同时实现形貌控制和复合微球制备是今后的挑战。

二、高分子微球和微囊的应用

高分子微球和微囊在生物化工和生物医学工程领域的应用是重点发展前沿。在生物反应工程应用领域，干细胞微载体是一个非常新的领域，不同类型干细胞对体外扩增要求区别很大。根据干细胞类型及其特殊需求，使用合适的微载体或基于载体 - 细胞团的培养模式能够保持细胞的多能性和分化潜能。干细胞很容易受到培养环境的影响，因此如何在生产规模的培养环境下，通过微载体的设计实现高细胞密度、目标产物的高收率以及有效保持干细胞的活性和干性等将是微载体技术的重要前沿研究方向。

在生物分离工程应用领域，结构复杂、稳定性差的颗粒型产品（颗粒型疫苗、基因药递送的病毒载体、治疗性细胞及其细胞外泌体和囊泡等）是未来需求越来越多的医药产品，因此，以提升这些产品的纯化效率（活性、收率和纯度等）为目标，开展高分子微球粒径、孔道及表面性质与分离效果的构效关系研究，可控制备及应用实施是未来这一领域发展的重点方向，同时高效分离介质与相关分离技术的相辅相成，是最终实现复杂结构生物制品高通量纯化的保障。

在药物制剂工程应用领域，发表的高水平论文非常多，但成功产业化的非常少。因此，对化工学者提出的前沿挑战就是如何发展先进工程技术，把实验室成果向产业化推进。例如，在药物的缓释微球方面，国内外均采用传统搅拌、喷射、熔融挤出等方法制造，重复性差，虽然我国各制药企业现阶段的策略是仿制国外技术和产品，但今后必须发展我国自主的技术。微孔膜乳化制备均一缓释微球和微囊是我国走在国际前列的先进技术，已经逾越重重障碍，成功实现了规模化洁净制备，今后的挑战是拓展到不同的药物品种，这就需要进行大量的药物、材料、工艺过程、缓释性能之间的构效关系，规律和宏观 / 微观作用机制研究，建立数据库，以针对不同的品种迅速确定材料和工艺过程，快速实现临床报批和产业化，避免长时间的试错（Trial-and-Error）研发模式。在抗癌药递送方面，科学家设计了数不胜数的智能递送系统，通过大量动物水平的评价研究，对癌症的认识越来越深刻，设计也越来越复杂，但是复杂的设计是双刃剑，往往很难实现最终转化。对化工学者的挑战是，如何用已批准的生物材料，通过过程设计实现均一纳米尺寸、新形貌的调控，通过新形貌的调控和组分的物理混合赋予纳米载体智能性，实现靶向性和智能递送。疫苗递送是今后的重要发展方向，但现阶段研究还较少，我国也没有实现产业化，而疫苗是突发传染病防治的必需产品，也是肿瘤等重大疾病防治的发展方向，递送系统可大幅度增强免疫效果，将是今后的前沿发展方向。例如，新型冠状病毒 mRNA 疫苗，国内外现在所用的递送系统和设备类似，知识产权的争议已成为焦点；我国蛋白疫苗的佐剂只有铝盐佐剂（具有部分递送功能），已使用了 80 多年，没有新佐剂或新的递送系统可用，这势必会影响我国疫苗质量的整体水平。因此，利用微球和微囊为"底盘"，将抗原等各组分进行快速组装和递送，将是一种快速的解决策略。另外，在药物制剂工程领域，外泌体、细胞外囊泡等天然颗粒以及人工颗粒和天然颗粒的复合将是今后的重要发展方向和学术前沿，它可以很简单地实现多种功能化和智能化，从而克服过去的人工颗粒需要复杂设计才能达到功能化和智能化的目的，但如何规模化制备和分离纯化并实现普适化应用是对化工学者提出的新挑战。

在检测试剂应用领域，更便捷、更灵敏、更微量的检测将是永远的追求和挑战；诊断和智能释放一体化也是临床的重要需求，即检测到病情后立即释放出药物。另外，高分子微球和微囊还有许多性质和应用需进一步挖掘，比如体内的长程健康状况监测、微小环境变化监测、高精密检测芯片技术、生物电池、空间生物传感技术中的应用等等。

在电子信息应用领域，虽然与信息记录相关的微囊专利大量增加，但真正在商业上取得成功的产品尚不多。但是可以预测，在微球和微囊的粒径均一性和多功能性进一步得到调控的前提下，在微囊墨液化和 3D 打印材料方面将会诞生更多的新型产品并应用于数字印刷和增材制造技术领域。同时，伴随着智能手机、物联网、可视化技术的不断发展，功能化微囊产品和技术将在电子信息领域发挥巨大的潜力，特别是在越来越小型化的人工智能器件方面将发挥修复、阻隔、显示、存储等重要的作用。

在储热材料应用领域，还存在产率低、微囊热导率不高、微囊粒径不均一的难题，而且目前多数制备工艺仍处于实验室研究或中试阶段，放大过程中的关键装备和核心工艺缺乏。因此，开发新型相变储热微囊制备技术，提高高分子相变储热微囊的包覆率和长期使用下的循环稳定性；开发新型高热导率壁材，如载入高热导率纳米材料、使用无机壁材等；将实验室微囊制备工艺放大，实现微囊的工业生产等，将是今后高分子相变储热微囊的研究重点。在当前全球能源紧张和环境污染日益严重的压力下，相变储能必将受到越来越多的关注。

在日化品应用领域也仍然存在着很多挑战，例如，微囊的壁材功能有待进一步强化，使其适用于高温等环境；以天然高分子为壁材的微囊的开发和应用，以应对塑料微球的禁用。因此，积极寻找易得、价廉、适用范围广的原料，对人类和生态环境安全以及对 pH 值、温度、紫外线等敏感的壁材是微囊技术研究的必然趋势。小分子、水溶性活性分子和氧化剂分子以及不稳定成分等封装率依然不高，这些成分的按需智能释放也还远远不能满足需求。另外，尽管目前市场上微囊产品众多，但其产品成本依然较高；还有很多实验室成果无法实现从基础研究到产业化的顺利转化。因此，创新制备方法，改进工艺，控制质量，降低成本，使微囊技术实现大规模的生产也将是研究的重点。

在涂料应用方面，由于涂料是大宗产品，用量极大，因此涂料的绿色化、高端化是最为紧迫的课题，发展低 VOC 水性涂料、高性能水性涂料以彻底取代油性涂料的需求极其迫切。涂料是个多相、多组分体系，先进复合微球的设计与技术是实现其高性能化、多功能化的重要手段，基于复合微球技术已发展出空气净化、自清洁、自愈合、防反射等新型的功能和智能涂层材料，但今后还需进一步创制更多的功能。活性乳液聚合技术、粒子组装技术、Janus 粒子、高分子微囊等功能复合微球制备技术已有大量的实验室研究成果，但还需要发展相应的工业化技术，以推动高端涂料的发展。

参考文献

[1] Lovell P A, El-Aasser M S. Emulsion polymerization and emulsion polymers [M]. New York: John Wiley and Sons,1997:519-680.

[2] Ma G H, Su Z G. Microspheres and microcapsules in biotechnology: Principle, preparation and application [M]. Singapore: Pan Stanford Publishing, 2013.

[3] Ma G H. Advances in preparations and applications of polymer microspheres//Polymer interfaces and emulsions [M]. New York: Marcel Dekker Inc,1999:55-117.

[4] Ma G H, Hue Y. Advances in uniform polymer microspheres and microcapsules: Preparation and biomedical applications [J]. Chin J Chem, 2020, 38:911-923.

[5] Zhou W Q, Gu T Y, Su Z G, et al. Synthesis of macroporous poly(styrene-divinylbenzene) microspheres by surfactant reverse micelles swelling method [J]. Polymer, 2007, 48:1981-1988.

[6] 岳华，马光辉. 高分子纳微球在工程疫苗中的新应用 [J]. 高分子学报，2020, 51:125-135.

第二章
以单体为原料制备高分子微球

合成高分子一般从单体合成，单体带有双键，如最常用的苯乙烯、（甲基）丙烯酸甲酯等，双键经过引发剂可引发自由基聚合形成高分子。以单体为原料制备高分子微球，就是在制备高分子的同时形成微球。除了自由基聚合以外，也可利用缩聚反应等制备高分子微球。

　　以单体为原料制备高分子微球的方法有多种，主要分为乳液聚合（Emulsion Polymerization）/无皂乳液聚合（Soap-free Emulsion Polymerization）、分散聚合（Dispersion Polymerization）/沉淀聚合（Precipitation Polymerization）、微乳液聚合（Micro-emulsion Polymerization）、悬浮聚合（Suspension Polymerization）/细乳液聚合（Mini-emulsion Polymerization）以及种子聚合（Seeded Polymerization）。

　　微球的粒径和粒径均一性是微球的最主要特征，直接关系到其应用性能。上述制备方法中，乳液/无皂乳液聚合主要以水为分散介质，所形成的微球在亚微米级，粒径均一（粒径分布窄）；分散/沉淀聚合主要以有机溶剂为分散介质，形成的微球在微米级，粒径均一；微乳液聚合、悬浮/细乳液聚合以及种子聚合根据单体的亲疏水性，既可选择水也可选择有机溶剂为分散介质，悬浮聚合法制备的微球较大，在数微米至数百微米，粒径分布一般较宽；细乳液结合了悬浮聚合和乳液聚合的特点，反应在液滴内进行，粒径和乳液聚合接近，均一性要劣于乳液聚合。微乳液聚合是热亚稳定体系，所制备的微球最小，可以到100nm以下，粒径比较均一；种子聚合是以获得的微球为种子，在种子上继续聚合，因此粒径及粒径分布依据种子的大小和分布而定，可控范围很宽，粒径可从数百纳米至数百微米。近年来微孔膜乳化法和微流控法可以制备均一液滴，和悬浮聚合法、细乳液聚合法相结合可一步制备均一的微球，粒径在百纳米级至微米级可控，由此得到了飞速发展。上述制备方法与微球直径范围如图2-1所示。

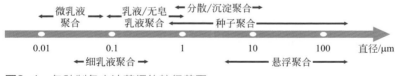

图2-1　各种制备方法获得的粒径范围

　　微球的粒径是否均一是由其制备机理决定的，微球的形成分为成核过程（Nucleation）和核成长（Growth of Nuclei）过程，这两个过程的发生地点（Locus）决定着微球粒径和粒径分布。即使乳液组分相同，但成核地点不一样，则获得微球的粒径和均一性完全不同，组成微球的分子量也完全不同。因此，要制备满足需求的微球和微囊必须了解各种制备方法的机理。

　　本章为了帮助理解各种微球的制备机理，将采用对比的方法来介绍各种制备方法、机理及所获得的微球特性。

第一节
乳液聚合法和悬浮聚合法的比较

乳液聚合和悬浮聚合的区别如图 2-2 所示，两者的聚合体系组成相近，均由疏水性单体（如苯乙烯 ST、甲基丙烯酸甲酯 MMA）、水（分散体）、乳化剂（如十二烷基硫酸钠，SDS）以及引发剂组成。先制备含有水溶性乳化剂的水溶液（连续相），再将单体用搅拌法分散于水中。通入氮气以置换氧气，然后提高温度至引发剂分解温度以上。

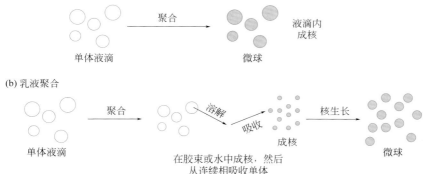

(a) 悬浮聚合

(b) 乳液聚合

图2-2 （a）悬浮聚合成核和核生长均在液滴内；（b）乳液聚合的成核在胶束或水相内，核生长在核内或核上

搅拌分散后，体系内主要存在着悬浮的单体液滴、胶束（少量单体溶解在内）以及溶解了少量乳化剂和少量单体的水。所不同的是，悬浮聚合是采用油溶性引发剂，油溶性引发剂溶解在单体里［如 AIBN（偶氮二异丁腈）、BPO（过氧化苯甲酰）］，升温引发聚合后，引发剂在油滴内形成自由基，引发油滴内的单体聚合，每个油滴相当于一个微小的溶液聚合体系，聚合反应一直在油滴内进行，直至大部分单体转换为高分子，各液滴就转换为高分子微球。因此，微球及其粒径分布受起始的液滴粒径及其分布限制，而液滴是在反应器内的搅拌桨的非均一剪切作用下形成的，其粒径在微米至数百微米，粒径不均一，最后获得的微球粒径也不均一。

而乳液聚合是采用水溶性引发剂，在升温后再加入水溶性引发剂（如过硫酸钾 KPS）开始聚合，引发剂在水相中分解成初级自由基（Primary Radical）。初级自由基或立即被溶胀胶束捕捉，或在水相中与部分溶解于水的单体聚合，成长为低聚物自由基（Oligomeric Radical）后被溶胀胶束捕获。然后，聚合反应在胶束内形成核。虽然一开始单体大多以液滴形式存在，但是成核地点却不在油滴内。这是因为，单体油滴的数量和总表面积大幅度低于溶胀胶束，油滴从水相捕捉自由基的概率很小。因为单体在水中有一定量的溶解性，油滴的单体渐渐从油滴扩散至水相，继而被核吸收而聚合。油滴、水相以及核内的单体浓度将维持动态平衡，直至油滴消失。因此，油滴被称为单体储库（Monomer Reservoir）。与上述单体的移动相呼应，没有成核的胶束不断解体，乳化剂被吸附在已经成核的颗粒表面，当胶束状态的乳化剂消耗完后（单体转化率约10%时），新的核便不会再产生，核数维持一定，聚合只在核内或核上进行，直至聚合结束。单体转化率约为50%时，油滴消失，核内的剩余单体继续聚合。由于成核反应在较短的时间内结束，而使用较长的时间来进行核的生长，因此，乳液聚合能提供粒径分布较窄的微球。

从上述比较可知，虽然体系相同，但由于成核地点不一样，所获得的微球粒径和粒径分布完全不同。液滴内的成核和聚合获得的微球粒径大，粒径不均一；胶束内成核及核生长聚合形成粒径均一、亚微米级的微球。

因此，悬浮聚合时，如果所采用的油性引发剂在水中有一定的溶解度，也会引发部分或全部的乳液聚合，此时聚合既在液滴内也在胶束内发生，最终获得两种类型的微球：不均一的大粒径微球（微米级）、小粒径的均一微球（亚微米级）。此时水相内产生的核称为新核，得到的微球称为新粒子。在水相内加入少量能和自由基结合的水溶性的阻聚剂（HQ、NaNO$_2$），可防止新核的产生。

从上述比较也可知，两种机理所获得的高分子的分子量也会有数量级的差别，悬浮聚合分子量在 $10^3 \sim 10^4$，而乳液聚合在 $10^5 \sim 10^6$。这是因为悬浮聚合在液滴内产生大量的自由基，液滴内自由基密度大，两个高分子自由基相遇后就会终止聚合，造成分子量低、分子量分布宽。而乳液聚合，自由基是在水中生成，一个自由基被胶束或核捕获后一直聚合，直至第二个自由基被捕获后才终止聚合，核内的自由基数量一直是 1 或 0 的状态，前后两个自由基进入核内的时间间隔较长，因此获得的高分子分子量较高，分子量分布较均一。如果两种聚合同时发生，则获得的分子量在 GPC（凝胶渗透色谱，Gel Permeation Chromatography）上会显示两个峰。为了使悬浮液滴更稳定并避免新核的产生，悬浮聚合时往往用高分子稳定剂来替代乳化剂，常用的稳定剂有聚乙烯醇（PVA）、聚乙烯吡咯烷酮（PVP）、羧甲基纤维素（CMC）等。

对于乳液聚合，针对亲水性较强的单体，如甲基丙烯酸甲酯（MMA）、乙酸乙烯酯（VAc）等，在乳化剂浓度低于 CMC 时，用均相成核理论更容易解释。均相成核理论是假设核是在水相中生成的。引发剂在水相中分解成初级自由基后，与溶解在水相中的单体聚合，聚合至临界链长后，低聚物自由基便从水相中沉淀出来而形成核。核吸附乳化剂而稳定，或因其表面的引发剂离子基团的电荷而稳定。以后的聚合机理则与上述胶束成核原理类似，即核不断从水相中吸收单体，并在核内或核上聚合。

微球粒径一般随单体浓度的增加、乳化剂浓度的减少而增大。乳液聚合的主要利点是：聚合速度快、粒径均一，通常乳液聚合反应在 1h 内基本可完成。

比较乳液聚合和悬浮聚合机理可知，前者不易包埋功能性物质，也不易进行形貌的调控，因为功能性物质必须随着单体一起从液滴内扩散到水中，再被核吸收才行。后者则可以将功能性物质混合在单体里，单体聚合后即可将功能性物质包埋在内。同样，在液滴内加入致孔剂，则可获得多孔微球；将其他溶剂或高分子溶解在液滴内，便可通过相分离等策略，调控微球的形貌。

第二节
无皂乳液聚合法和乳液聚合法的比较

无皂乳液聚合和乳液聚合的区别就是不在反应体系里添加乳化剂，但是需要添加少量的亲水性单体来代替乳化剂。无皂乳液聚合的机理基本上与均相成核机理类似，但也有一些不同之处。在第 I 阶段，亲水性单体与溶解在水相中的疏水性单体共聚而形成两性低聚物自由基，低聚物的链长达到临界长度后，便从水相中沉淀出来而形成核。接着，与均相成核相同，核由其表面亲水性基团和亲水性引发剂的离子基团而稳定。然后，核从水相吸收单体直至单体油滴消失（转化率约为50%时）。最后，核内的剩余单体继续聚合直至聚合完毕。由于水是连续相，亲水性单体和引发剂的亲水性基团优先分布在微球表面，因此，即使没有乳化剂，微球也较为稳定。

无皂乳液聚合的优势是避免乳液聚合时所添加的乳化剂给微球带来的污染以及应用时带来的不良影响。另外，无皂乳液聚合可以制备表面带亲水性功能基团的微球，很多亲水性或亲水性较强的单体均可被用于与疏水性单体共聚，以制备表面带功能基团的微球。例如，使用丙烯酰胺（AAm）、甲基丙烯酸 -N,N- 二甲氨基乙酯（DMAEMA）、甲基丙烯酸 -2- 羟基乙酯、丙烯酸、4- 硝基苯乙烯、甲基丙烯酸缩水甘油酯、苯乙烯磺酸钠、4- 乙烯基吡啶等可以在微球表面导入—$CONH_2$、—$N(CH_3)_2$、—OH、—$COOH$、—NO_2、缩水甘油基、磺酸基、吡啶基等。

分散聚合、沉淀聚合、无皂乳液聚合的比较

用分散聚合和沉淀聚合法可以制备微米级的微球，粒径范围和乳液及无皂乳液聚合形成互补，而且粒径分布均匀。聚合机理如图 2-3 所示，与无皂乳液聚合不同的是，聚合系统最初是均相溶液，也就是说单体（如 ST、MMA 等）、引发剂（如 AIBN）以及稳定剂（如 PVA、PVP 等）都溶解于溶剂，但聚合后的高分子必须不溶解于溶剂。稳定剂与溶剂以及聚合后的高分子必须均有亲和作用。进行氮气置换并升温后，引发剂分解并在溶剂中与单体聚合，高分子链长超过临界长度后，便从溶剂中沉析出来形成核。接着，与无皂乳液聚合的机理相似，核从连续相不断吸收单体和引发剂并在核内或核上聚合，即聚合地点从连续相移至核内直至聚合结束。选择适当的溶剂和稳定剂，既可制备疏水性的微球，也可制备亲水性的微球。

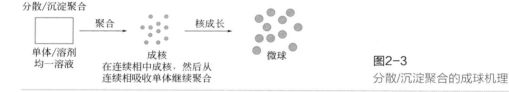

图2-3
分散/沉淀聚合的成球机理

沉淀聚合和分散聚合的不同点是：沉淀聚合不使用稳定剂，而靠添加一些与分散相有亲和作用的单体来使微球稳定。这种不同点与乳液聚合和无皂乳液聚合的不同点相类似。例如，在乙醇溶剂中制备聚（丙烯酰胺 -co- 亚甲基双丙烯酰胺）［P（AAm-co-MBAAm）］微球时，可添加少量的甲基丙烯酸（MAA），由于 MAA 与乙醇有亲和作用，随着聚合的进行，高分子会从溶剂中沉淀出来而形成核，MAA 和 AAm、MBAAm 共聚后存在于微球表面，使微球稳定[1]。

从上述机理可知，分散 / 沉淀聚合与无皂乳液聚合的相同点在于：都是在连续相中成核、成核后都是从连续相吸收单体继续聚合成长为微球。但分散 / 沉淀聚合是均相体系，单体溶解于连续相，所以大多情况下连续相是有机溶剂；而无皂乳液聚合是非均相体系，采用水为连续相，有较大单体油滴存在，单体是先从油滴扩散到水相，再被生长中的核吸收。由于高分子与有机溶剂的亲和性一般比与水的亲和性好，因此，低聚物从溶剂中沉析出来时的链长要比乳液聚合时长，最后分散 / 沉淀聚合所得到的微球粒径也比乳液聚合时大。

虽然分散 / 沉淀聚合大多采用有机溶剂，但如果所使用的单体是水溶性的，聚合后的高分子是不溶于水的，则也可用水作连续相的溶剂，聚（N- 异丙基丙烯酰胺）（PNIPAAm）就是这样一个典型的例子。Kawaguchi 等 [2] 以水为连续相，在 70℃的条件下成功制备出了聚（N- 异丙基丙烯酰胺 -co- 亚甲基双丙烯酰胺）[P（NIPAAm-co-MBAAm）] 微球。PNIPAAm 是一种典型的温度敏感性材料，在 32℃以下显示亲水性，而 32℃以上显示疏水性，因此，聚合前体系为均相，升温聚合后（70℃）的 PNIPAAm 为疏水性，可以从水相中沉淀出来而形成微球。由于聚合时加入了交联剂，因此聚合后即使温度恢复至室温，微球也不会溶解而保持其球状。

如前所述，聚乙烯醇（PVA）、聚乙烯吡咯烷酮（PVP）等常被用于分散聚合的稳定剂，其以物理相互作用吸附在微球表面而使微球稳定。但是，这种吸附一般是以侧链基团吸附在微球上，吸附作用较弱，往往只有一部分稳定剂吸附在微球上，而大部分都溶解在溶剂中，所以需要添加较多量的稳定剂（单体的 10% 左右）才能得到稳定的微球分散体系。如果使用嵌段或接枝共聚物，其中一个嵌段与高分子有亲和性而另一个嵌段与溶剂有亲和作用，则一个嵌段可以被嵌入微球，这种结合比 PVA、PVP 等稳定剂的吸附稳定作用更强，所添加的量可更少。

随着对环境保护的重视，有机溶剂的使用越来越受到限制，因此采用环境友好的溶剂作为连续相的研究得到重视，例如超临界二氧化碳、离子液体等。

1. 以超临界二氧化碳为溶剂的分散聚合

Desimone 等 [3,4] 是最先使用超临界 CO_2 进行分散聚合的。一般溶解于己烷的单体也溶解于超临界 CO_2，但一般的高分子都不溶解于超临界 CO_2，而氟代高分子和硅氧烷高分子一般溶解于超临界 CO_2。根据超临界 CO_2 的这些特殊特征，Desimone 等使用聚（丙烯酸 -1,1- 二氢全氟代辛酯）[poly（FOA）][式（2-1）]为稳定剂制备了 PMMA 微球。Poly(FOA) 的主链与 PMMA 的亲和性强而被吸附在微球上，而侧链溶解于超临界 CO_2 溶剂，呈伸展状态，防止微球之间的凝聚。Desimone 等使用 AIBN 或氟代 AIBN 为引发剂，在 65℃、（204 ± 0.5）bar（1bar=10^5Pa，下同）的条件下进行了聚合，得到了粒径分布均匀的微球，粒径可以控制在 0.9 ~ 2.7μm 之间。引发剂 AIBN 和氟代 AIBN 之间并没发现明显的区别。

$$
\begin{array}{c}
\left[CH_2-CH\right]_n \\
| \\
C=O \quad \text{"亲PMMA" 的锚点} \\
| \\
O \\
| \\
CH_2 \\
| \\
(CF_2)_6 \quad \text{"亲CO}_2\text{" 的空间稳定侧链} \\
| \\
CF_3
\end{array}
\tag{2-1}
$$

Okubo 等[5] 使用兼备稳定剂和引发剂功能的 VPS-0501［（式（2-2）］进行了超临界 CO_2 中的 PMMA 分散聚合。VPS-0501 能够参与聚合，得到了粉末状的微球，高分子收率为 88%，数平均粒径为 210nm，粒径分布系数（CV）为 16%，高分子的分子量为 3.3×10^5。将得到的 210nm 的微球分散在己烷中，用动态光散射法测得的粒径为 400nm，因为 PDMS 与己烷的亲和性是与超临界 CO_2 相近的，因此该结果说明在聚合中稳定剂向超临界 CO_2 中充分延伸，而使微球稳定。

$$\left[-CO(CH_2)_2\underset{CN}{\overset{CH_3}{C}}N=\underset{CN}{\overset{CH_3}{C}}N(CH_2)_2CONH(CH_2)_3(\underset{CH_3}{\overset{CH_3}{Si}}O)_m\underset{CH_3}{\overset{CH_3}{Si}}(CH_2)_3NH-\right]_n \qquad (2\text{-}2)$$

$(m=70\sim80,\ n=7\sim8)$

Okubo 等[6] 还以聚（二甲基硅氧烷 -b- 甲基丙烯酸甲酯）为稳定剂、N- 叔丁基 -N-［1- 二乙基膦酰基 -（2,2- 二甲基丙基）］氮氧化物（SG1）为引发剂，在 110℃条件下在超临界 CO_2 中进行了苯乙烯的可控 / 活性自由基分散聚合，数均粒径和重均粒径分别为 147nm 和 203nm。由于是可控 / 活性聚合，获得的分子量分布较窄，$M_w/M_n=1.12\sim1.43$，数均分子量与理论值相近。研究证明只有添加超过量的 SG1，才能满足可控 / 活性的聚合条件。另外，研究发现在该体系中高分子沉淀成核的分子量临界值 J_{crit} 为 28，反应速度与以甲苯为溶剂的溶液聚合速度类似。

使用 CO_2 为分散相的最大利点是可以克服使用有机溶剂时所带来的溶剂后处理问题，只要在临界条件下将 CO_2 释放，即可得到粉末状的微球。另外，由于超临界 CO_2 价格适中，今后在工业上的应用潜力很大。

2. 以离子液体为溶剂的分散聚合

近年来，离子液体作为分散溶剂的绿色反应工程受到重视，由于离子液体具有不挥发性，聚合时可避免溶剂挥发而给环境带来的污染。同时，不同的阴阳离子组合，可设计出和单体互溶、和高分子不溶的离子液体。例如，Minami 等[7] 以 PVP 为稳定剂，以离子液体 N,N- 二乙基 -N- 甲基 -N-（2- 甲氧乙基）铵基双（三氟甲基磺酰）亚胺（N,N-diethyl-N-methyl-N-(2-methoxyethyl) ammonium bis(trifluoromethanesulfonyl)imide、[DEME][TFSI]）为溶剂、AIBN 为引发剂，在 70℃条件下进行了苯乙烯的分散聚合，在优化条件下获得了很均一的微球，数均粒径为 350nm，CV 仅为 5.7%。更重要的是，由于离子液体的热稳定性好、不挥发，可不使用引发剂，他们在 130℃高温和普通反应釜（非高压釜）下成功进行了热聚合，改变苯乙烯浓度可简单地实现微球的粒径可控。

第四节
细乳液聚合法和悬浮聚合法的比较

细乳液聚合的机理是先制备纳米级（500nm 以下）的小液滴，然后使聚合反应在小液滴内进行。所以，和悬浮聚合有类似之处，都是在液滴内发生聚合，但液滴尺寸差别巨大，使得聚合反应在本质上有很多不同。要想使聚合反应只在小液滴内进行，不但需要制备非常小的液滴，而且必须同时使用乳化剂和助表面活性剂（Cosurfactant）来使小液滴稳定，并减少单体向水相的扩散。在乳液聚合法里，已经提到微米级的液滴捕获自由基的概率要比纳米级的溶胀胶束低得多，因此不能成核，只起到单体储库的作用。但是，如果液滴非常小而且稳定，则从水相捕捉自由基的概率也增加。另外，由于大量的乳化剂将被吸附在小液滴上，乳化剂的使用量适当的话，就可将水相中的乳化剂浓度控制在 CMC 以下，这样就可减少胶束成核的概率，而使小液滴成为成核和聚合的唯一地点[8,9]。另外，由于使用了助表面活性剂，小液滴非常稳定，单体不易向水相扩散，因此，在水相中成核（均相成核）的概率也将减少。微小液滴的制备方法是：将单体和助表面活性剂加入含有乳化剂的水相后，用超声或微射流装置（Microfluidizer）进行乳化[10]。用微射流装置制备的液滴直径要比用超声制备的小。亲水性引发剂和疏水性引发剂均可使用，如使用疏水性引发剂，则引发剂主要存在于小液滴内，小液滴内的聚合机理与本体聚合或溶液聚合相似，但是在聚合过程中会存在自由基的出入，自由基之间的终止反应速度较快。如使用亲水性引发剂，则小液滴从水相捕捉自由基后在液滴内聚合。提高小液滴稳定性的技巧是在油相内添加"助表面活性剂"，即一种不溶于水但溶于单体的物质，也可被称为"疏水性物质"。在单体内加入少量的助表面活性剂可以抑制单体向水相的扩散，否则，小液滴内的单体会逐渐向水相扩散，继而被较大的液滴吸收，逐渐产生油相和水相的分离[扩散瓦解，Ostwald Ripening(熟化)]。常用的助表面活性剂有长链脂肪醇（十二烷醇、十六烷醇等）或长链烷（十六烷、十二烷等）。用十六烷（HD）制备的小液滴比用十六烷醇（CA）更稳定，这是因为 CA 在水中的溶解度比 HD 高（CA：约 10^{-5}g/L，HD：约 10^{-6}g/L），因此，油相仍会以很慢的速度向水相扩散而破坏其稳定性。

近年来，人们发现高分子也能被用作"疏水性物质"。例如，PST 和 PMMA 可分别用在 ST 和 MMA 的细乳液聚合[11,12]。这些高分子完全满足"疏水性物质"所需要的条件：不溶于水，不会向水相扩散；大多数的高分子都溶解于其单体。使用高分子为"疏水性物质"的最大利点是不会污染最终产品，而使用十六烷或十六烷醇的话，最后必须将其从产品中洗脱。

悬浮聚合与细乳液聚合最大的区别是：悬浮聚合的液滴大，通常为数微米至数十微米。因此，从水相捕捉自由基的概率非常低，不能使用亲水性引发剂。如使用亲水性引发剂，则会发生乳液聚合，油滴只起到单体储库的作用。和细乳液聚合一样，悬浮聚合法油滴的稳定性也可用添加疏水性物质的方法来增强，可显著缓减 Oswald Ripening（熟化）现象。

细乳液聚合法的优势与悬浮聚合法类似，由于单体的聚合反应一直在液滴内，所以可以简单地包埋功能性物质，可以控制形貌。更重要的是，尺寸为纳米级至亚微米级，疏水性大分子单体（Macromonomer）、疏水性大分子连锁转移剂以及其他疏水性功能大分子都能用作"疏水性物质"并被包入微球内。能将大分子量的功能性物质及其他功能性物质包埋在这么小的微球内，在工业上是非常有吸引力的，用以往的乳液聚合法是无法实现的。因为乳液聚合法伴随着分子向水相扩散继而被单体溶胀微球吸收的过程，而大分子是无法实现这种移动过程的。另外，细乳液聚合与一般的乳液聚合相比，粒径和粒径分布不明显受配方和容器污染的影响，这是因为细乳液聚合不存在成核和微球成长的竞争聚合，因此，制备重复性好，具有广阔的工业应用前景。

Landfester 等 [13] 以甲基丙烯酸羟乙酯（HEMA）、丙烯酰胺（AAm）或丙烯酸（AA）为原料，用反相细乳液聚合法制备了亲水性纳米微球。具体方法为：将单体的水溶液与含乳化剂的环己烷混合并制备成细乳液后，升温至65℃并加入 AIBN 进行聚合 2h。反应速度一般非常快，在数分钟内便能基本完成。他们比较了多种乳化剂的效果，发现 Span80 和聚（乙烯 - 丁烯）-b- 聚氧乙烯（KLE3729）最能有效地稳定细乳液，另外还发现在水相中加入 NaCl 能提高反相细乳液的稳定性，相当于 O/W 型细乳液的"疏水性物质"。在制备 PHEMA 微球时，采用 PEGA200（聚乙二醇偶氮引发剂）为引发剂，得到了 80～160nm 之间的 PHEMA 微球。在制备 PAAm 微球时，使用 AIBN 为引发剂，得到了 80～200nm 的微球。制备聚丙烯酸（PAA）微球时，采用二乙二醇双丙烯酸酯（EGDMA）为交联剂、AIBN 为引发剂。但是，由于丙烯酸在环己烷中的溶解度不容忽视，乳液非常不稳定，加入 NaOH 将丙烯酸转换为丙烯酸钠盐并添加 NaCl 后，才得到了相对稳定的细乳液。研究还发现 Span80 和丙烯酸会形成复合体，不易得到稳定的细乳液，而使用 KLE3729 效果较好，得到了 80～100nm 的尺寸比较均匀的微球。

Landfester 等 [14] 还以 NIPAAm 为主要单体、亚甲基双丙烯酰胺（MBAAm）为交联剂、4- 乙烯基吡啶（4VP）为功能单体、$Co(BF_4)_2$ 为软模板，采用反相细乳液聚合法成功合成了 pH 和温度双敏感的纳米微囊（图 2-4）。同样采用聚（乙烯 - 丁烯）-b- 聚氧乙烯为稳定剂、环己烷为连续相，并以亲水性 AIBA

[2,2′-azobis(2-methylpropionamide)dihydrochloride] 或 APS（过硫酸铵）为引发剂，在 65℃聚合 5h。随着聚合的进行，高分子和 Co(BF$_4$)$_2$ 发生相分离，获得纳米微囊。由于纳米微囊含有 PNIPAAm 和 P4VP 单元，显示了 pH 和温度敏感性。

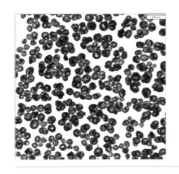

图2-4
反相细乳液聚合法制备的pH和温度双敏感纳米微囊（标尺为600nm）

第五节
微乳液聚合法和乳液聚合法的比较

　　微乳液聚合法（Microemulsion Polymerization）是从热力学亚稳定状态的微乳液制备微球，最小可制得直径为 10 ～ 60nm 的微球。微乳液分为油 / 水（O/W）型、两相连续型（Bicontinuous）以及水 / 油（W/O）型（也称反相型）三种热力学亚稳定的微乳液。与乳液聚合的不同之处是，在微乳液聚合系统内不存在单体液滴，也就是说，所有的单体都溶解在胶束内而形成单体溶胀胶束以及溶解在连续相内。因此，是自发稳定的体系，不需要使用高能量来分散，通常呈透明或蔚蓝色。为了使所有的单体都溶解于胶束内或连续相内，第一，必须使用大量的乳化剂，第二，必须降低单体（分散相）的浓度，这就会导致微球制备效率降低。但是，使用中链醇（如庚醇等）可以提高分散相的浓度，因为中链醇存在于胶束和连续相的界面而降低界面能，从而使更多的单体溶解在胶束内，因此在微乳液聚合中所使用的中链醇也被称为助表面活性剂。

　　与乳液聚合比较可知，两种体系的区别在于作为单体储库的单体油滴是否存在，因此其微乳液聚合的成核机理和乳液聚合类似，但是两者的后续的单体来源不同。即溶解在水相中的引发剂分解成自由基后或立即在水相中聚合为低聚物后被单体溶胀胶束捕捉，然后继续与胶束内的单体聚合而形成核（单体 - 高分子微球）。由于体系内不存在单体液滴，因此，未能成核的胶束内的单体逐渐向水相扩散，继而被成核的单体 - 高分子微球吸收并聚合[15,16]。也就是说，并不是所有的胶束都能转变为微球，聚合反应结束后，仍有一些胶束剩余在连续相内。另外，与乳液聚合所不同的是，粒子数不是在达到一定程度后就保持不变，而是随转化率的提高而增多，直至聚合结束。由此所得出的结论是：自由基进入未成核的胶束内的概率要比进入已成核的胶束内的概率要高，因此，粒子的数量不断增长。Candau 等对 AAm 的反相微乳液进行了系统研究，他们使用 Aerosol OT［二（2- 乙基己基）磺基琥珀酸酯钠］为乳化剂、AIBN（偶氮二异丁腈）或 KPS（过硫酸钾）为引发剂、水相（丙烯酰胺＋水）为分散相、甲苯为连续相，聚合温度为 45℃。值得一提的是他们发现每个微球仅由一根高分子构成[15]。该结果表明，溶胀胶束一旦捕捉到一个自由基并在胶束内聚合成核后，就不太容易再捕捉第二个自由基。新产生的自由基比较容易被未成核的溶胀胶束捕捉。上述结果是比较特殊的例子，大多数学者发现微球是由 2 ~ 10 根高分子组成的。

除了 W/O 型微乳液之外，一些学者还对 ST 和 MMA 的 O/W 型微乳液聚合进行了研究，一般使用十二烷基硫酸钠（SDS）、十六烷基三甲基溴化铵和十二烷基三甲基溴化铵（DTMA）等为乳化剂。Gan 等使用十八烷基三甲基氯化铵（STAC）为乳化剂、KPS 或 AIBN 为引发剂，研究了 MMA 的微乳液聚合[17]。他们改变 MMA 浓度（3% ~ 9%，质量分数）而维持 H_2O/STAC 比为 8.1，结果发现使用 KPS 时，聚合速度要比使用 AIBN 时的要高。这是因为 AIBN 在水相中的溶解度非常低，因此水相中的自由基的生成速度降低，自由基进入单体溶胀胶束的概率也变低。虽然溶解在胶束内的 AIBN 也能产生自由基，但是由于微乳液的微腔很小，所产生的两个自由基又会立即结合而停止反应，起不到聚合作用。

微乳液聚合法的优势：①所得到的高分子的分子量比一般的乳液聚合要高出一个数量级，达到 10^6 ~ 10^7，这是由于自由基被胶束和核捕获的间隔时间长；②微球的尺寸达到纳米级，用得到的乳液可制备透明度较高的膜。但是，微乳液聚合法必须使用大量的乳化剂，一般需要使用单体的 1/10 ~ 3/10，而且固含量也较低。除此之外，和乳液聚合类似，难以包埋功能性物质，难以进行形貌的控制。

为了减少乳化剂对产品的污染，Li 等[18]设计了自乳化系统进行微乳液聚合，他们采用低分子量的 AM-AA-ST 共聚物为乳化剂，进行了 AM-AA-ST 三组分的微乳液聚合，其中 AM 起到了助表面活性剂的作用。具体方法是：将上述低聚物乳化剂加到 AM 浓度为 15% 的水溶液中（150g 水溶液），然后将 AA、ST 缓慢加到水溶液中［ST/AA = 0.5/10 ~ 3.5/10（质量分数），ST+AA 占单体总量 10.5% ~ 13.5%（质量分数）］，搅拌形成微乳液，氮气置换后升温至 67℃，然后加入 120mL 的 KPS 水溶液（含 KPS 0.3g），聚合 6h。低聚物 AM-AA-ST 乳化剂在水中形成胶束，亲水性单体 AM、AA 和微量 ST 溶解在水中，大部分 ST 存在于胶束内，为此，亲水性单体和疏水性单体之间的界面张力降低。引发剂在水中引发聚合，进入胶束内继续和 ST 聚合，聚合一段时间后生长中的高分子自由基存在于界面，和水相中的亲水性单体继续聚合，形成嵌段共聚物，该嵌段共聚物可进一步稳定乳液。

第六节
种子聚合

  种子聚合（Seeded Polymerization）是以已经生成的微球为种子，然后在种子上面或内部进行第二步聚合的方法。如图 2-5 所示，聚合系统由种子微球、单体（或单体液滴）、连续相、引发剂、稳定剂等组成，有时也需添加溶胀助剂。液滴内的单体不断溶解于分散相内继而被种子微球吸收，直至达到溶胀平衡，溶胀过程结束后，便可进行聚合反应。与乳液聚合比较可知，实际上种子微球相当于核（比较大的核），种子微球可以用上述任何一种方法制备，如种子微球的尺寸非常均一，则每个种子吸收单体的速度几乎相同，因此，溶胀后的微球尺寸分布也非常均一。根据需要的最终微球的尺寸，选择第二步的单体添加量，可以较容易地实现微球粒径的增大，重复性好。

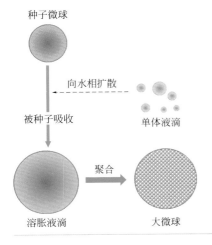

图2-5
种子聚合法制备大微球的示意图

如前上述，用乳液聚合法可以制备数十至数百纳米的均一微球，而使用分散聚合法可以制备微米级的微球。但两者均难以进行形貌的调控，同时也难以制备多孔微球。而使用种子聚合法可以改善这些问题，通过采用组合不同的种子和第二步高分子的材料，或通过控制种子的交联度和第二步聚合过程，可以制备出各种形貌的功能微球。

虽然种子聚合法有诸多优点，但也存在着难点：种子微球在达到溶胀平衡时的溶胀度是有限的，用一步溶胀法有时还不能达到所需要的尺寸，必须采用两步甚至三步来达到目的，耗时耗力。因此，需要发展高效的溶胀技术，下面介绍常用的溶胀技术。

一、活化溶胀技术

Ugelstad 等 [19,20] 开发了活化溶胀法（Activated Swelling Method），使种子聚合进入了新的里程碑。具体方法如图 2-6 所示，先将不溶于水的低分子量化合物或低聚物（被称为 Y 化合物）导入种子微球内，制备成含 Y 化合物的种子微球 a，另制备粒径小的含 Z 单体的乳滴 b，将两者混合，使单体 Z 扩散至水溶液中并不断地被种子微球吸收，最后种子微球溶胀成半径为 r_a 的溶胀微球，乳滴 b 缩小至半径为 r_b 的液滴，而达到平衡状态。他们发现通过导入 Y 化合物，可大大地提高种子微球的溶胀度。Ugelstad 等还做了详细的理论计算，种子微球吸收 Z 化合物达到平衡状态时，Z 在各个相内的分布可由式（2-3）表示：

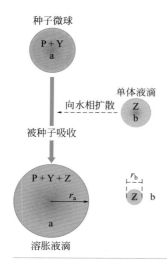

图2-6
在种子中加入Y化合物后的活化溶胀平衡示意图

$$\ln\phi_{Za}+(1-m_{ZY})\phi_{Ya}+(1-m_{ZP})\phi_{Pa}+\phi_{Ya}^2\chi_{ZY}+\phi_{Pa}^2\chi_{ZP}+$$

$$\phi_{Ya}\phi_{Pa}(\chi_{ZY}+\chi_{ZP}-\chi_{YP}m_{ZY})+[2V_Z/(RT)](\gamma_a/r_a-\gamma_b/r_b)=0 \qquad (2\text{-}3)$$

a 表示含高分子 P、Y 化合物以及单体的种子微球相；b 为单体液滴相。r_a 和 r_b 是达到溶胀平衡后溶胀微球和液滴 Z 的半径；γ_a 和 γ_b 是相应的界面张力；ϕ_{ia} 表示 a 相内 i 成分的体积分数；V_i 是 i 成分的偏摩尔体积；$m_{ij}=V_i/V_j$；χ_{ij} 是成分 i 和成分 j 之间的相互作用参数。但种子内部存在高分子时，可省略带 P 的项。而当高分子的分子量较高时，V_P 远远高于 V_Z，m_{ZP} 可设为 0。例如，通过上式可比较种子微球仅由高分子 P 或 Y 化合物组成时的两种特殊情况下的溶胀能力，如果 Y 化合物的链长为 5，则 m_{ZY} 为 0.2。因此，当种子仅由 Y 化合物组成时，$(1-m_{ZY})\phi_{Ya}=0.8\phi_{Ya}$，$(1-m_{ZP})\phi_{Pa}=0$；当种子仅由高分子 P 组成时，$(1-m_{ZY})\phi_{Ya}=0$，$(1-m_{ZP})\phi_{Pa}=\phi_{Pa}$。比较两种情况下的左式可知，当种子仅由 Y 化合物组成时，ϕ_{Za} 较大，也就是说，种子能被更多的 Z 溶胀。Ugelstad 等计算了 Y 化合物的使用量（V_Y）和长度对种子溶胀能力的影响，计算时取 $\gamma_a/r_0=5\times10^{-4}\text{N/m}^2$（$r_0$：种子的起始半径），结果示于表 2-1。从表 2-1 可知，溶胀能力随着 V_Y 和 m_{ZY} 的增加（长度的减小）而提高。Y 化合物可用溶胀法导入种子微球内，但在溶胀法中 Y 是经由水相而进入种子微球内的，而疏水性的 Y 化合物在水中的溶解度很低，因此要导入较多量的 Y 化合物并不容易。尽量制备小的 Y 液滴或在水相中添加极性有机溶剂可促进 Y 化合物在水中的溶解度和被种子微球吸收的速度。也可使种子微球吸收单体、链转移剂以及引发剂后聚合，使单体在微球内生成低聚物 Y。利用 Ugelstad 等开发的活性溶胀技术，可在种子微球内导入各种制孔剂、交联剂以及功能性单体来制备多孔微球、交联微球以及带功能性基团的微球。

表 2-1　含有 Y 化合物的微球的溶胀能力，$V_Z/(V_Y+V_P)$

m_{ZY}	V_Y（Y 的体积）				
	1	0.75	0.5	0.2	0.1
0.2	390	250	135	34	13
0.1	135	85	48	13	9.3
0.05	48	31	17	7.3	5.7
0.02	13	10	7.3	5.3	4.9

注：$\chi_{ZY}=\chi_{ZP}=0.5$，$\chi_{YP}=0$，$\gamma_a/r_0=5\times10^{-4}\text{N/m}^2$，$V_Z=10^{-4}\text{m}^3/\text{mol}$，$V_Y+V_P=1$，$T=323\text{K}$，$V_Y=0$ 时，$V_Z/(V_Y+V_P)=4.5$。V_Y、V_Z、V_P 为 Y、Z、P 的体积；m_{ZY} 为 Z 和 Y 的偏摩尔体积比（Partial Molar Volume Ratio）。

二、动态溶胀技术

Okubo 等 [21] 针对分散种子聚合法开发了动态溶胀法（Dynamic Swelling Method）。他们使用分散聚合法所制备的微米级微球为种子，然后仍用分散聚合法进行种子聚合。他们首先将种子微球、单体、疏水性引发剂分散于甲醇 / 水混合溶剂，然后慢慢地连续滴加水。随着水的增加，单体和引发剂在分散相中的溶解度减小，而被种子微球吸收。用这种使连续相中单体溶胀度逐渐减小的方法，1.8μm 的聚苯乙烯种子微球可以吸收 100 倍左右的单体，而得到 6.1μm 的聚苯乙烯大微球。Okubo 等在动态溶胀过程结束以后，进一步采用冷却法而使单体在分散相中的溶解度更加降低，制得了 7.7μm 的粒径均一的微球 [22]。

第七节
新技术的发展——微孔膜乳化法

如前所述，乳液 / 无皂乳液聚合、分散 / 沉淀聚合能制备均一微球，但伴随着单体从一个相到另一个相的移动，难以进行功能性物质的包埋和微球形貌调控；液滴内的均相聚合（如悬浮聚合）虽然不能获得均一微球，但能简单地包埋物质和控制形貌、制备多孔微球。种子聚合法虽然能克服上述问题，但需要 2 步以上聚合，溶胀时间长，造成成本高。如果针对悬浮聚合法，能够制备均一、稳定的单体液滴，则有望解决上述矛盾。马光辉团队发展了两种膜乳化技术（常规膜乳化和快速膜乳化技术），在悬浮聚合法和细乳液聚合法体系实现了微球粒径均一可控。

一、常规膜乳化法

常规膜乳化法的机理如图 2-7 所示。采用微孔膜为分散介质，用精确控制的、温和的压力（驱动力）将分散相压过膜孔进入连续相，在膜出口处逐步成长成液滴，然后在连续相的温和流场作用下，液滴从膜孔脱落，形成均一的液滴，将液滴用物理或化学方法固化后可得到均一的微球。用膜孔可以控制液滴尺寸，重复性好。而一般悬浮聚合法需要用搅拌桨的转速来控制液滴大小，很难保证放大重复性。

马光辉团队首先发现分散相与膜的界面张力是获得均一液滴和微球的必要条件，否则分散相会湿润膜，液滴在膜上铺展，形不成均一稳定的液滴。例如，实验发现如果采用亲水性膜，将疏水性单体 ST 压过膜孔时，粒径并不是很均一，而只要在 ST 内加入 5% 的 HD，则液滴的均一性显著改善。HD 的加入一方面增加了分散相和膜的界面张力，在膜出口处成长成稳定的液滴，同时还和细乳液聚合类似，可使液滴脱落后也更稳定，延缓 Oswald Ripening（熟化）的发生。除此之外，其他制备因素究竟如何对液滴的均一性形成影响一直不明确，必须采用试错的方法来针对不同的系统优化制备条件。

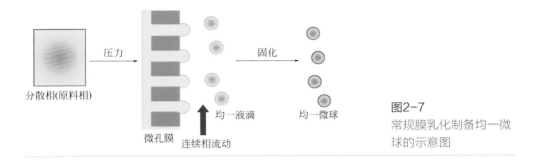

分散相(原料相)

压力

固化

均一液滴   均一微球

微孔膜   连续相流动

图2-7
常规膜乳化制备均一微球的示意图

1. 均一微球的形成机理和模型

为了阐明均一液滴的形成机理，马光辉团队建立了预测模型[23]。如图 2-8 所示，可将作用在液滴上的力矩分为黏附力矩［式（2-4）］和脱附力矩［式（2-5）］。前者主要由膜的孔径（d_p）和两相的动态界面张力（F_γ）决定，后者主要由膜表面的两相静态压力差、液滴所受的动态浮力（F_{dl}）以及连续相对液滴的曳力（F_{cf}）组成。

$$T_{\text{adhesion}} = F_\gamma \frac{d_p}{2} = T_{\text{adhesion}}[\gamma(t), d_p] \tag{2-4}$$

$$T_{\text{detach}} = (F_{sp} + F_{dl})\frac{d_p}{2} + F_{cf}h = T_{\text{detach}}[\gamma(t), d_p, h(t), d_{dr}(t), \tau_w(u_c), \rho_c, \mu_c] \tag{2-5}$$

式中，d_p 是膜孔直径；$\gamma(t)$ 是两相间的动态界面张力；μ_c 和 ρ_c 是连续相的黏度和密度；u_c 和 τ_w 是连续相的流速和壁剪切力；$d_{dr}(t)$ 和 $h(t)$ 表示成长中的液滴直径和高度。当两个力矩相等时，液滴从膜上脱落，作为自由液滴分散在连续相中。

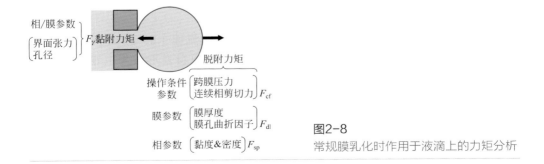

相/膜参数
｛界面张力
孔径｝ F_γ 黏附力矩

脱附力矩

操作条件参数 ｛跨膜压力
连续相剪切力｝ F_{cf}

膜参数 ｛膜厚度
膜孔曲折因子｝ F_{dl}

相参数 ｛黏度&密度｝ F_{sp}

图2-8
常规膜乳化时作用于液滴上的力矩分析

通过建立上述模型，可以预测两相溶液的性质和操作参数对均一液滴形成趋势的影响，发现以下实验条件容易获得均一液滴：①低过膜压力；②连续相的低错流速度；③高的分散相黏度；④连续相的乳化剂/稳定剂能快速吸附到液滴上以快速降低正在生成的液滴界面张力。下面以过膜压力、连续相错流速度、分散相黏度、乳化剂吸附速度等说明上述因素的影响。

首先是过膜压力的影响，图2-9（a）是不同过膜压力条件下作用于液滴上的黏附力矩和脱附力矩。随着液滴的形成，黏附力矩一开始急剧下降，然后趋于平衡。这是因为连续相中的乳化剂（SDS）快速吸附到形成的液滴上，使界面张力迅速降低。从不同过膜压力下的脱附力矩可知，当过膜压力小时，脱附力矩和黏附力矩的交叉点（平衡值）较低，接近于黏附力矩的最低值，表明液滴形成由自发脱落机制主导，可形成均一液滴；而当过膜压力较大时，脱附力矩和黏附力矩的平衡值增大，也就是说在液滴还没有完全生长好，主要靠剪切力脱落下来的，是剪切力主导的形成机制，这就会造成液滴均一性较差。不同过膜压力条件下的实验结果如图2-9（b）所示，过膜压力为8kPa时，CV最小，可获得均一液滴；过膜压力超过19kPa时，CV急剧上升，粒径分布变宽。从上述计算可知，连续相的乳化剂快速吸附到液滴界面上非常重要，否则两个力矩的平衡值就会变高，造成剪切主导的液滴形成，粒径分布变宽。

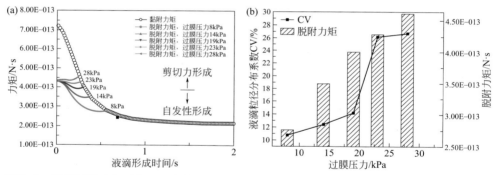

图2-9　不同过膜压力时作用于液滴上的黏附力矩和脱附力矩的动态变化（a）及实验结果（b）

图 2-10（a）是连续相流速的影响，连续相流速 1.85m/s 时，力矩的平衡值（交叉点）较低，表明液滴容易脱离膜孔，液滴以自发形成为主导，形成的液滴均一。流速增加至 3.95m/s 时，力矩的平衡值较高，表明液滴在表面所受力矩达到平衡时黏附力矩的绝对值也增大，此时液滴较难离开膜孔，其脱离方式以剪切机制主导。值得注意的是，在低连续相流速如 0.188m/s 时，黏附力矩不与脱附力矩相交，这表明在此操作条件下，液滴表面所受力矩永远不会达到平衡，液滴只能以自发脱离方式离开膜孔。实验结果如图 2-10（b）所示，液滴的粒径分布

系数（CV，%）在连续相流速为0.188m/s至1.85m/s均能保持较窄的分布，而当连续相流速继续由1.85m/s增加至3.95m/s时，液滴粒径分布将迅速变宽。

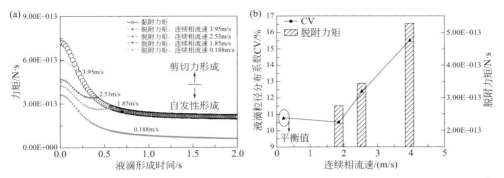

图2-10　不同连续相流速时作用于液滴上的黏附力矩和脱附力矩的动态变化（a）及实验结果（b）

2. 分散相黏度对均一性的影响

图2-11（a）是两种不同黏度的分散相（DVB和豆油）对乳液生成过程的影响，分散相黏度越高，两力矩到达平衡点越晚，其数值也越小，这表明液滴更容易从膜孔脱离，更趋向于以自发脱离的方式离开膜孔，因此分散相黏度越高的体系越容易制备出均一乳液。实验结果如图2-11（b）所示，黏度较高的豆油比黏度较低的DVB形成的乳液更为均一，与模拟计算结果一致。

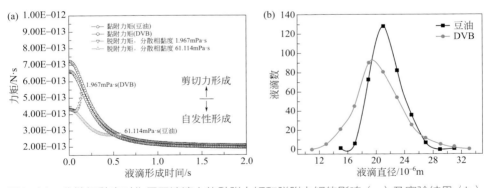

图2-11　分散相黏度对作用于液滴上的黏附力矩和脱附力矩的影响（a）及实验结果（b）

3. 乳化剂对均一性的影响

乳化剂的吸附速度直接影响黏附力矩的降低速度，因此也会显著影响乳滴的脱离速度和均一性。图2-12（a）是三种乳化剂（SDS、Tween20和PVA）对膜乳化过程的影响。从图可知，SDS 具有最高的表面活性，其降低界面张力的能力最强，使黏附力矩迅速下降，平衡值也最低；PVA 的表面活性最差，不能迅速降低界面张力，最终造成力矩交叉的平衡值增大，最终乳液粒径不均一 [图 2-12（b）]。

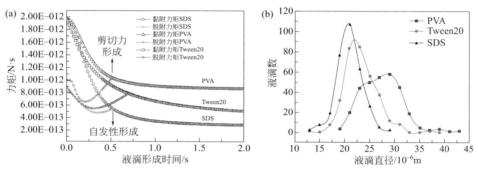

图2-12　乳化剂对作用于液滴上的黏附力矩和脱附力矩的影响（a）及实验结果（b）

二、从O/W、W/O及 W/O/W 体系制备均一微球

基于上述阐明的机理，我们成功地在 O/W、W/O 和 W/O/W 体系用膜乳化法制备出了均一液滴，同时针对不同的体系发展了合适的固化过程和技术，获得了均一微球和微囊。

1．O/W 体系

采用亲水性多孔膜，将含有疏水性引发剂和 HD 的单体油相通过膜孔压入水相，可得到粒径均一的油滴，然后置换氮气后升温聚合。由于油滴粒径非常均一而且稳定，聚合过程中，油滴不会发生合并和分裂，油滴将维持其均一性和一定的粒子数。但是，必须注意的是，由于少量的单体和引发剂溶解于水，因此会在水相中成核（二次成核，Secondary Nucleation）而同时发生乳液聚合，或乳液聚合成为主要聚合反应，油滴只起到单体储库的作用。在水相里加入少量的阻聚剂可以防止二次成核，对苯二酚（HQ）对 ST 系统较为有效，而亚硝酸钠（NaNO$_2$）用于 MMA 聚合系统阻聚效果较佳。另外，虽然连续相只加 SDS 就能得到均一乳液，但发现聚合后微球不稳定，同时加入 PVA，聚合后才能获得均一稳定的微球。

（1）聚苯乙烯微球　将苯乙烯（ST）单体或 / 和二乙烯基苯（DVB）、过氧化苯甲酰（BPO）引发剂、十六烷（HD）或十二烷醇（LOH）等混合均匀后用于油相，将稳定剂 PVA、乳化剂 SDS、水溶性阻聚剂对苯二酚（HQ）、Na$_2$SO$_4$ 等溶解在水中制备成水相。用一定的气体压力将油相压过亲水性膜进入水相，形成尺寸均一的液滴，水相中的稳定剂和表面活性剂吸附在液滴上使其稳定。膜乳化结束后，将乳液移至聚合反应器中，氮气置换后升温聚合。得到的液滴和微球的典型电镜照片如图2-13所示。发现不使用阻聚剂时，乳液聚合成为主要聚合反应，只得到纳米级的小微球。而向水相添加0.003%的HQ（以水相为基准）后，得到了所期望的大微球，微球尺寸与聚合前的油滴基本相同。另外，发现使用AIBN为引发剂时，由于其在水中的溶解度远高于BPO，也会产生大量的乳液聚合小微球，不利于悬浮聚合的进行。

要制备多孔微球，必须向油相加入稀释剂（也称为致孔剂）和交联剂[24,25]。在聚合之前，稀释剂溶于单体，但随着聚合的进行，高分子不再溶解于稀释剂中，而从稀释剂中以小颗粒的形式沉淀出来，小颗粒之间互相聚集并交联，形成多孔的骨架，稀释剂存在于高分子小颗粒之间，除去稀释剂后，便形成孔[图2-13（b）]。改变致孔剂种类和交联剂浓度可改变微球的孔径。

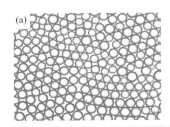 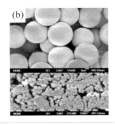

图2-13
常规膜乳化法制备的均一液滴的光学显微镜照片（a）和多孔微球的扫描电镜照片（b）

多孔微球的相分离过程以往很难在线观测和定量。马光辉团队发展了在线观测和半定量的手段[25]。如图2-14所示，将液滴内聚合看作本体聚合，同时检测单体本体聚合过程中的透光度（Transmittance）和凝胶点。图中透光度曲线中的空心标志表示聚合体系尚呈液态并具有流动性，实心标志表示聚合体系已凝固。透光度曲线显示，三种致孔剂的相分离行为均表现为三个阶段：①相分离初始期，透光度趋于100%，此时单体液滴内部为均相结构；②相分离中间期，透光度开始急速下降，此时单体液滴内部随着高分子链的增长，体系开始向非均相体系转变，其中一相为含大量单体和高分子链的高分子相，另一相为含少量单体和溶剂的溶剂相；③相分离末期，透光度趋于0，单体液滴转变为微球，其内部非均质结构已生成，相分离结束。

从图中也可知，致孔剂不同其相分离行为也不同，最终导致形成的孔结构不同。十六烷作致孔剂，相分离开始最早且最快，并且凝胶点在相分离末期才出现，表明直至相分离结束聚合体系仍未凝固，最终可获得完全相分离的中空结构。推测十六烷致孔时中空结构的形成过程：在聚合反应早期转化率较低时，透光度急速下降显示系统出现了大量富溶剂相（HD 为主）和富高分子相，富高分子相中新生成的高分子微胶核分子量仍然较低，使液滴内部仍然保持一个可流动的液态环境，直至液滴内部完成相分离时，分离出的两相仍具有流动性。这样一个长时间的流动环境为富溶剂相形成热力学稳定结构提供了充分的时间。由于 HD 疏水性比 P(ST-DVB) 强，根据界面能最小的热力学作用，高分子相则趋于在液滴外层聚集，最终形成壳层，而疏水性较强的 HD 将趋于向单体内部流动，最终并聚为单独一相，形成中空结构的内核。由此可见，基本可实现热力学稳定的相分离不受交联剂的反应动力学影响。

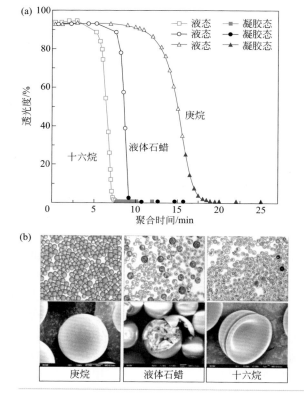

图2-14
不同聚合体系的透光度–时间曲线（a）及微球结构（b）

　　当致孔剂为液体石蜡时，相分离速度则逐步放慢，凝胶点略早出现，最终形成中空和多腔室两种结构。由于液体石蜡制备的微球均一性较差，因此微球结构受体积效应影响显著。大粒径微球内部，各组分扩散路程增长，富溶剂相和高分子相的运动和迁移受阻，当聚合体系达到凝胶点时，溶剂相只能聚集为多个不连续的微液滴，最终形成了多腔室的结构，即由于受到动力学因素的影响，不能实现热力学平衡的相分离结构。小粒径微球由于体积小，微球内各组分扩散路程短，溶剂相易于积聚形成单腔室，与上述 HD 相分离模式类似，最终形成中空结构。

使用庚烷为致孔剂时，相分离发生最晚，并且凝胶点出现在相分离过程中（即透光度急速下降的中间期），最终形成了多孔结构。这是由于溶剂相和高分子相尚未完全分离时，聚合体系就已经固化并失去流动性，导致溶剂相被冻结在由高分子相形成的三维网状结构间，之后的相分离和聚合只能在各自邻近区域完成，即动力学因素限制了热力学平衡的相分离结构产生。此时，富高分子相中单体将继续生成微胶核，而微胶核又进一步生长为微球粒，由于多个独立的富高分子相均匀分布于微球内部，因此各微球粒在粘连后最终簇集为多孔型骨架结构，孔径为 14.2nm。使用不同致孔剂时的相分离模式总结如图 2-15 所示。

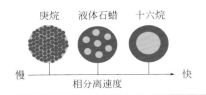

图2-15
不同相分离模式的示意图

（2）聚（甲基丙烯酸缩水甘油酯）（PGMA）微球　PGMA 由于带有环氧基团，在 PGMA 微球上可以简单地进一步偶联各种配基，获得各种功能性微球。例如，多孔 PGMA 微球连接上各种亲和配基，在蛋白质、药物分离中有重要的应用。

但是，GMA 有一定的极性，亲水性比 ST 高。如前膜乳化机理所述，膜与单体之间的界面张力降低，即初始黏附力矩就很低，只有脱附力矩很低时才能和黏附力矩达到平衡，并处于自发形成区域，获得均一的液滴。

马光辉团队首先以 GMA 为单体、DVB 为交联剂，并添加异辛烷 /4- 甲基 -2- 戊醇为致孔剂，异辛烷既作为致孔剂，又增强了原料体系的疏水性[26]。当膜孔为 5.2μm、GMA/DVB 为 8/2（g/g）、异辛烷 /4- 甲基 -2- 戊醇为 4/6（g/g）时，在过膜压力为 2.1kPa 的条件下，成功获得了均一的 P(GMA-DVB) 的液滴，直径为 21.2μm，CV 为 12%，聚合后微球仍保持均一，直径为 20.8μm，CV 为 13.4%，而当不添加异辛烷时，则膜被湿润，得不到均一液滴和微球。另外，当添加量 GMA/EGDMA 为 6/4（g/g）、异辛烷 /4- 甲基 -2- 戊醇为 3/6（g/g）时，还成功获得了均一的 P(GMA-EGDMA) 微球，粒径为 25.6μm，CV 为 13.3%。

（3）聚（苯乙烯 -N,N'- 二甲氨乙基甲基丙烯酸酯）微球　除了直接使用带功能基团的单体外，也可在 ST 体系添加少量功能性单体，制备均一功能性微球。

我们尝试合成了表面带氨基的聚（苯乙烯 - 甲基丙烯酸 -*N*,*N*′- 二甲氨基乙酯）[P（ST-co-DMAEMA）] 微球[27]。但是，研究发现，由于 DMAEMA 的亲水性较强，易溶于水，聚合时会在水相中产生乳液聚合而形成新粒子，即悬浮聚合和乳液聚合同时进行。另外，由于 DMAEMA 对过氧化苯甲酰（BPO）有阻聚作用，因此无法使用疏水相较强的 BPO，而使用了具有一定极性的 V-65 [ADVN、2,2′-azobis(2,4-dimethylvaleronitrile)] 为引发剂。结果发现，这样会产生更多的新颗粒。

因此，在这个体系阻聚剂选择至关重要，马光辉团队探讨了三种水溶性阻聚剂（HQ、NaNO₂ 以及 DAP）的作用。分散相由 ST、DMAEMA、HD 和 ADVN 组成，连续相由水、PVP、SLS、Na₂SO₄ 以及阻聚剂组成，膜孔采用 1.4μm。

由于新粒子是乳液聚合生成，分子量要远高于液滴内悬浮聚合得到的高分子，因此用 GPC 可以定量两种聚合的竞争情况。发现 DAP 和 HQ 能有效地阻止新粒子的产生，而使用 NaNO₂ 时，新粒子的生成量很高，无法阻止 DMAEMA 在水中引发的聚合。所制备的微球的扫描电镜照片如图 2-16（a）～（c）所示。当使用 DAP 和 HQ 为阻聚剂时，微粒呈单孔状，而使用 NaNO₂ 时，得到了中空微球，且粒径较小，这是由于大量单体逃逸至水中，引发乳液聚合，从而使悬浮液滴变小。

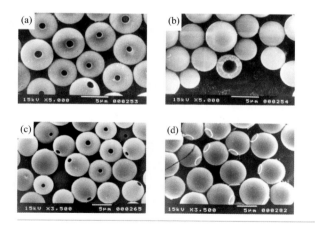

图2-16

三种外水相阻聚剂对膜乳化法制备的P(ST-co-DMAEMA)微球形貌的影响（扫描电镜照片）

阻聚剂：（a）DAP；（b）NaNO₂；（c）HQ；（d）DAP，并在油相中添加交联剂

为了得到无孔球形微粒，可在油相中添加交联剂。如图 2-16（d）的显微镜照片所示，微粒呈无孔球状。虽然 HD 和共聚物仍会发生相分离，但由于添加了交联剂，共聚物的溶胀度减小，HD 被强行赶往微粒表面。洗去 HD 即可得到无孔球形微粒。

2．极性 O/W 体系——液滴溶胀技术

对于极性较强或更强的单体，即使添加疏水性致孔剂也无法获得均一的液滴。单体会湿润膜，使单体和膜之间的界面张力降得很低。从前述膜乳化机理可知，黏附力矩从开始就很低，和脱附力矩不会产生平衡值。

马光辉团队[28,29]发展了液滴溶胀法（Droplets Swelling Method），即将原料成分分为疏水性和极性，采用疏水原料成分（如致孔剂、DVB 交联剂、HD）用微孔膜乳化法制备均一的种子液滴（Seed Droplet 或 Primary Droplet），用极性强的单体成分（如极性单体），用均相乳化器（Homogenizer）制备二次小液滴（Secondary Droplet）。将两者混合后，二次小液滴由于直径小、不均匀而且亲水性较强，成分会迅速溶解于水相内并被种子液滴吸收。种子液滴与小液滴之间的亲水性之差越大，溶胀速度越快。种子液滴的疏水性强度可以通过添加少量的十六烷（HD）等疏水性物质来实现。这种有效的溶胀法有下列优点：第一，只需一步聚合过程，溶胀速度快，溶胀量大。与 Ugelstad 等的活化溶胀法相比较可知，液滴溶胀法就相当于种子由 100% 的 Y 化合物组成，因此在溶胀平衡时所达到的溶胀度很大。第二，致孔剂、交联剂或各种功能性物质都能被导入油滴内而制备均一尺寸的多孔、高交联度的或具有其他功能的高分子微球。如果这些添加剂疏水性较强，可在用膜乳化法制备均一种子液滴时添加在油相内，如亲水性较强，可在制备二次小液滴时添加在油相内。因此，这种方法是一种适用范围广的新策略。

（1）PMMA 微球　使用惰性化合物苯（Bz）为油相，并在油相内添加 HD、BPO 引发剂等，用直接膜乳化法制备种子液滴（约 7μm，采用 1.4μm 孔径的膜）；另用均相乳化器制备 MMA/ 水二次乳液（1 ~ 2μm），为了使二次乳液不稳定，不加入稳定剂，只加入少量的 SLS。将两者混合后，亲水性强的 MMA 迅速扩散至水中，并不断被种子液滴吸收，二次液滴在 15min 内完全消失，种子液滴形成较大的溶胀液滴。升温聚合后得到微球，用甲醇沉淀并清洗微球，可将 Bz 除去，得到尺寸均一的 PMMA 微球[30]。在原料中添加致孔剂可制备均一 PMMA 多孔微球，但是要制备极性的 PMMA 的多孔微球，一般需采用极性的致孔剂（己醇、辛醇等），这是因为疏水性的致孔剂会完全被包埋在极性的 PMMA 微球内，微球表面会形成致密的膜。

（2）P(ST-HEMA) 微球　马光辉团队用直接膜乳化法制备的均一 ST 单体液滴为种子，用 HEMA/ST 或 HEMA/MMA 混合物制备二次液滴，然后将两者混合，稳定的 ST 液滴便会快速吸收 HEMA 单体而形成均一的 ST-HEMA 混合物液滴，在 10min 之内所有的二次小液滴便完全消失。马光辉团队用这种方法将HEMA 的导入率提高到 37%[29]。

3. W/O 体系

如单体为亲水性，则需要先制备 W/O 型乳液，再聚合制备亲水性微球。马光辉团队采用膜乳化法，从 W/O 体系成功制备了温敏性 NIPAAm 微球[31]。将 NIPAAm 单体、AA（丙烯酸）功能性单体及 MBA 交联剂、APS 引发剂溶解于水中并作为分散相，含有 Span80 的环己烷 / 三氯甲烷混合溶剂作为连续相，在 2kPa 的氮气压力下将水相缓慢压过膜孔（膜孔径 5.2μm），用直接膜乳化法获得均一 W/O 型液滴，氮气置换后加入四甲基乙二胺（TEMED）/ 环己烷溶液，在 25℃条件下引发聚合，获得带功能基团的 PNIPAAm 微球。需要关注的是，PNIPAAm 温敏性微球在室温是亲水性，但约 32℃以上变为疏水性，如果再升温聚合，则会发生微球之间的聚集，因此，采用加入 TEMED 加速剂的方式，在室温下聚合成功获得了粒径均一的 PNIPAAm 微球，微球粒径约为 20μm。

马光辉团队改变 AA 在单体中的含量（0%，5%，10%，15%），发现 AA 含量对微球的孔径有显著的影响。不添加 AA 时，孔径较大，用 FITC 标记的胰蛋白酶可以进入微球内；而随着 AA 的增加，孔径变小，当 AA 为 15% 时，胰蛋白酶已经不能进入微球内（图 2-17）。使用前述[25] 所建立的透光度方法测试，发现不添加 AA 时，聚合一开始就快速发生高分子和水的相分离，高分子从水中沉淀出来形成核，核之间不断聚集，形成核之间的孔。随着 AA 的增加，透光度的下降延迟，即高分子和水的相分离速度延迟。这是因为 AA 和水的相容性好，因此高分子在相分离产生之前就被交联，从而形成较致密的结构。

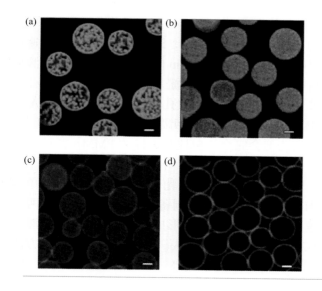

图2-17
P(NIPAAm-AA)微球吸附
FITC-胰蛋白酶后的激光共聚
焦照片

AA含量：（a）0%；（b）5%；
（c）10%；（d）15%；标尺为8μm

4. W/O/W 体系

马光辉团队结合复乳法和膜乳化法，制备了 P(AAm-ST) 亲水 - 疏水复合微球[32]。内水相由亲水性单体 AAm、亲水性交联剂 N,N'- 亚甲双丙烯酰胺（N,N'-Methylene Bisacrylamide，MBAAm）、引发剂 KPS 和水组成，油相由 ST、少量的 PST（作为疏水性添加剂）、交联剂 DVB 或 EGDMA、引发剂 ADVN、Span85 组成，将内水相和油相混合后，超声乳化 3min 后得到纳米级的 W/O 型初乳，然后对 W/O 型初乳进行膜乳化，得到了尺寸均一的 W/O/W 型复乳，所使用的膜孔径为 5.25μm。最后，在氮气氛围下升温聚合获得复合微球。

对 W/O 型初乳进行膜乳化的必需条件是在膜乳化期间初乳必须稳定，因为膜乳化需要一定的时间才能完成。另外，初乳与膜孔之间的界面张力必须足够大，否则会使膜孔湿润。在油相中加入较多的乳化剂能使初乳稳定，但乳化剂量的增多又会降低 W/O 型初乳与膜孔的界面张力。研究发现加入少量的高分子量 PST 能够增加油相的黏度，从而有效地延缓水 - 油相的分离，提高初乳的稳定性。在油相中仅添加 0.5% 的高分子量 PST（M_w: 8.9×10^5），在 7 天内没有发现水 - 油相分离。添加 PST 高分子的另一个优点是：聚苯乙烯是不溶于水的物质，和 HD 相同，能够延缓 ST 向水相的扩散速度（Ostwald Ripening），增强液滴的稳定性。最终，得到了粒径非常均一的复乳液，平均粒径为 21.4μm，CV 仅为 7.0%。

由于聚合过程中，内水相和油相单体以及引发剂均会扩散进入外水相，引发乳液聚合而产生很多新颗粒，必须在连续相中添加阻聚剂。对比三种阻聚剂 HQ、NaNO$_2$ 和 DAP，发现只有 DAP 能够有效地阻止外水相中的聚合，防止二次颗粒的产生，避免液滴成为提供单体的储库，因此聚合后的微球直径和粒径分布与聚合前的液滴直径和粒径分布相近。

添加油相交联剂能加快油相聚合速度，从而减缓单体向外水相扩散的速度，提高微球收率。例如，不使用交联剂时，总的单体转化率为 83.1%，而加入 2% 的 DVB 后，增至 98.9%，加入 2% 的 EGDMA 后，增至 100%，表明亲水性和亲油性单体基本都被聚合。而仅使用 MBAAm 交联剂时并未获得同样的效果，因为油相聚合速度慢，并不能阻碍内水相和外水相的融合。

有意思的是交联剂不仅影响收率，而且影响形貌结构（图 2-18），未经交联的 PST-PAAm 复合微球中［图 2-18（a）］，光学显微镜显示 PAAm 小球存在于大复合微球上，但清洗并干燥后的扫描电镜照片显示微球呈高尔夫形态，表面呈规则的凹陷。表明 PAAm 内水相随着聚合的进行，逐渐移动到微球表面，清洗并干燥后，PAAm 小微球被洗去，留下规则的凹陷痕迹。随着 DVB 添加量的增加，存在于复合微球表面的 PAAm 小球数量减少，表明更多的 PAAm 内水相被包裹在微球内。当 DVB 增加到 10% 时，微球的表面光滑，表面已经没有 PAAm 小微球存在，PAAm 内水相被有效地包埋在微球内。上述结果表明交联剂的添加增加了 PST 油相的聚合速度，油相的黏度迅速增加，限制了 PAAm 向外水相的移动。但是，仅添加水溶性交联剂 MBAAm 时（图 2-19），虽然 PAAm 内水相停留在复合微球的表面，但由于 PST 油相未被交联，清洗后 PAAm 小球被洗脱，微球表面上留下很多小坑。

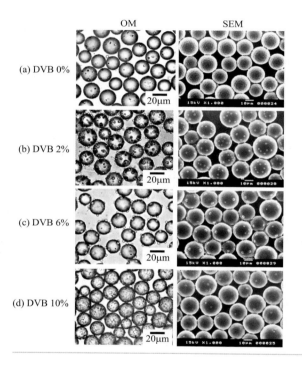

图2-18
交联剂DVB的添加量对PST-PAAm复合微球形貌的影响

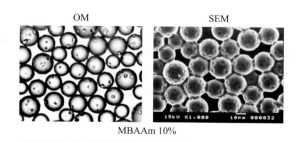

图2-19
水相交联剂MBAAm的添加对PST-PAAm复合微球形貌的影响

三、快速膜乳化法

上述常规膜乳化法解决了传统方法之间的矛盾，可以制备粒径微米至百微米级的乳液和微球，但是制备微米以下的乳液和微球存在困难。快速膜乳化技术是两步乳化技术，其制备过程如图2-20所示，先用直接膜乳化法或传统方法（搅拌、均相乳化法等）制备较大液滴的预乳液（Premixed Emulsion），也称粗乳液（Coarse Emulsion），然后将预乳液在一定压力下快速压过膜孔，在优化条件下，大液滴被膜孔的均一剪切力破损成均一的小液滴。预乳液的液滴不一定均一，但需要比孔径大，否则小液滴会自由通过膜孔，造成粒径分布变宽。另外，压力不能过大和过小，过膜压力过大时，液滴在膜孔内和膜壁之间的摩擦力过大，会产生很多小液滴；而过膜压力过小时，大液滴会边变形边慢慢地通过膜孔，而不被破损成小液滴，从而造成液滴分布变宽。除此之外，连续相和膜的界面张力、膜孔长度、预乳液黏度等均对粒径分布有重要影响。采用不同孔径的膜孔，用快速膜乳化法可实现液滴和微球粒径在 0.1 ~ 30μm 之间的可控，CV 在 15% 左右。当液滴为亚微米级时，液滴的聚合相当于细乳液聚合，可解决传统细乳液聚合存在的粒径不均一的问题。

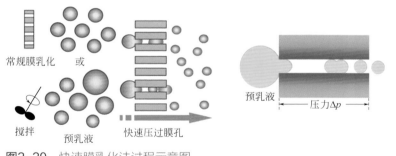

图2-20 快速膜乳化法过程示意图

同样，快速膜乳化法已在 O/W、W/O 和复乳体系获得成功，并成功制备出了疏水性、亲水性微球和微囊。

1. O/W 体系制备疏水微球

马光辉团队采用快速膜乳化法制备了小粒径的 PST 均一多孔微球，配方和常规膜乳化法类似，溶解了引发剂 BPO 的 ST 单体 /DVB 交联剂 / 致孔剂的油相溶液为分散相，溶解了 SDS、PVA 的水溶液为连续相，将油相倒入水相中，用机械搅拌法制成大粒径的预乳液，然后用快速膜乳化装置，在一定气体压力下将预乳液快速压过膜孔获得均一的小液滴，进行氮气置换后升温至 70℃聚合约

20h 获得 PST 均一微球 [33]。采用孔径为 1.0μm、1.4μm、1.5μm、5.1μm、9.2μm 的膜孔，研究了不同孔径时的最佳过膜压力，获得了不同粒径的均一 PST 微球（图 2-21），并可制备亚微米级的均一微球。另外，采用不同的致孔剂可以控制微球的孔径。例如，以 HD 为致孔剂、改变 HD/ 单体比例所获得的均一多孔 PST 微球的 SEM 照片如图 2-22 所示。

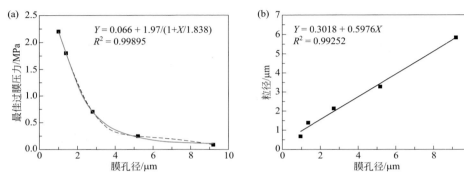

图2-21 不同孔径的膜对应的最佳过膜压力和获得的液滴粒径

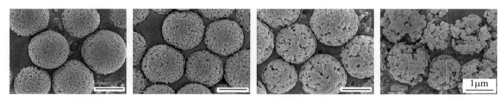

图2-22 用快速膜乳化法制备的均一PST多孔微球的扫描电镜照片
单体/HD 比为 1 : 0.2，1 : 0.4，1 : 0.6，1 : 0.8（从左到右）

2. W/O 体系制备温敏微球

马光辉团队从 W/O 体系制备出了 PNIPAAm 温敏微球。和常规膜乳化的配方类似，将 NIPAAm 单体、AA（丙烯酸）功能单体及交联剂 MBA、APS 引发剂溶解于水中，作为分散相，含有 Span80 的环己烷作为连续相，用搅拌法获得 W/O 型初乳后，用快速膜乳化法获得均一液滴，氮气置换后加入 TEMED/ 环己烷溶液，在 25℃条件下引发聚合，获得带功能基团的均一 PNIPAAm 微球 [34]。改变膜孔径获得了粒径不同的 PNIPAAm 温敏微球（图 2-23），其中孔径为 5.2μm时，最佳过膜压力为 250kPa，微球粒径为 5.11μm，PDI（Polymer Dispersity

Index，聚合物分散性指数）仅为 0.0312［图 2-23（c）］。

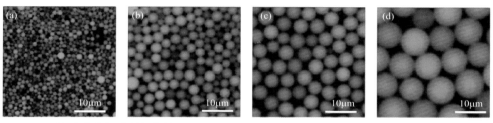

图2-23 快速膜乳化法制备的均一P(NIPAAm-AA)微球激光共聚焦照片（用FITC标记）
膜孔径(μm)：（a）1.4；（b）2.8；（c）5.2；（d）9.2

3．W/O/W 体系制备超大孔微球

马光辉团队使用两步快速膜乳化法，制备了 PGMA 超大孔微球。如图 2-24 所示，水溶液为内水相，将 GMA、EDGMA、油溶性引发剂和稳定剂等溶解于适当的有机溶剂中，作为油相。溶解了稳定剂的水溶液为外水相。第一步采用小孔径的膜用快速膜乳化法制备均一的 W/O 型乳液，然后第二步和外水相混合后，再用大孔径的膜，用快速膜乳化法制备均一的复乳，最后升温聚合，聚合过程中内水相融合形成贯穿的孔，得到超大孔微球。由于初乳和复乳都是用快速膜乳化法制备，因此孔径和微球粒径可控且均一，通过过程优化实现了孔径在700nm ~ 1.5μm 之间可控、粒径在 30 ~ 100μm 之间可控。

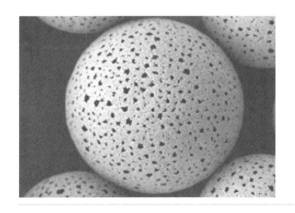

图2-24
两步快速膜乳化法制备的PGMA超大孔微球的扫描电镜照片

快速膜乳化的应用在以高分子为原料（聚乳酸、壳聚糖等）制备药物缓释颗粒体系有更大的优势，将在第三章和第六章更详细的制备和应用中介绍。

总结微孔膜乳化法制备大微球有下列优势：①在水相中可以一步制备尺寸

均一的大粒径高分子微球，而不需使用有机溶剂，这对环境保护有着重大的意义；②使用不同直径的膜孔能够严格控制微球的直径，因此制备中的批次重复性非常好；③将功能性材料混合于分散相中，可以得到包埋了功能性材料的微球；④由于液滴的粒径非常均一，每个液滴之间的表面能相似，在聚合过程中不会发生液滴之间的合并和液滴的破裂，尤其包埋药物或其他功能性物质时，被包埋的物质不会在聚合过程中溢出，包埋率非常高；⑤乳化条件温和，不使用高剪切力的搅拌，包埋生物活性物质时，不容易使其失活；⑥不仅可以对亲水性单体进行乳化，而且可以对蛋白质、多糖等天然高分子水溶液进行乳化，制备亲水性天然高分子的微球和微囊；⑦对 W/O 或 O/W 型乳液乳化，可以得到 W/O/W 或 O/W/O 型复乳液，因此，可以制备包埋亲水性药物或油溶性药物的尺寸均一的微囊或复合微球。

第八节
新技术——微流控技术制备均一微球

一、液滴产生

微流控乳化技术是通过严格控制两相的流动速度来制备粒径可控的液滴，粒径分布系数（CV）可达到 5% 以下。在惯性力、黏附力和界面张力的平衡下，分散相周期性地被连续相分割，形成均匀的乳状液滴 [35]。

微流控乳化可通过共轴流聚焦法（Coaxial Junction）、交叉流聚焦法（Flow-focusing）和 T 形通道法（T-junction）实现。在共轴流聚焦法中，将微通道中心轴内插入尖嘴的毛细管，在连续相流体的剪切力作用下，分散相被挤压断裂形成液滴，如图 2-25（a）[36]。在交叉流聚焦法中，三条流路聚焦一个管道中，分散相和流动相汇合于十字交叉管处，上下对称的流动相同时，挤压分散相使其断裂，从而形成液滴，如图 2-25（b）[37]。在 T 形通道法中，不相溶两相流体在垂直的 T 形管道交叉口处相遇，在压力和剪切力的作用之下，流动相截断分散相，从而形成液滴，如图 2-25（c）[38]。

通过微流控装置的扩展，可以制备结构更加复杂的乳液，以共轴流聚焦法为例，最简单的是单乳液，包括水包油（O/W）型和油包水（W/O）型乳液，如图 2-26（a）、（b）[39]。复乳液是液滴中包含更小的分散相液滴，例如水包油包水（W/O/

W）型和油包水包油（O/W/O）型，可通过两步或一步微流控技术制备。如图2-26（c）~（e）所示[40, 41]，内相液滴和中间相壳层的体积可实现精确的控制。以复乳液为模板，可得到具有核 - 壳或多腔室结构的微囊。此外，对两步共轴流聚焦法进行扩展，可制备更高阶的乳液，如三重、四重等多重复杂乳液，如图2-26（f）所示[41]。

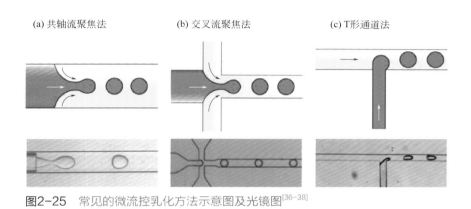

（a）共轴流聚焦法　　　　（b）交叉流聚焦法　　　　（c）T形通道法

图2-25　常见的微流控乳化方法示意图及光镜图[36-38]

二、微球的制备

　　将引发剂和单体制备成液滴，然后将液滴聚合后即可得到高分子微球。聚合可通过加热或紫外线照射而引发，其中紫外线照射可以在几秒钟内引发聚合，在微流控乳化中应用更加广泛。例如，分散在油相中的水凝胶前驱体可在紫外线照射下发生聚合，从而得到水凝胶微球[42]。Liu 等人[43]利用微流控芯片，以 W/O 型乳液为模板，制备了粒径 7 ~ 120μm、CV 小于 5% 的量子点聚乙二醇二丙烯酸酯（PEGDA）微球，S 形微流控通道的使用延长了液滴在紫外光下的暴露时间，使得固化更彻底。Cha 等人利用交叉流聚焦微流控芯片制备了甲基丙烯酰化明胶（GelMA）微球[44]，作为可注射的细胞培养微载体，在再生医学领域具有较好的应用前景。

　　除了光引发聚合外，还可以通过氧化还原引发聚合来合成微球。例如，装载有大肠杆菌的聚乙二醇二丙烯酸酯（PEGDA）微囊就需要在无紫外线照射的情况下合成，K.G. Lee 等人[45]使用四甲基乙二胺（TEMED）催化过硫酸铵（APS）产生自由基，引发 PEGDA 上丙烯酸端基交联，实现微流控通道中均一微球的制备。

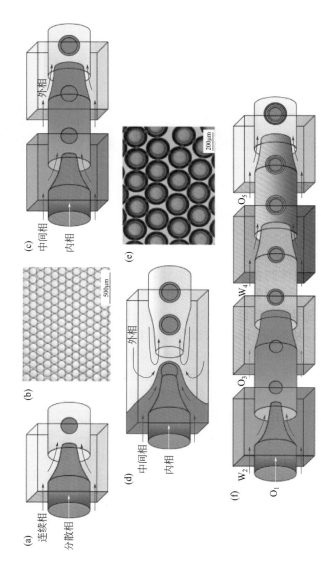

图2-26 共轴流聚焦法制备结构复杂乳液示意图。(a),(b)单乳液制备示意图及光镜照片。(c)~(e)两步乳化技术和一步乳化技术制备复乳液示意图及光镜照片。(f)三重、四重乳液制备示意图[39-41]

第九节
高分子微球形貌的控制及复合微球的制备

高分子微球的形貌调控和复合微球制备基本分为三类：①两种以上单体的共聚可形成复合微球，如果两种单体之间的共聚性差或者聚合速度有差异，则可能形成某个单体的均聚物（Homopolymer），从而与另一种高分子产生相分离而形成特殊形貌的微球，但要实现调控比较困难。②分步聚合或混合法：将高分子溶解在第二种单体里，制备成液滴后进行聚合获得复合微球，随着第二种单体的聚合，两种高分子之间发生相分离，用热力学和动力学手段调控相分离可获得不同形貌的微球；也可简单地将两种高分子混合制备成液滴，随着溶剂的蒸发，两种高分子发生相分离，便可调控形貌。③种子聚合：利用种子和后聚合的高分子的相分离，并通过动力学、热力学调控，可控制微球的形貌。形貌的调控除了利用高分子之间的相分离以外，还可利用高分子与非溶剂之间的相分离。

一、分步聚合法/混合法制备复合微球

细乳液／悬浮聚合法都可将高分子溶解在第二种单体里，制备成液滴后进行聚合获得复合微球。尤其是所添加的高分子还可延缓 Oswald Ripening（熟化），起到稳定液滴的作用。

Ishitani 等使用硅氧烷（Silicone）大分子为疏水性物质，制备了聚（苯乙烯 -co- 丙烯酸 -2- 乙基己酯）复合微球 [46]，他们发现当微小液滴的尺寸小于 500nm 时，30%（质量分数）的硅氧烷能被导入微球内，而微小液滴的直径大于 500nm 时，却生成了大量的凝聚物。因为，液滴过大时，液滴捕捉自由基的概率降低，乳液聚合成为主要的反应。在乳液聚合的单体扩散过程中，硅氧烷无法和单体一起扩散而导致微球之间的凝聚。

Landfester 发现 [47] 硅烷、硅氧烷高分子、异氰酸酯、聚酯、氟代烷等均能有效地抑制 Ostwald Ripening（熟化），同时形成复合微球。

马光辉团队用膜乳化法制备了尺寸均一的聚氨酯脲（PUU）/ 聚苯乙烯（PST）等复合微球 [48]。将 40% 的聚氨酯预聚物（UP-146）与 ST 或 ST/MA 均匀混合制备成油相，将稳定剂 MST-1［2,4- 甲苯二异氰酸酯和聚（氧乙烯 -b- 聚氧丙烯 -b- 聚丙烯）的加合物］和 SLS 溶于水，作为水相。用膜乳化方法制备成 O/W 型乳液后，加入增链剂／乙酸乙酯溶液，边搅拌边反应 1h 后（增链反应），将乳液移入聚合反应器，通氮气 1h 后，升温聚合。研究发现 PUU 与另一高分子的相容

性和聚合过程中微球的稳定性有很大的关联，两种高分子的相容性越好，得到的微球的稳定性也越好，单体转化率也越高。因此，使用交联剂和三功能基团的增链剂有助于抑制两种高分子的相分离程度，得到稳定的微球分散液。例如，不加入单体的交联剂，仅加入二功能基团的增链剂哌嗪（Pz）时，单体转化率较低，PUU 与 P（ST-MA）之间的相分离较为显著，微球表面不光滑 ［图 2-27（a）］。采用交联剂（EGDMA）和三功能基团的增链剂二亚乙基三胺（DETA）后，显著降低两种高分子之间的相分离程度 ［图 2-27（b）］。而用三功能基团的交联剂三丙烯酸三羟甲基丙烷酯（TMPTMA）代替 EGDMA 后，能进一步降低相分离程度并提高粒径的均一性 ［图 2-27（c），（d）］。从图 2-27（d）的微球超薄膜透射电镜照片可知（PUU 区域用 OsO$_4$ 染色），两种高分子混合较为均匀。

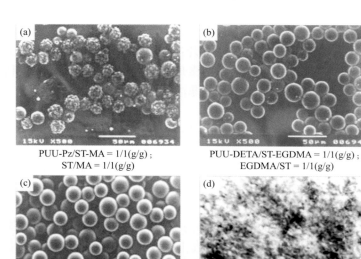

PUU-Pz/ST-MA = 1/1(g/g)；
ST/MA = 1/1(g/g)

PUU-DETA/ST-EGDMA = 1/1(g/g)；
EGDMA/ST = 1/1(g/g)

PUU-DETA/TMPTMA = 1/1(g/g)

PUU-DETA/TMPTMA = 1/1(g/g)

图2-27
用膜乳化法制备的聚氨酯和聚苯乙烯或聚丙烯酸酯的复合微球

利用两种高分子简单混合，可以制备复合微球，并控制形貌。如果两种高分子的相分离只受热力学影响，微球的相分离形貌有以下 5 种（图 2-28）：核 - 壳型（Core-shell，高分子 1 为核，高分子 2 为壳）、反相核 - 壳型（Inverted Core-shell，高分子 2 为核，高分子 1 为壳）、双半球型 1（Hemisphere 1）、双半球型 2（Hemisphere 2）以及独立型（Individual Particles）。热力学稳定的形态是这 5 种状态中的一种，必须针对具体体系计算这 5 种状态的各自的自由能变化，然后确定自由能变化为最小的热力学稳定的形态。

但是，热力学平衡状态往往不能完全实现，聚合过程 / 固化过程的动力学过程会阻碍热力学平衡状态的形貌实现。反之，也可利用聚合/固化动力学和热力学相结合的策略，控制微球的形貌。

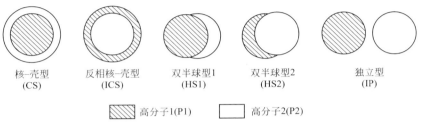

核-壳型 (CS)　　反相核-壳型 (ICS)　　双半球型1 (HS1)　　双半球型2 (HS2)　　独立型 (IP)

▨ 高分子1(P1)　　□ 高分子2(P2)

图2-28　两种高分子的热力学稳定的相分离形貌

例如，马光辉团队简单地将 PST 和 PMMA 溶解于二氯甲烷（DCM, Dichlorolomethane），同时还添加了少量共表面活性剂十二烷醇（LOH）[49,50]，用膜乳化法制备均一液滴后，将二氯甲烷蒸发，获得 PST/PMMA 复合微球。实验结果发现 LOH 的添加和高分子浓度对复合微球的形态有显著影响，加入不同量的 LOH，可以简单地改变 PST/PMMA 的形态。用热力学和动力学原理分析结果如下：

（1）高分子浓度低时［2%（质量分数），总量 1.2g］ 高分子浓度低时，溶剂缓慢挥发，分子运动的扩散阻力小，有利于热力学平衡状态的实现。

不添加 LOH 时（LOH=0）：不添加 LOH 时，复合微球为二组分体系，所得到的复合微球的超薄膜透射电镜照片如图 2-29 所示，表明无论 PMMA/PST 混合

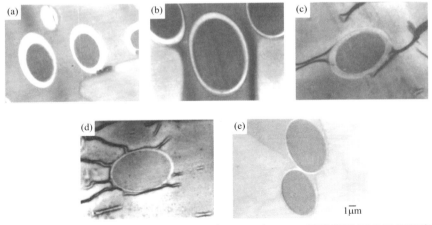

图2-29　高分子浓度低（2%，质量分数）且不添加LOH时所得到的PMMA/PST复合微球的超薄膜透射电镜照片。PMMA/PST(g/g)：（a）5/5；（b）4/6；（c）3/7；（d）2/8；（e）1/9。PST微相区用RuO₄染色

比如何，核 - 壳型微球的界面自由能低于其他 3 种形态，这是因为 PMMA/ 水的界面张力低于 PST/ 水的缘故。

LOH 的添加量多时（LOH=2mL，高分子总量 1.2g）：复合微球的电镜照片如图 2-30（a）~（e）所示，LOH 除去之前的湿态光学显微镜照片如图 2-30（a′）~（e′）所示。从图可知，PMMA/PST=5/5 时，相分离不完全，为多微相型形态；PMMA/PST=4/6、3/7 时，微球为双半球（HS）形态；PMMA/PST=2/8

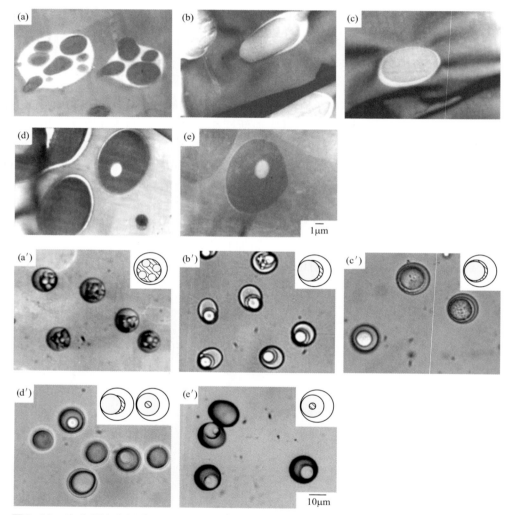

图2-30 高分子浓度低（2%，质量分数）且LOH添加量为2mL时的复合微球的超薄膜透射电镜照片（a）~（e）及湿态光学显微镜照片（a′）~（e′）。PMMA/PST（质量比）：（a）5/5；（b）4/6；（c）3/7；（d）2/8；（e）1/9

时，发现双半球形态和反相核 - 壳型微球共存在；PMMA/PST=1/9 时，微球显示反相核 - 壳型形态。马光辉团队采用的体系中，PMMA 的分子量很高（ 2.2×10^5 ），而 PST 的分子量较低（ 9.9×10^4 ），因此，在同样高分子浓度下，PMMA 溶液的黏度远远高于 PST 溶液的黏度。因此，PMMA/PST=5/5 时，PMMA 的添加量大，高分子溶液的黏度增高，阻碍了分子的运动（动力学控制），难以实现完全的相分离形态。

LOH 添加量多时，由于 LOH 与水相的界面张力远远低于 PST 或 PMMA 与水相的界面张力，因此，在最后得到的复合微球中，LOH 是包覆在 PST/PMMA 的外部，PST 或 PMMA 并不与水直接接触，从图 2-30 的湿态光学显微镜照片可以证实这一点。因此，计算界面张力时，需将 PST/ 水界面张力和 PMMA/ 水界面张力换为 PST/LOH 界面张力和 PMMA/LOH 界面张力。通过计算自由能变化可知，PMMA/PST 比高时，容易形成双半球型（HS）微球；当 PMMA/PST 比低时（2/8、1/9），HS 和反相核 - 壳型（ICS）的界面自由能相近，两种形态均有可能产生。这些计算结果与实验结果一致。

（2）高分子浓度高时（10%，质量分数） 高分子浓度高时，分子运动受到阻碍，更容易形成非热力学平衡状态的形态，为此可以观察到很多有趣的相分离形态。

不添加 LOH 时：复合微球的超薄膜透射电镜照片如图 2-31 所示。当 PMMA/PST 为 4/6 和 3/7 时，复合微球显示完整的核 - 壳型形态。PMMA/PST 比为 5/5 时，为微相分离形态。PMMA/PST 比为 2/8 和 1/9 时，为反相核 - 壳 - 壳型形态。与高分子浓度为 2%（质量分数）时的结果比较可知，微相分离和核 -

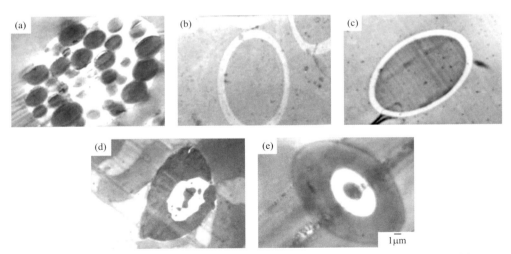

图2-31 高浓度混合时的微球形态的超薄膜透射电镜照片［高分子浓度10%（质量分数），不添加LOH］。PMMA/PST（质量比）：（a）5/5；（b）4/6；（c）3/7；（d）2/8；（e）1/9

壳 - 壳型微球属于非热力学平衡状态。

添加 LOH 时（LOH=2mL）：添加 LOH 时的复合微球的超薄膜透射电镜照片如图 2-32 所示，从电镜照片可以发现，PMMA 区域里总是分散着微小的 PST区，这与不添加 LOH 时的结果有所不同。因此，该结果说明 LOH 虽然大部分会存在于微球表面，但也会有一小部分 LOH 被分配在微球内部，从而阻碍了 PST微区的运动。随着 PMMA/PST 比的降低，由于体系内黏性降低，小的 PST 区域逐步聚集成较大的区域，分别形成了微相分离（PMMA/PST=5/5、4/6）、多头型（PMMA/PST=3/7）、双半球型（PMMA/PST=2/8）以及核 - 壳 - 壳型（PMMA/PST=1/9）微球。与不添加 LOH 时的电镜照片比较可知，添加 LOH 时没有发现核 -壳型结构，而且 PST 总是突出于复合微球表面。如前所述，由于 LOH 存在于表面，PST 与 LOH 的界面张力与 PMMA 与 LOH 的界面张力相近，PST 也可与LOH 接触，而不被 PMMA 覆盖。

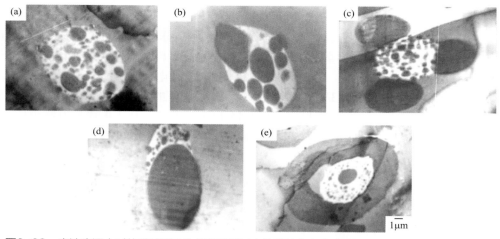

图2-32　高浓度混合时的微球形态的超薄膜透射电镜照片［高分子浓度10%（质量分数），添加2mL的LOH］。PMMA/PST（质量比）：（a）5/5；（b）4/6；（c）3/7；（d）2/8；（e）1/9

二、种子聚合法

利用种子微球和第二步聚合的高分子之间的相分离，较容易调控微球的形貌。除此之外，种子微球的交联度、第二步聚合的交联度以及聚合动力学的控制等可更丰富地调控复合微球的形貌。

1. Janus 型微球（哑铃状）

如前述实验结果和分析可知，当两种高分子与水相之间的界面张力相近时，两种高分子均能与水接触，因此容易形成 Janus 型微球（即双半球型）。另外种子微球有一定的交联度时，第二种高分子无法存在于内部，也容易得到 Janus 型形态。但是，一种高分子亲水性很强，而另一种高分子疏水性很强时，一般得到核-壳型微球，很难制备出 Janus 型微球。马光辉团队在制备聚苯乙烯/聚（4-乙烯基吡啶）Janus 型复合微球的实验中发现[51]，以亲水性较强的聚（4-乙烯基吡啶）（P4VP）微球为种子，进行 ST 的种子聚合时，如不对种子进行交联，则 ST 容易扩散进入 P4VP 微球内而形成 PST-P4VP 核-壳型微球；而对种子微球交联后，则极易形成多头型复合微球，而不易形成一个头的 Janus 型微球，即 PST 在 P4VP 微球表面上形成 2 个以上区域。这是因为 P4VP 种子交联后，后聚合的 PST 链的运动受到阻碍，特别在聚合后期，单体几乎消失，微球成固态，两个 PST 区域就很难聚集成一个区域（即完全相分离状态）。基于这种设想，马光辉团队先用甲苯使 P4VP 种子溶胀后，再进行 ST 的种子聚合，发现容易得到一个头的 Janus 微球。

由此可见，可以采用一些策略来使非热力学平衡状态的形貌转变成平衡状态，也可通过溶液条件的改变来调控热力学平衡状态。例如，如图 2-33 所示，Minami 等[52]以分散聚合法制备了 PMMA 微球（2.1μm），然后进行了带乙烯基的离子液体（IL）[2-(methacryloyloxy)ethyltrimethylammonium][bis(trifluoromethanesulfonyl)amide]（[MTMA][TFSA]）的种子聚合得到 PMMA/PIL 复合微球，由于离子液体和水溶液之间的界面张力低，所以聚合后的热力学稳定的形貌是核-壳型微球。但是，他们继续添加大量 Emulgen950（非离子表面活性剂）和 Li[TFSA]，并加

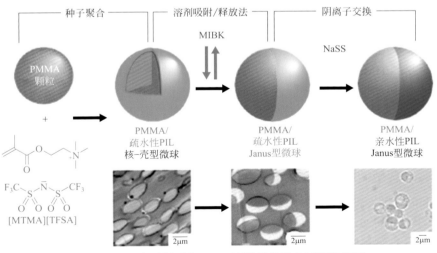

图2-33　PMMA/PIL核-壳型微球向Janus型微球的转变过程和机理

入甲基异丁基酮（MIBK）使该核-壳型微球溶胀，使高分子链发生移动重新排列（SARM，Solvent-absorbing/Releaseing Method）。Li[TFSA] 的加入，避免了 PIL 和 CO_2 的离子交换，从而和水溶液的界面张力提高，而 PMMA 和含大量 Emulgen950 的水溶液的界面张力降低，最终导致两种高分子和水溶液的界面张力接近，因此将 MIBK 蒸发后，得到 Janus 形貌的微球。更有意思的是，他们进一步采用苯乙烯磺酸钠（NaSS）通过离子交换，获得 PMMA/PIL 疏水-亲水 Janus 型微球。

2. 汉堡（Hamburg）型微球

Okubo 等以微米级 PST 种子，采用"动态溶胀法"使种子吸收甲基丙烯酸丁酯（PBMA）后，升温聚合[53]。他们采用不同的引发剂用量研究了聚合速度与复合微球形态的关系。发现引发剂用量少时形成 Janus 型微球［图 2-34（a）］，而引发剂浓度高时形成汉堡型微球［图 2-34（b）］。同理，汉堡型微球也是属于非热力学稳定的相分离状态。当引发剂浓度高时，聚合速度加快，"汉堡"的两个区域的链运动性能降低，无法聚集为一个区域。

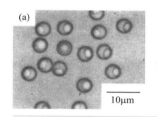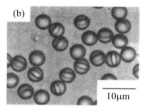

图2-34
种子聚合法制备的PST/PBMA
汉堡型微球。（a）聚合速度慢时；（b）聚合速度快时

Saadat 等[54] 为获得热力学平衡状态的复合微球，以分散聚合制备的聚苯乙烯微球（2μm）为种子，在石蜡（n-paraffin）的存在下进行甲基丙烯酸-2-乙基己酯（EHMA）的聚合，由于石蜡与 PST 的亲和性好，微球内黏度降低，PEHMA 链移动性好，最终形成 Janus 型微球，但是用己烷或癸烷替代石蜡，则获得汉堡型微球，而用十二烷或十六烷替代石蜡，则获得多头型的相分离结构，说明随着溶剂链长的增加，和 PST 的亲和性下降，微球内黏度增加，限制了 PEHMA 的运动，使其不能达到热力学平衡状态。

3. 洋葱型微球

Okubo 等以 PMMA 微米级微球为种子，采用前述的动力学控制方法制备 PMMA/PST 核-壳型（PMMA 为核、PST 为壳）复合微球后（非热力学稳定的状态），使复合微球吸收 10 倍的甲苯，然后使甲苯缓慢挥发，以使 PMMA 和 PST 分子链重新排列，得到热力学平衡状态的微球。结果发现，甲苯挥发足够缓慢时，得到了 PMMA 层和 PST 层交替排列的洋葱型（Onion-like）微球（图 2-35）[55]。这是因为种子聚合过程中形成了部分 PMMA-PST 共聚物，这些共聚物在分子重新排列时位于 PMMA 层和 PST 层的界面，使洋葱型形态稳定。

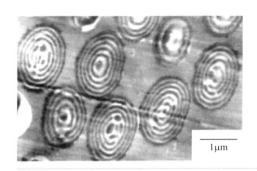

图2-35
甲苯吸收-挥发法得到的洋葱型
微球超薄膜切片TEM照片

4. 红细胞型微球

Hoshino 等 [56] 使用分子量较低的 PST 微球为种子，并在 80℃的条件下进行了两步种子聚合。第一步使用 ST、异辛烷（OT）、甲基丙烯酸 -2- 羟基乙酯（HEMA）、丙烯酸、过硫酸铵（APS）以及十二烷基苯磺酸钠（SBS）进行了种子聚合，得到了球形微球，OT 均匀地分布在微球内。第二步加入 ST、DVB、HEMA、丙烯酸、APS、SBS 进行聚合。由于第二步加入了交联剂，微球收缩，OT 被挤压到微球表面，形成类似红细胞的形貌（图 2-36）。这种扁平的微球用作纸张的表面加工时，显示良好的性能。高剪切力下的黏度比球形微球低，加工容易，同时纸张光泽、印刷光泽以及光散射性也比球形微球好。

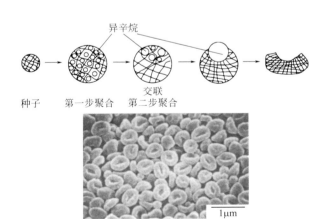

图2-36
两步种子聚合法制备的红细胞
型微球的示意图和SEM照片

第十节
高分子-无机复合微球的制备

高分子-无机复合微球能够兼具高分子和无机材料两者的优势，既拥有有机材料的可塑性、易加工性以及生物兼容性，又具备无机物的刚性、磁性以及导电性等性能。制备高分子-无机复合微球，需要克服高分子和无机物的亲和性较差的难点。其制备方法较多，基本分为四类：①以无机颗粒为核，在核上进行单体聚合的方法；②以高分子微球为核，在高分子微球上原位生成无机颗粒的方法；③将无机颗粒和单体混合制备成液滴，然后通过聚合将无机颗粒包埋在微球内的方法；④利用静电相互作用等的其他方法。

一、以无机颗粒为核/种子的制备法

乳液/无皂乳液聚合法、分散/沉淀聚合法都涉及核的生成以及核的成长，那么利用无机颗粒为核，使聚合在无机颗粒核上面生长，则能够将无机颗粒包埋在微球内。但是，一是需增强无机颗粒和聚合的亲和性，二是要防止单体在连续相中生成新的核，也就是说必须让单体只在无机颗粒上聚合。可采用的策略包括：①将引发剂或双键吸附或导入在无机颗粒表面，从而聚合反应只能在无机纳米颗粒表面发生；②采用反应性乳化剂处理无机纳米颗粒表面，使聚合反应较容易地在无机纳米颗粒表面进行。

Gu 等[57] 首先以硅球为核，发展了乳液聚合只在硅球表面上进行的策略，制备了氧化硅-聚苯乙烯的单核微球。他们首先用带双键的硅烷偶联剂 3-（三甲氧基甲硅基）甲基丙烯酸丙酯（TMSMA）处理硅球表面，将双键导入硅球表面，然后再加入引发剂 KPS 和对苯乙烯磺酸钠（NaSS）亲水性单体，氮气置换并升温至70℃后，再加入 ST 单体进行聚合。研究发现，如果不事先用 TMSMA 处理，苯乙烯不会在硅球表面进行聚合，而是另外生成聚苯乙烯微球，而用 TMSMA 处理后，苯乙烯的聚合局限在硅球的表面进行，形成单核型的氧化硅-聚苯乙烯复合微球。

Gu 等接着利用上述策略制备了金/硅/聚苯乙烯多层复合微球。首先在金胶体溶液内加入四乙氧基硅烷（TEOS）/水 /NH$_3$，在金颗粒的表面覆盖氧化硅，然后再用聚苯乙烯覆盖金-氧化硅复合微球，最后得到的每个微球内含一个金颗粒，调节苯乙烯的使用量可调节苯乙烯的厚度。

Yu 等[58] 用分散聚合法制备了包埋 TiO$_2$ 的复合微球，先用超声处理将 TiO$_2$

颗粒分散在 ST 和 DVB 内，然后将其与含 0.2%（质量分数）PVP 的甲醇混合，超声 5min。最后加入 AIBN 溶液，在 65℃条件下反应 6h。为使复合微球表面具有功能性基团，他们在上述分散聚合后，又缓慢加入甲基丙烯酸（MAA），继续聚合 12h。所得到的复合微球表面光滑，包埋率最高达到 87%，TiO$_2$ 的含量可达到 33%。

Kondo 等[59]用无皂乳液聚合法制备了温敏性磁性微球。以磁性颗粒为核，以 KPS 为引发剂、ST（或 ST+DVB）为单体在 70℃条件下聚合 6h，使 PST 包覆在磁性颗粒上，继而添加 NIPAAm、MAA（甲基丙烯酸）以及 KPS，聚合 24h。所制备的微球兼备磁感应性和温敏性。

古等采用磁性颗粒的聚集体细乳液（O/W 型）为种子（10nm 的颗粒形成 0.7μm 聚集体，并分散在油相中），SDS 为水相乳化剂。在该细乳液中，添加 ST 和 DVB，使细乳液吸收单体而溶胀，然后加入 KPS 引发剂并升温聚合获得复合微球[60]。为了导入功能性基团，获得复合微球后，继续加入 ST、丙烯酸（AA）和引发剂 KPS 进行第二次种子聚合。研究发现，第一步种子聚合的溶胀时间对获得的复合微球形貌有显著影响，如图 2-37 所示，溶胀时间为 3h 时，单体被种子充分吸收后聚合，得到的微球为球形，磁性颗粒均匀地分布在复合微球中；溶胀时间为 0.5h 时，微球基本是球形，但磁性颗粒向微球的一侧发生部分的偏析；而溶胀时间为 0h 时，微球内部发生了明显的相分离，磁性颗粒与高分子分别位于微球的两侧，微球形貌为 Janus 型。这是因为充分溶胀后单体均在种子内，亲水性引发剂生成自由基后进入液滴内引发聚合，主要聚合反应在液滴内；而当单体没有被种子吸收时，自由基进入液滴后只能在种子表面和扩散而来的单体聚合，在种子微球的表面成核聚合场所，从而形成 Janus 型微球。

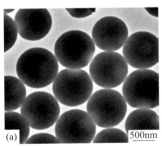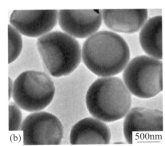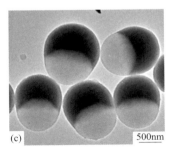

图2-37　不同溶胀时间制备的磁性高分子微球：（a）3h；（b）0.5h；（c）0h

二、以高分子微球为核的方法

在高分子微球内或微球上生成无机颗粒，其核心也是：①如何增强高分子微球与无机颗粒之间的亲和性；②如何防止新的纳米无机颗粒在溶剂中生成。

最知名的研究是 Ugelstad 等 [19] 开发的在高分子微球内生成磁颗粒的方法。首先，他们采用种子溶胀技术制备了尺寸均一的微米级聚苯乙烯微球，然后采用硝化反应将—NO_2 基团导入聚苯乙烯微球内，然后将微球分散在 Fe^{2+} 溶液内，通过—NO_2 与 Fe^{2+} 的相互作用，使微球吸附 Fe^{2+}。进而，在碱性条件下将微球内的 Fe^{2+} 氧化，使其在微球内直接生成铁氧化物。最后，通过热处理的方式，使其转变成 Fe_3O_4 和 / 或 γ-Fe_2O_3。这种磁性微球已有产业化产品（Dynabead®），磁含量最高达到 30%，已经被广泛地用于免疫检测等。

Kawaguchi 等 [61] 用类似的方法制备了亲水性高分子磁性微球，他们以丙烯酰胺（AAm）、亚甲基双丙烯酰胺（MBAAm）、甲基丙烯酸（MAA）为单体，异丙醇为溶剂，用沉淀聚合法制备了亚微米级的 PAAm 微球。冷冻干燥后，将其分散在水中吸附 Fe^{2+} 和 Fe^{3+}，然后加入氨水，使 Fe_3O_4 沉淀在微球内。如图2-38 所示，磁性颗粒分布在微球的内部和表面，磁含量可达到 20% ~ 25%。如前所述，在水相中使用时，磁性颗粒容易泄漏出来。因此，Kawaguchi 等进一步对复合微球进行种子聚合，在外面包覆一层高分子。

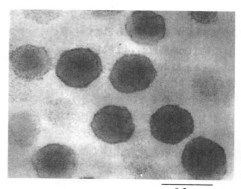

0.5μm

图2-38
用无机颗粒原位生成法制备聚丙烯酰胺磁性微球

Jiang 等 [62] 采用分散聚合法制备的 PST 弱交联微球为种子（0.5% 的交联剂），然后采用溶胀和热处理相结合的方法制备了高分子 - 磁性颗粒。将 PST 微球加入油酸铁 / 氯仿中溶胀，油酸铁和氯仿一起进入 PST 种子，然后加入十六烷后升温至 310℃进行热处理，磁性颗粒在 PST 中原位生成，得到包埋磁性颗粒的 PST 复合微球，饱和磁化率为 12.6emu/g，并显示超顺磁性。

Kumacheva 等以无皂乳液聚合制备了 PMMA-PMAA 亚微米微球，然后以 PMMA-PMAA 为种子，使 CdS 纳米颗粒在其表面原位生成 [63]。具体方法是：将 PMMA-PMAA 微球分散液（浓度约 20%）在 0.1mol/L KOH 溶液中透析至

pH=8.5，然后加入 Cd(ClO$_4$)$_2$ 溶液，Cd^{2+} 和 K$^+$ 发生离子交换而和 COO$^-$ 结合，用离心法除去未结合的 Cd^{2+} 后，将微球重新分散在水中并缓慢加入 Na$_2$S，使 CdS 纳米颗粒在高分子微球内原位生成。他们还用类似方法使 Ag$^+$ 结合在微球上后，采用 NaBH$_4$ 使 Ag 纳米颗粒在种子微球内原位生成。两种复合微球的 TEM 照片如图 2-39 所示。

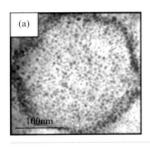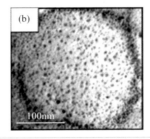

图2-39
PMMA-PMAA微球内原位生成
（a）CdS纳米颗粒；（b）Ag纳米颗粒

有些应用需要使无机颗粒分布于载体的表面，例如用于催化反应的无机颗粒存在于载体表面可更好地与反应物接触。Wang 和 Pan[64] 用无皂乳液聚合法制备了聚苯乙烯微球后，然后加入苯乙烯/丙烯酸，用种子聚合法得到聚（苯乙烯/丙烯酸）微球。在微球分散液中，加入 SnCl$_2$ 和 H$_2$O，在 45℃条件下搅拌 1h，由于微球表面带有羧基，SnCl$_2$ 能被吸附在微球表面。用离心法将吸附了 SnCl$_2$ 的微球分离出来，然后再将微球重新分散在水中，加入 PdCl$_2$，在 70℃条件下搅拌 1h，吸附 PdCl$_2$，用过滤法将微球和溶液分开。最后再次将微球分散于水中，分别加入次磷酸镍和次磷酸钴，反应后使 Ni 颗粒或 Co 颗粒沉淀在高分子微球上，磁性颗粒的尺寸在 30nm 左右。上述方法制备的复合微球，沉淀在微球表面的无机颗粒往往容易脱落，有时需要另外覆盖一层高分子。

Kim 等[65] 将聚（乙二醇二甲基丙烯酸酯-丙烯腈）[P(EGDMA-AN)] 多孔微球分散在含 Tween80 的 AgNO$_3$ 溶液内，利用丙烯腈的—CN 吸附 Ag 离子。然后逐步加入肼（N$_2$H$_4$）水溶液，使 AgNO$_3$ 还原成 Ag 纳米颗粒并沉淀在微球上或微球孔内。多孔微球与无孔微球相比，Ag 颗粒在多孔微球内的含量远远高于无孔微球内的 Ag 颗粒含量，这是因为 AgNO$_3$ 能和孔内—CN 相互作用而进入孔内。他们将含银纳米颗粒的复合微球用于杀菌实验，发现在溶液中形成的银纳米颗粒长时间储存后会从白色变为黄色（在 410nm 处有吸收），这是因为残存 Ag$^+$ 在光照射下继续被还原成 Ag 颗粒。而复合微球即使在 40℃保存 6 个月后，仍不发黄（在 410nm 处无吸收），这是因为多孔微球能保护 Ag 阻挡光的照射。

You 等[66] 采用分散聚合法得到 PGMA 或 FPHMA（含有荧光染料的 PGMA）微球，将微球浸泡在 AgNO$_3$ 的乙醇溶液中，然后加入过量的丁胺，通过超声使其进入微球内部，然后 50℃条件下加温 2h，使 Ag 在微球内部和表面原位沉淀。继续用 SERS（表面增强拉曼光谱）探针（Reporters）修饰微球表面后，再用溶胶 - 凝胶法在微球外面镀层，获得稳定的荧光 -SERS 信号双模式编码微球。

除了原位生成法以外，也可用高分子种子微球溶胀吸收无机纳米颗粒来制备复合微球。Lee 等[67]采用分散聚合得到 P(ST-GMA) 微球，然后将 0.5g 的微球与 10mL 的 N- 甲基吡咯烷酮（NMP）、60mL 的水、0.05g 的 SDS 混合，浸泡 15h 使微球充分溶胀，然后将 5mL 的 Fe_3O_4 磁性纳米颗粒（浓度 2.8 ~ 24mg/mL）加入上述溶液中，振荡 24h，使纳米颗粒进入微球内部，然后用离心法回收复合微球。微球直径为 2.34μm，饱和磁化率随着 Fe_3O_4 浓度的增加而增强，最高达到 15emu/g，磁性颗粒大部分被包埋在内部，但电镜照片显示表面也有部分磁性颗粒存在。

三、细乳液/悬浮聚合包埋法

细乳液 / 悬浮聚合可以将无机纳米颗粒和单体混合制备成液滴，然后对单体聚合可以制备出包埋无机颗粒的微球。

1．细乳液聚合包埋法

Kawaguchi 等[68]采用细乳液聚合法制备了包埋磁流体的高分子磁性微球。他们在磁流体 / 己烷分散液中加入 ST 后，用超声法将油相分散于水中（含十二烷基苯磺酸钠乳化剂），然后升温聚合。发现油溶性引发剂 AIBN 能得到高的单体转化率，但对磁性体的包埋效果差；使用 APS 水溶性引发剂，能有效地包埋磁性颗粒，但单体转化率低。这是因为使用水溶性引发剂的聚合是从表面向内的，细油滴的表面会被高分子覆盖，引发剂无法进一步进入油滴内。为此，Kawaguchi 等采用两种引发剂一起使用的方法，解决了上述问题，磁含量达到 32.9%。

Kawaguchi 等[68]针对两种磁流体进行了包埋研究：分散溶剂为煤油的 HC-50 磁流体［50%（质量分数）浓度］和分散溶剂为己烷的 HX-20 磁流体［20%（质量分数）浓度］。将磁流体、ST、HD 混合均匀后，再与含十二烷基苯磺酸钠（DBS）的水溶液混合，用均相乳化器制备成 O/W 型细乳液，然后加入引发剂 AIBN 或 APS 进行聚合。研究发现使用煤油为分散溶剂的磁流体时，由于煤油沸点高，位于微球内部，使微球内部产生孔［图 2-40（a）］，因此，他们采用先尽量除去煤油，然后再将磁流体分散在有机相内的方法，克服了上述问题。采用 HX-20 磁流体时［图 2-40（b）］，虽然没有上述现象，但有部分微球内没有磁性体存在（空白球）。他们同样发现将 AIBN 和 APS 混合使用（1:1）时，可以获得包埋率高、单体转化率高的微球，磁含量接近理论计算值，达到32%（质量分数）。

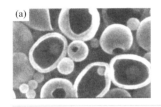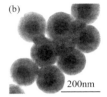

图2-40
磁流体的分散溶剂对包埋效果的影响。
（a）溶剂为煤油时；（b）溶剂为己烷时

Okubo 等[69] 开发了一种新方法，先用细乳液聚合法将油溶性 Fe(CO)₅/ 十六烷（HD）包埋在聚二乙烯基苯的微球内，具体方法为：将二乙烯基苯、引发剂（V-70）、HD、Fe(CO)₅ 混合溶液与含 PVA 的水溶液混合，超声处理 10min，得到 O/W 型细乳液，在 30℃条件下聚合 72h，得到将 HD 和 Fe(CO)₅ 包埋在中心的微球。然后对微球在 250℃条件下进行热处理 4h。Fe(CO)₅ 在高温下热分解，生成磁性颗粒并被包埋在微球中心位置内，磁含量达到了 27%。这是利用了微球能将 HD 完全包埋在内的实验结果，因此，Fe(CO)₅ 也能被完全包埋在中心部分。

杨等[70] 采用改进的细乳液法制备了包埋 CdTe 的交联聚苯乙烯荧光微球。由于 CdTe 在苯乙烯中分散性差，形成聚集体，他们首先将引发剂 AIBN 溶解在 CdTe 甲苯溶液中，然后将油相分散在含有 SDS 的水中，用超声法制备细乳液。然后边搅拌边加入 ST、DVB 等的混合液，搅拌 30min，然后升温聚合。随着升温聚合，单体会不断地从单体油滴扩散至水相，并被细乳液吸收，在细乳液内发生聚合。研究发现 CdTe 的包埋率随着引发剂和交联剂浓度的升高而显著增加。引发剂浓度低时，聚合速度太慢，液滴内黏度低，CdTe 因和高分子发生相分离而容易被推斥出液滴外；聚合速度快时，则液滴内黏度快速增加，减缓 CdTe 的扩散。同理，交联剂浓度增加，液滴内黏度随着聚合而急剧增加，限制了 CdTe 向液滴外的扩散。另外，他们在单体混合液内加入 3- 甲基丙烯酰氧基丙基三甲氧基硅烷（MPS），其丙烯键参与聚合反应，获得表面带 MPS 的复合微球，进一步对其水解，可得到表面带硅羟基功能基团的复合微球。

Xu 等[71] 用反相细乳液聚合法包埋磁性颗粒 Fe₃O₄，将磁流体与丙烯酰胺（AAm）、N,N′- 亚甲基双丙烯酰胺（MBAAm）混合均匀后，加入含 Span80 的环己烷中，用超声法制备 W/O 型细乳液，通氮气、升温并添加 AIBN 聚合，获得了 100nm 左右的 PAAm 磁性微球，磁性颗粒在微球内的分布不是很均匀，但被很好地包埋在微球内。亲水性高分子与磁性颗粒的亲和性好，能够较好地将磁性颗粒包埋在微球内，但在水中使用时磁性颗粒容易溢出。

2．悬浮聚合法包埋无机颗粒

Guo 等[72]用悬浮聚合法对磁性颗粒进行了包埋，先用油酸对磁性颗粒表面处理后，用超声法将其分散在含 AIBN 的乙酸乙烯酯／二乙烯基苯（VAc/DVB）的油相中，然后将其与 PVA、SDS 的水溶液混合，机械搅拌制备成 O/W 型乳液后，升温聚合得到复合微球。但最大的磁性强度仅 0.23emu/g，表明用悬浮聚合法包埋磁性颗粒有一定的难度。

Shim 等[73]采用悬浮聚合法制备了包埋 ZnO 无机颗粒的 PMMA 微球，将 ZnO 纳米颗粒分散在由 MMA、乙二醇二甲基丙烯酸酯（EGDMA）以及引发剂 ADVN[2,2′-azobis(2,4-dimethylvaleronitrile)] 组成的有机相中，超声 5min。然后将该有机相与含 PVA 的水相混合，制备 O/W 型乳液，之后升温聚合。采用表面未处理的 ZnO（ZNO-350）时，其分散在有机相中的稳定性差，容易生成沉淀，很多无机颗粒泄漏在高分子微球外。采用聚二甲基硅氧烷（低聚物）处理的 ZnO（SAMT-UFZO-350）时，其能长时间稳定地分散在有机相中，包埋效果明显提高，ZnO 的添加量增至 30%（质量分数），也没有发现 ZnO 颗粒溢出微球外。

Zhang 等[74]将醋酸铅 [Pb(Ac)$_2$] 溶解在甲基丙烯酸（MAA）水溶液内，然后将水溶液分散在油相内，制备成 W/O 型乳液，用反相悬浮聚合法得到包埋 Pb^{2+}的聚甲基丙烯酸微球，然后加入 H$_2$S，使 H$_2$S 扩散进入微球内并与 Pb^{2+}反应生成 PbS 而沉淀在微球内。MAA 水溶液由 MAA、N,N'-亚甲基双丙烯酰胺（MBAAm）、NaOH、引发剂过硫酸铵（APS）组成，油相采用二甲苯或环己烷，并加入乳化剂 Span80。制备成 W/O 型乳液后，加入 N,N,N'N'-四甲基乙二胺（TMED），在 38℃条件下聚合 2h。然后缓慢加入 H$_2$S，反应 40min。实验发现，油相对复合微球表面形态有着显著影响，使用二甲苯时微球表面显示鱼网状，使用环己烷时微球表面较光滑。

如第二章所述，微孔膜乳化法能制备尺寸均一的液滴，因此，扩散瓦解现象不显著，配方适当时，即使放置 3 个月，液滴的直径也不会发生变化。因此，用膜乳化法制备的复合微球与一般的机械搅拌法制备的复合微球相比，不仅尺寸均一，而且包埋率高。马光辉团队用微孔膜乳化法制备了均一尺寸的磁性复合微球[75]。采用聚（苯乙烯-甲基丙烯酸）（PST-MAA，MAA 的加入是为了增强高分子与磁性颗粒的亲和性）为膜材，磁性颗粒是分散在甲苯中的磁流体（25%，质量分数），经过表面疏水处理。将高分子溶解在磁流体甲苯溶液中后，将该溶液通过膜孔压入水相得到尺寸均一的油滴，最后减压除去甲苯，得到磁性高分子复合微球［图 2-41（a）］。采用同样的配方用机械搅拌法制备了磁性复合微球［图 2-41（b）］，发现机械搅拌法制备的磁性复合微球发生破裂，包埋效果远远低于微孔膜乳化法。其原因如前所述，由于液滴不均一，扩散瓦解现象严重，而且液滴之间容易发生合并和液滴的破裂，因此磁性颗粒容易逃逸出来。

图2-41
膜乳化法与机械搅拌法制备的磁性高分子复合微球的比较。（a）膜乳化法；（b）机械搅拌法

四、利用Pickering乳液的制备法

Pickering 乳液是指用纳米颗粒稳定的乳液，不使用乳化剂，使亲疏水性合适的纳米颗粒吸附在乳液表面而使乳液稳定。因此，采用无机纳米颗粒来稳定乳液，聚合后即可得到高分子 - 无机复合微球。

Nypelo 等采用 Pickering 乳液技术制备了高分子 - 磁性复合微球[76]。Nypelo 等先制备了纤维素纳米晶 -$CoFe_2O_4$（CNC-$CoFe_2O_4$）复合磁性纳米颗粒，然后用其来稳定 ST 的 O/W 型乳液，ST 中溶解了引发剂 AIBN，然后在 70℃ 条件下聚合 24h，获得了 8μm 左右的复合微球，磁性颗粒覆盖在 PST 微球的表面，饱和磁化率为 60emu/g。采用这种方法的问题是：由于颗粒较大，表面即使全被磁性纳米颗粒覆盖，磁性颗粒 / 高分子的比例仍然较低（4%）。

Hasell 等[77] 利用 Fe_3O_4 纳米颗粒稳定 MMA 的 O/W 型悬浮液制备了复合微球（图 2-42）。将 0.3g 的 AIBN 引发剂溶解在 20g 的 MMA 中，然后和 80mL 的 Fe_3O_4 水溶液（磁颗粒浓度：900mg/L）混合，制备成 O/W 型乳液，接着在 70℃ 条件下聚合 8h。聚合后得到了表面光滑的复合微球，微球粒径较大，为 400μm，因此磁性颗粒的含量较低，低于 1%。

Hasell 等[78] 还利用 Fe_3O_4 纳米颗粒（200g/L，20mL）为 Pickering 乳液的稳定剂，以水 / 乙醇（20mL/80mL）为连续相、AIBN（0.3g）为引发剂，进行了 ST（20g）的分散聚合。和悬浮聚合不同的是，纳米颗粒不是一开始用于悬浮液滴的稳定，而是用于在分散聚合过程中的溶胀核及最终微球的稳定，最终获得表面为纳米颗粒、内部为 PST 的复合微球，粒径为 1 ~ 3μm，磁性颗粒的覆盖率为多层，达到 20%。

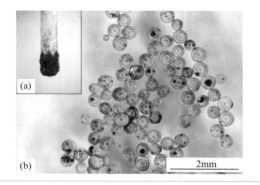

图2-42

Fe₃O₄-PMMA复合微球照片：（a）磁力搅拌子上吸附了大量复合微球；（b）复合微球的光学显微镜照片，标尺为2mm

五、两种颗粒的凝聚法

可以通过调控无机颗粒和高分子微球之间的相互作用，使无机小颗粒覆盖在大的高分子微球上形成复合微球。例如 Meredith 等[79] 将用 PVP 稳定的 Ag、Au 纳米颗粒（30nm、60nm、80nm 三种）添加到 PST 微球（10μm）的水溶液中，慢慢向水中添加 THF，使纳米金属颗粒的胶体稳定性变差，从而沉淀在 PST 表面，然后再除去 THF，便可得到稳定的复合微球（图 2-43）。发现球形金属纳米

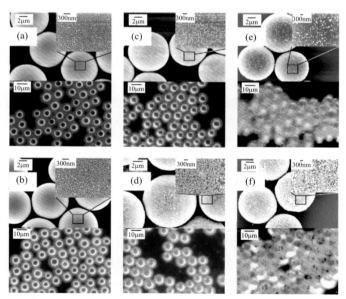

图2-43　PST微球被金属纳米颗粒覆盖的SEM照片（上层）和暗场显微镜照片：（a）30nm AuNP（n=金属NP/PST=2.5×10⁵）；（b）30nm AuNP（n=9.8×10⁵）；（c）80nm AuNP（n=1.0×10⁵）；（d）80nm AuNP（n=4.0×10⁵）；（e）60nm AgNC（n=1.0×10⁹）；（f）60nm AgNC（n=3.5×10⁹）

颗粒（NP）和立方的金属颗粒（NC）都可被有效地覆盖在 PST 微球上，覆盖率随着金属颗粒和 PST 微球添加比的增加而增加，最高达到了 82% 的覆盖率。

第十一节
微流控法的微球结构控制

一、单腔和多腔微囊

除了粒径可控以外，微流控乳化的另一优势是通过控制多个通道的流速和组成，较简单地实现形貌结构可控。例如，利用互不相溶的单乳液滴润湿得到复乳液，聚合后得到微囊，如图 2-44 所示。当两个非相溶液滴 A 和 B 悬浮在第三相流体 C 中时，当铺展系数 S_{AB} 大于 0 时，A 将完全包住 B。相反，当 S_{BA} 大于 0 时，B 会完全包住 A，因此，通过加入表面活性剂或其他试剂调节界面能，可制备复乳液，经过紫外引发聚合得到微囊。此外，通过改变前驱体液滴的相对大小，还可以调整微囊的壳厚[80]。

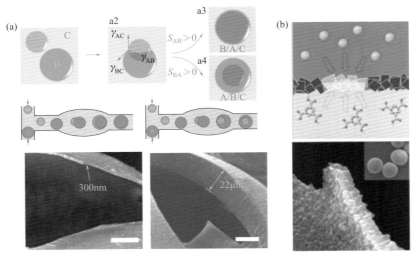

图2-44　（a）润湿诱导产生的复乳液及微囊：（上）包埋机制的方案说明；（下）具有超薄外壳和较厚外壳的微囊的SEM图像[80]。（b）基于液滴界面诱导反应形成中空MOF微囊的示意图：（上）合成机理方案说明；（下）微囊横切面壳层的扫描电镜图像[81]

此外，除了将分散相完全聚合转化为固体外，还可以在流体界面诱导反应形成固化层。例如，空心金属有机骨架（MOF）微囊可通过有机和无机前驱物之间的界面反应而合成，这些前驱物最初被溶解在两个不相溶的溶剂中，形成乳液后，金属离子和配体以相反的方向从内外两侧靠近生长的 MOF 层，如图 2-44（b）所示[81]。

与单乳液经过相分离、润湿得到复乳液相比，直接以微流控乳化的复乳液为模板制备微囊，结构更加多样化。例如，在乳化过程中设置互相独立的内相微流控通道，可以形成多腔微囊。Zhao 等人报道了通过间歇打开和关闭内相流、中间流的策略，制备双核心和单核心 Janus 微囊的策略，如图 2-45（a）所示[82]。除 Janus 内核外，利用平行通入两种成分不同中间相的方式，也可以得到 Janus 壳层微囊，如图 2-45（b）所示[83]。

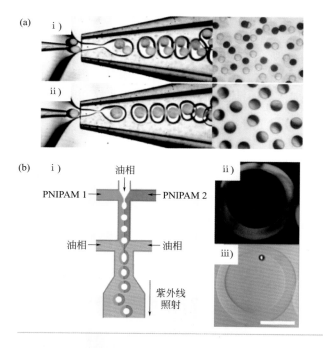

图2-45

（a）基于微流控直接生成复乳液的：ⅰ）双核微囊光镜照片；ⅱ）Janus单核微囊光镜照片[82]。（b）基于微流控直接生成复乳液的Janus壳层微囊：ⅰ）示意图；ⅱ）、ⅲ）激光共聚焦和光镜照片[83]

此外，通过微流控技术制备的三重乳液微囊，在核 - 壳材料的选择上具有更大的灵活性，是实现不相容包埋物高效封装的有效途径。Choi 等人以 O/W/O/W 型三重乳液为模板，制备了具有超薄水相隔层的微囊，可将包埋物与壳层材料分隔开，实现了疏水囊芯材料在疏水高分子微囊空腔中的高效包埋，如图 2-46 所示[84]。

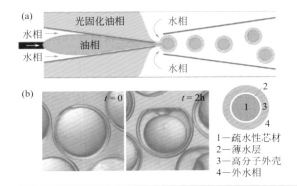

图2-46
（a）以O/W/O/W型三重乳液为模板具有超薄水相隔层的微囊制备示意图。（b）包埋有疏水物内核的高分子微囊显微镜照片

1—疏水性芯材
2—薄水层
3—高分子外壳
4—外水相

二、多孔微球

Chu 等以微小油滴为致孔剂，均匀分散在溶解有 NIPAAm 的水相中，再通过微流控形成 W/O 型乳液，通过紫外线照射聚合形成 PNIPAAm 微球，最后加入异丙醇或升温使 PNIPAAm 微球中的微小油滴移除，最终形成开孔的 PNIPAAm 微球［图 2-47（a）］[85]。另外，Chu 等还同时以水滴和表面活性剂形成的反胶团

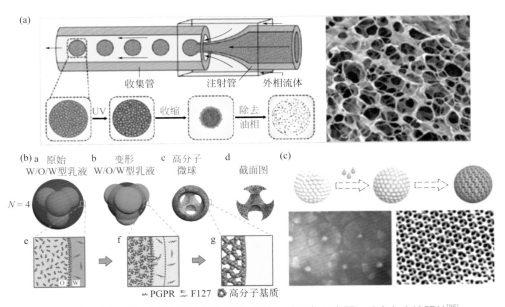

图2-47　（a）以微小油滴作为致孔剂制备开孔微球：（左）示意图；（右）电镜照片[85]。（b）以双嵌段共聚物为致孔剂的多级孔微球结构示意图[86]。（c）以纳米颗粒为致孔剂的多孔反蛋白石微球制备示意图及光镜电镜照片[87]

为模板，其中水滴形成了微米级孔道，表面活性剂反胶团形成了纳米级孔道，通过微流控内水相通道流速和表面活性剂加入量可精确控制多级贯穿孔高分子微球的孔径和孔隙率［图 2-47（b）］[86]。

致孔剂还可以是纳米颗粒。例如，在分散相中加入二氧化硅纳米颗粒，通过溶剂挥发首先形成胶体晶体微球，将胶体晶体微球浸入预凝胶溶液中，通过毛细管力将预凝胶溶液填充到空隙中，然后在紫外照射下聚合。之后，用氢氟酸蚀刻法去除硅胶模板，获得反蛋白石光子晶体微球，具有出虹彩的颜色和有序的、互连的多孔结构［图 2-47（c）］[87]。

三、非球形颗粒

基于界面自由能最小化原理，乳化产生的液滴在自然状态以球形存在，因此，非球形颗粒在传统乳液制备中很难实现。而微流控通道更利于施加精确可控的外力，使液滴改变形状。其中最常见的是施加空间限制对微球形态进行控制，Kumacheva 描述了一种制备合成球体、圆盘和棒状 TPGDA 微粒的通用型策略，可通过控制液滴直径（d_s）和截面几何参数（高、宽）实现，如图 2-48（a）所示[88]。

此外，选择性地聚合 Janus 液滴中的某一成分，可以制备形状复杂的微粒。通过调整界面张力相对值可制备诸如哑铃形[89]、橡子形、月牙形等粒子，如图 2-48（b）所示[90]。

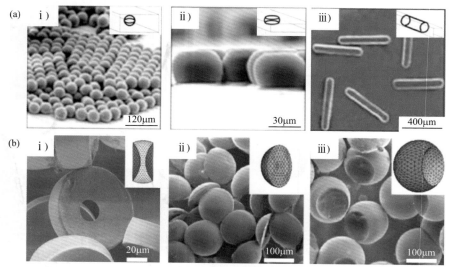

图2-48　（a）微流控通道制备的不同形状高分子微球：ⅰ）球体；ⅱ）圆盘；ⅲ）棒状[88]。（b）基于Janus液滴的非球形颗粒：ⅰ）哑铃形[89]；ⅱ）月牙形；ⅲ）橡子形[90]

第十二节
总结和展望

从单体制备微球和微囊的方法很多，并能获得不同尺度的均一微球和微囊。例如，乳液聚合/无皂乳液聚合可制备均一的亚微米级微球，分散/沉淀聚合可制备均一的微米级微球，但这些方法难以制备更大和更小的微球，也难以包埋功能性物质、制备多孔微球。微乳液聚合可制备纳米级微球，但需用大量的乳化剂，制备效率较低，粒径不够均一；悬浮聚合法可制备微米至数百微米的微球，方法简单，包埋功能性物质方便，但粒径不均一。细乳液聚合法虽然粒径不如乳液聚合/无皂乳液聚合法均一，但克服了乳液聚合的大部分难题，不仅可以包埋有机和无机功能性物质，而且重复性较好，在工业上具有广阔的应用前景。种子聚合法可实现均一微球的粒径增大，而且可以通过采用不同的溶胀单体，制备复合微球并实现各种复杂形貌的微球的制备，但往往需要多步溶胀，费时费力，成本大幅度提高，往往应用于附加值非常高的领域，因此快速溶胀技术的发展也是重要的研究方向。

新型膜乳化技术克服了悬浮聚合法和种子聚合法的难题，可一步制备亚微米级至数百微米级的均一液滴，和细乳液聚合法及悬浮聚合法相结合可实现微球在很宽范围内可控，且可较容易地包埋功能性物质，已成为普适性的新化工过程，发展前景广阔。目前，马光辉团队已成功研发出系列商品化设备，包括实验室小型设备、中试设备以及生产设备（图2-49），并在国内外众多企业和科研院所广泛使用，因此，今后膜乳化制备均一微球技术有望在更多不同的行业获得生产应用。今后的挑战包括：①针对不同的应用，将膜乳化法应用到更多的聚合体系，包括用于日化品的高分子微球体系，用于储热微囊、电子信息微囊产品的高分子体系等；②实现更小的，例如数十纳米的微球和微囊的制备；③更简单地实现复合微球的制备和形貌的控制，目前复合微球的制备往往需要通过大量的试错（Trial-and-error）研究，缺乏理论指导，应通过无机材料和高分子之间的相互作用研究，建立构效关系，从而能简单高效地包埋无机材料和功能性物质；④如何针对新制备过程实现连续化、低成本生产等。

总之，新过程将推动越来越多的均一功能微球的制备和应用，采用低成本实现产品的高附加值化，为改变我国经济结构做出重要贡献。

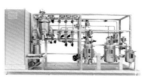

CM10100/050M型　　FM0210/500M型

GC-FM02100/010L型

FM0210/050L型　　TFM0210/050L型　　GFM0210/050L型　　GFM0210/015L型

图2-49　各种规格的自动化膜乳化设备

参考文献

[1] Kawaguchi H, Fujimoto K, Saito M, et al. Preparation and modification of monodisperse hydrogel microspheres[J]. Polymer International, 1993, 30(2):225-231.

[2] Kawaguchi H, Fujimoto K, Mizuhara Y. Hydrogel microspheres Ⅲ: Temperature-dependent adsorption of proteins on poly-N-isopropylacrylamide hydrogel microspheres[J]. Colloid and Polymer Science, 1992, 270(1):53-57.

[3] Desimone J M, Maury E E, Menceloglu Y Z, et al. Dispersion polymerizations in supercritical carbon dioxide[J]. Science, 1994, 265(5170):356-359.

[4] Kendall J L, Canelas D A, Young J L, et al. Polymerizations in supercritical carbon dioxide[J]. Chemical Reviews, 1999, 99(2):543-563.

[5] Okubo M, Fujii S, Maenaka H, et al. Studies on suspension and emulsion part CCXIV—Production of submicron-sized poly(methyl methacrylate) particles by dispersion polymerization with a poly(dimethylsiloxane)-based azoinitiator in supercritical carbon dioxide[J]. Colloid and Polymer Science, 2002, 280(2):183-187.

[6] Mchale R, Aldabbagh F, Zetterlund P B, et al. Nitroxide-mediated radical dispersion polymerization of styrene in supercritical carbon dioxide using a poly(dimethylsiloxane-b-methyl methacrylate) stabilizer[J]. Macromolecules, 2006, 39(20):6853-6860.

[7] Minami H, Yoshida K, Okubo M. Preparation of polystyrene particles by dispersion polymerization in an ionic liquid[J]. Macromolecular Rapid Communications, 2008, 29(7):567-572.

[8] Ugelstad J, Elaasser M S, Vanderhoff J W. Emulsion polymerization: Initiation of polymerization in monomer droplets[J]. Journal of Polymer Science:Polymer Letters, 1973, 11(8):503-513.

[9] Pan Z R, Fan H, Weng Z X, et al. Mini-emulsion formation and polymerization of styrene[J]. Polymer International, 1993, 30(2):259-264.

[10] Tang P L, Sudol E D, Silebi C A, et al. Miniemulsion polymerization—a comparative study of preparative variables[J]. Journal of Applied Polymer Science, 1991, 43(6):1059-1066.

[11] Reimers J, Schork F J. Robust nucleation in polymer-stabilized miniemulsion polymerization[J]. Journal of Applied Polymer Science, 1996, 59(12):1833-1841.

[12] Reimers J L, Schork F J. Predominant droplet nucleation in emulsion polymerization[J]. Journal of Applied Polymer Science, 1996, 60(2):251-262.

[13] Landfester K, Willert M, Antonietti M. Preparation of polymer particles in nonaqueous direct and inverse miniemulsions[J]. Macromolecules, 2000, 33(7):2370-2376.

[14] Cao Z H, Landfester K, Ziener U. Preparation of dually, pH- and thermo-responsive nanocapsules in inverse miniemulsion[J]. Langmuir, 2012, 28(2):1163-1168.

[15] Candau F, Leong Y S, Fitch R M. Kinetic study of the polymerization of acrylamide in inverse microemulsion[J]. Journal of Polymer Science Part A: Polymer Chemistry, 1985, 23(1):193-214.

[16] Carver M T, Dreyer U, Knoesel R, et al. Kinetics of photopolymerization of acrylamide in AOT reverse micelles[J].Journal of Polymer Science Part A: Polymer Chemistry, 1989, 27(7):2161-2177.

[17] Gan L M, Chew C H, Lee K C, et al. Polymerization of methyl methacrylate in ternary oil-in-water microemulsions[J]. Polymer, 1993, 34(14):3064-3069.

[18] Li Y T, Zhang S F, Wang S Q, et al. Structure, surface tension, and rheological behaviors of hydrophobically associative polyacrylamides by self-emulsified microemulsion polymerization[J]. Journal of Applied Polymer Science, 2020, 137(41):49234.

[19] Ugelstad J, Mórk P C, Kaggerud K H, et al. Swelling of oligomer-polymer particles. New methods of preparation[J]. Advances in Colloid and Interface Science, 1980, 13(1):101-140.

[20] Ugelstad J, Mork P C, Schmid R, et al. Preparation and biochemical and biomedical applications of new monosized polymer particles[J]. Polymer International, 1993, 30(2):157-168.

[21] Okubo M, Shiozaki M, Tsujihiro M, et al. Studies on suspension and emulsion. 122. Preparation of micron-size monodisperse polymer particles by seeded polymerization utilizing the dynamic monomer swelling method[J]. Colloid and Polymer Science, 1991, 269(3):222-226.

[22] Okubo M, Shiozaki M. Production of micron-size monodisperse polymer particles by seeded polymerization utilizing dynamic swelling method with cooling process[J]. Polymer International, 1993, 30(4):469-474.

[23] Hao D X, Gong F L, Hu G H, et al. Controlling factors on droplets uniformity in membrane emulsification: Experiment and modeling analysis[J]. Industrial & Engineering Chemistry Research, 2008, 47(17):6418-6425.

[24] Hao D X, Gong F L, Wei W, et al. Porogen effects in synthesis of uniform micrometer-sized poly(divinylbenzene) microspheres with high surface areas[J]. Journal of Colloid and Interface Science, 2008, 323(1):52-59.

[25] Hao D X, Gong F L, Hu G H, et al. The relationship between heterogeneous structures and phase separation in synthesis of uniform PolyDVB microspheres[J]. Polymer, 2009, 50(14):3188-3195.

[26] Wang R, Zhang Y, Ma G, et al. Preparation of uniform poly(glycidyl methacrylate) porous microspheres by membrane emulsification-polymerization technology[J]. Journal of Applied Polymer Science, 2006, 102(5):5018-5027.

[27] Ma G H, Nagai M, Omi S. Study on preparation of monodispersed poly(styrene-co-N-dimethylaminoethyl methacrylate) composite microspheres by SPG (Shirasu porous glass) emulsification technique[J]. Journal of Applied Polymer Science, 2001, 79(13):2408-2424.

[28] Omi S, Taguchi T, Nagai M, et al. Synthesis of 100μm uniform porous spheres by SPG emulsification with subsequent swelling of the droplets[J]. Journal of Applied Polymer Science, 1997, 63(7):931-942.

[29] Ma G H, Nagai M, Omi S. Synthesis of uniform microspheres with higher content of 2-hydroxyethyl methacrylate by employing SPG (Shirasu porous glass) emulsification technique followed by swelling process of droplets[J]. Journal of Applied Polymer Science, 1997, 66(7):1325-1341.

[30] Omi S, Katami K I, Taguchi T, et al. Synthesis of uniform PMMA microspheres employing modified SPG (Shirasu porous glass) emulsification technique[J].Journal of Applied Polymer Science, 1995, 57(8):1013-1024.

[31] Si T, Wang Y, Wei W, et al. Effect of acrylic acid weight percentage on the pore size in poly(N-isopropyl acrylamide-co-acrylic acid) microspheres[J]. Reactive & Functional Polymers, 2011, 71(7):728-735.

[32] Ma G H, Sone H, Omi S. Preparation of uniform-sized polystyrene-polyacrylamide composite microspheres from a W/O/W emulsion by membrane emulsification technique and subsequent suspension polymerization[J]. Macromolecules, 2004, 37(8):2954-2964.

[33] Zhu L, Li Q, Gong F L, et al. An insight into structure regulation of uniform polystyrene micro/nano-particles by porogen in premix membrane emulsification process[J]. Journal of Membrane Science, 2013, 448:248-255.

[34] Wang Y X, Qin J, Wei Y, et al. Preparation strategies of thermo-sensitive P(NIPAM-co-AA) microspheres with narrow size distribution[J]. Powder Technology, 2013, 236:107-113.

[35] Lee T Y, Choi T M, Shim T S, et al. Microfluidic production of multiple emulsions and functional microcapsules[J]. Lab on a Chip, 2016, 16(18):3415-3440.

[36] Cordero M L, Gallaire F, Baroud C N. Quantitative analysis of the dripping and jetting regimes in co-flowing capillary jets[J]. Physics of Fluids, 2011, 23(9):8.

[37] Bauer W C, Fischlechner M, Abell C, et al. Hydrophilic PDMS microchannels for high-throughput formation of oil-in-water microdroplets and water-in-oil-in-water double emulsions[J]. Lab on a Chip, 2010, 10(14):1814-1819.

[38] Ushikubo F Y, Birribilli F S, Oliveira D R B, et al. Y- and T-junction microfluidic devices: Effect of fluids and interface properties and operating conditions[J]. Microfluidics and Nanofluidics, 2014, 17(4):711-720.

[39] Zhu P A, Kong T T, Tang X, et al. Well-defined porous membranes for robust omniphobic surfaces via microfluidic emulsion templating[J]. Nature Communications, 2017, 8:10.

[40] Wei J, Ju X J, Xie R, et al. Novel cationic pH-responsive poly(N,N-dimethylaminoethyl methacrylate) microcapsules prepared by a microfluidic technique[J]. Journal of Colloid and Interface Science, 2011, 357(1):101-108.

[41] Jo Y K, Lee D. Biopolymer microparticles prepared by microfluidics for biomedical applications[J]. Small, 2020, 16(9):23.

[42] Jeong W J, Kim J Y, Choo J, et al. Continuous fabrication of biocatalyst immobilized microparticles using photopolymerization and immiscible liquids in microfluidic systems[J]. Langmuir, 2005, 21(9):3738-3741.

[43] Liu H, Qian X, Wu Z J, et al. Microfluidic synthesis of QD-encoded PEGDA microspheres for suspension assay[J]. Journal of Materials Chemistry B, 2016, 4(3):482-488.

[44] Cha C E Y, Oh J, Kim K, et al. Microfluidics-assisted fabrication of gelatin-silica core-shell microgels for injectable tissue constructs[J]. Biomacromolecules, 2014, 15(1):283-290.

[45] Lee K G, Park T J, Soo S Y, et al. Synthesis and utilization of E. coli-encapsulated PEG-based microdroplet using a microfluidic chip for biological application[J]. Biotechnology and Bioengineering, 2010, 107(4):747-751.

[46] Ishitani K, Zhang W Z, Noguchi T. Graft copolymerization of miniemulsion using macromonomers[C]//Preprints of the 8th Polymeric Microspheres Symposium, Fukui, Japan, 1994: 67-68.

[47] Landfester K. Polyreactions in miniemulsions[J]. Macromolecular Rapid Communications, 2001, 22(12):896-936.

[48] Ma G H, An C J, Yuyama H, et al. Synthesis and characterization of polyurethaneurea-vinyl polymer (PUU-VP) uniform hybrid microspheres by SPG emulsification technique and subsequent suspension polymerization[J]. Journal of Applied Polymer Science, 2003, 89(1):163-178.

[49] Ma G H, Nagai M, Omi S. Effect of lauryl alcohol on morphology of uniform polystyrene-poly(methyl methacrylate) composite microspheres prepared by porous glass membrane emulsification technique[J]. Journal of Colloid and Interface Science, 1999, 219(1):110-128.

[50] Ma G H, Nagai M, Omi S. Study on preparation and morphology of uniform artificial polystyrene-poly(methyl methacrylate) composite microspheres by employing the SPG (Shirasu porous glass) membrane emulsification technique[J]. Journal of Colloid and Interface Science, 1999, 214(2):264-282.

[51] Han S H, Ma G H, Du Y Z, et al. Preparation of hemispherical poly(4-vinylpyridine-co-butyl acrylate)/poly(styrene-co-butyl acrylate) composite microspheres by seeded preswelling emulsion polymerization[J]. Journal of Applied Polymer Science, 2003, 90(14):3811-3821.

[52] Ouchi T, Nakamura R, Suzuki T, et al. Preparation of Janus particles composed of hydrophobic and hydrophilic polymers[J]. Industrial & Engineering Chemistry Research, 2019, 58(46):20996-21002.

[53] Okubo M, Yonehara H, Kurino T. Production of micron-sized, monodisperse composite polymer particles having hamburger-like morphology (Ⅲ)[C]// Preprints of the 12th Polymeric Microspheres Symposium, Fukui, Japan, 2002:129-132.

[54] Hosseinzadeh S, Saadat Y. Preparation of "hard-soft" Janus polymeric particles via seeded dispersion polymerization in the presence of *n*-paraffin droplets[J]. Rsc Advances, 2015, 5(44):35525-35337.

[55] Okubo M, Takekoh R, Izumi J. Preparation of micron-sized, monodispersed, "onion-like" multilayered poly(methyl methacrylate)/polysterene composite particles by reconstruction of morphology with the solvent-absorbing/releasing method[J]. Colloid and Polymer Science, 2001, 279(5):513-518.

[56] Hoshino F, Nakano M, Yanagihara T. Preparation of flattened non-spherical emulsion particles[C]// Preprints of the 7th Polymeric Microspheres Symposium, Kobe, Japan, 1992: 197-200.

[57] Gu S, Kondo T, Onishi J, et al, Synthetic method of inorganic/organic monodisperse mono-core particles[C]// Preprints of the 12th Polymeric Microspheres Symposium, Fukui, Japan, 2020:125-128.

[58] Yu D G, An J H. Preparation and characterization of titanium dioxide core and polymer shell hybrid composite particles prepared by two-step dispersion polymerization[J]. Polymer, 2004, 45(14):4761-4768.

[59] Kondo A, Fukuda H. Preparation of thermo-sensitive magnetic microspheres and their application to bioprocesses[J]. Colloids and Surfaces A-Physicochemical and Engineering Aspects, 1999, 153(1-3):435-438.

[60] 徐雅雯, 徐宏, 丁玮洁, 等. 高 Fe_3O_4 含量微米尺寸磁性复合微球的合成及其在化学发光免疫检测中应用初探 [J]. 高分子学报, 2010 (11):1340-1345.

[61] Sakagawa M, Fujimoto Ks, Kawaguchi H. Preparation of monodisperse magnetite/polymer composite particles[C]// Preprints of the 8th Polymeric Microspheres Symposium, Fukui, Japan, 1994:79-82.

[62] Yang C L, Shao Q, He J, et al. Preparation of monodisperse magnetic polymer microspheres by swelling and thermolysis technique[J]. Langmuir, 2010, 26(7):5179-5183.

[63] Xu S Q, Zhang J G, Kumacheva E. Hybrid polymer-inorganic materials: Multiscale hierarchy[J]. Composite Interfaces, 2003, 10(4-5):405-421.

[64] Wang Y M, Pan C Y. Dielectric behavior and magnetic properties of poly(styrene-co-acrylic acid) metal microspheres[J]. European Polymer Journal, 2001, 37(4):699-704.

[65] Kim J W, Lee J E, Kim S J, et al. Synthesis of silver/polymer colloidal composites from surface-functional porous polymer microspheres[J]. Polymer, 2004, 45(14):4741-4747.

[66] You L J, Song L D, Huang C, et al. Controllable preparation and high properties of fluorescence and surface enhanced raman spectra encoded poly(glycidyl methacrylate）microsphere[J]. Express Polymer Letters, 2019, 13(1):37-51.

[67] Chung T H, Pan H C, Lee W C. Preparation and application of magnetic poly(styrene-glycidyl methacrylate）microspheres[J]. Journal of Magnetism and Magnetic Materials, 2007, 311(1):36-40.

[68] Ayuzawa Y, Takasu M, Kawaguchi H. Synthesis of magnetite-containing particles by miniemulsion polymerization[C]// Preprints of the 12th Polymeric Microspheres Symposium, Fukui, Japan, 2020: 105-108.

[69] Minami H, Okubo M, Ihara N. Preparation of magnetic polymer particles by miniemulsion polymerization[C]// Reprints of the 13th Polymeric Microspheres Symposium, Yonezawa, Japan, 2004:117-118.

[70] 毛伟勇, 龚涛, 王李欣, 等. 细乳液聚合制备载有 CdTe 的交联聚苯乙烯荧光微球 [J]. 化学学报, 2009, 67(7):651-656.

[71] Xu Z Z, Wang C C, Yang W L, et al. Encapsulation of nanosized magnetic iron oxide by polyacrylamide via inverse miniemulsion polymerization[J]. Journal of Magnetism and Magnetic Materials, 2004, 277(1-2):136-143.

[72] Guo Z, Bai S, Sun Y. Preparation and characterization of immobilized lipase on magnetic hydrophobic microspheres[J]. Enzyme and Microbial Technology, 2003, 32(7):776-782.

[73] Shim J W, Kim J W, Han S H, et al. Zinc oxide/polymethylmethacrylate composite microspheres by in situ suspension polymerization and their morphological study[J]. Colloids and Surfaces A-Physicochemical and Engineering Aspects, 2002, 207(1-3):105-111.

[74] Zhang Y, Fang Y, Wang S, et al. Preparation of spherical nanostructured poly(methacrylic acid)/PbS composites by a microgel template method[J]. Journal of Colloid and Interface Science, 2004, 272(2):321-325.

[75] Omi S, Kanetaka A, Shimamori Y, et al. Magnetite (Fe$_3$O$_4$) microcapsules prepared using a glass membrane and solvent removal[J]. Journal of Microencapsulation, 2001, 18(6):749-765.

[76] Nypelo T, Rodriguez-Abreu C, Kolen'ko Y V, et al. Microbeads and hollow microcapsules obtained by self-assembly of pickering magneto-responsive cellulose nanocrystals[J]. ACS APPlied Materials & Interfaces, 2014, 6(19):16851-16858.

[77] Hasell T, Yang J X, Wang W X, et al. Preparation of polymer-nanoparticle composite beads by a nanoparticle-stabilised suspension polymerisation[J]. Journal of Materials Chemistry, 2007, 17(41):4382-4386.

[78] Yang J, Hasell T, Wang W X, et al. Preparation of hybrid polymer nanocomposite microparticles by a nanoparticle stabilised dispersion polymerisation[J]. Journal of Materials Chemistry, 2008, 18(9):998-1001.

[79] Lee J H, Mahmoud A M, Sitterle V, et al. Facile preparation of highly-scattering metal nanoparticle-coated polymer microbeads and their surface plasmon resonance[J]. Journal of the American Chemical Society, 2009, 131(14):5048-5049.

[80] Deng N N, Wang W, Ju X J, et al. Wetting-induced formation of controllable monodisperse multiple emulsions in microfluidics[J]. Lab on a Chip, 2013, 13(20):4047-4052.

[81] Ameloot R, Vermoortele F, Vanhove W, et al. Interfacial synthesis of hollow metal-organic framework capsules demonstrating selective permeability[J]. Nature Chemistry, 2011, 3(5):382-387.

[82] Zhao Y J, Shum H C, Chen H S, et al. Microfluidic generation of multifunctional quantum dot barcode particles[J]. Journal of the American Chemical Society, 2011, 133(23):8790-8793.

[83] Seiffert S, Romanowsky M B, Weitz D A. Janus microgels produced from functional precursor polymers[J]. Langmuir, 2010, 26(18):14842-14847.

[84] Choi C H, Lee H, Abbaspourrad A, et al. Triple emulsion drops with an ultrathin water layer: High encapsulation efficiency and enhanced cargo retention in microcapsules[J]. Advanced Materials, 2016, 28(17):3340-3344.

[85] Mou C L, Ju X J, Zhang L, et al. Monodisperse and fast-responsive poly(N-isopropylacrylamide) microgels with open-celled porous structure[J]. Langmuir, 2014, 30(5):1455-1464.

[86] Zhang M J, Wang W, Yang X L, et al. Uniform microparticles with controllable highly interconnected hierarchical porous structures[J]. ACS Applied Materials & Interfaces, 2015, 7(25):13758-13767.

[87] Zhang B, Cai Y L, Shang L R, et al. A photonic crystal hydrogel suspension array for the capture of blood cells from whole blood[J]. Nanoscale, 2016, 8(6):3841-3847.

[88] Seo M, Nie Z H, Xu S Q, et al. Continuous microfluidic reactors for polymer particles[J]. Langmuir, 2005, 21(25):11614-11622.

[89] Nisisako T, Ando T, Hatsuzawa T. Capillary-assisted fabrication of biconcave polymeric microlenses from microfluidic ternary emulsion droplets[J]. Small, 2014, 10(24):5116-5125.

[90] Nisisako T, Torii T. Formation of biphasic Janus droplets in a microfabricated channel for the synthesis of shape-controlled polymer microparticles[J]. Advanced Materials, 2007, 19(11):1489-1493.

第三章

以高分子为原料制备高分子微球和微囊

以高分子为原料制备高分子微球是指采用已经形成的高分子，如天然高分子（多糖、蛋白、脂类等）、生物可降解性高分子（聚乳酸类等）、嵌段高分子材料（聚乳酸 - 聚乙二醇等）为原料，制备微球和微囊。此类微球和微囊与第二章所述的微球和微囊相比，由于材料生物相容性好，有的来自于自然界甚至人体，在医学工程和生物技术领域有着更重要的应用。生物相容性微球的应用分为体内和体外应用，体内应用一般需要采用生物可降解微球，材料本身完成使命后可通过降解，慢慢代谢出体外。典型的例子是聚乳酸（PLA）及其共聚物聚（乳酸 - 乙醇酸）（PLGA）微球，已被批准用于体内注射，用其包埋药物后可制备出缓释药物制剂，通过材料的慢慢降解使所包埋的活性物质释放出来，从而减少药物的注射次数，提高患者依从性。体外应用有的需要材料发生降解，有的则不需要材料发生降解，典型的例子是从海洋红藻提取的琼脂糖，用琼脂糖做成微球后，由于其和蛋白质的相容性好，已被大部分生物制药企业和蛋白质科学的研究者用于蛋白质分离纯化，这就要求高分子在使用时不能降解，否则会污染产品。

但是，以上述高分子为原料制备微球和微囊，一般不能采用第二章所述的边聚合边成球的方法来制备。最常用的方法和第二章的悬浮法 / 细乳液法类似，就是将高分子溶解在有机溶剂或水中制备成溶液，再和与之不相溶的水或溶剂混合乳化，制备成 O/W、W/O、W/O/W 或 O/W/O 型乳液后，然后用适当的物理或化学交联方法使液滴固化成微球和微囊。固化方法则必须根据高分子的物理化学性质来选择或开发不同的方法。因此，本章将首先介绍最常用的乳化 - 固化法，还将重点介绍如何用新型膜乳化法解决液滴不均一的问题以及取得的进展，同时介绍微流控法制备均一微球的特点。本章还将介绍其他一些针对高分子特殊性质而发展的方法，如单凝聚法、复凝聚法、自乳化成球法等。最后，还将介绍以高分子为原料制备微球的形貌控制和复合微球的制备。在本章中，用 O/W 或 W/O 型乳液法制备颗粒一般不带有空腔，被称为微球；用复乳法制备的颗粒一般带有空腔，被称为微囊，两者也可被统称为微球。本章将重点介绍制备方法，具体应用将在第四至第六章介绍。

第一节
乳化-固化法

乳化-固化法是制备天然高分子微球、生物降解性高分子微球最常用的方法，而这些微球在细胞培养、生物分离、药物控释、疫苗递送 / 疫苗佐剂、免疫治疗等应用领域有着广泛的应用。一般制备方法是：将高分子溶解在有机溶剂或水溶液中，按照粒径需求和高分子的物理化学性质，用不同的乳化方法制备成 W/O 型、O/W 型、W/O/W 型或 O/W/O 型乳液。制备乳液时，连续相中需加入乳化剂/稳定剂，使乳液稳定。然后用除去溶剂或物理/化学交联等方法使分散相固化而得到微球。乳化方法和固化方法分述如下：

一、乳化方法

1．机械搅拌法

机械搅拌（Mechanical Stirring）法是最常用的分散法，采用搅拌桨将油相和水相混合并将大液滴破损成小液滴，搅拌速度越快获得的液滴越小，一般可获得几微米至几百微米的液滴。当油相和水相体积相近时，搅拌桨的位置非常重要，决定着体系是生成 O/W 还是 W/O 体系。

2．均质乳化法

均质乳化（Homogenization）法实际上是一种高速搅拌法，搅拌速度在 1000 ~ 20000r/min，由于速度快，需要设计特殊的装置，以保持操作稳定。均质乳化法通过调节搅拌剪切速度，粒径可控制在几十纳米至几微米。但是由于剪切速度高，耗能大并产热，包埋蛋白质等生物活性药物时，极易造成药物失活。

3．高压微射流法

微射流（Microfluidizer）是在超高压（310MPa）的压力作用下，乳液经过孔径很微小的阀芯，产生几倍音速的流体，从而达到分散和乳化的目的。微射流可获得 10nm 至几百纳米之间的乳液，但其耗能大并产热，会造成所包埋的生物活性药物失活。

4．超声乳化法

超声乳化（Sonification）是指在超声波能量作用下，使油水混合并形成乳液。所形成的液滴范围与高压微射流法相近，在 10nm 至几百纳米之间，同样，超声法产热高，会造成所包埋的生物活性药物失活。一般使用时容器周围需要放上冷却装置。

5．微孔膜乳化法

微孔膜乳化（Membrane Emulsification）法已在第二章介绍，分为直接膜乳化法和快速膜乳化法。在直接膜乳化法中，将高分子材料溶解于有机溶剂或水溶液制备成原料相（或称分散相），然后将其压过膜孔，通过调控分散相和膜孔之间的界面张力，可得到均一液滴，采用不同的孔径和操作条件可调控液滴的粒径，液滴直径在几微米至几百微米之间可控，粒径分布系数（CV值）约为10%。在快速膜乳化中，先制备成大液滴（预乳液），然后通过快速压过膜孔得到小液滴，粒径在0.1 ~ 30μm之间可控，粒径分布系数（CV值）约为15%。虽然方法和第二章的以单体为原料相的乳化过程类似，但高分子溶液一般黏度较高，需针对高黏度体系调控操作条件及其与膜的作用力，以获得均一的乳液。

6．微流控法

如第二章所述，用微流控（Microfluidics或Microchannel）法可制备O/W、W/O单乳，设计复杂的微通道还可一步制备复乳及更复杂的乳液。通过调控微流控的各个通道的流速，还可以调控复乳内部液滴的数量。微流控虽可以制备很均一的乳液，但现阶段还难以实现大规模的制备。

上述各种乳化方法及其制备的乳液的特点总结于表3-1。本章之后将重点介绍微孔膜乳化法和微流控法。

表3-1　各种乳化方法及其制备的乳液的特点

制备技术	粒径分布系数（CV值）/%	可制备粒径范围/μm	规模化重复性	制备条件温和性	特点
机械搅拌	>50	50 ~ 100	差	中至剧烈	最常用的技术，适应多种产品，CV值过大，需要筛分
均相乳化	>50	1 ~ 5	中	剧烈，高剪切	可制备小液滴，不适合大粒径产品，CV值不理想
高压微射流	>30	0.05 ~ 5	中	剧烈，高压	可制备纳米级液滴，需高压，产热量大
超声乳化	>40	0.1 ~ 5	中	剧烈，高温	可制备纳米级液滴，产热量大
微孔膜乳化	约10	0.1 ~ 300	优	温和	粒径分布窄，产量高，粒径可控范围宽
微流控	<10	>10	优	温和	粒径分布窄，产量低，粒径大

二、固化方法

固化方法需根据所采用的高分子材料及溶解高分子的溶剂以及所包埋的物质来决定，一般有溶剂挥发法、溶剂萃取法、物理/化学交联法、加热固化法等。

1．溶剂挥发法

用于溶解高分子的溶剂沸点较低时，只要简单地使溶剂挥发，即可除去溶剂而使微球或微囊固化。例如，聚乳酸溶解于沸点较低的二氯甲烷，因此常采用此法制备。

2．溶剂萃取法

用于溶解高分子的溶剂在水中有一定的溶解度时，一般沸点不会低，可采用萃取法（或称溶剂扩散法）除去溶剂，即将乳液倒入大量的水内，使溶剂向水相扩散而使微球固化，此时水的作用是溶剂萃取剂。

3．化学交联法

如果高分子带有反应基团，则可加入双功能基团的化学交联剂使高分子交联而固化。例如壳聚糖带有氨基，可采用戊二醛来交联。

4．物理交联法

海藻酸盐等带有负电荷的高分子，可采用 Ca^{2+} 等二价阳离子来交联，也可和阳离子高分子通过离子相互作用形成复合物而固化。阴离子高分子药物则可和阳离子聚合物复合后直接包埋。

5．加热固化法

白蛋白等高分子受热后会发生固化，因此可采用加热的方式使其固化，但不能用于包埋热稳定性差的药物。也可利用温敏性体系进行热固化，避免化学交联剂的使用。

6．冷却固化法

琼脂糖在高温时是溶液，低温时变为凝胶，因此可以采用冷却的方式使其固化。

三、固化方法的选择

1．溶剂挥发／溶剂萃取法

高分子和内包物均为疏水性，可采用 O/W 乳液 - 溶剂挥发／萃取法。选择使两者均能溶解的有机溶剂（或混合溶剂）溶解高分子和内包物，制备成均相溶液，然后使其分散于水相（含乳化剂或稳定剂）制成 O/W 型乳液，再使有机溶剂挥发或萃取除去，液滴便可固化形成固体微球。例如，高分子为聚乳酸（PLA）、聚（乳酸 - 乙醇酸）（PLGA）、聚（ε- 己内酯）等时，常用二氯甲烷（DCM）为溶剂，二氯甲烷的沸点低（39.8℃），常温减压即可使其挥发而去除。也可采用乙酸乙酯为溶解高分子的溶剂，由于乙酸乙酯在水中的溶解度较高，将乳液倒入大量的水溶液中，乙酸乙酯即可扩散进入水中，油相中的有机溶剂即可被除去而得到固体微球。

高分子为疏水性、内包物为水溶性，可采用 $W_1/O/W_2$ 型乳液 - 溶剂挥发／萃取法。将亲水性内包物制备成水溶液，疏水性高分子制备成油溶液（含油溶性乳化剂或稳定剂），先混合制成 W_1/O 型初乳后，再将初乳与外水相（含水溶性乳化剂或稳定剂）混合制备成 $W_1/O/W_2$ 型复乳，然后用上述溶剂挥发/萃取法除去溶剂得到微囊。典型的例子是用聚乳酸（PLA）或聚（乳酸-乙醇酸）（PLGA）包埋亲水性蛋白质/多肽药物。

2. 化学交联法/升温自固化法

高分子和内包物均为水溶性时，可采用 W/O 型乳液-交联法。将高分子和内包物溶解于水后，使其分散于油相制成 W/O 型乳液，通过对高分子交联可得到固化的微球。常用的水溶性高分子有壳聚糖、海藻酸钠、聚氨基酸、白蛋白等。原理上也可采用蒸去水分的方式使微球固化，但所需能量高，而且会导致所包埋的药物变性，很少被采用。

高分子为水溶性、内包物为疏水性时，一般采用 $O_1/W/O_2$ 型乳液，将疏水性内包物溶解在有机溶剂后，与亲水性高分子水溶液共混制成 O_1/W 型初乳后，再将初乳与外油相混合制备成 $O_1/W/O_2$ 型复乳，然后采用化学交联的方法得到亲水性微囊。

需说明的是，有的化学交联法会造成药物失活，而且交联剂可能会产生毒性，就需考虑其他的固化方法或材料。例如，采用白蛋白为亲水性高分子时，可采用升温的方法使蛋白固化成球。

不同的乳化方式和乳化条件将影响载药微球的粒径和粒径分布，往往粒径越小，则释药速度越快，而且粒径和粒径分布直接影响载药微球的靶向性；固化方式同样影响药物的释放行为。因此要根据需要选择乳化和固化方法，以便达到理想的用药效果。

聚酯类、多糖类、蛋白类、脂类是最常用的生物相容性材料，下面按序介绍用乳化-固化法制备的微球和微囊。

四、聚酯类微球和微囊

聚酯类微球包括聚乳酸、聚（乳酸-乙醇酸）、聚（ε-己内酯）等。聚酯类在体内外会被水、酶降解，是较理想的体内用高分子材料。如前所示，由于聚酯一般不溶于水，而溶于二氯甲烷、氯仿、乙酸乙酯等有机溶剂，通常采用 O/W 型或 W/O/W 型乳液来制备微球和微囊，前者用于包埋油溶性药物，后者则用于包埋水溶性药物。聚（乳酸-乙醇酸）（PLGA）已经被批准用于人体内注射使用，改变 GA/LA 的比例可提高高分子亲水性，从而可加快高分子降解速度和药物释放速度，而提高 PLGA 的分子量则可降低降解速度从而延长药物释放时间。二氯甲烷由于沸点低容易除去，因此较容易达到药典所规定的极限，是最常用的溶剂。近年来乙酸乙酯由于其更安全，也受到重视。下面介绍具体研究实例。

1. O/W型乳液-固化法

马光辉团队采用PLGA为膜材，用O/W法包埋了罗哌卡因。罗哌卡因本身不溶于水，但其盐酸盐溶于水，临床上是采用罗哌卡因盐酸盐注射制剂。罗哌卡因和PLGA溶解于二氯甲烷后，用快速膜乳化法（快速膜乳化介绍见第二节）制备O/W均一乳液，使溶剂挥发，得到包埋罗哌卡因的均一PLGA微球。

一般情况下，PLGA分子量越高，分散相黏度越高，药物向外扩散泄漏的速度就越慢，从而可使包埋率提高。但是，采用不同分子量的PLGA对罗哌卡因进行包埋时得到了相反的结果[1]，即分子量越低，载药率越高（表3-2）。这是因为罗哌卡因带有氨基和酰胺基，两者和PLGA的末端羧基之间有较强的相互作用，而分子量越低，同样质量的PLGA所含羧基量越多，因此和药物之间的相互作用越强，包埋率越高。但是，由于低分子量的PLGA降解速度快，药物的释放率快于使用高分子量PLGA制备的载药微球（图3-1）。

表3-2 PLGA分子量对罗哌卡因载药率的影响

编号	PLGA分子量	平均粒径/μm	粒径分布系数	载药率/%
1	$1.2×10^4$（1.2W）	18.32	0.483	42.13
2	$2.5×10^4$（2.5W）	18.51	0.479	37.09
3	$4.5×10^4$（4.5W）	18.79	0.507	30.87

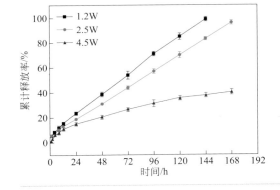

图3-1
PLGA分子量对罗哌卡因释放行为的影响

马光辉团队进一步发现使用分子量相同、末端基不同（—OH、—COOH、—COOR）的PLGA对包埋和释放行为都有显著的影响（表3-3，图3-2）[2]，虽然微球的平均粒径都相近，但—COOH末端的PLGA对药物的包埋率最高，达到94.6%。1h的突释率仅为3.8%，而—OH、—COOR末端的PLGA的突释率为

11.1% 和 15.9%。另外，从释放曲线（图 3-3）可知，由于—COOH 和药物的相互作用，—COOH 末端的 PLGA 制备的微球释药最缓慢。

表3-3 用不同末端基的PLGA制备的微球显示不同的载药率

项目	平均粒径/μm	粒径分布系数	载药率/%	药物包埋率/%
OH-RVC-MS	17.01	0.527	33.52	83.8
COOH-RVC-MS	17.15	0.553	37.84	94.6
COOR-RVC-MS	17.49	0.538	32.2	80.5

图3-2 OH-RVC-MS（a），COOH-RVC-MS（b）和COOR-RVC-MS（c）三种微球的电镜照片

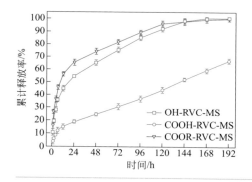

图3-3
用不同末端基的PLGA制备的微球的体外药物释放曲线

2. W₁/O/W₂ 型复乳 - 固化法

与上述包埋疏水性药物的 O/W 乳液 - 固化法相对应，包埋亲水性药物时一般采用 W/O/W 复乳 - 固化法制备。多肽、蛋白类药物都是亲水性的，而且这类药物在体内不稳定，容易降解，需频繁注射，尤其需要采用微囊技术制备成长效缓释制剂。涉及缓释微球的主要性能包括粒径和粒径分布、包埋率、释放速度以及蛋白质药物的活性。粒径越小，比表面积越高，则释放速度越快。包埋率和释放速度往往是一对矛盾，如果药物分子量低，则药物容易扩散出去，包埋率低。而药物分子量大时，虽然能达到高的包埋率，但包埋后释放速度慢。另外，蛋白

质药物具有三级结构，在包埋和释放过程中容易失活，因此，在制备工艺和膜材的选择方面必须进行详细的研究。下面就各种影响因素进行探讨，包括膜材、固化速度、添加剂等。

（1）膜材对包埋率和释放速度的影响　膜材的分子量、亲疏水性等特性影响和药物的相互作用，因此会影响包埋率、释放速度及所包埋的药物活性。一般来说，膜材与药物的亲和力越高，初乳越稳定，则包埋率越高；但一般包埋率高时，容易产生突释。

Blanco 等[3] 采用两种分子量不同的聚（乳酸 - 乙醇酸）（PLGA）为膜材（34000 和 10000），研究了对不同等电点的牛血清白蛋白（BSA，p*I* 4.6）和溶菌酶（p*I* 11.2）的包埋。用乙酸乙酯溶解膜材，制备 W/O/W 型复乳后，倒入异丙醇水溶液，快速抽去乙酸乙酯，使复乳固化成微囊。结果显示，PLGA 的分子量对 BSA 的包埋率影响不显著，均达到了 90% 以上。而溶菌酶的包埋率明显受 PLGA 分子量的影响，采用分子量为 34000 的 PLGA 时，包埋率仅为 64%；而 PLGA 分子量为 10000 时，包埋率达到了 93%。这是由于 BSA 具有表面活性作用，能与聚乳酸一起在 W/O 界面形成稳定的膜，因此包埋率较高。而溶菌酶没有强的表面活性作用，但溶菌酶在中性条件下带正电荷，其带正电荷的氨基与聚乳酸的羧基末端之间相互作用有助于提高溶菌酶的包埋率，而 PLGA 的分子量越低，则羧基数越多，溶菌酶与 PLGA 之间的相互作用就越强，包埋率就越高。另外，无论 PLGA 的分子量如何，BSA 的释放速度均快于溶菌酶，这同样是由于溶菌酶与 PLGA 的相互作用。

（2）固化速度对包埋率和释放速度的影响　一般固化速度越快，内水相的药物分子扩散进入外水相的机会越小，有利于包埋率的提高。Meng 等采用 PELA 为膜材，以乙酸乙酯为有机溶剂、溶菌酶为模型蛋白药物，系统研究了固化速度的影响[4]。他们在制备复乳（$W_1/O/W_2$）后，采用两步固化的方式来调控固化速度。如果直接将复乳倒入大量的水来萃取乙酸乙酯，会产生大量的沉淀，分析原因是快速脱溶剂造成微囊之间的高分子发生聚集。Meng 等第一步将复乳倒入少量的水，使微囊预固化，此时壁材已发生固化，可以保证药物不会再扩散进入外水相，然后再将预固化的微球倒入大量水中，将乙酸乙酯完全萃取出来，获得最终的固化微球。用该策略获得的微囊，包埋率达到 94% 以上。在 W_2+W_3 为固定量时，发现复乳的外水相体积（W_2）和预固化所用的水相体积（W_3）比对释放速度有较大影响，W_2/W_3 体积比越高，即复乳制备时外水相越高，此时微囊表面的预固化程度就越高，因此释放速度越慢，突释率越低。

（3）添加剂对包埋率和释放速度的影响　Pistel 等[5] 用聚乳酸包埋 BSA，研究了在内水相或外水相添加 NaCl 时对包埋率的影响。内水相的盐浓度高时，所形成的微囊表面多孔，比表面积大［图 3-4（a）］，为此，对药物的包埋率降低，突释率大。相反，在外水相内添加 NaCl 时，所形成的微囊表面致密［图 3-4（b）］，对药物的包埋率高，突释率低。这是由于在微囊制备过程中内水相和外水相之间的渗透压差而造成的。内水相的盐浓度高时，水从外水相向内水相扩散，内水相体积增大，复乳不能稳定存在，造成内水相与外水相融合，药物向外泄漏。

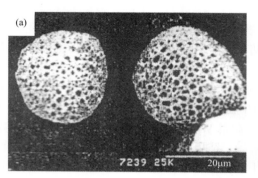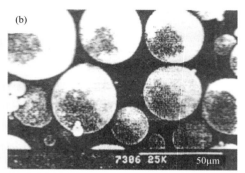

图3-4　内外水相盐浓度对微囊膜壁结构的影响。盐浓度：（a）内水相5mg/mL，外水相0；（b）内水相5mg/mL，外水相2.5%

马光辉团队在包埋曲普瑞林时[6]，为了提高初乳稳定性，在内水相添加明胶，提高内水相的黏度，大幅度提高了包埋率。以 PLGA 为膜材、含 160g/L 明胶的水溶液为内水相、含 500g/L PLGA 的二氯甲烷为油相，采用快速膜乳化技术制备均一乳液后，使二氯甲烷挥发得到包埋醋酸曲普瑞林的 PLGA 微囊，醋酸曲普瑞林的包埋率为 80.12%，释放速度呈 0 级释放模式，36 天释放率 72.6%。

（4）保持蛋白质药物稳定性的策略　由于聚乳酸为疏水性物质，用聚乳酸包埋蛋白质等生物活性药物时，有机溶剂和活性药物的接触时间过长，会造成蛋白质药物的失活。另外，在储存和释药过程中，蛋白质药物会和疏水性的聚乳酸材料接触而失去活性。聚乳酸在降解过程中产生的酸性微环境也会对蛋白质带来不良的影响。因此，用聚乳酸等疏水性高分子材料包埋生物活性药物时，如何保持包埋和释药过程中的药物的活性，是一项具有挑战性的课题。所采用的策略主要有三方面：①在内水相加入添加剂，保护蛋白质活性；②缩短固化时间，减少蛋白质和油水界面的接触时间；③改变膜材，避免蛋白质和疏水材料直接接触。

Sah[7] 详细研究了有机溶剂与水的界面对蛋白质药物活性的影响。具体方法为：将 3mL 蛋白质水溶液与 12mL 二氯甲烷混合，在 16000r/min 转速下乳化1min。然后离心分离油相和水相，从水相中回收蛋白质，测试蛋白质的回收率和活性。乳化过程中产生的蛋白质聚集体不溶于水，因此会造成蛋白质回收率的降低。研究发现不同的蛋白质的回收率相差较大，蛋白质浓度为 0.5mg/mL 时，卵清蛋白（OVA）、溶菌酶以及 BSA 的回收率分别为（37.8±0.8）%、（71.8±2.9）%以及（98.7±0.7）%。水相内蛋白质药物浓度越高，则回收得到的蛋白质溶液内二聚体和多聚体也越多。通过对 BSA、CM-BSA（羧甲基化 BSA）以及 RCM-BSA（还原型 -S- 羧甲基化 BSA）的变性研究表明，自由巯基和 / 或二硫键是蛋白质在油 / 水界面产生二聚体和多聚体的主要原因。在 OVA 或溶菌酶水相内加入羟丙基 -β- 环糊精或 BSA，可减少蛋白质药物与界面的接触，回收率分别提高到97.7% 和 95.6%。Van de Weert[8] 也研究了有机溶剂 / 水界面对溶菌酶的活性影响，发现在蛋白质溶液内加入蔗糖、Tween20 或 Tween80 并没有提高蛋白质的回收率，而加入 BSA、PVA 能将溶菌酶的回收率从原来的 65% ~ 80% 提高至 95% 以上。

Meng 等 [9,10] 为减少有机溶剂及疏水性膜材与蛋白质药物的接触，采用 PLA-PEG 嵌段共聚物为膜材、乙酸乙酯为有机溶剂。先用均相乳化器制备 W_1/O 初乳后，再将初乳分散在外水相中制备成复乳，最后将复乳倒入大量的水中。由于乙酸乙酯在外水相中的溶解度较高，将复乳倒入大量的水中后，乙酸乙酯会迅速扩散进入水中而使油相失水迅速固化。与以往使用二氯甲烷为有机溶剂并采用溶剂挥发法的工艺相比，由于固化速度非常快，蛋白质与有机溶剂的接触时间大大缩短，因此其活性能得到较高的保持。另外，由于采用 PLA-PEG 嵌段共聚物为膜材，亲水性嵌段 PEG 能选择性地向内水相伸展，有效地阻碍蛋白质与有机溶剂和聚乳酸的接触，从而保持蛋白质在制备、储存以及释放过程中的活性。

马光辉团队采用三种膜材（PLA、PLGA、PELA）包埋人生长激素 [11]，并用快速膜乳化法（后述）控制微球粒径，微球粒径均在 2μm 左右。实验结果表明，PELA 微囊的包埋率最高，达到 89.3%，而 PLA 和 PLGA 微囊的包埋率分别为65.0% 和 58.6%（图 3-5）。这是因为 PELA 具有两亲性，可以很好地稳定初乳，防止内水相和外水相的聚并。更重要的是，由于 PELA 存在于内水相和油相的界面，可以避免蛋白质和疏水性 PLA 的直接接触，活性得到很好的保持，药物释放 45天期间，人生长激素的活性可以保持在 90% 以上，而采用 PLA 则活性下降至 70%左右，这是由于蛋白药物和疏水性 PLA 的接触，形成了部分聚集体［图 3-5（b）］。

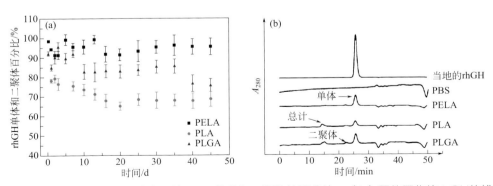

图3-5 （a）从三种微球中释放 rhGH 单体和二聚体的百分比；（b）释放回收的 rhGH 的排阻色谱图（SEC-HPLC）

五、壳聚糖微球和微囊

壳聚糖（Chitosan）是甲壳素（Chitin）脱乙酰基的产物，因此壳聚糖含有氨基，可溶于稀酸溶液，是阳离子多糖材料。壳聚糖最重要的特性是具有生物黏附性、生物相容性和生物降解性及良好的成膜性，从而使其成为应用前景广阔的药物载体。

由于壳聚糖溶于稀酸水溶液，因此一般采用 W/O 型和 O/W/O 型乳液 - 固化法来分别包埋水溶性药物和油溶性药物。乳液的固化方法一般采用化学交联法，另外马光辉团队也发展了不需采用交联剂的自固化体系。

1. W/O 型乳液－化学交联法

由于壳聚糖带有氨基，因此用交联法是乳液固化常用的方法。在制备 W/O 型乳液（包埋水溶性药物）或 O/W/O 型复乳液（包埋脂溶性药物）后，加入交联剂使交联剂扩散进入壳聚糖水相，将壳聚糖交联固化成微囊。戊二醛是最常用的交联剂。从制备法可知，亲水性药物是均匀地分散在壳聚糖微球中，而脂溶性药物是被包埋在壳聚糖微囊内的各个小空腔内，释药时必须先扩散进入壳聚糖内，再扩散至微囊外，因此脂溶性药物的释放速度会远远低于亲水性药物。

采用交联法制备载药微球或微囊时，壳聚糖分子量、载药量、交联剂的用量等都对微球的药物释放速度产生重要影响，随着交联剂用量的增加，成球速度加快，药物包埋率提高，同时微球的溶胀度下降，药物的释放速率减慢。例如，Jameela 等[12]将黄体酮分散在壳聚糖醋酸水溶液制成水相后，与含有 Arlacel 83 乳化剂的液体石蜡 / 乙醚混合，快速搅拌制备成 W/O 乳液后，加入戊二醛 / 甲苯溶液对壳聚糖进行交联，最后又加入戊二醛 / 水溶液对微球进一步进行了交联，得到了 45 ～ 300μm 的载药微球。他们对载药微球进行分级后，研究了微球粒径、交联度对药物释放性能的影响，发现粒径越小，其比表面积越大，药物的释放速度越快；交联剂的使用量越多，药物的释放速度越缓慢。

交联法的优点是可通过控制交联度简单地控制释药性能。但是，交联法存在着很大的缺点，主要包括：①由于交联反应大多采用甲醛、戊二醛等对壳聚糖上的氨基进行交联，因此当包埋带有氨基的抗癌药、蛋白质药物等时，不仅会使药物被交联在内难以释放，而且会使药物失去部分活性。②戊二醛的交联还会在一定程度上影响微球的生物相容性。③交联后的壳聚糖微球会使壳聚糖的生物黏附性受损。为了避免上述问题，也可采用先制备出微球，然后将微球浸泡在蛋白质药物内，使药物物理吸附在微球内的方法。但缺点是吸附载药量低、释放速度快。

Mi 等[13]尝试用一种天然的交联剂京尼平来交联壳聚糖微球。他们用喷雾干燥法制备了壳聚糖微球后，分别用戊二醛和京尼平交联壳聚糖微球。用两种微球对大鼠进行肌肉注射（肌注）后，发现用京尼平交联的微球所引起的炎症明显比戊二醛低，注射12周后京尼平 - 交联微球所引起的炎症基本消失，而戊二醛 - 交联微球引起的炎症却仍然存在。

为了解决化学交联的问题，马光辉团队提出了分步固化法制备包埋胰岛素的壳聚糖微球[14]。将壳聚糖和胰岛素溶解在弱酸溶液内，在用微孔膜乳化法（后述）获得均一壳聚糖液滴后，先缓慢滴入三聚磷酸盐（TPP），TPP逐步扩散至液滴内部使壳聚糖沉淀固化形成凝胶，第二步再加入戊二醛，由于第一步形成的凝胶会阻碍戊二醛扩散进入内部，因此戊二醛主要在微球表面进行化学交联，而不会把内部包埋的胰岛素交联住，为此可保持胰岛素的活性和稳定释放，80天释放出70%以上。而仅用戊二醛交联的壳聚糖微球，大量的胰岛素失活，而且很难释放出来，80天仅释放出约10%的胰岛素。

2. W/O型乳液 - 自固化法

马光辉团队发展了一种温敏壳聚糖体系，该体系在室温时为溶液，而在37℃以上变为凝胶[15,16]。利用该体系可以在室温下乳化得到乳液，升温即可得到凝胶微球。该方法避免了化学交联剂的使用，从而可以保持蛋白质药物的活性。首先，制备季铵化的壳聚糖［(N-(2-羟基-3-三甲基)丙基氯化铵壳聚糖，HTCC］，将HTCC和甘油磷酸钠（αβ-GP）水溶液混合，该体系在室温是溶液，提高温度至37℃以上，会变成凝胶。于是以该体系为水相、溶解了PO-500的液体石蜡/油醚（7/5）为油相，在室温下用膜乳化法制备成O/W乳液，然后将温度提高到37℃即可获得凝胶微球[17]。由于不用采用化学交联剂，可以很好地保持蛋白质药物的活性，以BSA为模型蛋白药物，可实现1个月左右的缓释（图3-6）。同时，因为不使用化学交联剂，具有高度pH敏感性，微球在pH7.4具有很好的稳定性，但在pH5时会快速崩解。这种特性在用于药物或疫苗载体时具有很大的优势。

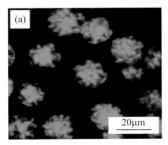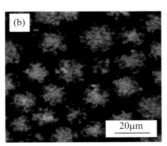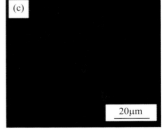

图3-6 自固化壳聚糖微球释放FITC-BSA的激光共聚焦照片（微球置于pH 7.4的PBS中）。（a）0天；（b）15天；（c）40天

因此，马光辉团队又采用类似的实验条件，用快速膜乳化法制备了817nm的壳聚糖凝胶微球[18]，用其吸附H5N1裂解疫苗，并与戊二醛交联的相近粒径的壳聚糖微球进行了比较。发现壳聚糖凝胶微球具有很高的pH敏感性，而化学交联的壳聚糖微球基本不显示pH敏感性。另外，凝胶微球由于其疏松的结构显示了更高的抗原吸附率。细胞实验和动物免疫实验发现，壳聚糖凝胶微球由于其高度的pH敏感性，被免疫细胞（如树突状细胞）吞噬后，可以促进药物从pH低的胞内溶酶体逃逸到细胞质中，使部分抗原在细胞质中加工提呈，显著增强抗原的细胞免疫效果。

六、琼脂糖微球

琼脂糖（Agarose）和壳聚糖不同的是，含有丰富的羟基，是中性多糖。因此，琼脂糖微球用于蛋白质层析分离时，和蛋白质几乎不产生非特异性相互作用，是一种理想的生物分离用介质，被广泛用于蛋白质药物、疫苗、抗体的分离纯化。具体应用将在第五章详细介绍，本章主要介绍制备方法。

蛋白质分离介质包括凝胶过滤、离子交换、疏水相互作用、金属螯合以及亲和介质等。琼脂糖制备成微球后的附加价值将被提高百倍至数千倍。我国大多数生物技术领域的厂家和研究单位使用Cytiva公司（原GE Healthcare）的琼脂糖微球介质，近年来马光辉团队的国产介质已经逐步得到企业认可和使用。

1. W/O型乳液－降温固化

由于琼脂糖的特殊性质，其液滴的固化方法与聚乳酸、壳聚糖均不相同。琼脂糖只溶于热水而不溶于冷水，因此，需在高温下乳化，冷却后便可得到固化的琼脂糖微球。优点是可不使用交联剂，缺点是必须在高温条件下操作。具体方法如下[19]：将琼脂糖溶解于热水中得到均一水溶液，将该水溶液倒入50℃的甲苯/四氯化碳混合溶剂（含乳化剂）中，制成W/O型乳液，搅拌数分钟后冷却，水相的琼脂糖便固化成微球。用布氏漏斗过滤后，用乙醚洗涤除去有机溶剂，最后加入水并减压抽去乙醚。

琼脂糖凝胶的结构有其特殊性，如图3-7所示，在冷却过程中高分子链先形成螺旋链，螺旋链之间互相聚集形成"束"，"束"与"束"之间自然形成孔结构。因此，液滴的冷却工艺直接关系到空隙的均一性和平均孔径。

溶液状态　　　　初始凝胶　　　　终态凝胶结构

约45℃　约100℃　　成熟　约100℃

图3-7 琼脂糖分子随着降温而形成大孔网络结构的示意图

2．琼脂糖微球的后化学交联及其工艺改进

最早的层析介质是未交联的凝胶微球，但由于强度弱，在层析柱内会使流速降低，影响分离速度和分离效能。后来开发的琼脂糖介质是将微球进一步交联后的快流速介质。较常采用的交联剂是环氧氯丙烷和1,4-丁二醇双缩水甘油醚。Porath 等[20]用环氧氯丙烷交联琼脂糖微球介质的方法如下：将得到的琼脂糖凝胶微球分散于水，与含有碱液、环氧氯丙烷以及硼氢化钠的溶液混合，边搅拌边在 60℃条件下反应 1h，其中硼氢化钠的作用是防止琼脂糖糖环的裂解。

然而，要得到高交联度的琼脂糖微球并不容易，因为用环氧氯丙烷交联琼脂糖微球有下列几个限制：①反应在水溶液中进行，琼脂糖微球能在水中溶胀并悬浮于溶液中，但环氧氯丙烷难溶于水，这就使其在水相中的浓度很低，而且环氧氯丙烷要靠扩散进入凝胶微球内部与琼脂糖上的羟基反应，所以反应速度很慢；②由于交联必须在碱性条件下反应，而碱性条件会使环氧氯丙烷水解失去交联作用；③提高温度有助于环氧氯丙烷在水中的溶解度，提高传质系数，提高交联速度，但 50℃以上会造成琼脂糖凝胶逐渐溶解；④交联反应的完成需要一定的时间，而反应时间的延长又会使环氧基水解。苏志国等采用先在低温（25 ~ 30℃）和低碱的条件下（0.5mol/L NaOH）使凝胶微球部分交联，有了一定的交联度后，逐步升高反应温度（30 ~ 80℃），加快反应速度，并不断流加环氧氯丙烷，使凝胶持续地被交联。将 10mL 的该高交联度微球装在直径 1.6cm 的层析柱内，测得最大稳定流速为 400cm/h，而未交联的凝胶的最大稳定流速小于 60cm/h。

七、海藻酸盐微球和微囊

海藻酸盐（Alginate）是由 β-D- 甘露糖醛酸（β-D-mannuronic acid）和 α-L- 古罗糖醛酸（α-L-guluronic acid）以 1,4- 交联后的多糖。与壳聚糖相反，海藻酸盐带有羧基，是阴离子高分子。

海藻酸盐普遍存在于褐藻（Brown Algae）类中，为组成细胞膜的主要成分。海藻酸钠的分子量在 32000 ~ 250000，溶于水成黏稠状胶体。海藻酸盐的重要性质之一是能和大多数多价阳离子（除镁外）反应形成交联物，随着多价阳离子的增加，海藻酸盐溶液逐渐增稠，形成凝胶。

海藻酸盐无毒性，具有生物黏附性、生物相容性以及胶凝性，被广泛用于食品工业、医药和医疗以及日化品工业。尤其是在生物医药和生物化工领域，作为细胞载体、药物载体、酶固定化载体等的应用备受注目，而这些应用也大多采用微球和微囊的形式。由于海藻酸盐是阴离子高分子，因此固化法一般都利用该特征来进行，主要采用多价阳离子的离子固化法和采用阳离子高分子的复凝聚法，但复凝聚法一般只能在 W/W 双水相体系中进行。下面分别介绍 W/W 和 W/O 型

液滴的固化方法。

1．W/W 型液滴 - 离子固化法

由于海藻酸盐是阴离子高分子，其容易与二价和三价阳离子形成离子键而固化，所以采用阳离子（如钙离子）使海藻酸盐微球和微囊固化是最常用的方法。二价和三价的阳离子可以和海藻酸盐高分子上的两个或三个羧基形成离子键而使海藻酸盐分子交联。可以用于交联的二价阳离子有 Ca^{2+}、Co^{2+}、Zn^{2+}、Ba^{2+}、Fe^{2+}，三价阳离子有 Fe^{3+}、Al^{3+}，而 Ca^{2+}（如 $CaCl_2$）是最常用的交联剂。

W/W 型液滴 - 离子固化法分为外部固化法（External Gelation）和内部固化法（Internal Gelation），两种方法可以得到不同的微囊膜结构，但由于外部固化法较简单，是最常用的方法。外部固化法的具体制备过程如下：将海藻酸钠的水溶液用注射器、喷射头等滴入含 $CaCl_2$ 的水溶液中，Ca^{2+} 从液滴外部逐步扩散进入液滴内部。表面的固化速度较快，随着表面的固化，Ca^{2+} 向内的扩散速度变慢，固化速度从外向内逐渐变慢。内部固化法的制备过程如下：将 $CaCO_3$ 粉末分散于海藻酸钠水溶液中，然后用同样方法将分散液滴加到酸性水溶液中，H^+ 逐渐扩散至液滴内部后，与 $CaCO_3$ 反应而形成 Ca^{2+}，Ca^{2+} 再逐渐向外扩散而使海藻酸盐固化。很明显，内部固化法得到的微囊膜结构和外部固化法会不同。

由于 W/W 制备法必须使用注射器等滴加海藻酸盐水溶液，制备速度非常慢，很难实现规模化生产。而且微囊粒径受注射器的直径控制，粒径一般较大，在数十微米至数百微米之间。与其相对比，W/O 法则是一种较容易实现规模化的方法，该方法的粒径可用乳化搅拌速度以及乳化装置来控制，可控范围较宽。

2．W/O 型乳液 - 离子固化法

W/O 型乳液 - 离子固化法的具体制备过程如下：将海藻酸盐溶液与含乳化剂的油相混合后，搅拌乳化成 W/O 型乳液，然后向该乳液中滴加 $CaCl_2$ 水溶液，使 Ca^{2+} 溶液与海藻酸盐液滴接触合并而进入海藻酸盐液滴内并使其固化。

Mofidi 等[21]采用 W/O 法对海藻酸钙微球的规模化生产进行了研究，得到了无粘连、热稳定性好、可灭菌、可干燥的微球。他们将 2% ~ 4% 海藻酸钠溶液加入搅拌中的油相内（煤油、矿物油或菜籽油等），然后向悬浮液内加入固化液（含 $CaCl_2$、甲醇、醋酸），继续搅拌 15min 后，得到交联凝胶微球。

用 Ca^{2+} 固化的微囊，一般膜结构比较疏松。Fundueanu 等[22]为了制备致密结构的微囊膜结构，先用过量 NaOH 使海藻酸钠水解为低聚物，由于低聚物海藻酸钠水溶液的黏度低，制备时可提高海藻酸钠在水溶液中的浓度（最高达15%），而且由于海藻酸钠水溶液的黏度低，$CaCl_2$ 更容易地扩散至微囊内得到交联度高的微囊。制备过程如下：将海藻酸盐分散在水中，将 NaOH 溶液加入海藻酸盐溶液中，在 60℃反应 15min，使海藻酸盐部分水解。然后，将该 60℃水溶

液与 1,2- 二氯乙烷（含 2.5% 的纤维素 - 乙酸酯 - 丁酸酯分散剂）混合制备成 W/O 型乳液，加入 60℃ 5mol/L CaCl₂ 溶液反应 10 ~ 60min。研究发现只有固化温度为 60℃时才得到了球形好、结构致密的微囊。如果温度过低，Ca^{2+} 向液滴内扩散得不充分，无法得到球形好的微囊。

Vandenberg 等[23] 比较了不同的固化法对海藻酸钠 - 壳聚糖复合微囊的药物包埋率以及释放行为的影响。①外部固化法：W/W 法，将含 BSA 药物的海藻酸钠溶液滴加到壳聚糖的氯化钙溶液中；②内部固化法：采用 W/O 法将 $CaCO_3$ 纳米颗粒分散在含 BSA 的海藻酸钠溶液中，然后将该水溶液滴加到含醋酸的菜籽油中，反应 45min。收集海藻酸钙微囊后，再将其分散在壳聚糖 /CaCl₂ 水溶液内，使微囊进一步固化，并与壳聚糖形成复合微囊。结果表明，外部固化法的蛋白质包埋率远远高于内部固化法。这是因为采用外部固化法时，海藻酸盐在微囊表面的浓度较高，孔径较小，抑制了制备过程中药物的向外扩散；而采用内部固化法时，药物和 Ca^{2+} 一起向外扩散，导致包埋率降低。

八、蛋白类微球

1. W/O 型乳液 - 化学交联法

由于白蛋白含有大量氨基，因此和壳聚糖一样也可以用化学交联方法固化微球。马光辉团队将 20% BSA 生理盐水溶液加入含 6% Arlacel 83 的环己烷搅拌 10min，然后再超声 10min 获得 W/O 型小液滴，超声功率分别为 71W、97W、127W 及 165W，然后加入戊二醛交联白蛋白微球[24]。微球的粒径随超声功率的增大而减小，分别获得了 169nm、149nm、134nm 及 102nm 的白蛋白微球。用该微球包埋了玫瑰红，即将玫瑰红溶解在白蛋白溶液里，然后按同样方法制备微球，包埋率最高可达到 83%。

2. W/O 型乳液 - 升温固化法

白蛋白会因热而变性固化，可以利用该特性固化微球。例如，临床使用的白蛋白造影剂是边超声边将疏水性全氟丙烷通入人血清白蛋白溶液内（临床注射液），形成 O/W 型纳米液滴（或称纳米气泡），由于超声产热，白蛋白立即沉淀在液滴表面，将全氟丙烷包埋在内[25]。由于白蛋白因沉淀而形成微囊，也可称为单凝聚法（后述），是乳液法和单凝聚法相结合的策略。

结合上述乳液法和单凝聚法，还可制备包埋药物的微球。例如，将紫杉醇溶解在有机溶剂中，将白蛋白水溶液加在油相上面，将超声探头放在两相之间并超声 30s，白蛋白因超声受热而沉淀在油滴周围，获得包埋紫杉醇的白蛋白纳米囊[26]。

Gupta 等[27] 将 250μL 的 5%（质量分数）阿霉素水溶液和 250μL 白蛋白水溶

液混合均匀后，与 30mL 棉籽油（4℃）混合，用超声乳化法制备成 W/O 型乳液，然后将该乳液迅速加至预热至 120 ～ 140℃的棉籽油（100mL），并以 1500r/min 快速搅拌 2.5 ～ 10min，然后用冰浴冷却至 10 ～ 20℃。实验结果表明，当白蛋白含量为 25%（质量分数），在 120℃条件下固化 2.5min 时，药物包埋率最高，可达 75%。

第二节
新型微孔膜乳化法制备尺寸均一的高分子微球和微囊

在第一节中详细叙述了以高分子为原料的最常用的微球制备法，乳化 - 固化法。但乳液一般都采用机械搅拌桨、均相乳化器制备，所得到的微球直径分布宽。而在药物缓释、生化分离等应用中，为得到良好的效果，需使用粒径均一的微球。使用前一章所述的膜乳化过程，可以解决这个问题。马光辉团队使用两种微孔膜乳化过程（直接膜乳化法和快速膜乳化法）制备了多种粒径均一的聚乳酸类微球和多糖微球。

一、PLA/PLGA微球和微囊

如前所示，PLA/PLGA 为疏水性高分子，可以用微孔膜乳化法制备 O/W、W/O/W 乳液以制备微球和微囊，分别用于包埋疏水性和亲水性药物。

1. 直接膜乳化法

马光辉团队首先以 PLA、二氯甲烷以及十二醇（LOH）的混合物为油相制备成 O/W 型均一尺寸的油滴后，在常温下使二氯甲烷挥发，得到均一尺寸的微球。当 LOH/CH$_2$Cl$_2$ 体积比为 1/10 时，微球的尺寸最为均一[28]。另外，还将胰岛素粉末分散在油相中，在用膜乳化法制备 O/W 乳液后，挥发溶剂获得了载胰岛素的微球。

马光辉团队结合膜乳化过程和 W/O/W 复乳技术制备了粒径均一的 PLA 微囊[29]。先将蛋白质药物水溶液与聚乳酸有机溶液混合，用均相乳化器制备成 W/O 型初乳后，再将初乳通过膜压入外水相得到尺寸均一的复乳，最后使溶剂挥发得到尺寸均一的聚乳酸微囊。膜乳化法制备复乳的难点是：初乳必须稳定，否则无法进行膜乳化。通过调节密度和乳化剂，成功制备出了均一的 W/O/W 复乳（膜孔径 5.2μm），固化后成功获得均一微囊，粒径为 8μm，粒径分布为 14.7%，溶菌酶的包埋率达到 92.2%［图 3-8（a）］。在同样配方条件下，用传统搅拌法制备复乳时，包埋率仅 40% ～ 50%，粒径分布系数为 75.9%［图 3-8（b）］。该结果充分显示了均一粒径的其他优势：由于粒径均一，固化过程中基本不发生液滴之间的合并，从而包埋率高；而搅拌法制备的粒径不均一，小粒径乳滴容易被大粒径乳滴吞并形成更大乳滴，而大乳滴在搅拌剪切的作用下又被破损成较小的液滴，在这动态变化过程中，内水相容易和外水相融合而造成药物泄漏。

 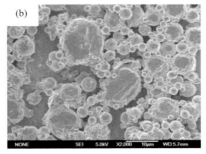

图3-8　用膜乳化过程制备的尺寸均一的聚乳酸微囊（W/O/W复乳法）（a）与搅拌法（b）的比较

2．快速膜乳化法

如第二章所述，快速膜乳化是两步乳化法，先制备粒径大于膜孔的粗乳液（也称预乳液），然后将粗乳液快速压过膜，在优化后的界面张力和过膜压力等条件下可以获得均一小液滴。

马光辉团队首先以 PLA/乙酸乙酯为油相、PVA 水溶液为水相，用均相乳化器制备 O/W 型粗乳液后，用膜孔径为 1.4μm 的膜对粗乳液进行快速膜乳化，获得均一小液滴，最终将乳液倒入大量的水除去溶剂，获得均一微球[30]。研究发现油/水体积比为 1∶5、过膜压力为 1000kPa 时，获得粒径约为 320nm 且较均一的 PLA 微球，粒径分布系数（CV 值）为 16.9%。

快速膜乳化技术还被用于包埋油溶性药物罗哌卡因的研究。将罗哌卡因和 PLGA 溶解于二氯甲烷溶剂，获得均一油相，然后和含 PVA 的水溶液混合获得粗乳液，用 35μm 的膜孔进行快速膜乳化获得均一液滴，之后除去二氯甲烷获得 18μm 左右的均一 PLGA 微球，Span 值为 0.469。有趣的是，分别在常压下（ASE）和减压（负压，NSE）下除去二氯甲烷时，两者的载药率分别为 28.19% 和 37.28%[1]，即在负压条件下快速去除二氯甲烷，可防止药物形成大结晶并逃逸到水相中。另外，ASE 条件下的突释较高（图 3-9），2h 内达到 28.3%，7 天释放 91.8%。这是因为固化速率较慢，部分药物扩散至微球表面附近，从而形成突释效应；而 NSE 条件下固化的微球不仅突释低，后续释放基本呈 0 级释放。观察微球内部结构可知，ASE 条件下固化的微球内部疏松，药物形成小的纳米晶体，而 NSE 微球内部致密，药物以分子的形式分散在微球中，这样的内部结构也很好地解释了不同的包埋率和突释效应。

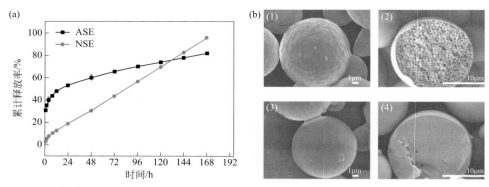

图3-9 （a）ASE和NSE条件下固化后的微球的体外释放曲线；（b）ASE [(1)，(2)]和NSE [（3），(4)]条件下固化后微球表面[(1)，(3)]和内部[(2)，(4)]的SEM照片

为了包埋亲水性蛋白药物、疫苗等，马光辉团队继续发展了基于 W/O/W 复乳的快速膜乳化过程。如前所述，需考虑包埋过程中如何不使药物失活。例如，重组乙肝表面抗原（HBsAg）是很容易失活的多聚亚基，为了避免药物失活，双亲性高分子 PELA 被用作膜材。将 HBsAg 水溶液与 PELA/乙酸乙酯混合，分别用超声（15s）和均相乳化器（6000r/min、15s）制备 W/O 初乳，然后将初乳和含有 1%PVA 的外水相混合，300r/min 搅拌 60s 获得粗复乳，然后将粗复乳快速压过膜孔，获得均一的复乳液，最后将复乳液倒入大量的水中去除乙酸乙酯获得均一微囊。如图 3-10 所示[31]，用超声法制备的初乳稳定，抗原可以很好地被包埋，抗原包埋率达到 90.4%，微囊粒径约为 1μm，CV 值为 18.9%。而采用均相乳化器制备的初乳不稳定，内水相之间以及内水相和外水相很容易发生融合，造成 HBsAg 的包埋率很低。

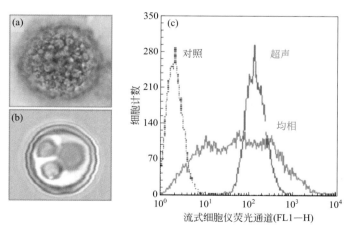

图3-10 初乳制备方法的影响比较：（a）超声法；（b）均相乳化法；（c）相应的流式分析（包埋抗原用荧光标记）

二、壳聚糖微球

壳聚糖微球在口服、黏膜给药中具有重要的应用前景。壳聚糖微球和微囊的制备必须采用 W/O 型乳液和 O/W/O 型复乳来分别包埋亲水性药物和疏水性药物，并采用疏水性膜。疏水性膜一方面可以通过修饰亲水性无机膜的方法获得，另一方面可以直接制备[41]，后者可以避免修饰剂脱落所引起的药品污染。

1. 直接膜乳化法

将壳聚糖溶解在含 1%（质量分数）醋酸、0.9%（质量分数）NaCl 的溶液中，用作分散相，含有 PO-500 乳化剂的液体石蜡/石油醚（7/5，体积比）为连续相。将水相压过疏水性膜，调控压力至最佳值，可获得均一的液滴，然后逐步滴加戊二醛的甲苯饱和溶液，戊二醛慢慢扩散至水相并和壳聚糖反应固化，得到均一微球，粒径分布系数约为 10%。通过改变膜孔可简单地调控微球粒径，最小制备出400nm 的微球（膜孔径为 0.5μm）[32]。

马光辉团队发现壳聚糖微球用戊二醛交联后会自发荧光，呈黄色荧光，这是因为交联生成的不饱和键（C＝C 和 C＝N）产生 π-π*/n-π* 跃迁及其三维网络结构。为了证明该设想，NaBH$_4$ 用于还原 C＝N 键，发现微球呈蓝色荧光；进一步用甲醛交联壳聚糖微球，微球中只有 C＝N 键时，则呈红色荧光，三种不同荧光色的微球如图 3-11 所示[33]。同时，进一步发现荧光强度随着交联度的提高而增强。利用壳聚糖微球的自发荧光特性，研究了粒径对微球口服吸收效果的影响，将三种粒径（2.1μm、7.2μm、12.5μm）的微球混合后口服给药，利用流式细胞仪，可定量检测各个粒径的微球在体内的分布，发现 2μm 的壳聚糖微球在回肠、结肠的吸收效果最好[34]，这也说明了作为药物载体控制微球粒径的重要性。

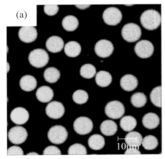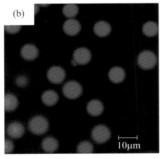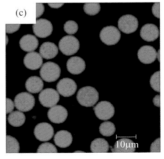

图3-11 三种自发荧光壳聚糖微球。（a）戊二醛交联；（b）戊二醛交联后用NaBH$_4$还原；（c）甲醛交联。激发波长分别为488nm、365nm及545nm

2．快速膜乳化法

为了制备更小粒径的壳聚糖微球和微囊，马光辉团队发展了快速膜乳化法，首先将壳聚糖弱酸溶液与含有 PO-500 乳化剂的液体石蜡 / 石油醚混合，用超声或均相乳化器或搅拌法制备成 W/O 型粗乳液，然后将粗乳快速压过膜孔，获得均一小液滴。最后滴加戊二醛饱和的甲苯，使壳聚糖交联，形成小粒径的均一壳聚糖微球，通过控制膜孔，粒径可在 300nm 至 1.85μm 之间可控，PDI 最小可达到 0.027[35]。

很多药物是难溶于水的，例如紫杉醇是一个典型的例子，由于其不溶于水，临床上的商品化制剂（Taxol®）是采用乙醇和聚氧乙烯蓖麻油溶解紫杉醇（PTX）后，采用静脉注射方式给药。大部分病人会产生过敏，从而给药前需要服用抗过敏剂，副作用大。马光辉团队以壳聚糖和季铵化壳聚糖为膜材，采用快速膜乳化法结合 O/W/O 型复乳技术制备了包埋紫杉醇的微囊，旨在开发口服抗癌药制剂[36]。紫杉醇 / 二氯甲烷作为内油相，壳聚糖弱酸水溶液为水相，溶解了 PO-500 乳化剂的液体石蜡 / 石油醚为外油相，用超声制备成 O/W 型初乳后，和外油相混合制备成 O/W/O 型粗复乳，再通过快速膜乳化过程制备均一 O/W/O 复乳，然后滴加戊二醛饱和的甲苯溶液，并除去二氯甲烷，成功获得包埋紫杉醇的微囊，粒径约为 130nm，粒径分布 PDI 均在 0.03 左右，包埋率均在 83% 以上，载药率均超过 35%。但季铵化壳聚糖纳米微囊（HTCC-NP:PTX）和壳聚糖（CS-NP:PTX）相比，具有更疏松的孔和更高的 ζ 电位，有利于口服吸收和难溶性药物的释放，最终获得了更好的口服吸收结果。动物实验结果表明，与商品化静脉注射制剂相比，具有更好的抑瘤效果，且副作用低（图 3-12），和 PBS 组相比，白细胞数量基本没有下降，而 Taxol® 静脉注射组的白细胞数严重下降。

该过程的优势是：紫杉醇被局限在内水相内析晶形成细小的纳米晶，而不会形成大晶体并逃逸出纳米颗粒。但是，必须协调化学交联反应和除去二氯甲烷的速度，如果二氯甲烷挥发过快，紫杉醇在壳聚糖被交联之前就会形成大的结晶，而从纳米微囊中逃逸出来。因此，马光辉团队采取的是，先 25℃ 低温交联 30min，然后再缓慢升温至 50℃，边继续交联边除去溶剂。

三、琼脂糖微球

1．直接膜乳化法

如前所述，琼脂糖微球在蛋白质分离纯化中发挥着重要的作用，但是现有的商品化产品是采用机械搅拌法制备，粒径不均一，需要后续筛分，不仅增加了工序，而且浪费了原料。即使筛分后的琼脂糖微球仍然不均一，其柱效有待进一步提高。马光辉团队首先采用直接膜乳化法制备了均一的琼脂糖微球[37]，制备的难点在于乳化必须在高温进行，对设备有很高的要求。马光辉团队研制了可进行高温膜乳化的设备，将琼脂糖溶解于热水中作为水相，溶解了4%（质量分数）PO-500（Hexaglycerin Penta Ester）的液体石蜡/石油醚作为油相，采用膜孔径为5.2μm的膜孔，在55℃条件下将水相压过膜孔得到W/O乳液。然后将乳液冷却至室温，在优化条件下获得了均一的琼脂糖微球，CV值为15%，改变孔径可以简单地改变粒径（图3-13），实现了粒径从15～300μm之间的可控。

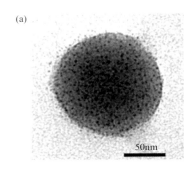

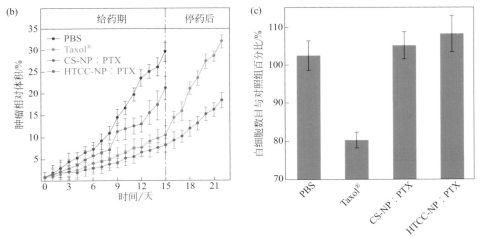

图3-12　包埋紫杉醇的壳聚糖纳米微囊和口服抑瘤效果。（a）季铵化壳聚糖载药纳米微囊（HTCC-NP:PTX）的透射电镜图，紫杉醇以纳米晶的形式分散在球内；（b）HTCC-NP: PTX口服抑瘤效果远优于商品化Taxol®制剂；（c）口服制剂的副作用远低于Taxol®制剂

2．快速膜乳化法

琼脂糖微球的最大不利点是微球不耐压，虽然交联反应可以在很大程度上提高琼脂糖微球的强度，但仍然不理想。所以工业上一般采用90μm的琼脂糖微球，来保证一定的流速，但大微球限制了柱效和分辨率。如果能提高琼脂糖的浓度，则能提高微球的硬度，并可采用更小粒径的微球来提高分辨率。

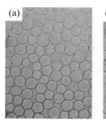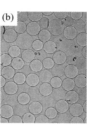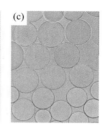

图3-13
用直接膜乳化过程制备的不同粒径的琼脂糖微球。（a）、（b）、（c）为分别使用孔径为10μm、19.2μm、25.9μm的膜制备的微球，粒径分别约为30μm、60μm、90μm

马光辉团队采用快速膜乳化法制备了粒径更小、强度更高的琼脂糖微球[38]。配方可以与直接膜乳化法类似，但琼脂糖浓度最高可提高到15%，CV值为9.8%，粒径在几微米至50μm之间可控，尤其是可以制备10μm以下的粒径均一微球，高浓度的琼脂糖大幅度提高了微球的强度，可在同样分辨率的条件下将分离速度提高至2～3倍。快速膜乳化的结果可以用在膜孔中的液滴破裂来阐述，液滴破裂程度是和膜孔中壁剪切应力相关，如下式所示：

$$\sigma_{w,p} = 8\eta_e J\xi/(\varepsilon d_m) \tag{3-1}$$

式中，$\sigma_{w,p}$ 是膜孔内的剪切应力；η_e 是膜孔中乳液的平均黏度；ξ 是膜孔的弯曲度；ε 是平均孔隙率；d_m 是平均膜孔径；J 是过膜通量。例如，随着液体石蜡/石油醚比例的减小，乳液的黏度 η_e 减小，但在同样过膜压力下过膜通量 J 会增加，因此 $\sigma_{w,p}$ 可能会增加或减少。而实验结果显示粒径减小，均一性增加，这说明液滴在膜孔中破碎程度增加，也就说明 $\sigma_{w,p}$ 是增加的。而如果 η_e 保持一定，过膜压力增加，则通量 J 增加，即 $\sigma_{w,p}$ 增加，则液滴在膜孔内的破裂程度增加。

四、海藻酸盐微球

1. 直接膜乳化法

用膜乳化法制备均一海藻酸盐微球的难点是：海藻酸盐一般采用 W/W 法制备，将海藻酸钠水溶液滴加或喷到 CaCl₂ 水溶液中固化获得凝胶微球，但膜乳化法要求形成乳液的体系两相互不相溶。因此，马光辉团队提出了膜乳化法制备均一海藻酸盐微球的策略，即液滴溶胀法[39]。如图 3-14 所示，先用膜乳化法（膜孔径 7μm）制备均一 W/O 乳液，水相为海藻酸钠水溶液，油相为液体石蜡/石油醚（含乳化剂 PO-500），然后用超声制备 CaCl₂ 细乳液，油相与海藻酸钠乳液相同。之后，将两者混合，由于海藻酸钠液滴较大且均一稳定，而 CaCl₂ 液滴很小，因此很容易被海藻酸盐大液滴吞并，由此海藻酸盐得到固化。从光学显微镜照片可知，两种乳液混合后可以看到有很多小液滴。但是固化后小液滴完全消失，而大液滴变小，说明海藻酸盐被钙离子交联固化后收缩，粒径减小。将海藻酸钙凝胶微球洗净后，重新分散到水中并添加壳聚糖/胰岛素水溶液，使带正电荷的壳聚糖与海藻酸钠复合，同时将带正电荷的胰岛素吸附到微球内部。用该方法胰岛素的活性得到很好的保持，活性保持率为99.4%，包埋率为56.7%。如图3-15所示，通过用FITC标记胰岛素，证明了胰岛素也是均匀地被装载在微球内部。进一步体外释放实验表明，在消化道模拟液中（胃模拟液pH 1.2中释放2h，肠模拟液pH 6.8中释放4h）仅32%的胰岛素被释放出来，而在模拟体液pH 7.4条件下可持续释放14天。最终用于胰岛素口服，动物实验显示血糖可以持续60h维持较低水平（接近于正常血糖值）。

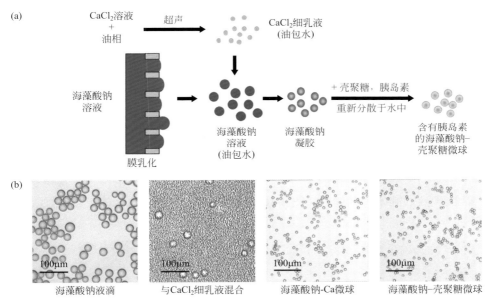

图3-14　直接膜乳化制备海藻酸盐微球和负载胰岛素的过程示意图（a）及对应的光学显微镜照片（b）

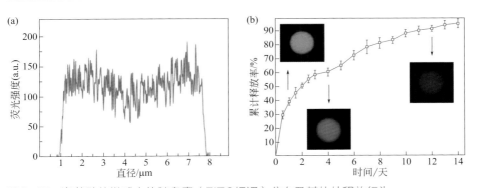

图3-15　海藻酸盐微球内的胰岛素（FITC标记）分布及其体外释放行为

2. 快速膜乳化法

采用上述类似的条件和策略可以用快速膜乳化法制备小粒径的海藻酸盐 / 壳聚糖复合微球[40]。例如，马光辉团队采用均相乳化器制备成 W/O 粗乳液后。快速压过疏水性膜孔，获得均一海藻酸盐小液滴。然后用超声制备 CaCl$_2$ 细乳液，并和海藻酸钠乳液混合，然后在 37℃条件下保持 5h，使小液滴被大液滴融合并固化成凝胶微球。洗净后，将微球分散到 0.7%（质量分数）壳聚糖水溶液中，使壳聚糖被海藻酸钙微球吸附并形成复合微球。采用孔径为 1.4μm、2.8μm 及 5.2μm 的膜孔分别制备出了 370nm、700nm 及 1200nm 的海藻酸钙微球，最佳过膜压力分别为 1.0MPa、250kPa 及 150kPa。和壳聚糖复合后，复合微球因交联而缩小，最终粒径分别为 230nm、550nm、1200nm。

五、葡甘聚糖微球

葡甘聚糖微球的制备：用碱溶液处理葡甘聚糖，使其分子量降低到一定程度后再用疏水性膜进行膜乳化，这就给膜乳化带来了困难，因为碱性溶液很容易使膜孔中的疏水修饰基团脱落，造成膜的变性并给产品带来污染。因此，马光辉团队发展了具有均一膜孔的高分子疏水膜的制造方法[41]，用该膜直接可进行均一W/O 乳液的制备。例如，如图 3-16 所示，四种不同黏度（KGM Ⅰ、Ⅱ、Ⅲ、Ⅳ，

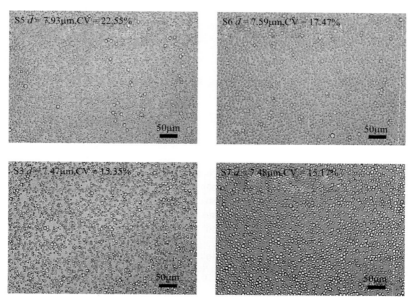

图3-16　以不同黏度的葡甘聚糖（KGM）为分散相，用快速膜乳化法制备的KGM微球

黏度分别为 66.0mPa·s、88.4mPa·s、145.6mPa·s、180.3mPa·s)、8% 的葡甘聚糖（KGM）作为分散相，以不同比例的液体石蜡 / 石油醚为分散相（含不同浓度的乳化剂 PO-500），先用均相乳化器制备成 W/O 型粗乳后，再用高分子疏水膜（膜孔径为 14.8μm）进行快速膜乳化得到均一液滴，然后在 60℃下滴加交联剂环氧氯丙烷，反应 8h。实验结果表明，黏度对粒径有重要影响，KGM I 制备的乳液粒径分布较宽（CV 值为 22.55%），其他三种制备的粒径分布均较均一，CV 值分别为 17.47%、15.35% 及 15.17%。

第三节
新型微流控法制备尺寸均一的高分子微球和微囊

一、微球的制备

1. 乳化 - 溶剂挥发 / 扩散法

如第一章所述，微流控可以制备均一液滴。以高分子溶液为原料，用微流控法制备成均一液滴后，使溶剂挥发或用扩散法除去溶剂，即可得到均一微球。例如，可将 PLGA 与药物溶解于二氯甲烷（DCM）中，在微通道中得到 O/W 乳液后，通过后续溶剂挥发固化可获得载药微球。微球大小可以通过控制流量进行一定程度的调控[42]。

2. 双水相体系（ATPs）

除了典型的油、水相之外，微流控乳化也可以使用两种互不相溶的双水相体系（ATPs, Aqueous Two Phase System），当分散在水中的两种高聚物浓度超过一定值时，会发生相分离，形成两层互不相溶的水溶液。与典型的油水两相比，ATPs 提供了一个温和的环境，使活性生物分子（如蛋白质）的活性得以保持。例如，由聚乙二醇和海藻酸钠 / 葡聚糖（DEX）组成的双水相体系[43] [图 3-17（a）]。

3. 温度诱导胶凝

通过温度诱导形成凝胶，是高分子形成微球的另一种手段。该方法适合于包括胶原蛋白、琼脂糖和明胶等在内的天然生物材料，通过简单地改变温度，即可使液滴转化为水凝胶颗粒，由于它们具有良好的生物相容性，在生物化工领域具有较好的应用前景。

4. 界面复合法

与界面反应类似，某些聚电解质对可以在液滴界面诱导复合反应形成固化层。例如，两个互补的聚电解质（PE⁺和PE⁻）开始溶解在W/O/W复乳液的内水相和油相中，两种高分子在内水相和油相界面发生复合，油滴脱湿后形成聚电解质微囊[44]。同样，以W/W/W复乳液为模板，结合双水相体系（ATPs）与界面复合，利用界面处两种相反电荷的聚电解质发生复合，从而形成聚电解质微囊[45]，如图3-17（b）所示。

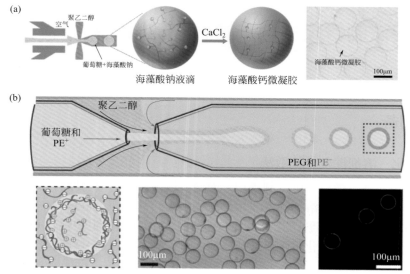

图3-17 （a）聚乙二醇和海藻酸钠/葡聚糖（DEX）组成的双水相体系制备微球示意图及光镜图；（b）利用界面复合制备的聚电解质微囊示意图及微囊光镜、激光共聚焦图

二、结构控制

高分子形成微球时，通过溶剂挥发诱导相分离、界面络合等方式可以得到结构复杂的多腔、核-壳、Janus等结构微球和囊泡。

与单体聚合诱导相分离类似，线型高分子通过溶剂挥发也可以诱导相分离。Min等人利用溶剂挥发诱导的相分离技术制备了同时具有生物可降解性和pH响应性的Janus高分子微球。含有两种高分子的乳滴开始是均相的，随着溶剂从乳滴中逐渐挥发，乳滴开始转变为复杂结构。通过调节高分子种类、连续相 pH 值和有机溶剂种类等，可以将微粒构型改变为 Janus、核-壳、双壳和核-双壳结构，如图 3-18（a）所示[46]。

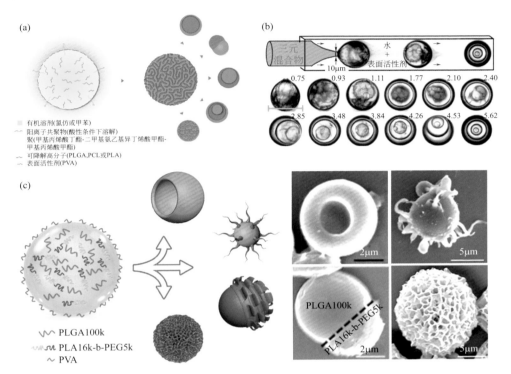

PLGA：聚(乳酸-羟基乙酸)；PCL：聚己内酯；PLA：聚乳酸；PLA-b-PEG：聚乳酸-聚乙二醇；PVA：聚乙烯醇

图3-18 通过溶剂挥发诱导相分离形成各种形态的微粒。（a）多腔、Janus、核-壳、核-双壳结构[46]。（b）洋葱状结构微囊[47]。（c）中空半球形、带触须、多孔结构[48]

Haase 等人利用溶剂挥发诱导的相分离技术得到了复杂的多重乳液，如具有洋葱状结构的液滴。实验选取乙醇、水和邻苯二甲酸二乙酯（DEP）的三元体系混合物，乳化后通过内部相分离得到多层结构的乳液，除去溶剂后得到洋葱状微囊，如图 3-18（b）[47]。Hussain 等通过控制乳液的界面行为和液滴内部的相分离行为，可制备中空半球形、带触须、Janus、多孔微球，如图 3-18（c）[48]。其中触须微球表面上的触须个数和长度可以通过改变高分子的初始浓度和比例实现调控。有机溶剂对微球的形貌起着重要的控制作用，例如，在二氯甲烷中，PLA16k-b-PEG5k 与 PLGA100k 共混，得到触须状的微球，而在三氯甲烷中则得到中空的半球形微粒[48]。

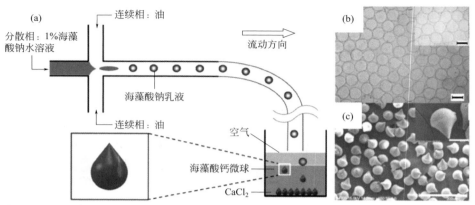

图3-19　（a）水滴状海藻酸钠微球的制备示意图及（b）光镜、（c）扫描电镜照片

此外，微球的形状还可以在乳液形成之后，通过调控固化速率等参数实现。Lin 等在缓慢交联的条件下合成水滴状海藻酸钠微球。如图 3-19 所示，首先在微流控装置中得到海藻酸钠液滴，在重力作用下穿过油相进入 CaCl$_2$ 水溶液相。液滴在黏滞变形和界面恢复力竞争作用下发生变形，从而形成水滴状海藻酸钠微球。通过调节海藻酸钠黏度、钙离子浓度可以调控微球形态[49]。

三、脂质体和高分子囊泡

由两亲性分子自组装形成的双层膜包裹的小囊叫做囊泡。其中由天然磷脂形成的囊泡叫做脂质体，双嵌段共聚物形成的囊泡叫高分子囊泡。由于磷脂双层膜的厚度只有几纳米，脂质体通常具有高渗透性，但机械稳定性低。相比之下，由于双嵌段共聚物分子量更大，组装而成的膜更厚，因此高分子囊泡的力学和热力学稳定性要更好。Shum 等人以 W/O/W 复乳液为模板，其中磷脂溶解在甲苯和氯仿中，随着有机溶剂的蒸发，磷脂聚集形成囊泡，如图 3-20（a）所示[50]。除了脂质体外，高分子囊泡也可用类似的方式制备。

而多腔脂质体和高分子囊泡可以借助固化复乳液而形成。以脂质体为例，首先利用微流控装置形成 W/O/W 多腔复乳液，其中磷脂溶解在两种不同的溶剂中，分别为挥发性较强的良溶剂和挥发性较差的不良溶剂。良溶剂的蒸发引起磷脂溶解度降低，并发生分子相互吸引，从而得到多腔形态的脂质体［图 3-20（b）］[51]。除了脂质体外，双嵌段共聚物也可以形成多腔高分子囊泡[52]。

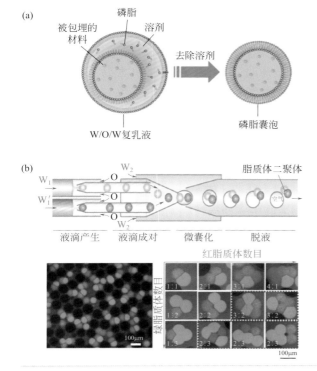

图3-20

（a）以复乳液为模板制备单腔磷脂囊泡[50]；（b）以复乳液为模板制备多腔磷脂囊泡[51]

第四节
单凝聚法（沉淀法）

一、壳聚糖微球

　　为避免戊二醛等交联剂的使用，可采用单凝聚法、复凝聚法等物理方法来使壳聚糖微球固化，这些方法一般不需要事先制备乳液，可避免有机溶剂的使用，但微球粒径和膜壁上的孔径较大。

　　单凝聚法也叫沉淀法，壳聚糖只溶于稀酸溶液中，壳聚糖的溶解性与溶液中存在的其他阴离子密切相关，溶液中存在醋酸盐、乳酸盐和谷氨酸盐时壳聚糖的溶解性很好，而当溶液中存在磷酸盐、聚磷酸盐和硫酸盐时则会降低壳聚糖的溶解度使其沉淀析出，单凝聚法就是利用这个原理。其基本过程是：将壳聚糖溶于含乳化剂的稀酸溶液中，在搅拌和超声条件下将沉淀剂（如硫酸钠等）滴加进壳聚糖溶液中，继续搅拌和超声一定时间，将所得微球离心、洗涤、冻干得到成品微球。单凝聚法中所采用的凝聚剂或沉淀剂主要有磷酸盐、三聚磷酸盐、硫酸盐和硬脂酸盐等。

当采用单凝聚法制备壳聚糖微球时，壳聚糖浓度不宜太高，一般为 0.25%，因为浓度高会导致壳聚糖溶液的黏度增大，会形成块状沉淀；为了增加滴加沉淀剂后悬浮液的稳定性，需在壳聚糖溶液中加入一定量乳化剂。

采用单凝聚法制备壳聚糖微球的优点是制备过程可不使用有机溶剂，对于包埋活性药物来说有利于药物活性的保持。但也正由于不使用有机溶剂，在沉淀微球时，药物很容易扩散到微球外的水相，导致微球对药物的包埋率不高，且药物的释放速率很快。为了提高包埋率，Hejazi 等 [53] 先以硫酸钠为沉淀剂制备壳聚糖微球后，再使微球分散于药物溶液中，使微球吸附四环素。包埋率最大可达到 69%，而如将药物直接分散于壳聚糖醋酸溶液中，用同样方法沉淀壳聚糖微球，药物包埋率仅为 8%。

为控制包埋率和释放速度，Mi 等 [54] 人以三聚磷酸盐（TPP）为沉淀剂制备出壳聚糖多孔微球后，通过在氨基上引入不同的功能基团来化学改性壳聚糖微球，如用琥珀酸酐引入羧基、用 3-氯-2-羟丙基三甲基氯化铵引入季铵基、用苯酸酐和辛酸酐引入疏水性基团。将改性后微球分散于新城疫（ND）抗原水溶液中，使抗原吸附到多孔壳聚糖微球内，结果表明以季铵基和琥珀羧基改性的壳聚糖微球吸附抗原量最多，而释放抗原速度最慢，200h 释放抗原量不到 10%，这表明以季铵基和琥珀酸基改性的壳聚糖微球能与新城疫抗原产生很强的静电作用或分子间相互作用力；而以辛酰基改性的壳聚糖微球 200h 抗原释放率达 95% 以上，这主要是由于辛酰基的疏水性导致其与 ND 抗原的分子间力大大减弱，因而抗原释放量多且释放速度快；以苯酰基改性的壳聚糖微球 200h 抗原释放率为 30%，这是因为苯酰基中苯环的立体障碍影响了抗原的释放。因此，以两步法制备药物载体时，需选择合适的功能基团将微球改性，然后吸附或连接抗原，才能达到理想的释放效果。

与单凝聚法类似的方法是将壳聚糖醋酸水溶液分散于油相后，在油相中加入有机碱中和壳聚糖溶液中的醋酸，使壳聚糖不再溶于水而固化成微球。也可将壳聚糖水溶液滴加到含有氢氧化钠水溶液中，使壳聚糖液滴边滴加边迅速被中和固化成微球，粒径受滴加管（通常为注射器）直径的控制，粒径通常较大，为数百微米至数毫米。

为了减小粒径，Chang 等将静电液滴法用于改进壳聚糖溶液体系，并制备出了多壳层壳聚糖微球 [55]。他们在针头上印加高压静电场，将壳聚糖醋酸溶液用注射器滴加到 TPP/NaOH 水溶液，通过液滴之间的静电斥力，使滴下的液滴继续分裂得更小。小液滴进入 TPP/NaOH 水溶液醋酸被中和，壳聚糖被沉淀固化，并进一步被 TPP 物理交联，粒径在 286.6 ~ 356μm 之间。有趣的是，四种微球显示不同的结构（图 3-21），当仅使用 NaOH 时（TPP/NaOH 为 0/1，CM-A）和 TPP 时（TPP/NaOH

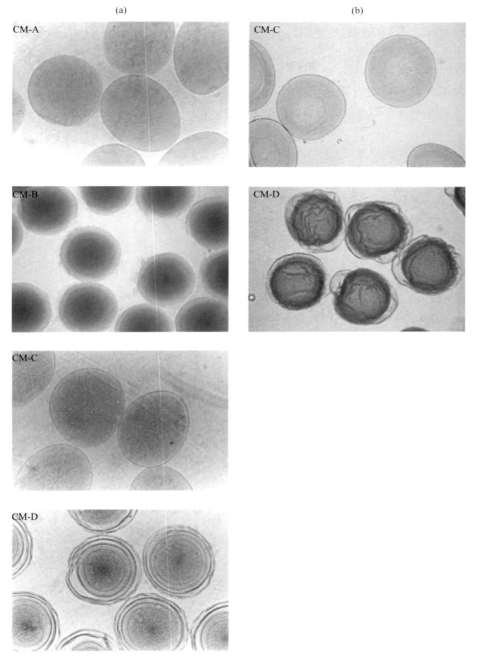

图3-21 不同TPP/NaOH比例的溶液中制备的壳聚糖微球（a）以及微球再次浸泡在 0.1mol/L醋酸中8h后的微球照片（b）

为 1/0，CM-B），微球结构较均一。而当 TPP/NaOH 为 17/3（CM-C）和 19/1（CM-D）时，形成多壳层结构，这是因为两种阴离子同时发挥固化作用，两种阴离子的扩散和反应速度的差别形成壳层结构。例如，TPP/NaOH 为 17/3 时，NaOH 首先使液滴表面的壳聚糖固化，而 TPP 后扩散到微球内部进行微球的内部交联，内部由两种方式交联。将四种微球重新浸泡到 0.1mol/L 醋酸溶液中后，CM-A 迅速溶解，CM-B 数小时后破损，CM-C 结构基本保持不变，CM-D 表面膜结构变得较松散。

二、白蛋白微球

白蛋白微球（Albumin Microsphere）是采用人血清或牛血清白蛋白制成的微球，也可以卵清蛋白为原料。制备成白蛋白水溶液后，再用适当的极性溶剂来去除白蛋白溶液中的水，使白蛋白沉淀成球。例如，在 2%（质量体积分数）卵清蛋白水溶液中加入 1%（体积分数）乳酸，使 pH 在 4.4 ~ 4.7 之间。然后将丙酮逐滴加入不断搅拌的卵清蛋白溶液中，使丙酮与卵清蛋白溶液的比例在（1∶1）~（3∶1）之间。搅拌过夜，使丙酮蒸发，便能制得白蛋白微球[56]。但这种方法对药物的包埋率较低，也不适用于包埋蛋白药物等容易变性的药物。

三、聚酯类微球

PLA、PLGA 等聚酯虽然溶解于二氯甲烷等，但不溶解于甲醇、乙醇等极性溶剂。因此，在聚酯 / 二氯甲烷溶液中逐步加入乙醇，聚酯在溶剂中的溶解度逐步减低，其会沉淀成核，聚酯逐步地在核上析出，形成颗粒。例如，将 PLGA 溶解在丙酮 / 乙醇（1/1，体积比）混合溶剂里，然后将该溶液滴加到含有 PVA 的水溶液中，丙酮和乙醇扩散到水中，PLGA 便沉淀为纳米颗粒。最后，离心洗涤、冻干获得 PLGA 纳米颗粒，粒径在 150nm 左右[57]。

第五节
复凝聚法

一、壳聚糖微球和微囊

复凝聚是利用两种带有相反电荷的高分子材料以离子间相互作用交联形成复

合微球或微囊，因体系接近等电点而使溶解度降低，自溶液中析出，共沉淀成微球或微囊。

由于壳聚糖酸性水溶液带正电荷，因此可以选用阴离子高分子来与壳聚糖复凝聚成球。常用与壳聚糖复凝聚成球的材料是海藻酸盐，其次是酪蛋白和明胶。采用酪蛋白与壳聚糖复凝聚制备微囊时，酪蛋白必须溶于 NaOH 溶液中，以便使酪蛋白溶液与壳聚糖溶液接触时，使两者中和而产生离子相互作用而固化得到复合微囊。但由于得到的复合膜不够牢固，微囊不够稳定，pH 变化会使复合微囊崩解，因此，有时还需要对微囊进行进一步的交联固化。例如，Bayomi 等[58] 将一定量的酪蛋白溶于氢氧化钠溶液中，边搅拌边将其缓慢倒入含药的壳聚糖醋酸溶液中，二者在 pH 4.98 条件下凝聚析出，然后加入一定量的甲醛溶液进一步交联成微球。

Qiu 用复凝聚法制备了聚磷腈 - 壳聚糖微球[59]。聚磷腈为水溶性生物可降解阴离子高分子（PCPAP），高分子骨架的每个磷原子上约带有 2 个羧基苯氨基（Carboxylatophenamino）。他们将聚磷腈滴加到 CaCl$_2$/ 壳聚糖溶液，研究了固化液的 pH 对复合微球性能的影响，发现微球在较低的 pH(pH 6.5) 复合，在 pH 7.4 慢慢地解离。微球的溶蚀和模型药物（如考马斯亮蓝和肌红蛋白等）的释放时间随着固化液的 pH 增加而显著延长，包埋率也随着 pH 增加而增加，在 pH 6.5 的条件下肌红蛋白包埋率达到 83.2%。

从上面实例可知，复凝聚法的优点之一是可以不使用有机溶剂和化学交联剂，可使被包埋的活性物质免受不良影响。另一重要的优点是，海藻酸盐和壳聚糖的复合微囊能够实现在酸性条件下不释放，而在中性条件下释放药物。该特性可有效地避免生物活性药物在胃中释放而失去活性，这是壳聚糖单组分微囊难以实现的。

复凝聚法的缺点是工艺条件较难控制。由于复凝聚法同时受 pH 值和浓度两个重要条件的影响，只有当产生复凝聚的两类物质的电荷相等时，才能获得最大的产率，为了达到最高产率，必须同时严格控制好浓度和 pH 值。另外，与单凝聚法相似，复凝聚法制备的微囊直径受滴加管直径的影响，而且用注射器滴加的方法难以实现产业化。

二、海藻酸盐微球和微囊

由于海藻酸盐为阴离子高分子，可与阳离子高分子复合制备微球和微囊。在壳聚糖的制备中已经提到，海藻酸盐可与壳聚糖一起制备复合微囊。此外，还常和聚赖氨酸一起制备复合微囊。用复凝聚法制备微囊经常采用的方式有两种：

（1）一步法：将海藻酸钠溶液滴入壳聚糖的醋酸水溶液中，使海藻酸钠液滴接触到壳聚糖分子而固化。但由于壳聚糖的分子量大，壳聚糖往往只和液滴表面的海藻酸钠发生复合，而不能渗透到液滴的内部，所得到的微囊膜壁强度较弱。

（2）两步法：先用前面所述的 Ca^{2+} 交联法得到海藻酸钙微囊后，再将海藻酸钙微囊加入壳聚糖的醋酸水溶液中，使表面剩余的羧基与壳聚糖复合，这样得到的微囊膜壁强度较强，适合于实际应用。

两种方法比较而言，方法（2）更为常用。

Gåserød 等[60]比较了上述两种方法，发现方法（1）只能结合 $0.015\mu g/mm^2$ 的壳聚糖，而方法（2）能结合 $2\mu g/mm^2$，该结果说明，方法（2）先用 Ca^{2+} 固化的微囊由于孔隙率高，使后加入的壳聚糖能更多地渗透到微囊内部而与海藻酸盐复合。壳聚糖与海藻酸钠的最大复合比例达到 0.40。他们还发现，将壳聚糖的分子量降低到 20000 以下时，由于壳聚糖更容易渗透到微囊内部，壳聚糖的复合量急剧增大。提高壳聚糖的复合量，有利于提高海藻酸钙膜的强度。

为了提高海藻酸钙膜的强度，Shen 等制备了四层膜的微囊[61]。除了海藻酸盐和聚赖氨酸（PLL）以外，他们还设计采用了两种反应性离子高分子，分别是聚（甲基丙烯酰氧乙基三甲基氯化铵 -co- 甲基丙烯酸氨基乙基酯盐酸盐）阳离子高分子（C70）和聚（甲基丙烯酸钠 -co- 甲基丙烯酰氧基乙酰乙酸乙酯）阴离子高分子（A70）。他们先将海藻酸盐滴加到 $CaCl_2$ 溶液固化后，然后按序层层组装 C70、A70 和 PLL，最终在最外层再组装一层海藻酸盐。该微囊与海藻酸盐 - 聚赖氨酸 - 海藻酸盐（APA）相比，强度大幅度提高：APA 在 0.003%EDTA 溶液中振荡 15min 已完全消失，而该四层微囊即使在植入体内 4 周后还保持完整的形状

一般上述海藻酸盐微球制备采用滴加法，粒径较大，为数百微米到毫米级。采用静电液滴法（Electrostatic Droplets，ESD），可使粒径相对减小。例如，Huang 等采用 ESD 法制备了海藻酸盐微囊[62]，在针头上连接高压直流电（0 ~ 5kV）。用注射泵将海藻酸钠溶液按一定的速度从针头滴入固化溶液（Ca^{2+}、Mg^{2+}、Cu^{2+} 溶液）。由于滴加中的液滴带静电，因此液体之间产生斥力，分裂成更小的液滴。他们发现海藻酸盐浓度对微囊直径影响显著（图3-22），采用不同

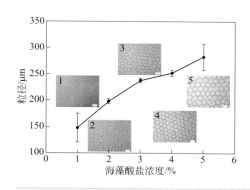

图3-22
海藻酸盐浓度（1%、2%、3%、4%、5%）对微囊直径的影响

的二价离子固化液，虽然微球直径没有显著变化，但形貌各不相同（图3-23），这和固化速度和固化后的微球强度密切相关。

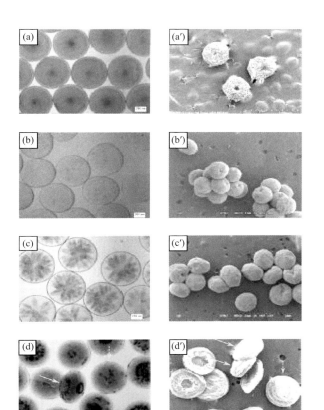

图3-23

不同固化剂制备的海藻酸盐微囊的光学显微镜和扫描电镜照片。(a)、(a′): CuSO₄; (b)、(b′):CaCl₂; (c)、(c′):BaCl₂; (d)、(d′):FeCl₂

De 等采用超声法制备了海藻酸盐纳米球（亚微米级）[63]。首先，一边超声一边将 CaCl₂ 溶液滴加到海藻酸盐溶液中（45W，30s），生成的海藻酸钙预凝胶倒入烧杯中继续搅拌 30min，然后加入聚赖氨酸（PLL）或壳聚糖水溶液继续搅拌 30min 获得复合微球。他们将悬浮液过夜放置，使其平衡。最后用超速离心法（140000g）离心 60min 回收，再用超声分散。他们发现，三种成分的比例对纳米颗粒的形成至关重要，最佳比例为海藻酸盐∶CaCl₂∶阳离子高分子 =100∶17∶10，阳离子浓度低时无法形成纳米球，而阳离子浓度高时形成了微米球。

三、明胶微球和微囊

Douliez 等采用了独特的双水相方法制备了中空明胶/海藻酸盐复合微球[64]，他们发现水/PEG/明胶/海藻酸盐四组分体系在 >40℃ 条件下会形成双水相复乳液滴，其中外水相为 PEG 水溶液、中相为明胶/海藻酸盐、内相为 PEG 多腔室（图 3-24）。即使将温度降低，该复乳液滴也保持稳定，而提高温度至明胶熔融温度以上时，多腔室会逐步转变成单腔室（蛋黄形，YSP），形成 PEG 水相为蛋黄、明胶/海藻酸为壳的核-壳型复合微球（图 3-24）。改变海藻酸盐的比例可以简单地改变壳层厚度。

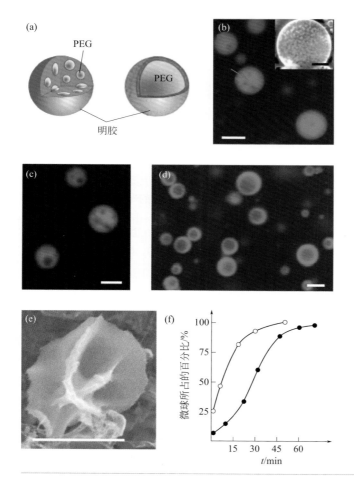

图3-24
复乳和YSP（蛋黄形颗粒）的形成。（a）复乳（左）和向YSP转变的示意图；（b）～（d）20℃时的荧光显微镜照片：（b）添加海藻酸盐后立即冷却的复乳，显示胶凝液滴内有大量的PEG相小液滴，插图为AFM；（c）用FITC-海藻酸盐制备的复乳；（d）将复乳在45℃放置1h后的YSP；（e）塌陷的YSP扫描电镜照片；（f）分别在45℃（●）、60℃（○）放置所定时间后，单核YSP微球所占的百分比

第六节
喷雾干燥法

喷雾干燥法是将要包埋的药物分散于高分子溶液中，再用喷雾法将此混合物喷入惰性气流中，使液滴中的溶剂迅速蒸发，将药物包埋于高分子材料中。用喷雾干燥法制备微球时，影响微球粒径、包埋率、药物释放行为的因素包括高分子浓度、喷嘴直径、喷雾温度、干燥温度、喷雾速度等。针对不同的高分子材料和药物必须选择适当的干燥温度，例如包埋蛋白质等生物活性药物时，则不能采用高温气流，为此必须设计适当的喷雾干燥设备。

一、聚乳酸微球和微囊

由于聚乳酸只溶解于有机溶剂，因此包埋油溶性药物时较简单，一般是将药物溶解在聚乳酸有机溶液中，然后喷入惰性气流，使低沸点的有机溶剂迅速蒸发而成球。而当包埋的药物是亲水性药物时，则一般是先将药物水溶液用超声或高速均相乳化器制备成 W/O 型乳液后，再用喷嘴喷入气流中，得到固化的微囊。如果是包埋蛋白质等活性物质，则必须迅速进行冷冻干燥等处理。Bittner 等[65]用聚（乳酸 - 乙醇酸）包埋了模型蛋白 BSA。他们采用超声喷嘴，并在喷出后，迅速采取冷冻干燥的措施以保持蛋白质活性。实验结果表明，微球收率较低，仅50% 左右，但包埋率较高，为 80% 以上。微球收率低的主要原因是：超声会引起温度的升高，使未完全固化的微球之间黏附，并堵塞喷嘴。

Lam 等[66]将神经生长因子（rhNGF）固体药物分散在 PLGA/ 乙酸乙酯溶液后，用喷雾冷冻干燥法制备了 PLGA 微囊，发现包埋前在药物中添加醋酸锌能有效地防止蛋白质在包埋和释药过程中的聚集失活，这是因为蛋白质和醋酸锌之间形成了复合体，能防止蛋白质之间的聚集。

二、壳聚糖微球

由于壳聚糖只溶解于弱酸水溶液，喷雾干燥时需要采用较高的温度来使水蒸发。Filipović-Grčić 等人[67]采用喷雾干燥法制备了包埋氢化可的松的壳聚糖微球，氢化可的松是难溶性药物。制备条件如下：液体流速为 0.25L/h，进口温度为 90℃，出口温度为 60℃，空气流速为 700L/h（标准状况下）。结果表明未包埋的氢化可的松盐在第一个小时内药物仅溶解 5%，而包埋后的药物在相同时间内的溶解率为 25% ～ 40%，这主要是因为包埋后的药物由原来的结晶状态变为无定形状态。

在空气中喷雾干燥而制备的微球由于水的突然蒸发，往往呈多孔结构，释药速度快，需要缓慢释放出药物时，就不能采用这种方法。Mi 等[68] 采用改进的喷雾干燥法，制备了改性疏水性微球以改变微球的释药行为。他们将含盐酸土霉素或土霉素的壳聚糖醋酸水溶液喷入醋酸酐中，使壳聚糖边固化边与醋酸酐反应成酰基化壳聚糖（Acylchitosan）微球。普通喷雾干燥（空气中）法得到的壳聚糖微球内呈多孔结构，在水中的溶胀度大，释药速度快，在 40min 内所包埋的药物几乎全部被释放出。而用上述改进的喷雾干燥法得到的酰基化壳聚糖微球，内部呈致密结构，溶胀率大大降低，500h 缓慢释放出 60% ～ 80% 的药物。

喷雾干燥法的缺点是有时需要使用易燃有机溶剂，在高压高温下有引起爆炸的危险，有时需要昂贵的防爆装置或将流化气惰性化，另外，该法需采用高温，不适于生物活性物质的包埋。

三、琼脂糖微球

由于琼脂糖水溶液的黏性高，喷雾法也是常用的方法。但是，琼脂糖微球的固化不需要使水蒸发，而是需要采用冷却的方法。因此，一般采用以下方法：将琼脂糖溶于热水中后，冷却至 65℃，倒入预热到 65℃的不锈钢容器中，该容器可密闭加压，容器下端有阀门，阀门下装一玻璃管，容器上部的阀门与氮气钢瓶相连。另准备一大烧杯，将其放在玻璃管的下方，内装乙醚和水（2℃），下部用电动搅拌器搅拌。打开容器下端阀门，并在容器上部加压 2 ～ 4kgf/cm^2（1kgf=9.80665N，下同），使琼脂糖溶液快速压出玻璃管，以液滴状进入冷乙醚/水中，在冷乙醚/水中固化为凝胶微球，最后除去乙醚[69]。这种方法与乳化-冷却法相比，其优点是避免使用非极性有机溶剂和乳化剂，操作简单。缺点是不能制备粒径小的琼脂糖微球，而且玻璃管下方是温度低的冷乙醚，因此玻璃管的出口容易堵塞。

第七节
自乳化－固化法

乳化-固化方法制备的微球粒径往往较大，而静脉注射用药物载体需采用小粒径微球。利用两亲性高分子自乳化形成纳米级乳液或形成纳米级胶束的特征，能够得到纳米微球或微球药物载体。但是，前提必须使高分子具有两亲性，因此，材料制备过程比较烦琐。

一、聚乳酸纳米微球和微囊

制备聚乳酸纳米微球大多采用聚乳酸-聚乙二醇嵌段共聚物，Yasugi 等[70] 制备聚乳酸-聚乙二醇共聚物后，将共聚物溶解在良溶剂中，将该溶液装入透析袋，浸入水中透析 24h，使水和溶剂不断发生交换，共聚物逐步进行自组装而形成胶束。结果显示，PLA 的嵌段越长，所形成的胶束粒径也越大，但粒径均可被控制在 28 ～ 35nm 范围内。PLA 嵌段较短时，胶束不稳定，形成两种粒径的胶束（14nm 和 180nm）。

利用胶束虽然能制备数十纳米的小微球，但缺点是在水溶液中的浓度必须很低，否则会引起胶束之间的合并，另外载药量也很有限。因此，更常采用的方法是利用嵌段共聚物制备成热力学不稳定的 O/W 型乳液后，再用特殊的固化方法制备纳米级微球。例如，Matsumoto 等[71] 用 PLA-PEG-PLA 三嵌段共聚物，将 40mg 共聚物和 4mg 脂溶性药物黄体酮溶解于 4mL 二氯甲烷后，与 16mL 的水溶液［含 0.5%（质量分数）PVA］混合，用高速乳化器制备出 O/W 型乳液后，继续超声 5min 形成亚微米级乳液。最后减压蒸去二氯甲烷得到 200 ～ 300nm 的载药微球，药物包埋率为 65% ～ 74%。

采用 PEG-PLA 制备纳米载药微球除了能减小粒径、提高微球稳定性、保持蛋白质活性以外，还具有下列优势：①微球亲水性提高，微球降解速度和释药速度提高；②表面亲水性提高，注射到体内后能减少被巨噬细胞吞噬，长时间在体内循环。Quellec 等[72] 用复乳法（两步超声乳化）制备了包埋血清蛋白的 PLA-PEG 纳米微囊（200nm），并与 PLA 纳米微囊进行了比较，结果表明 PLA-PEG 纳米微囊的吸水量远远高于 PLA 微囊，而且被释放出来的蛋白质药物不易被重新吸附在 PLA-PEG 微囊表面，但容易吸附在 PLA 微囊表面。因此，从侧面表明了 PLA-PEG 微囊在血液内不易吸附血液内的蛋白质等，其稳定性较好。Zambaux 等[73] 用复乳法制备了 PLA-PEG 和 PLA 的共混微囊后，考察了 PLA-PEG 含量对微囊表面电位和对血液补体消耗（被吞噬的主要步骤）的影响，发现随着 PLA-PEG 共聚物的增加，PEG 覆盖率增加，微囊表面电位趋向于零；当 PLA45-PEG10（PEG 分子量为 1 万）和 PLA 共混时，两者比例达到 3：7 时，补体吸附减少至零，即微囊不易被巨噬细胞吞噬；而 PLA45-PEG20（PEG 分子量为 2 万）和 PLA 共混时，两者比例需达到 2：7 时，补体消耗减少至零。

对于纳米级聚乳酸以及其他载药微球需要进一步解决的问题是：如何在保证粒径小的前提下，提高载药量和包埋率、降低突释率并保持蛋白质药物等的活性（在高能量分散的条件下）。

二、壳聚糖纳米微球

与聚乳酸微球相同，用一般乳化法制备的壳聚糖微球或微囊粒径均较大，而且壳聚糖表面的亲水性低，易因体内的盐浓度、pH 值的变化而产生凝聚，不易作为静脉注射药用载体。Shantha 等[74] 先合成了壳聚糖 - 聚乙二醇接枝共聚物后，再采用乳化交联法制备了壳聚糖微球，其中 PEG 嵌段不仅起到了帮助乳化的作用，而且使得到的微球亲水性明显增强，不易在体内凝聚。

如前所述，单凝聚法制备的壳聚糖微球粒径一般较大，在数微米至数十微米范围内，不能用于静脉注射。Calvo 等[75] 为了降低壳聚糖微球的直径，以用于静脉注射，对单凝聚法进行了改进。他们在壳聚糖醋酸溶液中加入聚氧乙烯 - 聚氧丙烯（PEO-PPO）后，在该混合溶液内加入三聚磷酸盐（TPP）溶液，发现严格控制壳聚糖溶液（2.8mg/mL 以下）和 TPP 的浓度（0.5mg/mL 以下），可以得到半透明的纳米壳聚糖微球（250 ~ 1000nm）。但是，纳米微球的直径随着 PEO-PPO 加入量和分子量的增加而增大，包埋牛血清蛋白（BSA）时的包埋率最高可达到 80%。另外，引入 PEO 可增加壳聚糖微球的表面亲水性，有望提高载药微球在血液内的循环寿命。

三、蛋白或聚氨基酸纳米微球

蛋白分子自身含有亲水和疏水基团，其分子本身具有两亲性，加上高速均相乳化或超声乳化等高能量乳化法，在适当条件下可以自乳化制备成纳米微球。

Kumar 等[76] 使用比较特殊的方法制备了较小的均一聚氨基酸微球。他们先用 7 种氨基酸（天冬氨酸、酪氨酸、谷氨酸、甘氨酸、盐酸精氨酸、亮氨酸、脯氨酸）合成了聚氨基酸，然后利用其在酸性溶液中的自组装（Self-assembly）性能制备了 1 ~ 2μm 的均一微球。由于是在酸性条件下制备的，聚氨基酸的羧基集中在微球表面，因此，作为口服药使用时，即使在胃内的强酸作用下也不会分解。而进入体内后，在中性条件下，聚氨基酸微球分解为线型高分子而释放出药物。与利用天然白蛋白的方法相比，这种利用聚氨基酸的方法有着其独特的优势，可根据需要，任意改变高分子的组分。如设计恰当，可制备出更小的微球。

第八节
高分子微球形貌的控制及复合微球的制备

一、高分子微球形貌的控制

以高分子为原料制备微球，和以单体为原料相比，其形貌结构控制有较大的限制。因为不伴随着聚合反应，就无法用高分子生长过程来调控结构。针对不同的材料需要设计不同的方法，但控制形貌结构的因素仍然是热力学和动力学两个因素。

1. 琼脂糖超大孔微球

在水相中化学交联后得到的大孔网状琼脂糖凝胶微球为了使蛋白质通过大孔网络，交联度无法太高，因此不耐压，流动相的扩散速度慢。我们将第二章所述的反胶团溶胀法制备超大孔微球的方法拓展至高黏度的琼脂糖体系，制备了超大孔琼脂糖微球[77]。原料采用烯丙基缩水甘油醚（Allylglycidy Ether，AGE）改性的琼脂糖，该原料侧链带有双键。以该琼脂糖-AGE为原料，用常规方法可制备高交联的琼脂糖微球。如图3-25(a)所示，在制备W/O型乳液后，降温得到凝胶微球，然后将球内的双键溴化，并在碱性条件下发生交联反应获得高交联微球。该工艺和胶团溶胀法相结合则可制备高交联的超大孔琼脂糖微球。如图3-25（b）所示，在该琼脂糖-AGE水溶液内添加20%（体积分数）的水溶性乳化剂，在70℃温度下搅拌30min，然后将其倒入液体石蜡/石油醚油相（含4% PO-500油溶性乳化剂），搅拌20min获得乳液，之后将温度降至室温，获得凝胶微球（45~165μm）。由于水溶性乳化剂在琼脂糖水溶液中形成胶束，胶束会从外油相中吸油并形成连续的油相，降温固化并除去该油相，便会在琼脂糖微球内形成大孔。然后，将球内的双键进行溴化，并在碱性条件下进行交联，获得交联超大孔微球，还可加入环氧氯丙烷进一步交联，获得高交联的琼脂糖微球。发现水相乳化剂采用Triton-100和SDS（混合比例为9/1）混合物，调节HLB为17.0时，可成功获得超大孔琼脂糖微球。将其用于IgG纯化，流速大幅度提高，IgG在60min内可被有效地吸附至微球内部；而采用常规琼脂糖微球，IgG只能被吸附在微球表面附近。

2. 壳聚糖微球的形貌结构控制

马光辉团队采用动力学（交联控制）和热力学（相分离）控制的思路，制备出了中空、中空-多孔及大孔的壳聚糖微球（图3-26）[78]。首先，采用壳聚糖为原料，用膜乳化法制备均一壳聚糖液滴（W/O乳液）后，先加入对苯二醛进行第一步交联形成凝胶，第二步加入戊二醛。由于第一步交联形成的凝胶形成空间位阻，戊二醛优先在表面进行交联。然后用丙酮/乙醇破坏掉第一步的交联，可获得壳聚糖中空微球。微球的壁厚（Shell Thickness）随着第一步交联时间的减少和第二步交联时间的增加而变厚。

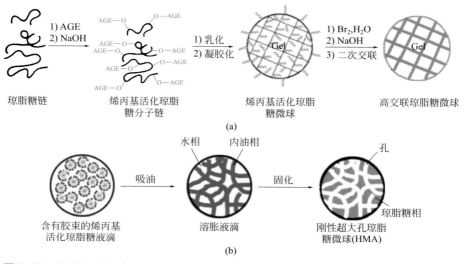

(a)

(b)

图3-25 超大孔琼脂糖微球制备示意图

中空　　中空-多孔　　大孔

图3-26
不同形貌结构的壳聚糖微球

以壳聚糖/季铵化壳聚糖混合物为原料，制备成液滴后，滴加戊二醛交联，获得了内部为中空、壳为多孔的中空-多孔微球。而同样采用壳聚糖/季铵化壳聚糖混合物为原料，采用两步固化法（第一步对苯二醛交联，第二步戊二醛交联），获得了大孔微球。上述多孔的产生是利用了壳聚糖和季铵化壳聚糖之间的相分离。非常有趣的是，用上述三种不同形貌的微球载胰岛素后，进行胰岛素口服的动物实验，降糖效果和传统的实心微球完全不同，其中中空-多孔微球显示了最优异的降糖效果。

3．PLA/PLGA 微球的形貌结构控制

PLA/PLGA 中空微球可采用相分离法从 O/W 型乳液制备[79]，例如马光辉团

队采用溶解了 PLGA 和少量 DDAB 的角鲨烯 / 二氯甲烷为油相，PVA 水溶液为水相，制备成 O/W 乳液后使二氯甲烷挥发。随着二氯甲烷的挥发，PLGA/DDAB 便和角鲨烯油发生相分离，由于 PLGA/DDAB 比角鲨烯油亲水性强，PLGA/DDAB 便形成壳层，将角鲨烯油包埋在中间，形成中空微球。

PLA/PLGA 中空微球也可从 W/O/W 复乳体系制备，例如两步快速膜乳化法用于制备中空 PLGA 微球[80]。如图 3-27 所示，内水相 W_1 由水溶液或 NaCl 水溶液组成，油相由 PLGA 和乙酸乙酯组成，并添加少量 PELA 作为初乳稳定剂，用均相乳化剂制备 W_1/O 预初乳后，再用快速膜乳化法（使用疏水性膜）获得均一 W_1/O 初乳。接着将均一初乳分散到外水相 W_2（含 PVA 稳定剂）中，用均相乳化剂制备 W_1/O/W_2 预复乳，然后通过实验条件的控制使内水相互相融合成一个单孔。最后，将该单孔复乳压过膜孔（亲水性膜），获得均一的单孔复乳，后将其倒入大量水中，使乙酸乙酯扩散至外水相中获得固化后的中空微球。获得单一孔的难点在于如何使内水相融合，马光辉团队系统研究了调控的条件。PELA 浓度是一个关键因素，如图 3-28 所示，浓度过低，无法避免内水相与外水相的融合，而 PELA 浓度过高，又无法使内水相快速融合成一个单孔，当浓度为 0.03%（质量分数）时，获得了完美的单一空腔复乳［图 3-28（c）］。

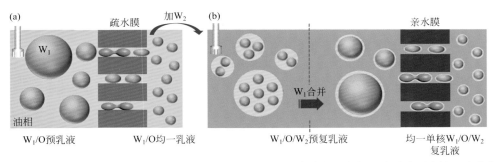

图3-27　两步快速膜乳化法制备中空PLGA微囊的过程：（a）初乳制备；（b）复乳制备和中空化

内、外水相盐浓度是控制内水相融合的另一个重要条件，内水相添加盐浓度时，外水相因渗透压差而扩散进入内水相，内水相溶胀变大而容易发生互相融合，同时壳层厚度变薄。如图 3-29 所示，调控外水相的盐浓度，可简单调控壁厚，分别获得了壁厚分别为 0.4μm、1.8μm、3.1μm 的单孔微囊。

非常有趣的是，PLA/PLGA 还可制备成梭形和刺突状的微球[81]。例如，马光辉团队采用 PLGA 为膜材，用快速膜乳化法制备复乳后，发现外水相添加缓冲液 PBS 的种类、固化时的搅拌速度以及膜孔均会影响形貌。如图 3-30 所示，添加 PBS 时，随着 PBS 浓度增加，由于 PLGA 的羧基和缓冲盐中的无机盐的相互作用造成界面张力下降，颗粒的长短径比先增加后减少，PBS 添加 5mmol/L 时，变形度最强。

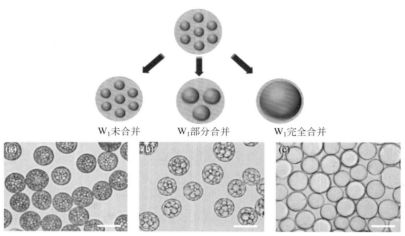

W₁未合并　　　W₁部分合并　　　W₁完全合并

图3-28 PELA添加浓度对内水相融合的影响（融合时间20min）。PELA浓度（质量分数）：（a）0.3%；（b）0.1%；（c）0.03%。标尺50μm

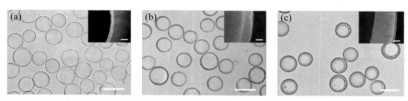

图3-29 PLGA微囊壳层厚度的控制：（a）内水相添加0.1%（质量分数）NaCl；（b）不添加NaCl；（c）外水相添加0.1%（质量分数）NaCl。标尺：光学显微镜中为50μm，SEM中为1μm

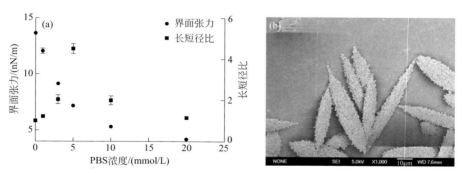

图3-30 不同PBS浓度时颗粒的长短径比和界面张力（a）和PLGA颗粒的SEM照片[pH 7.4，PVA 0.1%（质量分数）、膜孔径为34.8μm]

在固定 PBS 浓度下，改变 PVA 浓度，颗粒形状也发生显著的变化，如图 3-31 所示，增加 PVA 浓度，颗粒粒径大幅度下降。

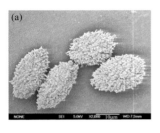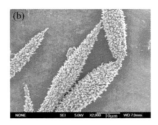
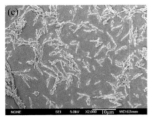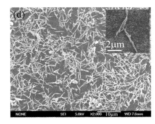

图3-31

不同PVA浓度下PLGA颗粒的SEM照片：（a）0.1%（质量分数）、（b）0.25%（质量分数）、（c）0.5%（质量分数）、（d）1.0%（质量分数）（pH 7.4，膜孔径为34.8μm）

二、有机-无机复合微球制备

有机-无机复合微球制备最常用的就是悬浮聚合法和细乳液法，如前所述，两者都是先制备液滴，然后固化成球，区别在于前者的粒径较大，后者的粒径较小。制备液滴时将无机颗粒分散在分散相中，然后和连续相混合制备乳液，最后固化得到复合微球。

1．悬浮法制备复合微球

Denkbas 等[82] 采用悬浮法，以壳聚糖为膜材包埋了磁性颗粒，将壳聚糖水溶液溶解在含磁粉的醋酸水溶液内，然后将其加入含 Tween80 的矿物油/石油醚内，得到 W/O 型乳液，最后加入 1mL 戊二醛对液滴交联，得到固化后的微球。微球磁性随着搅拌速度的增加而增加，这是因为随着搅拌速度的增加，微球粒径减小，磁性容易被激发（Excitation）；壳聚糖的分子量越大，包埋效果越好，微球的磁性就越高；Fe_3O_4/壳聚糖比增高，磁性增大。用该方法制备的最高磁性在 10kG 下达到 9.1emu/g。

2．细乳液法制备复合微球

与细乳液聚合同理，用亲水性高分子包埋亲水性无机颗粒能够实现较好的包埋，例如可采用琼脂糖、壳聚糖、聚乙烯醇（PVA）、聚丙烯酰胺等亲水性材料。但是，复合微球在水中使用时微球容易发生溶胀而使无机颗粒溢出，必须对亲水性高分子进行充分交联。

Sivakumar 等[83]采用细乳液法，以壳聚糖为膜材包埋了羟基磷灰石。将羟基磷灰石颗粒与壳聚糖水溶液混合，超声分散 15min。然后边搅拌将其滴入含 5%PMMA 的氯仿 / 甲苯（1/1，体积比）有机相中，加入戊二醛对壳聚糖进行交联得到复合微球，对羟基磷灰石的包埋率达到 50% 左右。

第九节
总结和展望

多糖、蛋白等天然高分子以及聚酯等生物可降解高分子在生物医学和生化工程中具有重要的应用，包括细胞培养微载体、蛋白质分离介质、药物制剂等。随着生物技术和医学技术的发展，微球和微囊的应用将越来越重要，例如干细胞培养的载体、疫苗分离纯化的介质、肿瘤的免疫治疗制剂等，微球和微囊的发展也将推动生物技术和医学的快速发展。微球的均一可控制造是保证应用重复性的前提。但是，由于和单体为原料的体系不同，不能采用边聚合边成球的方法来制备，一般是将高分子溶解在有机溶剂或水中制备成溶液，再和与之不相溶的水或溶剂混合，制备成 O/W、W/O、W/O/W 或 O/W/O 型悬浮液或细乳液后，然后用适当的物理或化学交联方法使液滴固化成微球和微囊，虽然容易包埋功能性物质或药物，但粒径不均一。单凝聚法、复凝聚法可减少有机溶剂的使用，但只适用于一些特殊的高分子，且粒径大、可包埋的物质和包埋率有限，应用范围受到较大限制。自乳化法可制备纳米尺度的微球，但对材料的亲疏性要求严格，对大多天然高分子材料需要改性后才能使用这种方法，这就会影响纳米颗粒应用时的安全性。喷雾法制备速度快，但粒径大且不均一，一般用在附加值相对较低的大宗产品上。

微孔膜乳化法解决了悬浮法和细乳液法的粒径不均一问题，而且由于乳滴粒径均一，在乳滴固化成球过程中，液滴稳定性好，不易发生聚并和破裂，可大幅度提高药物或功能物质的包埋率。目前，膜乳化技术在高分子为原料的体系，已成功实现了微球和微囊在 0.1 ~ 300μm 的可控制造，已成为普适性的新化工过程，并已研制洁净生产设备。所生产的琼脂糖分离介质已获得广泛应用，均一缓释制剂产品也已获得洁净放大制备成功，是微球和微囊制造领域的重要突破，今后有望在更多的领域获得广泛的应用。但是，除了微球和微囊的粒径均一性以外，还有更多的挑战需要解决，例如：①针对高黏度的高分子溶液体系，如何用膜乳化技术实现更小粒径（<100nm）的规模化、高通量的可控制造；②微球的化学改性往往会影响微球在体内的安全性，因此如何通过制造过程的创新获得新形貌的微球，是赋予微球更多智能功能的重要途径，例如非球形、中空、多孔、超大孔、仿生微球等；③如何减少制球过程中有机溶剂的使用，例如，利用双水相体系制备均一粒径的乳液和微球及微囊等；④如何提高微球和微囊制造过程中的高分子溶液的浓度和制造效率；⑤如何针对新制备过程实现更大规模的连续化、洁净化生产，大幅度降低成本，从而拓展至食品、日化品等领域；⑥如何针对各应用领域的科学发展前沿和新需求，发展微球和微囊的制备技术。例如，个体化治疗用的细胞培养的微载体、疫苗递送用的微球、基因治疗用的纳米载体等等。

　　微流控法也是制备均一微球和微囊的有效方法，且可调控性强，不仅可制备多重复乳，同时可以设计制备各种各样独特形貌的微球和微囊，但制备通量低、制备的微球粒径大、成本高。因此，今后的挑战主要是如何低成本地实现规模化制备，从而实现工业应用。

　　随着上述挑战的解决，微球和微囊技术将越来越多地获得应用，为生物技术的发展和人类健康做出重要贡献。

参考文献

[1] Li X, Wei Y, Lv P, et al. Preparation of ropivacaine loaded PLGA microspheres as controlled-release system with narrow size distribution and high loading efficiency[J]. Colloids and Surfaces A: Physicochemical and Engineering Aspects, 2019, 562:237-246.

[2] 李勋 . 局麻药罗哌卡因缓释微球的制备和应用研究 [D]. 北京：中国科学院大学（中国科学院过程工程研究所),2019.

[3] Blanco D, Alonso M J. Protein encapsulation and release from poly(lactide-co-glycolide）microspheres: Effect of the protein and polymer properties and of the co-encapsulation of surfactants[J]. European Journal of Pharmaceutics and Biopharmaceutics, 1998, 45(3):285-294.

[4] Meng F T, Ma G H, Qiu W, et al. W/O/W double emulsion technique using ethyl acetate as organic solvent: Effects of its diffusion rate on the characteristics of microparticles[J]. Journal of Controlled Release, 2003, 91(3):407-416.

[5] Pistel K F, Kissel T. Effects of salt addition on the microencapsulation of proteins using W/O/W double emulsion technique[J]. Journal of Microencapsulation, 2000, 17(4):467-483.

[6] 王宁，王玉霞，秦培勇，等 . 快速膜乳化法制备载醋酸曲普瑞林 PLGA 微球 [J]. 过程工程学报，2013, 13(05):862-869.

[7] Sah H. Stabilization of proteins against methylene chloride/water interface-induced denaturation and aggregation[J]. Journal of Controlled Release, 1999, 58:143-151.

[8] Van de Weert M. The effect of a water/organic solvent interface on the structural stability of lysozyme[J]. Journal of Controlled Release, 2000, 68:351-359.

[9] Meng F T, Zhang W Z, Ma G H, et al. The preparation and characterization of monomethoxypoly(ethylene glycol) b-poly-DL-lactide microcapsules containing bovine hemoglobin[J]. Artificial Cells Blood Substitutes and Biotechnology, 2003, 31(3):279-292.

[10] Meng F T, Ma G H, Liu Y D, et al. Microencapsulation of bovine hemoglobin with high bio-activity and high entrapment efficiency using a W/O/W double emulsion technique[J]. Colloids and Surfaces B-Biointerfaces, 2004, 33(3-4):177-183.

[11] Wei Y, Wang Y X, Wang W, et al. mPEG-PLA microspheres with narrow size distribution increase the controlled release effect of recombinant human growth hormone[J]. Journal of Materials Chemistry, 2011, 21(34):12691-12699.

[12] Jameela S R, Kumary T V, Lal A V, et al. Progesterone-loaded chitosan microspheres: A long acting biodegradable controlled delivery system[J]. Journal of Controlled Release, 1998, 52(1-2):17-24.

[13] Mi F L, Tan Y C, Liang H F, et al. In vivo biocompatibility and degradability of a novel injectable-chitosan-based implant[J]. Biomaterials, 2002, 23(1):181-191.

[14] Wang L Y, Gu Y H, Su Z G, et al. Preparation and improvement of release behavior of chitosan microspheres containing insulin[J]. International Journal of Pharmaceutics, 2006, 311(1-2):187-195.

[15] Wu J, Su Z G, Ma G H. A thermo- and pH-sensitive hydrogel composed of quaternized chitosan/glycerophosphate[J]. International Journal of Pharmaceutics, 2006, 315(1-2):1-11.

[16] Wu J, Wei W, Wang L Y, et al. A thermosensitive hydrogel based on quaternized chitosan and poly(ethylene glycol）for nasal drug delivery system[J]. Biomaterials, 2007, 28(13):2220-2232.

[17] Wu J, Wei W, Wang L Y, et al. Preparation of uniform-sized pH-sensitive quaternized chitosan microsphere by combining membrane emulsification technique and thermal-gelation method[J]. Colloids and Surfaces B-Biointerfaces, 2008, 63(2):164-175.

[18] Wang Y Q, Wu J, Fan Q Z, et al. Novel vaccine delivery system induces robust humoral and cellular immune responses based on multiple mechanisms[J]. Advanced Healthcare Materials, 2014, 3(5):670-681.

[19] Hjerten S. The preparation of agarose spheres for chromatography of molecules and particles[J]. Biochimica Et Biophysica Acta, 1964, 79(2):393.

[20] Porath J, Janson J C, Laas T. Agar derivatives for chromatography, electrophoresis and gel-bound enzymes. Ⅰ. Desulphated and reduced cross-linked agar and agarose in spherical bead form[J]. Journal of Chromatography, 1971, 60(2):167.

[21] Mofidi N, Aghai-Moghadam M, Sarbolouki M N. Mass preparation and characterization of alginate microspheres[J]. Process Biochemistry, 2000, 35(9):885-888.

[22] Fundueanu G, Esposito E, Mihai D, et al. Preparation and characterization of Ca-alginate microspheres by a new emulsification method[J]. International Journal of Pharmaceutics, 1998, 170(1):11-21.

[23] Vandenberg G W, De La Noue J. Evaluation of protein release from chitosan-aginate microcapsules produced using external or internal gelation[J]. Journal of Microencapsulation, 2001, 18(4):433-441.

[24] 王恺, 马光辉. 白蛋白纳米球药物载体的制备及表征 [J]. 过程工程学报, 2004(02):155-159.

[25] 杨莉. 新型超声造影剂——全氟丙烷人血白蛋白微球注射剂的制备与药物动力学研究 [D]. 广州: 第一军

医大学,2002.

[26] Desai N P,Soon-Shiong P ,Standford P A , et al. Methods for in vivo delivery of substantially water insoluble pharmacologically active agents and compositions useful therefor[P]:US, 5439686. 1995-8-8.

[27] Gupta P K, Hung C T, Lam F C. Factorial design based optimization of the formulation of albumin microspheres containing adriamycin[J]. Journal of Microencapsulation, 1989, 6(2):147-160.

[28] Ma G H, Nagai M, Omi S. Preparation of uniform poly(lactide）microspheres by employing the Shirasu porous glass（SPG）emulsification technique[J]. Colloids and Surfaces A-Physicochemical and Engineering Aspects, 1999, 153(1-3):383-394.

[29] Liu R, Ma G H, Meng F T, et al. Preparation of uniform-sized PLA microcapsules by combining Shirasu porous glass membrane emulsification technique and multiple emulsion-solvent evaporation method[J]. Journal of Controlled Release, 2005, 103(1):31-43.

[30] Wei Q, Wei W, Lai B, et al. Uniform-sized PLA nanoparticles: Preparation by premix membrane emulsification[J]. International Journal of Pharmaceutics, 2008, 359(1-2):294-297.

[31] Wei Q, Wei W, Tian R, et al. Preparation of uniform-sized PELA microspheres with high encapsulation efficiency of antigen by premix membrane emulsification[J]. Journal of Colloid and Interface Science, 2008, 323(2):267-273.

[32] Wang L Y, Ma G H, Su Z G. Preparation of uniform sized chitosan microspheres by membrane emulsification technique and application as a carrier of protein drug[J]. Journal of Controlled Release, 2005, 106(1-2):62-75.

[33] Wei W, Wang L Y, Yuan L, et al. Preparation and application of novel microspheres possessing autofluorescent properties[J]. Advanced Functional Materials, 2007, 17(16):3153-3158.

[34] Wei W, Wang L Y, Yuan L, et al. Bioprocess of uniform-sized crosslinked chitosan microspheres in rats following oral administration[J]. European Journal of Pharmaceutics and Biopharmaceutics, 2008, 69(3):878-886.

[35] Lv P P, Wei W, Gong F L, et al. Preparation of uniformly sized chitosan nanospheres by a premix membrane emulsification technique[J]. Industrial & Engineering Chemistry Research, 2009, 48(19):8819-8828.

[36] Lv P P, Wei W, Yue H, et al. Porous quaternized chitosan nanoparticles containing paclitaxel nanocrystals improved therapeutic efficacy in non-small-cell lung cancer after oral administration [J]. Biomacromolecules, 2011, 12(12):4230-4239.

[37] Zhou Q Z, Wang L Y, Ma G H, et al. Preparation of uniform-sized agarose beads by microporous membrane emulsification technique[J]. Journal of Colloid and Interface Science, 2007, 311(1):118-127.

[38] Zhou Q Z, Wang L Y, Ma G H, et al. Multi-stage premix membrane emulsification for preparation of agarose microbeads with uniform size[J]. Journal of Membrane Science, 2008, 322(1):98-104.

[39] Zhang Y L, Wei W, Lv P P, et al. Preparation and evaluation of alginate-chitosan microspheres for oral delivery of insulin[J]. European Journal of Pharmaceutics and Biopharmaceutics, 2011, 77(1):11-19.

[40] Nan F F, Wu J, Qi F, et al. Uniform chitosan-coated alginate particles as emulsifiers for preparation of stable Pickering emulsions with stimulus dependence[J]. Colloids and Surfaces A-Physicochemical and Engineering Aspects, 2014, 456:246-252.

[41] Mi Y, Li J, Zhou W Q, et al. Improved stability of emulsions in preparation of uniform small-sized konjac glucomanna（KGM）microspheres with epoxy-based polymer membrane by premix membrane emulsification[J]. Polymers, 2016, 8(3):13.

[42] Xu Q B, Hashimoto M, Dang T T, et al. Preparation of monodisperse biodegradable polymer microparticles using a microfluidic flow-focusing device for controlled drug delivery[J]. Small, 2009, 5(13):1575-1581.

[43] Liu H T, Wang H, Wei W B, et al. A Microfluidic strategy for controllable generation of water-in-water droplets as biocompatible microcarriers[J]. Small, 2018, 14(36).

[44] Kim M, Yeo S J, Highley C B, et al. One-step generation of multifunctional polyelectrolyte microcapsules via nanoscale interfacial complexation in emulsion (NICE)[J]. ACS Nano, 2015, 9(8):8269-8278.

[45] Zhang L Y, Cai L H, Lienemann P S, et al. One-step microfluidic fabrication of polyelectrolyte microcapsules in aqueous conditions for protein release[J]. Angewandte Chemie-International Edition, 2016, 55(43):13470-13474.

[46] Min N G, Ku M, Yang J, et al. Microfluidic production of uniform microcarriers with multicompartments through phase separation in emulsion drops[J]. Chemistry of Materials, 2016, 28(5):1430-1438.

[47] Haase M F, Brujic J. Tailoring of high-order multiple emulsions by the liquid–liquid phase separation of ternary mixtures[J]. Angewandte Chemie-International Edition, 2014. 53(44):11793-11797.

[48] Hussain M, Xie J, Wang K, et al. Biodegradable polymer microparticles with tunable shapes and surface textures for enhancement of dendritic cell maturation[J]. ACS Applied Materials & Interfaces, 2019, 11(45):42734-42743.

[49] Lin Y S, Yang C H, Hsu Y Y, et al. Microfluidic synthesis of tail-shaped alginate microparticles using slow sedimentation[J]. Electrophoresis, 2013, 34(3):425-431.

[50] Shum H C, Lee D, Yoon I, et al. Double emulsion templated monodisperse phospholipid vesicles[J]. Langmuir, 2008, 24(15):7651-7653.

[51] Deng N N, Yelleswarapu M, Huck W T S. Monodisperse uni- and multicompartment liposomes[J]. Journal of the American Chemical Society, 2016, 138(24):7584-7591.

[52] Shum H C, Zhao Y J, Kim S H, et al. Multicompartment polymersomes from double emulsions[J]. Angewandte Chemie - International Edition, 2011, 50(7):1648-1651.

[53] Hejazi R, Amiji M. Stomach-specific anti-*H. pylori* therapy. I: Preparation and characterization of tetracyline-loaded chitosan microspheres[J]. International Journal of Pharmaceutics, 2002, 235(1-2):87-94.

[54] Mi F L, Shyu S S, Chen C T, et al. Porous chitosan microsphere for controlling the antigen release of newcastle disease vaccine: Preparation of antigen-adsorbed microsphere and in vitro release[J]. Biomaterials, 1999, 20(17):1603-1612.

[55] Shwu J C, Niu G C C, Kuo S M, et al. Preparation and preliminary characterization of concentric multi-walled chitosan microspheres[J]. Journal of Biomedical Materials Research - Part A, 2007, 81(3):554-566.

[56] Coombes A G A, Breeze V, Lin W, et al. Lactic acid-stabilised albumin for microsphere formulation and biomedical coatings[J]. Biomaterials, 2001, 22:1-8.

[57] Xia Y, Wu J, Wei W, et al. Exploiting the pliability and lateral mobility of Pickering emulsion for enhanced vaccination[J]. Nat Mater, 2018, 17(2):187-194.

[58] Bayomi M A, Al-Suwayeh S A, El-Helw A M, et al. Preparation of casein-chitosan microspheres containing diltiazem hydrochloride by an aqueous coacervation technique[J]. Pharmaceutica Acta Helvetiae, 1998, 73(4):187-192.

[59] Qiu L Y. Preparation and evaluation of chitosan-coated polyphosphazene hydrogel beads for drug controlled release[J]. Journal of Applied Polymer Science, 2004, 92(3):1993-1999.

[60] Gåserød O, Smidsrød O, Skjåk-Bræk G. Microcapsules of alginate-chitosan - I. A quantitative study of the interaction between alginate and chitosan[J]. Biomaterials, 1998, 19(20):1815-1825.

[61] Shen F, Mazumder M A J, Burke N A D, et al. Mechanically enhanced microcapsules for cellular gene therapy[J]. Journal of Biomedical Materials Research - Part B Applied Biomaterials, 2009, 90 B(1):350-361.

[62] Huang K S, Yang C H, Lin Y S, et al. Electrostatic droplets assisted synthesis of alginate microcapsules[J]. Drug

Delivery and Translational Research, 2011, 1(4):289-298.

[63] De S, Robinson D. Polymer relationships during preparation of chitosan-alginate and poly-l-lysine-alginate nanospheres[J]. Journal of Controlled Release, 2003, 89(1):101-112.

[64] Douliez J P, Perro A, Chapel J P, et al. Preparation of template-free robust yolk–shell gelled particles from controllably evolved all-in-water emulsions[J]. Small, 2018, 14(41).

[65] Bittner B, Kissel T. Ultrasonic atomization for spray drying: A versatile technique for the preparation of protein loaded biodegradable microspheres[J]. Journal of Microencapsulation, 1999, 16(3):325-341.

[66] Lam X M, Duenas E T, Cleland J L. Encapsulation and stabilization of nerve growth factor into poly(lactic-co-glycolic）acid microspheres[J]. Journal of Pharmaceutical Sciences, 2001, 90(9):1356-1365.

[67] Filipović-Grčić J, Voinovich D, Moneghini M, et al. Chitosan microspheres with hydrocortisone and hydrocortisone-hydroxypropyl-beta-cyclodextrin inclusion complex[J]. European Journal of Pharmaceutical Sciences, 2000, 9(4):373-379.

[68] Mi F L, Wong T B, Shyu S S, et al. Chitosan microspheres: Modification of polymeric chem-physical properties of spray-dried microspheres to control the release of antibiotic drug[J]. Journal of Applied Polymer Science, 1999, 71(5):747-759.

[69] Egorov A M, Vakhabov A K, Chernyak V Y. Isolation of agarose and granulation of agar and agarose gel[J]. Journal of Chromatography A, 1970, 46(2):143.

[70] Yasugi K, Nagasaki Y, Kato M, et al. Preparation and characterization of polymer micelles from poly(ethylene glycol)-poly(D,L-lactide）block copolymers as potential drug carrier[J]. Journal of Controlled Release, 1999, 62(1-2):89-100.

[71] Matsumoto J, Nakada Y, Sakurai K, et al. Preparation of nanoparticles consisted of poly(L-lactide)-poly(ethylene glycol)-poly(L-lactide）and their evaluation in vitro[J]. International Journal of Pharmaceutics, 1999, 185(1):93-101.

[72] Quellec P, Gref R, Perrin L, et al. Protein encapsulation within polyethylene glycol-coated nanospheres.Ⅰ. Physicochemical characterization[J]. Journal of Biomedical Materials Research, 1998, 42(1):45-54.

[73] Zambaux M F, Bonneaux F, Gref R, et al. MPEO-PLA nanoparticles: Effect of MPEO content on some of their surface properties[J]. Journal of Biomedical Materials Research, 1999, 44(1):109-115.

[74] Shantha K L, Harding D R K. Synthesis and characterisation of chemically modified chitosan microspheres[J]. Carbohydrate Polymers, 2002, 48(3):247-253.

[75] Calvo P, Remunanlopez C, Vilajato J L, et al. Novel hydrophilic chitosan-polyethylene oxide nanoparticles as protein carriers[J]. Journal of Applied Polymer Science, 1997, 63(1):125-132.

[76] Kumar A B M, Rao K P. Preparation and characterization of pH-sensitive proteinoid microspheres for the oral delivery of methotrexate[J]. Biomaterials, 1998, 19(7-9):725-732.

[77] Zhao X, Huang L, Wu J, et al. Fabrication of rigid and macroporous agarose microspheres by pre-cross-linking and surfactant micelles swelling method[J]. Colloids and Surfaces B-Biointerfaces, 2019, 182:8.

[78] Wei W, Yuan L, Hu G, et al. Monodisperse chitosan microspheres with interesting structures for protein drug delivery[J]. Advanced Materials, 2008, 20(12):2292-2296.

[79] Xia Y, Wu J, Du Y, et al. Bridging systemic immunity with gastrointestinal immune responses via oil-in-polymer capsules[J]. Advanced Materials, 2018, 30(31).

[80] Na X, Zhou W, Li T, et al. Preparation of double-emulsion-templated microspheres with controllable porous structures by premix membrane emulsification[J]. Particuology, 2019, 44:22-27.

[81] Fan Q, Qi F, Miao C, et al. Direct and controllable preparation of uniform PLGA particles with various shapes and surface morphologies[J]. Colloids and Surfaces A-Physicochemical and Engineering Aspects, 2016, 500:177-185.

[82] Denkbas E B, Kilicay E, Birlikseven C, et al. Magnetic chitosan microspheres: Preparation and characterization[J]. Reactive & Functional Polymers, 2002, 50(3):225-232.

[83] Sivakumar M, Manjubala I, Rao K P. Preparation, characterization and in-vitro release of gentamicin from coralline hydroxyapatite-chitosan composite microspheres[J]. Carbohydrate Polymers, 2002, 49(3):281-288.

第四章

高分子微球和微囊在生物反应
工程中的应用

生物化工从最初生产抗生素到利用重组微生物和动植物细胞大规模培养等技术生产多肽、蛋白、疫苗、干扰素等，现已关系到人们生活的方方面面。生物反应工程是生物过程工程的核心步骤，主要包括细胞反应工程和酶反应工程。高分子微球和微囊在细胞反应工程中主要用作细胞培养载体，Van Wezel[1] 在 1967 年将 DEAE- 葡聚糖微球应用于贴壁动物细胞培养，使动物细胞大规模培养成为可能。近年来，组织工程和再生医学特别是干细胞技术的迅速发展，使微球和微囊在这些领域的应用备受重视。在酶反应过程中，高分子微球和微囊作为酶固定化载体，克服了游离酶易失活、分离困难、不能重复使用等缺陷，是酶技术通向工业应用的一大进步。

第一节
高分子微球和微囊在动物细胞培养中的应用

一、细胞培养载体简介

动物细胞培养技术的发展始于疫苗的生产需求，发展过程从最初的原代细胞（猴肾细胞和鸡胚成纤维细胞）培养，到二倍体细胞培养（如人类细胞，包括人胎肺成纤维细胞 WI-38、MRC-5 等或猴子细胞，如 DBC-FRhL-2、雄性恒河猴胎儿的肺成纤维细胞等），最终进化为连续细胞系，包括贴壁依赖性细胞（Vero 和 MDCK）和后来的悬浮细胞（BHK21、EB66、昆虫细胞以及智能细胞如 HEK293、Per.C6、CAP、AGE1.CR 和 AGE1 等）。随着细胞系的不断发展和进化，以及基于悬浮细胞的大规模细胞培养技术的应用，利用悬浮细胞生产生物制品（疫苗、病毒载体、重组蛋白等）的趋势日益明显。然而，许多生产过程特别是疫苗和病毒载体的生产，仍然依赖于贴壁细胞。由于微球在贴壁细胞培养中的重要作用，基于微球的细胞培养体系也被称为"微载体培养"。1967 年，Van Wezel 将 DEAE- 葡聚糖微球应用于贴壁动物细胞培养，开启了动物细胞大规模培养的序章。在 50 多年的发展历程中，微载体技术为包括疫苗、酶、荷尔蒙、抗体、干扰素以及核酸等众多生物制品的生产提供了支撑。表 4-1 汇总了用贴壁细胞规模培养生产重要疫苗和蛋白质的一些示例。

微载体培养的优势在于[2]：

（1）微载体的粒径一般在 60 ~ 300μm 范围内，相对于传统的转瓶培养，微载体的小粒径提供了很大的比表面积，有效提高了产量。微载体培养需要的反应体积更少，单位体积培养的细胞数更多（$10^{10} \sim 10^{11}$cells/L），对生物反应器规模和数量需求更少，极大减少了劳动力的投入。

（2）与单层培养相比，微载体培养技术需要的培养基加入量更少，产率更高，并已经在多种细胞体系中获得成功应用[3]，包括鸡成纤维细胞、猪肾细胞、鱼细胞、中国仓鼠卵巢细胞、人成纤维细胞、原代猴肾细胞和转化小鼠成纤维细胞。培养基价格昂贵，减少用量能够大大降低生产成本，特别是血清添加剂的使用成本。

（3）微载体培养结合了悬浮培养和贴壁培养的优势，培养环境均一，有利于扩大生产和控制温度、pH、CO_2浓度、O_2浓度等培养条件。与现有的其他技术相比，培养过程的监测和取样更为简单。同时，良好的过程控制为工艺设计和优化提供了更多的便利。

（4）微载体技术提供了简便、系统、自动化的培养过程，特别是从培养基中分离细胞变得更为简单。与转瓶培养工艺需要对几百个转瓶进行操作相比，在一个生物反应器中使用微载体培养细胞，大大减低了污染风险。

表4-1　贴壁细胞规模培养对比及所生产的重要疫苗和蛋白质[4]

生产技术	生产单元	最大生产规模（提供的表面积）	细胞系	产品
搅拌式反应器微载体培养	Cytodex 3（载体加入量5g/L）	6000L（2430m²）	Vero	人流感病毒疫苗
	Cytodex 1（载体加入量1.5g/L）	1000L（660m²）	Vero	人小儿麻痹症疫苗、人狂犬疫苗
	每生产单元7200个转瓶	446.4L（446.4m²）	BHK	兽用疫苗（口蹄疫疫苗等）
转瓶培养	全自动一次性转瓶系统：96个转瓶架，每架45~90个转瓶	45转瓶/架：432~2100L（367.2m²）；90转瓶/架：864~4320L（734.4m²）	rCHO	促红细胞生成素
固定床反应器培养	Cell Cube系统	100L（34m²）	MRC-5	甲肝疫苗
二维平板培养	Cell Factory系统	9.6L（10.1m²）	人成纤维细胞	β-干扰素

在微载体培养技术中，细胞贴附在悬浮于培养液中的微球上，而后逐渐在微球表面或大孔结构的孔腔中生长和增殖。因此，微载体对细胞培养起到关键作用。目前，已经有多种商品化的微载体，性能也在不断优化（表4-2）。很多基质材料用于微载体的制备，包括葡聚糖、胶原蛋白、明胶、玻璃、聚苯乙烯、聚丙烯酰胺和纤维素等。微载体的表面性能比如电荷密度、表面覆层材料、粒径等也进行了优化，以促进细胞生长。近年来，微球和微囊材料在组织工程和再生医学领域的应用也取得重大进展，受到广泛关注[5]。特别是干细胞技术在细胞治疗和

表4-2 主要的商品化微载体及其物理-化学参数[8]

微载体	制造商	基质/涂层	实心微载体	
			形状及粒径/μm	电荷、比表面积/(cm²/g)、密度/(g/mL)
Cytodex 1	GE Healthcare	交联葡聚糖/DEAE(叔胺)	球形/粒径190±58	+, 4400, 1.03
Cytodex 2	GE Healthcare	含n,n,n-三甲基-2-羟胺基的葡聚糖基质	球形/粒径135~200	NA, NA, 1.04
Cytodex 3	GE Healthcare	交联葡聚糖/变性猪皮胶原	球形/粒径175±36	无电荷, 2700, 1.04
Hillex	SoloHill	葡聚糖/阳离子三甲基胺	球形/粒径160~180	+, NA, 1.11
Biosilon	Nunc	聚苯乙烯/无	球形/粒径160~300	无电荷, 255, NA
Collagen	SoloHill	聚苯乙烯/I型猪胶原蛋白(明胶)	球形/粒径125~212	无电荷, 480, 1.02
Glass	SoloHill	交联聚乙烯/高硅玻璃	球形/粒径125~212	无电荷, 360, 1.02
Plastic	SoloHill	聚苯乙烯/无	球形/粒径125~212	无电荷, 480, 1.02
PlasticPlus	SoloHill	聚苯乙烯/无	球形/粒径125~212	+, 480, 1.02
Synthemax II	Corning	聚苯乙烯与肽/羧酸结合	球形/粒径125~212	无电荷, 360, 1.02
FACT III (FACT 102-L)	SoloHill	聚苯乙烯/I型猪胶原蛋白(明胶)	球形/粒径169±44	+, 480, 1.02
CGEN 102-L	Thermo Scientific	聚苯乙烯/I型猪胶原蛋白	球形/粒径169±44	无电荷, NA, 1.02
Hillex II-170	Thermo Scientific	聚苯乙烯/三乙胺	球形/粒径170±10	+, NA, 1.12
P Plus 102-L	Thermo Scientific	聚苯乙烯/无	球形/粒径169±44	+, NA, 1.02
ProNectin F (Pro-SoloHill F 102-L)	Thermo Scientific	聚苯乙烯重组纤维素连接蛋白	球形/粒径169±44	无电荷, 480, 1.02
Hillex CT	SoloHill	聚苯乙烯/阳离子三甲基胺	球形/粒径160~180	+, 515, 1.1
2D MicroHex	Nunc	聚苯乙烯/组织培养	六边形/L 125×W 25	NA, 360, 1.05
SphereCol®	Advanced BioMatrix	聚苯乙烯/I型人工胶原蛋白	球形/粒径125~212	无电荷, NA, 1.03
Tosoh 65 PR	Tosoh Bioscience	羟甲基丙烯甲酯/鱼精蛋白	球形/粒径65±25	NA, 4200, NA
Tosoh 10 PR	Tosoh Bioscience	羟甲基丙烯甲酯/鱼精蛋白	球形/粒径10	NA, 9000, NA
DE-52	Whatman™	纤维素/DEAE(叔胺)	圆柱形/L(130±60)×D(35±7)	+, 6800, 0.9
DE-53	Whatman™	纤维素/DEAE(叔胺)	圆柱形/L(130±60)×D(35±7)	+, 6800, 1.1
QA-52	Whatman™	纤维素季铵盐	圆柱形/L(130±60)×D(35±7)	+, 6800, 1.2

微载体	制造商	基质/涂层	实心微载体 形状及粒径/μm	电荷、比表面积/(cm²/g)、密度/(g/mL)
CM52	Whatman™	纤维素/胺甲基	圆柱形 L (130±60) × D (35±7)	+, 6800, NA
RapidCell	MP Biomedical	玻璃/无	球形/粒径150~210	无电荷, 325, NA
G2767	Sigma Aldrich	玻璃/无涂层	球形/粒径180±30	NA, NA, 1.03
G2517	Sigma Aldrich	玻璃/无涂层	球形/粒径120±30	NA, NA, 1.03
G2892	Sigma Aldrich	玻璃/无涂层	球形/粒径120±30	NA, NA, 1.04

微载体	制造商	基质/涂层	大孔型微载体 形状及粒径/μm	孔径/μm	电荷、比表面积/(cm²/g)、密度/(g/mL)
Cultisphere-G	Percell Biolytica (Thermo Scientific)	I型猪胶/无	球形/粒径255±125	10~20	无电荷, 40000, 1.04
Cultisphere-S	Percell Biolytica (Thermo Scientific)	明胶/无	球形/粒径255±125	10~20	无电荷, 7500, 1.04
Cultisphere-GL	Percell Biolytica (Thermo Scientific)	明胶/无	球形/粒径255±125	50~70	NA, NA, 1.04
Cytopore 1, 2	GE Healthcare	交联棉纤维素/葡聚糖（叔胺）	球形/粒径240±40	30	+, 11000, 1.03
Fibra-cel	New Brunswick™	聚酯无纺布和聚丙烯酮	圆盘形/粒径6000	NA	NA, 120, NA
ImmobaSil FS, D, HD	Ashby Scientific	聚硅氧烷（HD+316L不锈钢）	800×300 (FS, HD) 10000×1000 (D)	50×150	NA, NA, NA,
Microsphere	Cellex	胶原蛋白/无	球形/粒径500~600	20~40	NA, NA, NA,
Siran	Schott Glasswerke	玻璃/无	球形/粒径300~5000	10~400	NA, NA, NA,
Cytoline 1, 2	GE Healthcare/ Amersham Biosciences	聚乙烯和二氧化硅/无	透镜形/L(2.1±0.4)mm, W(0.75± 0.35)mm	10~400	—, NA, 1.32

再生医学中的应用，以及干细胞培养需求的增加，推动了贴壁依赖性细胞培养系统的进一步发展，从而引起对微载体技术的重新评估和用于这些新用途的细胞培养装置的新发展[6,7]。本节将对细胞培养过程对微载体的要求和性能、结构设计进行综述，也对微球和微囊在三维细胞培养、组织工程、再生医学特别是在干细胞培养等方面的重要进展进行介绍。

二、细胞培养微载体的基本特性

在几十年的发展过程中，研究人员总结了微载体的一些特性要求[2]：①对细胞没有毒性作用；②具有良好的可贴附性或细胞包埋性；③密度略高于培养基（1.03 ~ 1.05g/mL）；④粒径分布均匀；⑤颗粒透明，具有良好的光学特性，易于观察细胞生长；⑥多孔载体的中心部位能够得到足够的养分供应；⑦可进行灭菌，具有良好的批次重复性和机械稳定性。微载体的性能是决定细胞贴附和生长的关键。本节将详细讨论载体性能包括电荷密度、化学性质、粗糙度、润湿性和硬度等对细胞培养的影响。

1. 微载体表面电荷和电荷密度的影响

大多数动物细胞既有正电荷又有负电荷，但普遍表现出负电性，可以通过静电作用很容易地贴附在具有正电荷表面的微载体上。有一些以塑料或者玻璃为基质材料的载体，表面带有负电荷，这种情况下需要在培养体系中加入二价阳离子作为"桥梁"[10]，细胞通过"负电荷 - 桥梁 - 负电荷"相互作用贴附在微载体上。随着微载体制备技术的不断发展，研究人员更倾向选择带有正电荷的微载体。电荷密度是影响细胞贴附和增殖的关键因素。许多研究表明，细胞培养需要适宜的电荷密度[11]。如果电荷密度太低，细胞可以贴附在微载体表面并开始生长，但细胞很快就会从微载体上脱落，贴附细胞数反而减少。如果电荷密度过大，细胞会迅速附着在表面，但不会生长和增殖。也就是说，在临界电荷值以上，微球对细胞具有"毒性"作用，比如电荷密度为 3.5mmol/g 的 DEAE Sephadex A50，细胞能够吸附在载体表面，但不能生长。此外，载体的电荷密度高，和细胞的静电相互作用增强，会阻止细胞从载体表面分离（消化），进而影响细胞活性，这对于以细胞为目标产物或者生产某些类型的疫苗要求细胞在活的状态下从载体上消化下来的情况是不利的。Levine 等[12]报道了电荷密度为 2.0mmol/g 的 DEAE-Sephadex 微球对细胞没有毒性作用，并且得到了更高的细胞浓度，而当电荷密度为 3.5mmol/g 或 0.9mmol/g 时，细胞培养效果很差，这就是目前广为应用的"Cytodex"微载体的最初工作。

最优的电荷密度与基质材料、带电荷基团以及培养的细胞系有关[13]。对于幼仓鼠肾（Baby Hamster Kidney，BHK）细胞，载体表面用伯胺基进行修饰，最适电荷密度为 0.56mmol/g；当使用叔胺基时，最适电荷密度为 1.80mmol/g。具有相同电荷密度的载体并不适合所有类型的细胞，这是由于不同的细胞与载体表面的作用力不同[14,15]。因此，开发一种"通用微载体，适用于所有用途"的目标并不现实。

细胞培养体系中微载体的浓度是另一个关键因素。一般的使用浓度在 1 ~ 5g/L（20 ~ 100mL/L）范围内，过高的微载体浓度会导致接种缺失、生长不良和细胞脱落[16]。Kiremitci 和 Piskin[17] 也报道了常规培养条件下，在大量使用微载体时，对细胞生长的抑制作用。微载体的浓度和培养方式也有关系，当使用灌注培养模式时，微载体的浓度可以大大增加。

2．微载体疏水性的影响

细胞需要在亲水环境中生长，但是研究发现适当增加微球表面的疏水性可以提高细胞的贴附和生长[18,19]。比较四种不同烷基链长的烷基二胺 [NH$_2$–(CH$_2$)$_n$–NH$_2$; n = 2, 4, 6, 8] 对 BHK 细胞生长的影响。烷基链越长，疏水性越强。实验结果表明，丁基和己基二胺改性的微球提供了最佳的生长环境[20]。

Kunitake 用三种 n- 烷基端基对聚（γ- 甲基 -t- 谷氨酸）（PG）微球进行了修饰，比较了烷基化微球、未改性微球和羟基封端微球上的细胞生长情况[21]，发现在长烷基链修饰的载体上（PG-C12），细胞生长得更好。而最亲水的羟基封端微球（PG-OH）细胞扩增数目最低。在亲水表面上细胞培养效果不佳的主要原因是亲水表面阻止了能够促进细胞贴附的蛋白质的吸附，包括纤维粘连蛋白、胶原、层粘连蛋白等。这些结果表明，除了带电荷载体外，具有适宜疏水性的微球也可用于细胞培养[22]。

3．微载体粒径对细胞贴附和生长的影响

已有报道的微载体粒径分布很广，在 10μm ~ 5mm 范围内，可以根据反应器的类型选择合适粒径的微载体。较小的微载体适用于搅拌式反应器，较大尺寸的微载体由于沉降速率高，更适合流化床和填料床反应器的应用。微载体的常规粒径为 60 ~ 300μm。关于微球粒径对于细胞培养的影响，仍然存在争议，有的研究认为当微载体的表面积被标准化时，即使大小不同（小粒径：平均直径 38 ~ 75μm；中粒径：75 ~ 150μm；大粒径：150 ~ 300μm），微载体的性能基本一致[23]。主要是微球粒径与细胞尺寸相比带来的影响。但是，有的研究表明，载体粒径过大或过小，会影响细胞的贴附和扩增，这一点对于干细胞培养的影响更为显著。除了粒径大小外，粒径分布是更为关键的影响因素，窄的粒径分布对于反应器中的良好混合以及为细胞生长提供相近的生长环境和均匀沉降更为重要[24]。

4．微载体特性间复杂的相互作用

马光辉团队制备了基于葡甘聚糖（KGM）微球的微载体，利用响应曲面法研究了微载体粒径、配基密度、骨架密度（葡甘聚糖浓度）、交联度对微载体上细胞生长密度的影响[15]。响应曲面结果显示，骨架密度、粒径大小和交联度对Vero 细胞在 KGM 微载体上的生长具有显著影响。各影响因素与响应值之间并不是简单的线性关系。各因素之间的交互作用对细胞生长的影响显著（粒径与配基添加量、粒径与交联度、配基添加量与交联度），通过对二次多项回归方程求解得到九组预测参数。根据实际操作条件以及细胞培养验证，确定了最佳工艺条件，所得微载体上 Vero，CHO-K1，MDCK，Wish 以及 L929 细胞的生长状态良好。

三、微载体的表面修饰

很多以多糖或高分子为基质的微球如葡聚糖微球或者聚苯乙烯微球，不能直接贴附细胞，必须进行适当的表面修饰。表面修饰有两种基本策略：①用带电荷基团，如叔胺基、季铵基或聚乙烯亚胺（PEI）等进行修饰；②表面偶联促进细胞黏附的蛋白如胶原、纤维粘连蛋白等，或者根据细胞外基质分子设计的合成多肽。通过合适的表面修饰技术，已有多种基质材料成功用于细胞培养。

1．用带电荷基团进行表面修饰

采用 2- 二乙氨基乙基氯化盐酸盐（DEAE）胺化改性对微球表面进行修饰是最常用的方法，此外，还发展了其他带电基团的偶联技术。三甲胺用于改性苯乙烯和二乙烯基苯的共聚物（CP-TMA）[25]。CP-TMA 微载体的独特之处在于结合了电荷型微载体和蛋白质覆层微载体的优点。电荷型微载体使细胞快速附着在表面，但细胞繁殖较慢。而蛋白质覆层表面为细胞的增殖提供了良好的条件，但细胞的贴附过程要比电荷型载体慢得多。在 CP-TMA 微载体上，细胞附着率和增殖率均较高。在培养结束时，通过胰蛋白酶 / 乙二胺四乙酸（EDTA）可以很容易地将细胞从微载体中释放出来，这是该载体另一个显著的优点[26]。

聚乙烯亚胺（PEI）是一种有机大分子，具有较高的氨基密度，也被用于微载体的表面修饰。PEI 是众所周知的 DNA 转染试剂，但作为一种高效和方便的黏附因子的作用也受到人们的重视[27]。PEI 更适合于黏附能力较弱的细胞[28]。PEI 结合疏水基团对微球表面进行改性，也被证实对几种类型的细胞贴附非常有效[29]。

通过离子单体共聚是制备电荷型微载体的另一种方法。聚乙二醇（PEG）具有良好的生物相容性，对细胞无毒。一种基于 PEG 的大分子聚乙二醇甲基丙烯

酸酯（PEGMA）作为培养小鼠成纤维细胞的基质材料。由于细胞不能直接贴附在 PEGMA 微球上，因此使用阳离子单体 N-［3-（二甲氨基）丙基］甲基丙烯酰胺（DMAPM）与 PEGMA 共聚[30]。DMAPM 为聚（PEGMA-DMAPM）凝胶微球提供了较高的阳离子电荷，在这些共聚物微载体上，细胞能够有效贴附，培养密度能够增加到 3.5×10^6 cell/mL。

低温等离子体表面改性可以有效地改善材料表面的相容性、润湿性和生物学特性。经过适当的处理，可以优化材料的化学结构、表面能和表面电荷，促进细胞的贴附和生长。许多高分子材料，如聚苯乙烯和聚丙烯，已通过这种方法改性为良好的电荷型微载体[31]。

2．用蛋白质进行表面修饰

一般来说，电荷型微载体可以通过静电相互作用使细胞快速贴附[32,33]。然而，一旦细胞贴附到载体上，它们的生长和扩增会变得比较慢[34,35]。此外，从电荷型载体上收获活细胞通常比较困难。为了克服这些缺点，研究人员使用来自细胞外基质的蛋白质，如胶原蛋白、蛋白多糖、纤维连接蛋白、层粘连蛋白、弹性蛋白和软骨连接蛋白等对载体表面进行覆层。研究发现，细胞的生长速度比电荷型微载体上的细胞快，消化过程也变得更加容易，由此保持了高的细胞活性。

当使用胶原等全蛋白对微球表面进行修饰时，能够为细胞提供与组织中的生存条件更为相似的基质，蛋白质贴附因子对细胞贴附和生长的影响已经得到了很好的研究[36]。胶原基微载体在生物技术领域获得广泛应用。蛋白质、基质和固定化方法的选择标准也已经成功建立。可选择的蛋白质包括重组胶原、明胶、合成胶原衍生肽和天然胶原，比较它们作为微载体表面覆层分子的作用发现，重组胶原与天然胶原对成纤维细胞的黏附和铺展能力相似，比明胶覆层载体上的黏附和铺展速度快。明胶是最常见的表面覆层材料，天然明胶的覆层效果优于重组明胶片段。成纤维细胞不能贴附在含有缬氨酸或赖氨酸残基的合成肽覆层表面。胶原蛋白的浓度也是一个关键因素，胶原浓度越高，越有利于细胞初始阶段的贴附和整个生长过程。

Bueno 等[37]将 PEI 的阳离子部分结合在重组胶原覆层的葡聚糖微球上，以提高细胞贴附率。当 PEI 的含量足够高时，可以促进初始贴附，但含量不足时，会成为细胞生长抑制剂。他们同样发现，蛋白质和表面电荷修饰的结合可有效促进细胞的初始贴附和增殖，而不影响细胞产量。

葡聚糖、海藻酸钠等多糖微球是常用的基质材料，它们作为微载体的性能在不断提高。Gröhn 等[38]报道了胶原覆层的 Ba^{2+} 固化的海藻酸钠作为微载体的研究。海藻酸钠微球制备工艺非常简单，通过改变海藻酸钠浓度、分子量和二价阳离子浓度，可以方便地控制粒径和孔径。海藻酸钠的生物相容性及其作为包埋和植入材料的安全性是更重要的优点[39,40]。海藻酸钠通常用 Ca^{2+} 交联，使用 Ba^{2+} 交联能够得到化学稳定性更好的基质。此外，从胶原覆层的 Ba^{2+} 固化海藻酸钠微载体上分离细胞时，不需要使用蛋白酶，即可获得具有良好活性的细胞。这对敏感细胞和体外组织重建非常重要。

除表面覆层法外，还可以通过共聚法将胶原等细胞外基质（ECM）组分引入微球中。蛋白质可添加在含有单体的反应混合物中并在骨架中进行聚合，或在适当溶剂中与高分子混合，在去除溶剂后附着在高分子表面上。

马光辉团队在 DEAE- 葡甘聚糖微载体制备的基础上[41]，用 1,4- 丁二醇二缩水甘油醚将微球进行活化，再将胶原蛋白覆层到微球上，然后用戊二醛交联，得到覆层均匀、稳定的电荷 - 胶原蛋白双作用微载体[42,43]。对于带有不同电荷密度的双作用微载体，受到微载体与蛋白之间静电相互作用的影响，胶原蛋白的层厚随电荷密度的增强而减少，在 5 ~ 50μm 范围可控。优化条件下制备的电荷 - 胶原双作用微载体上，细胞贴附速率高于胶原型微载体，生长速率优于电荷型微载体，细胞增殖数优于商品化微载体 CT-1。

3．用生物活性功能基团进行表面修饰

随着对细胞 - 载体相互作用研究的不断加深，除了全蛋白外，较小的生物活性功能基团也用于微载体表面的修饰。这些小的活性基团包括寡肽、糖或糖脂。其中，寡肽已被广泛研究。这些短的氨基酸序列能够与细胞表面的受体结合并促进细胞贴附和生长。例如，纤维连接蛋白的细胞结合域包含三肽 RGD（Arg-Gly-Asp）。含有 RGD 序列的寡肽覆层能够提高纤维连接蛋白的细胞结合活性，也揭示了 RGD 序列在细胞黏附中的重要性[44]。很多细胞外基质蛋白（纤维连接蛋白、胶原、玻连蛋白、凝血酶敏感蛋白、肌腱蛋白、层粘连蛋白和巢蛋白）中都含有 RGD 序列。层粘连蛋白中的序列 YIGSR（Tyr-Ile-Gly-Ser-Arg）和 IKVAV（Ile-Lys-Val-Ala-Val）也具有细胞结合活性，能够介导某些细胞的贴附。

由于 RGD 在细胞贴附中的重要作用，含有 RGD 序列的合成多肽被结合到不同载体上，包括聚四氟乙烯（PTFE）、聚对苯二甲酸乙二醇酯（PET）、聚丙烯酰胺、聚氨酯（PEU）、聚碳酸酯、聚氨酯、聚乙二醇、聚乙烯醇（PVA）、聚乳酸（PLA）和聚（N- 异丙基丙烯酰胺 -co-N- 正丁烯丙烯酰胺）基质[45]。RGD的加入能够显著促进细胞贴附和增殖。然而，用 RGD 进行表面修饰的载体只适合含有 RGD 序列识别受体的细胞，因此，应根据细胞的性质选择合适的多肽。

除合成肽外，其他能被细胞受体识别的生物活性分子也可以用于载体的表面修饰。研究发现氨基酸和共价结合氨基的高分子能够增强某些细胞的贴附性能[46]。一些糖类，如乳糖和 N- 乙酰葡萄糖胺也能够促进细胞的贴附和增殖[47]。

四、细胞培养用大孔微载体

支持细胞在表面生长的光滑微载体已经获得广泛应用，虽然与转瓶相比，表面积提高很多，但如果只利用微载体表面的话，最终得到的细胞密度仍然有限，同时，贴附在表面的细胞同样会受到剪切力的影响。因此，研究人员考虑用大孔微球进行细胞培养。大孔微载体的平均孔径在 $30 \sim 400\mu m$ 范围内。由于单个细胞的平均直径约为 $10\mu m$，大的孔道使细胞易于进入微载体内部生长。目前已有的商用大孔微载体也列于表 4-2 中[48]。与光滑的微载体相比，大孔微载体能够提供更大的生长空间和比表面积，因而能够达到更高的细胞密度，也为细胞培养带来了其他优势。主要优点之一是可以显著降低培养体系中微载体的浓度。如前所述，光滑微载体的加入量一般在 $1 \sim 5g/mL$，而使用大孔微载体时，达到相同的细胞密度，只需要五分之一的加入量，这与它们的比表面积是基本相符的。大孔微载体的第二个优点是能够保护细胞免受剪切力损伤，因为大多数细胞生长在孔内。这样可以使用更高的搅拌速度，一般可以提高到 $80 \sim 100r/min$，这有利于氧气和营养物质的传递[49,50]。第三个优点是大孔微载体支持细胞高密度的三维生长，从而减少了对外部生长因子的需求。这使得低血清、无血清、甚至无蛋白培养基的使用变得更加容易，对下游过程非常重要，当然也能够有效降低生产成本。高的细胞密度也改善了细胞的稳定性，延长了细胞的寿命。大孔微载体不仅适于培养贴壁依赖性细胞，也适用于非贴附依赖性细胞，而光滑微载体仅适用于培养贴壁依赖性细胞。

结构决定功能，大孔微载体也存在一些缺点。正是由于大孔结构和较高的细胞密度，大孔微载体的细胞计数和收获更为困难。此外，在接毒时，细胞密度过高会导致细胞的感染率降低，特别是在使用非溶解性病毒的情况下。同时，载体孔径需要足够大，以减少营养物质在载体内部的扩散限制。大孔微载体的主要优缺点列于表 4-3[51]。

表4-3　大孔微载体的主要优缺点

优点	缺点
高比表面积	计数困难
高的细胞密度	细胞收获不完全
均相体系	营养及代谢产物的扩散问题
放大潜力	难以产生裂解病毒
贴壁依赖性细胞和悬浮细胞	复杂的清洗程序
培养基/载体易分离	
不同的生物反应器系统	
长期培养	

1．三维微载体培养在组织工程中的应用

组织工程将支架、细胞和生物分子结合起来以改善、替换和再生受损组织

及器官[52]。支架作为组织工程的关键因素，旨在复制天然的细胞外基质（ECM）环境和组织特有的物理特性，使细胞保持其特定的形态和功能。"自下向上"技术利用微米级"积木"来建造具有精确几何形状和功能的毫米级支架，来调控细胞与材料的相互作用，并改善细胞在整个支架中的分布。微球能够为细胞生长提供仿生结构和生物学功能，并能实现生物分子的可控释放，是"自下向上"支架的理想材料。

微球不仅为细胞扩增提供支持，为细胞命运调控提供多种生化和生物物理因素，还可以作为体内细胞输送的载体和非侵入性手术的可注射基质。微球的四个主要优点已经在组织工程领域得到了广泛的探索：①大规模制造的简单性；②稳定、规则的多孔结构；③颗粒尺寸可控和高比表面积；④相关生物分子的可控释放。

微球作为支架制造、药物和细胞递送载体等已有多个综述进行评论，可以作为各种组织工程应用的指南。载细胞微球在细胞治疗方面的应用是组织工程中很有前途并迅速发展的领域。三维微载体培养为药物评价和细胞移植提供了足够数量的具有所需表型的活细胞，这对组织工程至关重要[53]。一些适于三维培养的微载体也被用于细胞疗法中，即在培养一段时间后，将接种着细胞的微载体直接注入体内。在载体上培养的细胞在新血管形成前可以通过扩散作用交换营养物质和代谢废物。传统三维支架内部生长的细胞可能由于扩散限制而死亡。但在微载体培养中，特别是大孔微载体中，扩散传质限制大大降低，使其更适于组织工程领域的应用。与移植手术相比，这种注射接种有细胞的微载体的方法更加方便，减少了患者的痛苦，节省了医疗费用。用于组织工程的微载体必须具有良好的生物相容性，必须是完全可生物降解的，并且降解产物对细胞没有毒性。已经通过认证并用于临床应用的材料可以满足这些要求。

（1）细胞-微载体作为体外模型的应用　微载体培养系统已经被用于研究细胞对外界环境的反应，包括生物因素、化学试剂、机械和物理效应等。在体外模型中对组织细胞生物学进行研究具有良好的可控性，能够获得氧分压、生长因子、微量元素、微重力等因素的重要信息。实验结果表明，在微载体上培养的细胞与原组织的许多特征相似，这使它在组织工程应用中具有显著优势。

组织工程中，在微载体上培养的软骨细胞已被广泛研究[54]。在三维培养中，软骨细胞在胶原包被的葡聚糖微载体上能够存活4个月以上，但在单层培养中存活期显著缩短[55]。此外，三维微载体系统保持了与原始组织相似的细胞表型，而单层培养的软骨细胞表型会发生改变，不适合在组织工程中的进一步应用[56]。其他微载体如葡聚糖载体和交联胶原也被证实有利于获得具有正确表型的成骨细胞[57]。然而，三维微载体培养与单层培养存在差异的原因尚不清楚，可能是因为三维培养体系提供的环境更类似于细胞的自然生长环境[58]。

（2）微载体作为细胞递送系统　与传统的移植方法相比，可注射细胞疗法对患者更为友好。在组织工程中，微载体是有效的递送工具，在修复骨和软骨缺损方面显示出独特的优势[59]。胶原覆层葡聚糖微球、聚丙交酯微球、明胶微球等多种微载体在治疗组织退化或损伤、恢复组织功能、促进伤口愈合和帕金森病治疗等方面均取得了良好的疗效[60]。

治疗细胞接种于微载体中，经过一段时间的培养，形成细胞聚集体并进一步生长为可注射聚集体，细胞聚集体可以直接注入缺陷部位（图4-1）[61]。聚集体的大小可以通过调节不同的培养条件来控制，包括混合密度、氧分压、培养时间等因素。

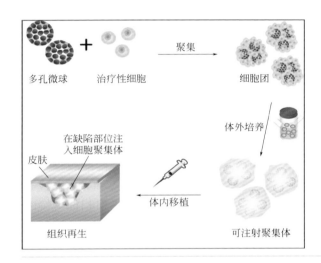

图4-1

注射治疗用细胞聚集体的形成和培养示意图

含有数个微载体的小聚集体，具有细胞活性，同时提供了适于注射的结构。如果培养时间足够长，大的聚集体将发展成适合修复较大缺陷的组织样材料[61]。在微载体上培养细胞聚集体是提高细胞密度和代谢活性的主要方法。聚集体中细胞的形态和细胞间相互作用与体内相似，这种三维结构有助于维持细胞功能和活性[62]。

微球不仅可以作为接种细胞的载体，也可以作为生物活性因子的递送系统。包埋于微球中的生物活性因子会影响细胞分化并提高治疗效果[63]。与可溶性生物活性因子相比，微球和微囊载体具有许多优点，特别是它的长效作用，能够避免重复给药，也有助于将生物活性因子传递到靶点，更有助于细胞分化和选择合适的表型。

2. 组织工程微载体的制备及表面改性

多种微载体基质已用于组织工程领域，包括改性葡聚糖、海藻酸钠、塑料和合成高分子如改性聚（乳酸 - 羟基乙酸）（PLGA）等。这些基质的表面用胶原或明胶进行覆层，以增强细胞的贴附和生长。一些由降解材料如明胶和胶原制备的微球更适合用于组织工程领域。以下列举了几种主要的基质材料及其改性方法。

（1）合成聚酯类材料　由聚乳酸（PLA）、聚羟基乙酸（PGA）、聚（乳酸-羟基乙酸）（PLGA）和聚 L-丙交酯（PLLA）等合成聚酯材料制备的微载体具有良好的力学性能、加工性能、生物相容性和生物降解性。聚酯微球的表面改性仍然是提高其细胞黏附性的关键。表面改性方法有很多种，其中一种有效的策略是偶联生物活性分子，如纤维连接蛋白（Fn）和 RGD 肽序列[64]，以形成仿生界面。另一种方法是共价偶联胺端树枝状大分子。Thissen 等[65]用第二种方法修饰了 PLGA 微球，与其他修饰方法相比，提高了羊关节软骨细胞的增殖率。改性PLGA 微球的另一个优点是在这些微载体上培养的软骨细胞具有类似于体内的活性，这表明改性 PLGA 微球可以作为组织工程的细胞载体。

（2）结冷胶　结冷胶是一种食用微生物胶，是 FDA 批准的天然多糖材料。这种新型全透明水凝胶也用于细胞微载体的制备。与其他多糖材料一样，结冷胶由于具有极强的亲水性，对细胞没有亲和力[66]。为了改善水凝胶表面的细胞贴附性能，人们开发了许多方法，包括酶催化、末端功能化或紫外线（UV）活化[67]。结冷胶颗粒用明胶进行覆层后，对成纤维细胞和成骨细胞培养效果良好，适合细胞输送[68]，具体覆层方法如图 4-2 所示。最终得到的明胶接枝结冷胶微载体被称为 TriG 微载体。TriG 微载体对人真皮成纤维细胞（HDFs）和人胎儿成骨细胞（hFOBs）有良好的贴附和增殖作用。通过光学显微镜、场发射扫描电镜、免疫荧光染色、特异性组织生化指标等进行表征，也显示了理想的细胞活力和在组织工程中的良好应用潜力。

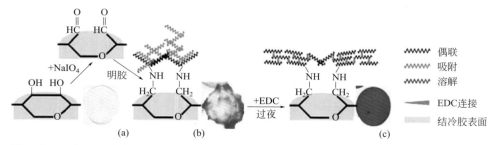

图4-2　明胶覆层结冷胶微球的原理图：（a）含羟基的结冷胶微球；（b）明胶结合于结冷胶微球表面；（c）覆层的明胶分子与EDC交联，提高覆层稳定性

（3）壳聚糖　壳聚糖是一种应用广泛的生物材料，是细胞培养的天然材料，具有无毒、无刺激性、生物相容性好、正电荷密度高等特点。值得注意的是，壳聚糖的化学组成类似于糖胺聚糖（GAG），糖胺聚糖是细胞外基质（ECM）的重要组成部分。具有正电荷的大孔壳聚糖微球为细胞生长提供了三维环境，有助于

维持细胞功能。壳聚糖微球可用于细胞治疗，特别是肝细胞、软骨细胞和内皮细胞的培养，分别适用于肝、软骨和皮肤的修复。

由于壳聚糖含有大量氨基，很容易与基质发生相互作用，是一种很好的覆层材料。许多方法可以用于壳聚糖覆层，如共价键合[69]、逐层组装[70]、等离子体处理和接枝-覆层[71]。这些壳聚糖覆层微球可以作为细胞载体和可注射支架。这里给出壳聚糖包覆PLLA微球的一个示例：PLLA微球表面水解产生丰富的羧基，然后壳聚糖分子通过羧基-氨基相互作用共价接枝到微球上，未结合的壳聚糖留下来形成覆层，如图4-3所示[72]。将其应用于兔耳廓软骨细胞的培养，显示了对细胞贴附和增殖良好的促进作用。软骨细胞也能很好地维持其分泌功能，尤其是在壳聚糖含量较高的载体上。

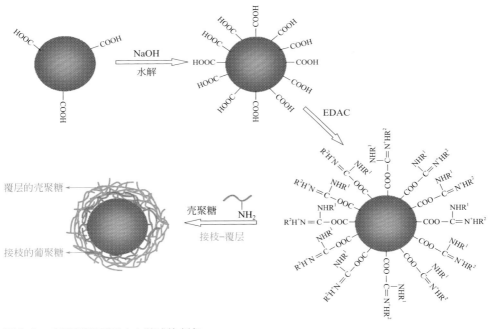

图4-3 壳聚糖覆层PLLA微球的制备

（4）生物陶瓷　根据材料与组织的相互作用机理，生物陶瓷可分为活性生物陶瓷和非活性生物陶瓷。非活性生物陶瓷主要是指具有良好化学稳定性和生物相容性的陶瓷材料。它们具有较高的机械强度和耐磨性。这些材料包括氧化铝、单晶陶瓷、氧化锆陶瓷和玻璃陶瓷。活性生物陶瓷也称为生物降解陶瓷，通常含有羟基，适合应用于组织工程领域。生物活性玻璃陶瓷（磷酸钙系）、羟基磷灰石陶瓷和磷酸三钙陶瓷是主要的活性生物陶瓷。由活性生物陶瓷构成的微球已被应用于细胞递送进行骨修复。采用磷酸钛钙和羟基磷灰石微载体对成骨细胞和骨髓基质细胞的培养进行研究，观察到细胞良好的扩增和增殖。这些微载体还具有促进骨细胞功能和骨结合的作用。然而，陶瓷材料的密度通常较高，颗粒和颗粒之间以及颗粒与血管壁之间的碰撞会使细胞失去活性。为了解决这些问题，发展了空心生物陶瓷颗粒[73]。空心生物陶瓷颗粒的密度略高于或等于培养基的密度，可以有效地防止强碰撞。

3．用于三维细胞培养的高开孔多孔微载体

具有高开孔多孔结构的大颗粒非常适于三维细胞培养。这些微球的孔径约为几十微米，通常大于 20μm。高度多孔的结构有助于营养物质和氧气进出，并可以获得高细胞密度（图 4-4）[74]。有很多方法用来制造这种结构，其中，制孔剂浸出法应用最为广泛，即将制孔剂与高分子 / 溶剂混合，并用溶剂将其浸出以形成孔结构。根据不同高分子体系的要求，可以选择合适的制孔剂，如盐、碳水化合物和石蜡。其他的方法还包括乳液 / 冷冻干燥、超临界流体中的膨胀、三维导向喷墨打印、气体形成法和高内相乳液。大多数方法应用于本体聚合。这里主要介绍高开孔微球的制备方法。

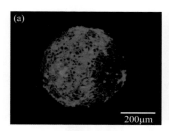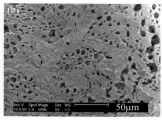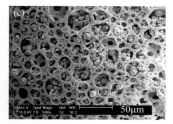

图4-4 在高开孔微球上培养的细胞：（a）培养1天后细胞的激光共聚焦图像；（b）培养1天后细胞的扫描电镜图像；（c）7天后细胞在孔内增殖的扫描电镜图像

（1）气体发泡法 采用气体发泡法制备具有高度开孔结构的 PLGA、PLA 等高分子微球。这种制备策略结合了复乳法和溶剂蒸发法，如图 4-5 所示[74]。将 W/O 初乳液再分散于 PVA 水溶液中，进一步形成 $W_1/O/W_2$ 复乳并蒸发掉溶剂后形成孔道。内水相中含有 NH_4HCO_3，在溶剂去除过程中，逐渐生成二氧化碳和氨气，制备出具有高度连通孔道的多孔颗粒。微球的大小和孔径可以通过改变制备条件进行控制。当 PLGA 浓度增加时，颗粒尺寸增大，孔径减小（图 4-6），说明有机相的黏度对多孔结构有重要影响。在不同结构的高开孔微球中，粒径为 175μm 左右，平均孔径约 29μm 的颗粒适合于细胞培养和体内递送。将牛关节软骨细胞接种于载体中，发现微载体 - 细胞聚集体具有良好的增殖性能，并表达软骨特异性表型。

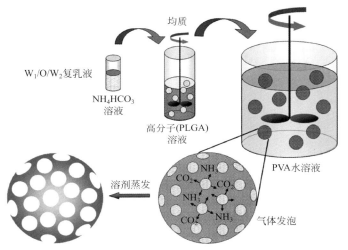

均质

W₁/O/W₂复乳液

NH₄HCO₃
溶液

高分子(PLGA)
溶液

PVA水溶液

溶剂蒸发

气体发泡

图4-5 气体发泡法制备高开孔微球的示意图

1.6　　　　1.9　　　　2.5　　　　3.8　　　　6.3

二氯甲烷中PLGA含量(质量体积分数)/%

图4-6 不同工艺条件下制备的大孔PLGA微球

（2）高内相乳液法　Barby 等在 1985 年利用高内相乳液法（High Internal Phase Emulsion，HIPE）制备出了具有高度开孔结构的本体聚合高分子。1996 年，Li 和 Benson 进一步发展了这种方法，成功制备了 HIPE 微球。HIPE 法制备微球的孔隙率高达 70% ~ 90%，具有低密度、高通透性的结构。

HIPE 实际上是一种内相体积很大的乳液，如图 4-7 所示。在初始阶段，水相分散在油相中，随着水相体积不断增加，W/O 乳液变为黏稠状。当水相的含量达到 74% 时，油中的水滴会紧密地聚集在一起。随着含水率进一步提高到 74% 以上，就形成高内相乳液又称浓乳。由于内水相的体积很高，液滴之间由薄薄的油膜分隔。然后将高内相乳液悬浮在大量的外水相中以保持其稳定性，聚合后就形成 HIPE 微球。这种方法制备的微球具有相互连接的空腔，能够为细胞培养提供三维生长环境（图 4-8、图 4-9）[75]。

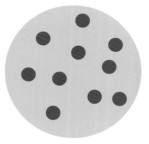
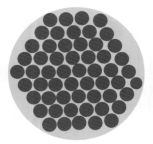

常规乳液 紧密排列乳液 高内相乳液

图4-7 常规乳液向高内相乳液的演变过程

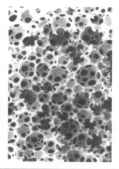

图4-8
HIPE微球及其内部结构的SEM
图像

图4-9
复乳法制备的高开孔PELA微球

（3）相消除法 另一种广泛使用的制备高开孔微球的方法是相消除法。例如，通过将海藻酸钠相与胶原珠结合，然后去除海藻酸钠相制备多孔胶原珠[76]。由此产生的颗粒孔道足以支持细胞生长。在制备过程中，首先将胶原溶液与海藻酸钠混合，然后将混合物滴入 CaCl₂ 溶液中形成球形凝胶颗粒。再将胶原 - 海藻酸钠颗粒浸入含有 L- 赖氨酸的 Na-CHES［2-（N- 环己胺基）乙烷 - 硫酸］缓冲液或含有戊二醛的 Na-CHES 缓冲液中固化 16h。凝胶颗粒中的海藻酸钠用柠檬酸钠溶液液化。所得颗粒大小易于控制，一般在 100 ~ 1500μm 范围内。孔径由海藻酸钠浓度调节。进一步与戊二醛交联，提高胶原微球的机械强度，使其更适合于细胞治疗和组织工程。

第二节
高分子微球和微囊在干细胞培养中的应用

很多生物制品包括疫苗、多肽和重组蛋白在内的大规模生产标准平台已经建立，干细胞的体外培养能够利用这些平台提供的丰富积累。与传统细胞系如 Vero 或 MDCK 细胞相比，干细胞具有以下基本特性：①干细胞具有自我更新能力；②具有分化潜能，能够根据应用需要，诱导分化为特定细胞。在多种干细胞类型中，最具有临床应用前景的间充质干细胞（MSCs）和诱导多能干细胞（hiPSCs）都需要依赖微载体进行体外扩增，并与培养环境紧密相关，现有的平台体系需要随之进行调整以满足干细胞的体外培养要求。

间充质干细胞在体外具有分化为脂肪细胞、软骨细胞和成骨细胞的潜能，虽然体外寿命有限，但临床应用时，可以通过分泌广谱的生物活性分子（生长因子、细胞因子、趋化因子）来发挥治疗作用，包括免疫调节、抗凋亡、血管生成、支持局部祖细胞的生长和分化、抗瘢痕形成等[77]。诱导多能干细胞（hiPSCs）最初是由高桥等建立的[78]，通过四个基因（Oct3/4、Sox2、Klf4 和 c-Myc）的人成纤维细胞的转导进行重编程，具有无限的自我更新能力和分化为三个胚层谱系的能力。

干细胞用于临床治疗，根据适应症的不同，每次所需的细胞数量（细胞剂量）可能有很大的差异，从 5×10^4（使用 hESCs 治疗黄斑变性）到 6×10^9 的细胞量（使用 MSCs 治疗成骨缺损）。但是从不同组织中分离提取的细胞数量无法达到这个要求。例如，通过胶原酶消化法从 300mL 的脂肪组织中能够提取 2×10^8 ~ 6×10^8 的人脂肪间充质干细胞（hADSCs）[79]。使用离心技术，可从 25mL 股骨管中获取约 1.25×10^8 的人骨髓间充质干细胞（hBMSCs）[80]。另外，细胞培养规模也取决于细胞的来源，是使用自体干细胞还是同种异体（来自捐赠者）细胞，细胞培养规模有很大的不同。在自体治疗模式的情况下，通常需要进行小规模的、一次性生产，而对于异体细胞治疗，必须为许多患者储备大量细胞，这种情况下，意味着需要非常大的培养系统。为临床应用提供大量干细胞最直接的方法是使用微载体培养系统。原则上，在大规模疫苗或重组蛋白制造过程中应用的细胞培养技术也能用于干细胞的规模扩增过程，但需要进行调整和评估。由于这些细胞最终将在体内使用，因此需要在无血清/无异种培养条件下进行细胞扩增，由于缺少血清的细胞保护特性，增加了大规模扩增的难度。在此，主要关注干细胞规模扩增对于微载体的需求。

1. 支持干细胞贴附和扩增的微载体

对于干细胞的贴附和扩增而言，微载体的性质不仅对细胞贴附和增殖起着重要作用，更是对干细胞的活性、干性和分化起到至关重要的影响。载体的化学性质、物理性质和表面改性已有很多报道，微载体的性能也在不断改进发展（图4-10），但由于干细胞的复杂性，很多问题仍有待深入研究。这一部分将分别介绍商品化微载体用于干细胞的培养以及新发展的刺激响应性微载体。

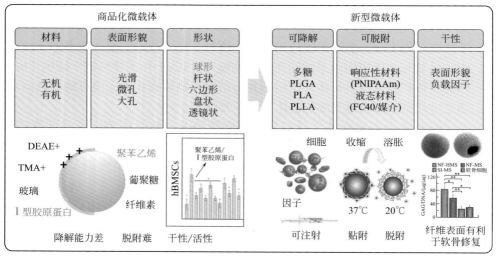

图4-10 微载体类型及对干细胞的主要影响因素
*表示 $P < 0.05$；**表示 $P < 0.01$

（1）商品化微载体 商用微载体具有多种形状和性质，以 Cytodex 1 为代表的大多数微载体都是球形的，除此以外还有六边形、圆盘形、透镜形及圆柱形等（表4-2）。从用作微载体的材料来看，用于常规细胞培养的材料基本也都已经用于干细胞的培养。同时，国内外也有多种材料在进行研究，但尚未作为商品化产品进入市场。和常规细胞系一致，微载体表面在细胞的附着和增殖中起着至关重要的作用，利用细胞外基质蛋白（层粘连蛋白、纤连蛋白等）对表面进行功能化、偶联 RGD 或生长因子或在表面进行正电荷修饰，能够有效促进细胞的附着和增殖。

干细胞对于微载体的微观结构和组成更为敏感，会影响其增殖和命运。例如，Cultispher-S 和 Cytodex 3 是两种基于明胶的微载体，前者是由明胶直接制备得到，后者是在葡聚糖微球表面用明胶进行镀层。因此，Cultispher-S 的表面显示明胶的均匀分布，而 Cytodex 3 表面则由多糖和明胶的混合物组成。在模量和硬度方面，Cultispher-S 比 Cytodex 3 具有更高的硬度。这些差异极大地改变了 MSCs 和 hiPSCs 的增殖、形态和谱系特异性分化 [81]。Cultispher-S 上的骨髓间充质干细胞表现出高度的扩散和良好的肌动蛋白分布，而在 Cytodex 3 载体上观察到的扩散程度较低 [82]。

微载体材料的性质可以有效地调节干细胞的组织形态。微载体表面具有不同电荷时，—NH$_2$ 基团能够促进 MSCs 增殖、扩散和成骨分化，而—COOH 基团会降低 MSCs 的扩散能力，提高软骨生成能力 [83]。干细胞能感知到基质的硬度，并做出不同的反应，进而影响到它们的形状和命运。刚性表面（硬度为 34kPa）促进了 MSCs 梭形和成骨分化，而较软的基质（1kPa）促进了 MSCs 向软骨、脂肪和神经元的分化，中度硬度会促进向肌肉分化 [84]。另一个物理影响因素是微载体的表面形貌，例如，微载体的弯曲程度（曲率）可以增加 MSCs 的细胞内张力并促进成骨分化 [85]。细胞形状依赖性变化对细胞信号通路和命运具有决定性影响 [86]。已发现具有高硬度模量的基质可促进促血管生成因子（如血管内皮生长因子 VEGF 和白细胞介素 -8）的分泌，从而激活 RhoA/ROCK 信号 [87]，RhoA/ROCK 激活刺激成骨，但抑制脂肪生成。因此，通过具有可控物理、机械和化学性质的微载体来调节细胞信号通路，进而影响干细胞的增殖和分化 [88]。载体对细胞信号通路影响的研究仍在不断进展中。

（2）刺激响应性微载体 在干细胞规模扩增和细胞治疗应用中，对使用具有可由环境变化控制载体物理和化学特性的刺激响应材料的兴趣也日益增加，例如电场、光照、温度变化、pH 值变化、剪切应力和添加小生物化学分子等 [89]。在组织工程中，刺激响应性载体具有成为下一代递送系统的应用潜力。特别是在细胞收获过程中，蛋白水解酶被广泛用于从微载体上分离细胞。然而，采用蛋白水解酶进行分离往往会破坏细胞膜蛋白，降低细胞活力，降低移植效率。此外，蛋白水解酶是动物源性的，具有传播疾病和改变细胞表型的风险 [90]。为了克服这些困难，发展了对环境变化敏感的刺激响应性材料。

① 温敏型微载体。温度敏感材料（主要是高分子）能够在临界溶液温度附近发生相变。有些热响应性高分子在下临界溶液温度（LCST）以下时可溶，在高于 LCST 的温度下不溶；有些则在高于上临界溶液温度（UCST）时可溶，反之不溶。例如，聚（N- 异丙基丙烯酰胺）（PNIPAAm）[91]，在 32℃ 左右的水相中会发生相变。32℃ 以上时为疏水性，可用于细胞贴附，而当温度降至 32℃ 以下时，PNIPAAm 变为亲水性，细胞发生脱附，从而避免了酶的使用。2012 年，报

道了与细胞黏附序列 GRGDY 结合的热敏性 PNIPAAm 水凝胶微载体的制备，并用于软骨细胞培养和分离 [92]。这是将热响应性高分子应用于微载体的表面涂层的早期工作，证明了 LCST 附近载体的可逆溶胀和去溶胀过程能够用于软骨细胞的无酶贴附、脱附过程。使用 PNIPAAm 覆层 Cytodex 3 微载体，使人骨髓间充质干细胞（hBM-MSCs）能够在微载体上成功地黏附、扩散和生长（大于 82%）。与胰蛋白酶分离相比，这种方法显著减少了细胞凋亡 [93]。

② pH 敏感型微载体。在 pH 响应体系中，由于离子相互作用、氢键和疏水相互作用，pH 值的变化会导致材料的溶解度、构象和体积等发生可逆变化，促进细胞从微载体上分离或将其释放用于原位组织工程应用。然而，细胞代谢调控酶的活性具有强烈的 pH 依赖性，因此，利用这种刺激可能直接影响到干细胞的生长和分化。不理想的 pH 条件会导致干细胞的分化受到抑制或改变。维持正常细胞功能的 pH 范围很窄，为 pH 6.8 ~ 7.4，这是导致 pH 刺激响应性微载体研究较少的主要原因。

③ 场响应微载体。基于原子转移自由基聚合（ATRP）和可逆加成 - 断裂链转移（RAFT）等新的可控聚合方法的发展，场响应高分子已被广泛应用于生物传感器、膜过滤器、组织工程和微电子。细胞培养应用中，采用感光材料（光响应或可光降解）可用来覆层玻璃等基质材料，目前研究最广泛的光响应高分子由偶氮苯、螺吡喃和螺噁嗪组成 [94]。Barille 等开发了一种光控支架，包含一种基于偶氮苯的甲基丙烯酸共聚物，用于光诱导图案化并引导神经元细胞生长 [95]。另一项研究中，Griffin 等合成了一系列聚乙二醇水凝胶，在紫外线照射下封装和释放人骨髓间充质干细胞，而不影响细胞活力 [96]。此外，有研究在培养载体表面包埋金纳米粒子，在等离子体基底上选择性地脱附细胞 [97]。与光响应高分子类似，电响应高分子也被用于细胞收获。在电诱导法中，细胞通常培养在一层硫醇层（一种电响应高分子）的薄膜上，然后在施加电场时分离。在磁诱导细胞培养方法 [98] 中，通常在培养瓶下放置一块磁铁，以固定磁性纳米粒子，并形成薄膜层。细胞在这一层上培养，去除磁铁后纳米粒子分散开，细胞随之分离。商品化的磁性微载体如 GEM，是一种以海藻酸钠为核心，表面为蛋白质涂层的磁性微载体，可以通过磁力更好地控制细胞分散 [99]。虽然刺激响应性微载体的开发和使用取得了重要进展，但目前尚未有将其用于干细胞规模培养的报道。

2．基于微载体培养的干细胞"规模"扩增

目前的干细胞"规模"扩增仍主要在经典的二维平面细胞培养设备如 Cell Factory、Expansion 或 HYPERStack 中进行的。如前所述，真正的放大是通过培养体积的增加来实现的，比如培养体积达到 1000L 甚至更高。然而，在搅拌式生物反应器中进行干细胞扩增仍处于初级阶段，到目前为止，还没有进行大规模的

反应器培养的报道。

对于 MSCs，目前最大的反应器规模是 5L，工作体积 2.5L，使用的是非多孔 P-102L 塑料载体。培养 12 天后，细胞数增加了 6 倍以上，相当于 65 个培养瓶（T-175）的细胞扩增数。用胰蛋白酶消化后，用 Steriflip 60mm 过滤装置进行分离，细胞活性回收率几乎达到 100%，并且表现出与扩增前相同的表型和分化能力。

已有报道的 hESCs 的扩增是在一个小得多的生物反应器（0.5L，工作体积 300mL）进行的，使用 Matrigel 覆层的 Cytodex 3 载体和灌注培养模式。载体与 hESCs 之间形成聚集体。由于培养条件得到精确控制，与转瓶培养相比，细胞扩增率显著提高，经过 10 ~ 12 天的培养后，细胞扩增倍数达到 15 倍，转瓶培养仅有 6 倍。扩增的细胞同样保持了多能性和分化能力。

虽然目前还没有实现 MSCs 或 PSCs 的大规模扩增，但已有的在反应器中通过微载体培养的结果明确显示了反应器扩增干细胞的潜力。在进行大规模细胞扩增之前，培养参数（包括理化参数、生长培养基、分化培养基等）必须进行系统研究和优化，也要通过实验设计研究不同参数之间的相互作用。由于每种干细胞都有其自身的特点和需求，意味着必须建立一个非常灵活的平台，可以很容易地调节各种因素以适应干细胞扩增的特定需要。对于微载体而言，由于干细胞来源的多样性、功能的复杂性，微载体对干细胞扩增和分化的影响仍然处于探索阶段，很多作用机制尚不清楚，有待进一步地揭示。

第三节
高分子微球和微囊在固定化酶中的应用

现代生物技术的发展推动了生物催化和生物转化的广泛应用。如今，以商业上可接受的价格生产多种实用的酶已经成为可能。然而，酶的工业应用仍然受到长期稳定性差和回收困难的阻碍，导致操作成本居高不下[100,101]。原则上，酶的这些固有缺点可以通过固定化来解决，酶固定化又决定了酶法反应的最终成本。因此，选择合适的固定化酶方法和载体成为很多酶法过程实现工业化的关键。理想的固定化酶载体应具有以下特点：①成本低且环保，避免增加工艺成本及产生环境问题；②固定化后惰性，不与反应底物等发生相互作用；③具有一定的温度稳定性和物理稳定性，以适应不同的反应条件；④能够针对目标产物增强酶的特异性，改善底物分子和酶活性部位之间的相互作用；⑤具有高载量；⑥减少不希望的蛋白质吸附和变性；⑦能够将酶发挥作用的最佳 pH 值和温度调整到反应所需条件。

一、固定化酶简介

固定化酶，又称酶 - 载体复合物，由两个基本组成：非催化部分（载体），用以促进酶催化剂的分离、重复利用并增强其稳定性；催化功能部分，将底物转化为所需产品。固定化酶的性能取决于酶和载体材料。一般来说，酶分子与载体的偶联方法决定了酶的构象和性能，包括活性、选择性和稳定性等[102]。

固定化酶的方法主要包括吸附法和共价结合法，固定化酶载体包括固体微球、多孔微球、微囊、膜和凝胶。固定化酶方法或载体需要根据具体的应用体系和工艺过程进行选择。最终的目的是满足酶的简单回收、工艺过程的灵活性和对多种需求的广泛适用性。

固定化酶的性能不仅取决于载体的化学性质，还取决于载体的结构性质，包括形状、大小、孔隙率和孔径分布等。因此，很多特殊设计的具有不同物理化学性质的载体被用于各种酶固定化过程。

尺寸为几十微米到数百微米的球形颗粒，是适用于工业生物反应器的载体，具有较小的扩散限制，已在多种工业过程中获得应用。本节将重点介绍一些典型的酶载体，例如多孔微球、纳米粒子、微囊、磁珠颗粒和智能凝胶微球。

二、多孔微球载体

一般来说，高比表面积是实现高负载量的必要条件。因此，具有大的表面积是对于载体的一个基本要求，可以通过小的颗粒尺寸或高孔隙率的材料来实现[103]。由于小颗粒可能导致分离困难，与之相比，多孔载体在许多应用领域更受青睐。孔结构不仅决定了负载能力，对酶的活性保持也有重要影响。将酶分子固定在多孔微球的内表面，可以防止或减少外界环境对酶分子的影响，如反应器内的强剪切力、微生物水解等[104]。然而，多孔载体的扩散限制往往会降低酶的催化效率。

与孔结构有关的性质包括孔径、孔径分布、孔体积、孔道结构和孔隙率。孔径和孔径分布对负载能力和活性保持有重要影响。无机载体如二氧化硅微球，通常具有介孔结构，而合成高分子微球通常具有大孔结构。下面着重分析不同孔径微球对固定化酶的影响。

1．介孔无机微球

多种具有介孔结构的无机颗粒被广泛用作酶固定化载体，例如玻璃珠、沸石和介孔硅，如 MCM-41 和 SBA-15[105]。虽然最知名的介孔硅载体不是球形，但其粒径都属于微米级，是一种广泛意义上的微粒。1992 年，Mobil 公司[106] 开发了 M41S 系列介孔硅酸盐颗粒（MPS），这种材料具有非常窄的孔径分布，在 2 ～ 30nm 范围内，表面为无定形状态。规则的介孔硅材料可以通过液晶模板法进行制备，当模板分子被移除后，无机支架就会形成 2 ~ 50nm 大小的孔道[107]。这种方法制备的孔径分布非常窄，比表面积通常能够达到 $1000m^2/g$ 以上。在过去的十多年中，研究人员在 MPS 的合成及其用于固定化酶方面进行了大量的工作。这些介孔结构为在孔道内吸附或包埋酶分子提供了可能。

1996 年，Diaz 和 Balkus 率先用介孔 MCM-41 固定化酶，其孔径为 2 ~ 8nm。此后，世界各地的研究团队也提出了许多固定化方法。然而，由于 MCM-41 介孔材料的孔径较小，只能用于尺寸较小的酶的固定化，应用受到一定限制[108]。此外，尽管这些材料的比表面积高达 $1000m^2/g$，但是酶负载量并不高，负载过程也相对缓慢。随着载体制备技术的发展，SBA-15 材料孔径达到 15 ~ 40nm，酶负载量有所提高[109]。

关于孔径的影响，有不同的解读。有的研究认为，如果将酶分子限制在类似大小的空间内，例如介孔载体内的纳米孔道，空间作用可能会限制酶的周围环境，从而损害酶的形态，也解释了大孔载体固定化酶稳定性更好的原因[110]。但是，也有研究表明[111]，如果介孔载体的孔径与酶分子的尺寸相匹配，由于空间位阻，可以减轻分子运动造成的酶的失活。Takahashi 等证明，当酶分子与孔道尺寸相当时，固定化辣根过氧化物酶（HRP）在有机溶剂中表现出最高的活性和最佳的稳定性。由于酶趋向更高的分子量和更复杂的结构[112]，利用介孔材料来满足相对矛盾的需求"高负载量、长期稳定性和良好的活性保持能力"，仍然是一项艰巨的工作。

2．大孔有机微球

有研究表明，当固定化酶载体的孔径为蛋白质大小的 5 ~ 10 倍时，具有最大的可及面积，并能够有效降低扩散限制、提高酶的负载量和活性保留率[113,114]。

在工业应用中，很多大孔高分子微球已经成为高效的生物催化剂载体。聚苯乙烯（PST）和聚甲基丙烯酸甲酯（PMMA）树脂作为两大主要种类，得到广泛的应用。丙烯酸树脂，如 Eupergit® C，已经被广泛用作固定化酶载体。Eupergit® 系列载体是基于 N, N'- 亚甲基双甲基丙烯酰胺、甲基丙烯酸缩水甘油酯、烯丙基缩水甘油醚和甲基丙烯酰胺的大孔共聚物微球，粒径为 100 ~ 250μm。这种载体在 0 ~ 14 的 pH 范围内具有高度亲水性和稳定性，即使 pH 值发生剧烈变化，骨架也不会发生溶胀或收缩。也正是由于这一特点，Eupergit® C 与反应器高度兼容，几乎可以应用于任何一种常见的反应器类型，包括搅拌式反应器或固定床。

Eupergit® C 珠体通过环氧乙烷基团，在中性和碱性 pH 条件下与蛋白质分子的氨基进行反应，形成共价键，在 pH 1 ~ 12 范围内长期稳定。在酸性、中性和碱性 pH 环境中，这种载体也可以通过巯基或羧基与酶分子结合[115]。Eupergit® C

已成功应用于多种工业酶的固定化。例如，Eupergit® C 固定化青霉素酰胺酶在使用超过 800 个周期后，仍能够保持 60% 的初始活性。同样，各种多孔丙烯酸树脂，如交联聚甲基丙烯酸甲酯（PMMA）树脂也用于简单的酶吸附固定化过程。例如，广为使用的 Novozyme® 435，就是由吸附在大孔丙烯酸树脂上的南极洲假丝酵母脂肪酶 B（CALB）组成的[116]。

Gross 的团队[117] 首次使用红外显微光谱仪成像显示出酶分子在 Novozyme® 435 中的分布。他们发现，虽然载体具有大孔结构，并且比酶的尺寸大得多，但酶仍然只分布于载体的表层中，厚度约为 80 ～ 100μm。Novozyme® 435 载体的平均孔径比脂肪酶大 10 倍以上。他们认为，将脂肪酶分子固定在 Lewatit® 高分子基质上，载体和脂肪酶之间可能存在强的亲和作用或者蛋白 - 蛋白相互作用，从而限制酶深入树脂珠体内部。Chen 等[118,119] 研究证明脂肪酶分子可以均匀地分布在直径相对较小的微球中。如果微球粒径很大，即使具有相似的孔径分布，酶的分布也不均匀，主要分布于颗粒的外层区域内。

孔径不仅是影响负载量的关键因素，对酶的催化性能也至关重要。例如，商品化 Eupergit® C 和 Eupergit® C 250 虽然具有相同的化学结构，但是孔径不同。Eupergit® C 250 的孔径大概是 Eupergit® C 的 10 倍。负载青霉素 G 酰化酶、酶负载量也相近时，大孔载体的酶活大概是小孔载体上的 2 倍。

马光辉团队[120] 研究了不同的聚苯乙烯（PST）微球的固定化酶效果，微球粒径约为 50μm，比 Novozyme® 435 小得多。根据微球的孔径不同，分为超大孔、大孔和介孔 PST 微球。超大孔和大孔 PST 微球是利用油相中富含的表面活性剂形成的反胶团，然后进行溶胀制备的。在他们的研究中，脂肪酶通过与 Novozyme® 435 类似的方法，通过疏水吸附作用固定在载体上。如图 4-11 中的激光共聚焦表征所示，在超大孔和大孔微球中，酶分子能够很容易地扩散到微球中心部位。然而，在介孔微球中，脂肪酶只能吸附于壳层部分。酶的热稳定性、储存稳定性以及重复使用性能随孔径增加得到有效改善。

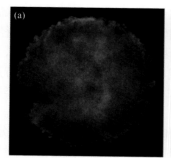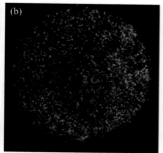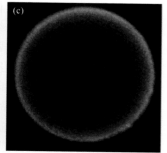

图4-11　超大孔、大孔和中孔PST微球固定化脂肪酶的激光共聚焦照片

马光辉团队进一步制备了超大孔甲基丙烯酸缩水甘油酯微球，利用微球上的环氧基与脂肪酶发生化学偶联，通过共价结合的方法固定化酶，并与商品化固定化酶 Novozym® 435 对比[121]。结果表明，超大孔 PGMA 微球固定化酶有更高的酶活，更好的重复使用性、稳定性和动力学性质。将超大孔 PGMA 微球固定化酶用于催化棕榈酸异辛酯的合成反应，在最优的反应条件下，催化反应的酯化率可达 91.3%，重复使用 10 次后，其酯化率仍有 87.1%。适宜固定化酶载体的选择很复杂，要综合考虑孔径、亲疏水性、固定化方式以及底物传质等影响。大孔径的载体可以很好保持酶活，在酶分子大小与载体孔径间匹配规律的研究中，马光辉团队也发现酶分子尺寸与载体孔径并不一定是正相关的关系，还要考虑载量的影响以及底物和产物的传质要求[122]。

三、纳米级固定化酶载体

减小载体的尺寸能够提供更大的比表面积，是提高固定化酶负载量的另一种常用策略。自从纳米技术出现后，有关纳米颗粒作为固定化酶载体的研究越来越受到人们的关注[123]。

1．纳米颗粒

纳米颗粒提供的大的比表面积并不是影响固定化酶性能的唯一因素。Vertegel 等[124]使用溶菌酶作为模型酶，证明酶的结构和活性对载体大小具有强烈依赖性，如图 4-12 所示。在相同的吸附条件下，当溶菌酶吸附在较小的纳米颗粒上时，其二级结构的变化较小。吸附在纳米颗粒上的酶的活性回收率与载体结构紧密相关。这项实验表明，与大的纳米颗粒相比，小的纳米颗粒由于具有更大的表面曲率，更有利于蛋白质保持其天然结构和原始功能。

小粒径载体上固定的酶　　　　大粒径载体上固定的酶

图4-12
酶在不同粒径纳米颗粒上的吸附示意图

纳米颗粒独特的溶液行为，即催化剂在溶液中的运动，是决定酶催化效率的另一个关键因素[125]。Jia 等[126]以 α-糜蛋白酶为模型酶，证明了固定化酶的运动状态是影响酶催化效率的关键因素。与大尺寸的固体材料不同，分散在溶液中的纳米颗粒仍表现出布朗运动。从这个意义上说，附着在纳米颗粒上的酶并不是固定的，因此不同于传统的固定化酶。这种溶液行为可能处于游离天然酶的均相催化和固定化酶的非均相催化之间的过渡区。另外，酶在纳米颗粒上的附着也会影响载体的运动。研究发现，酶催化的反应也可以驱动纳米颗粒的运动，如迁移率增强效应[127]。换句话说，酶在颗粒上起着"纳米马达"的作用。

固定化酶常用的纳米颗粒包括纳米金、纳米银、纳米二氧化硅以及磁性 Fe_3O_4 等，近年来石墨烯和氧化石墨烯（GO）作为生物分子固定化的纳米结构材料引起了广泛的关注。由于其独特的性能，包括显著的化学和热稳定性、高比表面积和孔隙体积，以及含有多种官能团，如羟基、羧基或环氧基可以在不使用交联剂的情况下形成强大的酶 - 基质相互作用[128]，使基于石墨烯的纳米材料成为通过吸附、包埋或共价结合固定化过氧化物酶或脂肪酶的理想基质。石墨烯载体的抗氧化性能可以通过消除反应混合物中的自由基来保护酶分子不受破坏[129]。在最近的一项研究中，DPEase（D-psicose3-epimerase）被固定在原始 GO 上，并用于合成稀有糖 D- 阿洛酮糖（D-psicose）。固定化 DPEase 介导的 D- 果糖转化为 D-葡聚糖的效率显著提高。GO 结合酶的耐热性得到了提高，半衰期比游离 DPEase高 180 倍[130]。在另一项研究中，植物性辣根过氧化物酶（HRP）共价连接到戊二醛活化的还原 GO 纳米颗粒上，明显提高了催化剂的催化性能，重复使用 10次后仍保持了 70% 以上的初始活性[131]。

胶乳粒子可以作为多酶体系的载体。Zhang 等[132]探索了多酶体系协同反应的潜力。利用甘油脱氢酶和木糖还原酶两种酶同时回收再生 NAD（H），得到源自甘油和木糖的高附加值产物，如图 4-13 所示。以典型的布朗运动为特征的纳米粒子的运动行为，有利于辅因子的循环利用，这是辅因子依赖的氧化还原酶反应所必

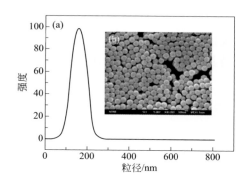

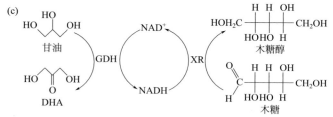

图4-13

（a）纳米颗粒的尺寸分布；（b）用作多酶载体的纳米颗粒的扫描电镜图像；（c）酶-辅因子-酶催化反应示意图

需的。与天然酶体系相比，纳米颗粒负载酶具有更高的稳定性和可重复使用性。

2. 纳米级单酶微囊

1997年，Wang等发展了一种从酶分子表面原位共价接枝的方法。基于这种方法，Kim和Grate[133]报道了一种称为新型单酶纳米微囊（SENs）的制备方法。在SENs中，每个酶分子都被一个有机-无机复合层覆盖，复合层的厚度不到几纳米。SENs代表了一种新的制备方法，不同于将酶固定在介孔材料或包埋在溶胶-凝胶、高分子中。

Kim等[134]说明了由酶到SENs的构建过程，包括酶修饰和随后的包埋（图4-14）。SENs的构建过程不同于传统的修饰，是从酶表面开始，通过共价反应在每个酶分子周围锚定、生长和交联一个有机-无机复合网络。在少量表面活性剂的辅助下，先将改性酶溶解于正己烷中，这有助于后续在有机相中的聚合。含有乙烯基和三甲氧基硅基的硅烷单体加入到有机相中，在这种均相溶液环境下引发乙烯基的自由基聚合，在酶表面形成线型高分子。将高分子覆层的酶分子转移到水相中，三甲氧基硅侧基被水解并相互缩合，从而在每个酶分子周围形成一个交联的复合网络。

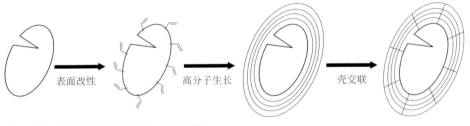

表面改性　　　高分子生长　　　壳交联

图4-14 单酶纳米胶囊的合成示意图

Yan等[135]提出了一种在水溶液中制备单酶纳米凝胶的两步原位聚合新方法。这种方法先通过丙烯酰化在酶表面引入烯酰基，再进行丙烯酰胺的原位聚合，形成酶纳米凝胶。这种方法的有效性已经在HRP、碳酸酐酶和念珠菌脂肪酶（CRL）[136]等单酶纳米凝胶的制备中得到证明，基本上都保留了80%～95%的初始酶活。酶活的轻微降低主要是由薄的、多孔的、柔性高分子壳的传质限制引起的。

虽然纳米颗粒负载或包埋的生物催化剂具有很好的效果，但由于其粒径小，导致回收利用困难，给环境带来了潜在的风险。纳米颗粒常用的分离方法包括超滤或离心，费时费力。由于纳米颗粒的尺寸很小，在空气或水中的悬浮时间长，很难自发从环境中清除。因此，需要发展更先进的方法来克服这些缺点，为工业化铺平道路。

四、微囊包埋酶

酶的微囊化包埋也是实际应用中一种常用的选择，具有包埋条件温和、负载量高等优点。酶的微囊化是指用膜状的物理屏障，将酶分子包埋在一个封闭的空间内。这一部分将重点讨论微米尺度上的酶的微囊化。微囊化的主要优点是不涉及化学修饰，可以有效避免酶的失活，此外，还可以构筑多酶体系，实现更复杂的功能。

1. 常规微囊化包埋酶

常规的微囊化过程是将溶解或分散在溶液中的酶包埋在围绕酶溶液液滴形成的膜中。包埋方法通常采用界面固化法，即将围绕酶溶液液滴的液相通过物理或化学方法转化为固相，从而在含酶液滴周围形成膜。

无论使用化学方法还是物理方法进行固化，它们的共同特点是酶溶液与待凝固相不相容。已经建立的包埋方法包括界面聚合、界面凝胶、反相界面凝胶、界面交联和界面沉积。早在 20 世纪 60 年代，Chang[137] 就首次提出并发展了"人工细胞"的概念，将多酶体系包封在界面聚合法制备的高分子微囊中。

在这些方法中，界面胶凝技术被广泛应用于多种酶包埋以及全细胞包埋中，这种技术不涉及任何对生物分子不利的条件。这种常用的包埋技术的特点是被包埋的酶分子在微囊的内部空间中仍处于游离状态。但是，这种方法仍然难以满足两个相互矛盾的要求：要防止酶从微囊中泄漏，壁上的孔则不能大；而孔径小又会限制底物和产物的传质。因此，壳层设计和渗透率控制方面的难点制约着其工业应用。近年来，为了克服传统的酶包埋技术的缺陷，满足不同应用领域的需要，人们开发了一些更为先进的酶包埋技术。

2. "瓶中装船"策略

传统包埋方法的一个固有缺点就是难以平衡负载稳定性和传质要求。因此，通常通过控制壳的孔径和厚度来调控壳的稳定性和扩散阻力。为了克服这个困难，人们提出了后封装、再交联的方法，称为"瓶中装船"，并证明了这种方法的有效性[138]。这种方法如图 4-15（a）所示。

这种方法不仅可以装载大量的酶，而且能够使用具有大孔的壳层。当包埋游离酶时，微囊壳层的孔径不能太大，以避免酶的流失。但是"瓶中装船"的方法，包埋的是达到一定尺寸的酶的聚集体，这样就允许壳层具有更大的孔径，有效克服了扩散限制。虽然这种后包埋-交联技术，在酶固定化和组装中受到很多关注，但是由于制备过程的复杂性，尚未实现工业化。

3. "网中捉鱼"方法

图 4-15（b）是酶固定后封装方法的示意，先把酶负载在纳米或者微米级颗粒上，而后用大的中空微囊进行包埋，用以克服纳米级分散的生物催化剂回收困难、对环境存在潜在风险等问题。

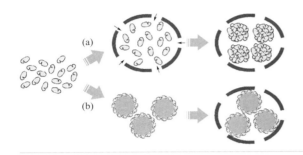

图4-15
典型的多步封装过程：（a）后负载和交联；（b）固定后封装

在马光辉团队的研究中，首先构建载酶纳米粒（NBBCs），然后使用多孔微囊组装成类细胞微反应器（CLMRs），制备过程如图 4-16 所示[139]。组装好的生物催化剂的尺寸已经达到数十微米，在回收利用方面没有困难，并且在中空腔室中，纳米分散生物催化剂的运动能力和酶活仍然得到很好的保持。这种策略的显著优点是组装后的纳米粒子仍然能够以布朗运动方式保持其初始的运动能力和极高的酶活。

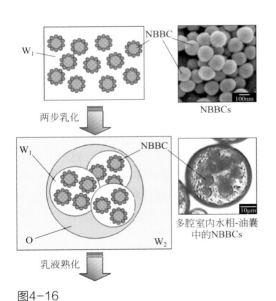

图4-16

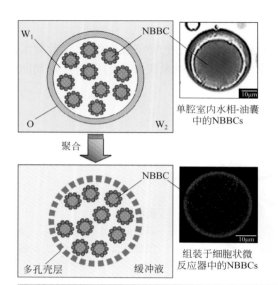

W1　NBBC

O　W2

单腔室内水相-油囊
中的NBBCs

聚合

NBBC

多孔壳层　缓冲液

组装于细胞状微
反应器中的NBBCs

图4-16
类细胞微反应器（CLMRs）的
组装路线：基于纳米颗粒的生
物催化剂（NBBCs）通过两步
乳化、乳液熟化和悬浮聚合进
行包埋。附图分别为扫描电子
显微镜、光学显微镜和激光共
聚焦扫描显微镜图片

通过复乳液微囊演变过程控制，实现微囊的壳厚可调可控。此外，还利用相分离机理构建了跨壳纳米通道。微囊的孔道可以实现精确设计，基质和产物可以进行快速交换，但载酶纳米粒不会流失、逃逸。这种分级组装策略可以很好地解决酶的稳定性和载体内分子扩散阻力的矛盾，比直接包埋酶更为先进和实用。

图 4-17 显示了重复使用后 α-CT 的剩余活性。游离酶采用简单过滤的方法很难进行重复利用。对于 166nm NBBCs，生物催化剂可以用醋酸纤维素膜（孔径为 0.1μm），在 0.1MPa 压力下过滤进行回收。从 20mL 反应溶液中过滤 10mg NBBCs 需要 1h 或更长时间。重复使用 20 次后，剩余酶活降至 50% 以下。酶活的降低是由于分离和再分散过程中造成的蛋白质变性以及被膜带走的 NBBCs。在 CLMRs 的情况下，酶的重复使用变得更加有效，通过孔径为 30μm 的膜过滤，只需要几秒钟，就可以分离出相同数量的生物催化剂（约 1g CLMRs）。经过 100 次循环利用，组装在 CLMRs 内的 NBBCs 仍保持了 96% 以上的活性。这样的 CLMRs 不仅使操作更加方便，还对脆弱的酶起到有效的保护作用。微囊内类细胞微反应器是一个活跃而迷人的研究领域，有望推广到其他纳米级功能材料，并在未来发展中集成为更复杂的过程，甚至是生命起源时第一个细胞模型的开发[140]。

五、磁性载体负载酶

将小粒径的固定化酶微球从反应体系中分离出来既费时又费力，对于纳米球而言，更加困难，几乎不可能分离出来。近三十年来，基于磁场的磁性粒子分离引起了人们极大的兴趣[141]。它能快速且容易地从复杂的底物混合物中去除载酶磁性颗粒。分离过程易于实现自动化，无需过滤或离心，这使磁性材料不仅能够用于实验室工作，更可以应用于生产实践。

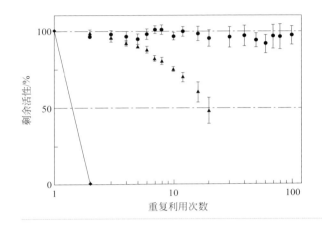

图4-17
三种不同状态下，α-CT重复使用后的剩余活性。（◆）游离α-CT，难以通过简单过滤进行回收；（▲）166nm NBBCs，在液体中保持稳定悬浮；（●）166nm NBBCs组装在50μm CLMRs中，使用后自然沉降

磁性微球通常由磁芯和高分子壳组成。高分子外壳易于功能化并用于固定生物分子。磁性高分子微球结合了高分子微球的优异性能（即易表面改性和高分散性）和磁性粒子的独特磁响应性。因此，也是固定酶、细胞和其他生物分子的理想载体。

1. 磁性高分子材料的设计与制备

良好的磁性是磁性高分子微球的重要特征。高分子微球内磁芯的性质和分布对微球的磁性有很大的影响。磁芯对外加磁场应具有良好的响应性和极低的剩磁率。颗粒尺寸小、化学稳定性好，同时应该易于生产，价格合理。

目前，已发展出多种磁性高分子颗粒的方法：①在多孔高分子微球的孔内直接沉积铁盐[142]；②在 Fe_3O_4 纳米粒子存在下直接聚合单体；③含有 Fe_3O_4 纳米粒子的高分子液滴的悬浮交联[143]；④利用高分子颗粒和磁性粒子之间的相反电荷进行吸附。各种制备方法可以制备得到不同形貌的磁性高分子微球［图 4-18（a～d）］，包括磁核-高分子壳结构［图 4-18（a）］、均匀分散在高分子基质中的磁性多核结构［图 4-18（b）］、磁性纳米粒分布于高分子核表面的"草莓"结构［图 4-18（c）］，以及高分子链黏附于磁核的"刷状"（头发）结构［图 4-18（d）］。

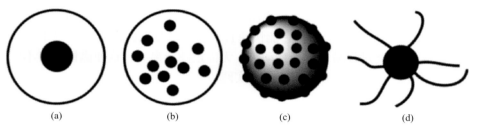

图4-18 不同结构的磁性高分子复合微球：（a）单核；（b）多核；（c）草莓状；（d）刷状结构

2. 磁性高分子微球固定化酶的性能改进

酶可以通过化学键合固定在磁性颗粒的涂层或包埋在磁性颗粒内，已有的报道包括糖化酶、细胞色素 C 氧化酶、β- 内酰胺酶、糜蛋白酶、酒精脱氢酶、葡萄糖氧化酶、半乳糖氧化酶、脲酶、神经酰胺酶、木瓜蛋白酶、DNA 酶、核糖核酸酶等。和常规高分子微球一致，磁性载体固定化酶一般也具有良好的热稳定性和贮存稳定性，有利于重复应用，但酶活通常会低于溶液中游离酶的活性。固定在这些磁性颗粒上的生物分子的活性取决于磁性微球的结构与性质。磁性载体的主要问题包括粒径大、表面官能团密度低、磁性弱等，需要在这几方面进行重点突破。

（1）磁性高分子微球的结构控制　通过调整微球的孔径提高酶载量、改善传质情况，是提高磁性高分子固定化酶载体性能的有效手段。Yong 等 [144] 使用油酸包覆的纳米磁铁矿（Fe_3O_4）与甲基丙烯酸缩水甘油酯（GMA）、二甲基丙烯酸乙二醇酯（EGDMA）和乙酸乙烯酯（VAc）共聚，发展了一种具有活性环氧基的磁性多孔载体（图 4-19）。微球的平均孔径为 300 ~ 500nm，平均孔隙率为 40%。表面存在大量孔道的微球可以显著提高比表面积，促进环氧基与酶的反应。该载体不仅适用于酶的固定化，而且在酶反应过程中为底物和产物提供良好的传质。此外，载体的多孔结构为固定化脂肪酶提供了一定的保护作用（如高温、变性等）。CRL 的固定化是在温和的条件下，通过脂肪酶的氨基和微球的环氧基之间的共价反应进行的。CRL 活性收率高达 64.2%，并且展现出良好的热稳定性和可重复使用性。

（2）磁性高分子微球上的官能团　磁性微球表面官能团的数量是影响酶载量的另一个重要因素。如果太低，酶的负载量就会相应降低。相反，如果官能团的含量过高，由于空间位阻的存在，固定化酶的载量可能会提高，但活性会降低。在磁性微球表面接枝高分子臂可以提高载体的负载能力，防止相邻固定化酶之间的相互作用。Arica 等 [145] 采用溶剂蒸发法制备了磁性 PMMA（MPMMA）微球。然后，将 6- 碳间隔臂（即己二胺，HMDA）与 PMMA 的羧基反应进行共价连接。再以碳二亚胺（CDI）或溴化氰（CNBr）为偶联剂，通过 MPMMA 微球的间隔臂共价偶联糖化酶。固定化糖化酶的酶活收率明显提高，尤其是通过 CNBr 进行偶联时，能够高达 73%。通过 CDI 偶联和 CNBr 偶联的糖化酶的 K_m 值均高于游离酶，分别为 12.5g/L、9.3g/L 和 2.1g/L。葡萄糖淀粉酶通过间隔臂在磁性微球上进行固定化，特别是用 CNBr 偶联时，得到了很高的剩余活性和良好的操作稳定性、热稳定性和贮存稳定性。

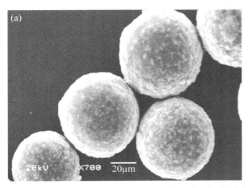

图4-19　磁性微球的SEM照片：（a）放大倍数 700×；（b）放大倍数 10000×

六、智能载体固定化酶

近年来，除了传统的固定化酶方法外，智能高分子材料作为酶载体带来的特殊特点也引起了人们的关注。智能材料可以在形状、表面特性、溶解度、复杂分子组装的形成或溶胶 - 凝胶转变等方面进行快速而可逆的变化，这些变化是由环境的微小变化或外部刺激（如温度、pH、离子强度、磁场）触发的。当触发因素被移除时，系统能够恢复到初始状态[146]。

使用智能高分子固定酶的优点如下：①通过改变环境（包括温度、pH 值、离子强度等）可以快速调节载体性能，以适应特殊用途的要求；②在均相催化后，只需改变环境条件即可实现固定化酶的沉积、分离和再利用。

常用的智能载体材料包括聚丙烯酰胺、琼脂糖、壳聚糖、聚（N- 异丙基丙烯酰胺）（PNIPAAm）和其他的凝胶基质颗粒。在这些智能高分子材料中，N- 异丙基丙烯酰胺（NIPAAm）是研究最为广泛的热敏性高分子材料。PNIPAAm 在水中的 LCST 为 32℃。由于酰胺基和周围水分子之间氢键的可逆形成和裂解，PNIPAAm 在温度低于 LCST 时为亲水性，高于 LCST 时，为疏水性。通常通过单体共聚来引入官能团，再进一步与其他分子反应，以获得多种功能和应用。

马光辉团队制备了聚（N- 异丙基丙烯酰胺 -co- 丙烯酸）［P(NIPAAm-AA)］微球，并将其用作固定胰蛋白酶的智能载体[147]（图 4-20）。微球的亲水 / 疏水性能仅仅通过改变环境温度就可以控制。当进行消化反应时，将温度保持在较低的临界溶液温度（LCST）以上。此时，微球具有疏水性，能够把底物蛋白富集到微球周围，大大提高了消化率。当消化反应结束时，只要将温度降低到 LCST 以下，就可以使微球转变为亲水性，而被消化的肽会完全从微球上脱落下来。

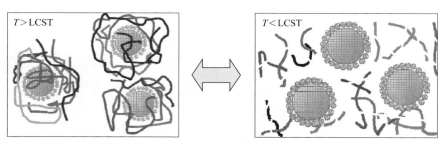

图4-20 用于蛋白质组消化的P(NIPAAm-AA)温敏微球固定化胰蛋白酶的设计

将 NIPAAm 与不同丙烯酸酯基单体共聚可以制备多种热响应性凝胶，其中一些已作为固定化酶的载体材料。经常与 NIPAAm 共聚的单体包括丙烯酸、甲基丙烯酸（MAA）、2- 甲基 -2- 丙烯酰胺丙基磺酸、三甲基丙烯酰胺丙基胺 -3- 甲基 -1- 乙烯基咪唑碘化物、丙烯酸钠、甲基丙烯酸钠和 1-（3- 磺丙基）-2- 乙烯基吡啶甜菜碱[148]。NIPAAm 与甲基丙烯酸 -2- 羟乙基酯（HEMA）共聚得到的材料与纯 PNIPAAm 相比具有更高的 LCST 值，并且与固定化酶的最佳催化反应温度相一致，更适用于固定化酶[149]。HEMA 的分子链上富含羟基，为 P(NIPAAm)-HEMAAm 共聚物的衍生提供了官能团。MAA 和 NIPAAm 的共聚不仅能够改变 LCST，而且使水凝胶具有了对温度和 pH 值的响应性。

制备温敏微球的方法有沉淀聚合、乳液聚合和悬浮聚合。Huang 等[150] 采用沉淀聚合法成功地合成了 P（NIPAAm-co- 丙烯胺）和 P（NIPAAm-co- 丙烯酸）纳米颗粒，但聚合过程不可控，导致粒径分布较宽。传统的悬浮聚合方法在合成过程中难以精确控制粒径，通常会得到较宽的粒径分布，很难实现对环境刺激一致且重复的响应，极大地限制了智能微球的应用。因此，需要进一步研究单分散纳米颗粒和微球的制备。Cheng 等[151] 于 2007 年使用膜乳化技术结合紫外引发聚合制备了单分散的中空 PNIPAAm 微囊，但由于紫外穿透力有限，难以进行大规模生产。Makino 等[152] 也使用膜乳化技术合成了单分散的 P（NIPAAm-co-AA）水凝胶微球，但微球在搅拌过程中会发生变形和破碎，而且以环己烷为油相很难制备出直径大于 10μm 的尺寸均一微球。因此，规模制备微米级温度 /pH 响应的单分散微球仍是具有重要价值的工作。

马光辉团队采用微孔膜乳化技术与反相悬浮聚合技术相结合的方法，在室温下与不同含量的丙烯酸（AA）共聚，以 N',N',N',N'- 四甲基乙二胺（TEMED）作为促进剂，成功制备了孔径可控的单分散 P（NIPAAm-co-AA）微球（图 4-21）。P（NIPAAm-co-AA）微球的平均孔径与其 AA 含量（质量分数，%）的关系如图 4-22 所示。这种近似线性的性质对 P（NIPAAm-co-AA）微球的孔径设计具有重要的指导意义。因此，可以为不同酶的固定化设计、制备特定孔径的 P（NIPAAm-co-AA）微球。这种具有可控多孔结构的温度 /pH 敏感微球有望满足酶固定化的多种要求。

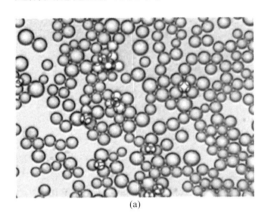

(a)   (b)

图4-21 （a）P(NIPAAm-co-AA)微球在室温下水中的光学显微照片；标尺为50μm；（b）P（NIPAAm-co-AA）微球干燥后的扫描电镜照片

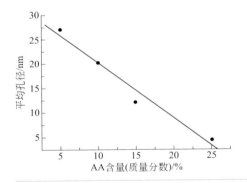

图4-22
微球平均孔径与AA含量（质量分数，%）的关系

除了温敏微球外，近年来还报道了其他具有刺激响应的智能水凝胶，包括具有磁性的智能水凝胶体系。在共沉淀法制备的平均粒径为 10～20nm 的超顺磁性颗粒存在下，通过 NIPAAm、MAA 和 N,N- 亚甲基双丙烯酰胺（MBAAm）的共聚反应制备了多敏水凝胶。所制备的磁性水凝胶微球在 4～40℃ 范围内均具有絮凝与分散的可逆转变特性。热絮凝微球在磁场中能够实现快速分离。将两种

不同的酶固定在温敏磁性水凝胶微球上，均保持了高的酶活[153]。胰蛋白酶和小鼠β半乳糖（Agβgal）在温敏磁性水凝胶微球上固定，重复使用 10 次后，仍然保留了 95% 以上的初始酶活，温敏磁性水凝胶微球是一种新型的酶固定化载体材料。

Gai 和 Wu[154] 制备了一种以聚（丙烯酸 -N,N- 亚甲基双丙烯酰胺）水凝胶微球为载体的新型 pH 敏感释放 - 再负载可逆固定化酶体系。所制备的载体呈规则球形，粒径为 3.8 ~ 6.6μm，使用吸附法固定胰蛋白酶。当 pH 值为 4.0 时，1h 内酶的负载率能够达到 77.2%。当 pH 调到 8.0（最佳催化条件）时，91.6% 的胰蛋白酶能够从载体上解离下来，在溶液中处于游离状态，活性保留率能够达到 63.3%。再调整 pH 值，51.5% 的游离胰蛋白酶又可以在 10min 内被重新装载。这个工作为生物技术中酶的回收提供了一个替代方法。

酶活性的光调控是未来生物电子器件研究的热点。光异构化（光致变色）组分与蛋白质共价结合，利用光异构化抑制剂对酶的活性位点进行修饰，能够实现酶活"开 - 关"的光刺激响应性。Willner 等[9] 发展了一种方法，通过将 α- 糜蛋白酶固定在光异构化偶氮苯共聚物中来调节其酶活。高分子固定化酶的可切换活性归因于酶底物在两种光刺激顺反态下通过高分子基质的光刺激传输。这种"开"和"关"循环可以以可逆的方式重复进行。

智能微球越来越多地被用来固定化酶。智能微球对环境的特殊响应为固定化酶从反应体系中的分离带来极大的便利。因此，利用智能微球作为酶载体是很有前途的研究领域。

第四节
总结和展望

无论是细胞培养还是固定化酶，微球和微囊都发挥了重要的作用，并不断取得进展。细胞培养载体方面，已有多种不同结构、不同性能的商品化微载体得到应用，并生产出有价值的生物技术产品。相关的生物反应器、检测设备和培养基等也在不断发展。此外，微载体技术已被证明是组织工程和再生医学领域的有力研究工具。微载体培养可以提供足够数量的具有适当表型的细胞，以帮助受损或退化组织的修复或再生；高度开孔的微载体已成功应用于三维细胞培养中，支持细胞的增殖和分化，提供了与体内相似的环境，可用于细胞治疗。

对于干细胞微载体培养而言，是一个非常新的领域，不同类型干细胞对体外扩增要求区别很大。干细胞培养与用于疫苗等生物制品生产的细胞系也大不相同。根据干细胞类型及其特殊需求，理想情况下使用合适的微载体或基于载体 - 细胞团的培养模式能够保持细胞的多能性和分化潜能。但是，干细胞很容易受到培养环境的影响，包括流体剪切力、培养（反应器）条件、微载体和表面覆层、细胞分离方式等。今后，更大的生产规模、更高的细胞密度、更高的靶向产物收率以及与体内类似的生物活性、有效保持干细胞的活性和干性等将是微载体技术的发展方向。

固定化酶载体方面，重点讨论了以球形结构为主、尺寸在数纳米到数百微米范围内的固定化酶载体，包括多孔微球、纳米颗粒、微囊以及磁性和智能凝胶微球。这些载体材料不仅可以作为蛋白质分子负载的支架，也提供了独特的物理和化学微环境，这对酶的活性、选择性和稳定性等具有重要影响。

目前，所有的固定化方法都必须在保持酶分子的性能和满足工业过程要求之间达成平衡。今后发展存在两个明显的趋势：第一，新试剂和 / 或新载体的使用；第二，对酶结构和微环境影响更为深刻的理解。也正是由于载体材料的多样性和广泛的可用性，研究人员总是能够发现很好的载体来满足特定的应用需求，有力促进了固定化酶的发展。

参考文献

[1] van Wezel A L. Growth of cell strains and primary cells on microcarriers in homogeneous culture[J]. Nature, 1967, 216: 64-65.

[2] van Groot C A M. Microcarrier technology, present status and perspective[J]. Cytotechnology, 1995, 18: 51-56.

[3] Kiesslich S, Kamen A A. Vero cell upstream bioprocess development for the production of viral vectors and vaccines[J]. Biotechnology Advances, 2020, 44: 107608.

[4] Merten O W. Advances in cell culture: Anchorage dependence[J]. Phil Trans R Soc B, 2015, 370: 20140040.

[5] He Q L, Zhang J W, Liao Y G, et al. Current advances in microsphere based cell culture and tissue engineering[J]. Biotechnology Advance, 2020, 39:107459.

[6] Chen A K L, Reuveny S, Oh S K W. Application of human mesenchymal and pluripotent stem cell microcarrier cultures in cellular therapy: Achievements and future direction[J]. Biotechnology Advance, 2013, 31:1032-1046.

[7] Bunpetch V, Wu H Y, Zhang S F, et al. From "bench to bedside": Current advancement on large-scale production of mesenchymal stem cells[J]. Stem Cells and Development, 2017, 26:1662-1673.

[8] Tavassoli H, Alhosseini S N, Tay A, et al. Large-scale production of stem cells utilizing microcarriers: A biomaterials engineering perspective from academic research to commercialized products[J]. Biomaterials, 2018, 181: 333-346.

[9] Willner I, Rubin S, et al. Reversible light-stimulated activation and deactivation of alpha-chymotrypsin by its immobilization in photoisomerizable copolymers[J]. Journal of the American Chemical Society, 1993, 115(19): 8690-8694.

[10] Maroudas N G. Adhesion and spreading of cells on charged surfaces[J]. Journal of Theoretical Biology, 1975,

49: 417-427.

[11] Hakoda M, Shiragami N. Effects of ion exchange capacities on attachment and growth of anchorage-dependent HeLa cell[J]. Bioprocess Engineering, 2000, 23: 523-527.

[12] Levine D W, Thilly W G, Wang D I C. New microcarriers for the large scale production of anchorage-dependent mammalian cells[J]. Advances in Experimental Medicine and Biology, 1978, 100: 15-23.

[13] Reuveny S, Corett R, Freeman A, et al. Newly developed microcarrier culturing systems—An overview[J]. Developments in Biological Standardization, 1985, 60: 243-253.

[14] Reuveny S, Silberstein L, Shahar A, et al. DE-52 DE-53 cellulose microcarriers. I. Growth of primary and established anchorage-dependent cells[J]. In Vitro, 1982, 18: 92-98.

[15] 熊志冬. 微球型魔芋葡甘聚糖生物材料的结构设计及调控 [D]. 北京：中国科学院过程工程研究所，2015.

[16] van Wezel A L. The large scale cultivation of diploid cell strains in microcarrier culture : Improvement of microcarriers[J]. Developments in Biological Standardization, 1977, 37: 143-147.

[17] Kiremitci M, Piskin E. Cell adhesion to the surfaces of polymeric beads[J]. Biomaterials: Artificial Cells and Artificial Organs, 1990, 18: 599-603.

[18] Horbett T A, Schway M B. Correlations between mouse 3T3 cell spreading and serum fibronectin adsorption on glass and hydroxyethylmethacrylate-ethylmethacrylate copolymers[J]. Journal of Biomedical Materials Research, 1988, 22: 763-793.

[19] van Wachem P B, Hogt A H, et al. Adhesion of cultured human endothelial cells onto methacrylate polymers with varying surface wettability and charge[J]. Biomaterials, 1987, 8: 323-328.

[20] Kato D, Takeuchi M, Sakurai T, et al. The design of polymer microcarrier surfaces for enhanced cell growth[J]. Biomaterials, 2003, 24: 4253-4264.

[21] Sakata M, Kato D, Uchida M, et al. Effect of pK_a of polymer microcarriers on growth of mouse L cell[J]. Chemistry Letters, 2000,9（9）: 1056-1057.

[22] van der Valk, van Pelt A, et al. Interaction of fibroblasts and polymer surfaces: Relationship between surface free energy and fibroblast spreading[J]. Journal of Biomedical Materials Research, 1983, 17: 807-817.

[23] Hu W S, Wang D I. Selection of microcarrier diameter for the cultivation of mammalian cells on microcarriers[J]. Biotechnology and Bioengineering, 1987, 30: 548-557.

[24] GE Healthcare. Microcarrier cell culture: principles and methods[M]. Sweden: Amersham Biosciences, 2005: 12-14.

[25] Varani J. Substrate-dependent differences in growth and biological properties of fibroblasts and epithelial cells grown in microcarrier culture[J]. Journal of Biological Standardization, 1985, 13: 67-76.

[26] Massia S P, Hubbell J A. Immobilized amines and basic amino acids as mimetic heparin-binding domains for cell surface proteoglycan-mediated adhesion[J]. The Journal of Biological Chemistry, 1992, 267: 10133-10141.

[27] Baek N S, Lee J H, Kim Y H, et al. Photopatterning of cell-adhesive-modified poly(ethyleneimine）for guided neuronal growth[J]. Langmuir, 2011, 27: 2717-2722.

[28] Vancha A R, Govindaraju S, Parsa K V L, et al. Use of polyethyleneimine polymer in cell culture as attachment factor and lipofection enhancer[J]. BMC Biotechnology, 2004, 4: 23-34.

[29] Bledi Y, Domb A J, Linial M. Culturing neuronal cells on surfaces coated by a novel polyethyleneimine-based polymer[J]. Brain Research Protocols, 2000, 5: 282-289.

[30] Esra C, Gürpinar A, Onur M A, Tuncel A. Polyethylene glycol-based cationically charged hydrogel beads as a new microcarrier for cell culture[J]. Journal of Biomedical Materials Research Part B: Applied Biomaterials, 2007, 80B: 406-414.

[31] Vladkova, T G. Surface engineered polymeric biomaterials with improved biocontact properties[J]. International Journal of Polymer Science, 2010, 2010: 1-22.

[32] Ginsburg I. Cationic polyelectrolytes: A new look at their possible role as opsinins, as stimulators of the respiratory burst in leukocytes, in bacteriolysis and as modulators of immune complex disease[J]. Inflammation, 1987, 11: 489-495.

[33] Plantefaber L C, Hynes R O. Changes in integrin receptors on oncogenically transformed cells[J]. Cell, 1989, 56: 281-290.

[34] Varani J, Fligiel S E G, Inman D R, et al. Modulation of adhesive properties of DEAE dextran with laminin[J]. Journal of Biomaterials Research, 1995, 23: 993-997.

[35] Varani J, Fligiel S E G, Inman D R, et al. Substrate-dependent differences in production of extracellular matrix molecules by squamous carcinoma cells and diploid fibroblasts[J]. Biotechnology and Bioengineering, 1989, 33: 1235-1241.

[36] 康跻耀, 张宁, 周炜清, 等. 基于魔芋葡甘聚糖微球的胶原覆层型微载体的制备研究 [J]. 中国生物工程杂志, 2013, 33(5): 44-49.

[37] Bueno E M, Laevsky G, Barabino G A. Enhancing cell seeding of scaffolds in tissue engineering through manipulation of hydrodynamic parameters[J]. Journal of Biotechnology, 2007, 1293: 516-531.

[38] Gröhn P, Klöck G, Zimmermann U. Collagen-coated Ba^{2+}-alginate microcarriers for the culture of anchorage-dependent[J]. Mammalian Cells, 1997, 22: 970-975.

[39] Yamagiwa K, Kozawa A T, Ohkawa A. Effects of alginate composition and gelling conditions on diffusional and mechanical properties of calcium-alginate gel beads[J]. Journal of Chemical Engineering of Japan, 1995, 28: 462-467.

[40] Klöck G, Frank H, Houben R, et al. Production of purified alginates suitable for use in immunoisolated transplantation[J]. Applied Microbiology and Biotechnology, 1994, 40: 638-643.

[41] 马光辉, 周炜清, 苏志国, 等. 一种用于细胞培养的微载体、其制备方法及检测方法 [P]: 中国, 201110084380.8. 2016-4-6.

[42] 汪少久, 王启宝, 李娟, 等. 电荷 - 胶原蛋白双作用微载体的制备和性能调控 [J]. 过程工程学报, 2015, 15(2): 295-300.

[43] 马光辉, 周炜清, 李娟, 等. 一种用于细胞培养的微载体及其制备方法和应用 [P]: 中国, 201510090678.8. 2017-11-28.

[44] Pierschbacher M D, Ruoslahti E. Cell attachment activity of fibronectin can be duplicated by small synthetic fragments of the molecule[J]. Nature, 1984, 309: 30-33.

[45] Saltzman M W. Principles of Tissue Engineering[M]. Second Edition. San Diego:Academic Press, 2000:221-235.

[46] Kikuchi A, Kataoka K, et al. Adhesion and proliferation of bovine aortic endothelial cells on monoamine- and diamine-containing polystyrene derivatives[J]. Journal of Biomaterials Science, Polymer Edition, 1992, 3: 253-260.

[47] Sautier J, et al. Mineralization and bone formation on microcarrier beads with isolated rat calvaria cell population[J]. Calcified Tissue International, 1992, 50: 527-532.

[48] Gotoh T, Honda H, Shiragami N, et al. A new type porous carrier and its application to culture of suspension cells[J]. Cytotechnology, 1993, 11: 35-40.

[49] Xiao C Z, Huang Z C, Li W Q, et al. High density and scale-up cultivation of recombinant CHO cell line and hybridomas with porous microcarrier Cytopore[J]. Cytotechnology, 1999, 30: 143-147.

[50] Vournakis J N, Runstadler P W. Microenvironment: The key to improved cell culture products[J]. Biotechnology, 1989, 7: 143-145.

[51] Nilsson K, Buzsaky F, Masboc K. Growth of anchorage-dependent cells on macroporous microcarriers[J]. Bio/ Technology, 1986, 4: 989-990.

[52] Chen X Y, Chen J Y, Tong X M, et al. Recent advances in the use of microcarriers for cell cultures[J]. Biotechnol Lett, 2020, 42: 1-10.

[53] Li B Y, Wang Y, Gou W L, et al. Past, present, and future of microcarrier-based tissue engineering[J]. Journal of

Orthopaedic Translation, 2015, 3(2): 51-57.

[54] Zhou Z H, Wu W, Fang J J, et al. Polymer-based porous microcarriers as cell delivery systems for applications in bone and cartilage tissue engineering[J]. International Materials Reviews, 2021,66(2):77-113.

[55] Malda J, Frondoza C G. Microcarriers in the engineering of cartilage and bone[J]. Trends in Biotechnology, 2006, 24: 299-304.

[56] Frondoza C, et al. Human chondrocytes proliferate and produce matrix components in microcarrier suspension culture[J]. Biomaterials, 1996, 17: 879-888.

[57] Shima M, et al. Microcarriers facilitate mineralization in MC3T3-E1 cells[J]. Calcified Tissue International, 1988, 43: 19-25.

[58] Huang L X, Abdalla A, Xiao L, et al. Biopolymer-based microcarriers for three-dimensional cell culture and engineered tissue formation[J]. International Journal of Molecular Sciences, 2020, 21(5):1895.

[59] Shaya A K, Kandalam U. Three-dimensional macroporous materials for tissue engineering of craniofacial bone[J]. British Journal of Oral and Maxillofacial Surgery, 2017, 55(9): 875-891.

[60] Chen R Y, Feng L, Luo Y X, et al. Biomaterial-assisted scalable cell production for cell therapy[J]. Biomaterials, 2020, 230: 119627.

[61] Malda J, et al. Expansion of human nasal chondrocytes on macroporous microcarriers enhances redifferentiation[J]. Biomaterials, 2003, 24: 5153-5163.

[62] Ji Q M, Wang Z L, Jiao Z X, et al. Biomimetic polyetheretherketone microcarriers with specific surface topography and self-secreted extracellular matrix for large-scale cell expansion[J]. Regenerative Biomaterials, 2020, 7(1): 109-118.

[63] Newman K D, McBurney M W. Poly(*d,l* lactic-co-glycolic acid) microspheres as biodegradable microcarriers for pluripotent stem cells[J]. Biomaterials, 2004, 25: 5763-5771.

[64] Suh J K F, Matthew H W T. Application of chitosan-based polysaccharide biomaterials in cartilage tissue engineering: A review[J]. Biomaterials, 2000, 21: 2589-2598.

[65] Thissen H, Chang K Y, Tebb T A, et al. Synthetic biodegradable microparticles for articular cartilage tissue engineering[J]. Journal of Biomedical Materials Research, 2005, 77A: 590-598.

[66] Tan J, Gemeinhart R A, Ma M, et al. Improved cell adhesion and proliferation on synthetic phosphonic acid-containing hydrogels[J]. Biomaterials, 2005, 26: 3663-3671.

[67] Chen T, Embree H D, Brown E M, et al. Enzyme catalyzed gel formation of gelatin and chitosan: Potential for in situ applications[J]. Biomaterials, 2003, 24: 2831-2841.

[68] Wang C M, Gong Y H, Lin Y M, et al. A novel gellan gel-based microcarrier for anchorage-dependent cell delivery[J]. Acta Biomaterialia, 2008, 4: 1226-1234.

[69] Zhu Y B, Gao C Y, He T. Endothelium regeneration on luminal surface of polyurethane vascular scaffold modified with diamine and covalently grafted with gelatin[J]. Biomaterials, 2004, 25: 423-430.

[70] Liu Y X, He T, Gao C Y. Surface modification of poly(ethylene terephthalate) via hydrolysis and layer-by-layer assembly of chitosan and chondroitin sulfate to construct cytocompatible layer for human endothelial cells[J]. Colloids and Surfaces B: Biointerfaces, 2005, 46: 117-126.

[71] Ding Z, Chen J N, Gao S Y, et al. Immobilization of chitosan onto poly-l-lactic acid film surface by plasma graft polymerization to control the morphology of fibroblast and liver cells[J]. Biomaterials, 2004, 25: 1059-1067.

[72] Lao L H, Tan H P, Wang Y J, et al. Chitosan modified poly(*l*-lactide) microspheres as cell microcarriers for cartilage tissue engineering[J]. Colloids and Surfaces B: Biointerfaces, 2008, 66: 218-225.

[73] Doctor J, et al. Evaluating microcarriers for delivering human adult mesenchymal stem cells in bone tissue engineering[J]. Developmental Biology, 2002, 247: 505-514.

[74] Kim T K, Yoon J J, Lee D S, et al. Gas foamed open porous biodegradable polymeric microspheres[J]. Biomaterials, 2006, 27: 152-159.

[75] Song W, Ma G H, Su Z G. Preparation of macroporous polymer microspheres by double-emulsion method[J]. The Chinese Journal of Process Engineering, 2007, 7: 1029-1034.

[76] Tebb T A, Tsai S W, Glattauer V, et al. Development of porous collagen beads for chondrocyte culture[J]. Cytotechnology, 2006, 52: 99-106.

[77] Couto P S, Rotondi M C, Bersenev A, et al. Expansion of human mesenchymal stem/stromal cells (hMSCs）in bioreactors using microcarriers: Lessons learnt and what the future holds[J]. Biotechnology Advances, 2020, 45: 107636.

[78] Polance A, Kuang B Y, Yoon S K. Bioprocess technologies that preserve the quality of iPSCs[J]. Trends in Biotechnology, 2020, 38(10):1128-1140.

[79] Zuk P A, Zhu M, Mizuno H, et al. Multilineage cells from human adipose tissue: Implications for cell-based therapies[J]. Tissue Eng, 2001, 7(2): 211-228.

[80] Meppelink A M, Wang X H, Bradica G, et al. Rapid isolation of bone marrow mesenchymal stromal cells using integrated centrifuge-based technology[J]. Cytotherapy 2016, 18(6): 729-739.

[81] Sart S, Agathos S N, Li Y. Engineering stem cell fate with biochemical and biomechanical properties of microcarriers[J]. Biotechnol Prog, 2013, 29: 1354-1366.

[82] Sart S, Errachid A, Schneider Y J, et al. Modulation of mesenchymal stem cell actin organization on conventional microcarriers for proliferation and differentiation in stirred bioreactors[J]. J Tissue Eng Regen Med, 2013, 7: 537-551.

[83] Curran J, Chen R, Hunt J. Controlling the phenotype and function of mesenchymal stem cells in vitro by adhesion to silane-modified clean glass surfaces[J]. Biomaterials, 2005, 26: 7057-7067.

[84] Engler A J, Sen S, Sweeney H L, et al. Matrix elasticity directs stem cell lineage specification[J]. Cell, 2006, 126: 677-689.

[85] Schmidt JJ, Jeong J, Kong H. The interplay between cell adhesion cues and curvature of cell adherent alginate microgels in multipotent stem cell culture[J]. Tissue Eng, 2011, 17: 2687-2694.

[86] von Erlach T C, Bertazzo S, Wozniak M A, et al. Cell-geometry-dependent changes in plasma membrane order direct stem cell signalling and fate[J]. Nature Mater, 2018, 17: 237.

[87] Vania V, Wang L,Tjakra M,et al.The interplay of signaling pathway in endothelial cells-matrix stiffness dependency with targeted-therapeutic drugs[J].Biochimica et Biophysica Acta(BBA)-Molecular Basis of Disease,2020,1866(1):165645.

[88] Crowder S W, Leonardo V, Whittaker T, et al. Material cues as potent regulators of epigenetics and stem cell function[J]. Cell Stem Cell, 2016, 18: 39-52.

[89] Brun-Graeppi A K A S, Richard C, Bessodes M, et al. Cell microcarriers and microcapsules of stimuli-responsive polymers[J]. Journal of Controll Release, 2011, 149: 209-224.

[90] Fan Y, Zhang F, Tzanakakis E S. Engineering xeno-free microcarriers with recombinant vitronectin, albumin and UV irradiation for human pluripotent stem cell bioprocessing[J]. ACS Biomater Sci Eng, 2016,3(8):1510-1518.

[91] Tang Z, Akiyama Y, Okano T. Temperature-responsive polymer modified surface for cell sheet engineering[J]. Polymers, 2012, 4: 1478.

[92] Kim M R, Jeong J H, Park T G. Swelling induced detachment of chondrocytes using RGD-modified poly (N-isopropylacrylamide）hydrogel beads[J]. Biotechnol Prog, 2002, 18: 495-500.

[93] Yang H S, Jeon O, Bhang S H, et al. Suspension culture of mammalian cells using thermosensitive microcarrier that allows cell detachment without proteolytic enzyme treatment[J]. Cell Transplant, 2010, 19: 1123-1132.

[94] Manouras T, Vamvakaki M. Field responsive materials: Photo-, electro-, magnetic- and ultrasound-sensitive

polymers[J]. Polym Chem, 2017, 8: 74-96.

[95] Barille R, Janik R, Kucharski S, et al. Photo-responsive polymer with erasable and reconfigurable micro-and nano-patterns: An in vitro study for neuron guidance[J]. Colloids Surfaces B Biointerfaces, 2011, 88: 63-71.

[96] Griffin D R, Kasko A M. Photodegradable macromers and hydrogels for live cell encapsulation and release[J]. J Am Chem Soc, 2012, 134: 13103-13107.

[97] Kolesnikova T A, Kohler D, Skirtach A G, et al. Laser-induced cell detachment, patterning, and regrowth on gold nanoparticle functionalized surfaces[J]. ACS Nano, 2012, 6: 9585-9595.

[98] Ito A, Ino K, Kobayashi T, et al. The effect of RGD peptide-conjugated magnetite cationic liposomes on cell growth and cell sheet harvesting[J]. Biomaterials, 2005, 26: 6185-6193.

[99] Tripathi A, Melo J S. Advances in biomaterials for biomedical applications[M]. Singapore: Springer, 2017.

[100] Cao L. Carrier-bound immobilized enzymes: Principles, applications and design[M]. Weinheim, Germany: Wiley-VCH Verlag GmbH, 2005.

[101] Sheldon R A. Enzyme immobilization: The quest for optimum performance[J]. Advanced Synthesis & Catalysis, 2007, 349(8-9): 1289-1307.

[102] Cao L, Langen L, et al. Immobilised enzymes: Carrier-bound or carrier-free[J]. Current Opinion in Biotechnology, 2003, 14(4): 387–394.

[103] Hanefeld U, Gardossi L, et al. Understanding enzyme immobilisation[J]. Chemical Society Reviews, 2008, 38(2): 453-468.

[104] Bommarius A S, Karau A. Deactivation of formate dehydrogenase (FDH) in solution and at gas-liquid interfaces[J]. Biotechnology Progress, 2005, 21(6): 1663-1672.

[105] Moelans D, Cool P, et al. Immobilisation behaviour of biomolecules in mesoporous silica materials[J]. Catalysis Communications, 2005, 6(9): 591-595.

[106] Beck J, Vartuli J, et al. A new family of mesoporous molecular sieves prepared with liquid crystal templates[J]. Journal of the American Chemical Society, 1992, 114(27): 10834-10843.

[107] Wang Y, Yu A, et al. Nanoporous polyelectrolyte spheres prepared by sequentially coating sacrificial mesoporous silicaspheres[J]. Angewandte Chemie, 2005, 117(19): 2948-2952.

[108] Takahashi H, Li B, et al. Catalytic activity in organic solvents and stability of immobilized enzymes depend on the pore size and surface characteristics of mesoporous silica[J]. Chemistry of Materials, 2000, 12(11): 3301-3305.

[109] Kang Y, He J, et al. Influence of pore diameters on the immobilization of lipase in SBA-15[J]. Industrial & Engineering Chemistry Research, 2007, 46(13): 4474-4479.

[110] Yan M, Ge J, et al. Encapsulation of single enzyme in nanogel with enhanced biocatalytic activity and stability[J]. Journal of the American Chemical Society, 2006, 128(34): 11008-11009.

[111] Bismuto E, Martelli P L, et al. Effect of molecular confinement on internal enzyme dynamics: Frequency domain fluorometry and molecular dynamics simulation studies[J]. Biopolymers, 2002, 67(2): 85-95.

[112] Hudson S, Cooney J, et al. Proteins in mesoporous silicates[J]. Angewandte Chemie International Edition, 2008, 47(45): 8582-8594.

[113] Zhou W Q, Gu T Y, et al. Synthesis of macroporous poly (glycidyl methacrylate) microspheres by surfactant reverse micelles swelling method[J]. European Polymer Journal, 2007, 43(10): 4493-4502.

[114] Zhou W Q, Gu T Y, et al. Synthesis of macroporous poly (styrene-divinyl benzene) microspheres by surfactant reverse micelles swelling method[J]. Polymer, 2007, 48(7): 1981-1988.

[115] Turkova J, Blaha K, et al. Methacrylate gels with epoxide groups as supports for immobilization of enzymes in pH range 3-12[J]. Biochimica et Biophysica Acta (BBA)-Enzymology, 1978, 524(1): 162-169.

[116] Kirk O, Christensen M W. Lipases from Candida antarctica: Unique biocatalysts from a unique origin[J]. Organic Process Research & Development, 2002, 6(4): 446-451.

[117] Mei Y, Miller L, et al. Imaging the distribution and secondary structure of immobilized enzymes using infrared microspectroscopy[J]. Biomacromolecules, 2003, 4(1): 70-74.

[118] Chen B, Miller E M, et al. Effects of macroporous resin size on Candida antarctica lipase B adsorption, fraction of active molecules, and catalytic activity for polyester synthesis[J]. Langmuir, 2007, 23(3): 1381-1387.

[119] Chen B, Miller M E, et al. Effects of porous polystyrene resin parameters on Candida antarctica lipase B adsorption, distribution, and polyester synthesis activity[J]. Langmuir, 2007, 23(11): 6467-6474.

[120] Li Y, Gao F, et al. Pore size of macroporous polystyrene microspheres affects lipase immobilization[J]. Journal of Molecular Catalysis B: Enzymatic, 2010, 66(1-2): 182-189.

[121] Wang Weichen, Zhou Weiqing, Li Juan, et al. Comparison of covalent and physical immobilization of lipase in gigaporous polymeric microspheres[J]. Bioprocess and Biosystems Engineering, 2015, 38(11): 2107-2115.

[122] Wang Weichen, Zhou Weiqing, Wei Wei, et al. A deeper understanding on the interfacial adsorption of enzyme molecules in gigaporous polymeric microspheres[J]. Polymers, 2016, 8(4):116.

[123] Liu D M, Dong C. Recent advances in nano-carrier immobilized enzymes and their applications[J]. Process Biochemistry, 2020, 92: 464-475.

[124] Vertegel A A, Siegel R W, et al. Silica nanoparticle size influences the structure and enzymatic activity of adsorbed lysozyme[J]. Langmuir, 2004, 20(16): 6800-6807.

[125] Wang P. Nanoscale biocatalyst systems[J]. Current Opinion in Biotechnology, 2006, 17(6): 574-579.

[126] Jia H, Zhu G, et al. Catalytic behaviors of enzymes attached to nanoparticles: The effect of particle mobility[J]. Biotechnology and Bioengineering, 2003, 84(4): 406-414.

[127] Lee B S, Lee S C, et al. Biochemistry of mechanoenzymes: Biological motors for nanotechnology[J]. Biomedical Microdevices, 2003, 5(4): 269-280.

[128] Zhang Y, Wu C, Guo S, et al. Interactions of graphene and graphene oxide with proteins and peptides[J]. Nanotechnol Rev, 2013, 2: 27-45.

[129] Lee K H, Lee B, Hwang S J, et al. Large scale production of highly conductive reduced graphene oxide sheets by a solvent-free low temperature reduction[J]. Carbon, 2014, 69: 327-335.

[130] Dedania S R, Patel M J, Patel D M, et al. Immobilization on graphene oxide improves the thermal stability and bioconversion efficiency of D-psicose 3-epimerase for rare sugar production[J]. Enzyme Microb Technol, 2017, 107: 49-56.

[131] Vineh M B, Saboury A A, Poostchi A A, et al. Stability and activity improvement of horseradish peroxidase by covalent immobilization on functionalized reduced graphene oxide and biodegradation of high phenol concentration[J]. Int J Biol Macromol, 2018, 106: 1314-1322.

[132] Zhang Y, Gao F, et al. Simultaneous production of 1,3-dihydroxyacetone and xylitol from glycerol and xylose using a nanoparticle-supported multienzyme system with in situ cofactor regeneration[J]. Bioresource Technology, 2011, 102(2): 1837-1843.

[133] Kim J, Grate J W. Single-enzyme nanoparticles armored by a nanometer-scale organic/inorganic network[J]. Nano Letters, 2003, 3(9): 1219-1222.

[134] Kim J, Grate J W, et al. Nanostructures for enzyme stabilization[J]. Chemical Engineering Science, 2006, 61(3): 1017-1026.

[135] Yan M, Liu Z, et al. Fabrication of single carbonic anhydrase nanogel against denaturation and aggregation at high temperature[J]. Biomacromolecules, 2007, 8(2): 560-565.

[136] Ge J, Lu D, et al. Molecular fundamentals of enzyme nanogels[J]. The Journal of Physical Chemistry B, 2008,

112(45): 14319-14324.

[137] Chang T. Semipermeable microcapsules[J]. Science, 1964, 146(3643): 524.

[138] Chang T. Stabilization of enzyme by microencapsulation with a concentrated protein solution or by crosslinking with glutaraldehyde[J]. Biochemical and Biophysical Research Communications, 1971, 44: 1531-1533.

[139] Gao F, Ma G H, et al. Enzyme immobilization, biocatalyst featured with nanoscale structure// Encyclopedia of industrial biotechnology: bioprocess, bioseparation, and cell technology[M].Hoboken: John Wiley & Sons, Inc. 2009.

[140] Küchler A, Yoshimoto M, Luginbühl S, et al. Enzymatic reactions in confined environments[J]. Nature Nanotechnology, 2016, 11: 409-420.

[141] Bilal M, Zhao Y P, Rasheed T, et al. Magnetic nanoparticles as versatile carriers for enzymes immobilization: A review[J]. International Journal of Biological Macromolecules, 2018, 120: 2530-2544.

[142] Ogelstad J, Berge A, et al. Preparation and application of new monosized polymer particles[J]. Progress in Polymer Science, 1992, 17(1): 87-161.

[143] Liu X, Guan Y, et al. Immobilization of lipase onto micron-size magnetic beads[J]. Journal of Chromatography B, 2005, 822(1-2): 91-97.

[144] Yong Y, Bai Y X, et al. Characterization of Candida rugosa lipase immobilized onto magnetic microspheres with hydrophilicity[J]. Process Biochemistry, 2008, 43(11): 1179-1185.

[145] Arica M Y, Yavuz H, et al. Immobilization of glucoamylase onto spacer-arm attached magnetic poly (methylmethacrylate) microspheres: Characterization and application to a continuous flow reactor[J]. Journal of Molecular Catalysis B: Enzymatic, 2000, 11(2-3): 127-138.

[146] Kumar A, Srivastava A, et al. Smart polymers: Physical forms and bioengineering applications[J]. Progress in Polymer Science, 2007, 32(10): 1205-1237.

[147] Lai E P, Wang Y X, Wei Y, et al. Covalent immobilization of trypsin onto thermo-sensitive poly(N-isopropylacrylamide-co-acrylic acid) microspheres with high activity and stability[J]. Journal of Applied Polymer Science, 2016, 43343: 1-9.

[148] Lee W F, Shieh C H. pH-hydrogels. II. Synthesis and swelling behaviors of N-isopropylacrylamide-co-acrylic acid-co-sodium acrylate hydrogels[J]. Journal of Applied Polymer Science, 1999, 73(10): 1955-1967.

[149] Bayhan M, Tuncel A. Uniform poly (isopropylacrylamide) gel beads for immobilization of α-chymotrypsin[J]. Journal of Applied Polymer Science, 1998, 67(6): 1127-1139.

[150] Huang G, Gao J, et al. Controlled drug release from hydrogel nanoparticle networks[J]. Journal of Controlled Release, 2004, 94(2-3): 303-311.

[151] Cheng C J, Chu L Y, et al. Preparation of monodisperse thermo-sensitive poly (N-isopropylacrylamide) hollow microcapsules[J]. Journal of Colloid and Interface Science, 2007, 313(2): 383-388.

[152] Makino K, Agata H, et al. Dependence of temperature-sensitivity of poly(N-isopropylacrylamide-co-acrylic acid) hydrogel microspheres upon their sizes[J]. Journal of Colloid and Interface Science, 2000,230(1): 128-134.

[153] Kondo A, Fukuda H. Preparation of thermo-sensitive magnetic hydrogel microspheres and application to enzyme immobilization[J]. Journal of Fermentation and Bioengineering, 1997, 84(4): 337-341.

[154] Gai L, Wu D. A novel reversible pH-triggered release immobilized enzyme system[J]. Applied Biochemistry and Biotechnology, 2009, 158(3): 747-760.

第五章

高分子微球和微囊在生物分离工程中的应用

生物技术处于日新月异的飞速发展阶段，已经形成以医药生物技术、农业生物技术和工业生物技术为先导的学科交叉、门类齐全的研究、开发和生产体系。生物技术上游领域的迅猛发展对下游提出了更高的要求，作为生物技术下游领域的关键组成部分，分离工程承担着从复杂体系中纯化目标生物分子的首要角色。在众多的生物分离纯化技术中，层析（又名色谱，英文名 Chromatography）是最有效而温和的分离纯化手段之一。与其他分离技术相比，层析具有选择性好、分离效率高、使用条件温和、适用性广、过程易于放大、易于自动化和程序化操作等特点，在现代生物产品的研发与生产过程中均得到广泛应用。作为蛋白质、酶、疫苗、抗体、多肽、核酸等生物分子最重要的分离纯化方法，层析技术广泛应用于生物分离工程各个领域。

高分子微球结构和种类丰富，具有易于衍生各种功能基团、孔道结构优良、稳定性好等特点，是目前应用最为广泛的生物分离介质，优势十分明显。首先，微球是形状规整的球形颗粒，作为柱床填充材料具有很好的效果。其次，微球能大批量制备生产，且批次间稳定性好。再次，微球理化性质稳定，填充柱床时的颗粒间空隙均匀，耐压程度远优于其他无定形材料。最后，微球具有优秀的表面性质和孔道结构，可实现多种分配形式的分离纯化，同时起到良好的保护作用，这对生物体系的纯化和精制都十分有利。

第一节
高分子微球分离介质概述

层析技术的发展依赖于分离介质，选用性能优良、价格合理的分离介质，同时优化层析工艺条件，是层析技术的关键。根据介质在不同层析技术中的吸附机理，主要可分为凝胶过滤介质、离子交换介质、疏水介质、亲和介质和金属螯合层析介质等。实际应用时根据蛋白质性质选择相应的分离介质（表 5-1）。以琼脂糖分离介质为例，其应用情况及应用效果如表 5-2。

表5-1 生物大分子层析技术

蛋白质性质	层析机理	层析技术
分子大小	分子筛	凝胶过滤层析
带电荷	静电作用	离子交换层析
特殊的结构	生物亲和性	亲和层析
疏水性	疏水相互作用	疏水层析
等电点	电效应	聚焦层析

表5-2 琼脂糖分离介质的应用情况及应用效果

分离介质	分离方法	分离原理	分离特点	应用	使用频率/%	纯化倍数平均	纯化倍数最高
凝胶过滤介质	凝胶过滤层析	分子大小	分辨率中等、条件温和、回收率高、流速低、容量小、样品体积受限、重现性好	大多用于精制阶段	50	6	120
离子交换介质	离子交换层析	电荷	分辨率较高、流速快、回收率高、容量大、适用于低盐条件	初分离和中等纯化阶段	75	8	60
疏水介质	疏水层析	疏水性	分辨率较高、速度快、容量高、适用于高盐条件	初分离、中等纯化和精制阶段	<33	20	60
亲和介质	亲和层析	亲和力	分辨率非常高、流速较快	初分离、中等纯化和精制阶段	60	100	<100

微球无论是直接用作凝胶过滤介质，还是用作制备离子交换介质、疏水介质、亲和介质等的基质，都需要具备以下性能：①高度多孔网络结构，以利于大分子进出；②球形均匀且刚性良好；③化学性质是惰性的，非特异性吸附低；④稳定的理化性能，对环境耐受能力强；⑤良好的亲水性；⑥对于用于制备离子交换介质、疏水介质、亲和介质等的基质而言，必须具有大量能活化或修饰的功能基。高分子微球符合上述所有要求，是理想的层析介质来源。从层析介质发展历史来看，最初主要是天然高分子材料，如纤维素、葡聚糖和琼脂糖等多糖凝胶，其特点是亲水性好、生物相容性高，缺点是质地较软、不耐压、流速慢，一般称为软胶（Soft Gel）。为提高介质的机械强度，研究人员开发了交联多糖微球，即在保证经典多糖介质良好吸附性能的基础上再进行交联，从而增加了微球强度，如交联琼脂糖微球。

基于琼脂糖微球的分离介质是迄今为止最常见的分离介质，广泛用于生物分离工程及其相关领域。为了获得更高的纯化效率，需要对其结构和性质进行调控。

（1）首先需要对粒径进行综合考虑。尺寸太大的颗粒内部孔道更长，生物分子进入其内部后易造成扩散困难，从而导致分辨率下降或活性受损；尺寸过小，则无法适应工业化制备要求。

（2）孔径大小和表面积是生物分离介质要考虑的另一要素，二者也是相互关联的，孔径越大，表面积越小。为了保证生物分子顺利进入介质内部孔道，介质孔径应大于生物分子尺寸。而介质对生物分子的有效面积直接影响其载量和活性。目标生物分子活性很高时，可以适当降低载量，而活性很低且传质遇到困难的情况下，则无法继续增加载量。因此，选择孔径大小和有效面积时需要同时考虑经济性。

（3）基质内部形貌对纯化效果有较大的影响。琼脂糖微球含有很大的表面积，生物分子自身面积的大约30%都能被结合，属于多点强结合作用。其中，离子交换层析、疏水层析和金属螯合层析都属于这类情况。同时，要避免生物分子与介质之间因过度的结合作用而失活，以及因其他杂质被结合而可能发生的纯化倍数下降问题。

（4）间隔臂对生物分子与介质之间相互作用有一定影响。向介质上引入间隔臂是提高生物分子纯化效率的重要方式，间隔臂除了要求适宜的长度、亲水性、柔性和无离子效应等外，还需要具备可活化性质。

第二节
层析技术

一、凝胶过滤层析

凝胶过滤层析是根据被分离物质的分子大小进行分离的一类层析技术。大分子首先从层析柱流出，然后是较小分子，最小的分子最晚流出（图5-1）[1]。溶质在凝胶过滤层析中的行为与其分子大小及与分子大小密切相关的分子参数如分子量或斯托克半径有关，其中分配系数 K_{av} 表示层析过程中溶质在层析介质内部实际通过的孔体积与介质总孔道体积之比。在具体操作中，以凝胶过滤介质为固定相，依据料液中溶质分子量的差异进行分离。凝胶过滤层析的分离效果与分辨率直接相关，分辨率越高，分离效果越好。分辨率大小主要由介质的分级范围或排阻极限决定，即与介质的骨架、粒径与孔径等均有关。另外，分辨率还受样品量、分离柱的形状等因素影响。

介质是影响凝胶过滤层析效果的关键因素之一。性能良好的凝胶过滤介质应满足以下要求：①亲水性好；②介质不能与被分离物之间发生化学反应；③稳定性好，在较宽的 pH 和离子强度范围内稳定，使用寿命长；④具有一定的孔径分布范围；⑤机械强度高，耐受较高的柱压，流速快。目前已商品化的凝胶过滤介质中，琼脂糖微球是常见类型（图5-2）[2]。其中，Sepharose 的机械强度较低，Sepharose CL 是由 Sepharose 经环氧氯丙烷交联得到，机械强度较 Sepharose 高。

Superdex 是将葡聚糖共价交联到琼脂糖微球上得到，粒径为 24 ~ 44μm，其强度和分离精度较高，适用于高效液相层析。Superose 是经二次交联得到的琼脂糖微球，强度更高，适于分离分子量较大的生物分子，生物分子的最大分子量可达数百万（图5-3）[3]。此外，交联丙烯酰胺微球也是常见的凝胶过滤介质。

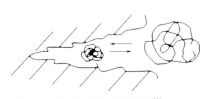

图5-1　凝胶过滤层析原理[1]

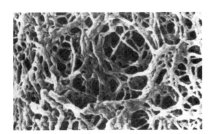

图5-2　2%琼脂糖凝胶扫描电镜图
（标尺表示500nm)[2]

凝胶过滤层析操作具体包括选择凝胶、装柱、上样和洗脱等步骤。凝胶过滤层析柱可以反复使用。为提高流速，在多次使用后可以重新装柱。介质短期不用，可以加入防腐剂，长期不用则可以用不同浓度的乙醇浸泡，最后用 95% 乙醇脱水，于 60 ~ 80℃烘干。凝胶过滤层析应用极为广泛，常用于生物大分子的分级和脱盐，还可用于测定蛋白的分子量，即用各种已知分子量的标准球蛋白分配系数与分子量对数作图，然后根据未知蛋白质的洗脱体积或分配系数，用内推法求出分子量（图5-4）[4]。

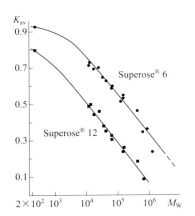

图5-3　孔径不同的Superose对标准蛋白质的选择性曲线[3]（横坐标表示蛋白分子量，纵坐标表示分配系数）

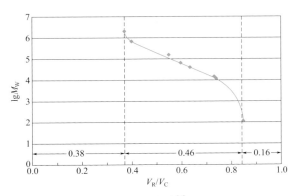

图5-4　凝胶过滤层析积分曲线[4]
（横坐标表示分配系数，纵坐标表示蛋白分子量对数）

在生物医药领域，凝胶过滤层析技术是鉴别蛋白、修饰后蛋白（如蛋白药物偶联物、聚乙二醇修饰蛋白）、蛋白聚集体等的常规检测方法。由于其方法灵敏、重现性好，已被欧洲药典、美国 FDA 等以标准文件形式用于蛋白聚集体的检测。同时，凝胶过滤层析也是蛋白生产和制剂开发部门的通用技术方法。首先，它是上游开发细胞株筛选阶段的检测依据，能够提供包括筛选生产最低量蛋白聚集体的细胞株、区分聚集体形式、确保蛋白不会因聚集体存在形式而被漏检或错检。其次，它也是指导生物药物纯化过程的常规检测方法。以近年来最引人注目的抗体药物为例，在首步 Protein A 或 G 亲和纯化后，必须通过凝胶过滤层析、疏水层析、羟基磷灰石层析等精细纯化步骤去除残余的抗体聚集体杂质，其中凝胶过滤层析以其较短的操作时间、适用于多种缓冲体系等受到青睐。采用规范的凝胶过滤层析操作规程，可以将不同制剂形式、生产批次、贮存条件、贮存时间等大量样品都在 15 ~ 20min 内完成检测，处理能力很强。近来，粒径小于 2μm 的填料柱、低分散超高效液相色谱系统等的出现进一步将样品检测时间缩短 $\frac{1}{2}$ 甚至更多。随着分析型超速离心技术（SV-AUG）、非对称场流技术（AF4）、动态光散射技术（DLS）以及质谱技术（MALLS 或 MS）的加入，大大提高了凝胶过滤层析技术对药物蛋白实际样品中聚集体及其他杂质的分析能力，其检测准确性也在不断提高[4]。

二、离子交换层析

离子交换层析是蛋白分离纯化常用技术之一，利用蛋白质的两性性质，即蛋白质随所处环境的 pH 值而分别呈现阳离子或阴离子状态，其具有的表面电荷与层析介质上的离子发生静电作用从而结合于介质上。结合力大小决定于蛋白质分子与离子交换介质反应的离子数和流动相的离子强度。因此，通过增加盐浓度或改变 pH 梯度，可以洗脱目标蛋白从而实现分离。离子交换层析一般采取两种应用模式，一种是吸附 - 洗脱模式（目标蛋白被结合，而杂质不被结合），另一种是流穿模式（杂质被结合，而目标蛋白流穿）。离子交换层析技术具有以下特点：①分辨率高；②介质吸附容量大；③介质和缓冲液种类多，可供选择 pH 范围广；④层析机理比较清楚；⑤操作简单易行；⑥介质易于再生，已广泛应用于蛋白质、多肽、核酸、多聚核苷酸等生物大分子的分离纯化。其不足之处包括：非挥发性盐的使用导致后续蛋白质谱分析困难；蛋白在多孔介质内部发生聚集且扩散阻力大；介质污染严重，一方面使得分离效率降低，另一方面对介质再生提出了更高要求。提高流速和分离度等是离子交换层析技术发展的重要方向之一。

离子交换层析介质分为阳离子交换介质和阴离子交换介质，前者对阳离子有交换能力，活性基团为酸性，后者对阴离子有交换能力，活性基团为碱性。根据离子交换作用的 pH 范围不同，可进一步分为强酸性阳离子交换介质、弱酸性阳离子交换介质、强碱性阴离子交换介质和弱碱性阴离子交换介质。强离子交换介质的离子交换 pH 范围宽，弱离子交换介质的离子交换 pH 范围窄，这由离子交换介质配基的 pK 值决定。从骨架来看，离子交换介质主要有天然多糖微球和合成高分子微球两类。前者包括琼脂糖、纤维素和葡聚糖等，通过对多糖上的羟基进行化学改性，可以连接强酸性基团（—SO₃H）、强碱性基团（—NR₃⁺）、弱酸性基团（—COOH）或弱碱性基团（—NH₃⁺），广泛用于纯化生物大分子。后者通常是由苯乙烯和二乙烯基苯共聚而成的聚苯乙烯微球，常用于分离多肽、糖磷酸酯等离子型小分子。马光辉团队发现离子交换介质的基质性质、配基种类和密度等都会影响重组乙肝疫苗等生物分子的最终纯化效果（图 5-5）[5]。

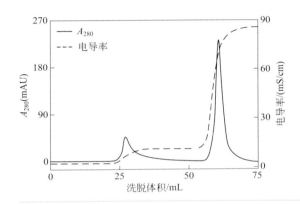

图5-5
乙肝表面抗原的离子交换层析谱图
（DEAE Sepharose FF，配基密度0.041mmol/mL，样品系疏水层析后脱盐）[5]

离子交换层析过程包括介质预处理、上样、洗柱、洗脱和再生几个步骤。为了达到最佳分离效果，除了选择介质外，还要对层析过程中缓冲液 pH、盐种类和梯度、添加剂等进行选择和优化。介质预处理过程根据介质种类和环境离子浓度而定。强离子交换介质通常先用高浓度的酸、碱或盐溶液洗涤，接着用水洗去过量的离子。层析过程主要包括：①用强酸或强碱溶液洗涤，除去介质上的电荷。②按照离子交换层析对 pH 的要求，用高浓度盐溶液洗涤，使介质再生为需要的离子形式。③离子交换层析前用水或稀盐溶液洗涤。④上样时，根据蛋白质随层析环境而呈阳离子或阴离子性质，其具有的电荷与层析介质发生静电作用而发生结合。洗柱则是进一步洗去未被结合的游离蛋白。洗脱时，通过增加盐浓度或改变 pH 的方法，将被吸附于离子交换介质上的蛋白解离下来。此时，首先需要考虑介质上和洗脱液中离子性质的强弱，其次要了解不同离子所表现的选择性不同，再者选择适宜的离子浓度对分离效果非常重要。与改变 pH 梯度进行洗脱相比，增加盐浓度得到的洗脱图谱更清晰，因此在实际应用中更为普遍。

三、疏水层析

根据疏水配基和蛋白质疏水区域之间的相互作用进行分离的操作称为疏水层析。生物分子表面大多含有或强或弱的疏水区域，在不同环境下，能与各种疏水介质产生强弱不同的结合作用。疏水层析就是利用蛋白质表面疏水区域与固定相上疏水配基相互作用力的差异，将蛋白质组分分离开来。具体地，将疏水基团，如丁烷基、辛烷基等固定到基质上制得疏水介质，蛋白质通过表面的疏水链和这些基团相互作用从而实现分离。疏水层析主要包括上样、洗柱、洗脱和再生几个步骤，"高盐吸附、低盐洗脱"是疏水层析的主要特点。疏水层析效果主要受到介质疏水性能、流动相离子强度与种类、破坏水化作用的物质、表面活性剂和操作温度等因素的综合影响。

疏水层析在众多层析技术中占有独特的优势。首先，与离子交换层析相比，疏水层析过程蛋白质在高离子强度下被吸附，在低盐浓度下被洗脱，这与离子交换层析过程正好相反。二者相比，疏水层析的分离特点是介质吸附蛋白容量较大（$10 \sim 100mg/cm^3$），重复使用性能良好。其次，与反相层析相比，尽管各自介质结构中都具有疏水配基，但二者有着明显的差别，主要表现在反相层析的疏水配基密度远大于疏水层析，因此前者疏水作用远强于后者，反相层析在洗脱时往往要用有机溶剂等剧烈条件，易造成生物活性分子失活。相比之下，疏水介质的疏水性弱，与蛋白质的作用比较温和，能更好地保持生物大分子的天然结构和生物活性，因此特别受到基因工程药物生产等领域的重视。再者，疏水层析能直接与其他分离技术如盐析、离子交换层析联合使用，操作十分方便。经过三十多年的发展，疏水层析已成为分离纯化蛋白质和多肽等生物大分子的重要手段，在实验室研究和工业化生产领域均得到了广泛的应用。马光辉团队采用疏水层析技术纯化重组乙肝疫苗，取得很好的纯化效果（图 5-6）[6]。

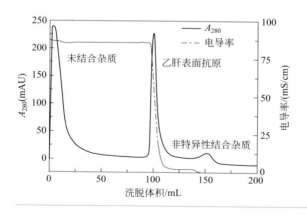

图5-6
乙肝表面抗原的疏水层析谱图[6]

1．介质的影响

对介质来说，配基种类及其密度和分布、间隔臂长度均影响其分离性能，进而影响疏水层析效果。具体地：①疏水作用力的大小随配基同系物碳链增长而增加。②配基密度太低时，介质吸附蛋白能力弱。提高配基密度，介质对蛋白吸附量增加。配基密度过高会产生多点吸附，使得蛋白不易洗脱。此时介质对杂蛋白的吸附量也会增加，导致分离过程纯化倍数下降。③疏水介质的间臂极大地影响蛋白分离效果。由于蛋白质体系与介质作用过程存在空间位阻效应，间臂长短会影响介质对蛋白的吸附能力，间臂长的介质其蛋白吸附量较大。

2．流动相的影响

洗脱过程与洗脱液离子强度和盐种类均相关，采用下列一种或多种方法可以有效洗脱目标蛋白：①改变离子组成成分；②降低离子强度；③洗脱液中加入表面活性剂；④改变 pH 或温度。

四、亲和层析

亲和层析法是利用生物活性大分子物质在溶液中专一、可逆地结合到连有底物或其他配体的基质上的性质，从而实现目标蛋白的分离纯化。该方法具有温和、快速和选择性高的特点，在层析操作中有广泛的应用。免疫亲和层析法和受体亲和层析法是两种主要的亲和层析方法。其中，免疫亲和层析法是利用抗原与抗体专一性相互作用进行分离的方法，采用此法成功地分离纯化了干扰素、凝血因子、膜抗原等生物活性分子；受体亲和层析法是利用固定化受体与它的可溶性蛋白配位体之间的生物化学反应进行分离。二者相比，由于受体亲和层析中只有具有完全天然构象的活性物质才能高度结合于受体上，而免疫亲和层析中生物活性和复性状态不同的各种形式的抗原均可结合于抗体柱上，因此受体亲和层析可以取得更高的纯度。

将特定配基结合于适当基质上便得到亲和介质。用于制备亲和层析介质的基质需要具有良好的亲水性，非特异性吸附少，具有大量可活化的用于连接配基的基团，同时还要有良好的机械强度和稳定性等。琼脂糖是常用于制备亲和吸附介质的基质。蛋白质纯化过程中常使用的一些亲和配基见表 5-3。

表5-3　蛋白质纯化过程中常使用的一些亲和配基示例

亲和配基	特异性及反应机理	用于纯化的蛋白质
Protein A	IgG的Fc域及相关分子	IgG、IgM和IgA、抗体片段、类胰岛素生长因子(IGF-1)
金属离子	组氨酸等氨基酸残基与金属离子相互作用	重组蛋白、酶、DNA

亲和配基	特异性及反应机理	用于纯化的蛋白质
各种染料（Cibacron Blue F3GA、Procion Blue）及蓝色右旋糖苷	酶的固定核苷酸位点	IgG、干扰素、激酶、脱氢酶、磷酸酶等其他酶蛋白
肝素	酶抑制剂、激活剂反应或离子反应	人抗凝血酶Ⅲ、聚合酶、核酸酶、蛋白酶等
钙调蛋白	依赖于钙的蛋白质	磷酸二酯酶、ATP酶和其他钙结合蛋白
精氨酸和赖氨酸	生物特异性或电荷依赖性	血纤维蛋白溶酶原、凝血素
DNA、RNA、核苷、核苷酸	与互补序列、其他核苷酸或核苷酸结合位点相互作用	核酸酶、聚合酶、激酶、干扰素、核酸抗体
免疫亲和	抗原-抗体相互作用	①固定抗原，纯化抗体；②固定抗体，纯化抗原

　　亲和层析操作分为上样、清洗、洗脱和再生等操作步骤。上样时，含有目标产物的料液连续通入层析柱，直至目标产物在柱出口穿透为止。然后用与溶解原料的溶液组成相同的缓冲液为清洗液清洗层析柱，除去未被吸附的杂蛋白。一般可通过改变盐浓度、pH或加入表面活性剂等方法除去杂蛋白。接着利用可使目标产物与配基解离的溶液洗脱目标产物。最后再生柱，以利于介质的重复使用。在亲和层析操作中，除了固定相介质外，影响亲和层析效果的因素还有：①平衡缓冲液的选择；②样品体积、流速和平衡时间；③样品浓度；④温度等。亲和柱再生一般采取每次层析后用2mol/L KCl/6mol/L脲洗涤的方式，再用链霉蛋白酶处理，可显著延长柱寿命。

　　金属螯合亲和层析是迄今为止应用极为广泛的一类亲和层析技术。它是利用特定氨基酸残基在蛋白质表面的不对称分布可以分离蛋白质的原理，即某些蛋白质表面的一些氨基酸如组氨酸、色氨酸或赖氨酸等具有—OH、—NH$_2$、—SH等基团，这些基团上的O、N、S上有多余的孤对电子，能与过渡金属离子多余的空轨道发生电子效应，从而形成配合物。例如，将ZnCl$_2$或CuSO$_4$溶液通过与琼脂糖上结合的亚氨基二乙酸反应即可得到锌或铜的固定螯合物。这类介质可用于从人血清中纯化白蛋白、球蛋白和转铁蛋白等。金属螯合亲和层析主要特点如下：①目标蛋白表面要具有组氨酸、半胱氨酸等氨基酸残基；②蛋白质需要有一定的空间结构（包括分子量、氨基酸组成和电荷等）；③pH对金属螯合亲和层析效果影响很大，低pH有利于洗脱蛋白；④采用螯合剂、改变pH梯度或有机溶剂的方法进行洗脱。制备金属螯合亲和层析介质的传统方法是采用环氧活化法，该法的优点在于获得稳定醚键的同时还能够得到长短可控的间隔臂。介质螯合金属离子的强弱顺序大致是：$Cu^{2+}>Ni^{2+}>Zn^{2+}\geqslant Co^{2+}\gg Ca^{2+}$，$Mg^{2+}$。其中$Cu^{2+}$能和大多数蛋白结合，而且与一些蛋白有特异性结合。一般地，Zn^{2+}与蛋白的结合力较弱，有时可用于目标蛋白的选择性洗脱。当纯化含有组氨酸标记的蛋白质时，金属离子常选择Ni^{2+}。在一些应用中，也采用Co^{2+}，Fe^{3+}和Ca^{2+}等。因而可以根据不同的需要选择合适的金属离子。影响金属螯合亲和层析的主要因素有：

金属离子形成的螯合结构，包括亚氨基二乙酸（IDA）、次氮基三乙酸（NTA）、羧甲基天冬氨酸（CM-Asp）和三（羧甲基）乙二胺（TED）等（图 5-7）；蛋白或多肽结构；缓冲液种类、pH 和离子强度；变性剂和其他添加剂。

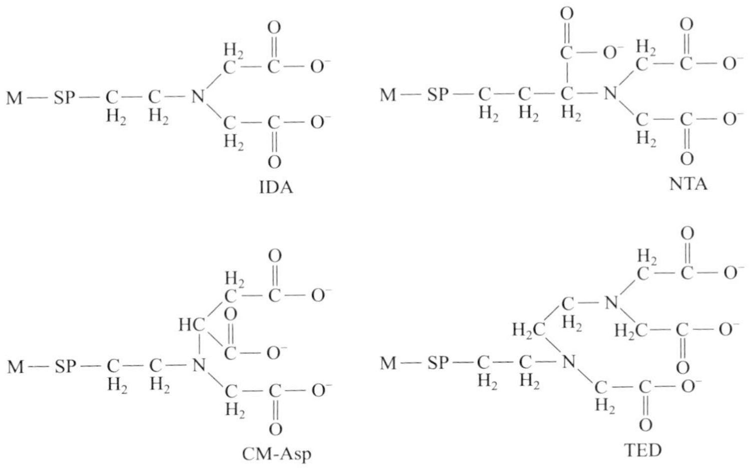

IDA
NTA
CM-Asp
TED
SP—间隔臂(spacer)；M—基质(matrix)

图5-7　常见的金属螯合介质配基结构

第三节
基于高性能分离介质的高通量层析技术

为应对生物制造业的高通量处理需求，高性能层析介质和高通量层析技术一直是人们追求的目标。下面介绍近年来该领域的主要进展。

一、粒径均一分离介质

微球的颗粒尺寸和均一程度是影响最终分离效果的关键因素。首先，要综合考虑颗粒尺寸的影响。小颗粒的传质路径短，有利于生物大分子在其内部发生扩散，从而获得更高的分辨率，同时能提供更大的比表面积，有利于提高载量。然而，粒径过小会导致流速慢，反压增大。大颗粒由于达到扩散平衡的时间延迟，因而分辨率下降，但是其对流动相阻力小，流速快，比较适合于大规模工业化分离纯化。其次，一定条件下，微球越均一，层析柱具有越高的分辨率，柱子对混合物各组分具有越好的分离效果。尺寸不均一的微球装柱后，小颗粒会堆积在大颗粒之间的孔隙中，造成堵塞，操作反压大大增加，不利于分离纯化。粒径均一性对分离效果的促进作用包括：

（1）降低带宽。首先，克服粒径不均一引起的多路径效应。溶质分子在不均一介质床内流经路径长短不同，导致其柱横截面上载液速度分布不一致，使溶质分子无法迅速在载液区域之间快速移动以达到柱横截面上的平衡，使得谱带明显变宽，塔板高度增加，分辨率下降。而粒径均一的介质能够明显降低溶质分子载液速度在柱横截面上分布的不一致，进而抑制谱带的展宽和塔板高度的增加。其次，削弱溶质的纵向扩散效应。溶质在层析柱内会因浓度梯度在流动相运动方向上发生扩散，形成高斯型分布，并造成谱带展宽。介质粒径分布均匀时，其能够有效降低因纵向扩散导致的塔板高度值，从而降低溶质谱带展宽。

（2）改善层析柱渗透性，降低柱压。层析柱的渗透性与操作压力密切相关，柱渗透性越差，柱压力越高。介质粒径均一时，填充床层具有较为理想的孔隙率，有利于流动相运动，柱压从而下降[7,8]。

微球的粒径均一性和可控性是分离纯化领域的基本要求，也是微球制备领域一直努力的方向。近年来，随着微球制备技术的不断发展，很多单分散微球已形成产品且已上市销售，并在层析领域发挥着举足轻重的作用。小粒径介质的传质路径短，分辨率相应提高，同时由于其具有更高的比表面积，因此结合载量更大，目前主要用于分析型色谱。大粒径介质在分离过程中的反压较低，更适于规模化制备。为了克服传统制备方法在分离用微球粒径均一性方面的不足，马光辉团队将微孔膜乳化法引入至琼脂糖微球的制备过程中，分别采用常规膜乳化法和快速膜乳化法，制备粒径大小均一且可控的琼脂糖微球（图5-8）[9]。首先，从膜乳化微观过程即油水相之间的界面张力角度对琼脂糖成球均一性的机理进行研究，通过优化油相组成、乳化剂种类和用量、操作温度等条件，实现琼脂糖微球粒径的均一和可控制备。其次，针对生物制品分析型色谱对 10μm 以下小粒径微球的需求，采用快速膜乳化法制备均一小粒径、高浓度琼脂糖微球。研究过膜压力和过膜次数、初乳液性质、油水相组成等对微球粒径及其均一性的影响。微球依次经交联和偶联离子交换配基，制备 SP 强阳离子交换介质，以 BSA 为模型蛋白，考察其对蛋白的结合能力。该均一 SP 强阳离子交换介质的离子交换容量为 0.2787mmol/mL，对 BSA 的结合量达到 101.09mg/mL[7]。

目前工业化生产中琼脂糖介质的平均粒径多为 90μm，这是由于该粒径的琼脂糖介质具有更优越的水力学性能，操作反压小，适于大规模纯化制备。针对膜乳化技术制备琼脂糖微球的粒径一般在 15～60μm 之间，进一步增加粒径则存在膜压力不易控制、大液滴不稳定且易被打碎的问题，马光辉团队等进一步对膜乳化工艺和制备设备进行改进，摸索膜孔径、油相组成、油水比和操作温度等条件，制备得到琼脂糖微球的平均粒径为92μm且粒径均一，产品无需筛分即可应用于生化分离（图5-9）[10]。

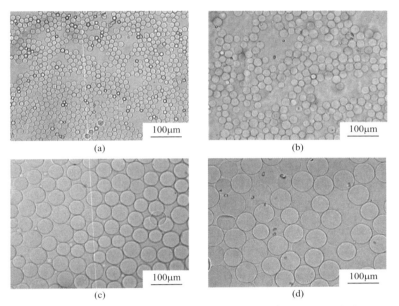

图5-8 琼脂糖微球光学显微镜照片［（a）～（d）分别表示膜孔是4.7μm、5.7μm、10.2μm和19.6μm］[9]

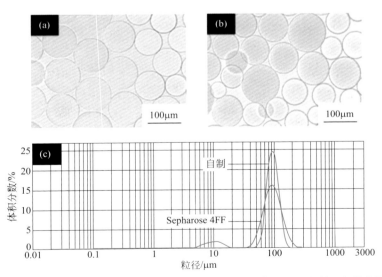

图5-9 琼脂糖微球光学显微镜照片［（a）、（b）分别是自制和商品介质］与粒径分布（c）[10]

高分辨率纯化效果一直是制备层析和分析色谱领域追求的目标，对介质的粒径和孔道结构进行调控是实现该目标的重要方式。这种粒径均一的分离介质在高分辨率层析领域具有十分重要的应用价值。马光辉团队采用膜乳化技术制备了琼脂糖与葡聚糖的均一小粒径复合微球，这种复合微球兼具琼脂糖的大孔结构与葡聚糖的细孔结构，同时采取有效交联方法，制备高分辨率层析介质（图 5-10）[11]。通过调节两种多糖溶液组成和葡聚糖分子量，微球的粒径和孔道结构都具备可控性。增大琼脂糖溶液浓度或降低葡聚糖浓度，复合微球的平均孔径先增加后下降，且孔径分布更窄。增加葡聚糖分子量，微球的孔道变小，且孔径分布变窄。复合微球较纯琼脂糖微球具有更高的分辨率，且分离范围可控。与常规分析型介质相比，10% 琼脂糖 /2% 葡聚糖 T40 制备的复合微球或 8% 琼脂糖 /4% 葡聚糖 T150 制备的复合微球在低分子量分离范围内具有更高的分辨率。同时，通过对复合多糖微球组成的调控可以有效改善其机械强度。原子力显微镜结果表明，该复合微球的表面和内部都均匀地分布着孔道，从而有利于生物分子在介质内部的高效传质过程，是一种在高分辨率层析领域极有潜力的分离材料。

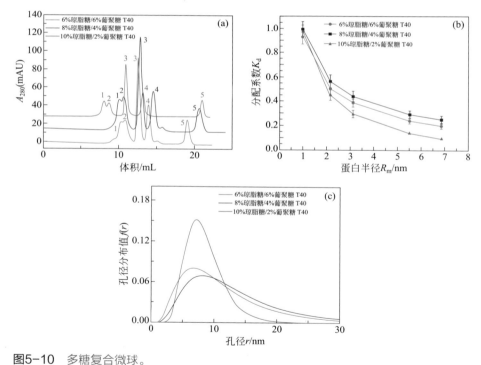

图5-10　多糖复合微球。
（a）模型蛋白混合物层析谱图；（b）分配系数(K_d)-蛋白半径(R_m)曲线；（c）孔径分布曲线[11]

二、超大孔分离介质

传质效率是评价层析介质分离效果的最主要指标。蛋白质分子量普遍较大，有的甚至达到数千万，尺寸高达数百纳米甚至达到微米级。这些大尺寸的蛋白质分子在与传统层析介质结合时，由于介质孔径较小（<40nm），溶质在介质孔道内部的传质以扩散方式为主，导致蛋白分子分离速度慢、处理量低，容易造成传质效率低下的问题。主要表现在两方面：一是大尺寸蛋白无法进入介质内部孔道，只能与介质表面的位点进行结合，介质利用效率大大降低；二是蛋白在介质表面容易发生多位点吸附，导致其结构发生变化造成失活。

如何提升生物大分子特别是超大生物分子在分离介质内的传质效率是研究者们一直努力的方向。增加颗粒可渗透性是提高层析介质传质性能的有效方法之一，即采用超大孔微球作为层析介质进行装柱。相分离法、复乳法、高内相乳液法、颗粒致孔法和胶团溶胀法等是制备超大孔分离介质的主要方法。按照孔径大小，超大孔分离介质的孔道类型一般分为超大孔（数百纳米甚至微米）、中孔（数十纳米）和微孔（小于10nm）。为了获得具有一定孔径分布和比表面积的孔道结构，调控致孔剂类型和浓度等参数至关重要。

灌注层析介质是迄今为止最引人注目的超大孔层析介质之一，其内部含有两种孔道，分别是贯穿孔和扩散孔，二者形成网络，相互连接。贯穿孔的孔径为600～800nm，从固定相颗粒的一侧贯穿到另一侧，溶质分子能够通过对流流动进入颗粒内部。扩散孔的孔径为80～150nm，是溶质分子在颗粒内部的扩散区域。这样，溶质分子通过对流传递和扩散传递在颗粒内部发生流动，大大加快了其通过速度，传质效率得到极大提高（图5-11）[12]。

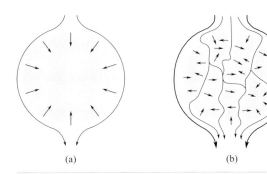

(a)　　　　　　(b)

图5-11
传统层析介质（a）与灌注层析介质（b）内部结构示意图[12]

与传统层析介质相比，灌注层析介质具有以下优点：

（1）分离速度比传统层析介质快10～100倍，且分辨率和介质载量保持不变。

（2）介质孔内对流动相的传质阻力大大减小，介质内部的传质过程主要靠穿透孔内的对流传质，而扩散孔提供较大的表面积和柱容量。

（3）蛋白质分离时间明显缩短，无论是分析色谱还是制备层析，得到蛋白的质量和产率都有所提高。

（4）灌注层析的优点在高流速下更加突出，样品分离时间缩短，且介质具有很高的处理量，因此大规模层析分离成本大大降低。POROS 介质是以聚苯乙烯微球为基质的一类灌注层析介质，通过表面化学修饰或衍生后，偶联不同性质的功能基团，制备离子交换介质、疏水介质、金属螯合介质、亲和介质等各种性质层析介质。由于这一类介质是先通过悬浮、乳液或混合聚合技术制备出纳米小颗粒，这些纳米级颗粒互相"黏结"成簇，进而聚集成团，最终聚集成微米级颗粒。小颗粒之间的缝隙构成贯穿孔和与之相连通的微孔。该工艺十分复杂，很难通过控制纳米颗粒间的不规则聚集状态而达到控制孔径的目的，最终造成该类介质制备困难、耗时长、批次间重复性差且价格昂贵[7, 13]。

1. 琼脂糖超大孔分离介质

复乳法制备琼脂糖超大孔分离介质时，这类微球颗粒内部含有两种孔结构：扩散孔（平均孔径 20 ~ 40nm）和超大孔（又称对流孔，微米级孔）。琼脂糖溶液浓度、内／外油相与水相比例、初乳转速和成球转速等对成孔情况至关重要。超大孔结构大大改善了大尺寸蛋白在琼脂糖介质内部的传质效率，溶质通过对流进入分离介质的内表面，流动相与固定相之间的传质速度大大加快，两相之间达到平衡所需的时间大大缩短，传统琼脂糖介质存在的停滞流现象得到有效解决。马光辉团队对琼脂糖超大孔微球进行配基衍生，制备不同类型的层析介质。例如，偶联二乙氨乙基（DEAE），制备超大孔离子交换介质，可用于乙肝疫苗分离纯化。激光共聚焦显微镜实验结果表明，经 DEAE 衍生后的超大孔琼脂糖分离介质对乙肝表面抗原具有良好的结合能力，60min 即可完全进入微球内部，在超大生物分子分离纯化领域极具应用潜力（图 5-12）[13, 14]。

为了克服复乳法制备琼脂糖微球孔径过大且不易控制等局限性，马光辉团队进一步提出采用表面活性剂胶团溶胀致孔法制备超大孔琼脂糖微球，获得了既保留琼脂糖凝胶原有网状凝胶孔，同时又具备数百纳米级大孔的超大孔微球[7, 15]。将这种琼脂糖超大孔微球进行羧甲基衍生，制备阳离子交换介质，装柱后考察不同流速下溶菌酶和免疫球蛋白在柱上的保留行为。结果发现增加操作流速，不同蛋白层析峰之间依然有较好的分离效果，即操作流速对琼脂糖超大孔微球层析柱（CM-HMA）的分离效果影响较小。相反，同样条件下增加流速，传统琼脂糖微球（CM-4FF）则无法实现有效分离。高流速下流动相可以在超大孔微球大孔内部产生对流，这种对流传质极大地克服了高流速下扩散传质速度慢的不足，在生物大分子快速分离方面具有重要意义（图 5-13）[16]。

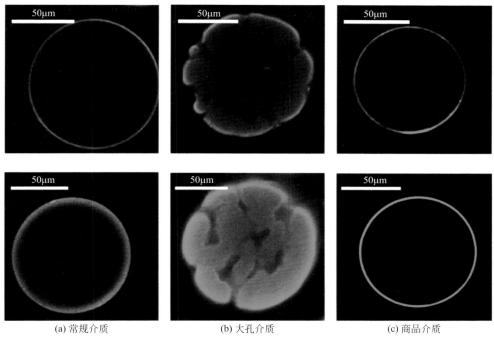

(a) 常规介质   (b) 大孔介质   (c) 商品介质

图5-12   DEAE琼脂糖微球与HBsAg作用时间分别为5min（上）和60min（下）的激光共聚焦显微镜照片[14]

2．高分子超大孔微球

表面活性剂反胶团溶胀法是一种简便易行的制备超大孔微球的方法，所制备的超大孔微球经表面修饰后，可用于生物大分子分离。马光辉团队确立了一种超大孔高分子微球的制备方法，微球具有两种孔分布，即 1 ~ 60μm 的超大孔和 10 ~ 200nm 的小孔，适合作为层析固定相，特别适合用于纯化生物大分子 [17]。该团队通过化学键合的方法将环糊精固定化于该超大孔微球上，这样既能保持环糊精自身的包络识别性能，又兼具高分子基质良好的机械强度、稳定性和超大孔结构。通过优化固定化反应条件，超大孔聚甲基丙烯酸缩水甘油酯（PGMA）微球对环糊精的固载量达到 25.2μmol/g，且微球亲水性有了很大的提高。实验证明，这种固载了环糊精的超大孔微球不但保持了较高的苯酚吸附容量，而且具有更短的平衡时间，在传质效率方面具有巨大优势，对苯酚的吸附容量最高可达 54.1mg/g，高于传统 PGMA 微球（46.4mg/g），且在 2h 内即可达到对苯酚的最大吸附量，远快于传统 PGMA 微球（12h）[18]。

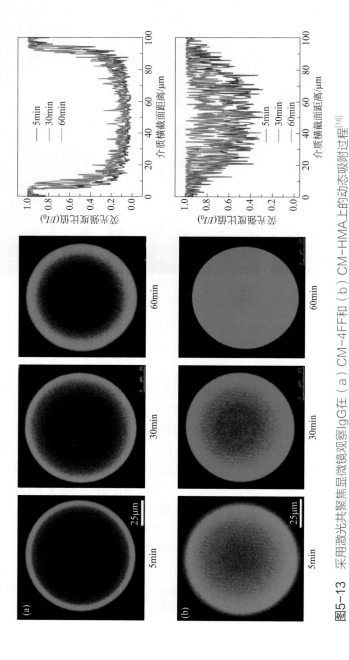

图5-13 采用激光共聚焦显微镜观察IgG在（a）CM-4FF和（b）CM-HMA上的动态吸附过程[16]

为解决超大孔高分子微球疏水性过强的问题，往往需要对超大孔高分子微球表面进行修饰改性。常见的微球亲水改性方法主要有物理吸附镀层法和化学偶联镀层法两类。物理吸附镀层法是在疏水高分子微球表面吸附一层亲水性的高分子（如多糖、淀粉、纤维素、聚乙烯醇和聚乙二醇等），以降低微球的比表面能，从而降低对蛋白的非特异性吸附。化学偶联镀层法首先在高分子微球上接上小分子活性基团（—CH₂Cl，—OH，—COOH，—NH₂ 等），再利用这些活性基团进一步改性（如接枝葡聚糖或 PEG 等）[19, 20]。马光辉团队研究发现，衍生后的超大孔高分子介质对超大生物分子（如乙肝表面抗原等）具有快速纯化和抗失活的效果[21]。

马光辉团队在超大孔高分子介质镀层和衍生方面取得了丰富的研究成果。例如，采用琼脂糖对超大孔高分子微球进行镀层，制备超大孔介质。与线型聚乙烯醇分子相比，琼脂糖分子链的天然螺旋结构更有利于抑制微球的非特异性吸附。以该方式镀层的超大孔 PST 微球为基质，偶联 DEAE 基团制备弱阴离子交换介质，其有效孔隙率比常规介质提高了 22%，渗透系数是常规介质的 3.34 倍。采用肌红蛋白、转铁蛋白和牛血清白蛋白的混合蛋白模型体系对介质进行评价，结果表明超大孔 DEAE 介质的分离速度和分离度均显著优于 DEAE-FF 介质，在 2600cm/h 之内将蛋白混合物有效分开[19]。以这种琼脂糖镀层的超大孔聚苯乙烯微球为基质制备金属螯合超大孔介质，柱反压低，在高流速下仍能保持很高的柱效。介质用于纯化大肠杆菌发酵超氧化物歧化酶（SOD），在 3251cm/h 的超高流速下，一步纯化纯度即达到 79%，蛋白回收率 89.6%（图 5-14）[22]。在这种琼脂糖镀层超大孔 PST 微球上偶联谷胱甘肽，偶联前后超大孔结构（100 ～ 500nm）未受到破坏，介质内部的贯穿孔结构加速了生物分子在介质内部的传质，流速高于 1400cm/h 时，1.5min 内即可实现高效分离纯化[23]。向超大孔 PST 微球上接枝

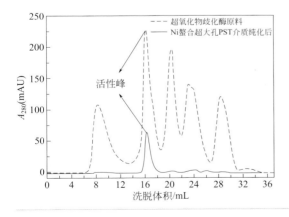

图5-14
Ni-超大孔介质纯化SOD层析谱图[22]

异丙基丙烯酰胺与甲基丙烯酸丁酯的共聚物，制备温敏性高流速分离介质，介质装柱后反压极低，并具有显著的温敏响应性质。改变柱温，能够在 2167cm/h 的高流速下有效分离三种模型蛋白；继续引入二甲胺基丙基丙烯酰胺，制备温敏/pH 双响应介质，改变流动相 pH 和柱温，能够在 2528cm/h 的高流速下成功分离三种模型蛋白[24]。

3. 其他超大孔微球

制备交联纤维素超大孔微球，其粒径为 100 ~ 300μm，平均孔径 1 ~ 3μm，孔隙率达到 57% ~ 59%，既可用于填充柱也可用于扩张床。该微球可用于大规模从蛋清液中提取溶菌酶，其对溶菌酶的吸附曲线符合 Langmuir 吸附模型。微球经羧甲基化后分别在 pH 4.5 和 7.5 的溶液条件下达到吸附容量最大值。动力学研究结果表明，溶菌酶在这种纤维素超大孔微球内部的扩散速率是传统介质的 100 倍以上。优化纯化条件后，对溶菌酶一步纯化的收率和纯度分别是 98.22% 和 98.8%，纯化倍数 51.54 倍。总产量为 14.21kg/m³，酶活为 $2.2×10^5$U/mg，远高于传统填料[25]。超大孔介质还可与其他材料进一步复合。例如，一种球形超大孔纤维素阴离子介质与一种网状玻璃碳材料进行复合，制备的柱形复合材料可填装至层析柱内。该层析柱具有超高流速，线性流速可达到 4000cm/h。该柱塔板值很低（0.3mm），存在孔隙内流动。层析柱对脱氧核糖核酸（DNA）和核糖核酸（RNA）的动态载量达到 240 ~ 340mg/g 干胶。能直接从碱性溶菌产物中纯化质粒，且收率很高。激光共聚焦显微镜实验结果表明，质粒不但结合于 Cytopore 外表面，同时也结合在基质内部，从而解释了这种分离材料能实现高载量结合作用的现象。将超大孔介质与机械强度高的骨架材料进行复合的策略，为进一步提升层析分离效果、扩大其应用领域提供了思路[26]。

三、接枝型分离介质

1. 引入小分子间隔臂

层析过程中，配基与待分离介质之间的空间位阻效应极大地影响分离效率，这一现象在配基是小分子而待分离物质为大分子时尤为突出。引入一定长度的间隔臂是解决该问题的有效方法。为了最大限度地避免配基与待分离目标物之间的空间位阻效应，选择间隔臂时需要考虑两个问题，一是间隔臂长度，二是间隔臂性质。首先，对于间隔臂长度来说，一般选择 4 ~ 6 个碳原子的间隔臂。将 ω-氨烷基化合物 $NH_2(CH_2)_nR$ 与基质相连，R 为羧基、氨基或配基自身，n 为 2 ~ 12，生成物的结构式为 Ⓟ—$NH(CH_2)_nR$（Ⓟ—为基质）。聚赖氨酸、聚乙烯和白蛋白等大分子也可用作间隔臂。一定程度下增加间隔臂长度，介质结合目标分子的能力变强，相应地载量增大。但是，间隔臂不宜过长，这是由于柔性的间隔臂自身会发生折叠或缠绕，可与大分子结合的配基数目减少且分布不均匀，从而造成介质载量下降甚至引起失活。其次，对于间隔臂来说，除了氨烷基化合物这种疏水间隔臂外，还可以选择亲水间隔臂。这种亲水间隔臂可通过 1,3- 二氨基 -2- 丙醇与溴化氰活化琼脂糖偶联制备得到，也可通过在配基和基质之间插入低聚赖氨酸得到。与疏水间隔臂相比，亲水间隔臂可以极大地降低介质本身可能引起的非特异性吸附作用，避免生物分子失活（图 5-15）[8]。

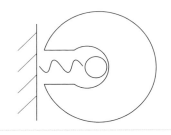

图5-15
层析介质的间隔臂示意图[8]

2．引入葡聚糖

向微球上引入葡聚糖分子是一种提高介质载量的有效方法，通过键合这一类线型大分子，可实现蛋白质吸附空间由二维平面结构向三维立体结构的延伸，从而大大增加蛋白质被结合的概率，介质的静态吸附容量、动态载量以及蛋白质吸附速率等都有明显的改善。葡聚糖在接枝过程中是否可以顺利进入内部孔道，对接枝效率乃至最终分离效果都至关重要。如果能够顺利进入孔道，则介质内部孔道可以引入葡聚糖，这样能够获得高接枝效率，从而有更多的三维空间和吸附位点供目标蛋白结合，有利于提高介质载量。反之，如只能在介质外表面接枝葡聚糖，而无法进入介质内部，葡聚糖接枝效率大大下降，其对载量的提升作用也有限。

马光辉团队将不同分子量的荧光标记葡聚糖分别接枝至活化琼脂糖微球上，并采用激光共聚焦显微镜观察这些荧光标记葡聚糖在微球内部的分布情况。结果发现，分子量在 20k ～ 500k 的葡聚糖都均匀地分布于琼脂糖微球内部，证实了葡聚糖接枝的高效性[27]。与常规介质相比，接枝型介质具有更高的配基密度和更高的载量。以金属螯合介质为例，接枝型介质能显著提高载量，具体改善程度与金属离子密度和蛋白可接触面积有关，当两者都足够充分时，介质具有最大载量[28]。以乳酸脱氢酶（135k ～ 140k）为例，葡聚糖接枝分子量为 5k 时的介质载量最大，达到 19mg/mL 胶，较商品介质增加了 26.6%。又如睫状神经营养因子（8k ～ 25k），葡聚糖接枝分子量分别为 5k 和 20k 时，载量高于其他介质，且以葡聚糖分子量 5k 时最高，达到 27mg/mL 湿胶，较商品介质增加了 42.0%。对葡聚糖接枝壳层厚度进行调控，制备部分接枝琼脂糖微球，能够对金属离子密度和蛋白可及面积进行有效优化，从而使载量达到最大化。以乳酸脱氢酶为例，介质载量从大到小依次为部分接枝型 > 全部接枝型 > 普通型，随着接枝壳层厚度的增加，葡聚糖部分接枝型金属螯合微球的载量先增大后减小，最大载量达到 37mg/mL，较商品介质增加了 1.5 倍（图 5-16）[29]。

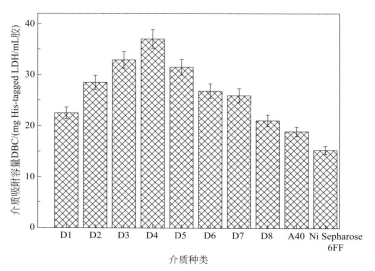

图5-16　琼脂糖介质接枝葡聚糖的可控性与其对乳酸脱氢酶的载量比较[29]

马光辉团队以接枝葡聚糖微球为基质，制备葡聚糖接枝型 Protein A 介质。扫描电镜和原子力显微镜结果表明，与未接枝 Protein A 介质相比，接枝型介质表面大量分布着凸起，推测是由葡聚糖连入介质后，其易形成缠绕和堆积，介质的比表面积从而增大。葡聚糖接枝后的介质表面高度达到 ±70nm，明显高于未接枝介质（± 10nm），进一步说明葡聚糖接枝过程大大丰富了介质表面立体结构。此外，葡聚糖接枝型 Protein A 介质具有更好的水力学流通性能，最大流速达到 1250cm/h，耐压性能明显优于未接枝介质，最大流速增加了 32%[30]。接枝型 Protein A 介质具有更高的载量，达到 60.6mg IgG/mL 介质，明显高于未接枝 Protein A 介质，提升了近 22%。同时，这种接枝型 Protein A 介质具有更高的耐碱稳定性。在线清洗实验结果表明，经 0.5mol/L NaOH 40 次在线清洗（CIP）运行后，常规 Protein A 介质的载量下降 14.7%，而接枝型介质的载量仅下降 7% 左右（图 5-17）[31]。

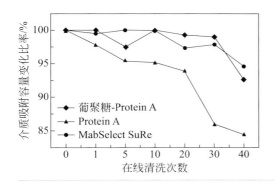

图5-17

Protein A介质经0.5mol/L
NaOH在线清洗后的hIgG动态
载量变化图[31]

接枝葡聚糖不仅能提高介质载量，还能有效改善目标蛋白在介质中的传质效率。马光辉团队将免疫球蛋白IgG进行荧光标记，考察其在接枝型Protein A层析柱上的结合情况。一开始，FITC-IgG分布在介质外表面，随着柱上吸附时间的延长，FITC-IgG不断发生扩散，逐渐进入介质内部，所有介质45min后流穿液的紫外吸收值都不再变化，说明此时介质对IgG吸附已经达到饱和。对于未接枝Protein A介质来说，30min后，介质对IgG的吸附已经达到饱和，此时IgG均匀分布于介质外侧，而不能进入其内核。继续延长时间，IgG也无法进一步深入。对于接枝Protein A而言，随着柱上吸附时间的延长，FITC-IgG能够进入介质内核，45min时基本占据整个介质，说明这种接枝Protein A介质能够明显提高IgG在层析介质内部的传质效率，介质对IgG的结合更加充分有效（图5-18）[32]。

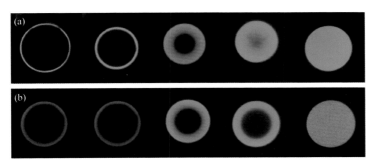

图5-18　FITC-IgG分别在（a）葡聚糖接枝型Protein A介质和（b）非接枝型Protein A介质上的吸附过程（自左向右的吸附时间分别是5min、8min、30min、45min和240min）[32]

四、核-壳介质

通过在硅胶微球表面合成一层多孔薄壳，制备表面多孔微球（Poroshell）。该微球装填层析柱后，对多肽、蛋白、核酸、DNA片段等均能提供稳定、高分辨率的有效分离。微球粒径范围3～6μm，孔径9～80nm，壳层厚度0.25～1.0μm。与传统无孔硅球（2μm）相比，核-壳介质具有更高的载量和更理想的层析动力学性能，更适于大分子快速分离纯化。壳层厚度、柱温和流动相流速等都会影响分离效果。对包括甲硫氨酸脑啡肽、肌红蛋白、碳酸酐酶等9种蛋白在内的混合物分离实验结果表明，分离时间少于2min，分辨率大于1.5。提高操作流速、升高柱温，可进一步缩短分离时间至20s，且峰形保持很好。能在14min内对DNA标准物进行快速分离，层析峰分别对应587个碱基对，具有很高的分辨率[33]。

五、高通量层析技术

为适应单抗、治疗多肽和病毒等治疗性蛋白的快速增长，生物技术领域的科学家和生产者们陆续采取"规模缩小"模式开展研究和产业化。这种模式不但应用于上游细胞培养阶段，也在下游纯化过程越来越受到重视。对于层析过程如何实现"规模缩小"，特别是如何确定层析过程的哪一步或者哪几步代表性操作单元需要进行"规模缩小"，挑战性极大。这不仅是因为柱分离是分离纯化过程的关键步骤，而且其本身就是一个多步操作单元（每个柱层析操作都包括结合、淋洗和洗脱步骤），需经精细调控和多参数优化才能获得理想纯化效果。

高通量层析技术有三种存在形式，具体包括：微量滴定过滤板、预填充吸管和预装小柱子。每种形式都有不同尺寸以满足层析过程优化的各种需要。其中，过滤板和吸管主要用于半平衡状态下考察吸附条件对层析介质结合容量和杂质去除的影响。采用填充了介质的上述过滤板和吸管，开展静态吸附实验，获得吸附热力学和动力学数据，进而通过数据拟合建立模型，用于预测柱层析操作条件（如保留时间、pH和电导等）。该技术成功用于类病毒颗粒柱纯化研究。而对于预装小柱子这一类形式来说，不但能够测定介质静态和动态载量，还能开展梯度洗脱、分离度等所有标准柱层析实验。

将静态吸附实验与微量滴定过滤板的高通量优势相结合，在绘制吸附等温线、动态载量预测、特异性洗脱和在线清洗有效性等方面均发挥了重要作用。这种新技术已在生物下游纯化应用诸多领域取得令人满意的效果，具体包括，用于单抗纯化过程的第二步即阳离子交换层析或疏水层析的过程优化、纯化条件筛选、多组分吸附系统表征和动态载量预测等。

高通量层析技术提高实际分离过程效率的例子比比皆是。例如，考察层析介质去除病毒效果、建立Protein A层析柱清洗规程、评价层析步骤稳定性、协助质量设计（QbD）等。此外，高通量技术还可用于蛋白折叠复性、蛋白PEG修饰以及膜分离等更广义的生物下游领域[34]。

第四节
高分子微球在生物大分子分离纯化领域的应用

一、治疗性蛋白

过去二十年间，治疗性蛋白已经成为发展最快、规模最大的生物医药类型，在癌症治疗、心血管疾病、传染病、基因缺陷病等重大疾病治疗和预防领域都受到广泛的关注。2016年全球治疗性蛋白总市值达到1401亿美元，预测到2023年将突破2176亿美元。治疗性蛋白主要包括单抗、融合蛋白、胰岛素、疫苗、酶、细胞因子、红细胞生成素、干扰素、人生长激素、凝血因子等。快速发展的治疗性蛋白市场对工业生产能力，特别是下游分离纯化处理能力提出挑战，高成本、生产量等都是制约其发展的主要瓶颈。与此同时，不断发展的上游表达水平也令下游纯化雪上加霜。过去三十年间，上游表达水平翻了十多倍，培养浓度平均值达到3g/L，尤其是一些新产品其培养浓度高达10g/L。相比之下，下游纯化发展水平远远滞后，且成本居高不下[35]。

为打破治疗性蛋白生产下游阶段存在的瓶颈，高效分离纯化介质以及相应的分离技术不断涌现。以单抗生产为例，其分离纯化过程包括一系列层析分离操作、病毒灭活以及超滤等。其中，Protein A层析、离子交换层析和疏水层析在内的多种层析技术能够确保最大限度地减少杂质。以Protein A层析技术为代表的亲和层析技术广泛用于治疗性蛋白工业生产中。形形色色的亲和配基被开发出来，对提高蛋白结合量、捕获效率和配基稳定性等起到至关重要的作用。同时，各种标签被引入目标蛋白，并根据标签亲和机制实现有效分离，从而大大提高分离效率。此外，层析介质本身的性质也得到了很大的提升，各种天然或高分子材料都受到广泛关注，从而获得更高的柱分离效果。下面分别从亲和层析和非亲和层析两个方面介绍微球分离介质在治疗性蛋白分离纯化领域的应用。

1. 亲和层析

亲和层析是治疗性蛋白工业生产过程中最重要的操作单元，固定在基质上的亲和配基通过疏水、静电、氢键和范德华力等分子间作用力特异性识别和结合目标蛋白，对目标蛋白具有极高的结合能力。但是，亲和层析仍然有很多不足之处，例如，介质载量低、柱子放大尺寸受限、生产成本高等。亲和配基的关键性质包括对目标蛋白的亲和力和特异性、在不同溶液条件下的稳定性、偶联难易程度、目标蛋白在介质上的保留性质等。细菌免疫球蛋白结合蛋白、抗体、凝集素、核酸等都能与亲和配基结合，进而分离纯化治疗性蛋白。

（1）亲和配基　单抗、Fc融合蛋白纯化过程最常见的亲和配基有Protein A、Protein G和Protein L，这些都来自细菌细胞壁。抗体与这些配基的结合能力跟其亚型有关。严苛的洗脱条件（极限pH或有机溶剂）会导致目标蛋白失活，以及配基脱落。重组Protein A亲和介质的稳定性和结合容量也在不断改善。例如，Toyopearl AF-rProtein A-650F经过改造，能够在洗脱和清洗阶段耐受碱性溶液，载量高达50～70mg/mL，抗体纯度达到99%，又如，GE Healthcare公司Mabselect家族具有超高载量和碱耐受稳定性，对单抗的载量高达58～74mg/mL[35]。鉴于单抗在治疗性蛋白领域的重要地位，相关内容在下一节还要重点介绍。

此外，治疗性蛋白亲和层析领域的常见亲和配基还包括单链抗体、亲和体、凝集素、仿生配基等。例如，单链骆驼抗体作为亲和配基具有很多优势，如尺寸小、高亲和力、稳定性好、完整的空间结构等，能够结合酶、多肽、激素和病毒的各种抗原表位。亲和配基以骆驼重链可变区为结合目标蛋白时，可用于纯化血液因子、抗体和腺病毒。采用该方法从中华仓鼠卵巢细胞悬液中纯化重组免疫球蛋白A，一步层析操作回收率高于95%，且纯度很高[36]。又如，亲和体是在生物技术领域特别是诊断和治疗学领域常见的一类小分子。抗表皮生长因子受体（EGFR）、抗肿瘤坏死因子（TNF）-α亲和体等都成功用于捕获生物分子。例如，将大肠杆菌表达抗独特型亲和体作为亲和配基，制备得到的介质对人表皮生长因子受体2（HER2）具有高亲和力和高回收率，可用于纯化HER2的不同亚型（图5-19）[37]。再者，针对蛋白糖基化反应后得到不同糖型的分离纯化需求，对碳水化合物残基具有特异性结合作用的凝集素常常用作亲和配基，用于纯化糖蛋白、糖多肽和寡糖。伴刀豆球蛋白A（Con A）是其中最主要的一种。通过在纤维素超大孔整体柱上共价偶联羧酸基团，再利用Cu^{2+}将Con A偶联至基质上，制备得到的亲和柱对葡萄糖氧化酶的纯化回收率为91%～95%（图5-20）[38]。与凝集素相比，硼酸配基因价格低廉、稳定性好等特点，也常用于纯化含顺式二醇的生物分子[39]。

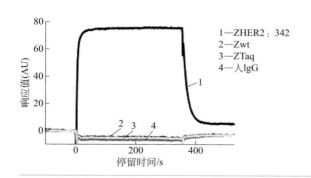

图5-19
亲和体ZE01的特异性分析[37] [向固定有ZE01的表面分别通入人表皮生长因子受体2(HER2)亲和体ZHER2：342、亲和体Zwt和ZTaq以及人IgG后的表面等离子共振图谱]

仿生配基是一类高稳定性、更经济、结构更简单、低毒性的配基，与常规生物来源的亲和配基相比污染风险小，且能耐受严格消毒程序。多肽和染料等都是常见的仿生配基。以多肽为例，具有 2 ~ 9 个氨基酸残基的线性肽或环肽分子量小、半衰期短，对配基泄漏可能产生的免疫原性风险低，对生物分子有很好的分离纯化效果。在对人 IgG 所有亚型的 Fc 区结合力研究中发现了多种高亲和性的线性六肽[40]。短环肽也可用于纯化 IgG，且短环肽能够抗蛋白质水解，亲和力和专一性更强[41]。此外，染料配基也能够选择性和可逆地结合蛋白。例如，汽巴蓝（Cibacron-Blue F-G3A）染料作为亲和配基可用于纯化干扰素。采用偶联有汽巴蓝染料的超大孔聚羟甲基丙烯酸甲酯（PHEMA）凝胶材料，能够特异性结合人 α- 干扰素，纯度高达 97.6%，收率达到 84.6%（图 5-21）[42]。

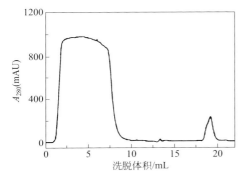

图5-20　采用Con A-Cu(Ⅱ)-IDA-MCM对卵清蛋白中糖蛋白的富集谱图[38]　　图5-21　人纤维细胞中提取干扰素的层析谱图[42]

核酸适配体也是常见的亲和配基。单股 DNA、RNA 或者合成寡核苷酸的复合物能够形成高度结合目标蛋白的有效空间结构。与常规抗体配基相比，这些核酸适配体稳定性更强，能够耐受极端溶液环境，对于有严格清洗要求的纯化场合更为适用。而且，与多肽配基相比，核酸适配体能够很方便地进行改造，从而耐受蛋白水解，而多肽配基则不具备这一优势。核酸适配体在纯化人血浆蛋白方面取得了很好的应用效果，Mapt2.2CS、MaptH1.1CSO 和 Nonapata5.1 这三种核酸适配体分别可纯化血浆稀有组分Ⅶ因子、H 因子和Ⅸ因子，其结合载量较常规特异性抗体亲和配基高 4 ~ 6 倍，纯度可达 98%（图 5-22）[43]。

（2）亲和标签　亲和标签在治疗性蛋白纯化领域应用非常普遍，这些人为构建的氨基酸序列段对特定的生物或化学配基有很强的亲和力。将亲和标签引入目标蛋白的 N 末端或 C 末端后，即可通过标签亲和层析进行纯化。与其他亲和层析相比，标签亲和层析对治疗性蛋白纯化而言优势颇多。大多数治疗性蛋白从构建之初就带有特定的亲和标签，且在纯化过程中能够获得很高的处理能力，大大降低了纯化成本。而且，特别重要的一点是这些标签能够在纯化后方便地去除掉。单抗、转录因子、酶、生长因子等均可采用亲和标签层析进行纯化。

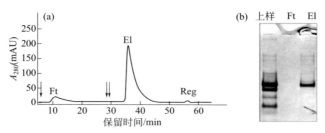

图5-22 核酸适配体亲和层析纯化凝血因子Ⅶ（a）层析谱图和（b）电泳图[43]
（Ft、El和Reg分别表示穿透、洗脱和再生）

①在众多的亲和标签中，组氨酸标签（His-tag）是使用最为广泛的一类。这种标签容易引入蛋白序列，且很稳定，在蛋白制备过程中无需经过特殊复性即能具备其正常功能，甚至对膜蛋白这一类纯化难度极高的类型也能完成纯化。His标签蛋白采用金属螯合介质进行纯化，其原理是组氨酸标签上含有的咪唑基团与金属离子发生相互作用。与谷胱甘肽巯基转移酶（GST）等其他标签相比，His标签能够帮助蛋白形成更多的可溶性结构。以全长结核分枝杆菌小蛋白B（FL MtbSmpB）为例，一步金属螯合层析纯度即可达到大约90%，再经凝胶过滤层析纯化后，最终纯度高达99%，回收产率26.9mg/L（图5-23）[44]。其不足之处在于表达过程中可能形成带有His标签的其他杂蛋白，这些杂蛋白与目标蛋白一起被纯化，造成污染。②表位标签近年来受到人们普遍关注。其中，Flag标签是最常用的一类，其是一段亲水八肽。Flag标签可被M1、M2和M5单抗识别，采用单抗亲和层析纯化[45]。这一类亲和标签系统可用于细胞生物学、酶生化分析、跟踪细胞表达和纯化等。③S1v1是一种可替代His标签的多功能标签，其由一种自组装两亲性多肽上的赖氨酸替换成组氨酸而来。这类标签重组蛋白表达量和生物活性较传统His标签更高，经Ni金属螯合层析纯化后能获得47%收率，而传统His标签重组蛋白收率仅为8.23%[46]。④为了满足亲和标签纯化后需要除去的需要，人们开始使用自切内涵肽标签系统。这种亲和标签通过加入巯基化合物或改变pH或温度等，即能实现内涵肽标签自切除。进一步将内涵肽与甲壳素结合域标签（CBD）组合在一起，对多种大肠杆菌表达蛋白都有很好的纯化效果[35]。

2. 非亲和层析

非亲和层析常用于治疗性蛋白精细纯化阶段，对于获得高纯度生物制品非常关键。以单抗纯化为例，Protein A亲和层析后会接着采取一到两步精细纯化以除去残留宿主蛋白、DNA、病毒等杂质。与亲和层析不同的是，非亲和层析不再利用目标蛋白与介质之间的特异性结合力，而是根据电荷性质、疏水性质或分子尺寸大小等进行分离。离子交换层析、疏水层析、混合模式层析、凝胶过滤层析和反相层析等都是最常见的非亲和层析技术。

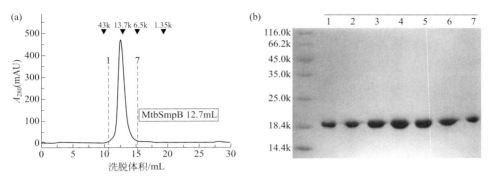

图5-23　经金属螯合层析纯化得到全长结核分枝杆菌小蛋白B（FL MtbSmpB）的纯度分析（a）凝胶过滤层析谱图和（b）电泳图[44]

用于纯化治疗性蛋白的离子交换层析介质，其基质多为琼脂糖、硅胶、聚甲基丙烯酸酯、聚苯乙烯-二乙烯基苯等，配基可为磺酸根或季铵盐。该技术利用带电荷配基在一定溶液环境下可与治疗性蛋白发生结合作用，再通过改变溶液环境（pH或盐浓度），将蛋白洗脱下来。纤维素作为一类亲水性生物大分子材料，可作为离子交换层析介质的基质，用于纯化单抗。其分子链具有重复单元，稳定性好，且易于衍生。将纤维素预处理浆液成球后，偶联各种正电和负电基团。制备得到的微球既带有羧基、又带有季铵基。扫描电镜结果表明该两性离子微球具有超大孔结构[47]。这一类微球是绿色、生物基离子交换介质，其成本低、分离效果好。两性离子的引入对于其结合治疗性蛋白和其他生物大分子具有独特优势，成为常规离子交换介质的有力补充[35]。

疏水层析用于纯化治疗性蛋白时，利用高盐溶液条件下，目标蛋白的疏水区域能与疏水介质发生结合，而其他极性杂质分子不被结合从而流穿。疏水层析以及相关技术对除去蛋白聚集体或解聚体十分有效，是治疗性蛋白精细分离纯化过程的常用方法。针对柱层析过程的扩散阻力问题，接枝型层析介质和新型配基都是提高分离效率的有效途径。高分子接枝和密度调控对于增加结合面积、强化结合作用、提高结合速率等都具有显著效果，是治疗性蛋白大规模生产的可靠保证[35]。

由于离子交换层析和疏水层析对蛋白粗料液的盐浓度都有具体要求，这在一定程度上加重了纯化过程处理量，从而限制这两种纯化操作技术的具体应用。混合模式层析是固定相与流动相之间存在不止一种作用机制的新型纯化方法，兼具上述两种层析技术的特点，在提高分离效率、减少分离成本方面有其独特的优势。混合模式层析介质的配基具有多功能性，如疏水相互作用、静电作用以及氢键，能够显著提升治疗性蛋白分离度。例如，羧基和苯基分别偶联至介质上，从而提供离子基团和疏水基团，又如将烃基胺或硫原子引入，以具备多模式作用。一种甲基丙烯酸缩水甘油酯接枝型疏水电荷诱导层析介质，其以氨基苯并咪唑为功能基团，这种介质在配基密度 330μmol/g 时，蛋白吸附容量高达 140mg/g，远高于其他同类介质 [48]。混合模式层析已成功应用于单抗和其他治疗性蛋白纯化领域，该类层析最大的优势之一是样品蛋白物料无需稀释或加盐即可实现柱上结合，从而大大提高生产效率 [35]。

二、抗体

Protein A 介质是目前单抗药物纯化的主要方式，大约 70% ~ 80% 人源化单抗药物都是采用 Protein A 介质进行捕获分离的。随着单抗产业的蓬勃发展，Protein A 亲和介质特别是基因工程 Protein A 介质发挥着越来越重要的作用，其市场占据整个分离介质市场的一半以上。稳定性、载量和成本等都是 Protein A 介质领域关注的重点。

Protein A 来源于金黄色葡萄球菌，对免疫球蛋白有广泛的亲和性，疏水作用、盐桥和氢键作用等都参与了二者的相互作用。从天然金黄色葡萄球菌中提取或经基因改造得到的 Protein A 配基，由 E、D、A、B、C 五个高度同源的片段组成，均可以与单抗 Fc 区进行特异性结合，而不影响单抗 Fab 区的功能。正是得益于 Protein A 对单抗的这种高度特异性结合能力，单抗生产过程中普遍采取 Protein A 介质进行分离纯化的方式，即细胞培养液中的单抗被介质捕获，而杂质直接流穿，一步纯化即可达到 95% 以上纯度。

为了更好地适应单抗产业的快速发展要求，Protein A 介质需要具有更高的动态结合载量、高稳定性以及较长使用寿命等性质。其中，围绕介质载量提升这一抗体生产中最看重的性能指标，人们开展了一系列工作。在上游抗体生产迈入高滴度时代，抗体表达量不断攀升，此时柱上保留时间短且原料液浓度很高时，如何保持介质的高载量是特别关键的问题。载量不断提升的耐碱型 Protein A 介质在激烈的竞争中脱颖而出。

围绕加强传质效率、提高配基接触能力等方面，科研人员采取了优化粒径和孔尺寸以及表面修饰和改性等方法来提升介质载量。小粒径微球由于具有更快的传质效率，所以分辨率更高，载量更大，但是缺点是反压大。孔径是另一个关键参数，对传质效率影响很大。此外，吸附型介质的载量通过表面衍生和改性可得到明显改善。

在介质表面衍生和改性方法中，环氧基是最常用的配基偶联方法，通过稳定共价偶联将配基偶联至分离介质上。其中，氨基偶联需要在较高的 pH 环境下进行，这对稳定性差的配基来说不太适合，而巯基偶联在接近中性的环境下进行，反应条件较为温和。因此，环氧活化偶联法是 Protein A 介质制备的主要方法。此外，通过在介质骨架和配基之间引入间隔臂，配基与目标蛋白的结合能力明显增加。这一现象在小分子配基的偶联过程中尤为明显。间隔臂对提升大分子配基的结合能力同样重要，这是因为其可以改善配基结合目标蛋白时的柔性，降低空间位阻[49]。

对配基本身进行改造也是提高 Protein A 介质载量的重要手段。Protein A 配基经改造后引入巯基，采用定点偶联技术，通过活化基质上的环氧基与其偶联，制备得到的介质载量明显高于其他随机偶联技术。为了进一步降低 Protein A 配基结合单抗过程中可能存在的空间位阻效应，以提高其偶联效率和载量，一种较为流行的技术是取 Protein A 分子中的某一区域，通过构建其重复单元的聚合体，代替其整个分子进行偶联，能够极大地提高介质载量。例如，对 B 区域进行重复聚合，当从二聚物增至八聚物时，介质静态载量提升 4 倍，动态载量提升 2.7 倍，继续增加聚合度，载量不再提升（图 5-24）[50]。

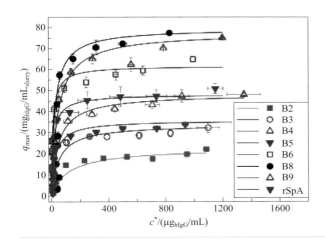

图5-24

不同B区重复单元数目的Protein A介质对人IgG的吸附曲线[50]

（横坐标表示平衡浓度，纵坐标表示吸附平衡容量）

在单抗生产过程中，需要对介质进行清洗，以除去介质上残留的核酸、宿主细胞蛋白等污染物，常见的清洗剂有 NaOH 溶液，其浓度通常为 0.1mol/L 甚至高达 0.5mol/L，这是天然 Protein A 无法承受的。为此，人们对天然 Protein A 所含有的五个高度同源的片段进行分析，利用基因工程技术对其进行改造。构建耐碱型 Protein A 配基，即通过对 Protein A 分子某一区域（例如 B 区域）进行改造，能够获得具有耐碱性质的 Protein A 介质。它不但能够满足单抗生产过程中严格的在线清洗要求，同时还能提供稳定的载量。正是由于具有这种优势，耐碱 Protein A 介质在抗体下游纯化过程受到广泛欢迎。迄今为止，对 Protein A 的耐碱性改造主要集中于 B 区和 C 区，分别将这两个区域的碱敏感氨基酸进行替换后，其耐碱性能大大提升。马光辉团队选择天然 Protein A 的 C 区作为改造对象，将该区的碱敏感性氨基酸进行定点突变，得到耐碱 Protein A。以其为配基，采用定点偶联方法，制备耐碱 Protein A 介质。动态载量实验结果表明，这种耐碱 Protein A 介质的动态载量达到 81.92mg/mL。进一步将其偶联至高交联基质上，在线清洗实验结果表明，所制备耐碱 Protein A 介质经过 40 次在线清洗操作后，其动态载量仍保持在 95% 以上（图 5-25）[51,52]。

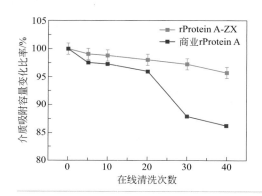

图5-25
不同在线次数下耐碱Protein A 介质的动态载量比较[52]

三、蛋白组学

在蛋白偶联研究领域，将检测分析与蛋白分离结合起来是发展趋势之一。标记蛋白经凝胶过滤层析分离后，再用于基于微球技术的蛋白组学分析研究（Size Exclusion Chromatography-resolved Microsphere-based Affinity Proteomics，Size-MAP）[53]。该技术不仅可用于辨别特异性单抗和通用单抗，还可用于评价蛋白偶联剂的特异性，以及评价基因芯片测定蛋白组学的效果，用途十分广泛。

采用基于微球的抗体分析技术可用于分离蛋白质组。具体来讲，通过层析技术将复杂样品分离开（该分离过程具有很高的分辨率），可分别对得到的抗体与靶蛋白的结合物进行检测。为进一步提高检测效率，研究人员开发了微球高通量微孔检测方法。表面带有巯基的微球先与马来酰亚胺衍生化免疫球蛋白反应，余下的巯基再与马来酰亚胺衍生化荧光染料反应。微球经染料标记后，与单抗混合。后续对于不同微球的分型可在流式细胞仪上完成。

Size-MAP 技术还可依据蛋白大小对单抗结合物进行分离，具体来讲，细胞破碎液中的蛋白经生物素标记，再经凝胶过滤层析分离。向分离各组分中加入微球检测试剂，过夜反应后洗涤，再经链和亲霉素标记，经流式细胞仪检测，最终得到以凝胶过滤层析分级产物为横坐标、结合有不同抗体的微球为纵坐标的数据。该方法可在微孔板中自动操作，其处理量较免疫沉淀、电泳或质谱高两个数量级。此外，Size-MAP 技术还能够帮助识别特异性结合蛋白以及从复杂多分子蛋白聚体中找出单体蛋白[53]。

四、DNA

面对日益发展的基因治疗和 DNA 疫苗，如何实现其高效分离纯化受到广泛重视。典型的质粒包括 3000 ~ 20000 个碱基对，对应分子量 200 万至 1300 万，水力学半径超过 100nm。层析介质是 DNA 纯化过程的核心部分。对于基质来说，孔径决定了哪些生物分子能够进入介质或被排阻在外。一般来讲，孔径尺寸达到目标生物分子尺寸的 5 倍以上时，后者能够与介质内部的配基充分接触，从而有利于提高载量。同时，还应考虑到孔径大小与介质表面积的相关性，这也影响配基的偶联量以及最终结合载量。为克服 DNA 体系杂质多、体系黏稠等问题，需要对介质孔径和 DNA 尺寸进行综合考虑。孔径 200nm 的介质其体积排阻极限约为 1000 个碱基对，对于 RNA 分子的孔内扩散是足够大的，但对于 DNA 来说则远远不够。依据该原理，制备一类外层惰性、内核带有阳离子基团的微球，采取 pDNA 穿透、RNA 结合的方式来对二者进行分离（图 5-26）[54]。DNA 分子由于尺寸太大而无法进入介质孔内，因此不能结合到介质内部的带电基质，而 RNA 能够进入孔内而被结合。最终根据这类分子尺寸和离子交换性质之间的差异实现有效分离[55]。

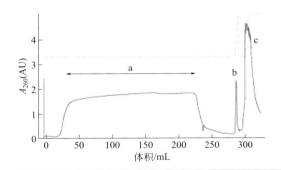

图5-26
重组质粒经两步层析的纯化谱图［实线代表紫外吸收，其中a表示上样，流穿液中含有低分子量RNA（LMM-RNA）；b表示自第二个柱子洗脱的质粒DNA；c表示自第一个柱子洗脱的高分子量RNA（HMM-RNA）。虚线代表电导[54]］

超大孔微球具有大量贯穿孔，允许生物分子进行颗粒内传质，有效提高了流动相在孔道内部的传质效率。通常，这种贯穿孔尺寸达到颗粒总直径的 1/4 ～ 1/20，在 DNA 纯化过程中发挥绝大部分作用。高流速下，这类超大孔介质能够最大限度地避免纯化效率损失。使用超大孔微球进行分离纯化，目标蛋白最终纯度和流速分别是传统介质的 2 倍和 5 倍。琼脂糖超大孔阴离子介质用于从大肠杆菌裂解液中纯化质粒，其载量较传统琼脂糖介质高出 4 ～ 5 倍，经激光共聚焦显微镜观察，超大孔微球对质粒的有效接触面积更大[56]。

除了孔道外，介质的配基也是提高 DNA 纯化效率的关键要素。为了改善层析介质对 pDNA、内毒素、gDNA 或 RNA 的分辨率、选择性和特异性结合能力，配基的选择十分重要。离子交换配基是 DNA 纯化最常见的配基种类。向微球基质上引入聚胺，制备阴离子交换介质，利用核酸分子的聚阴离子性质，即 DNA 分子上的带负电磷酸基团与介质上的带正电基团发生结合从而被捕获，进一步通过提高盐浓度即可实现洗脱。疏水配基也是 DNA 纯化的常见配基，不同亚型的 DNA 分子在流动相为 1.5mol/L 硫酸铵溶液的条件下，经苯基琼脂糖介质结合，接下来 pDNA、gDNA、单链 RNA 按顺序洗脱下来，实现分离。亲和配基方面，金属螯合配基、组氨酸标签、寡核苷酸、氨基酸等都可用于纯化 DNA。氨基酸亲和配基的选择依据是：蛋白与核酸之间的相互作用源于蛋白所带组氨酸或精氨酸等关键氨基酸，核酸在偶联了这些带正电氨基酸的介质上具有不同的保留性质，从而能够实现有效分离纯化。以组氨酸配基为例，其与 pDNA 的作用主要是咪唑环的疏水作用，高盐浓度下 pDNA 被结合在柱上，降低盐浓度则被洗脱。此外，组氨酸配基还能用于从大肠杆菌表达 sRNA 中纯化 6S RNA。而以赖氨酸为配基制备的介质对 RNA 具有最强的保留性质[55]。

五、酶

酶具有高选择性和特异性，能在温和的温度和压力等条件下发生催化反应，广泛应用于药物、食品、精细化工等领域。对于酶纯化来说，由于其自身结构的特殊性，如易失活、稳定性差等，在选择纯化介质时需要考虑的因素应更加全面，包括介质的内部孔道结构、表面积、活化程度、机械强度等，对这些性质的要求也有其特别之处[57]。其中，惰性基质材料更适用于分离纯化酶。以琼脂糖为代表的多糖介质具有良好的亲水性，这一类材料能够有效避免酶在吸附过程中因结构变化而失活[58]。

起初，以汽巴蓝为代表的三嗪类染料配基因具有成本低、偶联过程简便、稳定性好且载量高等诸多优势而被广泛用于酶纯化。为了进一步提高其对酶的亲和力，一般采取以下两种途径。一种是特异性洗脱方法，可以最大程度减少污染。当染料配基与酶的活性位点发生作用时，采用竞争性物质即可顺利将酶洗脱下来。当无法确定染料配基与酶的作用机制时，则尽可能地尝试更多的竞争洗脱剂。另一种是设计对酶具有高亲和力的新型配基，即仿生配基。构建仿生配基时，需要模拟天然配基的结构及其与目标酶之间的相互作用。这一类配基不但对酶有高度亲和力，还保持了传统染料配基的原有优势。目前，仿生亲和配基已广泛用于纯化胰蛋白酶、尿激酶、激肽释放酶、碱性磷酸酶、苹果酸酶、甲酸脱氢酶、草酰乙酸脱氢酶和乳酸脱氢酶等[59]。以胰蛋白酶为例，其催化机制是自身反应活性中心上的丝氨酸与底物上赖氨酸和精氨酸的阳离子侧链部分发生结合，此外，位于活性中心的天冬氨酸上的阴离子羧基也对酶活提供贡献。基于此，苯甲脒作为一种胰蛋白酶抑制剂，由于能够提供上述相互作用中类似的阳离子基团和疏水基团而作为仿生配基用于纯化胰蛋白酶[60]。

在亲和层析纯化尿激酶过程中，配基大多是与酶抑制剂或底物结构相似的分子。例如，采用苯甲脒亲和介质一步纯化尿激酶，纯化倍数达到 13，酶活性回收率为 290%。为了进一步将尿激酶的高分子量组分从低分子量组分中分开，将6-氨基己酸偶联至琼脂糖微球，接着将氨基苯甲脒同样偶联，前者与尿激酶有亲和作用，后者提供疏水作用，用于从人体尿液中提纯尿激酶，可以有效地将不同分子量组分分开[61]。与尿激酶天然底物有相似结构的多肽也被成功应用于纯化尿激酶。免疫亲和层析也是纯化尿激酶的常用方法，可从尿液、废弃组织培养基、大肠杆菌培养基等中高效纯化尿激酶，且样品前期无需再经过透析或浓缩步骤。基质选择方面，高流速、耐清洗、良好的孔道通透性和稳定性等都是需要具备的理想性质[62]。

为了获得足够的纯度，脂肪酶的纯化往往需要将一系列层析技术联合起来，通常采用以下三类层析技术。

（1）离子交换层析，DEAE 和 CM 分别是最常用的阴离子和阳离子交换介质。

（2）凝胶过滤层析是仅次之的常用方法，由于其上样量有限，因此常用在最后精纯阶段。

（3）亲和层析和疏水层析。其中，苯基介质和辛基介质是最常用的疏水介质。另一类亲和介质是羟基磷灰石，其分离机理是脂肪酶活性位点附近具有很大面积的疏水区域，其能够与介质发生相互作用，单步纯化倍数为 2 ~ 10倍。另外，合成配基在脂肪酶纯化领域也受到广泛关注。一种带有环己胺活性基团的合成配基偶联至琼脂糖微球上，对脂肪酶一步纯化回收率即达到73%。较其他天然配基而言，该合成配基具有很高的耐碱性能，适于脂肪酶工业生产[63]。

层析技术广泛用于纯化溶菌酶，其中琼脂糖微球和大孔高分子微球都是使用较多的分离介质。离子交换层析是最普遍采用的纯化方法。弱酸性超大孔介质用于从鸡蛋白中纯化溶菌酶，酶回收率高达 90% ~ 95%。采用阳离子交换高分子介质和阴离子琼脂糖介质，能够从蛋清中将溶菌酶、转铁蛋白、卵白蛋白和黄素蛋白分别提取出来，其纯度依次为 95%、89%、91% 和 100%。亲和层析在纯化溶菌酶方面具有耗时短、高效等优势。在配基选择方面，染料配基较天然生物配基具有更多优势，如成本低、易获得、偶联方法简便等。以 Red HE-3B 为配基制备得到的亲和介质，从鸡蛋清中纯化溶菌酶，当染料配基密度为 1.7μmol/mL 时，介质载量达到 26mg/mL，液相色谱分析纯度为 88%，酶回收率 92%。以汽巴蓝为配基，偶联至聚甲基丙烯酸酯微球（直径 1.6μm），其载量高达 591.7mg/g，远高于未偶联染料配基的空白微球（1.6mg/g），且使用重复性能稳定，10 次循环使用后载量基本不变，纯度达到 88%，回收率高达 79%，比活 43600U/mg。此外，以汽巴蓝为配基、Nd-Fe-B 琼脂糖微球为基质的膨胀床技术也是纯化溶菌酶的重要手段，研究证实小粒径填料的纯化倍数更高 [64]。

六、多糖

层析技术是多糖制备纯化和纯度分析的重要方法，对样品分级、结构研究、分子量分布分析、多糖的鉴定和动力学研究、纯度分析等都有着很好的应用效果。离子交换层析和凝胶过滤层析是多糖纯化的两种主要手段，分别通过多糖的电荷性质和分子大小来实现分离。固定相方面，以粒径 5 ~ 10μm 的硅胶微球为基质，键合十八烷基硅烷或氨丙基硅烷，具有良好的刚性和耐压性质。琼脂糖微球、葡聚糖微球、聚丙烯酰胺和聚苯乙烯等也是用于纯化多糖的常见基质。离子交换层析技术分离多糖过程中，键合了氨基的弱阴离子交换硅胶微球在水 / 乙腈流动相体系下，依据氢键作用的保留机制，随着流动相中水浓度的增大，对多糖的保留作用减弱。相比之下，强阴离子介质的载量较低，可在碱性流动相条件下纯化多糖。阳离子交换介质也可用于纯化多糖，如磺酸化聚苯乙烯微球。凝胶过滤层析分离多糖过程中，常以葡聚糖或支链淀粉作为分子量判定标准。对于纤维素、支链淀粉以及几丁质等溶解度不佳的多糖，以含有 0.5% LiCl 的 N,N- 二甲基乙酰胺作为溶剂，可达到较好的分离效果 [65]。

多种层析技术可以纯化地衣多糖。凝胶过滤层析技术是最主要的纯化方法，能够将不同分子量的地衣分离开来。琼脂糖微球或聚丙烯酰胺微球是纯化地衣常用的凝胶过滤层析介质。此外，离子交换层析也是常用的分离方法。地衣多糖样品依次经冻干和复融后，经阴离子交换层析和凝胶过滤层析，获得纯品 [66]。

第五节
高分子微球在多肽、天然产物等分离纯化中的应用

一、多肽

生物活性多肽是具有一定氨基酸序列且具有特定生理学效应的一类生物分子。其来源极为广泛，种类和组成丰富，功能多样化，是食品、保健品和医药领域重要的成员。在多肽分离纯化过程中，层析技术是最主要的分离方法，且以高效液相色谱和超高压液相色谱尤为突出。对于小分子生物活性多肽，超高压液相色谱较常规液相色谱更具载量、分辨率和灵敏度等优势。此外，反相层析根据疏水作用来分离多肽，而亲水层析则在亲水性多肽分离方面极具优势，通过提高层析固定相和溶质的极性以及降低洗脱液中有机溶剂的极性来提高多肽保留性质，在短肽分离、同源序列多肽的质谱识别等方面有很好应用。

抗凝活性多肽和蛋白酶可采用凝胶过滤层析和反相层析进行分离。多肽水解液经 Sephadex G-25 层析柱分离后，收集得到的高抗凝活性组分再经 Vydac C_{18} 反相层析柱分离，最后经质谱鉴定，确定了四种高抗凝血活性的多肽[67]。从大豆蛋白中提取的多肽依次经超滤、凝胶过滤、反相层析和质谱鉴定，具体过程包括，超滤膜分子量 1k 截留的组分经 Superdex™ 多肽柱分离后，收集得到的高抗脂活性组分再经 Develosil ODS-HG-5 反相柱分离，以及反相层析柱二次分离，最后经质谱鉴定，确定了具有抗脂活性的三种多肽[68]。

来源于鱼皮的明胶水解液里含有丰富的抗高血压活性多肽，依次经超滤、离子交换层析、凝胶过滤层析分离，再经 MALDI-TOF 质谱纯化，得到分子量分别是 720 和 829 的两种抗高血压活性很高的多肽[69]。值得注意的是，对于生物活性多肽实际体系，由于组分十分复杂，小肽、大肽和性质迥异的肽之间的分离极为困难，因此，在多肽各组分进行质谱前，对其开展一系列组合纯化操作尤为必要。最直接的例子就是采取反相层析和亲水层析两种层析联用技术分离疏水性多肽和亲水性多肽，分离效果很好[70]。马光辉团队采用亲水改性聚苯乙烯微球，可以通过取代反应共价接枝不同的官能团，得到各种分离模式 PST 介质，用于多肽和其他小分子分离纯化[71]。可控辐射聚合（CRP）在提高高分子微球层析填料的制备与修饰效率等方面受到人们广泛关注。其中，表面引发原子转移自由基聚合技术（ATRP）用于向 PST 微球上接枝温敏性高分子聚 N- 异丙基丙烯酰胺（PNIPAAm），接枝量对分离疏水多肽十分重要。这种热敏性层析介质对血管紧

张肽（图 5-27）[72]、胰岛素和其他小分子均有很好的分离效果[73]。

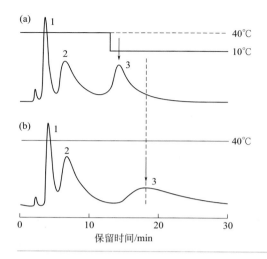

图5-27

血管紧张肽Ⅰ（峰3）、Ⅱ（峰1）、Ⅲ（峰2）经温敏性聚丙烯酰胺接枝 PST层析介质的纯化谱图

（a）40℃（0～13min）和10℃（13～30min）（b）40℃[72]

二、天然产物

低压液相层析分离提纯天然产物时，主要根据吸附机理（如反相层析）或分子筛机理进行纯化。属于吸附机理的介质有硅胶、键合硅胶、氧化铝和聚苯乙烯等，属于分子筛机理的介质有聚丙烯酰胺和多糖等。介质粒径范围 40～60μm。马光辉团队和 Z.G. Su 团队采用均一 PST 介质从淫羊藿中提纯淫羊藿苷（图 5-28）[74]、从禾谷镰刀菌中纯化真菌毒素以及从蛇足石杉中提纯石杉碱 A 和 B 等。除了反相层析和凝胶过滤层析外，亲水作用层析也是纯化天然产物的重要方法，可用于纯化中草药或绿茶中的多元酚等[75]。与反相层析不同，亲水作用层析以极性固定相为介质，尤以交联琼脂糖微球最为常见，其结构中的醚键提供氢键作用，交联骨架提供疏水残基，这两种作用形成的混合机制是亲水作用层析的主要分离机制，而多元酚的羟基数目与位置是影响其洗脱顺序的主要因素。苯甲酸、4- 羟基苯甲酸、3,5- 二羟基苯甲酸和 3,4,5- 三羟基苯甲酸的混合物在含有乙醇和乙酸混合物的流动相中，经交联琼脂糖微球层析柱后，苯甲酸的保留时间最短，最先流出。相比之下，3,4,5- 三羟基苯甲酸的保留时间短于 3,5- 二羟基苯甲酸，较早流出。在实际应用中，中草药多种活性成分均可采用此技术分离纯化。例如，虎杖根提取物富含白藜芦醇和虎杖苷等多元酚，采用交联琼脂糖微球层析柱，以乙醇和乙酸的混合溶剂为流动相，最终得到白藜芦醇的纯度达 96%，回收率 61%。又如，丹参含有三种主要活性成分（3,4- 二羟基苯基乳酸、丹酚酸 B 和原儿茶醛），

经交联琼脂糖微球凝胶过滤层析，在流动相依次为乙醇和乙酸浓度逐渐增大的洗脱条件下，能实现一步分离。其中，3,4- 二羟基苯基乳酸的纯度为 97%，回收率为 88%。原儿茶醛的纯度为 99%，回收率为 90%。丹酚酸 B 的纯度为 90%，回收率约 50%。再如，表没食子儿茶素没食子酸酯是绿茶中的主要活性成分，为了有效提取该成分，采用交联琼脂糖微球凝胶过滤层析，在增加乙腈 / 水流动相中乙腈浓度的条件下，可从绿茶多酚中直接纯化得到。当乙腈浓度达到 78% 时，其纯度和回收率均达到最大。此外，交联葡聚糖微球还可用于从红茶中提取茶黄素[76]。

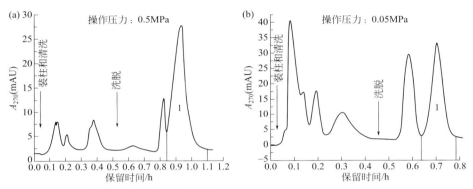

图5-28　采用（a）C$_{18}$柱、（b）PST柱从粗提液中提纯淫羊藿苷[74]
（峰1表示淫羊藿苷）

第六节
柱层析复性

　　柱层析复性又称固相复性，其原理在于利用层析介质将蛋白质分子互相隔开，以减少它们在层析柱中折叠时发生聚集的概率。与溶液复性相比，层析复性具有诸多优势，主要包括：配基可以重复使用，使用成本大大降低；介质的使用有利于将不同状态的蛋白质实现分离，有利于折叠过程的不断进行；蛋白质在柱上发生聚集的概率大大降低，使得蛋白质复性浓度显著增加，有利于改善复性效率；便于回收复性好的蛋白；便于自动化生产。依据层析技术类型，蛋白质层析复性可分为如下几类：凝胶过滤层析复性、疏水层析复性、离子交换层析复性、亲和层析复性和其他层析复性技术。用于蛋白质复性的层析介质，需要尽可能地避免影响蛋白质的自发折叠过程，例如，降低介质与蛋白之间的多点结合作用，以避免该作用力超过蛋白质的疏水坍塌倾向，从而阻止蛋白质复性[77]。

一、凝胶过滤层析复性

用复性缓冲液平衡凝胶过滤柱，再将变性蛋白上柱，接下来的淋洗过程中，蛋白质与变性剂因介质孔道尺寸的差异而分开，同时蛋白质开始折叠，不同构型的蛋白质也能在层析过程中得到分离，最后获得天然结构的蛋白。在凝胶过滤介质的帮助下，复性过程能够有效抑制蛋白质相互靠近和聚集，这一点与稀释复性显著不同。凝胶过滤介质自身的惰性不但不干扰蛋白质的自发折叠过程，还能减少聚集的发生，是迄今为止应用最广泛的层析复性方法（图5-29）[78]。介质的孔径大小对复性效果影响最大。小孔径介质有利于将变性剂和蛋白质分开，但不利于分离不同构型的蛋白质；孔径太大，则不利于变性剂和蛋白质的有效分离。

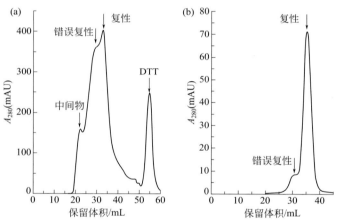

图5-29 （a）凝胶过滤层析复性溶菌酶谱图；（b）由（a）复性过程得到的蛋白谱图[78]

二、疏水层析复性

变性蛋白具有暴露的疏水表面，可跟疏水介质发生结合，从而有助于抑制蛋白聚集。高浓度盐条件下的疏水作用能够推动变性蛋白质吸附到疏水介质上，使疏水残基与介质上的疏水配基接触，与此同时亲水残基朝向流动相。这样在一定的区域里，蛋白形成特定的局部构象，这种构象在洗脱过程中成为复性折叠的种子，并发生连续的结构变化，最终离开疏水介质，成为具有天然结构的蛋白而进入流动相。丁基琼脂糖介质用于复性溶菌酶时，结合过程硫酸铵溶液起始和终浓度分别为 1mol/L 和 0.4mol/L，复性和洗脱过程脲浓度线性增至 4mol/L，最终复性收率较稀释复性提高 1.6 倍（图 5-30）[79]。与其他层析复性技术相同，疏水介质能够避免蛋白在复性过程中发生聚集，提高复性效率。一般来说，为了避免蛋白在复性过程中形成错误结构，倾向于采用弱疏水介质，其复性效果优于强疏水介质。

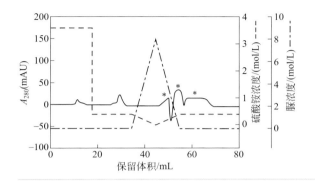

图5-30
采用高密度苯基琼脂糖介质疏水层析复性溶菌酶（*为目标蛋白）[79]

三、离子交换层析复性

变性剂条件下的变性蛋白吸附至离子交换柱上，再逐渐降低变性剂浓度促使蛋白质在柱上折叠，最后用一定盐浓度的缓冲液洗脱复性蛋白质。该技术的优点是吸附容量大，能够得到高浓度复性产物。离子交换介质的配基密度是影响蛋白复性效果的关键因素。配基密度过高，吸附的蛋白过度密集，易造成变性剂去除时蛋白发生聚集，对洗脱和复性造成困难。DEAE 琼脂糖介质用于复性重组人肿瘤坏死因子 -α（rhTNF-α）时，脲浓度为 3.0mol/L，NaCl 浓度线性增至 1.0mol/L 时，可实现一步复性与纯化（图 5-31）[80]。

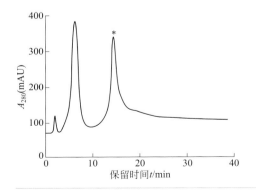

图5-31
重组人肿瘤坏死因子-α（rhTNF-α）经弱阴离子交换层析复性与纯化同时进行的谱图（DEAE Sepharose FF，* 表示目标蛋白）[80]

四、亲和层析复性

将目标蛋白接上亲和标签，使其在变性条件下吸附至特定的标签亲和柱上，再通过降低变性剂浓度启动复性过程，最后用特异性洗脱液将目标蛋白质洗脱。该技术的优点在于能够最大限度地去除杂蛋白，对复性和纯化均有利。以金属螯合层析为例，通过特异性地捕捉带多聚组氨酸标签的重组蛋白质，再用咪唑等洗脱剂洗脱，实现蛋白复性（图5-32）[81]。此外，还可将多聚精氨酸与目标蛋白形成融合蛋白而被多聚阴离子介质（如肝素亲和介质）特异性吸附，或将纤维素结合区与目标蛋白形成融合蛋白而被纤维素介质特异性吸附，从而复性蛋白。

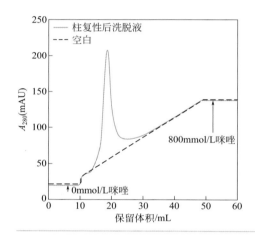

图5-32
采用咪唑洗脱方式的金属螯合层析复性GST-(His$_6$)谱图[81]

五、分子伴侣固定化复性

为了提高层析复性效率，可将复性过程中用到的分子伴侣固定到层析介质上，从而实现重复使用。分子伴侣能够暂时结合蛋白复性折叠中间体的疏水区域而不影响复性过程，将其固定化可以将该结合能力与介质的空间隔离效果综合起来，对聚集的防治作用得到加强。为避免分子伴侣在固定化过程中结构发生改变，以及保持活性中心的有效性，需要使用较为温和的固定化条件，除了共价结合外，还可以采用静电吸附或亲和吸附等非共价结合方式。将大肠杆菌表达二硫键形成蛋白固定在NHS活化琼脂糖微球上，用于溶菌酶复性，并与凝胶过滤层析联用，复性率达92.7%。连续使用6次，柱复性处理能力仅损失5%，10次后仍能保持57.7%[82]。

一、磁性微球

早期，磁分离技术在生物领域的应用主要包括纤维素磁性微球固定化酶、抗体或抗原偶联至聚丙烯酰胺 - 琼脂糖磁性微球等。随着制备方法的不断突破，磁性微球技术发展迅猛。磁性微球的制备主要包括制球和表面修饰两部分。在制球步骤，铁材料（如 Fe_3O_4 和 α-Fe_2O_3）具有磁性可控、超顺磁性、低毒性等特点，是主要的生物磁性分离材料。在修饰步骤，通过对磁微球表面进行修饰，使其同时具备高表面活性和生物相容性。采用聚合反应引入功能基团（如—OH，—COOH，—CHO 和—NH_2 等），再偶联其他生物大分子（如细胞、酶、蛋白、抗体和核酸等），从而获得特异性分离能力。磁微球的表面修饰方法一般包括有机小分子（偶联剂或表面活性剂等）修饰、有机高聚物（天然高分子、有机高分子或两者共聚物）修饰、无机纳米材料（如 SiO_2、Au 和 Ag 等）修饰。磁微球具有高表面积、良好的稳定性和超强的结合能力，特别是超顺磁性的特点，使其极易在外加磁场下分离固体和液体，且无需离心和过滤操作，从而大大节省时间。磁微球技术广泛应用于细胞分离与分型、蛋白分离纯化、核酸分离纯化以及生物活性小分子提取等领域[83]。

（1）细胞分离与分型　向磁微球表面偶联抗体或外生凝固素等配基，其能够特异性结合目标细胞，较其他细胞分离技术相比，更为简便、快速和高效。磁微球分离细胞的方法主要有两种，一种是直接从细胞混合物中分离出目标细胞，另一种是除去非目标细胞，从而富集和纯化目标细胞。根据磁微球对细胞结合力的性质，可分为非特异性吸附和特异性吸附。非特异性吸附是指磁微球与细胞之间通过静电作用相结合。特异性吸附指二者通过特定分子发生相互作用，这种相互作用产生更高的分离效果。例如，通过在表面带有羧基的磁微球表面标记荧光染料，再经碳二亚胺活化后，偶联抗体或外源凝集素，从而成功分离血红细胞和 B 淋巴细胞。

（2）蛋白分离纯化　磁微球用于蛋白分离纯化时，大多使用低成本、性质稳定的合成配基，分离机理包括亲和、离子交换、疏水和混合模式作用等。载量、选择性、重复使用性和低成本等都是设计和制备磁微球时需要考虑的重要问题。向硅胶覆层的磁微球上引入高分子刷，不但能够提高磁微球的稳定性，更大大提高其结合蛋白载量。Shao 等制备了一种 $Fe_3O_4@SiO_2@LDH$ 磁微球，其具有高比表面积以及均一的孔道结构，所含有的锂铝合金 - 层状双氢氧化物（NiAl-LDH）壳层能够结合 His 标签（组氨酸），从而有效分离 His 标签荧光蛋白[84]。

（3）核酸分离纯化 较传统核酸分离方法而言，磁微球分离方法更加简便、快速、高效、安全且成本低。无需离心和柱分离操作，能同时处理若干样品，可自动化操作，非常适合用于微量样品的核酸提取。该技术的优点主要包括：①能够直接从生物样品中提纯核酸；②能够避免类似离心这类易导致核酸降解的操作；③可以从黏性很大的生物体系中提纯核酸；④能从生物废弃物中提取微小颗粒。纤维素涂层磁微球在添加盐和 PEG 的环境中能吸附核酸。在磁微球表面接入不同 DNA 探针后，可同时纯化多种目标核酸[85]。

（4）生物活性小分子提取 对于小分子药物和具有药效的活性化合物来说，磁分离技术不但有效，而且无破坏作用。这在毒理学分析领域尤为重要，特别是抗生素和激素等药物滥用分析。研究发现，在磁微球表面偶联蛋白、酶、受体以及 DNA 等大分子，有助于从天然产物中识别生物活性小分子，从而为天然产物活性筛选提供了有力工具[83]。

1. 磁性微球在治疗性蛋白分离纯化中的应用

与传统层析技术相比，磁微球分离技术在降低操作成本、整合操作过程方面具有很大优势。为了提高磁微球的稳定性和对治疗性蛋白的分离能力，对其表面进行生物材料涂层并偶联亲和配基十分必要。琼脂糖、葡聚糖、壳聚糖和淀粉等都可用于磁微球表面涂层。表面涂层后的微球能够避免磁微球与蛋白直接接触时产生的聚集效应，从而起到稳定蛋白结构的作用。同时，这些涂层无毒、可生物降解，更加绿色环保。Batalha 等将仿生 Protein A 和 Protein L 配基分别偶联至经阿拉伯树胶或葡聚糖改性的磁微球表面，用于单抗纯化（图 5-33）[86]。这一类微球对单抗结合容量较传统琼脂糖介质提高 30 倍以上。偶联有抗溶菌酶和抗 IgG 亲和配基的磁微球分离溶菌酶和 IgG 时收率均超过 95%。

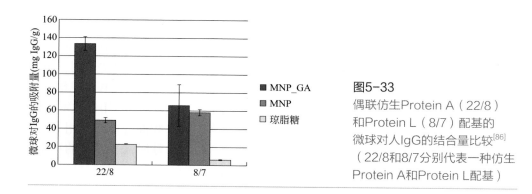

图5-33
偶联仿生Protein A（22/8）和Protein L（8/7）配基的微球对人IgG的结合量比较[86]（22/8和8/7分别代表一种仿生Protein A和Protein L配基）

除了多糖涂层外，硅涂层也是磁微球常用的修饰技术，硅壳带有的静电斥力有助于稳定磁内核，同时有利于在磁内核和偶联在硅胶表面的功能配基之间消除干扰作用。硅涂层具有水相稳定性、表面修饰过程简便易操作、厚度可调控等优势。将 Protein A 和 Protein G 亲和配基偶联至多孔 SiO₂ 磁微球表面，可用于纯化 IgG，与传统 Protein A 层析介质相比，具有更快的分离速度。对硅涂层磁微球表面进一步进行高分子修饰，如多巴胺、温敏性聚丙烯酰胺等，并制成分子印迹分离材料，对牛血清白蛋白等具有显著的分离效果[35]。

表面修饰磁微球对单抗、酶、溶菌酶以及血红蛋白等治疗性蛋白均有极高的亲和力，由于其具有很好的衍生性能，能够进一步纯化细胞和核酸。随着先进磁分离装置不断问世，磁微球重复使用性能逐渐提高、品种更加丰富等，磁分离微球在生物分离工程领域将发挥越来越重要的作用[35]。

2. 磁性微球在荧光和电化学发光免疫技术中的应用

基于荧光和电化学发光免疫技术的磁性微球取得了极大的影响力。与传统技术相比，免疫磁性微球具有诸多优势。首先，磁性微球具有更大的表面积，有利于捕获更高浓度的抗体，从而显著提高分析灵敏度。其次，偶联了抗体的微球自由分散于含有抗原的环境中，抗体和抗原之间的接触通过搅拌而得到强化，有利于缩短测试时间。再次，含有抗原／抗体复合物的磁性微球在磁场下极易快速分离，从而实现由测试样中直接分离目标检测物。最后，免疫磁性微球能够从大量稀释样品中捕获痕量目标物，只需要对磁性微球进行收集，目标物即可被有效浓缩。在免疫磁性微球分析过程中，包裹了链霉亲和素的磁性微球经磷酸盐缓冲液稀释后，可用于荧光和电化学发光免疫分析[87]。通过提高抗体浓度、增加磁性微球数量或者增加微孔尺寸等方法可以提高分析能力。

一般可采取以下途径来优化免疫发光分析技术：首先，抗体和生物素之间的连接分子长度非常重要，适宜长度的连接分子有利于避免空间位阻、提高抗原／抗体反应效率；其次，标记物与抗体之间应有合适的摩尔比；最后，封闭液组成，例如牛奶封闭液不适用于含有亲素或生物素的场合，这是因为牛奶本身含有生物素，会导致与生物素化抗体之间的竞争反应。与此同时，磁性微球本身的性质对免疫发光分析结果也非常关键。粒径均一、颗粒小、磁铁含量高等均更有利于提高分析能力。均一的微球有助于提高测定重复性，小颗粒有利于促进标记物与检测器的接触，而更高的磁铁含量有助于提高分离速度。此外，对微球表面与抗体之间的偶联化学进行优化也很重要，不仅保证抗体能够有效偶联，还要最大限度地减少非特异性吸附。

目前，基于免疫磁性微球的荧光和电化学发光技术已能够对微生物毒株和具有生物危险性的毒素进行有效监测。这些有害物普遍存在于空气、土壤、水、食物和动物体内，对人类健康造成严重危害。例如，葡萄球菌肠毒素 B（食物中毒）、蓖麻毒素（免疫毒素）、霍乱弧菌 O1 亚单位 B（肠毒素）、肉毒杆菌毒素 A（神经毒性和血凝反应）均可通过荧光和电化学发光技术进行检测。此外，荧光和电化学发光技术还可用于检测细菌和病毒，例如炭疽杆菌这一类产芽孢菌生化武器。研究表明，磁性微球尺寸大小（一般为 0.1μm 至 10μm）对其结合细菌能力影响很大。从更广范围考虑，该技术还可用于血液样本临床检测、水质检测、污染食物检测、土壤检测、复杂样本联合检测以及 DNA 分析[88]。

二、分子印迹分离技术

分子印迹微球可用作层析固定相和固相萃取填料等，用于药物、生物医学和环境分析等领域[89]。Ozcan 等为了分离 L- 组氨酸，以 N- 甲基丙烯酰氯 -L-His-Cu^{2+} 为单体模板、乙二醇二甲基丙烯酸酯（EDMA）为交联剂，制备分子印迹微球，聚合反应后，从高聚物中除去 L- 组氨酸模板，得到针对 L- 组氨酸的分子印迹微球。该微球用作高效液相层析分离填料不仅可分离组氨酸对映体，而且用于纯化细胞色素 C 和核糖核酸酶 RNA（表面暴露组氨酸）（图 5-34）[90]。与本体聚合相比，分散聚合所获得的球形填料更适用于高效液相层析或固相萃取。例如，针对甲氧苄氨嘧啶的分子印迹微球在人体尿液和药片中富集和提取该物质取得了很好的应用效果[91]。又如，Lai 等分别以甲基丙烯酸（MAA）和乙二醇二甲基丙烯酸酯（EDMA）为单体和交联剂，制备了用于分离 4- 氨基吡啶和 2- 氨基吡啶的分子印迹高聚物[92]。Lai 等以上述单体和交联剂为原料，制备了选择性固相萃取柱填料，用于从中草药中纯化苦参碱和氧化苦参碱[93]。Wang 等采用可控自由基聚合技术制备恩诺沙星分子印迹微球，通过调控引发剂和链转移剂加入量，其粒径和分散性均可得到有效调控，并能获得更均一的网络结构和更低的交联度，最终得到高均一度微球，在纯化应用中具有更高的柱效和选择性，对恩诺沙星及其结构类似物均有很好的识别能力[73]。

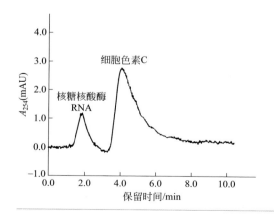

图5-34
分子印迹微球分离细胞色素C和核糖核酸酶谱图[90]

三、手性分离技术

　　大环抗生素作为手性选择剂用于分离对映体具有显著效果。其中，大环糖肽类抗生素具有更好的手性分离效果，例如阿伏帕星、替拉考宁、瑞斯西丁素、万古霉素、去甲万古霉素等，均已成功作为手性选择剂，用于分离蛋白、氨基酸等[94]。

　　一般使用硅胶作为偶联大环抗生素的基球，以末端为羧基的有机硅烷对万古霉素和硫链丝菌肽进行固定，而末端为氨基的有机硅烷用于固定利福霉素 B，也可通过环氧基、异氰酸酯基等对大环抗生素进行固定。首先，采用大环糖肽类抗生素手性选择剂对未保护蛋白质和非常规氨基酸对映体进行手性分离时，较其他大环抗生素有更广泛的手性选择能力。这是因为，糖肽类抗生素具有两性性质、理想的几何结构和功能，不仅溶于水且微溶于含氢有机溶剂。据报道，已通过万古霉素手性选择剂分离萘基丙氨酸对映体。替拉考宁手性选择剂可在含氢有机溶剂中对 54 种氨基酸的对映体进行分离，这些氨基酸涵盖了所有蛋白质，且整个分离过程无需使用缓冲体系或有机盐。借助于电感耦合等离子体质谱，使用替拉考宁手性选择剂能对富硒酵母、母乳和配方乳中的硒代蛋氨酸手性对映体顺利进行分离。近年来，以无糖单元的替考拉宁制备的一种新型手性选择剂能够对十三种氨基酸及其相关结构化合物进行有效分离。这种手性选择剂对 α- 氨基酸和 β-氨基酸有更高的分辨率。其次，大环糖肽类抗生素手性选择剂可用于 N 端保护蛋白和非常规氨基酸对映体的手性分离。这是因为，N 端保护氨基酸广泛用于多肽合成，必须要保证其手性纯度。此外，对映体分子中如含有亲电标签，则极易通过大环糖肽类抗生素手性选择剂进行分离。以阿伏帕星为例，能够顺利对 N 末端带有苯甲酰（Bz）、苄氧羰基（Z）、二硝基苯甲酰（DNB）、丹酰（Dns）、地乐酚吡啶（DNPyr）等保护基团的氨基酸对映体实现基线分离。此外，大环抗生素类手性选择剂还被成功用于短链差向异构体多肽[94]。

第八节
总结和展望

　　本章对高分子微球在生物分离工程中的应用进行了介绍，重点梳理了这一领域近年来的主要进展，围绕粒径均一性、超大孔道、接枝等介质关键特征构建的高性能层析介质在治疗性蛋白、抗体、蛋白组学、DNA、酶、多糖、多肽和天然产物等分离纯化中发挥着举足轻重的作用。生命技术的不断飞跃对生物分离纯化介质和相关技术提出了更高的要求，高效、快速、高通量、集成化的生物分离纯化制备与分析材料及相关技术是未来这一领域发展的主要方向。面对结构复杂、稳定性差的超大生物分子，特别是疫苗、抗体、基因和细胞治疗等生物医药关键产品，以提升生物分子纯化效率（活性、收率和纯度等）为目标，开展高分子微球粒径、孔道及表面性质的构效关系研究，可控制备及应用实施是未来这一领域发展的重点方向。高载量、高分辨率、高流速和抗失活分离介质是解决复杂超大生物分子分离效率低、结构破坏导致失活严重、原料损失严重等问题的重要材料。实际应用中，通常采用几种层析技术联用的方式确保得到高纯度蛋白质，因此，比较各种层析方法并加以选择和优化尤为必要。各种层析技术各有优缺点，在制定纯化方案时要综合考虑。高效分离介质与相关分离技术的相辅相成，最终实现复杂生物制品的高通量纯化制备与高精度分析检测。

参考文献

[1] Berek D. Size exclusion chromatography – A blessing and a curse of science and technology of synthetic polymers [J]. Journal of Separation Science, 2010, 33(3): 315-335.

[2] Medin A. Studies on the structure and properties of agarose [D]. Sweden: Uppsala University, 1995.

[3] Andersson T, Carlsson M, Hagel L, et al. Agarose-based media for high-resolution gel filtration of biopolymers [J]. Journal of Chromatography, 1985, 326: 33-44.

[4] Hong P，Koza S，Bouvier E S P. A review size-exclusion chromatography for the analysis of protein biotherapeutics and their aggregates [J]. Journal of Liquid Chromatography & Related Technologies, 2012, 35(20): 2923-2950.

[5] Huang Y D, Bi J X, Zhao L, et al. Regulation of protein multipoint adsorption on ion-exchange adsorbent and its application to the purification of macromolecules [J]. Protein Expression and Purification, 2010, 74(2): 257-263.

[6] Zhou W B, Bi J X, Zhao L, et al. A highly efficient hydrophobic interaction chromatographic absorbent improved the purification of hepatitis B surface antigen (HBsAg）derived from *Hansenula polymorpha* cell [J]. Process Biochemistry, 2007, 42 (5): 751-756.

[7] 赵希. 新型高性能琼脂糖微球的制备及作为生化分离介质的探索 [D]. 北京：中国科学院过程工程研究所，2014.

[8] 赵岚. 按需设计的琼脂糖层析介质：制备、表征和应用 [D]. 北京：中国科学院过程工程研究所，2012.

[9] Zhou Q Z, Wang L Y, Ma G H, et al. Preparation of uniform-sized agarose beads by microporous membrane emulsification technique [J]. Journal of Colloid and Interface Science, 2007, 311(1): 118-127.

[10] Zhao X, Wu J, Gong F L, et al. Preparation of uniform and large sized agarose microspheres by an improved membrane emulsification technique [J]. Powder Technology, 2014, 253: 444-452.

[11] Zhang H W, Zhao L, Huang Y D, et al. Uniform polysaccharide composite microspheres with controllable network by microporous membrane emulsification technique [J]. Analytical and Bioanalytical Chemistry, 2018, 410 (18):

4331–4341.

[12] Garcia M C, Marina M L, Torre M. Perfusion chromatography: An emergent technique for the analysis of food proteins [J]. Journal of Chromatography A, 2000, 880 (1-2): 169-187.

[13] 黄兰. 大孔琼脂糖色谱介质的致孔研究与性能表征 [D]. 北京：中国矿业大学（北京），2019.

[14] 黄兰，黄永东，赵岚，等. 复乳法制备大孔琼脂糖分离介质与疫苗结合性能研究 [J]. 化学工业与工程，2019, 36 (4): 70-79.

[15] 马光辉，周青竹，苏志国. 一种琼脂糖凝胶微球及其制备方法 [P]. 中国，200810056252.0.2009-07-22.

[16] Zhao X, Huang L, Wu J, et al. Fabrication of rigid and macroporous agarose microspheres by pre-cross-linking and surfactant micelles swelling method [J]. Colloids and Surfaces B: Biointerfaces, 2019, 182:110377.

[17] 马光辉，赵希，吴颉，等. 一种大孔琼脂糖微球及其制备方法 [P]：中国，201310024936.3.2013-04-24.

[18] 周炜清. 新型表面活性剂反胶团溶胀法制备超大孔聚合物微球的研究 [D]. 北京：中国科学院过程工程研究所，2007.

[19] 曲建波. 超大孔聚苯乙烯微球的改性及作为生物分离介质的探索 [D]. 北京：中国科学院过程工程研究所，2009.

[20] 马光辉，李强，张坤，等. 聚甲基丙烯酸缩水甘油酯类或其共聚物的亲水改性方法及改性所得材料 [P]：中国，201610309058.3.2017-11-21.

[21] Yu M R, Li Y, Zhang S P, et al. Improving stability of virus-like particles by ion-exchange chromatographic supports with large pore size: Advantages of gigaporous media beyond enhanced binding capacity [J]. Journal of Chromatography A, 2014, 1331: 69-79.

[22] Qu J B, Huang Y D, Jing G L, et al. A novel matrix derivatized from hydrophilic gigaporous polystyrene-based microspheres for high-speed immobilized-metal affinity chromatography [J]. Journal of Chromatography B, 2011, 879 (15-16): 1043-1048.

[23] Huang Y D, Zhang R Y, Li J, et al. A novel gigaporous GSH affinity medium for high-speed affinity chromatography of GST-tagged proteins [J]. Protein Expression and Purification, 2014, 95: 84-91.

[24] Qu J B, Chen Y L, Huan G S, et al. Preparation and characterization of a thermoresponsive gigaporous medium for high-speed protein chromatography [J]. Analytica Chimica Acta, 2015, 853: 617-624.

[25] Kale S, Lali A. Characterization of superporous cellulose matrix for high-throughput adsorptive purification of lysozyme [J]. Biotechnology Progress, 2011, 27(4): 1078-1090.

[26] Tiainen P, Anower M R, Larsson P O. High-capacity composite adsorbents for nucleic acids [J]. Journal of Chromatography A, 2011, 1218 (31): 5235-5240.

[27] 张静飞. 葡聚糖接枝型高载量金属螯合介质的制备及性能研究 [D]. 秦皇岛：河北科技师范学院，2015.

[28] 张静飞，赵岚，黄永东，等. 葡聚糖接枝型高载量金属螯合介质的制备与性能 [J]. 过程工程学报，2015, 15(1): 111-118.

[29] Zhao L, Zhang J F, Huang Y D, et al. Efficient fabrication of high-capacity immobilized metal ion affinity chromatographic media: The role of the dextran-grafting process and its manipulation [J]. Journal of Separation Science, 2016, 39(6): 1130-1136.

[30] 朱凯. Protein A 亲和层析介质的制备与性能研究 [D]. 北京：中国矿业大学（北京），2016.

[31] 朱凯，赵岚，黄永东，等. 葡聚糖接枝型 Protein A 介质的层析性能提升 [J]. 过程工程学报，2016, 16(5): 856-861.

[32] Zhao L, Zhu K, Huang Y D, et al. Enhanced binding by dextran-grafting to Protein A affinity chromatographic media [J]. Journal of Separation Science, 2017, 40(7): 1493-1499.

[33] Kirkland J J, Truszkowski F A, Dilks C H, et al. Superficially porous silica microspheres for the fast high-performance liquid chromatography of macromolecules [J]. Journal of Chromatography A, 2000, 890(1): 3-13.

[34] Lacki K M. High throughput process development in biomanufacturing [J]. Current Opinion in Chemical Engineering, 2014, 6: 25-32.

[35] Li Y, Stern D, Lock L L, et al. Emerging biomaterials for downstream manufacturing of therapeutic proteins [J]. Acta Biomaterialia, 2019, 95: 73-90.

[36] Reinhart D, Weik R, Kunert R. Recombinant IgA production: Single step affinity purification using camelid ligands and product characterization [J]. Journal of Immunological Methods, 2012, 378(1-2): 95-101.

[37] Wallberg H, Lofdahl P A, Tschapalda K, et al. Affinity recovery of eight HER2-binding affibody variants using an anti-idiotypic affibody molecule as capture ligand [J]. Protein Expression and Purification, 2011, 76(1): 127-135.

[38] Du K F, Dan S M. Reversible concanavalin A (Con A) ligands immobilization on metal chelated macroporous cellulose monolith and its selective adsorption for glycoproteins [J]. Journal of Chromatography A, 2018, 1548: 37-43.

[39] Gomes A G, Azevedo A M, Aires-Barros M R, et al. Studies on the adsorption of cell impurities from plasmid-containing lysates to phenyl boronic acid chromatographic beads [J]. Journal of Chromatography A, 2011, 1218 (48): 8629-8637.

[40] Yang H, Gurgel P V, Carbonell R G. Hexamer peptide affinity resins that bind the Fc region of human immunoglobulin G [J]. Journal of Peptide Research, 2005, 66 (1): 120-137.

[41] Menegatti S, Hussain M, Naik A D, et al. mRNA display selection and solid-phase synthesis of Fc-binding cyclic peptide affinity ligands [J]. Biotechnology and Bioengineering, 2013, 110(3): 857-870.

[42] Dogan A, Ozkara S, Sari M M, et al. Evaluation of human interferon adsorption performance of Cibacron Blue F3GA attached cryogels and interferon purification by using FPLC system [J]. Journal of Chromatography B, 2012, 893: 69-76.

[43] Forier C, Boschetti E, Ouhammouch M, et al. DNA aptamer affinity ligands for highly selective purification of human plasma-related proteins from multiple sources [J]. Journal of Chromatography A, 2017, 1489: 39-50.

[44] Yang J J, Liu Y D, Xu S L, et al. Expression, purification and characterization of the full-length SmpB protein from *Mycobacterium tuberculosis* [J]. Protein Expression and Purification, 2018, 151: 9-17.

[45] Moon J M, Kim G Y, Rhim H. A new idea for simple and rapid monitoring of gene expression: Requirement of nucleotide sequences encoding an N-terminal HA tag in the T7 promoter-driven expression in *E. coli* [J]. Biotechnology Letters, 2012, 34(10): 1841-1846.

[46] Zhao W X, Liu L M, Du G C, et al. A multifunctional tag with the ability to benefit the expression, purification, thermostability and activity of recombinant proteins [J]. Journal of Biotechnology, 2018, 283: 1-10.

[47] Trivedi P, Trygg J, Saloranta T, et al. Synthesis of novel zwitterionic cellulose beads by oxidation and coupling chemistry in water [J]. Cellulose, 2016, 23(3): 1751-1761.

[48] Liu T, Lin D Q, Wang C X, et al. Poly(glycidyl methacrylate)-grafted hydrophobic charge-induction agarose resins with 5-aminobenzimidazole as a functional ligand [J]. Journal of Separation Science, 2016, 39 (16): 3130-3136.

[49] Muller E, Vajda J. Routes to improve binding capacities of affinity resins demonstrated for Protein A chromatography [J]. Journal of Chromatography B, 2016, 1021: 159-168.

[50] von Roman M F, Berensmeier S. Improving the binding capacities of Protein A chromatographic materials by means of ligand polymerization [J]. Journal of Chromatography A, 2014, 1347: 80-86.

[51] 韦巍. 新型抗体层析介质制备与应用基础研究 [D]. 北京：北京石油化工学院, 2018.

[52] Zhao L, Wei W, Huang Y D, et al. A novel rProtein A chromatographic media for enhancing cleaning-in-place

performance [J]. Journal of Immunological Methods, 2018, 460: 45-50.

[53] Holm A, Wu W W, Lund-Johansen F. Antibody array analysis of labelled proteomes: How should we control specificity? [J] New Biotechnology, 2012, 29(5): 578-585.

[54] Gustavsson P E, Lemmens R, Nyhammar T, et al. Purification of plasmid DNA with a new type of anion-exchange beads having a non-charged surface [J]. Journal of Chromatography A, 2004, 1038(1-2): 131-140.

[55] Sousa A, Sousa F, Queiroz J A. Advances in chromatographic supports for pharmaceutical-grade plasmid DNA purification [J]. Journal of Separation Science, 2012, 35(22): 3046-3058.

[56] Tiainen P, Per-Erik G, Ljunglof A, et al. Superporous agarose anion exchangers for plasmid isolation [J]. Journal of Chromatography A, 2007, 1138(1-2): 84-94.

[57] Liu H, Chen L Y. Preparation and application of affinity agarose in hog lung angiotensin-converting enzyme purification process [J]. Progress in Biochemistry and Biophysics, 2000, 27(5): 544-547.

[58] Santos J C S, Barbosa O, Ortiz C, et al. Importance of the support properties for immobilization or purification of enzymes [J]. Chem Cat Chem, 2015, 7(16): 2413-2432.

[59] Clonis Y D, Labrou N E, Kotsira V P, et al. Biomimetic dyes as affinity chromatography tools in enzyme purification [J]. Journal of Chromatography A, 2000, 891(1): 33-44.

[60] Bayramoglu G, Ozalp V C, Altintas B, et al. Preparation and characterization of mixed-mode magnetic adsorbent with p-amino-benzamidine ligand: Operated in a magnetically stabilized fluidized bed reactor for purification of trypsin from bovine pancreas [J]. Process Biochemistry, 2014, 49(3): 520-528.

[61] Takahashi R, Akiba K, Koike M, et al. Affinity chromatography for purification of two urokinases from human urine [J]. Journal of Chromatography B, 2000, 742: 71-77.

[62] Bansal V, Roychoudhury P K. Production and purification of urokinase: A comprehensive review [J]. Protein Expression and Purification, 2006, 45(1): 1-14.

[63] Tan C H, Show P L, Ooi C W, et al. Novel lipase purification methods- A review of the latest developments [J]. Biotechnology Journal, 2015, 10(1): 31-44.

[64] Shahmohammadi A. Lysozyme separation from chicken egg white: A review [J]. European Food Research and Technology, 2018, 244(4): 577-593.

[65] Zalyalieva S V, Kabulov B D, Akhundzhanov K A, et al. Liquid chromatography of polysaccharides [J]. Chemistry of Natural Compounds, 1999, 35(1): 1-13.

[66] Paulsen B S, Olafsdottir E S, Ingolfsdottir K. Chromatography and electrophoresis in separation and characterization of polysaccharides from lichens [J]. Journal of Chromatography A, 2002, 967(1): 163-171.

[67] Nasri R, Ben Amor I, Bougatef A. Anticoagulant activities of goby muscle protein hydrolysates [J]. Food Chemistry, 2012, 133(3): 835-841.

[68] Tsou M J, Kao F J, Lu H C, et al. Purification and identification of lipolysis-stimulating peptides derived from enzymatic hydrolysis of soy protein [J]. Food Chemistry, 2013, 138(2-3): 1454-1460.

[69] Ngo D H, Kang K H, Ryu B, et al. Angiotensin-I converting enzyme inhibitory peptides from antihypertensive skate (*Okamejei kenojei*) skin gelatin hydrolysate in spontaneously hypertensive rats [J]. Food Chemistry, 2015, 174:37-43.

[70] de Castro R J S, Sato H H. Biologically active peptides: Processes for their generation, purification and identification and applications as natural additives in the food and pharmaceutical industries [J]. Food Research International, 2015, 74: 185-198.

[71] 马光辉，李强，巩方玲，等．一种聚苯乙烯类材料的亲水改性方法及其产品 [P]：中国，201510671362.8. 2017-04-26.

[72] Mizutani A, Nagase K, Kikuchi A, et al. Effective separation of peptides using highly dense thermo-responsive polymer brush-grafted porous polystyrene beads [J]. Journal of Chromatography B, 2010, 878(24): 2191-2198.

[73] Wang H S, Dong X C, Yang M X. Development of separation materials using controlled/living radical polymerization [J]. Trac-Trends in Analytical Chemistry, 2012, 31: 96-108.

[74] Sun H H, Li X N, Ma G H, et al. Polystyrene-type uniform porous microsphere enables high resolution and low-pressure chromatography of natural products- A case study with icariin purification [J]. Chromatographia, 2005, 61(1-2): 9-15.

[75] Tan T W, Su Z G, Gu M, et al. Cross-linked agarose for separation of low molecular weight natural products in hydrophilic interaction liquid chromatography [J]. Biotechnology Journal, 2010, 5(5): 505-510.

[76] Ren Q L, Xing H B, Bao Z B, et al. Recent advances in separation of bioactive natural products [J]. Chinese Journal of Chemical Engineering, 2013, 21 (9): 937-952.

[77] 李京京 . 疏水作用层析及其相关技术辅助蛋白质折叠复性的探索 [D]. 北京：中国科学院过程工程研究所 , 2005.

[78] Saremirad P, Wood J A, Zhang Y, et al. Oxidative protein refolding on size exclusion chromatography at high loading concentrations: Fundamental studies and mathematical modeling [J]. Journal of Chromatography A, 2014, 1370: 147-155.

[79] Hwang S M, Kang H J, Bae S W, et al. Refolding of lysozyme in hydrophobic interaction chromatography: Effects of hydrophobicity of adsorbent and salt concentration in mobile phase [J]. Biotechnology and Bioprocess Engineering, 2010, 15(2): 213-219.

[80] Wang Y, Ren W X, Gao D, et al. One-step refolding and purification of recombinant human tumor necrosis factor-α (rhTNF-α) using ion-exchange chromatography [J]. Biomedical Chromatography, 2015, 29(2): 305-311.

[81] Hutchinson M H, Chase H A. Adsorptive refolding of histidine-tagged glutathione S-transferase using metal affinity chromatography [J]. Journal of Chromatography A, 2006, 1128(1-2): 125-132.

[82] Luo M, Guan Y X, Yao S J. On-column refolding of denatured lysozyme by the conjoint chromatography composed of SEC and immobilized recombinant DsbA[J]. Journal of Chromatography B, 2011, 879: 2971-2977.

[83] Ma Y Y, Chen T X, Lqbal M Z, et al. Applications of magnetic materials separation in biological nanomedicine [J]. Electrophoresis, 2019, 40(16-17): 2011-2028.

[84] Shao M F, Ning F Y, Zhao J W, et al. Preparation of Fe_3O_4@SiO_2@layered double hydroxide core–shell microspheres for magnetic separation of proteins [J]. Journal of the American Chemical Society, 2012, 134(2): 1071-1077.

[85] Probst C E, Zrazhevskiy P, Gao X H. Rapid multitarget immunomagnetic separation through programmable DNA linker displacement [J]. Journal of the American Chemical Society, 2011, 133(43): 17126-17129.

[86] Batalha I L, Hussain A, Roque A C A. Gum Arabic coated magnetic nanoparticles with affinity ligands specific for antibodies [J]. Journal of Molecular Recognition, 2010, 23(5): 462-471.

[87] Zhou Y, Zhang J J, Jiang Q, et al. An allosteric switch-based hairpin for label-free chemiluminescence detection of ribonuclease H activity and inhibitors [J]. Analyst, 2019, 144(4):1420-1425.

[88] Yu H, Raymonda J W, McMahon T M, et al. Detection of biological threat agents by immunomagnetic microsphere-based solid phase fluorogenic- and electro-chemiluminescence [J]. Biosensors and Bioelectronics, 2000, 14(10-11): 829-840.

[89] Haginaka J. Monodispersed, molecularly imprinted polymers as affinity-based chromatography media [J]. Journal of Chromatography B, 2008, 866 (1-2): 3-13.

[90] Ozcan A A, Say R, Denizli A, et al. L-histidine imprinted synthetic receptor for biochromatography applications[J]. Analytical Chemistry, 2006, 78 (20): 7253-7258.

[91] Hu S G, Li L, He X W. Comparison of trimethoprim molecularly imprinted polymers in bulk and in sphere as the sorbent for solid-phase extraction and extraction of trimethoprim from human urine and pharmaceutical tablet and their determination by high-performance liquid chromatography[J]. Analytica Chimica Acta, 2005, 537 (1-2): 215-222.

[92] Lai J P, Lu X Y, Lu C Y, et al. Preparation and evaluation of molecularly imprinted polymeric microspheres by aqueous suspension polymerization for use as a high-performance liquid chromatography stationary phase[J]. Analytica Chimica Acta, 2001, 442 (1): 105-111.

[93] Lai J P, He X W, Jiang Y, et al. Preparative separation and determination of matrine from the Chinese medicinal plant *Sophora flavescens* Ait by molecularly imprinted solid-phase extraction[J]. Analytical and Bioanalytical Chemistry, 2003, 375(2): 264-269.

[94] Ilisz I, Berkecz R, Peter A. HPLC separation of amino acid enantiomers and small peptides on macrocyclic antibiotic-based chiral stationary phases: A review [J]. Journal of Separation Science, 2006, 29 (10): 1305-1321.

第六章

高分子微球和微囊在药物制剂工程中的应用

随着基因组学和蛋白质组学的发展，蛋白多肽类药物得以规模化生产，其市场占有率随之大幅度提高[1]，约占医药市场的 10%，每年的销售额超过 400 亿美元。另外，小分子化学药物作为传统的药物形式，仍有其不可替代的优势，2016年全球小分子化学药占整体药品市场的比例约为 80.85%，折合市场规模约 9000亿美元，预计 2018 ~ 2022 年的小分子化学药市场的平均复合增长率约为 3.3%。这些药物在使用时，由于本身亲疏水性、分子量大小以及与体内环境之间的化学作用等容易造成药物活性降低甚至失活，药物的生物利用度低。

例如蛋白多肽是亲水性的生物大分子，在胃肠道环境下，极易被胃肠道蛋白酶和胃酸等降解；同时，由于蛋白多肽类药物亲水性强，无法有效穿透小肠黏液层和上皮层组成的生理屏障，使其直接口服生物利用度不足 2%[2]。因此现有的蛋白多肽类药物给药方式多以注射为主，但由于其在体内循环时间短，需频繁注射，导致患者顺应性差。而小分子化学药有时需要以油作为载体，注射时容易造成注射部位的疼痛，还难以在体内保持稳定的血药浓度。因此，通过用微球包埋这类药物制备缓释注射制剂，使药物在患部缓慢释放出来，减轻不良反应和减少给药次数，是近几十年缓释制剂的研究热点[3]。科学工作者结合不同的药物性质研究了多种缓释制剂给药方式，例如注射、口服、肺部和黏膜给药等途径，每个途径都有其优点和局限性。另外，还有研究者在微球表面修饰特异性官能团，使其可以富集到靶向部位，大大提高药物的靶向性和生物利用度。

微球包埋技术还应用到化疗药物等小分子药物递送系统中，因为化疗药物不良反应严重，如果直接使用，会对正常细胞产生毒性，降低人体的免疫力，恶性肿瘤患者往往会因为免疫力降低而死亡。将化疗药物包埋在纳米球内，不仅可延长其释放时间，还可以根据肿瘤的微环境响应，使抗肿瘤药物运输至肿瘤部位，实现主动靶向治疗，这也是研究者们努力的方向[4]。除此之外，纳微球由于同自然界中的病原性细菌、病毒等尺寸或维度相近，理论上容易被机体识别为外源性物质，激活机体免疫应答。因此，针对不同亚单位疫苗对机体特异性应答的需求，在阐明纳微球对生物学效应影响机制的基础上，合理设计具有优良理化性质的佐剂，是新型微球佐剂疫苗开发的重要策略。

第一节
高分子微球和微囊在缓/控释制剂中的应用

以聚乳酸（Polylactic Acid, PLA）、聚乳酸-羟基乙酸共聚物［Poly(lactic-co-glycolic acid), PLGA] 为材料制备的缓释微球，在商品化方面取得了巨大的成功。从法国益普生（Ipsen）公司将原料药醋酸曲普瑞林制备成第一个成功商品化的长效缓释微球制剂达菲林，再到日本武田公司通过对亮丙瑞林缓释微球的处方工艺改进，将给药周期一个月提高到给药周期三个月 [5]，目前，全球范围内已有12 个微球制剂产品获得美国食品药品监督管理局（Food and Drug Administration, FDA）批准，市场份额已达到 55 亿美元，展现了广阔的市场潜力。除了提高病人的顺应性方面，在口服给药领域，将多肽、蛋白类生物大分子包埋入微球，还可以使其保持活性，避免胃酸的影响。本节将进行详细的介绍。

一、用于缓释微球制剂的药物类型

目前，包封于微球中的药物多数为多肽、蛋白类等大分子药物 [6,7]，缓释微球制剂的出现解决了蛋白、多肽类传统剂型半衰期短、生物利用度低的问题。近年来已有众多商品化的载药微球进入市场，为广大患者提供了便利。而随着多肽药物缓释微球制剂的成功，科学家也逐渐把目光投向了化学小分子药物缓释微球制剂的研究。目前，经过 FDA 批准上市的微球品种和国外制药公司 / 药物研发公司开发出的成熟微球化技术平台如表 6-1。下面分别进行详细的介绍。

表6-1　微球化技术平台

商品名	FDA批准时间	装载药物	上市公司	给药途径与释放周期	治疗领域
Bydureon®	2012	艾塞那肽	Amylin制药	皮下注射，1个月	II型糖尿病
Vivitrol	2006	纳曲酮	阿克姆斯（Alkermes）	肌注，1个月	酗酒、戒毒
Risperdal-Consta恒德	2003	利培酮	强生（Johnson）	肌注，两周	精神分裂症
Trelstar	2000	双羟萘酸曲普瑞林	Allergan	肌注	前列腺癌，乳腺癌
Lurpon Depot® 抑那通	1989	亮丙瑞林	武田制药	肌注，1个月或3个月或4个月或6个月	前列腺癌，乳腺癌
Depo-Provera	1982	醋酸甲羟孕酮与雌二醇	辉瑞（Pfizer）	肌注，3个月	避孕
Decapeptyl® 达菲林	2011	曲普瑞林	益普生（Ipsen）	肌注，1个月或3个月	前列腺癌，子宫内膜异位症，子宫肌瘤
Sandotatin LAR®善龙	1998	奥曲肽	诺华制药（Novartis）	肌注，1个月	肌端肥大，子宫内膜异位症，神经内分泌肿瘤
Plenaxis™（撤市）	2003	阿巴瑞克	Praecis生物技术公司	肌注，1个月	前列腺癌
Nutropin Depot®（撤市）	1999	生长激素	基因泰克（Genentech Inc.）	肌注，1个月	生长激素缺乏
Somatuline	2007	兰瑞肽	益普生（Ipsen）	肌注，14天	肢端肥大、类癌综合征

1. 多肽药物缓释微球和微囊制剂

缓释微球能较好地解决多肽类药物半衰期短、生物利用度低的问题，还能在注射部位持续释放药物，维持稳定的血药浓度。Amylin 公司研制的艾塞那肽注射液（Byetta®）在 2005 年通过美国 FDA 批准上市。但每日皮下注射两次，给患者带来极大的不便。为此，Amylin 公司研制出一周注射一次的艾塞那肽载药微球（Bydureon®），并于 2012 年 1 月获得 FDA 批准上市。它以 PLGA 作为膜材，制备包埋艾塞那肽的微球。其临床实验表明，Bydureon® 比 Byetta® 降血糖效果更佳，副作用更小[8,9]。

Qi 等选择艾塞那肽作为多肽类模型药物，先用均质和超声两种不同方式制备初乳，然后利用复乳膜乳化＋溶剂挥发法制备艾塞那肽缓释微球，制备得到的微球分别为 HMS（均质）与 UMS（超声），并分析这两种初乳制备方法对微球释放行为、降解过程和体内药效的影响[10]。结果表明，艾塞那肽缓释微球降糖效果稳定，能避免血糖浓度波动过大的现象（图 6-1）。

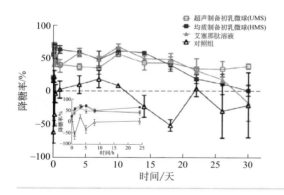

图6-1
不同治疗组的降糖效果（$n=6$）[10]

2. 蛋白药物缓释微球和微囊制剂

基因泰克（Genentech Inc.）公司利用阿克姆斯（Alkermes）公司开发的 Prolease® 工艺开发了包埋重组人生长激素（Recombinant Human Growth Hormone, rhGH）的缓释微囊产品——PLGA-rhGH 微球缓释剂，于 1999 年被 FDA 批准，是第一个 rhGH 的缓释制剂[11]，使 rhGH 缺乏的病人从一个星期给药 1～2 次降为一个月给药 1 次。该剂型是将 rhGH 与二价锌离子结合形成稳定 Zn-rhGH 二聚体复合物，并采用喷雾冷冻干燥法制得[12,13]。但由于该产品注射后药物突释高、放大生产中出现了一系列问题等原因于 2004 年撤出市场。

Wei 等以 rhGH 为蛋白药物模型，通过快速膜乳化技术制备了粒径分布系数为 0.7～0.8 的载药微球，并比较两亲性材料聚乳酸-聚乙二醇共聚物［Poly (monomethoxypolyethylene glycol-co-D,L-lactide), PELA〕与疏水材料 PLA、PLGA 的体内释药效果[7,14]。由于膜乳化技术成功保障了所制颗粒粒径的均一性，解决了由于粒径不均一导致的释放规律重复性差的问题，为不同材料的对比奠定了基础。大鼠皮下注射 rhGH 溶液和微囊制剂的血药浓度随时间的变化如图 6-2 所示。注射 rhGH 溶液后，大鼠血浆中的 rhGH 在 0.5h 达到峰值（773ng/mL），随即下降，在 8h 后接近于零。而缓释微囊能持续释放 rhGH，其中 PELA 微囊释放的 rhGH 浓度在前 28 天一直高于 13ng/mL，而 PLA 和 PLGA 微囊释放的 rhGH 浓度在 20 天后开始下降，在 23 天以后低于 5ng/mL，说明此阶段释放 rhGH 缓慢。PELA 微囊组释放的 rhGH 浓度在 40 天以后才开始下降，但高于其他两组。

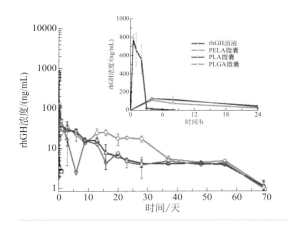

图6-2
大鼠皮下注射rhGH溶液和载药微囊后血药浓度随时间的变化[7]

3．小分子药物缓释微球和微囊制剂

注射用利培酮微球（Risperdal-Consta）是第一个非典型抗精神病药长效剂型，于 2003 年通过美国 FDA 认证并被批准上市。它以 PLGA（75/25）为膜材，制备包埋利培酮的长效缓释微球，用于治疗精神分裂症等，每两周肌肉注射（肌注，下同）一次。Risperdal-Consta 有 12.5mg、25mg、37.5mg、50mg 四种规格，可以根据病人病情需要，选择合适的剂量[15]。

和利培酮一样，2006 年通过 FDA 认证并上市的纳曲酮缓释微球（Vivitrol）也是一种小分子药物缓释微球。纳曲酮分子量仅为 341.41，使用 PLGA（75/25）为膜材包埋药物，设计用于每个月一次臀部肌肉注射。

局部麻醉药罗哌卡因广泛用于外科手术中区域阻滞、术后镇痛以及慢性疼痛控制等适应症。但由于其半衰期短，单次注射难以达到期望的镇痛时间，临床上常通过频繁多次给药以及导管植入等方式来延长局部镇痛效果，这会造成患者顺应性差以及感染等风险。针对此问题，科学工作者对罗哌卡因缓释微球做了大量的研究工作，仍然存在以下问题难以解决：微球粒径不均一，载药率偏低；释放行为不理想等。为了克服这些关键问题，Li 等采用快速膜乳化技术结合（O/W）单乳法，优化过膜压力与过膜次数后，制备得到了 Span 值在 0.8 以内、高包埋率、低突释的载罗哌卡因微球[16]。在 SD 大鼠的局部神经阻滞麻醉药效学模型验证了罗哌卡因缓释微球的局部镇痛效果，与盐酸罗哌卡因注射液的 4h 阵痛时间相比，罗哌卡因载药微球可以延长至 8h；在豚鼠的局部浸润麻醉模型上，罗哌卡因微球组相比于盐酸罗哌卡因注射液组的 4 ~ 6h，可以延长局部阵痛时间至18 ~ 20h。

二、缓/控释微球的给药途径

缓释微球有多种给药途径，例如注射、口服、肺部和黏膜给药等。每个途径都有其优点和局限性，而且不同尺寸的颗粒给药途径以及作用方式也有较大差异。

注射给药是缓释微球制剂的主要给药方式，包括静脉注射、皮下注射以及肌肉注射等。当采用静脉注射时，药物可以直接进入血液，提高生物利用度，但要对注射颗粒的粒径尺寸进行控制，否则容易发生血管堵塞。皮下注射和肌肉注射都是比较常用的注射方式，颗粒尺寸可至数百微米。这些粒径较大的颗粒在注射后可以在注射部位停留一段时间，包埋或吸附在微球中的药物伴随着微球降解而逐渐释放。

为了克服上述缺陷，Nguyen 等以壳聚糖（CS）和聚 γ- 谷氨酸（γ-PGA）为材料，制备 pH 敏感性的纳米颗粒（NPs）包埋艾塞那肽[17]，同时将这种纳米颗粒再次包埋入 Eudragit® 做成微囊。这种微囊可以在胃里保持稳定，在小肠内溶解，并释放纳米颗粒，从而发挥药效。尽管如此，口服给药的最大缺陷仍是生物利用度偏低，为了达到理想的用药效果，必须大剂量给药，因此如何大幅度提高生物利用度仍是口服给药领域中急需克服的障碍。

肺部给药是一种非损伤性的给药方式，通过肺泡上皮的吸收，药物可以直接进入血液循环。肺部不仅是蛋白多肽类药物进入全身血液循环的有效通路，其本身也是此类药物作用的靶器官。成人肺部呼吸道总面积约有 140m^2，肺泡上皮占 95%，是人体内可供药物递送的最大表面区域[18]。肺泡上皮的厚度仅有0.1 ~ 0.2μm，具有高度通透性并含有丰富的血管，黏液纤毛的清除作用也很弱，因此更适于蛋白多肽类药物的全身吸收，生物利用度比其他途径高 10 ~ 200 倍。因此肺部给药被认为是最有效的非侵入式的给药途径[19]。在肺部给药中，高分子微球可用作长效递送系统的吸入剂，但需要合适的尺寸和结构。密度（大于1.0g/cm³）和尺寸（大于 5μm）较大的微粒极难达到肺泡部位，而较小的微粒（小于 1 ~ 2μm）则容易被巨噬细胞吞噬[20]。多孔微球由于较大但质量较轻的特性被视为肺部给药的有效载体。例如，质量密度低于 0.4g/cm³、气体动力学直径为1 ~ 5μm、几何直径为 30μm 左右的微粒可以用来进行肺部给药的研究，增强其在肺泡的沉积和抵抗巨噬细胞的吞噬[21]。但由于颗粒孔径较大，因此不能包埋药物，只能通过吸附来实现药物递送[22, 23]。

三、制备微球的材料

制备缓释制剂需要合适的缓释材料，使制剂中药物的释放量和释放速度符合用药需求，以确保药物在组织或体液中保持在有效药物浓度范围内，从而获得预期治疗效果[24]。因此，缓释材料是缓释制剂的重要组成部分，也是缓释制剂研究和应用的关键。目前已报道的缓释材料主要可分为两大类：一类是有机材料，主要为有机大分子或者高分子；另一类是无机材料，如沸石、碳纳米材料、介孔硅酸盐材料等。在药物制剂研究领域中，高分子材料发挥着重要作用，也是应用最为广泛的一类缓释材料，表 6-2 中总结了高分子缓释材料的不同分类及特性。其中，天然高分子材料因其良好的生物相容性最早被应用到缓释系统中，但是随着研究和应用需求的不断增加，天然材料逐渐无法完全满足需求，合成高分子材料越来越受到重视[25]。起初应用的合成高分子是非降解的，如聚甲基丙烯酸甲酯、离子交换树脂等，虽然具有较好的力学性能，但是不能降解或者难以降解，容易造成一定程度的副反应，操作较为困难，需要植入等。近三十年来，可降解型高分子材料应用越来越多[26, 27]。生物降解型合成高分子材料的应用优势表现为：良好的生物相容性；生物可降解性；材料本身及其降解产物对机体无毒副作用；具有良好的物理、化学和机械性能等。例如，聚酯类（聚乳酸、聚乙醇酸、聚乳酸 - 羟基乙酸共聚物等）是目前应用最广泛的缓释材料之一[28]，其降解后的小分子可以被机体所代谢，高分子本身的分子量、聚合方式、聚合比例、亲疏水性等性质可根据缓释需求进行调节，因此被众多研究者和药物公司所使用[29]，已广泛用于多种形式的控释制剂中。

表6-2　高分子缓释材料分类及特性

分类依据	分类	描述与特性	常用材料
来源[30, 31]	天然高分子材料	稳定，无毒，生物相容性好，易于分离纯化，产量高、成本低，具有已知结构、物理或化学特性	海藻酸盐、壳聚糖、蛋白类（明胶、白蛋白）等[32]
	半合成高分子材料	毒性小、成盐后溶解度增大	纤维素类衍生物（羟甲基纤维素钠、乙基纤维素等），壳聚糖衍生物（氨基多糖）等[33]等
	合成高分子	成膜性及成球性好、化学稳定性高	聚乳酸、聚乙烯、聚氨基酸等

分类依据	分类	描述与特性	常用材料
降解特性[30]	非生物降解型材料	力学性能好，化学性质稳定，但是在生命体内难以降解，通过粪便排出或手术取出	聚乙烯醇、聚丙烯酸、聚酰亚胺等
	生物降解型材料	在肌体生理环境下可以水解或酶解为可被肌体吸收或代谢的小分子，良好的生物相容性、无毒或低毒性	脂肪族聚酯（聚乳酸、聚羟基乙酸、聚乳酸-羟基乙酸共聚物等）[28]、聚氨基酸、壳聚糖、明胶等[34]
作用形式	骨架型缓释材料	在制剂中以骨架结构的形式存在，药物分散在多孔或无孔的材料中，起到药物储库的作用	聚乙烯、聚丙烯、羟丙基纤维素、硬脂酸等
	包衣膜型缓释材料	pH敏感性，良好的成膜性	羟丙甲基纤维素邻苯二甲酸酯、醋酸纤维素等
	增稠剂	提高黏度，从而减缓药物释放，用量少	海藻酸盐、明胶、聚乙烯吡咯烷酮、羧甲基纤维素钠、聚乙烯醇、右旋糖酐等

为了解决当前国产缓释材料无法满足研究和巨大的生产需求，导致很大一部分市场被国外企业所占据的问题，越来越多的企业和科研单位重视将研发与生产紧密结合，鼓励研究开发新品种材料，同时鼓励发展专业化的辅料生产企业。企业与研发力量强的高校或者科研院所相结合，推动研发成果的落实，使缓释材料规格、品种更加多样，同时也推动新型化、智能化材料开发的重要举措；同时也要加强缓释辅料的质量管理，制定质量标准，从而使得国产缓释材料质量更加稳定，也在应用中更有竞争优势，努力实现材料品种丰富、质量稳定、规格齐全的新型药缓释材料产业模式。今后缓释材料的发展趋势将是生产专业化、品种系列化、应用科学化。

四、缓释微球制剂的质量评价

缓释微球制剂在临床上的释药周期往往长达数周，甚至数月，一旦不能保证产品的质量（例如突释过高、释放周期难以控制、载体材料的安全性等），会导致发生毒副作用甚至威胁患者的生命。所以对于微球制剂，应该具有比常规制剂更加严格的质量要求和批次间的重复性要求。目前，各国药典采取指导原则的形式对微球制剂的质量评价提出原则性的要求和规定，如在2015版《中国药典》中提出了"微粒制剂指导原则"，对国内进行缓释微球开发的药企提出了质量控制的导向。

1. 微球的物理特性评价

微球的物理特性评价包括形态、粒径及分布、有机溶剂残留、高分子玻璃化转变温度与晶型改变等。

（1）形态　通过扫描电子显微镜（SEM）或者透射电子显微镜（TEM）观察微球的形态，如形状（圆形或类圆形）、表面形貌（光滑或粗糙）、骨架结构（多孔或实心）。微球形态与结构的不同对微球的载药量以及释放行为有显著影响。表面粗糙的微球易吸附药物结晶，往往会导致高突释。通过对微球形态进行观测，总结形态与处方工艺之间的关系，不但可以对微球的制备机理进行探索，还可以对释放行为进行优化。

（2）粒径及分布　粒径大小及其分布对缓释微球的包封率、释放行为模式、降解速率都有一定影响，因此粒径大小及分布是质量控制中一个很重要的指标。随着检测手段的进步，粒径大小及其分布测定由传统的光学显微镜视野测定，发展到电子显微镜的逐一统计，再发展到近年来应用广泛的激光粒度仪绘制粒径大小分布图。可以在制备过程中的每一步工艺里对粒径大小及分布进行追踪检测直至得到目标微球[35]。Wei 等选择聚乙二醇 - 聚乳酸共聚物（PELA）作为载体材料，通过快速膜乳化技术制备载乙肝疫苗的微球粒径分布系数（CV 值）为 18.9%，在疫苗佐剂上实现了粒径的均一可控[36]，为制备工艺及初乳稳定性的研究提供了保障。

（3）有机溶剂残留　制备过程中引入的油相（有机溶剂）在固化的过程中会存在未能完全除去的问题，诸如丙酮、乙酸乙酯、二氯甲烷等的残留不仅影响微球储存的稳定性，还会在注射后对人体有副作用，因此每个国家的药典都对微球的有机溶剂残留量有着严格的要求。例如，我国 2015 版药典规定制剂以及微球工艺的二氯甲烷的限度为 0.06%，乙酸乙酯与丙酮的限度都为 0.5%。不同的有机溶剂毒性不同，限度也有所不同，目前一般使用气相色谱法进行残留有机溶剂的检测。

（4）高分子聚合物的玻璃化转变温度与晶型改变　在高分子聚合物材料析出形成微球后，聚合物的玻璃化转变温度（T_g）会发生改变。因为当聚合物和药物或溶剂共同存在时，易产生相互作用力，使得聚合物的 T_g 降低。比较常用的 T_g 检测方法是差示热分析法和差示扫描量热法。高分子聚合物的晶型与结晶度的变化可以从侧面反映药物的释放速率和微球的降解速度。可利用 X 射线衍射法检测高分子结晶度从而佐证载药微球的释放行为与规律[37]。Izumikawa 等[38]通过常压和减压法制备孕激素 PLA 微球，经过 X 射线衍射发现，常压法制备的孕激素 PLA 微球存在药物结晶峰以及 PLA 结晶峰，而减压法制备的微球并不存在这两种特征峰，说明减压制备的微球中药物均匀分散在 PLA 无定形骨架内，也解释了减压制备的微球突释低、释放过程保持匀速的现象。

2．微球的药剂学评价

微球的药剂学评价包括载药量 / 包埋率、释放行为、材料降解实验、微生物检查等。

（1）载药量/包埋率　载药量是指微球制剂中所含药物的质量分数，而包埋率是指微球制剂中包封的药量占微球制剂中包封与未包封总药量的比值，二者是衡量制备工艺和成本的重要指标。其检测方法一般是先采用合适的有机溶剂将微球高分子材料骨架溶解后，再根据药物的性质选择不同的方法将药物分离或提取出来，进行含量测定。

（2）释放行为　释放行为是根据临床适应症需求和高分子聚合物材料性质共同决定的。选择合适的高分子聚合物材料与工艺制备不同结构的载药微球，使活性成分按照预期的药代动力学模型释放。对于生物可降解材料，溶胀和溶蚀机制也是控制药物释放的主要因素。对于释放周期较长的载药微球，可以建立加快释放试验的方法，预测模拟常规释放行为[39]。建立加速释放的条件要遵循相关性原则，使加速释放曲线尽量拟合常规释放曲线，得到准确的相关性。同时需要注意的是载药微球的突释效应，由于微球表面吸附的药物大量释放，短时间内使局部药物浓度快速升高，极易引起副作用。2015版《中国药典》明确规定载药微球在前0.5h内释放的药物含量要低于40%。

（3）材料降解实验考察分子量　在微球药物的释放过程中，药物的释放伴随着高分子骨架的水解。高分子降解的速率决定药物释放的速率。因此可以在释放过程中观察微球的形态，并通过凝胶渗透色谱法（GPC）检测不同时刻高分子聚合物载体的分子量，通过形态及分子量的变化监控微球降解释放过程。这些信息对于筛选骨架材料、优化制备工艺有着重要意义。

（4）微生物检查　缓释微球的微生物检查比一般冻干制剂要求更加严格。这是因为在微球的制备和生产过程中，众多环节很有可能引入微生物，而微球的尺寸以及高分子材料的特性使微生物更易吸附在其表面，也可以被包裹在骨架内部，所以要在微球的内部以及外部根据不同的制备条件对内毒素以及无菌做系统全面的筛查。目前，针对已上市的微球，可以利用一定浓度的二甲基亚砜溶解破坏微球，随后至培养基中，在显微镜下培养，观察检测。

第二节
高分子微球和微囊用于缓/控释制剂中的关键点和调控策略

药物缓释微球制剂的生产从实验室研发到真正上市要经过很长时间，在研发过程中要解决几个难点问题：粒径的均一性、批次间重复性、提高药物载药量与包埋率、保证药物活性、降低突释率以及生产易于放大等，这些问题也属于缓释制剂生产过程中的关键点。

一、粒径均一性的重要性及调控策略

传统的微球制备方法主要有机械分散法、喷雾法。上述方法制备的微球大小参差不齐、粒度分布较宽，这不仅导致产品批次间制备重复性不佳，而且微球粒径的不均一会制约微球构效关系的研究，严重影响应用效果，导致给药后患者的血药浓度不平稳，影响药效，并带来不可预料的不良反应。为了解决这个难题，科学家将制备好的载药微球经过一定尺寸的筛网进行筛分，以获得理想尺寸的载药微球，然而这势必会增加制备的成本，造成浪费，同时筛网的清洁与可再生也是较难解决的问题。喷雾干燥法能耗较高，较易导致蛋白质类药物的失活，进一步降低药效。因此，发展能耗低、易于放大、可制得粒径均一微球的制备方法是亟待解决的问题。

只有保证批次间良好的重复性，才能减少误差，更加准确地研究微球的理化性质，所以制备粒径均一可控的微球是这门技术的前提，也是保障。从绿色节能的角度出发，近年来膜乳化技术的提出使微球技术的发展到达了新的高度。马光辉研究团队成功发展了膜乳化制备生物医药用微球，并将技术产业化[40, 41]。目前采用膜乳化技术已开发出了多种药物（如醋酸曲普瑞林、艾塞那肽等多肽类药物，布比卡因、利福平、紫杉醇等小分子难溶性药物）的微球制剂[42-45]。

微球作为药物载体使用时，其粒径不仅影响其释放速度，而且会影响其在体内分布和吸收，从而影响最终的治疗效果，这对粒径均一性和粒径控制提出了高要求。例如，Wei 等制备出三种粒径均一的壳聚糖微球（2.1μm, 7.2μm, 12.5μm）的基础上，进行动物口服给药研究，研究了粒径对其在消化道内分布的影响[46]。结果如图 6-3 所示，粒径对壳聚糖微球在消化道内的分布有显著影响，小粒径的微球（2.1μm）在回肠和结肠分布数量最多，表明其能较多地通过回肠和结肠吸收。

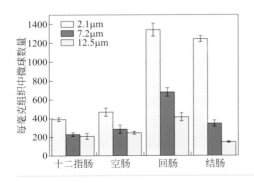

图6-3
三种粒径均一的壳聚糖微球在消化道的分布

二、提高微球和微囊载药量的方法

尽管 PLGA 微球在药物递送领域产生了巨大的突破，并已有众多商品上市，但目前许多在研微球制备过程中，亲水性药物存在包埋率与载药率低的问题。经过研究表明，亲水性药物的微球制备过程中，极易发生药物逃逸现象，主要发生在乳液制备过程以及乳滴固化成球过程。因此，从以下几个方面进行了调控，以获得较高的包埋率。

1．减少药物在外水相的溶解度

Ahmad 等通过盐析结晶的方式，在外水相中加入不同的盐析剂（NaCl、Na_2SO_4、NaBr、$NaClO_4$），结果表明：当加入无机盐后，奎尼丁在水中的溶解度大幅度降低，这是因为无机盐作为强电解质产生了较强的水合作用，使外水相自由水分子数减小，从而提高奎尼丁在外水相的浓度，使其在外水相中结晶析出。经过筛选，选用 $NaClO_4$ 作为盐析剂加入外水相，单乳法制备载奎尼丁的微球，与外水相不加入盐析剂比较，包埋率由 31% 提高至 73%[47]。

Ramazani 等选用伊马替尼作为模型药物，通过（W_1/O/W_2）复乳法进行制备。在制备过程中，通过调节外水相至不同的 pH 值（5.0、7.0、9.0）。结果表明，伊马替尼是一种离子型小分子，在不同 pH 下的脂水分配系数（$\lg D$）有很大不同。当水相 pH 值为 5.0 时，$\lg D$ 为 1.2，而水相 pH 值为 9.0 时，$\lg D$ 为 4.3。当外水相 pH 由 5.0 上升至 9.0 时，载伊马替尼微球的包埋率也由 10% 升高至 84%[48]。

2．加快乳滴固化速率

Ahmad 等在进行奎尼丁微球制备时，在油相二氯甲烷中加入不同比例的乙醇，结果表明与单独使用二氯甲烷作为油相相比，加入乙醇后，奎尼丁的包埋率有显著提高，可由 31% 提高至 66%[47]。这是因为乙醇的加入可以使膜材 PLGA 更快地沉积出来，形成外部屏障阻止药物逃逸，随着二氯甲烷的逐渐挥发，微球形成。

使用共溶剂法也可加速乳滴的固化速率。共溶剂法是指采用两种可互溶的有机溶剂，例如醇类（甲醇或乙醇）与二氯甲烷的混合溶剂作为油相（O），将药物直接溶解或分散在油相中（S/O），避免了内水相的使用，乳滴内不会产生油水界面，油相中的醇类直接扩散到水相，二氯甲烷仍然通过挥发去除。Qi 等选用艾塞那肽作为模型药物，比较了溶剂挥发法、溶剂萃取法以及共溶剂法对于微球性质的影响。结果表明，三种微球的包埋率分别为（92.51±3.41）%，（84.42±3.67）% 和（98.48±4.94）%，其中共溶剂法制备的微球（COM）包埋率最高，溶剂挥发法制备的微球（EVM）包埋率次之，溶剂萃取法制备的微球（EXM）包埋率最低。这是因为溶剂萃取法采用较大体积的固化液，固化速率快，亲水性药物在此过程中易向外扩散，导致包埋率偏低。而共溶剂法使药物均匀分布在微球内部（图6-4），而且溶剂去除速率适中，既避免了速率过快导致的药物逃逸，又避免了速率过慢引起的药物因浓度梯度向外扩散[49]。

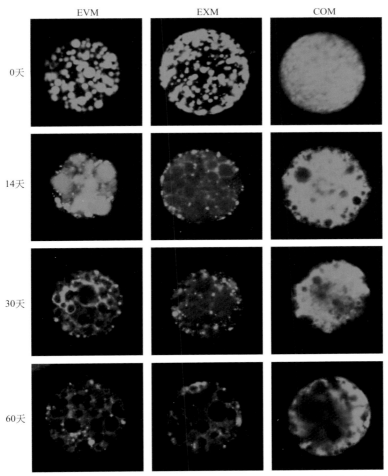

图6-4　溶剂挥发法制备的微球（EVM）、溶剂萃取法制备的微球（EXM）和共溶剂法制备的微球（COM），内部药物分布和结构随释放时间变化的共聚焦显微镜图

3．增强分子间作用力

Budhian 等选用哌氟叮醇作为模型药物，通过端基羧基封端的 PLGA 与端基酯基的 PLGA 进行微球制备。实验结果表明：羧基封端的 PLGA 制备得到的哌氟叮醇微球包埋率可达到 30%，显著高于酯基封端的 PLGA 制备得到的哌氟叮醇

微球（10%）。另外，体外释放行为差别较大，羧基封端的 PLGA 增加了 PLGA 链和氟哌啶醇分子之间的氢键，阻碍了药物在溶剂蒸发过程中扩散出微球，制备得到的哌氟叮醇微球突释低至 40%。而酯基封端的哌氟叮醇 PLGA 微球突释达到 70%[50]。

Gaspar 等选用左旋天门冬酰胺酶作为模型药物，选用分子量相同的 Resomer 503H（羧基端封端）和 Resomer 503（酯基端封端）进行载药微球制备。实验结果表明，当使用羧基端 PLGA 时，包埋率为 40.3%，显著高于酯基端 PLGA（21.4%）。体外释放实验表明，酯基端 PLGA 微球释放速率快于羧基端 PLGA 微球。这是因为含有羧基端的 PLGA 可以与蛋白质的氨基存在离子相互作用，从而在释放初期有较小的释放率[51]。

4. 新型结构载药微球

为了进一步提高小分子药物的包埋率，科学家从微球的结构调控入手。设计了双层壁材结构（Double-wall）微球。Tan 等利用 PLGA 与左旋聚乳酸［Poly(L-lactic acid), PLLA］作为双层壁材，首先，将原料药庆大霉素与 PLLA 溶解在二氯甲烷中，PLGA 溶解在乙酸乙酯中，随后将二者超声混合后，加入外水相形成乳液，利用乙酸乙酯与二氯甲烷在水中的溶解度差异以及挥发速率的差异，发生相分离，得到双壁微球[52]。微球内部为 PLLA 包裹小分子药物，而 PLGA 作为外部屏障起到阻碍小分子扩散逃逸的作用。实验结果表明，与传统乳化方法制备得到的微球相比，双壁微球的包埋率有显著提高，由 42% 提高至 75%。另外，体外释放结果表明，双壁微球可以显著延长释放时间，并且可以通过调节 PLLA 与 PLGA 的比例，进一步改善释放行为。

5. 新型微球制备技术

传统方法制备的乳滴不均一也是造成药物逃逸的原因。不均一的乳滴在固化成球的过程中，常常发生严重的 Oswald 熟化现象，造成液滴分布进一步变宽，同时药物从内水相向外水相泄漏，引发药物逃逸。因此，如果能制备得到粒径均一的微球，会使小分子药物的逃逸现象有所改善。近年来，马光辉研究团队发展了微孔膜乳化制备尺寸均一可控的微球技术，已经广泛应用于生物分离介质以及药物递送系统等方面。经过团队长期的研究发现，与传统乳化技术如机械搅拌、均质乳化等相比，膜乳化技术的主要优点有：①避免了剪切力不均一和 Oswald 熟化现象，从而乳滴稳定性增强，减少因为大小尺寸乳滴聚并引发的药物逃逸；②膜乳化操作简单，整个乳化过程在温和的条件下进行，适用于多肽、蛋白类等易变性失活的生物大分子；③制备得到的乳滴单分散性好，粒径均一，并且可以通过微孔膜的孔径对乳滴粒径加以控制；④膜乳化技术易于规模化生产，增加膜面积可以进行高通量制备；⑤耗能低，绿色环保，节约能源[40, 53-55]。

三、改善微球和微囊释药速率的方法

药物从微球中释放是一个三相过程：突释相、扩散相和溶蚀相。突释相是由吸附在微球表面和近表面药物迁移释放造成的；扩散相在溶剂挥发过程中微球表面会形成许多孔洞，水性介质会从孔洞渗透进入微球内部，导致药物扩散释放；溶蚀相是由于高分子骨架解散，药物释放。文献中报道的影响缓释效果的主要因素有以下多个方面。

1. 稳定剂 Zn^{2+} 对药物缓释影响

由于rhGH在人体内是以锌复合物形式存在的，所以在采用复乳法和喷雾-低温萃取法制备rhGH微囊时，都预先将rhGH与锌制成复合物再进行微囊化[11]。用这种方法可以有效增加蛋白质在微囊化过程中的稳定性，并且降低突释。除此之外，Yamagata等[56]用复乳法制备rhGH微球时，将氧化锌加入PLGA二氯甲烷溶液中，发现两个PLGA分子末端羧基和一个氧化锌通过电力作用相互结合形成复合物。动物实验结果显示：从ZnO-PLGA复合物微囊中释放的rhGH速率比单独的PLGA微囊要慢得多，使rhGH缓释时间延长。

2. 有机溶剂的影响

微球制备过程中挥发性有机溶剂应在水中微溶或不溶，溶解度<10%，且沸点低于100℃；一般采用二氯甲烷、三氯甲烷、乙酸乙酯、氯乙烯、乙酸甲酯和乙醚。其中二氯甲烷由于水溶性低和易挥发在大多数试验中应用。选用二氯甲烷为有机溶剂的比选用乙酸乙酯为有机溶剂在同一时间内rhGH累计释放率要低得多，这是由于二氯甲烷将药物不可逆聚集，使释药速率降低。Kim等[57]分别以二氯甲烷和乙酸乙酯为有机溶剂来制备rhGH微球，微球中药物的突释分别为28.2%和54.7%，这也可能是由于二氯甲烷制备的微球中形成较多的蛋白质聚合体，使药物突释比例较小。

3. 缓冲液和乳化剂的影响

制备过程中在内水相中加入盐溶液后形成高渗状态，促使外水相中的水进入内相，导致分散相液滴体积膨胀，发生破裂，形成的微囊表面多孔，导致药物突释较高。而外水相加入盐溶液后，其渗透压高于内水相，微囊壁增厚、致密，药物突释降低。内水相中加入乳化剂，使其覆盖在亲水性药物和有机溶剂界面上，使药物rhGH均匀地分散在高分子骨架内，因而可以随微囊的降解而逐渐释放，明显减少突释作用[58]。

4. 微球结构

微球的结构不但影响其载药量而且影响其释放性能、体内分布，最终影响药效。Wei 等制备了中空、中空 - 多孔、多孔壳聚糖微球并负载胰岛素，与实心微球进行了比较，结果表明中空 - 多孔微球显示了最高的药物负载量和平稳的释药行为 [59]。动物口服给药实验（图 6-5）[60] 显示，中空 - 多孔微球显示了最佳的口服降糖效果，糖尿病模型动物的血糖可以降到接近正常值，并可以维持 3 ～ 4 天；而传统的实心微球降糖效果不明显。

5. 微球材料

不同亲疏水性材料对蛋白药物的释放行为具有重要影响，选择合适的微球材料制备缓释微囊非常关键。Wei 等研究了材料亲疏水性不同对释药过程以及对蛋白质类药物的影响 [61,62]。制备了分子量不同的三种 PELA 包埋 rhGH 缓释微囊，随着亲水性的 PEG 比例增加，rhGH 在 65 天内的总释放量从 20.1% 增加到 79.8%，如图 6-6 所示。可见，提高 PELA 的亲水性可以调节蛋白质的释放行为。同时增加 mPEG/PLA 的比例可以大大提高 rhGH 在制备和 / 或释放过程中的稳定性。

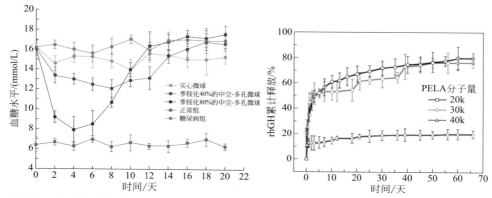

图6-5　载胰岛素的壳聚糖微球的结构对口服降糖效果的影响　　图6-6　三种PELA微囊的体外累计释放图

四、改善微球和微囊药物稳定性的方法

对于多肽、蛋白质类药物而言，稳定性较差，物理化学性质容易遭到破坏，使其部分或完全失去生物活性。例如，蛋白质结构一旦遭到破坏，不但药效下降，而且可能在体内产生免疫原性和其他不良反应。由于微囊化过程中往往需要搅拌、超声处理，并使用有机溶剂，这些外界因素的干扰都可能影响蛋白质的结构，使其发生聚集、吸附、沉淀、氧化、脱酰胺、水解等一系列物理或化学变化。另外，微球在体内释药过程中，机体的温度、pH 值和体液中的多种成分也都可能降低蛋白质的稳定性。所以，如何提高蛋白质类药物的稳定性始终是困扰

此类给药系统制备和应用的难题。

1．制成含保护剂的冻干品

为了增加蛋白药物在微囊化过程中的稳定性，将其与一些保护剂溶液混合后进行冻干处理，可以得到一种外面包裹着保护剂的蛋白超细微粒[63-65]。常用的保护剂主要有两类：①聚乙二醇类；②糖类，如海藻糖、蔗糖、甘露醇等。Cleland等采用复乳（W/O/W）法制备 rhGH-PLGA 微球时，先将海藻糖或甘露醇溶液与rhGH 混合后冻干，再将冻干粉末溶在缓冲液中采取复乳法制备微球。由于有海藻糖和甘露醇存在，与有机溶剂乳化后，有生物活性的单体蛋白回收率分别保持在 98% 和 95% 左右，而无冻干保护剂制备载药微球时，单体蛋白回收率仅为53%[66]。

2．与二价金属离子形成复合物

因为 rhGH 在人体内是以锌复合物形式存在的[67]，所以在采用复乳（W/O/W）法和喷雾 - 低温萃取法（Cryogenic Process）制备 rhGH 微球时，都预先将rhGH 与锌制成复合物后再进行微囊化[68]。用这种方法可以有效增加蛋白质在微囊化过程中的稳定性。据报道除了锌以外，其他二价金属阳离子如镁和钙也都有此功用。

在 Qi 等[69]研究中，发现多肽类药物或者蛋白的游离氨基容易与 PLGA 之间发生酰化作用，该反应会随着微球的降解逐渐增强，因为 PLGA 的降解产物会给多肽蛋白酰化提供更多的反应底物。为了进一步避免酰化作用，可选择使用二价阳离子来抑制酰化反应，保证药物的活性及稳定性。

3．添加非离子表面活性剂

Wei 等比较了几种常用的蛋白稳定剂，包括非离子表面活性剂、寡聚糖和糖醇（如海藻糖、蔗糖和甘露醇）、低分子量 PEG 以及 BSA，对生物可降解微球制备过程中 rhGH 稳定性的影响。其中，各种非离子表面活性剂对 rhGH 均有一定的稳定作用[11]。例如，经有机溶剂乳化后，泊洛沙姆 188、吐温 20 和聚乙烯醇分别使 rhGH 的单体蛋白回收率增加 68.9%、71.7% 和 52.5%。其中，泊洛沙姆 407（P407）对 rhGH 的稳定性效果最为显著，而且出现强烈的浓度依赖性，处方中加入 P407 和蔗糖后，rhGH 单体蛋白回收率可达到 99% 左右。体外评价结果表明，含有稳定剂的 rhGH 释放量显著增加。在乳化过程中，表面活性剂能够与蛋白形成竞争吸附，自发地定向排布于油 / 水两相界面，构筑一道保护性的屏障，避免蛋白药物直接暴露于有机溶剂，因而对其起到稳定作用[70]。

4．微囊化方法的选择

部分无水法（S/O/W）制备微球是介于完全无水法和 W/O/W 复乳法之间的

一种折中的方法。这种方法是将脱水的蛋白药物粉末混悬在溶有高分子的有机溶剂中，该混悬液在含乳化剂的水溶液中乳化，S/O 乳滴在溶剂挥发过程中得到固化，最后经洗涤、冷冻干燥制得微球。Toorisaka 等报道了将胰岛素和表面活性剂一起冷冻干燥后，再经 S/O/W 法制备 PLGA 微球，从微球中释放出来的胰岛素较好地保持了生物活性。因为干燥的蛋白药物粉末在不溶的有机溶剂中呈刚性结构，能较好地保持其构象，从而保持其生物活性[71]。

5. 微球骨架材料的选择

针对药物的性质要选择合适的微球骨架材料，以便更好地调节药物释放时间和释放速度。韦祎[62] 使用亲疏水性不同的三种材料 PLA、PLGA、PELA 包埋 rhGH，所得到微囊的包埋率不同，而且药物体外释放特性也有较为明显的差别。PELA 是由疏水链段 PLA 和亲水链段 mPEG 组成，亲水链段和疏水链段能够自由分布于油水两相界面，从而能很好地增强初乳液的稳定性，提高药物的包埋率。

通过体内实验，给 SD 大鼠注射 rhGH 注射液以及三种微球，与 PLA 和 PLGA 微球相比，PELA 微球不仅突释量最小，而且在两个月内释放的 rhGH 量最高，这和体外实验结果一致。在去垂体大鼠模型上，通过测量体重，比较了 PELA 微球释放的 rhGH 的生物学效应，并与阴性对照组、rhGH 溶液每日注射组、PLA 和 PLGA 微球组进行了比较。为了确认释放的 rhGH 的生物活性，在给药开始的 30 天测量了胫骨生长板。如图 6-7 所示，rhGH-PELA 治疗组骨骼生长板明显宽于其他各组（包括 rhGH 溶液每日注射组）。rhGH 溶液每日注射组与 PLA、PLGA 微球组比较差异无显著性（$P > 0.05$）。这些结果表明，PELA 微球中释放的 rhGH 保持了其生物活性，并且由于具有缓释作用，包裹在 PELA 微球中的 rhGH 具有比 rhGH 溶液更好的效果[7]。

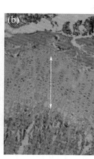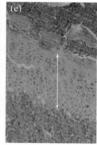

图6-7 各组胫骨近端生长板的代表性切片（白色线条和箭头标记胫骨近端生长板的宽度）
（a）阴性对照组；（b）rhGH溶液每日注射组；（c）PELA微球组；（d）PLA微球组；（e）PLGA微球组

第三节
高分子纳微球在疫苗制剂中的应用研究

疫苗领域的重要难题是选择合适的佐剂和递送体系。传统疫苗通常直接来源于细菌或病毒，即使不添加佐剂也具有较高的免疫原性，但由于大量病原性组分的存在会导致安全性问题，此类疫苗正逐渐被替代。随着生物技术的发展，成分明确、安全稳定的新型亚单位疫苗开始出现，但其免疫原性减弱，必须要添加佐剂（免疫增强剂）或抗原递送系统才能获得免疫应答[72,73]。铝佐剂是应用最为广泛的佐剂，不过其局限性在于仅诱导体液免疫应答，无法产生细胞免疫应答，目前多用于特定传染性疾病的预防方面，对亚单位疫苗（如 H5N1 裂解疫苗）效果不明显，更无法满足新型疫苗（尤其是治疗性疫苗和肿瘤疫苗）的发展需求。

高分子纳微球是生物医药递送领域研究和关注的焦点。特别地，高分子微球同自然界中的细菌、病毒等尺寸或维度相近，更容易被机体识别为外源性物质，在递送的同时还具有增强机体免疫应答的效果[74]。但是如何对纳微球体系进行合理化设计和工程化整合是疫苗开发遇到的重要挑战。虽然纳微球包封技术已经发展了近 70 年，但在疫苗递送方面的研究相对滞后。直至 1979 年才有研究者[75]提出使用聚乙烯醇共聚物颗粒（约 1mm）延缓抗原释放，减少疫苗接种次数。经过 30 年发展，进入临床实验的纳微球佐剂疫苗品种仍屈指可数。尤其是针对新发、突发重大传染病以及恶性肿瘤等疾病，仅具备缓释性能或者纳微米尺寸，将无法满足相应疫苗的防控需求，亟须对纳微球体系进行合理化设计和工程化整合，获得高效的体液、细胞和 / 或黏膜免疫应答水平。

一、高分子纳微球均一性的重要性

高分子纳微球的粒径、形貌、性能可用多种方法来实现调控，尤其是从单体（如苯乙烯）制备高分子微球时，其物化性质的控制方法多种多样[76]。但是，对于能用于人体内的生物可降解或相容性好的高分子材料（聚乳酸系列、壳聚糖系列），是以高分子为起始原料制备微球，其粒径和形貌控制是长期以来的难点。利用不均一颗粒作为疫苗载体，不仅降低了实验结果的可靠性，也影响其成药性。一方面，在进行免疫学效应研究时，抗原在体内分布不规律、释放重复性差，实验结果的波动性会被显著放大，将导致结果出现不一致甚至截然相反的现象[77,78]，难以系统研究粒径、形貌对免疫学效应的影响。另一方面，当进行到纳微球制剂逐级放大阶段时，制备和粒径控制问题更加突出，势必会引起批次间的颗粒性质出现差异。虽然经过筛分可以得到粒径均一的纳微米颗粒，但是这一过程烦琐复杂，耗时长，不仅浪费人力和财力，也会造成药物和原料的浪费。而且，对于多糖等黏度高的体系，即使筛分也难以获得纳米-微米级的小粒径颗粒。因此对于研究颗粒佐剂效应的工作而言，制备得到批次间重复性良好、粒径分布窄的均一性纳微球颗粒是前提和关键因素。

近年来，马光辉研究团队在均一微球制备技术（如微孔膜乳化技术）取得突破，并相继发现和创制了纳微颗粒的多种新功能以及不同理化特性，开发出一系列生物制剂[79-83]。通过从尺寸、电荷及流动性等方面深入揭示纳微米颗粒与细胞响应的构效关系，明确纳微颗粒提升免疫应答的关键因素和体内作用机制，可以反馈指导其作为疫苗递送体系的构建。特别地，上述团队创新性提出纳微球为"底盘"（Chassis）和亚单位疫苗共组装成先进疫苗的策略。其中，底盘可发挥病原体骨架和成分的双重作用，不仅能提高疫苗的稳定性，而且可以提升体液/细胞双重免疫应答，满足新型疫苗应答等需求，对预防性疫苗、治疗性疫苗以及肿瘤疫苗等的开发提供有意义的探索。下面将对高分子微球理化性质、疫苗设计实例、免疫机制等内容进行详细介绍。

二、微球理化性质对疫苗免疫效果的影响

自然界中的颗粒性质直接决定纳微球的生物学行为[84]。在充分了解纳微球的物理化学性质（粒径、形貌、表面电荷、亲疏水性）对生物学效应，尤其是抗原提呈细胞（Antigen Presenting Cells, APCs）（如巨噬细胞和树突状细胞 DCs）以及免疫细胞（T 淋巴细胞和 B 淋巴细胞）的影响之后，可以设计颗粒性质以获得期望的疫苗免疫效果[85, 86]。特别地，如果颗粒尺寸均一，可确保在单一变量的情况下，更清晰地阐明特定物化性质与细胞/免疫应答之间的构效规律。

1. 粒径的影响

粒径是颗粒佐剂最重要的理化性质之一，很大程度决定颗粒的佐剂效果。利用前文提到的均一微球制备方法（微孔膜乳化方法），通过选择合适的膜孔径，Yue 等[87]制备出具有不同粒径且尺寸均一（1.9μm、4.8μm 和 430nm）的壳聚糖纳微球，从单因素水平分析粒径效应，保证评价结果的可重现性和准确性。与粒径较大的微米球（如 4.8μm、1.9μm）相比，纳米及亚微米级颗粒（如 430nm，NP）较微米颗粒（≥1μm，MP）更容易被巨噬细胞（抗原提呈细胞 APCs）大量而快速地摄取［图 6-8（a）、（b），颗粒为绿色］。利用壳聚糖高分子微球的自发荧光特性，将颗粒内吞的数据进行换算后得知：被内吞的纳米球总的表面积最大，说明纳米颗粒适合作为有效的抗原吸附和运输载体；而微米球展示出较大的

内吞颗粒体积，在包埋抗原方面可能更具有优势［图 6-8（c）］。除 APCs 内吞外，粒径还影响了细胞因子表达水平，小尺寸的微球更有助于促进细胞免疫相关因子（如 IL-12 等）的分泌。尽管如此，纳微球负载抗原后，均可以有效延长抗原停留时间，并展示出更强的 APCs 活化效果[88, 89]。

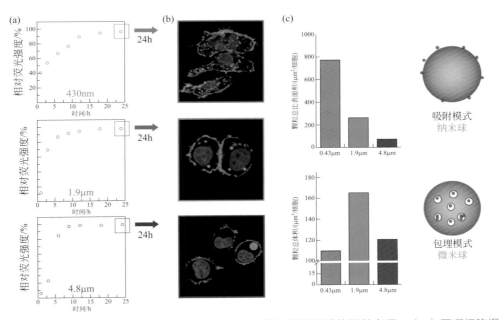

图6-8 巨噬细胞摄取430nm、1.9μm和4.8μm壳聚糖纳微球的相关表征：（a）巨噬细胞摄取壳聚糖纳微球的内吞动力学；（b）巨噬细胞摄取壳聚糖纳微球的共聚焦图；（c）24h平均每个细胞摄取的颗粒总比表面积和颗粒总体积

粒径的影响，不仅体现在注射部位细胞层面，而且也对远端免疫组织的功能发挥有一定作用。Reddy 等[90] 用乳液聚合反应制备了不同粒径的聚乙二醇 - 聚硫化丙烯（Polypropylene Sulfide，PPS）的纳米粒，并进行了对淋巴结内未成熟 DCs 靶向性评价，发现大小为 20nm 的纳米粒最易被淋巴结摄取；尾静脉注射 20nm 和 45nm 纳米粒时，其淋巴结内的滞留时间超过 120h，摄取率高达 40% ～ 50%，但是 100nm 纳米粒不易进入淋巴结内。佐治亚理工学院 Thomas 团队[91] 利用中等释放半衰期的硫醇反应性 7- 氧杂降冰片二烯（OND）连接子，将巯基封端的 CpG 寡核苷酸（Toll 样受体 TLR9 的配体）与聚硫化丙烯纳米颗粒偶联，可以借助纳米尺寸（27nm）以及连接子带来的半衰期可编程性，使颗粒经皮内注射后，优先进入淋巴结，释放活性物质。上述策略使引流淋巴结内特定细胞群的数量提高了几个数量级，产生更多表达 TLR9 的 T 细胞、B 细胞和 DCs。

2．表面电荷的影响

表面电荷是颗粒的又一重要特性，也直接关系到颗粒与抗原、免疫细胞的相互作用及强弱。由于多数抗原和细胞膜表面都呈负电性，表面荷正电的颗粒理论上能够更有效地与抗原和生物细胞相互作用。Chen 等[92,93]分别采用三种多聚阳离子高分子（壳聚糖 CS、壳聚糖盐酸盐 CSC 和聚乙烯亚胺 PEI）对 PLA 颗粒表面进行镀层修饰，制备了表面带不同正电荷强度的微球，采用巨噬细胞系评价了摄取效果，发现表面荷负电的常规聚乳酸微球摄取速度缓慢，经表面修饰后的荷正电微球能更快更多地被摄取，且随表面正电荷的增多，进入细胞内抗原也增多，导致其在细胞活化和细胞因子分泌方面具有更好的增强效果。值得注意的是，PEI 阳离子高分子修饰虽然可以提升颗粒的正电性和内吞能力，但是正电性过高会对细胞功能造成损伤，在疫苗载体选择时要结合生物安全性进行综合考量。

除了抗原入胞量外，APCs 提呈抗原的途径对免疫应答也有重要影响。外源性抗原逃脱溶酶体加工方式，并以 MHC-I 形式交叉提呈至 $CD8^+$ T 细胞引发细胞免疫，是以治疗为目的的疫苗所追求的方向。例如，Han 等[94]研究了不同电荷 PLGA 纳米颗粒疫苗诱导 BMDCs 交叉提呈的能力。与负电荷 PLGA 纳米颗粒相比，经鱼精蛋白修饰得到的正电荷纳米颗粒能够更高水平地上调 BMDCs 细胞表面的 CD80、CD86、CD83 等共刺激分子的表达，并且促进了抗原交叉提呈。Zhang 等[95]研究表明，微球表面的正电荷越强，所诱导的抗原特异性细胞免疫应答越强，而体液免疫应答并不随着微球表面正电荷的增高而增强，表面带有弱正电荷的微球（MPs-CS）对体液免疫应答的增强效果最明显。综合上述研究结果可知，微球表面电荷对微球 - 抗原吸附 / 共混疫苗制剂的效果具有很大的影响，在微球佐剂的实际应用中，可根据疫苗接种的期望免疫应答种类（细胞免疫或体液免疫）来调控微球的表面电荷，从而更大限度地增强疫苗效果。

3．形貌的影响

自然界中的微观颗粒如花粉、病毒、红细胞、细菌，其形貌千变万化，都是经过适应性和变异性的自然选择、遗传进化而来，与其生物学功能息息相关。例如杆状细菌颗粒被 APCs 的摄取量显著高于链状、Y 形分支状和球形颗粒[96]，通过表面配基（甘露糖）与 APCs（如树突状 DCs 细胞）的识别可进一步提高摄取效率。Niikura 等[97]也证明了杆状颗粒具有更快的内吞速率。这种优势主要与颗粒接触细胞膜时的角度（Ω）有关，棒状颗粒的 Ω 更小，内吞更快。

传统乳液法制备得到的乳滴颗粒通常为光滑球形，这是由于界面张力使乳滴自发形成表面能最低状态即球形状态。针对非球形颗粒佐剂制备困难，导致形状引起的免疫学效应考察不足的问题，Fan 等[98]利用微孔膜乳化技术成功制得球形、椭球形、棒状的均一 PLGA 颗粒，颗粒的长短径比为 4.5 ± 0.2，颗粒表面有刺突（图 6-9）。在这个过程中，微球的变形能力依赖于毛细数（Ca）和黏度比（M），Ca 越高或 / 和 M 越低，越容易发生变形。例如，磷酸缓冲盐（PBS）作为变形引发剂影响界面环境，降低表面张力（增加 Ca），使得磁力搅拌产生的剪切驱动力足以克服使液滴自发成球的界面能，诱导乳滴变形。该方法能同时实现对形状、形貌和粒径的三重控制，并可实现规模化制备。

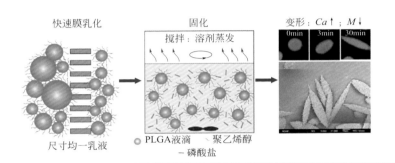

图6-9
基于微孔膜乳化技术制备的棒状高分子颗粒形成示意图及显微成像照片

除了形状外，随着生物材料技术的发展，零维、一维以及二维的颗粒引起广泛关注。Yue 等 [99,100] 揭示了二维平面颗粒独特的维度效应和全新的纳米 - 细胞界面效应。研究发现二维颗粒在细胞内化的选择性以及细胞响应方面与传统维度颗粒截然不同的特性，能够在胞内发生折叠效应，并促进细胞自噬，协同强化免疫细胞应激。对颗粒维度效应的研究有助于拓展以传统球形颗粒为主的知识体系，为新型维度颗粒在生物医药领域应用的多样化设计提供理论基础。

4. 亲疏水的影响

早在 1899 年，英国细胞生理学家奥弗顿（Overton）就发表了一系列关于化合物进入细胞的观察结果，他发现分子的极性越大，进入细胞的速度越小，当增加非极性基团（如烷基链）时，化合物进入的速度便增加 [101]。随后，也有一些研究发现通过采用疏水材料或分子量大的材料所制备的颗粒能够加快细胞对颗粒的摄取。此外，Li 等 [102] 利用粗粒度分子动力学方法，模拟了亲疏水性质对于纳米颗粒与细胞膜作用的影响。自由能计算结果表明，疏水颗粒的嵌入是一种自发的行为；而亲水颗粒过膜则存在着一个显著的能量势垒，克服能垒可能需要外界物质或能量的辅助，相应的过膜行为可能通过细胞吞噬机制来完成。

Liu 等 [103] 选取主体结构为聚乳酸的三种材料（PLA、PLGA、PELA），并借助膜乳化技术可制备出疏水性不同且粒径均为 1μm 颗粒（PLGA 和 PELA 因分别含有羟基乙酸和聚乙二醇而亲疏水性不同）。通过比较三者在细胞摄取、细胞活化、细胞迁移行为后发现，随着颗粒表面疏水性的增强，颗粒的佐剂效果也随之增强。为揭示相关作用机制，通过将三种微球修饰于原子力显微镜探针上，原位分析了细胞与颗粒间的相互作用，发现颗粒疏水性的增强将增大颗粒与细胞（尤其是疏水细胞膜）的相互作用力，进而促进细胞对颗粒的摄取。

5. 变形性和流动性的影响

病原体和免疫细胞接触时具有变形性，接触区域从点增加为面，同时其表面图案分子具有流动性，有利于迅速和免疫细胞形成多价相互作用[104]，加速免疫细胞的识别、吞噬速度和吞噬量。受此启发，Xia 等[105] 提出一种可变形、抗原可流动的仿生工程疫苗构建新思路：用生物可降解的 PLGA 纳米颗粒替代表面活性剂稳定角鲨烯油滴，以 Pickering 乳液为仿生"底盘"，将抗原组装在纳米颗粒之间，构建成可变形工程化疫苗。该底盘中，Pickering 乳液具有柔性和黏弹性，可以在细胞膜表面沉积，并产生应力形变，增大免疫识别面积。而且组装在纳米颗粒之间的抗原具有流动性，再现了病原体与免疫细胞的三维动态识别，是疫苗设计的新思路。

三、均一纳微球作为疫苗递送系统的应用

预防性疫苗关键在于引起体液免疫应答。而治疗性疫苗主要在于引发细胞免疫应答，获得对已经感染细胞的杀伤清除能力。基于以上机制和规律的揭示，通过将特定物理或者化学性质的微球与不同种类的抗原结合，可以探索颗粒对疫苗的预防和治疗效果，满足新发、突发以及重大传染性疾病的防控需求。此外，制备的高分子纳微球如果可以冻干，则无需冷链运输，避免商品化铝佐剂无法冻干的难题，促进疫苗的实际应用。

1. 预防性疫苗

（1）流感疫苗　单独 H5N1 流感裂解疫苗作为新型疫苗具有安全性高、易于大批量生产的优势，但其免疫原性较弱，需要疫苗佐剂保护疫苗不被降解，同时增强其免疫原性。此外，流感病毒易变异的特性决定了细胞免疫应答在流感疫苗的保护效果中发挥重要作用，目前应用的商品化铝盐佐剂对细胞免疫应答的增强作用不佳，也是需要解决的问题。

为解决上述难题，Wang 等[106] 利用团队构建的温敏性壳聚糖凝胶体系与快速膜乳化技术相结合，利用颗粒 37℃发生自固化现象，制备出一种新型颗粒作为 H5N1 流感裂解疫苗佐剂。首先将溶有壳聚糖或其衍生物的弱酸溶液与甘油磷酸盐水溶液在低温下（4℃）混合，混合后溶液为中性（pH 7.4），经过快速膜乳化得到油包水型乳液后升温至 37℃，乳滴将发生自固化形成壳聚糖凝胶微球

（Gel MPs）。与传统的壳聚糖化学剂交联的 MPs 颗粒相比，该温敏性颗粒制备和固化过程温和。更重要的是，该颗粒还具有 pH 敏感性，可以促进抗原被树突细胞（DCs）摄取并从溶酶体逃逸到细胞质，显著提高 H5N1 疫苗诱导的细胞免疫反应，在提高体液免疫应答的同时发挥交叉保护能力。其血清 IgG 抗体水平和细胞免疫指标（如干扰素 IFN-γ）均可达到商品化铝佐剂的 3 倍。见图 6-10。

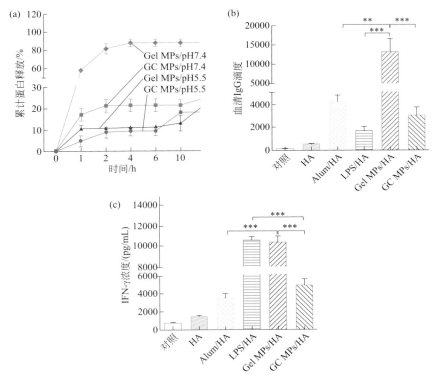

图6-10 凝胶微球Gel MPs的体外评价和体内效果
** 表示 $P<0.01$；*** 表示 $P<0.001$

除此之外，研究人员还通过改变微球形状[107]、在微球表面镀层阳离子高分子、优化抗原在微球上的负载方式[108]、调节微球佐剂的给药方式（皮下、肌肉、腹腔注射）[109]或者联合天然免疫刺激剂[110]等方式，进一步增强疫苗效果。例如，在正电修饰的基础上，通过采用共混 - 吸附的方法制备微球佐剂疫苗，以商品化铝盐佐剂为对照，发现其对流感裂解疫苗 H5N1 的佐剂活性优于铝盐，尤其是在细胞免疫应答方面，提升了 CD8+ T 细胞分泌颗粒酶 B 的比例、脾细胞增殖活性、T 细胞活化和记忆性 T 细胞反应，同时其副作用弱于铝盐。通过将非球形颗粒用作流感疫苗的注射免疫佐剂，发现球形颗粒能更好地提升体液免疫效果，而棒状颗粒倾向于增强脾淋巴细胞活化水平，并能提升记忆性 T 细胞的比例，发挥了优于球形颗粒的细胞免疫激活潜力。

（2）烈性传染病疫苗 烈性传染病如炭疽是由炭疽杆菌所致的一种人畜共患的急性传染病，作为一种大规模杀伤性武器，至今仍然对人类构成重大威胁。目前的减毒灭活疫苗和铝佐剂基因重组疫苗虽有效力，具有一定副作用或效力不稳定，亟需新的疫苗佐剂。

通过利用壳聚糖和海藻酸钠，结合快速膜乳化技术和层层自组装 LBL 技术，制备出含有不同表面基团的 1μm CS-NH$_2$ 颗粒（LBL 方法制备，保持了壳聚糖结构中的伯胺）和 CS-CL 颗粒（戊二醛交联，富含叔胺），然后与重组炭疽抗原（rPA）复配可得到疫苗制剂[111]。细胞试验表明，两种颗粒对抗原的吸附率一致，并且被 APCs 的摄取情况相当（均高于单纯抗原组且二者间无显著差异）。但与 CS-CL 颗粒相比，CS-NH$_2$ 颗粒诱导机体产生了快速的但可恢复的炎症激发反应（显示出良好的生物安全性），并显著增强了抗原特异性的血清抗 PA 抗体分泌水平，提高疫苗的免疫保护能力。CS-NH$_2$ 颗粒之所以表现出上述优势，主要因其表面富含亲核反应性很强的伯胺基团，能与补体系统中的分子（C3b）共价结合，从而引发补体反应。提高 APCs 抗原摄取量通常是免疫效果提升的前提条件，该研究通过引入特定的表面基团，在摄取量一致时，通过诱导 APCs 摄取活化之外的激活途径同样也可以获得高效的免疫应答，为预防性颗粒佐剂的开发开辟了视角。

（3）基于"免疫车票"策略的手足口病疫苗 常规的肌肉注射或皮下注射难以诱导远端的黏膜免疫响应。通过采用内向乳液颗粒化技术，Xia 等[112]构建了高分子颗粒 / 乳液复合型硬乳液，可实现抗原和免疫细胞肠黏膜归巢信号物质（如全反式维甲酸 RA）的协同装载和时空有序释放。这种硬乳液颗粒经肌肉注射之后，可以像"免疫车票"（Immunoticket）一样诱导外周树突细胞（DCs）产生趋化因子（CCR9），并搭乘上外周淋巴系统到肠黏膜相关淋巴组织的"高速列车（趋化因子 CCL25 浓度梯度）"，迁移至肠道相关淋巴组织（GALTs），从而引发系统性免疫和黏膜免疫双响应（图 6-11）。

通过对高分子相演变过程的调控，制备具有柔性内核（角鲨烯乳滴）和刚性外壳（高分子 / 阳离子脂质 DDAB）的硬乳液纳米球，可将油溶性 RA 包埋在内部油相中，抗原可吸附在带正电荷的颗粒表面。进一步借助底盘颗粒表面的正电荷，诱导颗粒的溶酶体逃逸。以手足口病疫苗 EV71（肠黏膜传染病）作为抗原的研究表明，"免疫车票"能够引发强烈的细胞特异性免疫应答，并同时促进 EV71 特异性黏膜抗体 IgA 以及系统性 IgG 抗体的分泌，有望改变现有疫苗佐剂对于经胃肠道感染性疾病预防效果不佳的现状。因此，"免疫车票"通过控制活性物质和抗原的有序释放，展现了纳微颗粒底盘作为系统性免疫和黏膜免疫双响

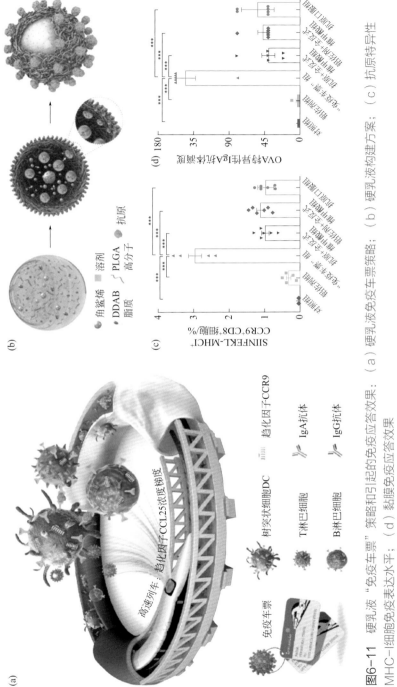

图6-11 角鲨烯"免疫车票"策略和引起的免疫应答效果:(a)角鲨烯免疫车票策略;(b)角鲨烯构建方案;(c)抗原特异性MHC-I细胞免疫表达水平;(d)黏膜免疫应答效果

*** 表示 $P<0.001$

应佐剂的应用前景，为拓宽免疫应答的广度和深度提供了新思路。

（4）高分子微球作为预防性疫苗佐剂的作用机制　通过与铝佐剂比较，Zhang 等[113] 阐明了微球作为预防性疫苗佐剂的重要机制。单纯抗原制剂经肌肉注射后，会被机体快速清除，铝盐佐剂可以显著提高其在注射部位的停留（储库效应），诱导严重的炎症反应，募集大量的免疫细胞（如中性粒细胞、DCs 等）。颗粒佐剂因其材料来源和表面性质的不同，作用机制有所区别。如壳聚糖凝胶颗粒经注射后也发挥了类似募集 APCs 的作用，但 PLA 微球佐剂却并未延长抗原在注射部位的停留，而是略微加速了抗原被 APCs 的清除。然而，两种颗粒佐剂共同的特点是可以促使大量抗原进入 APCs，其中表面带正电荷的颗粒更有利于被细胞内化摄取，促进细胞分泌与免疫激活相关的细胞因子。

2．治疗性疫苗

由于外源性抗原通常经溶酶体降解，引起 $CD4^+$ T 细胞为主的体液免疫应答，因此激发机体产生高效的细胞免疫应答是治疗性疫苗最大的挑战。虽然铝佐剂能够诱导高效的体液免疫反应，但由于其本身固有的局限性，对细胞免疫应答无能为力。如果借助新型佐剂改善抗原的提呈或降解途径，将有可能激活 $CD8^+$ T，杀伤感染细胞，辅助疫苗发挥治疗效果。

（1）具有交叉提呈特性的 pH 敏感 PLGA 微球　Liu 等[114] 以 PLGA 为材料，以 OVA 为模型抗原，采用 W/O/W 复乳 - 溶剂去除法结合快速膜乳化技术，并在内水相中添加碳酸氢铵，制备得到粒径约为 900nm、尺寸均一的胞内 pH 敏感型纳微球。在模拟胞质环境（pH 7.4）中，抗原释放量 24h 内不足 10%，而在模拟胞内体、溶酶体的弱酸环境下（pH 5.0 ~ 6.5），24h 内抗原的释放量超过 85%。这主要是由于，纳微球在溶酶体的酸性环境中 $(NH_4)_2CO_3$ 与 H^+ 反应释放出 NH_3 和 CO_2，气体冲破颗粒外壳的同时进一步增加溶酶体内部气压，进而将溶酶体胀破，使抗原从溶酶体逃逸出来。

上述可控、快速释放抗原的性质，显著增强了其作为疫苗佐剂的免疫效果。通过检测 $CD8^+$ T 杂交瘤细胞系 B3Z 分泌半乳糖苷酶活性（抗原以 OVA 特异性 MHC-I 肽段 SIINFEKL 提呈时才能引发），发现纳微球通过 pH 敏感响应释放抗原，使 BMDC 对抗原的交叉提呈水平达到常规 PLGA 纳微球组的 2.3 倍；并通过促进 DCs 活化与成熟，从而有效诱导淋巴细胞的活化。该纳微球在效应免疫阶段，产生了强有力的 T 细胞杀伤效应，尤其是诱导脾细胞分泌 IFN-γ 和颗粒酶 B 的水平比常规 PLGA 纳微球组分别提高了 105% 和 79%，并诱导更高水平的记忆性 T 细胞反应，提供了比铝佐剂更强的血清抗体保护。虽然该工作主要使用模式抗原OVA进行，但是pH 敏感型纳微球在 DC 胞内的可控、快速释放抗原行为，为抗原交叉提呈及特异性细胞免疫应答的获得提供了借鉴方案。

（2）高分子微球作为佐剂的治疗性乙肝疫苗　慢性乙肝的治愈之路充满挑战，抗病毒疗法需要长期服药，且只能达到功能性治愈，免疫疗法则能提升机体自身的免疫功能，清除受感染的细胞，是一种很有前景的治疗策略。PLA 生物相容性好，可用于构建微球制剂。前期与微米颗粒的比较表明，纳米及亚微米颗粒有利于促进 APCs 分泌与细胞免疫应答相关的细胞因子。

为了得到更高水平的抗原吸附和细胞免疫效果，增加颗粒的正电性是一个有效策略。例如，PEI 镀层后的 PLA 颗粒荷电水平较高，还能同时提升 IgG2a 比例，显示出良好的细胞免疫效果。遗憾的是，PEI 的生物安全性限制其进一步临床应用。为了保持正电性颗粒优势，同时更好地提高 CTL 杀伤功能，Lu 等[115]借助干扰素基因刺激因子（Stimulator of Interferon Gene, STING）信号通路刺激剂 DMXAA，同时将处于临床研究阶段的阳离子脂双十八烷基二甲基溴化铵（DDAB）[116]引入 PLA 微球中，使微球表面带正电，通过静电作用吸附抗原，同时可以利用质子泵效应，促进溶酶体逃逸，使相应刺激剂释放到胞质中，与配体结合激活下游通路，发挥协同作用（图 6-12）。免疫后微球疫苗制剂在诱导产生 HBsAg（乙肝表面抗原）特异性抗体的同时，可以刺激较高水平的脾细胞增殖，促进脾细胞活化，同时提高 CD8$^+$ T 细胞表面 FasL 的表达，介导高水平的 CTL 杀伤。免疫周期结束后，慢性乙肝模型鼠的血清转阴率达到 50%，肝脏中表达的 HBcAg（乙肝核心抗原）也降低。

（3）微球型白血病精准治疗性疫苗　治疗性疫苗具有更好的安全性，但对于白血病治疗，仍面临缺少合适靶点、制备烦琐复杂、免疫应答水平低、需要多次注射等一系列难题。马光辉研究团队基于独特的自愈合大孔微球底盘提出了免疫治疗策略，并联合珠江医院进行了新型白血病精准治疗性疫苗研发。首先，基于临床白血病样本高表达 EPS8 和 PD-L1 的新发现，设计了高亲和力的抗原肽（HLA-A*0201），用于与 PD-1 抗体（免疫检查点抑制剂）的联合使用。在此基础上，利用聚乳酸自愈合大孔微球构建了疫苗递送新剂型，"后包埋"的装载方式避免了有机溶剂及搅拌带来的剪切力，充分保护了抗原肽和 PD-L1 抗体的活性，对抗原及抗体的装载率分别达到了 20% 和 32%，实现了两种物质的共装载。同时利用聚乳酸较低的玻璃态转化温度，可以在温和条件下将微球空腔内的抗原有效封装，这种独特的"后包埋"的方法不仅保护了抗原的生物活性，并且操作简单快速，利于医院剂型的现场配制。

疫苗接种后，微球的缓慢降解不仅形成了有利于抗原提呈细胞募集、细胞因子分泌和抗原交叉提呈的局部免疫微环境，而且促进了 PD-1 抗体向淋巴结的富集。通过上述机制的协同，可以实现长效的免疫应答，单次注射后白血病细胞减少了 98%，白血病病情进展得到显著抑制，同时在病人来源白血病异种移植模型上取得了优于商品化剂型 ISA51 的疗效，小鼠 4 周生存率提高到了 100%。鉴于

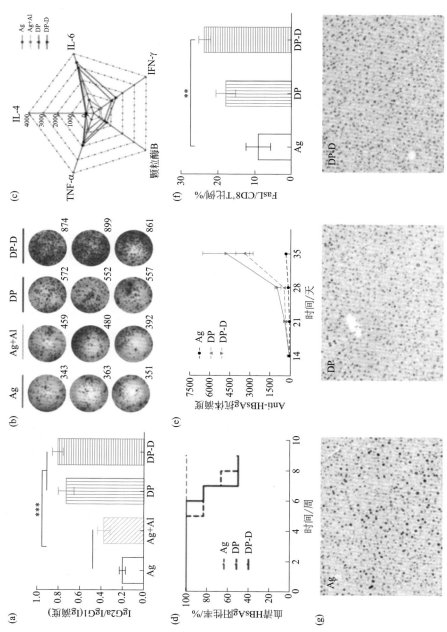

图6-12 包埋免疫刺激剂的阳离子聚乳酸微球作为治疗性疫苗佐剂的结果。（a）~（c）健康鼠型结果：（a）HBsAg特异性IgG2a/IgG1抗体的比值；（b）产生IFN-γ的脾细胞斑点；（c）脾细胞上清中细胞因子雷达图；（d）~（f）HBV模型鼠型结果：（d）血清中HBsAg表达水平；（e）血清中HBsAg特异性抗体IgG；（f）CD8⁺T细胞杀伤性标志FasL表达水平。Ag—抗原；Ag+Al—铝佐剂抗原；DP—DDAB微球；DP-D—装载刺激剂的DDAB微球。** 表示 $P < 0.01$

聚乳酸类高分子材料（FDA 批准）的降解性和安全性、疫苗组分装载的简便性和多样性、免疫治疗结果的有效性和重现性，该微球疫苗剂型非常具有临床转化潜力。

3. 肿瘤疫苗

相比于放疗、化疗等传统治疗肿瘤的方法，肿瘤疫苗模拟机体对抗病原菌的方式，恢复对肿瘤细胞的天然"识别"和特异性应答能力，其特异性高、副作用低等优势引起了广泛关注。肿瘤疫苗载体的设计关键在于激活抗原提呈细胞 APCs 从而引发肿瘤特异性 T 细胞的杀伤效果。针对免疫细胞起效的不同环节，分别发展了募集靶向 APCs、增强免疫刺激和控制释放提呈的载体递送策略[117,118]。此外，为了引起特异性杀伤应答，还发展了基于尺寸、结构调控引导抗原定向加工激活杀伤性淋巴细胞的多种新策略。

（1）多佐剂微球肿瘤疫苗　为了增加肿瘤抗原被机体免疫系统识别的机会，Liu 等[119]设计并制备了修饰有细胞穿膜肽（CPP）的尺寸均一的 PLGA 纳米颗粒（CNP）。借助肿瘤细胞对纳米颗粒的摄取作用，将两种细胞因子佐剂（粒细胞/巨噬细胞集落刺激因子 GM-CSF）和白细胞介素 2（IL-2）高效导入肿瘤细胞内，经灭活后制成多佐剂复合型肿瘤全细胞疫苗。修饰 CPP 后的纳米颗粒，不仅可以使 IL-2 快速导入肿瘤细胞内，而且避免了溶酶体对外源性物质的降解以保证导入因子的活性。体内的治疗效果研究表明，疫苗中的复合成分，可以针对不同免疫应答环节起效，使大量 CTL 迁移到肿瘤病灶部位，有效地抑制了肿瘤的生长，延长了小鼠的生存时间。此外，疫苗免疫后的小鼠血清中反映肝、肾和心肌毒性指标值均处于正常范围内，证明了该疫苗具有良好的安全性。

（2）基于自愈合大孔微球的新型肿瘤疫苗　针对抗原装载方法复杂、需要多次注射免疫、体内有效利用率低、交叉提呈较弱的问题，同时确保疫苗剂型安全性和成药性，Xi 等[120]提出了基于聚乳酸（FDA 批准材料）自愈合大孔微球的肿瘤疫苗策略（图 6-13）。通过复乳法制备出孔隙率高达 82% 的大孔微球，并利用聚乳酸材料较低的玻璃态转化温度，开发了"先装载后愈合"的独特后包埋方式，可以在 39℃下实现对活性物质的高效温和装载，装载率最高达到 20%；而且通过对微球尺寸、材料及降解速率的合理设计，30 ~ 60μm 的微球可以在 14 天内同时实现对抗原提呈细胞募集和抗原释放的最大化，两者的协同大幅提升了抗原的摄取效率。另外，聚乳酸降解后产生的乳酸分子可在注射部位产生稳定的微酸环境（pH ≈ 6.5），以此促进 Th1 型细胞因子的分泌和抗原在细胞内的交叉提呈，进而强化后续细胞免疫应答。

基于上述优势，该肿瘤疫苗使得抗原的生物利用度提高了近 200 倍，单次免疫后特异性 CD8+ T 细胞持续增殖，累积增殖提高约 15 倍，累积杀伤效果提高约

5倍，在乳腺癌、淋巴瘤、黑色素瘤等多种肿瘤模型和蛋白抗原、多肽抗原、新抗原上均取得了优于商品化剂型（AS04）的疗效，并且展示出了非常好的安全性。此外，大孔微球可以作为疫苗载体，其内部空腔适合装载多肽、蛋白、核酸等多种亲水性抗原，而微球骨架可同时负载单磷酰脂质A（MPLA）、咪喹莫特等疏水性佐剂，以满足不同疫苗剂型的需求。

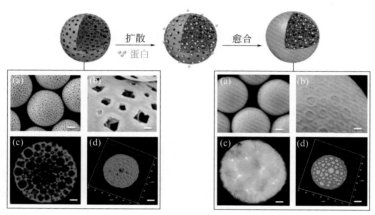

图6-13　新型肿瘤疫苗剂型基于独特的后包埋策略，高效装载肿瘤抗原

（3）Pickering乳液底盘疫苗　Xia等[112]基于病原体柔软性和流动性的启发，开发出以PLGA纳米球作为乳液稳定剂的Pickering乳液底盘（PPAS）。底盘以0.4%（质量体积分数）的颗粒浓度，与浓度为0.1mol/L且pH为8.0的柠檬酸钠水溶液，以1/10的油水比混合制备而得，平均粒径为（2178±43.2）nm。该底盘突破以往疫苗佐剂的设计思想，主要包含以下三种仿生特征（图6-14）：①凹凸的高比表面积使抗原的装载量远高于一般纳米或微米颗粒，同时颗粒间的限域空间提高了抗原的稳定性；②该底盘的表面具有变形性、流动性和密集图案化，再现了病原体与免疫细胞的三维动态识别，大幅度增加与免疫细胞的接触面积和相互作用，促进免疫细胞的大量摄取；③PLGA高分子纳米球在酸性溶酶体中发生电荷反转（材料表面羧基发生质子化呈现正电荷，导致溶酶体内膜不稳定），诱导抗原逃逸到细胞质中，显著增强细胞免疫。

基于以上优势，该底盘上分别组装不同疫苗，具有很好的预防和治疗效果。例如，在H1N1流感模型中，PPAS组得到了最高的攻毒保护率，攻毒实验中没有动物死亡，其安全性和保护性远优于MF59等现有市售其他佐剂。在OVA/E.G7淋巴癌模型和B16/MUC1黑色素瘤模型中，相比于表面活性剂稳定的乳液（SSE）或者AS04商品化佐剂以及不具有变形特性的微球PMP/纳米球PNP，PPAS底盘可以有效调动脾细胞中干扰素分泌T细胞的活化和增殖，获得更优的肿瘤治疗效果。

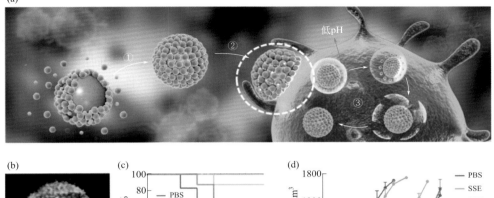

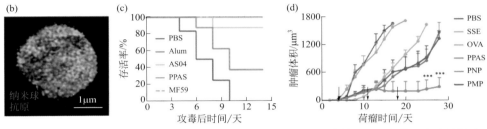

图6-14　Pickering柔性底盘的抗原递送机制及合成疫苗在预防性H1N1疫苗和治疗性肿瘤疫苗中的作用效果：（a）Pickering柔性底盘的抗原递送机制；（b）合成疫苗的显微成像照片；（c）预防性H1N1疫苗作用效果；（d）治疗性肿瘤疫苗作用效果

第四节
高分子纳微球载体在抗肿瘤药物递送中的应用研究

　　恶性肿瘤死亡是中国居民死亡的首要原因，且以 2.5% 的增幅上升。*Global Cancer Statistics* 2018[121] 指出，中国癌症新增病例为全球第一（380.4 万，约占 21%），死亡率也远超过世界其他国家（23.9%）。每年癌症所致的医疗花费超过 2200 亿，成为威胁人类健康、制约社会经济发展的重要因素之一。

　　长期以来，化疗是恶性肿瘤治疗的重要手段，然而大多数传统的抗肿瘤药物治疗缺乏特异性，在体内给药时需要大剂量，以增加达到癌症部位的概率，导致药物在体内广泛分布并对正常组织和器官产生毒副作用，严重影响治疗效果。因此，如何使药物特异性地递送给肿瘤细胞而非正常组织细胞，提高肿瘤治疗效果的同时降低毒副作用，是恶性肿瘤治疗的关键问题，具有十分重要的意义。

　　基于纳微米载体（如高分子颗粒、脂质体等）的靶向制剂设计，为高效低毒的抗肿瘤药物递送提供了崭新的手段[122]，有助于克服直接给药过程中的弊端。首先，肿瘤组织具有特殊的高通透性和滞留性，通过调控载体尺寸和流动性，可以通过肿瘤血管内皮系统的缝隙，携带药物进入并积聚在肿瘤组织。其次，载体通过功能化修饰可以实现药物在体内的智能化输送，具有靶向定位及药物释控的功能，同时减少药物的毒副作用。另外，借助纳米载体特有的结构和性质，可以装载难溶性药物，解决此类抗肿瘤药物的递送难题。本节将以高分子纳微球为主，重点介绍抗肿瘤载体的理论基础和相关研究应用实例。

一、微球理化性质对抗肿瘤效果的影响

在疫苗载体一节中，已经介绍过高分子纳微球理化性质对疫苗免疫效果的重要影响。虽然载体的理化性质种类相似，但用于抗肿瘤药物递送时，却与疫苗递送的评价重点有显著不同。例如，面对巨噬细胞、DCs 细胞等专职 APCs，希望疫苗载体能够靶向 APCs，使所携带的抗原尽可能被其摄取和吸收，激活后续免疫细胞的一系列响应。与之相反，高分子微球在递送抗肿瘤药物时，如果被巨噬细胞（也是机体防御的第一道防线）捕获清除，将显著降低其在血液中的循环时间，从而减少到达靶点的机会，降低药效。

生物体内环境十分复杂，除需要克服巨噬细胞屏障外，在将药物递送到肿瘤靶点过程中还会面临多重挑战。例如，肿瘤致密组织的异质性和渗透阻力、细胞膜的屏障作用、胞内细胞器的阻隔等一系列递送障碍，最终仅有很小部分药物能到达靶点并发挥疗效。因此，在充分了解抗肿瘤载体构效关系的基础上，针对药物作用位点和性质，进行高分子抗肿瘤载体的合理化设计，是药物的靶向递送的关键，也是研究者不断探索的重要方向。

1. 粒径的影响

纳米颗粒载体的粒径效应一直是抗肿瘤药物递送领域的研究热点。首先，载体的粒径大小与其在肿瘤血管中的流速、蓄积密切相关，这些性质会影响载体在肿瘤组织的渗漏和聚集效果[123]。其次，载体粒径会直接或间接影响肿瘤细胞的活性，可与抗肿瘤药物产生协同效果，提高药效。例如，小粒径颗粒（＜100nm）由于具有较高的比表面能，会对细胞膜上的脂质分子以及蛋白质以及胞内的线粒体等造成损伤，诱导肿瘤细胞凋亡。再次，粒径大小影响颗粒的体内半衰期。颗粒尺寸越大，在体内的免疫原性（外源性角色）越强，越易受到单核巨噬细胞系统（Monocyte Macrophage System, MPS）的识别和清除[124]，缩短药物的血液循环时间。最后，颗粒粒径大小在一定程度上决定了载体的内吞途径，进而影响药物在胞内的分布以及药效的发挥[87]。因此，借助载体粒径效应的指导原则设计

具有合适尺寸大小的颗粒，是抗肿瘤药物高效递送的一项重要手段。

2．电荷的影响

纳微载体表面电荷性质不同，影响载体被细胞内吞的数量、速率以及药物在胞内的分布。由于细胞膜呈现负电性，带正电的纳米颗粒相对比较容易被摄取，但容易被内皮网状系统截留，不易实现药物在体内的长循环。而带负电或不带电的纳米载药颗粒，虽有望实现颗粒在机体内部的长循环，但在静电力的排斥作用下不易实现药物向肿瘤细胞的过膜递送。因此，对颗粒电荷效应的阐明有助于预测载药颗粒在体内的生物学和后续的药效学行为，进而为载体的设计提供思路。

例如，Yue 等[125]成功制备出三种具有不同电荷的壳聚糖纳米球（N-NPs，$\zeta = -45.8mV$；M-NPs，$\zeta = 0.51mV$；P-NPs，$\zeta = 39.2mV$），发现细胞对纳米球的内吞速率及内吞量都与表面电荷呈正相关。正电颗粒（P-NPs）的摄取量远高于中性颗粒（M-NPs）和负电颗粒（N-NPs）。与之相反，细胞内定位研究表明 N-NPs 和 M-NPs 可以与溶酶体高度共定位，而 P-NPs 能够逃逸溶酶体并呈现核周分布，有利于释放药物。利用这个特点，Wei 等[126]借助季铵化壳聚糖纳米球的正电荷和结构特性，实现了对基因药物小干扰核酸和紫杉醇的同时装载，进一步借助纳米球正电荷的质子海绵效应使药物逃逸出溶酶体递送至细胞质发挥药效，获得了显著的抑瘤效果，远优于将两种药物分别装载在不同纳米球进行混合给药。

3．形状的影响

在纳米颗粒载体与肿瘤细胞相互作用的过程中，纳米颗粒的形状也会影响细胞对药物的摄取能力。Yue 等[127]制备了两种不同形状的纳米颗粒，发现与球状颗粒相比，棒状颗粒由于具有较大的比表面积更容易被肿瘤细胞快速摄取，在难溶性抗肿瘤药物的负载和输送中展现出更好的应用潜力。Discher 等[128]模拟丝状病毒外形，通过改变嵌段共聚物中亲水段和疏水段的比例，获得稳定存在的线状蠕虫状高分子颗粒。体外模拟实验发现，与球形颗粒相比，这种长线形的颗粒在血流中能逃过巨噬细胞的捕获，在血液循环中的半衰期达一周以上，比球状胶束约长十倍，显示出较长的半衰期。这一研究为新型抗肿瘤药物载体的设计和开发带来很多启示，在保证长循环的同时，如何提高肿瘤细胞摄取是需要进一步考虑的问题。

4．分子组成的影响

分子组成是高分子载体的重要性质。对于难溶性抗肿瘤药物的输送，以疏水性成分为主体的 PLA 类高分子具有天然的优势，它们可通过水包油形式实现难溶药装载，达到较高的药物装载量。但是不同 PLA 衍生物对载体传输效率的影响，经常被忽略。

借助膜乳化技术，Yue 等[129] 制备出粒径均一的 PLA、PLGA 及 PELA 三种纳米球，对纳米球的体外巨噬细胞摄取、体内循环半衰期、体内分布及肿瘤内微分布情况逐一进行考察，着重探索所涉及的内在机制，并寻找分子组成与肿瘤输送效果的关系。结果表明分子组成差异赋予了纳米颗粒不同的亲疏水性和变形性：亲水性可以减少 MPS 清除，实现血液长循环特性；变形性保证载体可穿过肿瘤组织间隙，进而促进其在肿瘤内的输送效率。与 PLA 和 PLGA 纳米球相比，亲水性和变形性较强的 PELA 纳米球展现出血液循环时间长、肿瘤部位蓄积量大及肿瘤内输送能力强等优势。

由于肿瘤内部为高度异质和高渗透压环境，常规化疗药物多数难以渗透至内核区域，而通过高分子材料组分、性质的设计和选择，可以赋予载体变形性、亲水性等特殊性能从而提高靶向效率。上述载药体系的进展为打破肿瘤组织间隙小的障碍开拓了一个新的研究视角。虽然全面系统的生物学、免疫学评价仍需要大量的工作，但是将载体的其他理化性质与配体修饰有机结合，可能是克服肿瘤渗透困难并彻底根除肿瘤的一个重要突破口。

二、肿瘤组织靶向策略

早期的靶向策略主要是被动靶向，如对载体进行聚乙二醇等亲水性分子修饰，避免非特异性清除，延长药物在血液中的半衰期；或者 / 同时借助纳米载体的尺寸效应，利用肿瘤组织具有特殊的高通透性和滞留性，携带药物穿过肿瘤血管内皮系统的缝隙，进入并积聚于肿瘤组织。随着对肿瘤发生发展机制的充分了解，以及对生物载体材料特有的结构和性质的发掘，先后发展出针对肿瘤组织的多种药物靶向策略[130]。

1. 配体 / 受体靶向

肿瘤细胞为达到快速生长和转移浸润的目的，与正常细胞相比其表面会过度表达某些特定的抗原或受体（例如，HER2、叶酸受体、CD44 等）。药物载体表面嫁接配体（抗体、适配子、siRNA 和穿膜肽等）后，携带抗肿瘤药物进入肿瘤组织，依靠受配体（或者抗原抗体）之间特异性识别效果，可增加大量聚集于细胞表面继而引起细胞内化，减少毒副作用。

Pan 等[131] 制备出乳铁蛋白修饰的 mPEG-PLA 纳米颗粒（NP，360nm），通过鼻内给药向大脑中靶向递送药物，增加了药物靶向指数（DTI）和直接转运百分比（DTP）。乳铁蛋白能够增加纳米球靶向脑部的效率（提升 3 倍），同时可以降低药物在肝脏的累积，减少颗粒对黏膜组织和上皮细胞的毒性，保持良好的生物利用度。

除了对水溶性药物的递送外，借助载体并结合受体/配体靶向策略实现对难溶性药物的递送也取得了很大的进展。例如，Wei 等[132]制备去唾液酸糖蛋白受体修饰 10-羟基喜树碱（HCPT）纳米晶，不仅解决了难溶性抗肿瘤药物的给药问题，还显著增加了纳米晶对肝癌细胞的靶向性。Lv 等[133]利用 O/W/O 复乳液法并结合程序升温法成功地将难溶性药物紫杉醇（PTX, 商品化形式为 Taxol®）以纳米晶形式原位装载于亲水性材料羧化壳聚糖纳米球（CNP:PTX）中，并结合快速膜乳化技术实现了均一纳米球的制备。在此基础上，利用纳米球表面的羧基引入具有隐形效果的聚乙二醇（PEG）链和靶向肿瘤细胞的三肽序列（RGD），制得兼具隐形和靶向能力的纳米给药系统（RBD-PEG-CNP:PTX）[图 6-15（a）]。后续的体外细胞及体内荷瘤小鼠模型实验表明，该制剂能够有效延长药物在体内的循环周期，改善纳米球对肿瘤细胞的亲和能力，提高药物生物利用度及最终抗肿瘤效果［图 6-15（b）和（c）］。另外，与传统的注射制剂相比，该制剂还具有很低的毒副作用，对 PTX 的临床应用具有重要的意义。

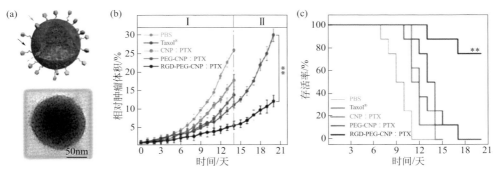

图6-15 高分子颗粒及其抗肿瘤效果：（a）高分子颗粒示意图及电镜图；（b）肿瘤生长曲线；（c）存活率

PBS—对照；Taxol®—商品化紫杉醇；CNP:PTX—装载 PTX 的羧化壳聚糖纳米球；PEG-CNP:PTX—聚乙二醇修饰的载药纳米球；RGD-PEG-CNP—PTX：靶向肽-聚乙二醇修饰的载药纳米球。** 表示 $P < 0.01$

2. 肿瘤微环境敏感响应性靶向

肿瘤组织微环境相对于正常组织有较大分别。针对肿瘤组织特殊微环境（低pH、乏氧、还原特性、酶等），可利用敏感响应材料构建抗肿瘤靶向载体。其设计思路为，载体在正常组织细胞中具有较高的稳定性或结构完整性，而载体到达肿瘤部位后由于周围环境的改变其稳定性或完整性被破坏，在肿瘤部位释放携带的药物[134]。药物在肿瘤部位富集，达到靶向输送目的。

（1）酶响应　肿瘤细胞与细胞外间质之间相互作用，导致细胞外基质代谢平衡失调，引发肿瘤细胞的侵袭转移。基质金属蛋白酶（MMP）是一种蛋白裂解酶，在肿瘤细胞表面高水平表达，它几乎能降解细胞外基质中的各种蛋白成分，破坏肿瘤细胞侵袭过程中的组织学屏障，在肿瘤侵袭转移中起关键性作用。

Hatakeyama 等[135] 将 PEG 通过肽段与二油酰磷脂酰乙醇胺相连接，形成 PEG- 肽 - 二油酰磷脂酰乙醇胺三元结合物（PPD），将此结合物连接于基因药物载体运送基因药物。体内实验表明其治疗效果依赖于各肿瘤组织 MMP 表达量的多少。肿瘤部位中高表达的 MMP 可切断 PEG 与二油酰磷脂酰乙醇胺的肽段连接，使药物载体失去 PEG 保护在肿瘤部位积聚，提高了药物靶向肿瘤部位的能力。Nazli 等[136] 开发了涂覆有 MMP 敏感的 PEG- 水凝胶纳米粒子（MIONP），在乳腺癌等高表达 MMP 酶的组织中，颗粒与药物偶联的肽键能够发生蛋白水解降解，促进药物靶向释放。

除了基于 MMP 开发具有靶向作用的载体外，Yue 等[137] 借助 MMP 酶的特性，基于二维平面颗粒，构建了新型的可激活荧光探针（iProbe），同时进一步装载了难溶性抗肿瘤药物 HCPT（载药率达到 9.6%）。iProbe 的荧光可在肿瘤部位激活，而 MMP 抑制剂存在时却能阻滞这一荧光的产生。该探针不仅展现出优于市售注射液的抑瘤效果，而且还能实现肿瘤治疗效果的实时监测。

（2）低 pH 响应　正常组织 pH 在 7.4 左右，而肿瘤细胞由于在无氧状态下糖酵解产生的乳酸大量堆积于肿瘤部位，使得细胞周围处于弱酸环境，其 pH 在 6.0 ～ 7.0 之间。因此，可以利用上述 pH 变化制备 pH 依赖型药物载体，使其在血液循环中结构保持完整不释放药物，而到达肿瘤部位后，弱酸性环境使得载体崩解或结构发生变化而释放药物。其中最常用的方法是将"可电离的"化学基团（例如胺、磷酸和羧酸等）引入高分子结构中，使载体在低 pH 发生溶胀释放药物[138]。

例如，为了获得较高的药物半衰期和肿瘤靶向性，研究人员对高分子纳米球进行了巧妙改造[139]。通过在羧甲基壳聚糖纳米球（CNP）表面修饰三（2- 氨基乙基）胺及 2,3- 二甲基马来酸酐（DMMA），得到针对肿瘤微酸环境响应的纳米球（图 6-16），并用于紫杉醇的高效输送。结果表明，所制纳米球在正常体液（pH 7.4）条件下能保留其负电性（−11mV），从而减少被巨噬细胞 J774A.1 摄取；而在肿瘤部位的微酸环境（pH 6.8）下，其表面负电性（−34.8mV）可迅速转化为正电性（+5mV），促进被肿瘤细胞 LLC 摄取，提高肿瘤细胞内的药物浓度。

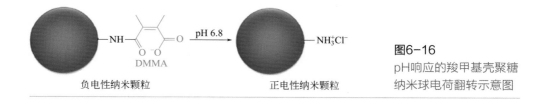

负电性纳米颗粒　　　　　　　　正电性纳米颗粒

图6-16
pH响应的羧甲基壳聚糖纳米球电荷翻转示意图

与市售注射剂相比，这种纳米球展现出良好的生物相容性，对肿瘤细胞杀伤效果也明显提高，其半抑制浓度从 11.3μg/mL 降低至 4.09μg/mL，实现了 PTX 的高效输送。这种智能电荷翻转体系，是基于颗粒理化性质构效关系以及肿瘤特殊微环境的理论基础上进行的构建，为难溶性抗肿瘤药物的高效输送提供了潜在途径。

（3）乏氧响应　乏氧在实体瘤中广泛存在，是指肿瘤内局部区域的氧分压（0 ～ 20mmHg，1mmHg=133.322Pa，下同）通常低于正常组织的氧分压（24 ～ 66mmHg）。肿瘤细胞无限制繁殖、代谢快以及肿瘤内血管分布不均一限制其供氧效率，都是导致肿瘤内乏氧的原因[140]。乏氧在肿瘤自身能够调节的范围时，可以促进肿瘤恶化和转移。因此，针对上述情况分别发展了两类策略来对抗肿瘤。

一方面，通过使用特定纳米药物，快速促进肿瘤乏氧，突破肿瘤细胞自我调节的极限，诱导其凋亡，是一种抗肿瘤治疗的思路。此类纳米药物通常以光动力材料、脱氧剂材料及葡萄糖氧化酶等为主要功能成分，通过耗氧材料与肿瘤内氧气反应来加重乏氧程度。例如，Tang 等[141]制备了过氧化氢刺激响应型金纳米囊泡 TG-GV，同时包裹乏氧前药替拉扎明（TPZ）以及葡萄糖氧化酶（GOx）。其中 GOx 可氧化肿瘤部位的葡萄糖，产生饥饿效应，同时消耗大量氧气，加剧肿瘤的乏氧状态，激活乏氧前药 TPZ 变为毒性自由基，杀伤癌细胞。GOx 在氧化葡萄糖的过程中产生大量过氧化氢，进一步刺激囊泡释放更多药物，从而产生"自加速"的药物释放效果，4T1 肿瘤抑制率为 87.2%。

另一方面，针对乏氧促进肿瘤恶化、转移并增加化疗 / 放疗抗性的问题，缓解乏氧是肿瘤治疗的另一思路。Liu 等[142]发展了一种基于全氟化碳乳液微滴的氧气递送体系（人工红细胞），该体系中全氟化碳（PFC）可在肺部吸收氧气，在肿瘤部位通过超声释放氧气，从而提升肿瘤部位氧分压。通过将 PFC 溶液通过化学法包裹到生物相容的 PLGA 微囊中，再用红细胞膜包裹，使得材料拥有 PFC 的载氧能力以及红细胞的血液长循环特性。由于该纳米材料为纳米级颗粒，通过血管到达肿瘤部位后，能够渗入肿瘤组织中提高肿瘤组织的整体氧含量，实现肿瘤乏氧情况的改善。该体系可增敏放射治疗和光动力治疗，最终使两者的肿瘤抑制效果分别提高了约 6 倍和 9 倍。

3．外部光热 / 超声 / 磁场介导靶向

通过设计药物载体本身的物化性质，可使其对外部环境（如磁场 / 光热 / 超声）的改变有良好的响应性，使载体材料性质或者空间结构发生变化，继而释放其携带的抗肿瘤药物，达到主动靶向肿瘤部位的目的。与环境敏感响应相比，介导的靶向可以更精确可控。

（1）磁靶向　将磁性物质引入载体基质中，制备得到磁性纳米颗粒，在外加

磁场的作用下药物载体可以随血液循环聚集到肿瘤组织。此靶向策略利用磁物质良好的外磁场响应性，在肿瘤部位载体相互吸引聚集，实现了肿瘤部位载体的富集靶向。同时，在磁响应策略的基础上，还可以联用环境敏感刺激以及光热靶向等多种策略，实现更好的靶向递送效果。

例如，Fu 等[143]利用壳聚糖纳米球 CNPs 构建出了仿生程序性靶向纳米共给药系统 RH-CNP:Fe/P/D。首先，CNPs 内部同时装载疏水的紫杉醇 PTX、阿霉素 DOX 以及氧化铁纳米晶 Fe_3O_4。其次，纳米球表面包覆红细胞膜 RBC（延长药物血液循环时间），同时嵌插入 PEG 化衍生物（DSPE-PEG）偶合的整合素 RGD。具有长循环性能的纳米药物，可以利用 Fe_3O_4 介导的磁靶向到达肿瘤组织，再借助 RGD 介导的主动靶向将药物高效递送到肿瘤细胞，发挥杀伤作用，同时减小化药的毒副作用（图 6-17）。

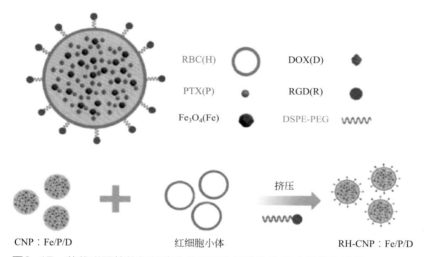

图6-17　装载磁颗粒的红细胞小体用于协同药物的程序性药物递送

RBC—红细胞；PTX—紫杉醇；Fe_3O_4—氧化铁纳米晶；DOX—阿霉素；RGD—靶向肽；DSPE-PEG—PEG 化衍生物；CNP:Fe/P/D—不具有仿生特性的纳米载体系统；RH-CNP:Fe/P/D—红细胞膜修饰的靶向纳米共给药系统

Oliveira 等[130]利用嵌段共聚物聚三亚甲基碳酸酯 -b- 聚谷氨酸（PTMC-b-PGlu），通过纳米沉淀法制备了装载超顺磁氧化铁颗粒和 DOX 的高分子囊泡（NP-Fe-DOX），研究了该载药系统在癌症治疗中的应用效果。此高分子囊泡与其他体系（包封率为 2.4% 的脂质囊泡）相比，能包封更多阿霉素（包封率为 12%）和超顺磁氧化铁（包封率为 50%）。被 HeLa 细胞摄取后，在外加高交流磁场频率（14mT，750kHz）下，药物递送系统 DOX 的释放动力学显著提升，细胞杀伤能力增加 18%。

（2）光敏感　肿瘤靶向治疗中光敏感材料最典型应用为材料结构的改变引起功能特性的转变。Ghosh 等[144]设计应用的高分子载体依靠高通透性和滞留效应进入肿瘤部位后，在紫外光照射下，可切断胶束载体中的芳甲基酯键，将其中的疏水基团甲基丙烯酸酯转变为亲水的甲基丙酸烯，使得胶束自身稳定性遭到破坏而释放其中的药物，实现药物在肿瘤部位的聚集。

相比于紫外光和可见光，近红外和远红外光能够穿透皮肤和组织到达体内，更适合结合敏感材料用于热疗。Zhao 等[145]开发了一种近红外（NIR）诱导分解的高分子纳米微囊，具有高肿瘤蓄积和快速响应杀伤肿瘤的特性。该体系基于偶氮苯官能化高分子（PDADMAC）和上／下转换纳米粒子（U/DCNPs）通过层层自组装制备而得。当纳米微囊经 980nm 光照射，U/DCNPs 发出的紫外／可见光可以触发框架中偶氮苯基的光异构化，使纳米微囊分解为小尺寸的 U/DCNPs（20nm）。纳米微囊的原始尺寸（约 180nm），可以有效避免生物屏障，延长血液循环半衰期（5h），并实现四倍的肿瘤蓄积，而经 NIR 照射后，初始大微囊解离为小高分子碎片和 20nm U/DCNPs，可于 1h 内在肿瘤中快速消除，并释放 DOX 载药用于化疗。

（3）热响应　通过加热使肿瘤组织的温度达到 40 ~ 44℃，引起肿瘤细胞生长受阻与死亡。热疗的临床应用始于 20 世纪 80 年代，最初只是单独应用。随着抗肿瘤药物的发展应用，将热疗与载体相结合，以温度为触发机制，载体在正常体温时能够稳定携带药物在体内长期循环，一旦到达肿瘤加热部位，温度升高，载体稳定性改变，在加热部位沉积下来或其中携带的药物渗漏出来，使肿瘤部位药物浓度增加。

聚 N- 异丙基丙烯酰胺（PNIPAAm）、聚甲基丙烯酸 -N,N- 二甲基氨基乙酯（PDMAEMA）等是具有低临界溶解温度的热敏型高分子。Shen 等[146]通过改变丙烯酰胺（AAm）的加入量，利用自由基聚合法制备 PNIPAAm 与 AAm 的高分子，得到可用于热疗的较高临界温度（42 ~ 43℃）的热敏型 PNIPAAm-AAm，证明模型药物在 43℃时可以更多地靶向 HepG2 肿瘤细胞。Shen 等[147]基于该高分子特性，以磁性 Fe_3O_4 纳米粒子为光热核，PNIPAAm 为热敏壳，两层之间的空间装载 DOX，通过近红外激光的照射，磁性内核将光能转换为热量，导致 PNIPAAm壳收缩并释放药物。肿瘤抑制率从 40.3% 和 65.2% 提升至 91.5%。该纳米载体实际上联合了光、热、磁及化疗策略，是癌症多模式联合治疗的积极尝试。

（4）超声响应　除了上述光热、磁场等外部刺激外，超声也可用于颗粒对肿瘤的靶向和控制释放。例如超声波可以通过降低肿瘤内压力和增加血管通透性来增强载体在肿瘤部位的蓄积[148]。Aryal 等[149]利用超声来增加药物向血脑屏障（Blood Brain Barrier, BBB）和血肿瘤屏障的渗透。经多次聚焦超声后，载体阿霉素对大鼠神经胶质瘤的治疗作用有明显提升。Cerroni 等[150]开发了基于聚乙烯醇（PVA）的微泡。通过用氧化的透明质酸（HA）修饰这种 PVA 高分子超声造影剂（UCA），先形成微泡，再转化为微囊装载 DOX。通过考察微囊对 HT-29 肿瘤细胞的细胞毒性、释放动力学和生物黏附特性，证明了该体系具有将药物递送至肿瘤细胞的功效，而且可以同时进行诊断和治疗。

三、细胞精准递送和新型仿生递送策略

1．细胞精准递送策略

上述靶向策略为药物到达肿瘤组织后起效提供了重要前提，但到达后的药物如何被精准递送和可控释放到单个肿瘤细胞的作用位点，比最初预期的更为复杂[151]。以脂质体阿霉素商品化制剂的体内实验为例，该靶向制剂在内化后都被溶酶体截留，导致不到 1% 的药物到达了实际靶标细胞核[152]。因此，针对不同药物的细胞层面递送需求，如何使药物递送到最终作用靶点，在提高药物利用度的同时，发挥抗肿瘤效果，具有十分重要的意义。针对上述难题，研究者们充分发掘载体材料（不仅限于高分子材料）本身的特性和优势，分别开发出针对细胞质、细胞核、线粒体、细胞膜等的精准递送方式。

（1）细胞质递送。如 Wei 等[126] 巧妙利用了季铵化壳聚糖纳米球的正电荷和结构特性，借助纳米球正电荷的质子海绵效应使药物逃逸出溶酶体递送至细胞质发挥药效，获得了显著的抑瘤效果。Cavalieri 等[153] 制备了纳米多孔 PEG- 聚（l- 赖氨酸）颗粒（NPEG-PLL），装载抗凋亡因子 survivin 的 siRNA。所获得的 NPEG-PLL-siRNA 具有氧化还原敏感性，进入细胞后谷胱甘肽 GSH 还原断裂二硫键，使生物活性 siRNA 释放到前列腺癌 PC-3 细胞的胞质溶胶中，进而有效沉默目标基因（59% ± 8%）。

（2）细胞核递送。Yue 等[125] 通过制备不同理化性质的纳米颗粒，发现优选的正电性颗粒（P-NPs），可逃逸出溶酶体，而进入细胞质，克服载体向细胞核递送的屏障，并显著增加细胞核靶向的概率。

（3）线粒体递送。Ding 等[154] 通过对纳米颗粒进行三苯基磷功能化修饰，提高载体对线粒体的靶向能力，产生的单线态氧直接作用于细胞动力器官，高效杀死肿瘤。

（4）膜间递送。借助二维粒子在细胞膜中形成的三明治超级结构，可以使载体药物（GN-VTB）进入并限域在细胞膜间，实现药物在膜磷脂双分子层的快速运动和扩散，与膜上受体靶点高效作用，显著增加对癌细胞的杀伤能力，远优于脂质体（Lipo-VTB）的全胞内扩散和递送效果[155]。因此，细胞层面的精准递送设计是靶向载体的新思路，依赖于对新型材料独特性质的充分发掘，从而发挥高效递送能力，提高杀伤效果。

2. 新型仿生递送策略

肿瘤的高度异质性和极端复杂性使得多数抗肿瘤剂型实际疗效与预期差异较大[156]。为了克服上述难题，仍需要更为精妙、新颖的抗肿瘤靶向策略，发挥协同增强治疗作用。近年来，研究者提出了抗肿瘤仿生剂型工程的策略，将蛋白/细菌/细胞的结构和功能系统融入载体设计中，借助生物体内蛋白摄取、细胞功能、细菌侵染等固有转运途径，将药物/抗原/佐剂等主动靶向至肿瘤组织，定点释放，以期突破药物利用率差和毒副作用大的瓶颈，具体介绍如下。

（1）基于体内蛋白独特的结构和与药物组分的相互作用，装载和递送药物。Zhang 等[157]利用血清白蛋白与难溶药物 HCPT 的亲和性，以此软模板效应构建了纳米晶新剂型，突破难溶药物给药瓶颈，并利用体内天然的摄取途径实现靶向输送。Liu 等[158]利用天然铁蛋白的限域空腔高效封装抗癌药（5- 氟尿嘧啶）等，并借助肿瘤细胞表面高表达的 Tfr 受体实现靶向，较商品化溶液制剂的肿瘤细胞杀伤效果提高 15 倍以上。

（2）利用细胞膜流动性，对药物进行囊泡化装载、伪装镀层和胞内负载，赋予制剂长循环、肿瘤趋化等性能。例如，Lu 等[159]利用肿瘤细胞膜构建仿生型纳米锑颗粒，借助同源靶向实现制剂在肿瘤部位的高效富集，同时提高稳定性和安全性。

（3）通过模拟细菌感染及运动实现高效递送和免疫激活。Chen 等[107]借助厌氧菌鞭毛的自驱动特性，联合具有光热治疗特性的纳米颗粒，靶向乏氧环境的肿瘤组织，杀伤细胞。Ni 等[96]通过精准调控菌体性质、结构（中空 - 多孔）后，制备出杆状制剂，能够高效负载"危险信号"，以相对最小且稳定的空间位阻最大化降低过膜能量壁垒，实现高效的免疫细胞摄取和递送，使肿瘤生长得到显著抑制，并消除肿瘤转移。

第五节
总结和展望

本章介绍了以高分子纳微球为主的疫苗递送体系以及抗肿瘤载体理化性质的构效关系，并对纳微球在预防性疫苗、治疗性疫苗、肿瘤疫苗中的应用研究以及肿瘤组织靶向策略和新型的仿生递送/细胞精准递送进行了概括。疫苗和抗肿瘤载体的合理化设计尤为关键，也是研究者不断探索的重要方向。通过对尺寸、电荷、形状、柔性等进行合理化设计，纳微球可以发挥增强免疫效果的多重作用并获得肿瘤治疗效果。疫苗递送方面，表面修饰、结构调控、功能仿生、时空耦合递送、免疫车票等多个策略，全面提升了天然免疫的活化以及预防性免疫和治疗性免疫的应答水平，为先进疫苗的设计和应用奠定了基础。抗肿瘤药物递送方面，将生物导向、环境响应、外部刺激（磁响应等）相应的功能集合于载体之中，使之成为仿生或智能化药物传输系统，可以在保障生物安全性的同时，发挥精准治疗和/或诊断的作用。

与其他传统剂型相比，注射用缓释微球制剂在药物制剂和临床诊断/治疗领域商品化速度相对缓慢，并且微球制剂从实验室阶段的初期研发走向临床需要经历漫长的过程，主要有以下几个瓶颈需要解决：

（1）各国药品监督评审机构并没有针对缓释微球制剂推出专门的监管和评审要求；

（2）微球制剂的放大生产受到设备自动化的制约，难以大规模、大批量制备，导致成本过高，并且重复性较差；

（3）FDA批准用于临床的生物可降解高分子聚合物的种类及规格有限；

（4）载药微球进入人体后，降解释放以及与组织间发生作用的机制机理尚不清晰明确，毒性和安全性评价还需进一步验证。近年来，新型给药系统研究与开发的投入与支持逐年增加，对于蛋白及多肽类药物的新型缓释/控释注射给药系统的研究也成为热门。而从实验室技术取得成功到逐级放大生产发展到产业化规模，其间须跨越层层障碍。如何在保持基础研究成果的条件下，降低成本，逐步扩大产量，直至产业化生产也是接下来发展新型给药系统中紧迫而又重要的任务。另外，缓释微球技术长期以来被发达国家的药企垄断，直到近十几年，国内各大药企才开展对微球制剂的研究，投入大量的人力与资金。目前已有亮丙瑞林微球成功上市，利培酮微球正在临床试验中。

使用高分子纳微球递送抗原和药物的发展前景巨大，但是很多工作只是在动物水平上取得了显著成效，真正获批临床的非常稀少。分析其关键问题在于，相关递送体系构建步骤烦琐或材料未被FDA批准，难以快速进行临床转化。一方面，针对当前重大疾病的防御和治疗需求（如突发疫情、慢性疾病和肿瘤）时，利用现有资源/原料（如PLGA等），对抗原、药物等各组分的组装和递送进行工程化整合及合理化设计，将是一种快速的解决策略，也是目前面临的一项重要挑战。另一方面，利用均一高分子纳微球作为标准化、工具化的机制探索平台，深入探明构效关系和宏观/微观作用机制，如免疫动态识别/活化以及肿瘤微环境响应等，为递送体系的设计提供理论指导和依据。相信在不久的将来，新策略、新平台和新机制将推动高分子纳微球制剂相关成果的临床转化，使越来越多的微球制剂产品成功走向市场。

参考文献

[1] (raik)J, Fairlie D P, Liras S, et al. The future of peptide-based drugs [J]. Chemical Biology & Drug Design, 2013, 81(1):136-147.

[2] Elodie C, Mouhamadou D, Carole M, et al. Oral insulin delivery, the challenge to increase insulin bioavailability: Influence of surface charge in nanoparticle system [J]. International Journal of Pharmaceutics, 2018, 542(1-2):47-55.

[3] Ma G. Microencapsulation of protein drugs for drug delivery: Strategy, preparation, and applications [J]. Journal of Controlled Release, 2014, 193:324-340.

[4] Dipika M, Kumar S T, Goutam D, et al. Preferential hepatic uptake of paclitaxel-loaded poly-(*d-l*-lactide-co-glycolide）nanoparticles - A possibility for hepatic drug targeting: Pharmacokinetics and biodistribution [J]. International Journal of Biological Macromolecules, 2018, 112:818-830.

[5] Dlugi A M, Miller J D, Knittle J. Lupron depot (leuprolide acetate for depot suspension）in the treatment of endometriosis: A randomized, placebo-controlled, double-blind study [J]. Fertility and Sterility, 1990, 54(3):419-427.

[6] 王宁，王玉霞，秦培勇，等. 快速膜乳化法制备载醋酸曲普瑞林 PLGA 微球 [J]. 过程工程学报，2013, 13(05):862-869.

[7] Wei Y, Wang Y, Kang A, et al. A novel sustained-release formulation of recombinant human growth hormone and its pharmacokinetic, pharmacodynamic and safety profiles [J]. Molecular Pharmaceutics, 2012, 9(7):2039-2048.

[8] Beth D M, Leigh M, Viren S, et al. Encapsulation of exenatide in poly-(D,L-lactide-co-glycolide）microspheres produced an investigational long-acting once-weekly formulation for type 2 diabetes [J]. Diabetes Technology & Therapeutics, 2011, 13(11):1145-1154.

[9] Wright S G, Christensen T, Yeoh T, et al. Polymer-based sustained release device[P]:US 09238076. 2016-01-19.

[10] Qi F, Wu J, Hao D, et al. Comparative studies on the influences of primary emulsion preparation on properties of uniform-sized exenatide-loaded PLGA microspheres [J]. Pharmaceutical Research, 2014, 31(6):1566-1574.

[11] Cleland J L, Duenas E, Daugherty A, et al. Recombinant human growth hormone poly(lactic-co-glycolic acid）(PLGA）microspheres provide a long lasting effect [J]. Journal of Controlled Release, 1997, 49(2-3):193-205.

[12] Qu S Q, Dai C C, Qiu M, et al. Preparation and characterization of three types of cefquinome-loaded microspheres [J]. International Journal of Polymer Analysis and Characterization, 2017, 22(3):256-265.

[13] 钦富华，蔡雁，计竹娃. 喷雾干燥法制备天麻素壳聚糖微球 [J]. 广东药学院学报，2015, 31(03):291-295.

[14] Wei Y, Wang Y, Wang W, et al. Microspheres with narrow size distribution increase the controlled release effect of recombinant human growth hormone [J]. Journal of Materials Chemistry, 2011, 21:12691-12699.

[15] 李继涛，司天梅. 注射用利培酮微球的作用机制及临床应用 [J]. 中国新药杂志，2010, 19(05):356-359.

[16] Li X, Wei Y, Lv P, et al. Preparation of ropivacaine loaded PLGA microspheres as controlled-release system with narrow size distribution and high loading efficiency [J]. Colloids and Surfaces A: Physicochemical and Engineering Aspects, 2019, 562:237-246.

[17] Nguyen H N, Wey S P, Juang J H, et al. The glucose-lowering potential of exendin-4 orally delivered via a pH-sensitive nanoparticle vehicle and effects on subsequent insulin secretion in vivo [J]. Biomaterials, 2011, 32(10):2673-2682.

[18] Youn Y S, Kwon M J, Na D H, et al. Improved intrapulmonary delivery of site-specific PEGylated salmon calcitonin: Optimization by PEG size selection [J]. Journal of Controlled Release, 2008, 125(1):68-75.

[19] Agu R U , Ugwoke M I, Armand M, et al. The lung as a route for systemic delivery of therapeutic proteins and peptides [J]. Respiratory Research, 2001, 2(4):198-209.

[20] Edwards D A, Hanes J, Caponetti G, et al. Large porous particles for pulmonary drug delivery [J]. Science, 1997, 276(5320):1868-1871.

[21] Ungaro F, De Rosa G, Miro A, et al. Cyclodextrins in the production of large porous particles: Development of dry powders for the sustained release of insulin to the lungs [J]. European Journal of Pharmaceutical Sciences, 2006, 28(5):423-432.

[22] Kim H, Park H, Lee J, et al. Highly porous large poly(lactic-co-glycolic acid）microspheres adsorbed with palmityl-acylated exendin-4 as a long-acting inhalation system for treating diabetes [J]. Biomaterials, 2011, 32(6):1685-1693.

[23] Kim H, Lee J, Kim T H, et al. Albumin-coated porous hollow poly(lactic-co-glycolic acid）microparticles bound with palmityl-acylated exendin-4 as a long-acting inhalation delivery system for the treatment of diabetes [J]. Pharmaceutical Research, 2011, 28(8):2008-2019.

[24] 劳丽春. 药物缓释载体材料类型及其临床应用 [J]. 中国组织工程研究与临床康复, 2010, 14(47):8865-8868.

[25] 王洪新. 药物控释载体材料的研究与应用 [J]. 中国组织工程研究与临床康复, 2011, 47(15).

[26] 郭文迅. 新型药物缓释材料的制备及性能 [D]. 武汉：华中科技大学, 2004.

[27] 陈琦. 新型药物缓释材料的合成及纳米微球的制备 [D]. 大连：大连理工大学, 2009.

[28] Madhavan Nampoothiri K, Nair N R, John R P. An overview of the recent developments in polylactide (PLA）research[J]. Bioresource Technology, 2010, 101(22):8493-8501.

[29] Makadia H K, Siegel S J. Poly lactic-co-glycolic acid (PLGA）as biodegradable controlled drug delivery carrier[J]. Polymers, 2011, 3(3):1377-1397.

[30] 金丽霞. 药物缓释载体材料在医药领域中的研究及应用 [J]. 中国组织工程研究与临床康复, 2011, 15(25):4699-4702.

[31] 王改娟，周志平，盛维琛. 药物缓释用生物降解性高分子载体材料的研究 [J]. 弹性体, 2008 (04):63-66.

[32] Antony R, Arun T, Manickam S T D. A review on applications of chitosan-based Schiff bases [J]. International Journal of Biological Macromolecules, 2019, 129:615-633.

[33] Dash M, Chiellini F, Ottenbrite R M, et al. Chitosan-a versatile semi-synthetic polymer in biomedical applications [J]. Progress in Polymer Science, 2011, 36(8):981-1014.

[34] Kumari A, Yadav S K, Yadav S C. Biodegradable polymeric nanoparticles based drug delivery systems [J]. Colloids and Surfaces B: Biointerfaces, 2010, 75(1):1-18.

[35] 彭巧，宋宁，马巍，等. 影响 PLGA 微球包封率和粒径相关因素研究进展 [J]. 现代生物医学进展, 2015, 15(29):5790-5793.

[36] Wei Q, Wei W, Tian R, et al. Preparation of uniform-sized PELA microspheres with high encapsulation efficiency of antigen by premix membrane emulsification [J]. Journal of Colloid and Interface Science, 2008, 323(2):267-273.

[37] Okada H. Biodegradable microspheres for therapeutic peptide delivery - Preface [J]. Advanced Drug Delivery Reviews, 1997, 28(1):1-3.

[38] Park K, Jung G Y, Kim M K, et al. Triptorelin acetate-loaded poly(lactide-co-glycolide）(PLGA）microspheres for controlled drug delivery [J]. Macromolecular Research, 2012, 20(8):847-851.

[39] Klose D, Siepmann F, Elkharraz K, et al. How porosity and size affect the drug release mechanisms from PLIGA-based microparticles [J]. International Journal of Pharmaceutics, 2006, 314(2):198-206.

[40] Ma G H, Nagai M, Omi S. Study on preparation and morphology of uniform artificial polystyrene-poly(methyl methacrylate）composite microspheres by employing the SPG (shirasu porous glass）membrane emulsification technique

[J]. Journal of Colloid and Interface Science, 1999, 214(2):264-282.

[41] Liu R, Huang S S, Wan Y H, et al. Preparation of insulin-loaded PLA/PLGA microcapsules by a novel membrane emulsification method and its release in vitro [J]. Colloid Surf B: Biointerfaces, 2006, 51(1):30-38.

[42] 马光辉，韦祎，王玉霞，等. 重组人生长激素 rhGH 长效缓释微囊及其制备方法 [P]：中国，201010251521.6. 2014-04-02.

[43] 马光辉，韦祎，胡琳琳，等. 一种药物缓释微球及其制备方法和应用 [P]：中国，201710959626.9. 2017-10-16.

[44] 马光辉，李勋，韦祎，等. 载麻醉镇痛药缓释微球、其制备方法及其应用 [P]：中国，201810874175.3. 2020-12-29.

[45] 王玉霞，马光辉，王宁，等. 一种包埋小分子亲水性药物缓释及其制备方法 [P]：中国，201310253378.8. 2017-02-08.

[46] Wei W, Wang L Y, Yuan L, et al. Bioprocess of uniform-sized crosslinked chitosan microspheres in rats following oral administration [J]. European Journal of Pharmaceutics and Biopharmaceutics, 2008, 69(3):878-886.

[47] Ahmad Al-Maaieh , Flanagan D R. Salt and cosolvent effects on ionic drug loading into microspheres using an O/W method [J]. Journal of Controlled Release, 2001, 70(1-2):169-181.

[48] Ramazani F, Chen W, Van Nostrum C F, et al. Formulation and characterization of microspheres loaded with imatinib for sustained delivery [J]. International Journal of Pharmaceutics, 2015, 482(1-2):123-130.

[49] Qi F, Wu J, Yang T Y, et al. Mechanistic studies for monodisperse exenatide-loaded PLGA microspheres prepared by different methods based on SPG membrane emulsification [J]. Acta Biomaterialia, 2014, 10(10):4247-4256.

[50] Budhian A, Siegel S J, Winey K I. Production of haloperidol-loaded PLGA nanoparticles for extended controlled drug release of haloperidol [J]. Journal of Microencapsulation, 2005, 22(7):773-785.

[51] Gaspar M M, Blanco D, Cruz M E M, et al. Formulation of L-asparaginase-loaded poly(lactide-co-glycolide) nanoparticles: Influence of polymer properties on enzyme loading, activity and in vitro release [J]. Journal of Controlled Release, 1998, 52(1-2):53-62.

[52] Tan H X, Ye J. Surface morphology and in vitro release performance of double-walled PLLA/PLGA microspheres entrapping a highly water-soluble drug [J]. Applied Surface Science, 2008, 255(2):353-356.

[53] Zhou Q Z, Wang L Y, Ma G H, et al. Preparation of uniform-sized agarose beads by microporous membrane emulsification technique [J]. Journal of Colloid and Interface Science, 2007, 311(1):118-127.

[54] 曾烨婧，王连艳，马光辉，等. 快速膜乳化法制备载紫杉醇聚乳酸类微球 [J]. 过程工程学报，2010, 10(03):568-575.

[55] Wu J, Fan Q Z, Xia Y F, et al. Uniform-sized particles in biomedical field prepared by membrane emulsification technique [J]. Chemical Engineering Science, 2015, 125:85-97.

[56] Yamagata Y, Misaki M, Kurokawa T, et al. Preparation of a copoly (dl-lactic/glycolic acid)-zinc oxide complex and its utilization to microcapsules containing recombinant human growth hormone [J]. International Journal of Pharmaceutics, 2003, 251(1-2):133-141.

[57] Kim H K, Park T G. Microencapsulation of human growth hormone within biodegradable polyester microspheres: Protein aggregation stability and incomplete release mechanism [J]. Biotechnology and Bioengineering, 1999, 65(6):659-667.

[58] 于芝颖，张海英，张华，等. 重组人生长激素聚乙交酯 - 丙交酯微球体外释放度研究 [J]. 中国药学杂志 2004, 39(08):608-611.

[59] Wei W, Yuan L, Hu G, et al. Monodisperse chitosan microspheres with interesting structures for protein drug

delivery [J]. Advanced Materials, 2008, 20(12):2292-2296.

[60] Wei W, Ma G H, Wang L Y, et al. Hollow quaternized chitosan microspheres increase the therapeutic effect of orally administered insulin [J]. Acta Biomaterialia, 2010, 6(1):205-209.

[61] Wei Y, Wang Y X, Wang W, et al. Microcosmic mechanisms for protein incomplete release and stability of various amphiphilic mPEG-PLA microspheres [J]. Langmuir, 2012, 28(39):13984-13992.

[62] 韦祎 . 载重组人生长激素聚乳酸 - 聚乙二醇微囊的制备与应用研究 [D]. 北京：中国科学院大学 , 2012.

[63] Katakam M, Bell L N, Banga A K. Effect of surfactants on the physical stability of recombinant human growth hormone [J]. Journal of Pharmaceutical Sciences, 1995, 84(6):713-716.

[64] Kim H K, Park T G. Comparative study on sustained release of human growth hormone from semi-crystalline poly(L-lactic acid）and amorphous poly(D,L-lactic-co-glycolic acid）microspheres: Morphological effect on protein release [J]. Journal of Controlled Release, 2004, 98(1):115-125.

[65] Pikal M J, Dellerman K M, Roy M L, et al. The effects of formulation variables on the stability of freeze-dried human growth-hormone [J]. Pharmaceutical Research, 1991, 8(4):427-436.

[66] Costantino H R, Carrasquillo K G, Cordero R A, et al. Effect of excipients on the stability and structure of lyophilized recombinant human growth hormone [J]. Journal of Pharmaceutical Sciences, 1998, 87(11):1412-1420.

[67] Cleland J L, Jones A J S. Stable formulations of recombinant human growth hormone and interferon-gamma for microencapsulation in biodegradable microspheres [J]. Pharmaceutical Research, 1996, 13(10):1464-1475.

[68] Cunningham B C, Mulkerrin M G, Wells J A. Dimerization of human growth-hormone by Zinc [J]. Science, 1991, 253(5019):545-548.

[69] Qi F, Yang L, Wu J, et al. Microcosmic mechanism of dication for inhibiting acylation of acidic peptide [J]. Pharmaceutical Research, 2015, 32(7):2310-2317.

[70] Wei G, Lu L F, Lu W Y. Stabilization of recombinant human growth hormone against emulsification-induced aggregation by Pluronic surfactants during microencapsulation [J]. International Journal of Pharmaceutics, 2007, 338(1-2):125-132.

[71] Toorisaka E, Ono H, Arimori K, et al. Hypoglycemic effect of surfactant-coated insulin solubilized in a novel solid-in-oil-in-water (S/O/W）emulsion [J]. International Journal of Pharmaceutics, 2003, 252(1-2):271-274.

[72] Coffman R L, Sher A, Seder R A. Vaccine adjuvants: Putting innate immunity to work [J]. Immunity, 2010, 33(4):492-503.

[73] Petrovsky N, Aguilar J C. Vaccine adjuvants: Current state and future trends [J]. Immunology and Cell Biology, 2004, 82(5):488-496.

[74] Irvine D J, Swartz M A, Szeto G L. Engineering synthetic vaccines using cues from natural immunity [J]. Nature Materials, 2013, 12(11):978-990.

[75] Preis I, Langer R S. A single-step immunization by sustained antigen release [J]. Journal of Immunological Methods, 1979, 28(1-2):193-197.

[76] Fenton O S, Olafson K N, Pillai P S, et al. Advances in biomaterials for drug delivery [J]. Advanced Materials, 2018, 30(29): 1705328.

[77] Oyewumi M O, Kumar A, Cui Z R. Nano-microparticles as immune adjuvants: Correlating particle sizes and the resultant immune responses [J]. Expert Review of Vaccines, 2010, 9(9):1095-1107.

[78] Shah R R, O'hagan D T, Amiji M M, et al. The impact of size on particulate vaccine adjuvants [J]. Nanomedicine (Lond), 2014, 9(17):2671-2681.

[79] 马光辉 , 苏志国 , 吴颉 . 一种可注射型 pH 敏感壳聚糖季铵盐水凝胶及其制备方法 [P]：200510051350.1. 2006-09-13.

[80] 马光辉，吕丕平，魏炜，等．一种装载难溶性药物的壳聚糖-壳聚糖衍生物纳米球、制备方法及其作为口服制剂的应用 [P]：中国，201210154138.8. 2012-08-22.

[81] 马光辉，吴颉，夏宇飞，等．一种硬乳液纳微球及其制备方法和应用 [P]：中国，201810171776.8. 2018-08-17.

[82] 马光辉，吴颉，夏宇飞，等．一种颗粒型佐剂及其制备方法和应用 [P]：中国，201810171770.0. 2018-07-27.

[83] 马光辉，岳华，吴颉，等．高分子凝胶颗粒、其制备方法、包含其的复合凝胶颗粒及用途 [P]：中国，201711036550.9. 2018-3-30.

[84] Mitragotri S, Lahann J. Physical approaches to biomaterial design [J]. Nature Materials, 2009, 8(1):15-23.

[85] Benne N, Van Duijn J, Kuiper J, et al. Orchestrating immune responses: How size, shape and rigidity affect the immunogenicity of particulate vaccines [J]. Journal of Control Release, 2016, 234:124-134.

[86] Yang Y, Nie D, Liu Y, et al. Advances in particle shape engineering for improved drug delivery [J]. Drug Discovery Today, 2019, 24(2):575-583.

[87] Yue H, Wei W, Yue Z, et al. Particle size affects the cellular response in macrophages [J]. European Journal of Pharmaceutical Sciences, 2010, 41(5):650-657.

[88] Yue H, Wei W, Fan B, et al. The orchestration of cellular and humoral responses is facilitated by divergent intracellular antigen trafficking in nanoparticle-based therapeutic vaccine [J]. Pharmacological Research, 2012, 65(2):189-197.

[89] Jia J, Zhang W, Liu Q, et al. Adjuvanticity regulation by biodegradable polymeric nano/microparticle size [J]. Mol Pharm, 2017, 14(1):14-22.

[90] Reddy S T, Rehor A, Schmoekel H G, et al. In vivo targeting of dendritic cells in lymph nodes with poly(propylene sulfide）nanoparticles [J]. Journal of Controlled Release, 2006, 112(1): 26-34.

[91] Schudel A, Chapman A P, Yau M K, et al. Programmable multistage drug delivery to lymph nodes [J]. Nature Nanotechnology, 2020, 15: 491–499.

[92] Chen X, Liu Y, Wang L, et al. Enhanced humoral and cell-mediated immune responses generated by cationic polymer-coated PLA microspheres with adsorbed HBsAg [J]. Molecular Pharmaceutics, 2014, 11(5):1772-1784.

[93] Liu Y Y, Chen X M, Wang L Y, et al. Surface charge of PLA microparticles in regulation of antigen loading, macrophage phagocytosis and activation, and immune effects in vitro [J]. Particuology, 2014, 17:74-80.

[94] Han R L, Zhu J M, Yang X L, et al. Surface modification of poly(D,L-lactic-co-glycolic acid）nanoparticles with protamine enhanced cross-presentation of encapsulated ovalbumin by bone marrow-derived dendritic cells [J]. Journal of Biomedical Materials Research Part A, 2011, 96a(1):142-149.

[95] Zhang W F, Wang L Y, Liu Y, et al. Regulating the surface charges of polymeric microparticles to improve the efficacy of particle-adjuvanted vaccine [J]. Journal of Controlled Release, 2015, 213:E113.

[96] Ni D, Qing S, Ding H, et al. Biomimetically engineered demi-bacteria potentiate vaccination against cancer [J]. Advanced Science, 2017, 4(10): 1700083.

[97] Niikura K, Matsunaga T, Suzuki T, et al. Gold nanoparticles as a vaccine platform: Influence of size and shape on immunological responses in vitro and in vivo [J]. ACS Nano, 2013, 7(5):3926-3938.

[98] Fan Q Z, Qi F, Miao C Y, et al. Direct and controllable preparation of uniform PLGA particles with various shapes and surface morphologies [J]. Colloids and Surfaces A-Physicochemical and Engineering Aspects, 2016, 500:177-185.

[99] Yue H, Wei W, Yue Z, et al. The role of the lateral dimension of graphene oxide in the regulation of cellular responses [J]. Biomaterials, 2012, 33(16):4013-4021.

[100] Yue H, Wei W, Gu Z, et al. Exploration of graphene oxide as an intelligent platform for cancer vaccines [J]. Nanoscale, 2015, 7(47):19949-19957.

[101] Walter A, Gutknecht J. Permeability of small nonelectrolytes through lipid bilayer-membranes [J]. The Journal of Membrane Biology, 1986, 90(3):207-217.

[102] Li Y, Chen X, Gu N. Computational investigation of interaction between nanoparticles and membranes: Hydrophobic/hydrophilic effect [J]. Journal of Physical Chemistry B, 2008, 112(51):16647-16653.

[103] Liu Y, Yin Y, Wang L Y, et al. Surface hydrophobicity of microparticles modulates adjuvanticity [J]. Journal of Materials Chemistry B, 2013, 1(32):3888-3896.

[104] Ben M'barek K, Molino D, Quignard S, et al. Phagocytosis of immunoglobulin-coated emulsion droplets [J]. Biomaterials, 2015, 51:270-277.

[105] Xia Y, Wu J, Wei W, et al. Exploiting the pliability and lateral mobility of Pickering emulsion for enhanced vaccination [J]. Nature Materials, 2018, 17(2):187-194.

[106] Wang Y Q, Wu J, Fan Q Z, et al. Novel vaccine delivery system induces robust humoral and cellular immune responses based on multiple mechanisms [J]. Advanced Healthcare Materials, 2014, 3(5):670-681.

[107] Chen F M, Zang Z S, Chen Z, et al. Nanophotosensitizer-engineered *Salmonella bacteria* with hypoxia targeting and photothermal-assisted mutual bioaccumulation for solid tumor therapy [J]. Biomaterials, 2019, 214: 119226.

[108] Zhang W F, Wang L Y, Liu Y, et al. Immune responses to vaccines involving a combined antigen-nanoparticle mixture and nanoparticle-encapsulated antigen formulation [J]. Biomaterials, 2014, 35(23):6086-6097.

[109] Chen X M, Wang L Y, Liu Q, et al. Polycation-decorated PLA microspheres induce robust immune responses via commonly used parenteral administration routes [J]. International Immunopharmacology, 2014, 23(2):592-602.

[110] Zhang W F, Wang L Y, Yang T Y, et al. Immunopotentiator-loaded polymeric microparticles as robust adjuvant to improve vaccine efficacy [J]. Pharmaceutical Research, 2015, 32(9):2837-2850.

[111] Liu Y, Yin Y, Wang L Y, et al. Engineering biomaterial-associated complement activation to improve vaccine efficacy [J]. Biomacromolecules, 2013, 14(9):3321-3328.

[112] Xia Y, Wu J, Du Y, et al. Bridging systemic immunity with gastrointestinal immune responses via oil-in-polymer capsules [J]. Advanced Materials, 2018, 30(31):e1801067.

[113] Zhang W F, Wang L Y, Liu Y, et al. Comparison of PLA microparticles and Alum as adjuvants for H5N1 influenza split vaccine: Adjuvanticity evaluation and preliminary action mode analysis [J]. Pharmaceutical Research, 2014, 31(4):1015-1031.

[114] Liu Q, Chen X M, Jia J L, et al. pH-responsive poly(D,L-lactic-co-glycolic acid) nanoparticles with rapid antigen release behavior promote immune response [J]. ACS Nano, 2015, 9(5):4925-4938.

[115] Lu T, Hu F, Yue H, et al. The incorporation of cationic property and immunopotentiator in poly (lactic acid) microparticles promoted the immune response against chronic hepatitis B [J]. Journal of Controlled Release, 2020, 321:576-588.

[116] Rose F, Wern J E, Ingvarsson P T, et al. Engineering of a novel adjuvant based on lipid-polymer hybrid nanoparticles: A quality-by-design approach [J]. Journal of Controlled Release, 2015, 210:48-57.

[117] Jeanbart L, Swartz M A. Engineering opportunities in cancer immunotherapy [J]. Proceedings of the National Academy of Sciences of the United States of America, 2015, 112(47):14467-14472.

[118] Dhodapkar M V, Sznol M, Zhao B W, et al. Induction of antigen-specific immunity with a vaccine targeting NY-ESO-1 to the dendritic cell receptor DEC-205 [J]. Science Translational Medicine, 2014, 6(232), 232ra51.

[119] Liu S Y, Wei W, Yue H, et al. Nanoparticles-based multi-adjuvant whole cell tumor vaccine for cancer immunotherapy [J]. Biomaterials, 2013, 34(33):8291-8300.

[120] Xi X B, Ye T, Wang S, et al. Self-healing microcapsules synergistically modulate immunization

microenvironments for potent cancer vaccination [J]. Science Advances, 2020, 6(21), eaay7735.

[121] Bray F, Ferlay J, Soerjomataram I, et al. Global cancer statistics 2018: GLOBOCAN estimates of incidence and mortality worldwide for 36 cancers in 185 countries [J]. A Cancer Journal for Clinicians, 2018, 68(6):394-424.

[122] Rosenblum D, Joshi N, Tao W, et al. Progress and challenges towards targeted delivery of cancer therapeutics [J]. Nature Communications, 2018, 9: 1410.

[123] 张微微 魏炜 , 马光辉 , 等 . 纳米载体的理化性质对细胞学效应及抗肿瘤效果的影响 [J]. 癌症进展 , 2014, 12(03):256-260.

[124] Kim S, Oh W K, Jeong Y S, et al. Cytotoxicity of, and innate immune response to, size-controlled polypyrrole nanoparticles in mammalian cells [J]. Biomaterials, 2011, 32(9):2342-2350.

[125] Yue Z G, Wei W, Lv P P, et al. Surface charge affects cellular uptake and intracellular trafficking of chitosan-based nanoparticles [J]. Biomacromolecules, 2011 (7):2440-2446.

[126] Wei W, Lv P P, Chen X M, et al. Codelivery of mTERT siRNA and paclitaxel by chitosan-based nanoparticles promoted synergistic tumor suppression [J]. Biomaterials, 2013, 34(15):3912-3923.

[127] Yue Z G, Wei W, You Z X, et al. Iron oxide nanotubes for magnetically guided delivery and pH-activated release of insoluble anticancer drugs [J]. Advanced Functional Materials, 2011, 21(18):3446-3453.

[128] Geng Y, Dalhaimer P, Cai S S, et al. Shape effects of filaments versus spherical particles in flow and drug delivery [J]. Nature Nanotechnology, 2007, 2(4):249-255.

[129] Yue Z G, You Z X, Yang Q Z, et al. Molecular structure matters: PEG-b-PLA nanoparticles with hydrophilicity and deformability demonstrate their advantages for high-performance delivery of anti-cancer drugs [J]. Journal of Materials Chemistry B, 2013, 1(26):3239-3247.

[130] Mitra A K, Agrahari V, Mandal A, et al. Novel delivery approaches for cancer therapeutics [J]. Journal of Controlled Release, 2015, 219:248-268.

[131] Pan L M, Zhou J, Ju F, et al. Intranasal delivery of alpha-asarone to the brain with lactoferrin-modified mPEG-PLA nanoparticles prepared by premix membrane emulsification [J]. Drug Delivery and Translational Research, 2018, 8(1):83-96.

[132] Wei W, Yue Z G, Qu J B, et al. Galactosylated nanocrystallites of insoluble anticancer drug for liver-targeting therapy: an in vitro evaluation [J]. Nanomedicine, 2010, 5(4):589-596.

[133] Lv P P, Ma Y F, Yu R, et al. Targeted delivery of insoluble cargo (Paclitaxel) by PEGylated chitosan nanoparticles grafted with Arg-Gly-Asp (RGD) [J]. Molecular Pharmaceutics, 2012, 9(6):1736-1747.

[134] 尤左祥 , 杨亲正 , 岳占国 , 等 . 抗肿瘤药物载体的主动靶向策略 [J]. 中国组织工程研究 , 2012, 16(25):4701-4705.

[135] Hatakeyama H, Akita H, Kogure K, et al. Development of a novel systemic gene delivery system for cancer therapy with a tumor-specific cleavable PEG-lipid [J]. Gene Ther, 2007, 14(1):68-77.

[136] Nazli C, Demirer G S, Yar Y, et al. Targeted delivery of doxorubicin into tumor cells via MMP-sensitive PEG hydrogel-coated magnetic iron oxide nanoparticles (MIONPs) [J]. Colloid Surf B Biointerf, 2014, 122:674-683.

[137] Yue Z G, Lv P P, Yue H, et al. Inducible graphene oxide probe for high-specific tumor diagnosis [J]. Chemical Communications, 2013, 49(37):3902-3904.

[138] Stuart M a C, Huck W T S, Genzer J, et al. Emerging applications of stimuli-responsive polymer materials [J]. Nature Materials, 2010, 9(2):101-113.

[139] 马宇峰 , 吕丕平 , 岳占国 , 等 . 以壳聚糖为基质的智能电荷翻转体系用于紫杉醇的高效输送 [J]. 过程工程学报 , 2012, 12(03):460-465.

[140] Harris A L. Hypoxia — A key regulatory factor in tumour growth [J]. Nature Reviews Cancer, 2002, 2(1):38-47.

[141] Tang Y, Ji Y J, Yi C L, et al. Self-accelerating H_2O_2-responsive plasmonic nanovesicles for synergistic chemo/ starving therapy of tumors [J]. Theranostics, 2020, 10(19):8691-8704.

[142] Gao M, Liang C, Song X J, et al. Erythrocyte-membrane-enveloped perfluorocarbon as nanoscale artificial red blood cells to relieve tumor hypoxia and enhance cancer radiotherapy [J]. Advance Materials, 2017, 29(35).

[143] Fu Q, Lv P P, Chen Z K, et al. Programmed co-delivery of paclitaxel and doxorubicin boosted by camouflaging with erythrocyte membrane [J]. Nanoscale, 2015, 7(9):4020-4030.

[144] Ghosh S, Yesilyurt V, Savariar E N, et al. Redox, ionic strength, and pH sensitive supramolecular polymer assemblies [J]. Journal of Polymer Science Part A-Polymer Chemistry, 2009, 47(4):1052-1060.

[145] Zhao T C, Wang P Y, Li Q, et al. Near-infrared triggered decomposition of nanocapsules with high tumor accumulation and stimuli responsive fast elimination [J]. Angewandte Chemie-International Edition, 2018, 57(10):2611-2615.

[146] Shen Z, Wei W, Zhao Y J, et al. Thermosensitive polymer-conjugated albumin nanospheres as thermal targeting anti-cancer drug carrier [J]. European Jouranal of Pharmaceutical Sciences, 2008, 35(4):271-282.

[147] Shen S, Ding B, Zhang S, et al. Near-infrared light-responsive nanoparticles with thermosensitive yolk-shell structure for multimodal imaging and chemo-photothermal therapy of tumor [J]. Nanomedicine, 2017, 13(5):1607-1616.

[148] Watson K D, Lai C Y, Qin S, et al. Ultrasound Increases nanoparticle delivery by reducing intratumoral pressure and increasing transport in epithelial and epithelial-mesenchymal transition tumors [J]. Cancer Research, 2012, 72(6):1485-1493.

[149] Aryal M, Vykhodtseva N, Zhang Y Z, et al. Multiple treatments with liposomal doxorubicin and ultrasound-induced disruption of blood-tumor and blood-brain barriers improve outcomes in a rat glioma model [J]. Journal of Controlled Release, 2013, 169(1-2):103-111.

[150] Cerroni B, Chiessi E, Margheritelli S, et al. Polymer shelled microparticles for a targeted doxorubicin delivery in cancer therapy [J]. Biomacromolecules, 2011, 12(3):593-601.

[151] Raave R, Van Kuppevelt T H, Daamen W F. Chemotherapeutic drug delivery by tumoral extracellular matrix targeting [J]. Journal of Controlled Release, 2018, 274:1-8.

[152] Seynhaeve A L B, Dicheva B M, Hoving S, et al. Intact Doxil is taken up intracellularly and released doxorubicin sequesters in the lysosome: Evaluated by in vitro/in vivo live cell imaging [J]. Journal of Controlled Release, 2013, 172(1):330-340.

[153] Cavalieri F, Beretta G L, Cui J W, et al. Redox-sensitive PEG-polypeptide nanoporous particles for survivin silencing in prostate cancer cells [J]. Biomacromolecules, 2015, 16(7):2168-2178.

[154] Ding H, Lv Y L, Ni D Z, et al. Erythrocyte membrane-coated NIR-triggered biomimetic nanovectors with programmed delivery for photodynamic therapy of cancer [J]. Nanoscale, 2015, 7(21):9806-9815.

[155] Chen P, Yue H, Zhai X, et al. Transport of a graphene nanosheet sandwiched inside cell membranes [J]. Sci Adv, 2019, 5(6):eaaw3192.

[156] Shi J J, Kantoff P W, Wooster R, et al. Cancer nanomedicine: Progress, challenges and opportunities [J]. Nature Reviews Cancer, 2017, 17(1):20-37.

[157] Zhang L J, Zhang X, Lu G H, et al. Cell membrane camouflaged hydrophobic drug nanoflake sandwiched with photosensitizer for orchestration of chemo-photothermal combination therapy [J]. Small, 2019, 15(28): 1805544.

[158] Liu X Y, Wei W, Huang S J, et al. Bio-inspired protein-gold nanoconstruct with core-void-shell structure: Beyond a chemo drug carrier [J]. Journal of Materials Chemistry B, 2013, 1(25):3136-3143.

[159] Lu G H, Lv C L, Bao W E, et al. Antimonene with two-orders-of-magnitude improved stability for high-performance cancer theranostics [J]. Chemical Science, 2019, 10(18):4847-4853.

第七章

高分子微球和微囊在检测试剂中的应用

283

检测技术的历史源远流长。早在公元前 300 年，古希腊医学家希波克拉底（Hippocrate）就提出了通过尿检来检测疾病，由此开启了现代生物医学检测的先河。到了公元前 1 世纪，人们发现使用球形透明物体观察微小物体时能够实现放大成像，为现代显微检测技术的发展奠定了基础。16 世纪末期，荷兰人 Janssen 发明了复式显微镜，显微镜开始被用于生物医学的观察。从此，光学显微成像技术成为生物医学检测技术的基础和核心内容。到 20 世纪，随着物理学、化学等基础科学的不断发展，电子显微技术、色谱检测技术、X 射线成像技术、超声检测技术、核磁成像技术、光声层析技术、流式细胞术等新技术不断涌现出来，并迅速转化为生物医学检测领域的重要分支。如今，生物医学检测技术已经发展为以生物成像技术为核心，包含色谱技术、流式细胞术、免疫沉淀技术、核酸 / 蛋白电泳等技术的完整科学技术体系。此外，检测技术的发展也极大地刺激了芯片、传感、模拟等高精尖技术的发展，并逐步在医药、材料、环境、食品、农林、国防等各领域发挥着不可替代的重要作用，检测技术的发展成为科学发展的重要支柱和推动力量。

尽管在现代先进科学技术的支持下，检测技术得到了极大的发展，然而，在面向应用转化的过程中，检测技术仍然面临着一系列的问题。例如，现代生物医学的发展对于生物医学检测的速度、精度、便捷度等的要求逐步提高，快速准确的实时动态检测技术成为当代生物医学提高疾病预防效率和治疗效率的关键，然而目前的检测技术在很大程度上无法满足这种需求；此外，在环境污染物监测、食品卫生质量、安检危险品检测等对于长期、复杂、精确、快速检测的需求同样无法得到很好的满足。因此，快速、高效、便捷、准确的检测技术仍然是现代检测科学亟需解决的重大问题。

高分子微球和微囊作为近年来兴起的材料，具有生物相容性好、表面可修饰程度高、化学结构多样等多种优势，是一种理想的检测试剂载体。通过合理的设计和修饰，高分子微球和微囊能够制备各种成像造影剂型，提高成像灵敏度、靶向性和分辨率；高分子微球和微囊高的比表面积能够高效地富集目标底物，通过表面功能性基团的修饰还能够进一步提高精确度，因此能够快速、高效地实现对目标底物的检测，例如蛋白检测、核酸检测等。此外，高分子微球和微囊在传感、微流体、高通量编码等方面也发挥着重要作用。

在本章中将概述高分子微球和微囊作为检测试剂的应用，重点介绍其作为成像试剂在生物成像中的应用和作为诊断试剂在蛋白质、核酸、毒物等检测中的应用。考虑到文献的广泛性和多样性，重点选择几个代表性的例子来说明高分子微球和微囊的检测原理，并展示了它们在生物医学、临床诊断、食品安全、环境工程等领域的应用。最后，简要讨论了高分子微球和微囊在检测分析中面临的挑战，并展望了未来的发展方向。

第一节
高分子微球和微囊在生物成像中的应用

纳米科学的迅速发展和纳米技术的应用正在改变着生物成像和医学诊断的基础。随着纳米技术的发展，不同的纳微颗粒作为成像剂、靶向探针和治疗载体发挥着重大的作用，在成像和诊断方面具有巨大的潜力。纳米技术在分子影像学和诊断应用中具有很多优点，如可进行实时监测，评估递送药物的分布和定位；通过靶向作用提升靶点药物浓度，提高递送药物的有效性；监测递送药物的作用效果和作用时间[1-3]。

在不同类型的纳微颗粒中，高分子微球和微囊是重要的一类。与传统材料相比，高分子微球和微囊具有生物相容性好、化学结构多样、比表面积大、分散性稳定、粒径均匀、表面化学和形貌易修饰等优点[4]。这些独特的化学和物理性质有助于高分子微球和微囊开发多功能纳微成像材料。在本节中，我们综述了不同性质和功能的高分子微球和微囊在光学成像、磁共振成像、放射性同位素成像和超声成像等生物成像领域中的应用。

一、生物成像系统

生物成像的目的是从分子的角度了解疾病的组成、过程和动力学。生物成像的研究领域包括生物成像探针的合成、活细胞成像、早期诊断、高通量药物筛选以及各种成像方法的发展。合适的生物成像方法和相应的生物成像探针是生物成像的主要工具。

目前临床上最常用的基于无创技术的生物成像方法有光学成像、磁共振成像、正电子发射断层成像和超声成像[5-7]。与活检、手术或其他侵入性技术相比，这些方法在疾病的早期发现和治疗方面具有巨大的潜力[8]。微球和微囊的成像能力取决于构建设计时成像造影剂的选择，例如光学活性化合物常用于光学成像，顺磁或超顺磁金属常用于磁共振成像，同位素常用于正电子发射断层成像，气体/气泡常用于超声成像。表 7-1 中列出了常见的生物成像系统及特点。

表7-1 生物成像系统及特点

生物成像系统	穿透深度	分辨率	成像探针	临床应用
光学成像	<10cm	1~3mm	荧光分子/荧光蛋白	研发中
磁共振成像	无限制	10~100μm	钆、铁氧化物颗粒	已应用
正电子发射断层成像/单光子发射计算机断层扫描	无限制	1~2mm	^{18}F、^{11}C、^{15}O、^{99m}Tc、^{111}In	已应用
超声成像	<20cm	50μm	微气泡	已应用

这些成像方法通常使用非特异性染料或显影剂，而这种制剂缺乏特异性并且容易泄漏，这使得成像的灵敏度大打折扣[9]。这对疾病诊断，尤其是疾病的早期诊断是十分不利的。高分子微球和微囊能够将这些染料或显影剂进行包理固定，降低因体内复杂环境造成的高背景噪声，提高生物成像的特异性和治疗潜力[10]。另外，高分子微球和微囊还可以通过逃避网状内皮系统（Reticuloendothelial System, RES）追踪、增加靶向细胞摄取等特性延长其在生物体内的循环时间[2,11]。并且，高分子微球和微囊上可以修饰多种配体和靶向分子，对观察的特定部位进行实时靶向，实现多价成像。这些基于高分子微球和微囊的成像传感器为生物成像技术的发展打开了大门。

二、光学成像

光学成像利用光与光敏剂的相互作用，通过光的强度、波长、偏振、相干性、寿命和非线性效应的变化而产生光学信号[12]，是最通用和无创的成像方法之一。在各种光学成像方法中，荧光成像是最重要的一种。荧光成像技术特别适合于生物成像，这是因为荧光探针具有较好的生物安全性，而且可以被标记到生物大分子和生物材料上。然而，可见光波长较短，在活体组织荧光成像中受到光散射、光吸收和自发荧光的阻碍[13]。与较短波长的激发光相比，650～900nm的近红外光（Near-infrared Light, NIR）由于组织吸收较低，具有更高的组织穿透力，从而避免了这些限制。

为了实现近红外光学成像，人们开发了大量的近红外染料作为荧光探针，用于检测器官、组织、细胞和分子水平上的生命过程。用于近红外光学成像的荧光染料通常有以下几个特点[14,15]：

（1）能被可见光或近红外光激发。双光子激发或近红外单光子激发的荧光染料由于受自发荧光和光散射的干扰较小，在生物成像领域具有广阔的应用前景。

（2）具有高亮度。亮度通常被定义为摩尔吸收系数 ε 和量子产率 Q_y 的乘积，荧光染料的亮度越高，成像时的信噪比就越大，所得图像越清晰。

（3）具有一定的特异性，只对待测目标有响应，能尽量减少成像时的背景噪声。

（4）具有良好的光稳定性。在较大功率激光照射或长时间测量时，荧光染料的光稳定性显得尤为重要。

（5）制剂应具有良好的生物相容性、毒性低、生物可降解性好。有些近红外染料本身具有一定的细胞毒性，将染料固定到高分子微球和微囊中会大大降低探针的细胞毒性。

实际上，已有许多荧光染料被包理到高分子微球和微囊中，并用于光学成像。表 7-2 中描述了几种常见的染料，包括荧光有机染料和磷光金属配合物。这些染料通常都具有高亮度。为了增加染料的光稳定性，提升染料的亲脂性，或增强染料的可修饰性，人们对其进行了一系列的修饰。例如，荧光素类、罗丹明类和烷基磺酰胺类染料是众所周知的 pH 指示剂，将其修饰到高分子微球和微囊上，可制备成 pH 敏感的光学成像探针。

表7-2　常用于光学成像探针的几种染料及光谱性质

常用染料	最大吸收波长/nm	摩尔吸收系数ε/［L/(mol·cm)］
香豆素	350～580	40000～50000
荧光素	490～520	80000
罗丹明	510～600	80000～140000
吩噁嗪	500～630	40000～80000
萘二甲酰亚胺	420	15000
方酸	630～670	300000
花青素	550～750	200000
钌(Ⅱ)吡啶配合物	450～470	20000～30000
钯(Ⅱ)和铂(Ⅱ)四苯并卟啉复合物	420～450（B带） 600～630（Q带）	200000～400000（B带） 130000～180000（Q带）

目前，广泛使用的荧光染料制剂（如量子点等）在生物成像上有一定的局限性，存在着诸多问题，如对靶细胞、组织或器官缺乏特异性识别，光稳定性不佳、易光漂白，体内易聚集，半衰期短等[16-18]。为了解决这些问题，人们开发了包埋近红外染料的高分子微球和微囊作为生物光学成像探针，用高分子微球和微囊包埋能降低染料的细胞毒性，增强染料的稳定性，因此能有效延长染料在生物体内的循环时间；还能够改善探针的靶向性，从而减少成像的背景噪声。在过去十几年间，人们已经开发出了许多基于高分子微球和微囊的生物光学成像探针[14,19,20]，表 7-2 和表 7-3 分别介绍了这些光学成像探针中常用的荧光团和常用的高分子聚合物。

表7-3　用于光学成像微球和微囊的几种高分子聚合物

常用高分子聚合物	类型
聚苯乙烯（PST）	中性
聚甲基丙烯酸甲酯（PMMA）	中性
聚氯乙烯（PVC）	中性
聚丙烯腈（PAN）	中性
聚苯乙烯-马来酸（PST-MA）	带电
聚甲基丙烯酸甲酯-马来酸（PMMA-MA）	带电
聚丙烯酸树脂（RL100/RS100）	带电
聚丙烯腈-丙烯酸（PAN-AA）	带电
聚苯乙烯-乙烯吡咯烷酮（PST-PVP）	核-壳

在不同种类的高分子聚合物中，非极性高分子如聚苯乙烯（Polystyrene, PST）是包埋亲脂性染料的优良基质[21,22]，这种非极性高分子微球和微囊的表面可进一步功能化，如修饰靶向分子等，赋予微球和微囊多种特性。极性高分子可用来设计感测 pH 值、离子以及酸性气体等。例如，聚乳酸（Polylactide, PLA）、聚乙烯亚胺（Polyethyleneimine, PEI）等通常用来设计 pH 响应型高分子微球和微囊，聚丙烯酸（Polyacrylic Acid, PAA）等则适合制备 pH 响应或离子敏感的高分子微球和微囊。而嵌段聚合物能够在水介质中形成具有核-壳结构的高分子微球和微囊，里面的中性亲脂核在水中是稳定的，即使在离子强度很高的情况下也不会聚集。

人们可以购买到不同粒径和颜色的聚苯乙烯微球来包埋荧光染料制备生物成像探针，但这种包埋的方法往往比较复杂且容易发生染料渗漏，染料的渗漏会造成对被分析物浓度的高估，或者在成像时产生较高的背景噪声，影响成像效果。另外，商业化聚苯乙烯微球的生物可降解性和生物相容性较低，这也影响了体内生物成像的效果。Wei 等通过膜乳化技术制备了粒径均匀的戊二醛交联和甲醛交联的壳聚糖微球，在不与任何荧光剂偶联的情况下具有自发荧光性质[23]。微球自发荧光的发光颜色随交联剂的不同而变化，并可以通过进一步的化学还原来调节，而荧光强度可以通过调节微球粒径和交联程度来控制。这种自发荧光的壳聚糖微球亮度高、稳定性好、抗光漂白能力强，是一种理想的生物光学成像示踪剂。

荧光探针用于生物光学成像的另一个重要的条件是特异性靶向能力，这对于疾病诊断和成像辅助治疗至关重要。对于肿瘤部位的靶向，最常用的是通过 EPR（Enhanced Permeability and Retention）效应，利用肿瘤部位血管通透性增强的特点，实现探针微球和微囊的富集。还有一种常用的策略是对高分子微球和微囊表面进行配体修饰，这些配体可以是肽、单克隆抗体或其片段、小分子拟肽物、维生素或配体（能与另一分子结合的小分子）[13]，提高荧光探针对肿瘤细胞的靶向能力。Lv 等开发了一种近红外光激发-近红外光发射的高分子荧光微球，实现了靶向肿瘤细胞的深度成像[24]。这种高分子荧光微球以具有双光子活性的荧光基团为能量供体，以近红外荧光发射基团为能量受体，通过高效的荧光共振能量转移（Förster Resonance Energy Transfer, FRET）建立"NIR-进-NIR-出"的成像光路，成像深度可达 1200μm。同时，在微球表面修饰肿瘤靶向配体，增加了肿瘤细胞对荧光微球探针的摄取，保证了成像的效果。然而，这种功能化高分子荧光微球探针在靶向特异性方面仍存在挑战，比如无法区分识别两种高表达同一特异性受体的肿瘤细胞。例如，人宫颈癌 HeLa 细胞和人乳腺癌 MCF-7 细胞表面都高表达叶酸受体，修饰叶酸的荧光探针无法区分两种肿瘤细胞。近几年来，细胞膜包被的功能性微球和微囊为智能探针的开发提供了有前途的选择，深受人们关注。特别是肿瘤细胞膜包被的微球探针通常显示出对同型肿瘤的自我识别能力，为特定肿瘤的靶向提供了极大的可能。Lv 等在"NIR- 进 -NIR- 出"深层成像高分子荧光微球探针的基础上，进一步构建了肿瘤细胞膜包被的仿生高分子荧光微球探针，具有良好的生物相容性和高度的肿瘤靶向特异性，并在动物模型上实现了对实体肿瘤的特异性靶向追踪[18]。

如果将发光特性结合到单个微球 / 微囊复合系统中，将有助于开发用于多模式成像和同时诊断的新型多功能生物医学平台。目前，用于这种微球 / 微囊系统的高分子种类还很有限，开发荧光稳定、量子效率高的高分子荧光微球 / 微囊仍是一项重要的工作。同时，在制备过程中仍然存在一些挑战，例如，如何提高荧光探针的光稳定性，提高整个高分子微球和微囊的生物相容性，如何避免染料分子与溶剂相互作用引起的高分子微球和微囊表面的荧光猝灭等等。虽然目前对生物光学成像探针的研究还处于发展阶段，但基于高分子微球和微囊的光学成像已经在不同生物样品的成像中展现了令人兴奋的潜力。高分子微球和微囊靶向、成像、递送三合一的功能，将在生物光学成像中起着核心作用。

三、磁共振成像

1977 年，R. Damadian、M. Goldsmith 和 L. Minkoff 观察到癌变组织和健康组织会产生不同的核磁共振（Nuclear Magnetic Resonance, NMR）信号，受到这一现象的启发，他们对人体进行了首次磁共振（Magnetic Resonance Imaging, MRI）扫描[25]。现在，磁共振成像已成为大小医院和诊所必备的诊断工具，主要给出身体内部的高质量图像。这项技术主要通过测量层切图像中氢核或其他具有类似化学位移的原子核的变化特征，利用数学分析方法，给出原子核密度的空间分布[26]。磁共振成像使用非电离辐射，无创非侵入，且在任何成像平面上都有较高的软组织分辨率，因此广泛应用于临床，用做疾病的诊断。用于磁共振生物成像的探针称作造影剂，在生命科学和医学方面发挥着重要作用。1988 年造影剂问世，使磁共振成像用于血管造影和灌注成像成为可能。造影剂能显著增强磁共振难以区分的组织之间的对比度，尤其是在中枢神经系统、肝脏、消化系统、淋巴系统、乳腺、心血管系统等组织器官中，造影剂能够比周围组织更好地吸收信号，并聚集于靶向部位，实现可视化。磁共振成像的关键和主要难点是需要在靶向部位富集足够多的造影剂，同时其他组织器官中的制剂还能保持最低水平，从而增强成像的信噪比[2]。临床上最常用的磁共振生物成像造影剂是金属离子螯合物，如 Mn^{2+}、Gd^{3+} 和铁的氧化物颗粒。

然而，这些金属离子螯合物或氧化物的组织滞留时间较短、毒性较大，并且药代动力学特性不佳，导致了成像窗口期短、信号强度低的问题，使临床应用受到极大限制。为了克服这些局限性、提高临床应用价值，人们提出了许多基于高分子微球和微囊的剂型。基于高分子微球和微囊的磁共振生物成像探针能有效降低金属毒性，延长在血液中的循环时间，显著增强对比度，提升信噪比，并且还能附加多功能特性。下面，我们将讨论几种高分子微球和微囊，以及它们在磁共振成像中显示出的应用前景。

1. 基于高分子微球和微囊的磁共振生物成像造影剂

尖晶石金属铁氧体和掺杂金属的氧化铁由于磁性能的增强而成为重要的磁共振造影剂。目前有多种方法来制备 MFe_2O_4 尖晶石铁氧体，M 可为 Mn^{2+}、Fe^{2+}、Co^{2+} 或 Ni^{2+}。其中，胶体氧化铁颗粒，如超顺磁性氧化铁（SPIO）和超小超顺磁性氧化铁（USPIO），由于合成简单且具有良好的生物相容性，已成为生物医学领域研究最为广泛的磁共振成像造影剂。这种造影剂通常由受高分子涂层保护的纳米晶磁铁矿（Fe_3O_4）或磁铁矿（γ-Fe_2O_3）微球组成。高分子涂层赋予这些金属磁微球良好的生物相容性和生物降解能力，极大地促进了它们在生物医学成像中的广泛应用（图 7-1）。

Zhang 等设计了一种以磁性氧化铁纳米团簇为核心，RGD 靶向肽修饰的巨噬细胞膜外衣包封的仿生磁小体[27]。这种仿生磁小体不但可以作为磁共振生物成像造影剂，靶向定位肿瘤细胞的位置，也能作为药物载体将 siRNA 通过细胞质转运精准递送到肿瘤细胞内部，显著抑制靶基因的表达，且不产生全身毒性。Li 等以 Fe_3O_4 团簇为核心，以抗体修饰的肿瘤细胞膜为外衣，设计了一种核-壳结构的仿生磁小体制剂，用于淋巴结磁共振成像和肿瘤免疫治疗[28]。由于 Fe_3O_4 团簇的超顺磁性，首次实现用磁共振成像揭示了淋巴结磁滞留，为免疫细胞的激活打开了时间窗口，获得了良好的肿瘤防治效果（图 7-2）。

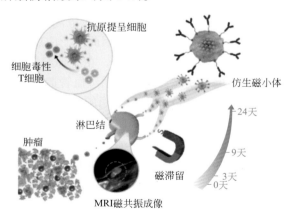

图7-1　基于高分子微球和微囊的磁共振生物成像造影剂

图7-2　仿生磁小体制剂用于淋巴结磁共振成像和肿瘤免疫治疗[28]

2．磁性掺杂用于多模成像的高分子微球和微囊

与单一模式成像的微球相比，用于多模成像的磁性高分子微球主要具有以下的优点：磁性高分子微球的分离通常比普通沉淀快，不需要过滤或离心步骤；微球的磁性能可用作磁共振成像的造影剂，所掺入的染料或其他造影剂可用作体内微粒实时追踪的标记[29]。微球表面基团和染料的选择对设计多模成像造影剂尤为重要。表面性质影响体内循环时间、潜在的细胞摄取率以及磁共振成像的对比效率[30]；通常选择近红外染料是为了确保在生物体组织中的最大穿透深度。除了肿瘤组织的双模/多模成像外，还可以进行磁引导和给药。例如，Deng 等制备了一种具有磁响应性、热敏、发荧光的多重响应型高分子微球，并将阿霉素（一种常见的抗癌药物）掺入聚（N-异丙基丙烯酰胺）壳中[31]。这种微球的药物释放具有温度可控性，在体内具有很高的磁靶向效应，在药物控释、磁性靶向、组织标记等领域具有广阔的应用前景。

Zhang 等采用一锅法进行乳液聚合，制备了一种磁共振成像和光学成像双模式的新型核-壳结构高分子微球，实现了高灵敏度、高分辨率的组织结构信息采集[32]。合成的磁性微球由 Fe_3O_4、稀土配合物和苯乙烯、甲基丙烯酸缩水甘油酯聚合而成，具有良好的生物相容性，双光子激发时有较强的红色荧光。在双模式成像中，T_1 和 T_2 加权的磁共振信号均显著增强，红色荧光信号清晰可见，能够提供高分辨率的组织学结构信息，实现高灵敏度的检测。这些多功能特性表明，高分子微球作为多模式造影剂具有很大的临床潜力。

四、放射性同位素成像

放射性同位素成像由于灵敏度高，所需示踪分子量少，而被广泛应用于临床。放射性同位素成像通常有三种：①平面 γ 闪烁成像；②单光子发射计算机断层扫描（SPECT）三维成像；③正电子发射断层扫描（PET）成像。平面 γ 闪烁扫描成像将器官复杂的解剖结构压缩成二维，可以量化组织分布。SPECT 使用与平面 γ 闪烁扫描相同的放射性同位素，但可以获取三维数据。在这三种成像方式中，PET 提供了最精确的图像，但用于 PET 的放射性同位素（如 ^{11}C、^{18}F 和 ^{64}Cu）半衰期短，有时限制了其应用。而高分子聚合物与放射性同位素结合的微球/微囊具有特异性好、体内循环时间长、信号放大、易于修饰等优点，在放射性同位素成像中发挥着重要作用。

1．平面 γ 闪烁成像

目前，人们已经开发出高分子微球结合的生物成像探针和放射性示踪剂，用于提高 γ 闪烁成像的图像质量。例如，Nurul Ab. Aziz Hashikin 等人研制了一种放

射性示踪剂标记的 ^{153}Sm-苯乙烯-二乙烯基苯微球，用于肝脏的放射栓塞诊断和治疗 [33]。这种复合高分子微球同时具有治疗性的 β 辐射和诊断性的 γ 辐射，使得在治疗后进行术后成像成为可能，在肝放射栓塞中具有良好的应用前景。

2．单光子发射计算机断层扫描（SPECT）三维成像

SPECT 成像是通过使用 γ 照相机从多个角度获取二维图像来完成的，然后使用层析重建算法对图像进行数字处理，最终呈现三维数据。因此，SPECT 使用与平面 γ 闪烁扫描相同的放射性核素。目前，SPECT 技术已被临床应用于心肌灌注、肿瘤和大脑的成像。

高分子微球，特别是聚乙二醇化的高分子微球，已被用于肿瘤的 SPECT 成像。Liu 等合成了一种 ^{99m}Tc 标记的 DTPA-PEG-FA 叶酸衍生放射性高分子微球，并将其作为放射性药物，用于靶向淋巴系统的转移性肿瘤 [34]。在兔的活体影像研究中，皮下注射该药物后，SPECT 可以清楚地显示出淋巴管，表明了其作为淋巴肿瘤靶向放射性药物的前景。Liu 等开发了一种 ^{131}I 标记的聚（乳酸-羟基乙酸）[poly(lactic-co-glycolic acid), PLGA] 微球，并复合 CuS 和紫杉醇（PTX），对肝肿瘤进行经肝动脉栓塞治疗 [35]。这种复合高分子微球结合了化学治疗、放射治疗和光热治疗的多种疗效特性，还可以用 SPECT 成像和光声成像进行肿瘤示踪，在影像引导下进行动脉栓塞治疗肝肿瘤方面有极大的临床应用潜力。

3．正电子发射断层扫描（PET）成像

PET 是一种放射性同位素成像技术，可以获得体内生命过程的三维图像。该方法在代谢活性化合物上标记发射正电子、短半衰期的同位素，通过该活性物质在代谢中的聚集，来反映生命代谢活动的情况，从而达到诊断的目的。PET 技术已被临床应用于肿瘤学、神经学、心脏病学和药理学。例如，Okada 等开发了一种用作肝造影剂的 ^{68}Ga 标记人血清白蛋白微球试剂盒，并评估了该微球用于网状内皮系统功能测试的临床实用性。慢性肝病患者通过 PET 成像测得的肝脏体积减小，而脾脏体积增加，很好地反映了患者慢性肝病的程度 [36]。

PET 成像可以使用生物分子，这些分子在经过放射性标记后保留了大部分的特性，并且探针在体内所有深度都有很高的灵敏度，所以 PET 在临床上被广泛应用。而且 PET 在临床和小动物成像中的应用在未来十年内有望继续增长。因此，放射性示踪剂，特别是与高分子微球结合的示踪剂，将一直是分子成像探针研究的热点。

五、超声成像

超声成像是应用最广泛的成像技术之一。超声成像是一种多功能、无创、低

风险、低成本、便携式的实时诊断方法，但由于缺乏有效的生物成像探针，其应用受到限制 [37,38]。超声生物成像探针可以通过引入不同于组织声学特性的材料来改善成像，最常见的方法是静脉注射微气泡（空气或其他气体），通过超声波检测探针（气体）和周围介质（血液或软组织）之间的密度差异进行成像。

这种微气泡是一种空心微球，通常用作降低材料密度的添加剂 [39]。微气泡的直径约为 1 ~ 10μm，可以穿过肺毛细血管，因此能充当红细胞示踪剂。微气泡构建的关键有两个，一是用低扩散率和血液溶解性的气体填充，二是包含能够稳定微气泡的壳层材料。全氟化合物、六氟化硫等高分子量、高密度气体被广泛应用于微气泡造影剂。尤其是全氟化碳微气泡在被破坏后，也能在血液中保持生物惰性，在多次通过肺部后可逐渐消除，具有良好的生物安全性。而包裹气泡的外壳对微气泡的寿命至关重要 [38]。微气泡的外壳在对抗气液界面的表面张力、稳定气泡在血液中传输时的溶解有重要作用。外壳的材料特性也影响到微气泡的非线性动力学行为。目前常用的外壳材料包括蛋白质（Albunex 和Optisons）、脂类（SonoVues、Definity™ 和 Imagents）或表面活性剂（ST68）[40]，然而，这些超声成像探针大多缺乏稳定性，在连续成像模式下或在更高功率输出下易被破坏。

高分子壳基微气泡具有许多优点。它们具有更高的机械强度，在超声波作用下，比蛋白质、脂类或表面活性剂的单分子层更稳定 [41]。通过调整高分子的化学组成和分子量可以控制微气泡外壳的弹性。此外，高分子外壳还提供了一个易修饰目标特异性配体的表面。当与特定的靶向成像方式相结合时，高分子壳基的微气泡制剂可以在靶向的器官或细胞中检测到单个微气泡信号 [42]，其控释特性和生物相容性也使它们能够作为靶向药物传递或基因治疗的载体。

高分子材料 PLGA 已经被美国食品药品监督管理局（FDA）批准用于临床应用，是目前最常用的微囊材料。例如，AI-700 多孔微粒是以 PLGA 为壳，使用1,2- 二烷基 -SN 甘油 -3- 磷酸胆碱和碳酸铵作为挥发性造孔剂，进一步装载十氟丁烷气体（DFB）的高分子微囊。这些微粒的平均直径为 2.3μm，保留了微囊结构，具有很高的声学效力，并且在暴露于高功率超声波时也具有物理稳定性 [43]。这些特点使 AI-700 成为静脉注射超声造影剂的理想选择，可用于心肌灌注超声心动图检查，来评估冠心病。除了 AI-700 外，PB127 也是另一种正在开发的超声造影剂，用于超声心动图和超声引导药物输送。PB127 是一种由人白蛋白（外壳）和生物可降解高分子（内壳）组成的双层壳结构微球，其中包裹氮气。外部的生物高分子层可靶向特定的组织，而内部的高分子层提供结构支撑，并可在特定的超声频率下破裂，有助于进行再灌注成像或药物递送 [44]。

微气泡还代表着一类新型的药物递送产品。微气泡被超声波局部激活产生空穴，空穴的发生会产生局部冲击波，可用于体内治疗。这项技术的潜在应用包括血栓治疗和药物递送。载药高分子微气泡可用于局部给药，利用超声波激活释放，将治疗药物送到目标部位，这有可能开辟靶向治疗的新领域。尤其是在大脑中，微气泡和超声波的系统递送可能用来打开血脑屏障（Blood Brain Barrier, BBB），以便局部递送治疗药物。

第二节
高分子微球和微囊在生物医学检测中的应用

在生物医学检测中，特别是在聚集试验、抗原/抗体检测、核酸分析以及毒素检测等方面，高分子微球和微囊有着广泛的应用。高分子微球和微囊在生物医学检测中主要用作诊断试剂和诊断设备的元件。在本节中，我们描述了高分子微球和微囊在生物医学检测中应用的几个例子，包括基于微球/微囊的聚集试验、流式细胞仪分析、磁珠筛选、核酸分析和其他的检测分析方法。

一、聚集试验

聚集试验最为简单便捷，只需要将微球/微囊与待分析样品混合即可，通常用作定性试验。聚集通常是由于微球/微囊和分析样品的抗原-抗体结合、碱基配对等原因导致的，样品中的被检测物在这个过程中起到交联的作用，而微球/微囊则担当了"放大剂"，因此即使用裸眼也能观察到聚集体的存在。

但这种对聚集状态的裸眼观测是十分主观的，尤其是当待分析样品中的被检测物浓度较低的时候。为了能更客观、清晰地检测样品中被检测物的浓度，人们通常通过检测颗粒的聚集动力学或形成聚集体的大小来实现定量检测。在定量检测中，常用基于电泳迁移率（电场中的迁移率）、光散射、超声波、沉降速率等参数的分析仪器，以提高检测的灵敏度或扩大被检测物可检测的浓度范围。

Galant等设计了一种共价结合人血清白蛋白（HSA）的聚（苯乙烯/缩水甘油）微球[45]，通过电泳迁移率和微球的聚集，可进行HSA抗体的模型免疫诊断（图7-3）。在pH = 7.2时，微球表面带负电，电泳迁移率为负；而当加入HSA抗体时，带正电的抗体中和了微球的部分电荷，微球电泳迁移率的绝对值降低。微球电泳迁移率的绝对值越低，悬浮带电微球的稳定性越低，微球越容易发生聚集。这种微球的电泳迁移率变化在HSA抗体浓度小于30μg/mL时非常敏感，因此可用作基于电泳迁移率测量的HSA免疫分析。

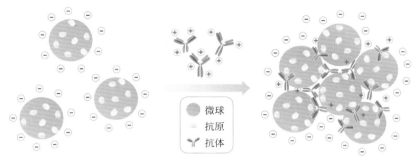

图7-3 结合HSA抗原的高分子微球在HSA抗体存在下聚集（pH = 7.2）

Sloane 等利用杂交诱导聚集的方法检测基因片段中的单个碱基的变化，特别是检测人类癌症中最常见的致癌改变之一——KRAS 突变[46]。如图 7-4 所示，目标序列（黑色）与探针序列（红色和蓝色）杂交，将微球连接在一起并诱导微球的聚集。对每个微孔进行图像采集，通过图像处理，用图像饱和度测量聚集程度，聚集程度与饱和度成反比。这种方法在成本、速度和简单性方面更具有显著优势。

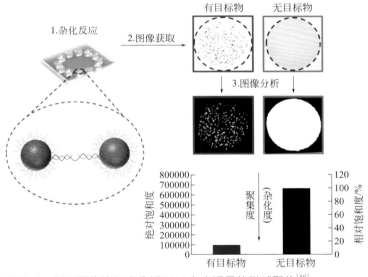

图7-4 利用图像饱和度分析DNA杂交诱导的微球聚集[46]

Kalish 等开发了一种利用 PS 微球的聚集作用来影响微球迁移距离的 DNA 定量检测微流控装置[47]（图 7-5）。在纸基微流控装置中，修饰了适当互补探针的微球在目标物存在下迅速形成聚集体。这些聚集体的聚集程度可以通过微球悬液在滤纸上由于毛细作用引起的芯吸距离来量化。在高浓度的目标 DNA 链的样品中会形成较大的聚集体，由于较大的聚集体无法穿过滤纸的孔隙，并且溶液中离散的微球颗粒的数量整体减少，因此芯吸距离最短。通过校准芯吸距离的长度来确定目标 DNA 链的浓度。并且随着进一步的校准，将可能实现定量检测。

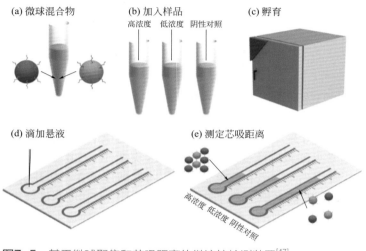

图7-5 基于微球聚集和芯吸距离的微流控检测装置[47]

二、流式细胞术

高分子微球和微囊的独特性质，包括其粒径范围、稳定性、均一性以及修饰或装载荧光染料的能力等，使其非常适用于流式细胞术分析。将蛋白质、寡核苷酸、多糖、脂类或小分子肽等通过吸附或化学偶联到微球表面，再结合微球自发或修饰的荧光，经免疫分析，能够检测到修饰后的微球所捕获的多种抗原、抗体和生物毒素[48]。

例如，水生生物毒素被认为是一个重要的健康威胁，许多国家都对食用型水生生物中的各类毒素含量有着严格的规定。高分子微球与流式细胞术结合，可进行水生生物毒素的检测。Fraga 等研究了用固相微球法结合流式细胞术检测麻痹性贝类毒素蛤蚌毒素及其衍生物[49]（图 7-6）。利用溶液游离毒素和微球结合毒素对抗甲状腺素单克隆抗体的竞争性试验，能够检测到 2.2 ~ 19.7ng/mL 范围内的蛤蚌毒素，回收率接近 100%。Rodríguez 等也利用此方法对含环亚胺的亲脂性海洋生物毒素进行检测，并获得了更高的灵敏度和更宽的检测范围[50]。这种基于高分子微球的流式细胞术提供了更快速、更灵敏且易操作的筛选方法，也可用于多种海洋毒素的同时检测。Fraga 等提出了一种基于高分子微球的淡水生物毒素的多重检测方法，能够对五种毒素进行同时检测，有效地节省了时间和样本量[51]。

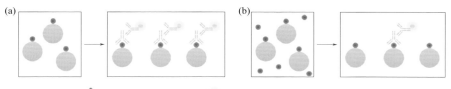

图7-6 固相微球法结合流式细胞术检测竞争性试验原理。（a）无游离蛤蚌毒素时，检测到荧光信号强；（b）游离蛤蚌毒素存在时，由于游离蛤蚌毒素与抗体的竞争性结合，检测到荧光信号变弱[49]

图例：● 蛤蚌毒素　● 微球结合蛤蚌毒素　✕ 抗甲状腺激素流式抗体

　　基于高分子微球的流式细胞术还可用于对细胞行为的机理探讨。Ertsås 等通过将单个细胞黏附在均一的聚苯乙烯微球上，在激动剂 / 拮抗剂的存在下，显示出由细胞外基质形成的模拟微环境，通过微球流式细胞术探讨微环境对贴壁细胞信号转导动力学的影响，在临床应用于肿瘤患者的活检材料上，将可能提供治疗反应的新型生物标记物[52]。

三、磁珠筛选

　　检测疾病发生的重要生物标志物是医学检测的一个重要领域。尤其是对肿瘤的诊断来说，在外周血中筛选循环肿瘤细胞（Circulating Tumor Cells, CTCs）对癌症的早期诊断、治疗监测、转移诊断和预后评估都具有重要意义。然而 CTCs 的发生率极低，估计在数十亿个周围背景细胞中只有一个 CTC，在没有明显转移的癌症患者中甚至更低。这种待测物的极度缺乏是阻碍复杂外周血 CTCs 精确计数和分析的重要障碍。

　　Xiong 等开发了一种基于高磁化强度 Fe_3O_4 团簇的仿生免疫磁小体微球用来高效富集 CTCs[53]。这种仿生免疫磁小体微球表面修饰白细胞膜及 CTCs 识别抗体，能够在 15min 内从全血中捕获约 90% 的 CTCs，并能显著抑制非特异性白细胞吸附的情况。

四、核酸分析

　　核酸是遗传信息的载体，几乎存在于所有生物体中[54]。基于碱基配对和核苷酸序列的互补性，可以评估特定基因的存在状态，还可以获得诸如单核苷酸多态性、碱基替换、增加或缺失等信息。核酸分析对疾病的诊断和治疗具有重要意义。内源性基因可用于遗传性疾病或癌症分析，而外源性基因可作为诊断致病性感染的生物标识[55]。核酸分析也是高分子微球和微囊的一个重要的应用领域。

Chen 等提出了一种基于功能化聚苯乙烯微球聚集的生物传感器，用以实现寡核苷酸的检测，这种方法能定量检测出特定 DNA 序列的浓度[56]。如图 7-7 所示，待测的目标 DNA 与两种携带 DNA 探针的微球杂交形成聚集体，目标 DNA 浓度越高，形成的聚集体越大。将样品引入多出口非对称的带缩口流体微分离器时，不同粒径的聚集体被分离开来。由于聚集体的大小与目标 DNA 的浓度成正比，因此可以用光学显微镜进行快速定量分析。该方法具有特异性和检测已知浓度单核苷酸多态性的潜力，且检测简单、直接、成本低廉。

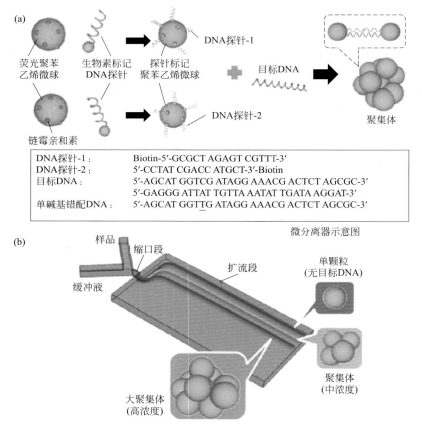

图7-7 寡核苷酸生物传感器检测原理图。（a）样品制备过程及聚集的形成原理；（b）基于聚集的DNA检测在微分离器中的分离应用[56]

Horejsh 等开发了一种结合了基于高分子微球的分子信标和流式细胞仪的阵

列系统，能够特异性地检测溶液中的核酸（图7-8）[57]。利用不同尺寸的高分子微球和两种荧光的分子信标，对SARS冠状病毒等三种呼吸道疾病的病原体进行了特异性核酸调控序列的检测。

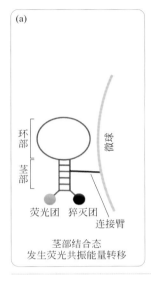
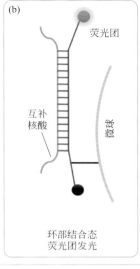

图7-8

基于微球的分子信标与互补核酸相互作用的示意图。（a）分子信标在茎部结合态时，猝灭团将荧光猝灭；（b）当互补核酸与分子信标的环部结合，荧光团与猝灭团的距离变大，荧光团发光[57]

这种分子信标的方法同样可以用作检测miRNA等的核酸表达水平，为肿瘤的早期诊断和疗效监测提供重要信息。Zhao等研究出了一种基于纳米金包覆的聚苯乙烯微球DNA探针和基于RGB值的双链特异性核酸酶信号放大平台[58]，检测限可低至50fmol/L。

然而，对于涉及大量样本的研究，高通量快速分析就显得尤为重要。这种多重的核酸分析应用主要包括序列检测和序列分析，序列检测包括基因表达分析和PCR产物检测，序列分析通常涉及核酸序列的变化。具有高通量、大规模、平行性特点的高分子微球阵列和编码在这方面体现出许多优点。

五、其他检测

1．病原体及病理性细胞的检测

幽门螺旋杆菌是一种引起人类胃溃疡和胃癌的细菌，目前已经开发出基于高分子微球对幽门螺旋杆菌和血清中幽门螺旋杆菌抗体的检测方法。这种检测基于微球电泳迁移率的变化，修饰了幽门螺旋杆菌抗原的聚（苯乙烯/缩水甘油）微球与幽门螺旋杆菌感染者的血清混合后，微球的电泳迁移率发生显著变化[59]。

与酶联免疫吸附试验（ELISA 分析）相比，这种方法对低浓度幽门螺旋杆菌抗体检测的准确率更高。

Lee 等用共价修饰抗人 IgG 的聚甲基丙烯酸甲酯 - 聚甲基丙烯酸（PMMA-PMAA）微球检测患者血液中的病理性红细胞[60]。健康人的红细胞表面不表达 IgG，因此微球不会标记到健康的红细胞上，利用光学显微镜即可区分出病理性红细胞。此外，用含 ^{111}In 和 ^{99m}Tc 等放射性同位素的高分子微球和微囊标记白细胞是检测炎症疾病和感染的良好工具，用 ^{111}In 微球标记血小板可以诊断血管血栓的形成和检测感染的区域[61]。

一些高分子微球和微囊可通过环境的变化而改变自身结构，从而发生吸收或荧光的改变，其中最为常见的是聚二乙酰（PDA）微囊[62]。Park 等通过一种胺功能化 PDA 微囊囊泡选择性捕获细菌释放物种，可以简单、快捷地进行细菌检测[63]。如图 7-9 所示，细菌释放的带负电的生物表面活性素与胺功能化的 PDA 相互作用，引起 PDA 微囊双层结构的构象变化，产生荧光信号，检测限可低至 1.8×10^3cfu/mL，能有效检测分泌相同分子的多种细菌。

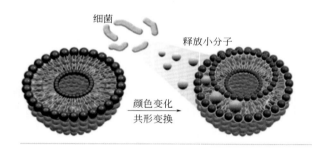

图7-9
PDA微囊的细菌识别机制[63]

2. 多功能诊疗高分子微球和微囊

多功能诊疗高分子微球和微囊在实现疾病的诊断、低毒靶向药物递送和治疗监测一体化，尤其是恶性肿瘤的诊疗方面有着广阔的应用潜力。He 等开发出一种高分子微球[64]，通过肿瘤相关化学介质 H_2O_2 在肿瘤微环境中特异性地激活诊断性余辉信号和释放治疗性药物，实现肿瘤的同步诊疗（图 7-10）。在活性氧升高的肿瘤环境中，余辉信号增强，为前药激活状态提供实时反馈。这种诊疗高分子微球使疾病的信号和药物释放相关联，为肿瘤的智能治疗提供了设计指南。

这种将高分子微球和微囊与成像和释药结合的策略使疾病的诊疗一体化成为可能，也将为在分子和细胞水平上对各种疾病的研究提供更多机会。在不久的将来，这种诊疗一体的形式将开始取代传统的体内诊断和药物递送系统，有望彻底改变疾病的治疗方法。

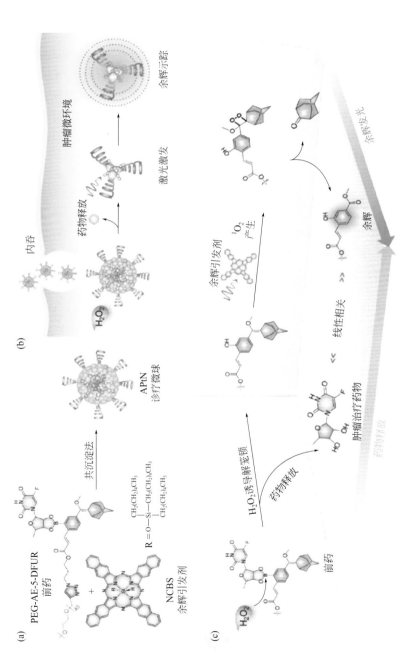

图7-10 用于肿瘤诊疗的高分子微球设计及分子机制。（a）诊疗微球的制备过程；（b）诊疗过程示意图；（c）前药活化和余辉发光的结构转化[64]

第三节
高分子微球和微囊在检测中的其他应用

除了生物医学检测，高分子微球和微囊在工业、农业、食品、环境等领域也有广泛的应用，基于高分子微球和微囊的编码检测以及智能传感，能够实现少量样品的高通量高效检测，在材料、通信、空天、甚至国防领域都具有很大的潜力。在本节中，我们主要介绍高分子微球和微囊在其他领域中作为检测试剂的应用，如创伤检测、环境污染物检测、农药检测等，以及基于高分子微球和微囊的编码用于智能传感的应用。

一、分子印迹

分子印迹技术（Molecular Imprinting Technology, MIT）是一种通过模拟自然界中"酶-底物"或"抗原-抗体"分子识别作用的仿生分子识别技术[65]，由于其可预先设计、有专一的识别性和良好的稳定性，被广泛应用在分离、检测、传感等领域。

如图 7-11 所示，分子印迹通过以下的方法实现：在制备交联过程中，模板分子在高分子网络中暂时性结合，使目标分子的分子信息得以固定化，形成分子印迹高分子；分子印迹高分子保留着与原模板分子大小、形状完全匹配的结合位点和立体空穴[66,67]，就像"锁与钥匙"的关系，因此能够对模板分子表现出特异性选择和识别，并有良好的稳定性。而球形的分子印迹高分子由于具有良好的吸附选择性、较高的色谱效率，且便于功能化设计，引起了人们的高度关注[68]。

图7-11
分子印迹的原理示意图

Wang 等用沉淀聚合法制备了一种荧光分子印迹微球，可以高效、快速地分离检测水样中的有毒杀虫剂 τ-氟戊酸[69]，具有良好的稳定性和选择性，经 8 次循环实验仍能保持良好的灵敏度。对自然环境中水样里的 τ-氟戊酸进行检测时，即使水样组分相对复杂，这种荧光分子印迹微球仍具有较高的回收率，体现出在环境监测中的潜在应用价值。

被广泛应用于弹药合成及装药工业的三硝基甲苯（TNT）在生产过程中产生大量废水，因能量高、毒性大、成分复杂等特点，处理十分困难。同时，在低浓度样品或复杂基体中快速检测 TNT，对国家和社会安全也具有重要意义。Zhao 等合成了一种 TNT 分子印迹高分子微球[70]，对 TNT 具有高亲和力、优异的特异性识别和良好的选择性，还可作为气相色谱仪色谱柱的填料，用于对 TNT 的分离和检测，获得了令人满意的结果。

分子印迹技术不仅可以单独使用，还可以与其他检测手段联用，以获得更好的检测效果。Guo 等采用具有选择性单分散的分子印迹微球做固相基质，并联用高效液相测谱法，建立了一种能简便、快速、灵敏地测定化妆品中糖皮质激素的方法[71]。这种单分散分子印迹微球对地塞米松和氢化可的松具有良好的特异亲和性，所得提取物经彻底清洗后，可直接进行高效液相色谱分析，无基质干扰。这种方法用于化妆品中地塞米松和氢化可的松的检测，具有良好的选择性、灵敏度和效率。

此外，将分子印迹高分子微球光学编码后进行微阵列排布，能够在多功能检测中提高检测的灵敏度，并具有更大的改造空间，以便于开发智能的检测系统。Tiu 等将分子印迹技术与胶体球光刻技术相结合，制备了对阿斯巴甜具有高亲和力和高选择性的胶体微球图案化传感器[72]。将阿斯巴甜印迹到分子印迹高分子微球中，在微球上生成了阿斯巴甜人工识别位点，并用石英晶体微天平进行检测，形成了一个灵敏且对阿斯巴甜特异性的检测系统，能够检测 12.5 ～ 200μmol/L 范围内的阿斯巴甜。

Carrasco 等介绍了一种将分子印迹高分子微球与微珠芯片相结合的分子印迹微球光纤阵列，并将其用于恩诺沙星（ENRO）抗生素分析[73]。如图 7-12 所示，将合成的恩诺沙星分子印迹微球（MIP）和非分子印迹微球（NIP）分别用香豆素 -30（C30）和含钌荧光染料 Ru(dpp)$_3$ 标记，并装入光纤形成检测阵列。通过单独的光通道分别寻址两种微球进行成像，应用算法分析后，可实现对恩诺沙星的多通道检测。对绵羊血清样品分析，并与传统检测方法进行对比，这种分子印迹微球光纤阵列的重复性更好、速度更快，在多重分析中显示出巨大的潜力。

二、创伤检测

皮肤伤口的诊断和治疗传感器可以辅助伤口处理，在急性和慢性伤口上都有巨大的应用潜力[74]。及时地感知伤口环境可以减少住院时间、预防截肢，并能更好地了解伤口愈合的过程。

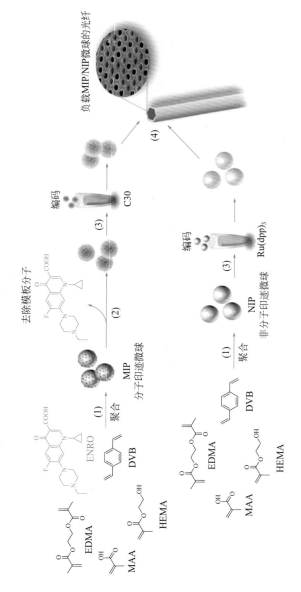

图7-12 分子印迹微球光纤阵列的制备过程[73]

Stephan 等利用高分子聚合物来检测伤口中的革兰氏阳性菌或革兰氏阴性菌[75,76]。高支化聚（N-异丙基丙烯酰胺）（HB-PNIPAAm）上修饰了肽抗生素多黏菌素或万古霉素，可以分别与革兰氏阴性菌（例如铜绿假单胞菌）或革兰氏阳性（如金黄色葡萄球菌）的细胞膜结合。当伤口中有革兰氏阳性菌或革兰氏阴性菌存在时，将会与该高分子结合，高分子的构象发生改变。当与细菌靶点一起孵育时，HB-PNIPAAm 多黏菌素和 HB-PNIPAAm-万古霉素结合物从可溶的开放线圈结构转变为聚集球状结构，可以从受感染的 3D 组织工程皮肤模型中清除细菌[77]。同样的方法也可以通过加入荧光探针来选择性地检测细菌。

三、环境污染物检测

随着工业化发展以及人类活动的影响，环境污染已成为全球危机，对污染物的检测不但关系到环境安全，也关系到人类健康的安全。高分子微球和微囊因为结构设计灵活、制备简单、可修饰性强等优势，在污染物的分析检测方面也有重要应用。

二氧化硫（SO_2）是一种常见的大气污染物，具有潜在的健康危害[78]。Huang 等报道了一种可检测水相体系中 SO_2 的高分子微囊传感器[79]。通过两亲性超支化多臂共聚物与修饰叔胺醇的疏水性超支化高分子自组装构建高分子微囊。在含有甲酚红的水溶液中，微囊表面的叔胺醇基团与甲酚红发生质子交换，溶液显色为紫色；在 SO_2 或衍生物的存在下，甲酚红质子化，溶液显色为黄色。这种溶液中紫-黄的颜色转换可用于进行 SO_2 的可视化检测。

硫化氢（H_2S）在生物体内是一种重要的神经调节剂和细胞信号分子，也是大气中的一种有毒气体。Yan 等设计并合成了一种二嵌段共聚物自组装成的 H_2S 响应高分子微囊[80]。H_2S 可以将高分子微囊上的邻叠氮甲基苯甲酸酯转化为苄胺，引起一系列分子内级联反应，从而切断苯甲酰胺键，最终使高分子微囊解体，H_2S 的检测限可以达到 5.1μmol/L。

六价铬常用于冶金、颜料制造和木材处理，但它具有强烈的细胞毒性和致癌特性，因此很多国家对水体中，特别是饮用水中的六价铬含量有着严格的规定。Yin 等将发光金纳米团簇与高分子组装成复合高分子微囊[81]，检测饮用水中的六价铬，检测限可达 115μmol/L，比我国环保部规定的饮用水六价铬的法定限值低了将近一个数量级。

四、农药检测

农药在农业中已广泛使用，在防治有害生物、增加农产品产量等方面发挥了积极的作用。但农药对人类健康和环境都有不可忽视的负面影响，因此准确测定食品中农药的含量非常重要。检测农药的传统方法，如气相色谱法、高效液相色谱法、酶联免疫吸附分析法等，虽然结果准确，但成本昂贵、操作困难、分析时间长。Nartop 等开发了一种固定乙酰胆碱酯酶的新型高分子微球用于农药测定[82]，乙酰胆碱酯酶抑制剂类的农药（如有机磷农药和氨基甲酸酯类农药）都可以被定性地测定出来。

五、智能传感

智能传感的一个目标是实现多个分析物的并行检测，它可以为分析提供更多的信息，具有更高的准确性和可靠性[83]。对于荧光标记的传感器来说，由于不同指示染料之间的光谱重叠，想要平行识别出各种离子是很困难的。此外，一些离子敏感的指示剂与非目标分析物之间也存在串扰。例如，钠离子指示剂 SBFI（钠结合苯并呋喃间苯二甲酸酯）对钠离子有特异性识别，但对钾离子也有轻微反应；反之，钾离子指示剂 PBFI 亦然。且这两种指示剂会受到 pH 值影响。为了克服这些问题，del Mercato 等提出了一种新的传感器微囊概念，称为条形码微囊传感器[84]。

在该策略里，每个微囊传感器的外壳上都"贴"有一个独特的发光代码，类似于超市中常用的商品标签条形码。指示探针和参比染料放置在微囊的内腔中，而发光量子点（QD）编码则放置在外层壳上，编码由三个不同大小的量子点以精确的比例混合而成。这样，所有组件的发射信号在空间上分离（图7-13），避免了信号之间的重叠。因此，对钠离子、钾离子和 pH 敏感的微囊分别被标记为独特的量子点编码。外壳的信号可以区分不同的传感器类型；对内腔进行荧光分析，可以平行测量周围钠离子、钾离子和氢离子的浓度。最后，将未知离子浓度和条形码读数与校准曲线结合起来，就可以测定单个离子的浓度。这种基于条形码的微囊传感器能够同时测量特定离子的浓度，克服离子敏感指示剂的非特异性反应和不同指示剂染料之间的重叠发射。

Stitzel 等将这种编码智能传感技术应用于细菌培养物的检测和鉴别，开发出一种能够检测各类挥发性化合物的"人工鼻"系统，能够准确区分 7 种不同的活菌[85]。这种"人工鼻"系统不仅能够应用于细菌检测，在食品质量控制、环境监测和医学诊断等方面也具有潜在的应用前景。类似地，"光学人工鼻"甚至被应用于地雷探测，对国防安全至关重要。

近年来，人们从多方面对条形码智能传感器的性能进行了提升，包括编码密度、灵敏度、稳定性、便携性和分析量等[86]。考虑到成本及实用性，基于高分子微球和微囊的条形码智能传感器有着光明的前景。同时，微流控技术的使用还可以促进并不断改进编码智能传感技术。预计这种基于高分子微球和微囊的智能传感将在医学、材料、环境、食品、农林、国防等各领域展开广泛的应用。

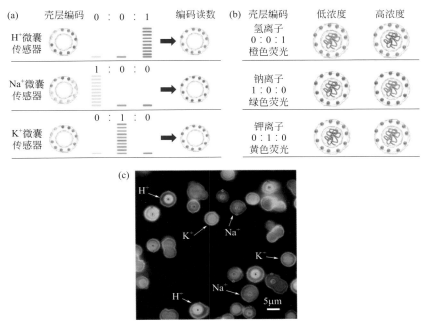

图7-13   用于多通道检测的条形码微囊传感器。（a）条形码微囊传感器的壳层编码；（b）通过编码实现多通道检测原理；（c）实际检测效果[84]

第四节
总结和展望

　　近几十年来，基于高分子微球和微囊的分析测试应用取得了令人瞩目的进展。在生物成像技术方面，高分子微球和微囊显著增加了探针/造影剂的稳定性、半衰期以及靶向性，增加了信噪比，有效地提升了光学成像、磁共振成像、放射性同位素成像、超声成像等多种生物成像的分辨率，并且通过多模成像能够进一步提升生物成像的效果，为生物成像传感技术的发展奠定了基础；在生物医学检测方面，高分子微球和微囊优良的理化性质使其在聚集检测、流式细胞术检测、磁珠筛选技术检测、核酸及蛋白分析检测等多个方面提升了生物医学检测的速度和灵敏度，并且有望通过成像与释药相结合的策略实现诊疗一体化，为生物医学的发展开辟新的方向；此外，高分子微球和微囊还在创伤检测、环境污染检测、农药残留检测等领域发挥着重要的作用，这些成功的应用激发了高分子微球和微囊在智能传感等高精尖技术中的运用，显示出高分子微球和微囊在检测领域更加宽广的发展前景。

虽然高分子微球和微囊作为检测试剂的研究已经取得了诸多成就，但它们在检测科学领域的进一步发展仍然面临着许多挑战。例如，生物的生理和病理过程是一种复杂的动态过程，体内微环境也会涉及温度、pH、渗透压、离子平衡等一系列复杂的因素变化，而且个体之间的差异也非常大，因此高分子微球和微囊在这些复杂的体内环境中的持久性、稳定性以及动态变化过程等还需要进一步的研究；在其他领域例如环境、食品等的检测，对于检测的便捷度、灵敏度等需求越来越高，检测限仍需进一步加强；此外，智能传感、过程模拟、高通量芯片等前沿技术正处于飞速发展的时期，新型高分子微球和微囊亟待开发。

除了现有检测领域中的应用，高分子微球和微囊还有许多性质和应用等待着人们的挖掘，比如体内的长程健康状况监测、微小环境变化监测、高精密检测芯片技术、生物电池、空间生物传感技术等等。高分子微球和微囊以其独有的物理及化学性质而在诸多领域发挥着不可替代的重要作用，随着科技的进一步发展，它们将会在更多的领域为我们提供更优质的服务。

参考文献

[1] Yang X M. Nano- and microparticle-based imaging of cardiovascular interventions: Overview[J]. Radiology, 2007, 243(2): 340-347.

[2] Kim J H, Park K, Nam H Y, et al. Polymers for bioimaging[J]. Progress in Polymer Science, 2007, 32(8-9): 1031-1053.

[3] Guccione S, Li K C P, Bednarski M D. Vascular-targeted nanoparticles for molecular imaging and therapy[J]. Methods in Enzymology, 2004, 386: 219-236.

[4] Kawaguchi H, Functional polymer microspheres[J]. Progress in Polymer Science, 2000, 25(8): 1171-1210.

[5] Andrews J, Al-Nahhas A, Pennell D J, et al. Non-invasive imaging in the diagnosis and management of Takayasu's arteritis[J]. Annals of the Rheumatic Diseases, 2004, 63(8): 995-1000.

[6] Boppart S A, Oldenburg A L, Xu C Y, et al. Optical probes and techniques for molecular contrast enhancement in coherence imaging[J]. Journal of Biomedical Optics, 2005, 10(4): 41208.

[7] Morawski A M, Lanza G A, Wickline S A. Targeted contrast agents for magnetic resonance imaging and ultrasound[J]. Current Opinion in Biotechnology, 2005, 16(1): 89-92.

[8] Prati F, Mallus M T, Broglia L, et al. Integrated non-invasive imaging techniques[J]. EuroIntervention: Journal of EuroPCR in Collaboration with the Working Group on Interventional Cardiology of the European Society of Cardiology, 2010, 6 (Suppl G): G161- G168.

[9] Wu K C, Kim R J, Bluemke D A, et al. Quantification and time course of microvascular obstruction by contrast-enhanced echocardiography and magnetic resonance imaging following acute myocardial infarction and reperfusion[J].

Journal of the American College of Cardiology, 1998, 32(6): 1756-1764.

[10] Ghoroghchian P P, Therien M J, Hammer D A. In vivo fluorescence imaging: A personal perspective[J]. Wiley Interdisciplinary Reviews-Nanomedicine and Nanobiotechnology, 2009, 1(2): 156-167.

[11] Yockman J W, Kastenmeier A, Erickson H M, et al. Novel polymer carriers and gene constructs for treatment of myocardial ischemia and infarction[J]. Journal of Controlled Release, 2008, 132(3): 260-266.

[12] Kim Y E, Chen J N, Chan J R, et al. Engineering a polarity-sensitive biosensor for time-lapse imaging of apoptotic processes and degeneration[J]. Nature Methods, 2010, 7(1): 67-73.

[13] Licha K, Hessenius C, Becker A, et al. Synthesis, characterization, and biological properties of cyanine-labeled somatostatin analogues as receptor-targeted fluorescent probes[J]. Bioconjugate Chemistry, 2001, 12(1): 44-50.

[14] Borisov S M, Mayr T, Mistlberger G, et al. Advanced fluorescence reporters in chemistry and biology Ⅱ [M]. Berlin, Heidelberg: Springer, 2010: 193-228.

[15] Gouanve F, Schuster T, Allard E, et al. Fluorescence quenching upon binding of copper ions in dye-doped and ligand-capped polymer nanoparticles: A simple way to probe the dye accessibility in nano-sized templates[J]. Advanced Functional Materials, 2007, 17(15): 2746-2756.

[16] Jamieson T, Bakhshi R, Petrova D, et al. Biological applications of quantum dots[J]. Biomaterials, 2007, 28(31): 4717-4732.

[17] Yuan Y, Zhang Z, Hou W, et al. In vivo dynamic cell tracking with long-wavelength excitable and near-infrared fluorescent polymer dots[J]. Biomaterials, 2020, 254: 120139.

[18] Lv Y, Liu M, Zhang Y, et al. Cancer cell membrane-biomimetic nanoprobes with two-photon excitation and near-infrared emission for intravital tumor fluorescence imaging[J]. ACS Nano, 2018, 12(2): 1350-1358.

[19] Jiang Y, Cui D, Fang Y, et al. Amphiphilic semiconducting polymer as multifunctional nanocarrier for fluorescence/photoacoustic imaging guided chemo-photothermal therapy[J]. Biomaterials, 2017, 145: 168-177.

[20] Zhen X, Xie C, Pu K. Temperature-correlated afterglow of a semiconducting polymer nanococktail for imaging-guided photothermal therapy[J]. Angewandte Chemie International Edition, 2018, 57(15): 3938-3942.

[21] Sanchez-Martin R M, Alexander L, Bradley M. Multifunctionalized biocompatible microspheres for sensing[J]. Fluorescence Methods and Applications: Spectroscopy, Imaging, and Probes, 2008, 1130: 207-217.

[22] Lee J H, Gomez I J, Sitterle V B, et al. Dye-labeled polystyrene latex microspheres prepared via a combined swelling-diffusion technique[J]. Journal of Colloid and Interface Science, 2011, 363(1): 137-144.

[23] Wei W, Wang L Y, Yuan L, et al. Preparation and application of novel microspheres possessing autofluorescent properties[J]. Advanced Functional Materials, 2007, 17(16): 3153-3158.

[24] Lv Y, Liu P, Ding H, et al. Conjugated polymer-based hybrid nanoparticles with two-photon excitation and near-infrared emission features for fluorescence bioimaging within the biological window[J]. ACS Applied Materials & Interfaces, 2015, 7(37): 20640-20648.

[25] Damadian R, Goldsmith M, Minkoff L. NMR in cancer: ⅩⅥ. FONAR image of the live human body[J]. Physiological Chemistry and Physics and Medical NMR, 1977, 9(1): 97-100.

[26] Kobayashi H, Brechbiel M W. Nano-sized MRI contrast agents with dendrimer cores[J]. Advanced Drug Delivery Reviews, 2005, 57(15): 2271-2286.

[27] Zhang F, Zhao L J, Wang S M, et al. Construction of a biomimetic magnetosome and its application as a siRNA carrier for high-performance anticancer therapy[J]. Advanced Functional Materials, 2018, 28(1): 1703326.

[28] Li F, Nie W D, Zhang F, et al. Engineering magnetosomes for high-performance cancer vaccination[J]. ACS Central Science, 2019, 5(5): 796-807.

[29] Weissleder R, Pittet M J. Imaging in the era of molecular oncology[J]. Nature, 2008, 452(7187): 580-589.

[30] Fang C, Zhang M Q. Multifunctional magnetic nanoparticles for medical imaging applications[J]. Journal of Materials Chemistry, 2009, 19(35): 6258-6266.

[31] Deng Y, Wang C, Shen X, et al. Preparation, characterization, and application of multistimuli-responsive microspheres with fluorescence-labeled magnetic cores and thermoresponsive shells[J]. Chemistry (Weinheim an der Bergstrasse, Germany), 2005, 11(20): 6006-6013.

[32] Zhang L, Liang S, Liu R, et al. Facile preparation of multifunctional uniform magnetic microspheres for T_1-T_2 dual modal magnetic resonance and optical imaging[J]. Colloids and Surfaces B-Biointerfaces, 2016, 144: 344-354.

[33] Hashikin N A A, Yeong C H, Abdullah B J J, et al. Neutron activated Samarium-153 microparticles for transarterial radioembolization of liver tumour with post-procedure imaging capabilities[J]. Plos One, 2015, 10(9): e0138106.

[34] Liu M, Xu W, Xu L, et al. Synthesis and biological evaluation of diethylenetriamine pentaacetic acid-polyethylene glycol-folate: A new folate-derived, 99mTc-based radiopharmaceutical[J]. Bioconjugate Chemistry, 2005, 16(5): 1126-1132.

[35] Liu Q, Qian Y, Li P, et al. ^{131}I-labeled copper sulfide-loaded microspheres to treat hepatic tumors via hepatic artery embolization[J]. Theranostics, 2018, 8(3): 785-799.

[36] Okada S, Ohto M, Kuniyasu Y, et al. Estimation of the reticuloendothelial function by positron emission computed tomography (PET) study in chronic liver disease[J]. Nippon Shokakibyo Gakkai Zasshi, 1990, 87(1): 90-99.

[37] Unger E C, Porter T, Culp W, et al. Therapeutic applications of lipid-coated microbubbles[J]. Advanced Drug Delivery Reviews, 2004, 56(9): 1291-1314.

[38] Schutt E G, Klein D H, Mattrey R M, et al. Injectable microbubbles as contrast agents for diagnostic ultrasound imaging: The key role of perfluorochemicals[J]. Angewandte Chemie-International Edition, 2003, 42(28): 3218-3235.

[39] Raisinghani A, DeMaria A N, Physical principles of microbubble ultrasound contrast agents[J]. American Journal of Cardiology, 2002, 90(10a): 3-7.

[40] Nanda N C, Kitzman D W, Dittrich H C, et al. Imagent improves endocardial border delineation, inter-reader agreement, and the accuracy of segmental wall motion assessment[J]. Echocardiography-a Journal of Cardiovascular Ultrasound and Allied Techniques, 2003, 20(2): 151-161.

[41] Pisani E, Tsapis N, Paris J, et al. Polymeric nano/microcapsules of liquid perfluorocarbons for ultrasonic imaging: Physical characterization[J]. Langmuir, 2006, 22(9): 4397-4402.

[42] Cavalieri F, El Hamassi A, Chiessi E, et al. Tethering functional ligands onto shell of ultrasound active polymeric microbubbles[J]. Biomacromolecules, 2006, 7(2): 604-611.

[43] Straub J A, Chickering D E, Church C C, et al. Porous PLGA microparticles: AI-700, an intravenously administered ultrasound contrast agent for use in echocardiography[J]. Journal of Controlled Release, 2005, 108(1): 21-32.

[44] Bouakaz A, Versluis M, de Jong N. High-speed optical observations of contrast agent destruction[J]. Ultrasound in Medicine & Biology, 2005, 31(3): 391-399.

[45] Galant R I, Basinska T. Poly(styrene/alpha-*tert*-butoxy-omega-vinylbenzylpolyglycidol) microspheres for immunodiagnostics. Principle of a novel latex test based on combined electrophoretic mobility and particle aggregation measurements[J]. Biomacromolecules, 2003, 4(6): 1848-1855.

[46] Sloane H S, Kelly K A, Landers J P. Rapid KRAS mutation detection via hybridization-induced aggregation of microbeads[J]. Analytical Chemistry, 2015, 87(20): 10275-10282.

[47] Kalish B, Zhang J, Edema H, et al. Distance and microsphere aggregation-based DNA detection in a paper-based microfluidic device[J]. Slas Technology, 2020, 25(1): 58-66.

[48] McHugh T M, Viele M K, Chase E S, et al. The sensitive detection and quantitation of antibody to HCV by using a microsphere-based immunoassay and flow cytometry[J]. Cytometry, 1997, 29(2): 106-112.

[49] Fraga M, Vilarino N, Louzao M C, et al. Detection of paralytic shellfish toxins by a solid-phase inhibition immunoassay using a microsphere-flow cytometry system[J]. Analytical Chemistry, 2012, 84(10): 4350-4356.

[50] Rodríguez L P, Vilarino N, Molgo J, et al. Development of a solid-phase receptor-based assay for the detection of cyclic imines using a microsphere-flow cytometry system[J]. Analytical Chemistry, 2013, 85(4): 2340-2347.

[51] Fraga M, Vilarino N, Louzao M C, et al. Multi-detection method for five common microalgal toxins based on the use of microspheres coupled to a flow-cytometry system[J]. Analytica Chimica Acta, 2014, 850: 57-64.

[52] Ertsås H C, Nolan G P, LaBarge M A, et al. Microsphere cytometry to interrogate microenvironment-dependent cell signaling[J]. Integrative Biology, 2017, 9(2): 123-134.

[53] Xiong K, Wei W, Jin Y, et al. Biomimetic immuno-magnetosomes for high-performance enrichment of circulating tumor cells[J]. Advanced Materials, 2016, 28(36): 7929-7935.

[54] Jay S, Shankar B, George M C, et al. DNA sequencing at 40: Past, present and future[J]. Nature, 2017, 550(7676): 345-353.

[55] Chen C, Xing D, Tan L, et al. Single-cell whole-genome analyses by linear amplification via transposon insertion (LIANTI)[J]. Science, 2017, 356(6334): 189-194.

[56] Chen Y, Liu Y, Fang W, et al. DNA diagnosis in a microseparator based on particle aggregation[J]. Biosensors & Bioelectronics, 2013, 50: 8-13.

[57] Horejsh D, Martini F, Poccia F, et al. A molecular beacon, bead-based assay for the detection of nucleic acids by flow cytometry[J]. Nucleic Acids Research, 2005, 33(2): e13.

[58] Zhao Q, Piao J, Peng W, et al. Simple and sensitive quantification of microRNAs via PS@Au microspheres-based DNA probes and DSN-sssisted signal amplification platform[J]. ACS Applied Materials & Interfaces, 2018, 10(4): 3324-3332.

[59] Basinska T, Wisniewska M, Chmiela M. Principle of a new immunoassay based on electrophoretic mobility of poly(styrene/α-*tert*-butoxy-ω-vinylbenzyl-polyglycidol) microspheres: Application for the determination of helicobacter pylori IgG in blood serum[J]. Macromolecular Bioscience, 2005, 5(1): 70-77.

[60] Lee C, Young T, Huang Y, et al. Synthesis and properties of polymer latex with carboxylic acid functional groups for immunological studies[J]. Polymer, 2000, 41(24): 8565-8571.

[61] Basinska T. Hydrophilic core-shell microspheres: A suitable support for controlled attachment of proteins and biomedical diagnostics[J]. Macromolecular Bioscience, 2005, 5(12): 1145-1168.

[62] Hofmann C, Duerkop A, Baeumner A J. Nanocontainers for analytical applications[J]. Angewandte Chemie-International Edition, 2019, 58(37): 12840-12860.

[63] Park J, Ku S K, Seo D, et al. Label-free bacterial detection using polydiacetylene liposomes[J]. Chemical Communications, 2016, 52(68): 10346-10349.

[64] He S, Xie C, Jiang Y, et al. An organic afterglow protheranostic nanoassembly[J]. Advanced Materials, 2019, 31(32): 1902672.

[65] Kadhirvel P, Machado C, Freitas A, et al. Molecular imprinting in hydrogels using reversible addition-fragmentation chain transfer polymerization and continuous flow micro-reactor[J]. Journal of Chemical Technology and Biotechnology, 2015, 90(9): 1552-1564.

[66] Shrivastav A M, Mishra S K, Gupta B D. Fiber optic SPR sensor for the detection of melamine using molecular imprinting[J]. Sensors and Actuators B-Chemical, 2015, 212: 404-410.

[67] Ye L. Molecularly imprinted polymers with multi-functionality[J]. Analytical and Bioanalytical Chemistry, 2016, 408(7): 1727-1733.

[68] Pérez-Moral N, Mayes A G. Comparative study of imprinted polymer particles prepared by different polymerisation methods[J]. Analytica Chimica Acta, 2004, 504(1): 15-21.

[69] Wang J, Wang Y, Qiu H, et al. A novel sensitive luminescence probe microspheres for rapid and efficient detection of τ-fluvalinate in Taihu Lake[J]. Scientific Reports, 2017, 7: 46635.

[70] Zhao H, Ma X, Li Y, et al. Selective detection of TNT using molecularly imprinted polymer microsphere[J]. Desalination and Water Treatment, 2015, 55(1): 278-283.

[71] Guo P, Chen G, Shu H, et al. Monodisperse molecularly imprinted microsphere cartridges coupled with HPLC for selective analysis of dexamethasone and hydrocortisone in cosmetics by using matrix solid-phase dispersion[J]. Analytical Methods, 2019, 11(29): 3687-3696.

[72] Tiu B D B, Pernites R B, Tin S B, et al. Detection of aspartame via microsphere-patterned and molecularly imprinted polymer arrays[J]. Colloids and Surfaces A-Physicochemical and Engineering Aspects, 2016, 495: 149-158.

[73] Carrasco S, Benito-Pena E, Walt D R, et al. Fiber-optic array using molecularly imprinted microspheres for antibiotic analysis[J]. Chemical Science, 2015, 6(5): 3139-3147.

[74] Dargaville T R, Farrugia B L, Broadbent J A, et al. Sensors and imaging for wound healing: A review[J]. Biosensors & Bioelectronics, 2013, 41: 30-42.

[75] Schreml S, Meier R J, Wolfbeis O S, et al. 2D luminescence imaging of physiological wound oxygenation[J]. Experimental Dermatology, 2011, 20(7): 550-554.

[76] Schreml S, Meier R J, Wolfbeis O S, et al. 2D luminescence imaging of pH in vivo[J]. Proceedings of the National Academy of Sciences of the United States of America, 2011, 108(6): 2432-2437.

[77] Shepherd J, Sarker P, Rimmer S, et al. Hyperbranched poly(NIPAM) polymers modified with antibiotics for the reduction of bacterial burden in infected human tissue engineered skin[J]. Biomaterials, 2011, 32(1): 258-267.

[78] Sang N, Yun Y, Li H, et al. SO$_2$ inhalation contributes to the development and progression of ischemic stroke in the brain[J]. Toxicological Sciences, 2010, 114(2): 226-236.

[79] Huang T, Hou Z, Xu Q, et al. Polymer vesicle sensor for visual and sensitive detection of SO$_2$ in water[J]. Langmuir, 2017, 33(1): 340-346.

[80] Yan Q, Sang W. H$_2$S gasotransmitter-responsive polymer vesicles[J]. Chemical Science, 2016, 7(3): 2100-2105.

[81] Yin Y Y B, Coonrod C L, Heck K N, et al. Microencapsulated photoluminescent gold for ppb-level chromium(Ⅵ) sensing[J]. ACS Applied Materials & Interfaces, 2019, 11(19): 17491-17500.

[82] Nartop D, Yetim N K, Ozkan E H, et al. Enzyme immobilization on polymeric microspheres containing Schiff base for detection of organophosphate and carbamate insecticides[J]. Journal of Molecular Structure, 2020, 1200: 127039.

[83] del Mercato L L, Ferraro M M, Baldassarre F, et al. Biological applications of LbL multilayer capsules: From drug delivery to sensing[J]. Advances in Colloid and Interface Science, 2014, 207: 139-154.

[84] del Mercato L L, Abbasi A Z, Ochs M, et al. Multiplexed sensing of ions with barcoded polyelectrolyte capsules[J]. ACS Nano, 2011, 5(12): 9668-9674.

[85] Stitzel S E, Albert K J, Ignatov S G, et al. Artificial nose employing microsphere sensors for detection of volatile organic compounds[J]. Chemical and Biological Early Warning Monitoring for Water, Food and Ground, 2002, 4575: 132-137.

[86] Leng Y, Sun K, Chen X, et al. Suspension arrays based on nanoparticle-encoded microspheres for high-throughput multiplexed detection[J]. Chemical Society Reviews, 2015, 44(15): 5552-5595.

第八章

高分子微球和微囊在电子信息中的应用

进入 21 世纪，高分子微球和微囊信息化产品不断推陈出新，并以其特有的功能，一直受到人们的广泛关注。尽管科技进步使信息传递方式发生了巨大的转变，但人类仍离不开在纸质媒质或电子显示器件上记录或复现信息。随着信息技术的日益进步，人类需要高分辨率、色彩丰富、使用方便且环保节能的新型信息传递材料。而新型高分子微球和微囊恰好具备这种功能与特性，有望在新一代电子信息载体和图文信息复制领域发挥重要的作用。

1954 年报道的无碳复写纸[1,2]是最早应用于信息领域的微囊产品，采用压力敏感微囊技术，使用方便、复现字迹清晰，但分辨率较低，仅能应用于文字和图标的复现。20 世纪 80 年代，美国科学家[3,4]提出了热敏微囊的早期设计，囊壁有固定的玻璃化转变温度（T_g），并将重氮盐包裹入微囊，达到 T_g 时，成色剂渗入囊内发生显色反应，实现信息记录。美国米德公司开发了光敏压力显色微囊，也用于光信息记录材料。日本科学家在 1985 年首次提出光热敏技术，用光照射固化标识光信息，采用热渗透进行显影，提高了分辨率、影像密度和耐保存性。此后，为了改善感光材料的感光度和色彩还原性，人们又做了很多工作[5-7]。近十多年来，伴随着信息技术的发展，为了在未来的竞争中抢占市场先机，米德公司、SiPix Imaging 公司、富士公司等世界几大影像材料公司[8,9]纷纷加大了开发信息用微囊材料的力度。在国内，中国乐凯公司研制了光热敏和热敏信息微囊材料[10]。

通常，显示或电子信息领域中应用到的微囊芯材为一些可逆变色材料，例如染料、热敏材料、光致变色材料、液晶材料等，其稳定性一般较差，易受温度、光照和 pH 值等环境因素影响，使分子结构发生改变，失去可逆性变色能力。而微囊技术不仅可以将显色体与显色剂、溶剂等物质一起包覆于囊芯内，而且微囊的囊壁起到了隔离外界环境的作用。因此，提高了变色材料的耐疲劳性和稳定性，弥补了变色材料的缺点，进而延长了其在信息传递过程中的使用寿命。

目前，在许多电子信息传递或功能复制领域均会采用微球或微囊的方式进行芯材的加工处理，主要原因在于微球和微囊技术可以将目标物与外界环境隔绝，或者选择性地与外界留有小的接触空间，以提高芯材的安全性、耐久性，也可达到缓释效果。通常，微囊技术形成的产物为粒径在 1 ~ 100μm 的微囊颗粒，其形状可为圆形、球形、棒状或者不规则形状等，其结构有单核、多核和多层壁微囊等。

本章内容主要围绕高分子微球和微囊在电子显示、传感器、导电、自修复以及功能印刷领域的特点和应用进行介绍，从简单的复印、打印用压敏微囊技术，到构思精巧、设计复杂的信息记录材料，微囊技术在电子信息传递领域中的应用经历了巨大的变革。通过将微球和微囊技术应用于数字信息和模拟信息等领域，利用其具有节能环保、简单实用的特点，有望成为未来新型信息记录、图像复现的载体，在图像存储与显示领域具有巨大的应用潜力和可观的应用市场。

第一节 高分子微囊在显示器件中的应用

信息传递是通过文字、语言、电码、图像、色彩、光、气味等传播渠道进行的。在磁性记录材料和电子显示器件出现之前，纸张是记录、传播和交流信息的一种重要媒介，为文化的传播做出了卓越的贡献。然而，纸张上印刷的内容一旦成形便难以更改，且保存量小，而现代电子显示技术的发展让大家看到了电子显示介质在“信息可刷新特性”方面明显优于传统纸张的事实。电子显示器件，就是人们常说的人 - 机界面，能将各种电子装置输出的电信号，转变为由人的视觉可以辨知的光情报信息。一般而言，当采取光发射方式显示时，称为主动显示或发射显示；而通过反射、散射、干涉等现象调节入射光进行的显示，则称为被动显示或非发射显示。于是，综合了传统纸张和新时代电子器件优点的新型纸张——电子纸（Electronic Paper, E-Paper）在 21 世纪初应运而生。电子纸又称“数字化纸”“数码纸”，既如纸张一样阅读舒适、可弯曲折叠，又可以如液晶显示器一样不断转换刷新显示内容[1]，电子纸显示器件的应用产品如图 8-1 所示。

可显示智能卡
ESL可显示条形码
Potatoes
0.99
/kg
U盘容量显示
Lexar
1GB
OED红白柔性时钟
12:15
时尚弯曲手表
便携式仪表显示
932.76
804.15

图8-1
电子纸应用产品

一、用于信息领域的微囊技术

1．光敏压力显色微囊技术

20 世纪 80 年代，美国米德公司首次开发基于光敏和压敏技术的微囊材

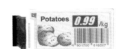

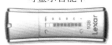

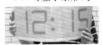

料——光敏压力显色微囊。该微囊与显影剂分别处于两个支持体上，微囊内包裹无色的染料前体和光敏物质。材料被选择性曝光后，光照部分微囊内的光敏物质（含不饱和双键的化合物）发生聚合反应而固化，受压后不能破裂。压力显影过程是：曝光后将两个支持体重叠，并通过挤压辊加压，使未曝光微囊内的无色染料前体释放，与微囊外显色剂接触发生成色反应；而曝光部分的微囊因固化而不再显色，就这样再现出光影像信息。1988 年该公司又研制出了全彩色光敏压力微囊记录材料，在胶片的记录层上，按比例涂布了对红光、绿光和黄光敏感的 3 种微囊。不同波长的光线依次对胶片曝光，分别使 3 种光敏性微囊硬化，然后通过施加压力使未曝光的微囊破裂，从而发生显色反应，产生影像。

1990 年，佳能研究中心提出了全彩色热敏微囊转移打印技术，这是一种热信息记录技术，但其定影和显影主要依靠光固化技术和压力显色技术，可用于全彩色数字打印。此技术采用可破裂微囊材料，囊内分别包裹黄、品红、青 3 色颜料和 3 种对不同波长敏感的光敏物质。将三色微囊均匀混合后，涂布在同一基底上，打印机的传动轴拉动底片 3 次扫过加热头，写入信息，同时由特殊的光头照射分别使三色微囊硬化，实现定影。显影时，基底经过压力滚轮，固化的微囊破裂，混合出颜色，实现了彩色影像复现。

光敏压力显色微囊体系采用压力破裂显影方式，微囊尺寸较大（一般在 5 ~ 20μm），导致影像分辨率较低；并且显色仪器还需配备大体积压力设备，不仅设备庞大，而且使用不便。此外，囊外显色方式不能完全阻止成色剂与显影剂继续反应，记录材料在长期保存中会出现影像密度增加、影像质量恶化等问题。

2. 热敏微囊技术

自 20 世纪 90 年代末，热打印技术迅速发展，常规型感热材料把隐色染料和双酚 A（显色剂）固体结晶粒子直接分散在记录层的黏结剂中，通过热打印头的加热，使结晶体达到熔融状态引起发色反应，但两个可反应成分的直接接触使长期有效保存成为难题。微囊化技术的应用解决了这个问题，美国公布的一种微囊技术，使用无色染料前体和显影剂的单色成像体系，囊壁把两反应成分隔离开，大大增强了图像稳定性。热敏微囊技术不仅解决了常规型的感热材料不易保存、易变质发色的缺陷，而且弥补了压敏微囊在保存期间影像不稳定的弊病，易于得到高影像密度和对比度的图像[11]。

热敏微囊的囊芯主要由隐性染料和有机溶剂组成。隐性染料是一种碱性染料前体，属于电子给予体，与囊外显影剂接触后，可通过电子得失发生显色反应。有机溶剂溶解隐性染料，起到载体的作用。囊壁是具有一定玻璃化转变温度（T_g）的有机高分子材料，高分子聚合物存在 3 种力学状态，温度从低到高分别是：玻璃态、高弹态、黏流态。T_g 是高聚物由玻璃态向高弹态转变时的温度范围。高聚物处于玻璃态时，分子热运动能低，质地硬而脆；当温度升高到 T_g 时，材料的弹性恢复力增加，透过性增强。

与压敏微囊不同，热敏微囊显色反应的触发条件是温度，而不是压力。热敏微囊和显影剂乳液均匀混合后，涂布于基片上就形成了热敏记录层。常温下，囊壁隔断染料前体和显影剂接触；当温度达到 T_g 时，囊壁软化，透过性增强，外部的显影剂能够渗透到内部，与囊内隐性染料接触发生显色反应。另外，压敏微囊是囊外显色，热敏微囊是在囊内显色，避免了后期保存中颜色扩散的缺陷，影像稳定性得到了提高。但热敏微囊也有不可避免的缺陷：该技术使用热打印头记录影像，机械装置的尺寸成为分辨率提高的障碍，此外对分辨率要求很高时，打印头的控制也成为难题。

3．光热敏微囊技术

光热敏微囊材料是一种新型非银盐信息记录媒质，能记录某一波段的光信息，通过加热的方式使其显现影像。光热敏记录材料主要是由微囊及其外部的显色剂乳液组成的，微囊悬浮在显影剂乳化液中。光热敏微囊的结构与热敏微囊结构类似：囊壁由一定玻璃化转变温度的高分子材料构成，不同的是在囊芯中加入了光敏物质，包括光引发剂和预聚物。光引发剂吸收某特定波长的光后可发生化学反应，产生能够引发预聚物聚合的活性中间体（自由基或阳离子）[12]。

二、微囊电泳显示技术

何为电泳技术？字面意思即"在一定的电压下可泳动"，其显示的工作原理是靠浸在透明或彩色液体之中的带电粒子移动，即通过翻转或流动的微粒来使像素变亮或变暗，并可以被制作在玻璃、金属或塑料衬底上。具体技术是将直径约为 1mm 的二氧化钛粒子散布在有机溶剂体系中，黑色染料、表面活性剂以及使粒子带电的电荷控制剂也被加到溶剂中；这种混合物被放置在两块间距为 10 ～ 100mm 的平行导电板之间，当对两块导电板加电压时，这些粒子会以电泳的方式从所在的薄板迁移到带有相反电荷的薄板上。当粒子位于显示器的正面（显示面）时，显示屏为白色，这是因为光通过二氧化钛粒子散射回阅读者一方；当粒子位于显示器背面时，显示器为黑色，这是因为黑色染料吸收了入射光。如果将背面的电极分成多个微小的图像元素（像素），通过对显示器的每个区域加上适当的电压来产生反射区和吸收区图案，即可形成图像。

电泳技术具有几大优势。一是能耗低，由于具有双稳定性，在电源被关闭之后，图像仍然能在显示器上保留几天或几个月。二是电泳技术生产的显示器属于反射型，因此具有良好的日光可读性，同样也可以跟前面或侧面的光线结合在一起，用于黑暗环境。三是生产成本具有降低潜力，因为该技术不需要严格的封装，并且采用溶液处理技术，可借助印刷技术进行批量生产。四是电泳显示器以形状因子灵活为特色，容许它们被制造在塑料、金属或玻璃表面上，所以它是柔性显示技术的最佳选择。其中，微囊电泳显示技术创新地将带电粒子及分散液体包裹在无数微囊内来实现显示，解决了传统电泳显示中粒子容易团聚的问题，提高了显示稳定性。因此，微囊电泳显示（电子墨水）技术最先实现了电子阅读器的商品化，并取得了巨大的市场成功。市场上销售的电子阅读器都采用电子墨水显示屏，其被认为是最具有发展前景的显示技术。

微囊电泳显示主要由作为芯材的电泳显示液和作为壁材的微囊组成。电泳显示液是电泳显示的核心组成部分，主要包括电泳粒子、分散介质、稳定剂和电荷控制剂等成分。微囊电泳显示的研究主要集中在电泳粒子的改性和微囊的制备两方面。电泳粒子作为电子墨水显示中的主体，其制备和表面改性直接决定了粒子在分散介质中的稳定性和表面荷电量，从而影响显示的响应速度和对比度。微囊的制备是指在芯材外层形成一层薄而连续的包囊的过程，且微囊通过压延、拉伸、压膜、挤压，从而减少与显示器之间的空隙，获得良好的光学性能[13]。

电泳显示微囊应满足以下特点：机械强度高、气密性好、不易破裂、电泳显示液不易渗出；囊壁电绝缘性能好、电阻率高以实现低压驱动；囊壁具有一定的化学稳定性，不与芯材、胶黏剂等发生反应；粒径分布均匀，易形成单层排布，以提高器件显示性能。

三、电子书显示器件的发展

为获得与传统图书类似的电子书，各国研究者进行了大量的研发工作，寻求既具有与纸质媒体相似的阅读性和信息存储能力，又可卷曲、可重写的显示器件和材料，并获得了许多理论成果。最早提出电子书概念的是施乐公司的研究员 N. K. Sheridon，1975 年，他提出"与其投入力量用显示器代替纸张，不如研究用纸张代替显示器"的主张，并进行了初步的研究探索。

早期的电子书显示器存在寿命短、不稳定、成本高及难以彩色化等缺点，随后，MIT 的 J. Jacokson 改进了前者研究的显示技术，研发出电子纸原型，并在 1997 年 4 月创建 E-Ink 电子油墨公司，全力研究将电子书商品化。1999 年 5 月，该公司推出名为 Immedia 的户外广告电子纸；2000 年 11 月，E-Ink 和朗讯科技公司合作开发出第一张可卷曲的电子纸；次年 5 月，E-Ink 与 Toppan Printing 合作，利用 Toppan Printing 的滤镜技术，研究生产出彩色电子纸，IBM 和 Philips 电子公司也参与其中，开展了此类研究项目。与此同时，施乐公司组建了旋转图像子公司，并推出名为"灵巧纸"的电子纸广告牌样品，此后电子书、电子纸、电子墨等研究项目迅速展开。2004年，由 E-ink 和 Philips 提供技术支持，Sony 公司研发了全球第一本命名为 Librie（电泳型）的商用电子书，如图 8-2 所示。

图8-2
Sony电子书

我国电泳显示研究起步晚，但进步很快，在材料研究及其应用基础研究方面有基础，并已有企业在积极开拓相关产品的研发。例如中山大学和广州奥示科技有限公司合作，研制出黑白、红绿蓝彩色三原色电子墨水，并研制出了柔性显示屏，制作出了彩色三原色的显示屏。目前，国内与国外的技术差距主要在显示屏、材料和功能产品方面。我国企业从发展自主知识产权的平板显示屏制作技术和产品出发，利用自主开发的微囊电泳显示材料和超薄平板显示器件结构，开展电子墨水超薄平板显示器件产业化关键技术攻关，研制出了类纸式信息显示屏，实现了电泳平板显示器件产品化[14-16]。

四、电子纸显示技术和显示原理

电子纸具有像纸一样的易读性、内容易于更新、高反射率和对比度、宽视角、无需背景光源、低能耗、轻质便携、柔性可折叠等特点。从显示原理上可分为微囊电泳显示、微杯电泳显示、电子粉流体显示、胆固醇液晶显示、电润湿显示等[17]，具体原理见表 8-1。

1. 微囊电泳显示原理

E-Ink 公司和麻省理工学院最早研发了微囊电泳显示技术，通过将悬浮液封闭在一些透明的小球内，每个小球的直径在 8 ～ 10μm，可以在电场作用下进行电泳运动。将无数个这样的小球制成悬浮液，就好像钢笔用的墨水，因为利用的是背景光的反射，所以眼睛会感到舒适。

其显示器由微囊电泳显示材料和带有驱动电路的底板及透明电极面层构成，

表8-1 电子纸显示原理

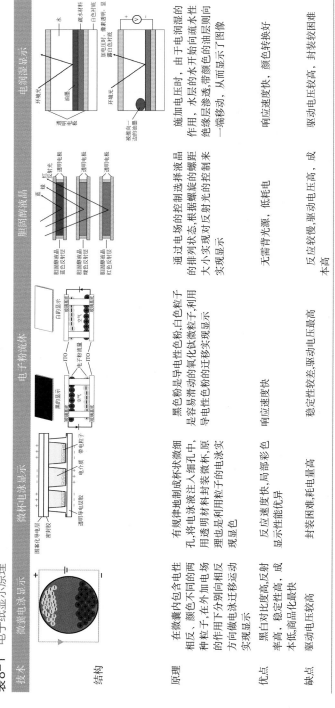

技术	微发电泳显示	微杯电泳显示	电子粉流体	胆甾醇相液晶	电润湿显示
原理	在微囊内包含电性相反、颜色不同的两种粒子,在外加电场的作用下分别向相反方向做电泳迁移运动实现显示	有规律地制成杯状微细孔,将电泳液注入细孔中,用透明材料封装微杯,原理也是利用粒子的电泳实现显色	黑色粉是导电性色粉,白色粒子是容易滑动的氧化钛微粒子,利用导电性色粉的迁移实现显示	通过电场的控制选择液晶的排列状态,根据螺距的大小实现对反射光的控制来实现显示	施加电压时,由于电润湿的作用,水层的水平始向流水性绝缘层渗透,带颜色的油层则向一端移动,从而显示了图像
优点	黑白对比度高,反射率高,稳定性高,成本低,商品化最快	反应速度快,局部彩色显示性能优异	响应速度快	无需背光源,低耗电	响应速度快,颜色转换好
缺点	驱动电压较高	封装困难,耗电量高	稳定性较差,驱动电压最高	反应较慢,驱动电压高,成本高	驱动电压较高,成,封装较困难

在底板电路的驱动下，显示材料显示相应的图像，如图8-3所示。微囊电泳显示材料由固定在透明性胶黏剂中的数百万个微囊组成，每个微囊的芯材为电泳粒子悬浮液；电泳粒子悬浮液由无色透明的有机溶剂和悬浮在溶剂中白黑两种颜色、表面电荷极性相反的电泳粒子组成。在电场作用下，极性不同的电泳粒子分别电泳并聚集在微囊的两端，从而显示出不同的颜色[17]，如图8-3（a）。如果在外壳透明的微囊中填入深色染料液体和浅色电泳粒子，通过改变电场，电泳粒子将移向微囊表面或底部，则可显示出带有所填染料颜色的图文，如图8-3（b）所示。

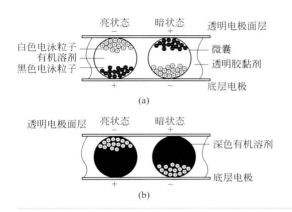

图8-3
微囊电泳显示原理

电泳粒子在电场的作用下聚集在微囊的一端后，由于粒子和微囊囊壁、粒子之间的相互作用，会形成粒子的紧密堆积，此时即使撤去电场，这种紧密堆积仍会长时间保持，只有在加入反向电场时，粒子的堆积才会消解，并在微囊的另一端形成新的稳定的紧密堆积。因此，微囊电泳显示具有双稳性，即图像形成后，撤去电场，图像仍可长时间保持。因只在改变图像时消耗能量，使得它的能耗很低，从而降低了电池的重量，提高了设备的便携性。

微囊电泳显示器属于反射型平板显示器[18]，具有视角广、亮度和对比度高、能耗低、可读性强、超薄、超轻等优点，且不受环境照明条件的影响，具备类似于印刷纸张的显示性能。E-Ink采用的微囊，每个显示元素的大小不均且排列零散，因采用黑白双粒子，光反射率较佳是其优点，可达到35% ~ 40%左右，阅读时的感觉更贴近真正的纸张，缺点则是不够坚固强韧，无法承受重压。

2. 双色微球显示技术原理

施乐公司开发的双色微球显示材料基本构成和工作原理如图8-4所示，成千上万个双色微球分散在透明塑料薄膜中，每个微球涂成一半白一半黑。用硅树脂胶黏剂将双色微球涂在带有电极的胶片等支持体上，在微球的周围以特定的液体填充形成空穴；由电场控制其方向，用白与黑来显示图像。微球表面白侧为负电，黑侧为正电，两色呈现不同的电荷形成偶极子。若以负电荷图案施予基板表面，微球便旋转，使黑半球朝上；如果改以正电荷施加，白半球便朝上。由此可通过电场变化控制其旋转方向，形成黑白图像或文字，还可以通过驱动电压调整球体的旋转角度和排列顺序来控制图像灰度。

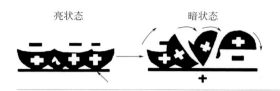

图8-4
双色微球显示原理

3. 胆甾液晶显示原理

美国肯特公司和日本松下公司先后研制出胆甾型液晶电子墨水显示材料。构成电子墨水的甾醇分子呈扁平状，无电场时，甾醇液晶分子相互平行排列成层状结构，显示白色状态。电场变化时，在光引发剂作用下，甾醇分子根据受光强度的不同产生不同性质的旋转，与此同时光电导层的电阻亦随光照部位光强大小而变化。通常光照越强，电场越低；不同部位的电场变化在显示器上能显示出不同的文字符号或图案，当电场达到最高时，甾醇分子旋转90°排列，显示器表现出黑色，如图8-5所示。

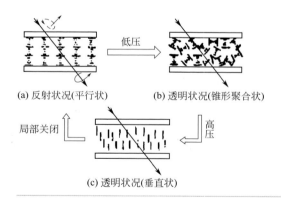

图8-5
胆甾液晶显示原理

这种显示材料具有双稳态开路延时记忆功能，在甾醇分子旋转到某个状态时，即使撤除所施加的能量，它也能较长时间维持原有旋转取向；当再施加外电场时，甾醇液晶分子又会按照不同部位的电场变化，显示新的文字和图案。

4. 纳米变色材料显示原理

自纳米材料出现以来，已有众多的公司和研究部门研发纳米变色显示材料。爱尔兰都柏林大学采用半导体金属氧化薄膜和电致变色的紫罗精分子，研发纳米变色电子显示技术，其结构与成像原理如图8-6所示。

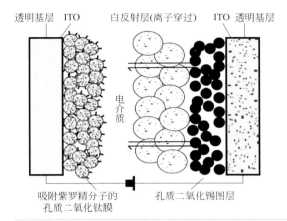

图8-6
纳米变色材料显示原理

图中由两块透明的物体构成基础层面，其相对的两表面分别涂覆了二氧化锡和二氧化钛纳米材料膜层，形成了电场的正负电极。固态的钛白纳米材料吸附在其表面，能反射出像纸张表面一样的白色背景。着色紫罗精分子在电场作用下，显示出图文的视觉效果。纳米材料构成的电极，有很高的电容储存电荷，使得材料具备了开路延时记忆性能，同时纳米材料膜层获得了非常大的表面积，这能使着色紫罗精分子在电场的作用下，能快速地在有色和无色之间转换，即大容量电致变色分子能显现出很强的着色效应，高的电子传递速率表现出很快的转换效率。

时至今日，微囊电子纸显示技术已有了长足的发展，特别是黑白电子纸，已投入市场量产。相对于黑白电子纸，彩色电子纸在广告、书籍、标记或名牌等领域能够给使用者带来全新的视觉体验，具有更广阔的应用空间与市场前景，但是目前彩色电子纸技术并不成熟，仍然处于快速成长阶段。随着彩色电子纸技术的不断进步，它将会在显示器领域、艺术领域、教育领域等得到更广泛的应用[19]。同时，伴随着产业规模的扩大和制造技术的不断改良，电子纸张必定会普及到人们所能想到的各种应用上，特别是基于超薄彩色 E-Paper 技术的包装技术，现在正在由西门子公司进行开发，该项技术能够动态显示产品价格、图形化实时显示食物或者药品的保质期。未来，微囊电子显示技术配合存储芯片能够展示更多信息，电子显示刊物的快速发展也将逐渐替代绝大多数纸张印刷报刊。

微球和微囊在传感器中的应用

传感器是一种检测装置，能感受到被测量的信息，并能将感受到的信息，按一定规律变换成为电信号或其他所需形式的信息输出，以满足信息的传输、处理、存储、显示、记录和控制等要求。传感器体积小，具有更高的化学成像分辨率和灵敏度，更低的绝对检测限和更快的响应速度[20]。在过去的几十年中，传感器发展迅速，它们已经融入人们的衣食住行及工业、科技、军事、医疗等新兴产业的方方面面[21,22]。微球和微囊由于其优异的保护和隔离性能、稳定性被广泛应用于各种传感器中，具有广阔的研究与发展前景。

一、微球和微囊在生物传感器中的应用

生物传感器是一种对生物物质敏感并将其浓度转换为电信号进行检测的仪器，可以将生物材料感受到的持续、有规律的信息转换为人们可以理解的信息，并将信息通过光学、压电、电化学、温度、电磁等方式展示给人们，为人们的决策提供依据。生物传感器开发研究的热门方向之一即生物传感器的微型化。若进一步微型化，通过微囊的包埋技术将敏感元件封入微囊内，不仅可以保护芯材料免受外界影响，并且微囊的壳膜能够容许小分子底物和产物自由出入膜内外，口服后或许可测定机体内部情况。

与纳米粒子传感器相比，虽然微囊自身的尺寸较大，但微囊内部以及囊壁均可负载探针，仍然能够通过非特异性的胞吞进入许多细胞，从而提供足够强的信号[23,24]。同时囊壁的半透性使得小分子的分析物可以自由通透，并阻止其他大分子进入，从而可以保护探针分子，使其不受细胞中酶和蛋白质的影响。由于微囊囊壁的保护作用，探针可以较长时间在体内完整存在，因此可以较长时间地跟踪观察[25]。

1998 年，Clark 等[26] 制备了第一批新型的高分子荧光纳米微囊传感器。微囊传感器由半径小至 10nm 的多组分纳米球体组成，相当于普通哺乳动物细胞体积的 1×10^{-9}。其探针由多达 7 种成分组成，可用于选择性和可逆分析物检测，具有稳定性和重现性。

2002 年，McShane 课题组[27] 利用层层自组装法（Layer by Layer，LBL）制备微囊做生物传感器，并将葡萄糖作为研究模型。该传感器结构使用不同的材料，比如染料或酶作为化学测量的高度特异性的探针，通过使用 LBL 工艺来制

备封装荧光分析的纳米结构聚电解质壳。以这种方式生产的"纳米器件"具有灵敏度和特异性高的优点。

细胞内的 pH 值与细胞的生理活动密切相关[28-30]，pH 值的变化涉及许多酶反应和代谢过程[31]。因此，检测 pH 值可以帮助我们了解细胞的生理过程，可见 pH 传感器的研究至关重要。纳米微球或微囊都可作为 pH 传感器的载体。微囊的囊壁具有半通透性，H^+ 可以自由通过，也可被细胞胞吞，更适合作为 pH 传感器的载体。Haložan 等[32] 在介孔结构内包裹聚丙烯酸基质的层层自组装涂层 $CaCO_3$ 颗粒，通过控制 LBL 聚电解质微囊和包覆微粒子中 pH 敏感性染料和聚电解质的用量，实现了灵敏度的可控调节。

将微囊技术引入生物传感器中，可以更快速、更便宜、更详细地进行诊断，提供更智能的工具来监控患者当前的健康状况，例如通过测定伤口处 pH 值了解伤口状况的无线智能绷带，可用于临床伤口观察和伤口护理治疗，如图8-7所示。

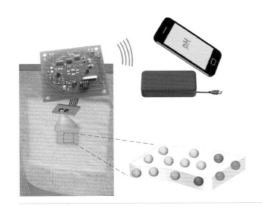

图8-7

无线智能绷带的原理图

Kreft 等[33,34] 将 pH 敏感的荧光探针 SNARF-1（Seminaphtho-rhodafluor-1-dye）标记的葡聚糖包埋到聚电解质微囊中，形成了一种基于多功能高分子微囊的新型传感器系统。由于大分子的葡聚糖无法通过囊壁扩散出去，因此 SNARF-1 被截留在微囊内腔中。这种传感器微囊的主要优势在于其壁和空腔的分离功能化。因此，可以单独利用两个不同的隔间进行传感和标记。实验结果表明，SNARF-1 的荧光随 pH 发生变化，微囊颜色也会随 pH 变化而变化，可根据此响应来标测细胞内的 pH 值。当处于碱性环境时微囊显示红色，酸性环境时微囊显示绿色。当这种微囊 pH 传感器进入乳腺癌细胞后，微囊颜色由红色变为绿色，证明其处于酸性位置，与推测微囊胞吞后位于内涵体/溶酶体的假设吻合。同时该微囊 pH 传感器可以实时监测溶酶体的 pH 变化，外加药物改变溶酶体的 pH 后，微囊的荧光会随之改变[35]。

此外，Carregal-Romero 等 [36] 研究了一个封装 pH 敏感荧光团的聚电解质微囊对周围环境 pH 值变化作出响应的微传感系统。聚电解质多层壳在离子敏感荧光团和周围介质之间起着半渗透屏障的作用。这个屏障可能增加了离子敏感荧光团的响应时间，但结果发现，包埋 SNARF-1 的多层膜聚电解质微囊，pH 响应时间低于 500μs，这对于细胞内 pH 变化的动力学研究来讲可以忽略不计。多层膜中是否包含纳米粒子对于离子电导率也影响甚微，这进一步表明微囊作为 pH 传感器的应用前景。

段菁华等 [37] 通过油包水的微乳液技术将异硫氰酸荧光素（Fluorescein Isothiocyanate, FITC）标记的羊抗人免疫球蛋白 G 血清（IgG）封装到二氧化硅壳中，开发了一种新型的荧光核 - 壳纳米传感器。该方法有效地防止了荧光染料在二氧化硅壳层中的泄漏，这种核 - 壳荧光纳米微球对酸性敏感，在 pH 值 5.5 ~ 7.0 之间呈线性响应，且能被单个小鼠巨噬细胞吞噬，可望用作纳米 pH 传感器件，用于单细胞中 pH 的实时监测。

二、微球和微囊在温度传感器中的应用

温度传感器是指能感受温度并转换成可用输出信号的传感器。现代的温度传感器外形非常小，这样更加让它广泛应用在生产实践的各个领域中，也为人们的生活提供了无数的便利和功能。微囊因其纳微结构成为制作温度传感器的热门方向之一，除此之外，微囊的包埋技术也为温度传感器的研究发挥着重要作用。

2003 年，Cai[38] 提出了一种利用微球谐振腔制作温度传感器的方法。微球谐振腔是半径从几微米到几百微米的球形光学谐振腔。通过在微球表面不断地发生全反射，微球腔将光约束在赤道平面附近并沿大圆绕行 [39]。Cai 等基于激发态 $^1S_{3/2}$ 和 $^2H_{11/2}$ 引发绿光发射，设计了以掺铒的新型重氟化物玻璃 Er:ZBLALiP 为材料的微米级球形腔的温度传感器。低温的发射光谱用以标定强度比率与微球的温度，然后根据强度比率和温度的关系可以计算出高温区。这种温度传感器测温范围在 150 ~ 850K 之间，分辨率为 1K，而温度传感器只有 10μm 大小，非常适合集成在光纤内。

日本富士公司于 1973 年首先将微囊技术引入到热敏信息记录领域，把微囊技术的微隔离和控制释放作用与热敏信息记录技术结合起来，提出了热敏微囊信息记录技术（光定影型）[40-42]。根据有无光定影过程的不同，热敏微囊型信息记录技术大体可以分为光定影型和非光定影型两种。非光定影型热敏微囊型信息记录材料中，微囊和显色剂均匀分散于记录层中，微囊内部有在有机溶剂中可形成颜色的无色染料（染料前体），外部有在与微囊内部染料前体接触时形成颜色的显色剂。未加热时，囊壁隔离了染料前体和显色剂，两者不能发生显色反应。当

加热到囊壁材料的玻璃化转变温度 T_g 以上时，熔化的显色剂可以透过囊壁进入微囊，与微囊内的染料前体发生显色反应，从而区分出加热区域和未加热区域，完成信息记录。光定影型微囊内包裹的染料为重氮盐，重氮盐具有光可分解性，其中记录层包含微囊、显色剂和盐基。当加热温度超过 T_g 时，显色剂和碱式盐或重氮盐透过囊壁（一般是前者渗透进入微囊）接触发生反应，从而显色记录信息。

柳艳敏等[43]制作出一种热敏微囊和含有该微囊的多层彩色感热记录材料。该多层彩色感热记录材料由支持体、低温显色层、中温显色层、高温显色层、隔层和保护层组成，其中低温显色层包含上述热敏微囊。该微囊包括囊芯和囊壁，囊芯是重氮盐或染料前体；囊壁是二元醇或聚醚多元醇与异氰酸酯和丙烯酸酯的高分子，二元醇或聚醚多元醇的分子量是 100 ~ 200。当微囊受热达到其壁材的玻璃化转变温度时，囊壁熔化，壁内部的重氮盐或染料前体与壁外部的显色剂发生反应而显色。

液晶受电、热、磁等外场和压力的影响，分子排列会发生改变，并引起光学特性及其他参数的改变，使其在检测、测量和传感技术方面得到广泛的应用。从形成液晶相的物理条件来看，液晶大体上可以分为热致液晶和溶致液晶两大类。热致液晶是指单成分的液晶化合物或均匀混合物在温度变化的情况下出现的液晶相。液晶微囊化的研究，开始于 20 世纪 60 年代[44]。采用微囊的包埋技术将液晶包覆在内，既可以保护材料不受外界环境影响，又可以使液晶材料发挥其作用。

近年来，韩国的汉阳大学在液晶微囊上取得了较大的突破，并探索了向列相液晶微囊产品在高分子分散液晶微滴显示中的应用。J.H. Ryu 小组[45,46]通过使用溶质共扩散法（Solute Co-diffusion Method，SCM），将含氟基团的液晶 ML-0248、E7 和 MLC-6014 封装到聚甲基丙烯酸甲酯（PMMA）颗粒中，分别制备得到了液晶微囊，并应用于高分子分散液晶（Polymer-dispersed Liquid Crystal，PDLC）。

液晶中较重要的是甾族液晶[47]，当高于相变温度时，甾族液晶呈液态。将这些液体的液滴形成包囊，可以保护被包埋物。将微囊以薄膜形式涂到适宜的物质上，可以作为温度传感器检测较小的温度变化。

2019 年，李寒阳等[48]将荧光染料 4-（二氰基亚甲基）-2- 甲基 -6-（4- 二甲基氨基苯乙烯基）-4H- 吡喃（DCM）掺入胆甾相液晶溶液，混合溶液通过锥形毛细微管注入待测液体形成液体微球腔，提出了一种全新的染料掺杂液晶微球的高灵敏度温度传感器。液晶微球中的荧光染料在 532nm 激光脉冲的激发下发射荧光，在微腔的限制作用下产生高品质回音壁模式激光发射，使用光谱仪记录激光光谱。当环境温度发生微弱变化时，液晶折射率的改变引起激光波长发生变化，从而使光谱产生漂移，实现高灵敏度的温度传感。

三、微球和微囊在压力传感器中的应用

压力传感器是一种用于感知物体表面作用力大小的电子器件，在医疗健康、机器人、生物力学等领域有着广泛的应用前景。随着科学技术的发展，压力传感器能否兼具便携性和准确测量压力分布信息等功能成为人们关注的焦点。由于微结构不仅能够提高传感器的灵敏度，且具备快速响应能力。因此，构建微结构是提高压力传感器综合性能的有效途径，成为学术界和工业界的关注重点。

近些年，美国斯坦福大学的 Shi 等人[49]利用聚吡咯（Polypyrrole, PPY）水凝胶材料通过多相反应来制备具有空心微球结构的弹性导电薄膜。该薄膜具有室温自愈性、高导电性和良好的柔韧性，可制成压力传感器，适用于自愈合电子、人工皮肤、软机器人、仿生假肢和储能等领域。

中国科技大学的 Ge 等人[50]通过焦耳加热石墨烯包覆的聚氨酯海绵材料制备出具有纤维网状结构的多孔导电海绵，降低了原油黏度并提高原油吸附速率（吸附时间降低了 94.6%）。将其用于电阻式压力传感器，具有检测限低、灵敏度较高的优点。在浮油收集设备中使用这一压力传感器，能够在水面上连续且高选择地收集水面浮油，此成果在解决疏水亲油吸附剂快速吸附高黏度原油这一世界性难题方面贡献巨大。

中国科学院深圳先进技术研究院 Zhang 等[51]利用胶体自组装和复制技术研制出一种灵活、高灵敏度的可穿戴电子压力传感器。该团队巧妙利用单分散聚苯乙烯（PST）微球自组装阵列作为模板，通过两步复制制备了基于弹性微结构聚二甲基硅氧烷（PDMS）薄膜的柔性、可调谐电阻式压力传感器。所制柔性压力传感器具有高灵敏度、快速的响应时间和良好的稳定性、对低压段压力具有较强灵敏性等特点，已成功应用于人体颈部脉搏的检测，在人体运动监测方面具有广阔的应用前景。

将微囊感压传感技术应用于模切机压力精确检测，采用微囊感压传感原理的压力测试系统可以得到精确压力值[52]。测试系统包括微囊感压传感器（简称感压纸）、专用扫描仪和图像压力解析软件。感压纸分为两种类型：双片型和单片型。双片型由两层聚酯基胶片复合而成，如图 8-8 所示，一层涂有微囊呈色材料（A-film），另一层带有显色材料（C-film），使用时将两个胶片的涂层面相互面对。而单片型如图 8-9 所示，同时拥有显色层和发色层。当涂有不同材料的纸面相互接触时，并不会发生显色反应，只有在打印或书写时，微囊受外力作用破裂，发色层与显色层起反应，出现红色压区。微囊在不同压力下破裂程度不同，因此，颜色密度即反映出压力大小。

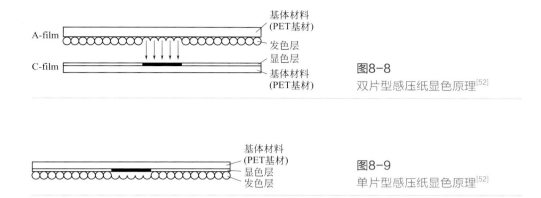

图8-8
双片型感压纸显色原理[52]

图8-9
单片型感压纸显色原理[52]

四、微球和微囊在光电传感器中的应用

光电传感器是基于光电效应的传感器，在受到可见光照射后即产生光电效应，将光信号转换成电信号输出。它除能测量光强之外，还能利用光线的透射、遮挡、反射、干涉等测量多种物理量，如尺寸、位移、速度、温度等，因而是一种应用极广泛的重要敏感器件。微球和微囊的核-壳结构由于其优异的稳定性能，被越来越多地应用于光传感器中，为传感器领域的研究提供了新的材料、技术和方法。

王平等[53]利用介孔材料纳米孔道作为微反应器，形成 CdSe 纳米晶，利用 CdSe/SiO$_2$ 复合微球产生光电流的性质，可以将 CdSe/SiO$_2$ 半导体复合物固定辣根过氧化物酶，在光引发作用下作为生物传感器用于检测 H$_2$O$_2$。当 CdSe/SiO$_2$ 复合物在光激发下作为电子供体时，在过氧化物酶 - 电极系统内，由 CdSe/SiO$_2$ 产生的光电子和电极提供的电子同时对 H$_2$O$_2$ 进行还原，产生的空穴被 CdSe/SiO$_2$ 的界面捕获，可以提高反应速度。

姚荣沂[54]设计制备了 CdS 量子点 / 壳聚糖复合微囊。研究发现，在紫外光激发下，该复合微囊可发出强烈的红色荧光并保持良好的荧光稳定性。同时研究还显示，CdS 量子点 / 壳聚糖复合微囊对环糊精（CD）具有选择性荧光响应特性。在 α-CD 溶液的作用下，微囊的荧光强度会出现快速的衰减，并且 α-CD 溶液的浓度越大，荧光的衰减越快；而 β-CD 溶液不会引起复合微囊荧光性质的任何改变。因此，这种选择性荧光响应特性可用于检测不同的环糊精溶液。

光学微腔是一种尺寸在微米量级或者亚微米量级的光学谐振腔。目前光学介质微腔的形状多种多样，有微球腔、微环腔、微盘腔、微芯环腔等。其中微球腔的半径在 5 ~ 500μm 之间。近年来因其极高的品质因子和极小的模式体积而备受关注，特别是在高灵敏度运动传感器、极低阈值激光器中得到了广泛的应用。Laine 等[55] 提出了一种基于二氧化硅微球谐振器和带状基底抗谐振反射（SPARROW）波导耦合器的新型加速度传感器配置，其原理如图 8-10 所示。装置的运动将使微球相对于波导的位置发生改变，导致耦合参数改变。他们通过检测谐振振幅和线宽的改变，在 250Hz 宽带下，成功地从 100μg 的背景噪声中实现了 1mg 的高灵敏度加速度探测。

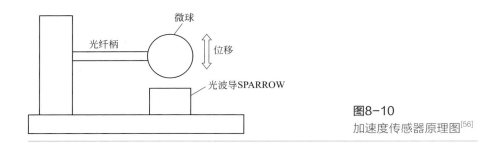

图8-10
加速度传感器原理图[56]

以上大致归纳了目前微球和微囊在各种传感器中的应用，并对各类微囊传感器进行了举例介绍。微球和微囊作为一种多功能的载体材料，体积轻、质量小、性能好，适合大批量和高精度生产，其包埋技术和可释放功能对材料起到更好的保护作用。将微球和微囊应用于传感器中，可以实现微囊和传感器的多功能集合，对未来的微电子、传感器等领域的发展具有重要意义。

第三节
微囊在导电领域的应用研究进展

一、导电型微囊的简介

众所周知，微囊的基本结构为高分子聚合物，而高分子通常为绝缘材料，在实际应用过程中容易产生静电，特别是针对一些粒径较小的微囊粉体而言，由于静电的作用容易导致微囊在加工过程中产生聚集、黏附，限制了其应用范围。因此，通常可以对微囊进行适当的改性或结构修饰，使其具有较低的电阻或一定的导电性。Schmid 和 Armes 等[57, 58] 合作，首次成功合成了导电高分子修饰的热膨胀型微囊，通过将改性后的微球加入到黏合剂胶层，研究了改性后的导电型微球对胶黏剂连接处分离拆卸的影响，采用红外灯作为加热源，利用导电高分子聚吡咯在 900 ~ 1500nm 处有很强的吸收峰以及吡咯修饰的微囊具有很强的电子传输性，从而能很方便地快速移除汽车玻璃和各种汽车电子面板，可应用于废旧汽车的循环可重复利用。另外，C. H. Lee 等[59] 也将导电型微囊应用于无线微流体中，实现电子器件的自毁，保证数据安全。

　　将导电物质掺杂到微囊壳层中，或者将导电物质作为芯材从而起到导电作用的微囊统称为导电型微囊。Zhang 等[60] 通过界面缩聚法制备了以正二十烷为芯材、二氧化硅为壳层的微囊并且在二氧化硅壳层表面附着银颗粒，该微囊具有130Ω·m 的高电导率。Jiang 等[61] 通过乳液聚合反应，合成了一种新型的基于石蜡芯和纳米氧化铝（纳米 Al_2O_3）镶嵌的聚（甲基丙烯酸甲酯 - 丙烯酸甲酯 / 丙烯酸甲酯）壳的微囊。由于纳米 Al_2O_3 颗粒的存在，提高了 MEPCM 的导热性并赋予微囊导电性能。Sun 等[62] 以丙烯腈（AN）、甲基丙烯酸甲酯（MMA）和丙烯酸甲酯（MA）为单体，以低沸点烷烃类为发泡剂通过悬浮聚合制备了一种物理膨胀微球，并利用质量分数为 1.5% 的导电高分子牢固地附着于微球表面，获得了一种导电性热膨胀型微球。此外，将导电物质作为芯材，当微囊破裂导致芯材溢出也可起到导电作用。Chu 等[63] 通过尿素甲醛在液态金属胶体上的原位聚合反应，合成了核 - 壳结构的液态金属微囊，通过切割或挤压释放出液态金属起到导电的作用。

二、导电型微囊的分类

　　导电型微囊按照导电物质所在的位置不同分为两种：壳层掺杂和芯材导电（图 8-11）。壳层掺杂是指将导电物质加入到壳层中，使微囊具备导电能力。而芯材导电是指将导电物质作为芯材包覆起来形成微囊，当微囊破裂起到导电的作用。

图8-11
导电型微囊的分类

1．壳层掺杂

将导电物质加入到壳层中不可能实现真正的均匀分布，但总有部分带电粒子相互接触而形成链状导电通道，使微囊得以导电。另一部分导电粒子则以孤立粒子或小聚集体形式分布在绝缘体的壳层基体中，基本上不参与导电。孤立粒子或小聚集体之间相距很近，中间只被很薄的聚合层分开，由于热振动而被激活的电子就能通过壳层界面所形成的势垒而跃迁到相邻导电粒子上形成较大的隧道电流；或者导电粒子间的内部电场很强时，电子将有很大的概率飞跃高分子界面势垒到相邻导电粒子上，产生场致发射电流，这时壳层界面层就起着相当于内部分布电容的作用，导电微囊的导电机制模型如图 8-12 所示。

图8-12
导电微囊的导电机制模型

　　导电物质在微囊的壳层加入分为两种：物理掺杂和化学掺杂。主要原因是由于导电物质一般既不属于油溶性物质也不属于水溶性物质。为了使导电物质与壳层具有共同的极性，所以会对导电物质先进行预处理，如图 8-13（a）所示。Lan 等[64] 合成了以二十烷为芯材、甲醛 - 三聚氰胺 - 尿素为壳层的微囊，在壳层中掺杂纳米银颗粒。经测试发现当电路与这些导电微囊结合时，其电阻率比与绝缘微囊结合时低至少 70%。另外，当掺入 20% 体积分数的导电微囊时，在受损电路的电流中获得高于 90% 的恢复效率。Song 等[65] 通过原位聚合法制备以氨基树脂为壳层，以溴十六烷（PCM BrC$_{16}$）为芯材，通过物理掺杂法加入银颗粒形成具有导电能力的微囊。Chen 等[66] 采用原位聚合法合成了以石蜡为核，以三聚氰胺 - 甲醛（MF）为壳的新型相变微囊，纳米氧化铝（纳米 Al$_2$O$_3$）颗粒通过纳米 Al$_2$O$_3$ 与 MF 预聚物混合分散在壳中。M. Kooti 等[67] 将银纳米颗粒固定在聚苯胺壳的表面上，制备了由 CoFe$_2$O$_4$、聚苯胺（PANI）和纳米银组成的新型磁响应三组分纳米复合微囊。合成的 CoFe$_2$O$_4$/ PANI 与银纳米颗粒的复合型微囊可增强其电导率和抗菌活性。Zhang 等[68] 以羧基官能化聚苯乙烯（PST）颗粒为芯材、壳聚糖为壳层，并将氧化铁纳米颗粒掺入壳聚糖中，成功制备了生物相容性和可生物降解的壳聚糖电磁性能的微囊。

　　化学掺杂分为两种，一是将导电离子通过化学反应生成导电颗粒结合在壳层表面或其中；二是对导电颗粒表面加上碳链或者羧基，如图 8-13（b）所示。Sun 等[69] 将聚苯胺（PANI）和多分散化学氧化石墨烯［离子液体 - 氧化石墨烯杂化纳米材料（ILs-GO）］附着在发泡微囊壳层上，虽然 PANI/ILs-GO 的表面涂层增加了相应的粒径及其分布范围，但是在聚苯胺涂层中添加 ILs-GO 可以显著改善微囊的导电性。George 等[70]通过氧化聚合将噻吩改性为 3- 十二烷基噻吩接枝到微囊上，共轭高分子接枝后的微囊可提供功能强大的光敏和电敏能力。Li 等[71]为了赋予微囊的导电性，使用了硬脂醇接枝的碳纳米管（CNTs-SA）来制备微囊，含有 4%CNTs 的微囊 /CNTs-SA 获得了良好的导电性能。Zhu 等[72]将包含正十八烷的二氧化硅纳米微囊进行多巴胺表面活化，然后进行化学镀银，形成具有导电能力的微囊。Sun 等[73]在以异戊烷、正己烷、异辛烷等为芯材的微囊表面沉积一层聚苯胺（PANI），使得微囊不仅具备了抗静电、导电能力，还具备吸收噪声的能力。Krystyna 等[74]也通过光化学的方式将聚吡咯沉积到水滴表面上制备出微米级的导电微囊。

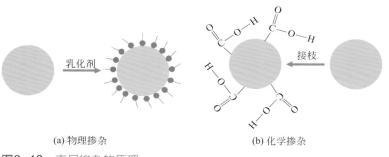

（a）物理掺杂　　　　　　　　　　（b）化学掺杂

图8-13　壳层掺杂的原理

2．芯材导电

芯材导电是以导电溶液作为芯材，通过壁材将芯材包覆起来形成导电微囊。当微囊没有破裂时，微囊不具有导电能力；当通过挤压或者切割释放出芯材时，微囊具备导电能力，如图 8-14 所示。Odom 等[76]通过使用含有聚合物稳定的碳纳米管悬浮液或石墨烯薄片悬浮液的微胶囊用于在断裂的金线中自主恢复电导率。Odom 等[76]将包含稳定的碳纳米管或石墨烯薄片的悬浮液包覆于壳层内形成导电微囊，从微囊芯材中释放碳纳米管或石墨烯悬浮液产生导电能力。鉴于在温度为 16℃时，共晶镓铟（Ga-In）液态金属拥有相对较高的电导率（3.40×10⁴S/cm），Chu 等[63]通过原位聚合反应将液态金属表面包覆上一层尿素甲醛合成了核 - 壳结构的液态金属微囊。

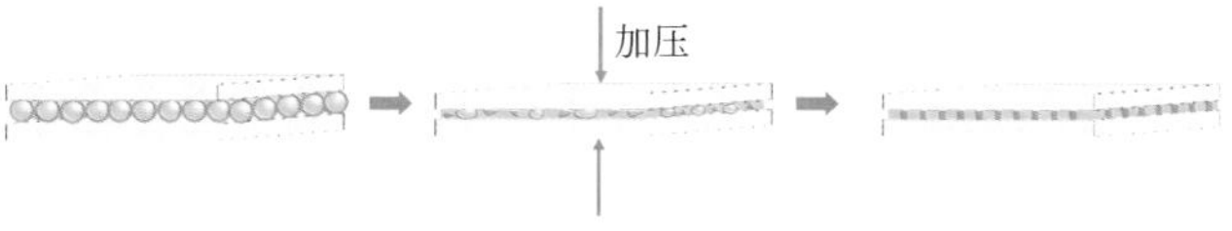

加压

图8-14
芯材导电原理

三、导电型微囊的制备

1. 壳层掺杂 - 制备导电型微囊

物理改性在导电颗粒表面加一层水溶性 / 油溶性的乳化剂，使其能够溶解在壁材中。将改性后的导电颗粒按照一定比例加入到壁材中，以原位聚合法为例，将带有导电颗粒的壁材溶液（单体或可溶性预聚体）加入连续相（或分散相）中，芯材为分散相。通过改变反应条件使带有导电颗粒的壁材在芯材表面先发生预聚，之后带有导电颗粒的预聚体进一步聚合，当预聚体聚合尺寸逐步增大后，沉积在芯材物质的表面。一般要求改性后的导电颗粒能够溶解于壁材单体聚合反应之前，通过交联或聚合的不断进行，最终形成芯材物质的微囊外壳，成为导电型微囊，如图 8-15 所示。

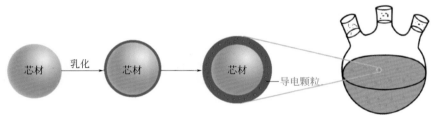

图8-15 物理改性导电型微囊制备过程

化学改性一般在导电颗粒表面接枝碳链或者羧基，以接枝碳链为例，第一步是导电颗粒的酸化。通过超声处理将 3g 导电颗粒与 300mL 浓硝酸混合 2h。然后搅拌混合物并在 120℃下反应 6h。冷却至室温后，将混合物洗涤至中性，并通过孔径为 0.45μm 的微孔膜真空过滤。干燥 12h 后得到羧酸官能化的导电颗粒（导电颗粒 -COOH）。第二步是导电颗粒的有机化。将导电颗粒 -COOH 与 60mL $SOCl_2$ 混合并在 70℃下搅拌 24h。蒸馏 $SOCl_2$ 并将产物洗涤至中性。将产物与 60mL 辛醇、十四烷醇和硬脂醇在 70℃下搅拌 48h，获得具有多元醇的接枝导电颗粒。

2. 芯材导电 - 制备导电型微囊

芯材导电型微囊一般以液态金属或碳材料溶液为芯，用高分子聚合物将其包覆起来形成导电型微囊。一般先将芯材分散到溶液中形成小液滴，壁材分散到连续相。然后，改变反应条件使壁材发生反应，在芯材液滴表面形成高分子，将芯材包覆成为导电型微囊。微囊未破碎时，微囊不具有导电能力，与普通绝缘微囊无异，起到保护芯材的作用；当微囊受力或切割时将释放出微胶囊中含有的芯材，从而起到导电效果。

四、导电型微囊的应用

1．导电胶应用

随着科技的快速发展，电子设备越来越微型化，并且向高密度化的方向快速发展。而电子设备是由各种电子元件组装而成，导致电子元件越来越小、越来越多。为了将电子元件组装起来，需要进行焊接。但是焊接工艺操作复杂、温度高，极易损坏导电元件并且污染环境。近年来焊接已经被导电胶替代。导电胶[78-81]（Electrically Conductive）是指由导电颗粒作为导电填料与高分子黏合剂组成的，并且固化后就有导电功能。导电胶能够把许多不同种电子设备或电子元件组合起来，并且不影响其本身的导电性能，主要用于连接特殊性能的导电材料或器件。

现在导电胶产业已经在发光二极管（LED）、印制线路板（PCB）、电磁屏蔽、薄膜开关等电子元件和组件的封装和粘接等领域中有了较为广泛的应用，在全世界范围内，正在逐步取代焊料。美国和日本的导电胶产业在世界处于主导地位，美国的杜邦公司、3M公司，日本的日立公司等均处于世界领先水平。而我国导电胶产业属于后起之军，在国际市场所占份额不多，主要依赖进口。

目前金属银填料体系的导电胶发展最为广泛，但是银属于贵重金属，成本高；金属铜虽然导电性能好，但是非常容易被氧化，由于其氧化物不导电，包裹在金属铜表面，大大降低了金属铜的导电效率，增加了成本。因此，开发新型导电胶是当今导电胶的发展趋势。将导电颗粒与微囊结合起来制备的导电微囊可以替代导电胶中的金属填料，并将其作为导电填料添加到不饱和树脂中，制备出剪切性能、电学性能、耐热性能均较好的新型导电胶黏剂。

2．导电油墨应用

如今我们处于高科技时代，需要的电子设备越来越多，对电子设备的要求也越来越多，导致电子设备的精密度越来越高。而电子设备的核心在电子芯片上。目前，世界上超大规模集成电路厂主要集中分布在美国、日本、西欧、新加坡及中国台湾等少部分发达国家和地区。我国技术目前处于后起之秀，需要成长。然而集成电路需要6部分：

（1）制作晶圆。使用晶圆切片机将硅晶棒切割出所需厚度的晶圆。

（2）晶圆涂膜。在晶圆表面涂上光阻薄膜，该薄膜能提升晶圆的抗氧化以及耐高温能力。

（3）晶圆光刻显影、蚀刻。使用紫外光通过光罩和凸透镜后照射到晶圆涂膜上，使其软化，然后使用溶剂将其溶解冲走，使薄膜下的硅暴露出来。

（4）离子注入。使用刻蚀机在裸露出的硅上刻蚀出N阱和P阱，并注入离子，形成 PN 结（逻辑闸门）；然后通过化学和物理气相沉淀做出上层金属连接电路。

（5）晶圆测试。经过上面的几道工艺之后，晶圆上会形成一个个格状的晶粒。通过针测的方式对每个晶粒进行电气特性检测。由于每个芯片拥有的晶粒数量是非常庞大的，完成一次针测是一个非常复杂的过程，这要求在生产的时候尽量是同等芯片规格的大批量生产，数量越大，相对成本就会越低。

（6）封装。将制造完成的晶圆固定，绑定引脚，然后根据用户的应用习惯、应用环境、市场等外在因素采用各种不同的封装形式；同种芯片内核可以有不同的封装形式，比如双列直插式封装（DIP）、表面贴装型封装（QFP）、板上芯片封装（COB）、触点陈列封装（LGA）等等。从芯片的制作流程可以看出制作复杂，并且成本高、污染环境，因此集成电路需要突破。而导电油墨[82-85]只需两步就可以代替复杂的集成电路，是我国突破瓶颈的关键。导电油墨制备集成电路只需两步：

（1）导电油墨的制备。制备过程简单，价格相比集成电路十分低廉，且不污染环境。

（2）将导电油墨通过印刷的方式印刷成电路。印刷型电子产品与传统的光刻过程相比对环境更加友好，减少了物质的浪费，滚动式过程具有更高的生产率，可以大规模地生产。

导电油墨分类有很多，其中应用最广的是金属导电油墨。而常用的金属导电油墨有金墨和银墨，其导电性好、抗氧化能力强，缺点是其价格昂贵，不利于工业化生产。金属粉末虽然导电性好，但它的成本较高、抗氧化性差，在空气中暴露容易氧化，使导电油墨的使用寿命大大缩短。为了充分发挥金属油墨的高导电性和耐氧化性等优势，出现了导电型微囊油墨。导电型微囊油墨是一种新类型的导电油墨。导电型微囊油墨是将金属粉末包覆在壳层中，这样可以避免与空气接触减少其氧化程度，大大提高导电油墨的使用寿命。此外，还可以降低金属粉末使用数量，降低导电油墨的成本，扩大工业的生产。

导电型微囊油墨的制备方法为：将导电型微囊和交联剂、黏着剂、色料、消泡剂、流平剂等助剂等按照一定比例，通过机械搅拌方式混合即可得到导电型微囊油墨。然后，通过印刷工艺在 PET、玻璃或透明塑料等不同基材表面印刷得到相应的产品，如图 8-16 所示。通过电子产业的迅速发展可以看出，导电油墨发挥着越来越重要的作用，而高性能、低成本是导电油墨发展的必然要求，因此导电微囊油墨在未来电子产业必定占据一定位置。

3．电磁屏蔽导电漆应用

笔记本电脑、GPS、拨号宽带和移动电话等电子产品都会因高频电磁波干扰产生杂讯，影响通信品质。电磁污染这一名词逐渐走进人们的视线，防电磁干扰已是必备而且是现代电子设备势在必行的制程。电磁屏蔽是指将电力线或磁力线限制在一定区域内，或使某一区域不受外来电力线和磁力线的影响。影响屏蔽体屏蔽效能的只有两个因素：一个是整个屏蔽体表面必须是导电连续的，另一个是不能有直接穿透屏蔽体的导体。电磁屏蔽体对电磁的屏蔽主要是基于电磁波的反射和电磁波的吸收。而电磁屏蔽导电漆[86-89]能对电磁波进行很好的吸收和反射，达到磁屏蔽的作用。

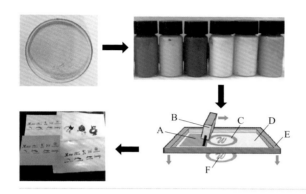

图8-16
导电油墨制备及应用的流程图
A—油墨；B—刮板；C—丝网图案；
D—丝网；E—网框；F—印刷图案

电磁屏蔽导电漆就是能用于喷涂的一种油漆，干燥形成漆膜后能起到导电的作用，从而屏蔽电磁波干扰的功能。电磁屏蔽导电漆采用导电型微囊添加于特定的树脂中，以制成能够喷涂的油漆涂料。电磁屏蔽导电漆具有高导电性、高电磁屏蔽效率、喷涂操作简单（同表面喷漆操作一样，只需要在塑胶外壳内喷上薄薄一层导电漆）等特点，广泛应用于通信制品（移动电话）、电脑（笔记本）、便携式电子产品、消费电子、网络硬件（服务器等）、医疗仪器、家用电子产品和航天及国防等电子设备的 EMI 屏蔽。

电磁屏蔽导电漆主要原理如下：由于空气与涂有电磁屏蔽导电漆的屏蔽体交界面上阻抗的不连续，对入射波产生反射。未被表面反射掉而进入屏蔽体的能量，在体内向前传播的过程中，被屏蔽材料所衰减，也就是所谓的吸收；在屏蔽体内尚未衰减掉的剩余能量，传到材料的另一表面时，遇到屏蔽体 - 空气阻抗不连续的交界面，会形成再次反射，并重新返回屏蔽体内。这种反射在两个交界面上可能有多次的反射，进入屏蔽体的能量很少，因此起到屏蔽作用，如图 8-17所示。

微囊在导电领域的广泛运用使其在科学领域和工业领域中占据重要的地位，已经成为科技创新和国际竞争的重要领域。因此，研究和开发导电型微囊应用技术对于能源领域和电力行业具有重要的价值。

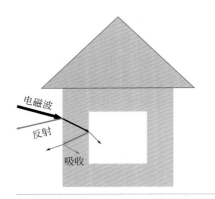

图8-17
电磁屏蔽的原理

第四节
高分子微球和微囊在自修复领域的应用

一、自修复材料简介

高分子复合材料广泛地应用于我们的现实生活中，但是在使用过程中受到环境或外力的作用，材料容易受到宏观或微观的损伤，而且损伤会随着时间的延长不断地扩展，最终失效。材料自修复这一概念是受生物自修复启发而提出的，就是说材料能够像自然界有生命的物质一样，受到破坏时可以依靠自身的力量愈合。

自修复材料是能够自主修复裂纹损伤的新型智能材料，这种材料可以增加产品的使用强度，延长产品的使用寿命，且能够在材料后续的维修、防护等方面节约大量的成本。它在军事、航空、电子科技、汽车等领域具有巨大的发展潜力。目前，高分子材料的自修复方法可以分为两类，一类是本征型自修复，另一类是外援型自修复。

1. 本征型自修复

本征型自修复是通过高分子材料本身包含潜在的自修复功能，具有可逆化学反应的分子结构，实现自修复，如热可逆反应、氢键、离子排列及分子扩散和纠缠触发修复。这类材料无需考虑外加物质与基体的相容性，但是制备过程复杂，成本高，难以实现大规模生产。

2. 外援型自修复

外援型自修复是借助外加修复剂实现材料的自修复，包括微囊技术、中空纤维嵌入和毛细血管等。微囊技术设计简单、制备方便，在基体中的分散性好，对复合材料影响轻微，成为自修复材料领域的研究热点。影响外援型自愈合修复效率的因素有容器的力学性能、愈合剂的装载量、断裂损伤区域修复后的性能。与本征型自修复相比，外援型自修复对材料的化学结构和外界条件要求较低，具有普遍的适用性。

二、自修复微囊

自修复微囊是在高分子复合材料产生裂纹的情况下，通过埋置于材料内部的微囊释放包覆的化学物质，使裂纹缝隙达到愈合的目的。该项技术能够实现材料内部或外部损伤的自我修复，从而阻止复合材料尤其是脆性材料内部微裂纹的进一步扩展，延长材料的使用寿命。与传统的修复技术相比，自修复微囊材料具有成本低廉、不依靠外界操作、可再生等优势，在复合材料自修复领域表现出潜在的应用价值。微囊的自修复原理如图 8-18 所示。

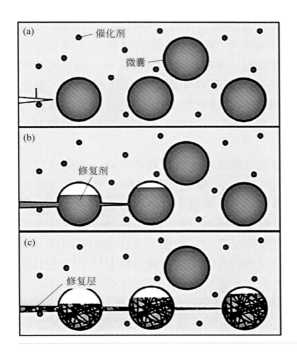

图8-18
微囊自修复原理示意图。（a）出现裂纹现象；（b）微囊开裂释放修复剂填充裂纹；（c）修复剂与材料中的催化剂相遇引发聚合反应，修复裂纹[104]

1．微囊自修复体系

微囊自修复材料是一种典型的外援型自修复材料，微囊自修复可以分为三类：微囊和催化剂自修复体系、双微囊自修复体系及单微囊自修复体系。

（1）微囊和催化剂自修复体系　2001 年，White 等 [90] 首次开创性地提出了微囊自修复材料的概念，并成功构建了微囊 - 催化剂体系，使热固性环氧树脂成为第一个成功的微囊自修复材料。其修复机理为：将愈合剂储存在微囊中，然后将微囊包埋在基体材料中；在外力作用下基体出现微裂纹时，埋在基体中的微囊破裂，被微囊化的修复剂释放到裂纹中，触发愈合反应过程，与基体中的某些基团聚合交联完成修复，延长材料的使用寿命。

在微囊 - 催化剂体系中，虽然 Grubbs 催化剂具有较高的复分解活性，但是双环戊二烯熔点低，价格高且通用性低，在商业应用上具有一定的限制。所以现今的替代性催化剂如氯化钨、三氟甲磺酸钪等，具有更高的热稳定性及实用性。

（2）双微囊自修复体系　双微囊自修复体系是带有催化剂的修复方法，将修复剂及高分子和催化剂中的至少一种包埋进微囊，并嵌入高分子复合材料中，保护催化剂的反应活性。

国内对关于微囊在复合材料中自愈合的可行性问题也做了大量的研究。Yuan 等 [91] 通过脲醛（UF）包封法合成环氧树脂微囊，开发出一种自修复环氧复合材料，此类材料在室温下的修复效率高达 91%。Li 等 [92] 提出了一种环氧 / 胺双微囊自修复体系，将环氧树脂和硬化剂聚醚胺包埋在聚甲基丙烯酸甲酯（PMMA）中，显示出良好的自修复效果。罗永平 [93] 采用原位聚合法制备了以双环戊二烯为芯材、脲醛树脂为壁材的自修复微囊，考察了微囊及催化剂的用量对热固性树脂基自修复效率的影响，复合材料的自修复效率最高可达到 62.23%。根据国内外的研究结果，双组分微囊修复效率都可以达到 60% 以上。但是双微囊自修复体系由于不可控制的化学计量比分布不均匀，且工艺复杂，限制了愈合剂和催化剂的应用。

（3）单微囊自修复体系　单微囊自修复体系具有很多优点，如绿色环保、价格低廉、催化剂良好的抗降解性等，具有广阔的应用前景。单组分自修复体系将修复剂及引发剂混合物包封在单个高分子微囊中，具有自主的、无催化剂的特点，并且可以在自然条件下进行自修复，例如，热、电、水分、氧气、光等。由于自愈系统是以精确的化学计量比进行反应的，增强了愈合剂的实用性，简化了自愈系统的修复过程。现如今研究较多的有热引发微囊自修复体系、电引发微囊自修复体系、水引发微囊自修复体系、光引发微囊自修复体系。

热引发的微囊自修复体系一般选择具有热固化性质的环氧树脂作为修复剂，Caruso 等 [94] 将包裹溶剂的微囊嵌入到热固性高分子中，出现微裂纹时溶剂会流出，此时外界的温度会使修复剂固化，进而修复裂纹。基于电引发自修复机理，Vimalanandan 等 [95] 设计了一种以聚苯胺（PANI）为外壳、导电高分子（CP）作为修复剂的自修复微囊，具有自感防腐蚀功能。当电位发生变化时，微囊壳层显示出从不可渗透到可渗透的可逆能力，释放修复剂。Cui 等 [96] 合成出了以聚苯胺为壳、海藻酸钠为芯的微囊，可以应用于输水管道的防腐蚀。这个智能涂层具有良好的热稳定性和拉伸强度，被腐蚀介质浸泡 50 天，防腐蚀能力仍可以达到 90% 以上。由于光可进行远距离传播，所以光引发自修复的显著优点是可以实现光远程引发自修复，并且，光的可控传播可以实现自修复材料的定点修复。Guo 等 [97] 运用界面与原位聚合相结合的方法，把环氧树脂和阳离子光引发剂包裹到二氧化硅中，微囊在热循环 120h 后，仍具有自修复功能。

2．微囊修复机理

自修复微囊可以根据修复的机理分为两大类，一类是包裹修复剂，一类是包裹催化剂。这两种微囊的自修复历程是将包裹修复剂或催化剂的微囊埋植入基体中，当基体受损出现裂纹延伸到微囊时，壁材破裂，释放出修复剂或催化剂，通过虹吸作用进入到裂纹面，修复剂和催化剂接触发生修复反应从而修复裂纹或者裂缝被高分子覆盖实现自修复。

3．微囊芯材的选择

微囊的芯材可以是多种多样的，从物理状态上可以是固体、液体、气体，从溶解角度看可以是水溶性的或者油溶性的。对于自修复微囊而言，芯材具有一定的反应活性，能够在催化剂或固化剂的作用下发生聚合反应生成具有一定强度的高分子，且一般为可以在裂缝中具有流动性的液体。

不同成分的愈合剂在裂缝中的扩散速度与再生效率差异较大，所以选择适当的芯材可以提高材料的自修复效率。Garcia 等 [98] 研究发现微囊中包裹的愈合剂增多，壁材的厚度会逐渐变薄导致抗压强度下降。Liu[99] 发现以环氧树脂为芯材的微囊受温度的影响较大。Shirzad 等 [100] 发现无论在高温或低温条件下，葵花籽油都具有较强的愈合能力，是合适的自修复微囊芯材。许劲 [101] 研究了愈合剂分子结构与扩散能力之间的关系，发现选择小半径分子及链状低芳香环分子的愈合剂作为芯材较好。微囊芯材的选择决定了微囊的修复效率。

所以微囊芯材的选择应满足以下条件：

（1）为了可以长时间保存，芯材应具有自聚合和抵抗化学降解的能力；

（2）为了保证愈合剂不会从壳层中挥发或扩散，应具有低黏度、高流动性、低凝固点等性质；

（3）愈合剂释放后具有高反应活性，可以在环境中快速固化；

（4）愈合剂可以与修复的裂缝形成强黏合力。常用的愈合剂有二环戊二烯

（DCPD）、环氧树脂、全氟辛基三乙氧基硅烷（POT）、植物油、桐油、异氰酸盐等。

4．微囊壁材的选择

微囊壁材的选择对芯材起到关键性的保护作用，影响微囊的稳定性和可裂性。常用的微囊壁材材料有：脲醛树脂、聚脲、聚氨酯、三聚氰胺甲醛树脂、聚甲基丙烯酸甲酯、二氧化硅以及有机 - 无机双层复合壳等。通常，壁材材料要具有良好的密封性与热稳定性，壁材足够薄，较高的芯材载荷，优良的机械性能，在基体正常状态下是稳定的，基体产生裂纹时会破裂。

微囊制备过程中，芯材与壁材是互不相溶的两种物质，水溶性壁材包覆油溶性芯材，油溶性壁材包覆水溶性芯材。在选择壁材时，需要对它的力学强度、致密性、热稳定性等因素进行考虑。微囊的壁材可以是高分子材料或者无机材料，高分子材料可以是天然高分子、半合成高分子或合成高分子。

White 等 [90] 运用本征应变法研究囊壁材料与裂缝的关系，发现当微囊壁材的弹性模量小于基体的弹性模量时，可以增加裂缝与微囊碰撞的概率，有利于释放芯材中的愈合剂。另外，对自修复微囊壁材的热稳定性研究也较多，黄志钱等 [102] 将纳米纤维素修饰过的三聚氰胺脲醛树脂作为壁材，纳米纤维素与三聚氰胺脲醛树脂可以形成氢键，提高了微囊的热稳定性，且降低了破损率。张秋香等 [103] 采用纳米二氧化硅修饰过的甲基丙烯酸甲酯 - 丙烯酸作为囊壁材料，当纳米二氧化硅的掺杂量为 3% 时，可以明显提高微囊的热稳定性。目前对于微囊壁材的力学稳定性与可裂性研究较少，但在自修复微囊中，对壁材的物理力学性能要求较高。所以，如何控制微囊的力学性能将是今后的研究重点。

5．自修复微囊制备方法

目前，自修复微囊的制备方法主要是采用原位聚合法和界面聚合法。

（1）原位聚合法　原位聚合法是 20 世纪 80 年代首次提出的，在 90 年代发展成工业化的封装技术。这种方法是将壁材与混合稳定剂在水中溶解，再将芯材加入，通过剧烈搅拌或剪切乳化作用，形成水包油或者油包水乳液。由单体合成的高分子不溶于乳液，所以聚合反应通常发生在芯材液滴的表面，从而得到壁材包裹芯材的微囊。原位聚合法分为一步法和两步法，一步法是直接将芯材、壁材、乳化剂等材料混合，调节 pH 值，单体发生聚合反应制备出微囊；两步法中壁材先在碱性环境下产生预聚体，然后加入芯材，调节 pH 值，预聚体再发生缩聚反应形成囊壁包裹芯材，形成微囊。该方法便于控制微囊的粒径大小和壁材厚度、成本低、操作简单，但是制备过程较长，需要 3h 以上，且一般都需要添加催化剂。

世界上首次提出的双环戊二烯（DCPD）自修复微囊就是通过原位聚

合法制备得到的。干燥处理后的微囊在电镜观察下呈现球形，粒径范围在 10 ～ 1000μm，且粒径大小可以通过调节搅拌速度得到，这是自修复微囊领域的重要参考之一。Lang 等[104] 通过原位聚合法成功地将亚麻籽油包覆在聚脲醛（PUF）外壳中，对裂纹具有良好的修复功能。原位聚合法所制备的微囊均为微米级，形貌如 8-19 所示。在制备过程中需严格控制多种工艺参数，如预聚体滴速、pH 值、固化温度等，制备过程复杂，但该方法生产效率较高，产率可超过 80%。

（2）界面聚合法　界面聚合法也是常用的自修复微囊的制备方法。这种方法是将两种单体溶解于两种不互溶的溶液中，再加入乳化剂，从而形成水包油或油包水乳液。当两种单体发生聚合反应时会在水 - 有机界面处或附近快速发生，从内部向界面移动，最终形成包覆芯材的微囊。制备工艺流程如图 8-20 所示，这种方法制备的微囊具有操作简单、成本低、包封效率高、反应速度快等优点。但是这种方法适用范围有限，仅适用于特定材料。Brochu 等[105] 通过界面聚合法制备了甲苯 -2,4- 二异氰酸酯与 1,4- 丁二醇包覆氰基丙烯酸酯基黏合剂，其平均粒径约为 75 ～ 220μm，可用于在潮湿环境中的自修复。Huang 等[106] 通过水包油乳液中的界面聚合反应，制备了以六亚甲基二异氰酸酯（HDI）作为芯材料的聚氨酯（PUR）微囊，微囊的平均粒径在 5 ～ 350μm，在自修复涂层中表现出了显著的耐腐蚀性。Sun 等[107] 通过界面聚合法成功地合成了具有优异壳密性的六亚甲基二异氰酸酯（HDI）双层聚脲微囊。这种微囊在工业涂料中表现出优异的耐腐蚀性能。

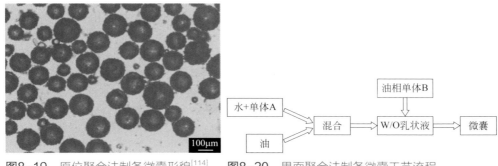

图8-19　原位聚合法制备微囊形貌[114]　　图8-20　界面聚合法制备微囊工艺流程

三、自修复微囊应用领域

1. 导电线路自修复

随着科学技术的发展，电子设备日趋小巧智能，但是电子设备会不可避免地发生弯曲、扭曲、拉伸、碰撞，导致设备使用效率降低和机械损坏。电子设备内部芯片、电路变得越加精密，只要芯片、电路的细小处受到损坏就会影响整个电路的正常运转。自修复材料[115]可以改善电路可靠性和延长设备使用寿命，成为更具可持续性的电子设备。

Blaiszik等[112]制备了脲醛树脂包裹液态Ga-In共晶合金的微囊，可以修复金（Au）线路上不同程度的损坏。Caruso等[113]制备了以含有碳纳米管（SWNT）的氯苯（PhCl）和苯乙酸乙酯（EPA）溶液为芯材，以脲醛树脂为壳层的微囊。并且通过机械破裂方式从微囊中释放出碳纳米管来修复电路。Sun等合成了以导电水溶液为芯材，以蜜胺树脂为壳的导电自修复微囊，用于在受损的电子设备中自动恢复导电性。当电子设备受损时，使用压力压破微囊释放导电溶液于受损部位，电子设备数分钟内就恢复导电性能。其次，由于导电水溶液具备一定的相变潜热，所以微囊可以在设备长久运转时起到降低设备自身温度、维持设备高效运转的作用。

Sun等为了验证微囊的修复能力，将铜箔附着在载玻片上，用附着铜箔的载玻片代替一段导线连接小灯泡、稳压直流电源形成一个串路，如图8-21（a）所示。打开电源时，电路形成通路，灯泡点亮。然后用刀子划伤铜箔的载玻片，形成短路、灯泡熄灭。后用微囊附着在伤口处用大于14N的力压破微囊，电路重新形成通路，灯泡重新点亮。图8-21（b）～（f）显示的是不同类型的导电微囊形成的修复电路。可以看出，PEDOT:PSS水溶液微囊、Fe_3O_4分散溶液微囊、氧化石墨烯分散溶液微囊、自来水微囊均可以将灯泡重新点亮，但是去离子水微囊不能将灯泡点亮。因为去离子水微囊含有的芯材不含自由离子，所以几乎不导电。

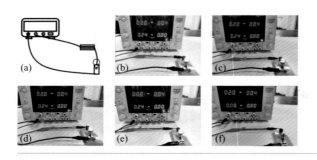

图8-21
微囊性能评价。（a）电路示意图；（b）PEDOT:PSS水溶液微囊；（c）Fe_3O_4分散溶液微囊；（d）氧化石墨烯分散溶液微囊；（e）自来水微囊；（f）去离子水微囊

2. 沥青自修复

自修复微囊除了电子信息领域以外，在其他修复领域也有重要应用。例如，沥青是当前使用最广泛的路面材料之一，但是它在光照、温度等外界因素作用下会发生老化，极易产生裂纹。目前，修复裂纹最常用的方法依赖于人工修补，处

置时间长且滞后，无法实现实时的自动修复。由于自修复微囊可以实时自发地修复沥青路面裂缝，解决路面的抗滑性及环境的危害性，国内外众多学者尝试将再生剂以微囊的形式添加到沥青混合材料中。它的修复机理如下：首先将包裹修复剂的微囊均匀分散于沥青内部，当沥青混合材料内部出现裂纹时，裂纹扩展遇到微囊，微囊囊壁受到应力作用发生破裂，包裹的修复剂在毛细作用下流出，对微裂纹进行修复。

Garcia 等[108]表征了五种不同微囊的组成及强度，研究了微囊在沥青混合材料中的间接拉伸强度、疲劳寿命以及压实的能力。实验结果表明，大多数的微囊可以抵抗沥青混合材料的搅拌及压实，并且微囊的加入对沥青混合材料的疲劳寿命无显著影响。Sun 等[109]通过原位聚合法制备了三聚氰胺脲醛树脂包裹轻质油的沥青自修复微囊，如图 8-22 所示。通过单因素法确定微囊的最佳制备工艺，最终得到微囊的粒径约为 100μm，产率可达 85.5%，且具有良好的热稳定性。Zhang 等[110]通过扫描电子显微镜与荧光显微镜观察到涉及微裂纹的微囊均破裂，再生剂流出扩散对沥青裂缝进行修补，随后裂缝逐渐闭合。

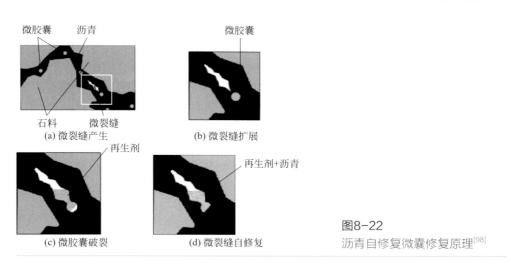

图8-22
沥青自修复微囊修复原理[98]

3. 混凝土自修复

混凝土材料是目前全球用途最广、用量最大的建筑材料，但是它最大的缺点就是脆性大，抗拉强度低，内部极易产生裂纹。微裂纹容易导致有害物质的侵入，缩短混凝土结构的使用寿命，还会引起混凝土结构的渗漏，影响建筑结构的防水功能等。混凝土建筑的修复方法繁杂，需要专用的机器及修复材料，成本高昂，耗费时间。长期以来，国内外学者对混凝土材料裂缝的修复进行了大量的研究，如图 8-23 所示，是将形状记忆合金植入混凝土梁的关键部位，当混凝土梁出现裂缝时，通过电激励形状记忆合金，能够使裂缝自动闭合。

(a) 纯混凝土梁

(b) 加入自修复混凝土材料的混凝土梁

图8-23 纯混凝土梁与加入自修复智能材料的混凝土梁对比[116]

混凝土自修复微囊是将混凝土修复剂封装进微囊，再植入到混凝土材料基体中。当材料出现微裂纹时，微囊可以破裂并释放出修复剂，从而修复裂缝。美国罗德岛大学的 Michelle Pelletier 等以硅酸钠作为修复剂制备自修复微囊，当微囊破裂后，修复剂 Na_2SiO_3 流出与混凝土中的 $Ca(OH)_2$ 反应生成一种钙硅化合物，这种化合物类似于胶状物质，能够修复裂缝并封闭混凝土中的气孔；万健等[111]采用了原位聚合法制备了以环氧树脂为芯材、脲醛树脂为壁材的自修复微囊，并掺入混凝土中，研究自修复混凝土的强度，发现48h抗折强度恢复达到 75.6%。

微囊自修复材料通过对裂纹的自动及时修复，延长使用寿命，降低维修成本，受到广大学术研究者的关注。微囊自修复技术设计简单，可以延长材料的使用寿命，发展前景广阔。但也存在许多需要解决的问题：微囊自修复技术可以实现大体积的自愈，但是修复缓慢且只能单次修复；微囊合成工艺的限制，导致芯材的选择十分有限。

第五节
微球和微囊在功能印刷领域的应用

微囊技术的发展和应用日益宽泛，尤其是在特种纸领域中。微囊的应用从20世纪出现的无碳复写纸逐渐向防伪纸、感热（光）记录纸、磁记录纸、转移印花纸、低密度纸、电子纸等多纸种的方面拓展。

一、在印刷信息记录材料中的应用

用于信息记录领域的微囊最早见于无碳复写纸，属于压敏型微囊，其制备技术经历了三个发展阶段：复合凝聚法、界面聚合法、原位聚合法[117]。

美国国家现金出纳机公司（NCR）首次利用微囊技术制备并向市场投放了第一代无碳复写纸，开创了微囊技术应用的新时代[118]，可以认为这是微囊技术在功能印刷领域的首次应用。NCR 公司的 B. K. Green 在开展合成非水溶性染料成分的研究时发现，无色染料结晶紫内酯和无色亚甲基蓝的三氯联苯溶液可以和酸性黏土（高岭土或活性白土）反应，形成有色图像。通过凝聚法制备无色微囊应用到无碳复写纸，具体构造如图 8-24 所示。

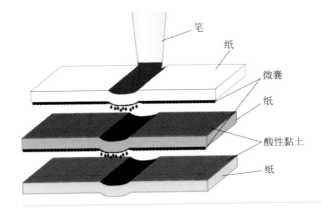

图8-24
无色微囊无碳复写纸构造图

首先，以淀粉浆或者苯乙烯 - 丁二烯共聚物乳液为黏结剂，将无色染料微囊涂在纸的背面，称为 CB（Coated Back）层。中间层纸张的上表面涂有酸性黏土，下表面则涂有染料微囊即 CFB（Coated Front and Back）。最下层的纸张在其上表面涂有酸性黏土，该黏土会迅速与染料反应形成永久性标记 CF（Coated Front）。当用压力（例如圆珠笔）或撞击（例如打字机、点矩阵打印机等）在纸张上书写时，会导致微囊破裂并释放其染料。由于微囊粒径非常小，因此可以保证打印精度的准确性。无碳复写纸也有独立包装的版本，微囊墨水和酸性黏土都在纸的同一面上。

20 世纪 90 年代是热打印技术快速发展的 10 年，常规使用中，两个可反应的成分直接接触，不利于长期保存，微囊化技术的应用成功解决了这个问题。美国公布的一种微囊技术[119]是用囊壁把无色染料前体和显影剂分隔开，增加了图像稳定性。此种微囊壁材是具有一定玻璃化转变温度的有机高分子材料。常温下，囊壁隔开染料前体和显影剂的接触；当温度达到玻璃化转变温度时，囊壁软化，透过性增强，外部的显影剂渗透到微囊内部，与囊内的染料前体发生显色反应[120]。1990 年佳能研究中心提出由光和热控制显色的全彩色热敏微囊转移打印技术[121-123]。这种技术的定影和显影主要依靠光固化技术和压力显色技术。将三色微囊均匀混合后，涂布在同一底片上，通过打印机写入信息，同时分别将三色微囊固化，实现定影。显影时，通过压力使固化的微囊破裂，实现彩色影像的复现。

近些年来，一种新兴的微囊技术是集光敏技术、热敏技术和微囊技术于一体的新型光信息记录技术，不仅避免了图像不易保存的缺陷，还解决了压敏、热敏技术和激光打印、复印技术影像分辨率受设备性能限制的问题。该种微囊内包裹光敏聚合或光交联化合物、光引发剂、染料前体，微囊外部存在显影剂；其囊芯物质在吸收特定光辐射后发生交联固化反应以记录信息，在后期热显色时，当加热温度达到囊壁玻璃化转变温度，加热区微囊外部显色剂可渗透过囊壁而与囊芯内染料前体发生显色反应，从而形成图像信息。

二、在立体印刷中的应用

微囊在立体印花领域的应用主要为热膨胀微囊组成的物理发泡油墨，其具有质轻、低毒、环保的特点。将热膨胀型微囊配以适当的连接料制成发泡油墨，采用丝网印刷工艺，微囊的高温膨胀性能使印制的图案花纹具有植绒和立体感，也可以与普通涂料印花相结合，图案有高有低，具有独特的立体风格。这是一种不依靠凹凸压印和凹版印刷而使图案形成浮凸立体感的独特印刷方式。发泡油墨的主要应用领域有盲文印刷、包装印刷、壁纸印刷、外墙印刷、发泡立体印花等。

物理发泡油墨的树脂以一定的黏度和强度，保证微球均匀地分散在连接料中，而不会沉积分层，具有良好的印刷适性。当墨层干燥后并施加一定的高温，涂料结构由线型交联变成网状结构，微球膨胀形成一个可呈现立体效果的整体。

Sun 等[62,124]制备的热膨胀型微囊平均粒径在 30 ～ 50μm 左右，粒径较大，因此发泡油墨的印刷主要选用丝网印刷工艺，将微球发泡油墨印刷在纸张、纺织品等承印物表面。图 8-25 为发泡油墨的印刷流程图。虽然发泡油墨印刷能够得到三维效果，但是通常难以准确地复制出图像的细微层次，容易出现油墨固化后的边缘不清晰、不规则的问题。因此，非常有必要对发泡油墨的印刷特性进行系统的分析，以便更好地提高发泡印刷品的质量。

在实际印刷过程中应考虑以下几点问题：由于发泡油墨粒径大，容易堵网，选用低目数的丝网印版，100 ～ 150 目为宜，粗网可增加膜层厚度，提升发泡效果。为提升发泡油墨的附着性，选用普通油墨进行打底能保证平整度，例如用普通的透明油墨打底，水洗牢度和手感柔软性均有显著提高，根据热膨胀型微囊的最大膨胀温度选择合适的加热温度，可稍微延长加热时间使发泡油墨充分膨胀。

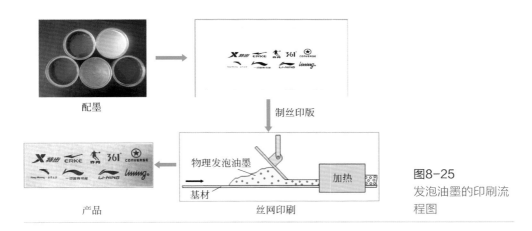

配墨

制丝印版

物理发泡油墨

加热

基材

丝网印刷

产品

图8-25
发泡油墨的印刷流程图

三、在3D打印中的应用

Gupta 等 [126] 提出了一种 3D 打印刺激响应型核 - 壳微囊的方法，如图 8-26 所示。这些微囊以水为核心，聚（乳酸 - 乙醇酸）（PLGA, FDA 批准的高分子）为外壳，能够以可编程方式在水凝胶基质内释放多重梯度芯材。重要的是，壳体可以加载等离子体金纳米棒（AuNRs）。当用纳米棒的长度对应的激光波长光源照射时，微囊会发生选择性破裂。此工艺可以实现对空间、时间和选择性的精确控制。这种基于 3D 打印方法的优点包括：高度单分散的微囊、生物分子的有效载荷、微囊阵列的精确空间图案、梯度的"实时"可编程重配置、纳米分层结构体系的通用性。

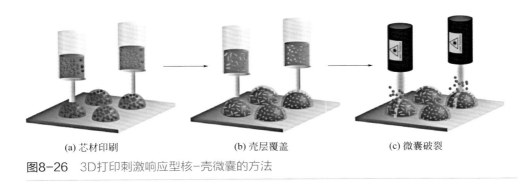

(a) 芯材印刷   (b) 壳层覆盖   (c) 微囊破裂

图8-26   3D打印刺激响应型核-壳微囊的方法

微囊的可编程印刷和破裂：（a）将包含生物分子有效载荷的水芯材的多阵列直接印刷在固体基质上；（b）将含有不同长度 AuNRs 的 PLGA 溶液直接分散于水核中，形成固体刺激响应型外壳；（c）通过用与纳米棒的吸收峰相对应的激光波长照射，选择性地使微囊破裂。

麻省理工学院的研究人员研制出一种用于生产纳米纤维网格的新装置[127]。新装置由一组小型发射器组成，其中包含泵送高分子颗粒的流体，使用水和芝麻油作为流体，所得微球的直径约为 25μm。为了将发射器阵列封装到最小的体积中，研究人员使用了螺旋形的流体通道，如图 8-27 所示。该通道围绕发射器的内部呈螺旋形旋转，从而最大限度地减小了其高度。为了控制发射速率，通道也逐渐变细，从底部的 0.7mm 到顶部的 0.4mm。通过通道输送的流体的黏度和电导率，以及其吸引的电场强度和通道的长度、直径都经过精确校准，则发射器会产生微小的球体。

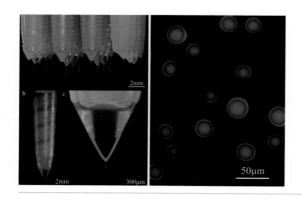

图8-27
螺旋形流体通道及其横截面

Wang 等[128] 提出了一种提高增材制造成品机械性能的新型方法，如图 8-28 所示。将热膨胀型微囊加入到原材料中，通过熔融沉积成型（Fused Deposition Modeling，FDM）和热处理工艺来降低沉积层之间的空隙，从而提高机械性能。同时，形成了一种基于 FDM 制备发泡材料的新型工艺，此工艺在制鞋领域中拥有巨大的发挥潜力。目前广泛应用在 FDM 的原材料主要是丙烯腈 - 丁二烯 - 苯乙烯塑料（ABS）和聚乳酸（PLA），它们的熔点接近 190℃，可以选用起始膨胀温度高于 190℃的超高温热膨胀型微囊，产品的机械性能可以通过这种方式得到提高。

SmartCups 公司发布了全世界第一款 3D 打印高分子微囊能量饮料杯，如图 8-29 所示。这种杯子选用微囊化技术，将活性化学物质和特色美食化学物质包覆在其中，然后运用 3D 打印技术，将这种微囊打印集成化于可降解的杯底。

当有液体引入时，微囊的壁材会溶解破损，芯材的活性成分和特色美食化学物质释放出来，不用搅拌就变成了一杯即饮健康饮品。

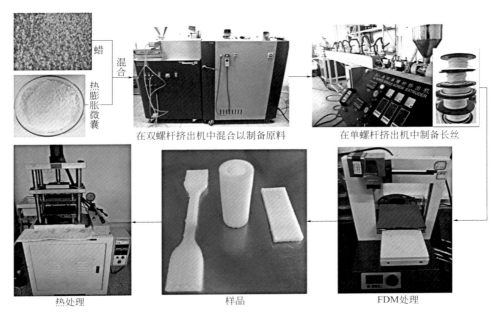

图8-28　热可膨胀微球加工流程

图8-29
3D打印高分子微囊能量饮料杯

　　水牛城大学（University of Buffalo）Praveen Arany 团队研发灌注两性霉素 B（Amphotericin B）药物的 3D 打印假牙，将抗霉药物包埋在丙烯酰胺（Acrylamide）微球中作为打印材料，在 3D 打印过程中经由新款针管泵系统将假牙高分子与微球结合在一起。研究团队还测试了不同复层做法，希望让假牙装载更多药物剂量，但最后发现薄膜单层的渗透性较复层好，更能有效抑制霉菌生长。结果发现，3D 打印假牙的抗挠强度比传统方式建造的假牙低 35%，但却不会碎裂。药物投放时，抗霉剂先被置入生物可降解及可渗透的微球内，以防药物在高温打印过程中受到影响，最后在微球逐渐分解过程中同时释出药物。

最新 3D 打印假牙应用技术可望改善因假牙感染导致的口腔发炎症状。以 3D 打印微囊式消炎药为原材料制成假牙后，它可定期释出抗霉药剂，抑制霉菌生长，且假牙还能继续佩戴，预期将为患者省下大量时间与金钱，并对传统耗时的假牙建模形成冲击。

对于肿瘤细胞，3D 培养方法在表型和基因型方面能让细胞更接近体内的行为。然而，肿瘤微环境何其复杂，虽然有研究人员将肿瘤细胞与其他细胞（如成纤维细胞）共培养，也有人建立了血管化模型，但还是有些"单薄"，无法精确模拟肿瘤的转移环境。近日，来自美国明尼苏达大学的研究人员利用 3D 生物打印技术，构建了一种新型的"精密"3D 体外肿瘤模型，如图 8-30 所示，可以精确放置活细胞（肿瘤细胞、基质细胞和血管细胞）构建功能性的脉管系统，同时可以放置信号分子并控制其释放，引导肿瘤细胞转移。3D 打印的微囊包含趋化通路分子，如 VEGF 和 EGF，在外界刺激下（微囊外壳响应近红外激光）可动态释放这些化学信号，用来模拟肿瘤组织中的化学环境并指引细胞迁移。

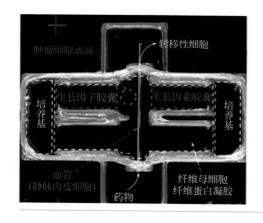

图8-30
3D体外肿瘤模型

伊利诺伊大学芝加哥分校一个由生物工程学研究人员和骨科教授组成的研究小组，开发了一种新的组织、器官 3D 打印方法[129]。研究团队制造了一种微流体装置，可产生亚微米级的中空水凝胶球，并以这种微米级的藻酸盐水凝胶材料为细胞的支撑介质，通过 3D 打印机将细胞沉积到水凝胶材料中，并在内部涂覆一层几微米厚的重构细胞外基质（Extracellular Matrix, ECM）。这种水凝胶材料对喷嘴移动或细胞喷射所产生的阻力很小，但能够在打印过程中支撑细胞，将它们保持在适当的位置，并使其保持原有的形状，如图 8-31 所示。该团队演示了如何用连续的 ECM 层装饰微囊的内壁，该层被锚定到藻酸盐凝胶上，并模仿细胞壁的基底膜。最后，他们使用这种方法封装了人类骨髓间充质干细胞（hMSCs）。将 hMSCs 直接通过 3D 生物打印到微凝胶支持介质中后，微凝胶的光交联可以为构建长期培养的 hMSCs 提供机械稳定性。

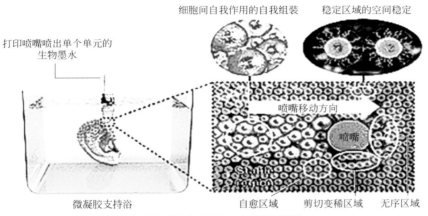

图8-31 藻酸盐微凝胶支撑介质中细胞的3D打印示意图

四、在防伪印刷中的应用

防伪技术分为物理方法、化学方法和生物方法等，其中物理方法和化学方法中的热学方法是应用较广泛的，较易检测，而热学方法中，热致变色、热致发光现象较为常见，热致变色则更方便检验。在热致变色中，不可逆热致变色应用较为局限，一般用于对温度有特殊要求的场合，例如，有些商品只能在低温下保存，在高温下易失效或者变质，如在运输、销售等环节造成失误，不可逆热致变色材料就可以准确地显示出来，达到特殊防伪效果；可逆热致变色应用广泛，可以反复检验，根据检验颜色随温度的变化达到防伪的目的。在可逆热致变色防伪方面，过去研究较多的是以胆甾相液晶经微囊化添加连接料制成液晶油墨，连续多层地可逆变色，但成本很高，色彩种类少，印刷条件严格，耐久性差，保存期短。

在防伪印刷方面，由无机复配物制得的可逆热致变色油墨可以实现良好的防伪印刷效果，但因其耐久性差，不适宜作为保存期较长商品的防伪标记来使用。经微囊化的液晶变色油墨也可用来制作防伪标记，但因其成本较高，印刷条件严格[130]，也没有得到广泛的应用。而微囊化的有机可逆热致变色油墨耐久性好、成本低廉、印刷条件可控，是应用于防伪印刷的首选材料。

陶栋梁等 [75] 研究发现，如果以具有荧光性能的稀土配合物 Eu(TTA)$_3$phen 作为核，正硅酸乙酯水解后生成的二氧化硅作为表面包覆物，就能够自组装形成二氧化硅包覆的稀土配合物微粒。包覆后的稀土配合物分子结构更加刚性化，荧光测试结果表明，配体吸收能量后将会以更快的速率传递能量给稀土离子，使得荧光强度增强，而且在 617.4nm 的发射峰变得尖锐和突出。郝广杰等 [77] 利用脂肪族聚氨酯材料优异的综合性能，如良好的耐摩擦性、耐候性、耐溶剂性等将 Eu(TTA)$_3$(TPPO)$_2$ 微囊化，能够制得形态规则、耐热性和耐溶剂性好、在特定波长下发光亮度高和光单色性好的红色荧光微球。微球直径在 3 ～ 10μm 内，具有规则的球状形态，适合于用作水墨、油墨等的添加剂。

虽然有机可逆热致变色材料的综合性能较优，但依然存在一定的不足之处，如耐热性不够，化学惰性不够理想，裸露在空气中，易受外界环境的影响而失去可逆变色的能力等。随着微囊技术的出现，越来越多的人开始研究将此技术应用在生产生活的各个方面。采用微囊技术制备的产品储藏稳定性和产品功能性良好，使用便捷，可解决许多传统工艺中出现的问题。因此，将有机可逆热致变色材料微囊化是一种可行且较理想的方式。

因此，单从印刷材料和承印基材上来说，将微囊应用于防伪油墨与特种纸上均可以实现有效的防伪能力，例如利用含有变色物质的微囊制成防涂改油墨，通过印刷工艺转移至纸张上形成有色或隐形图文，当用硬质物品或工具摩擦、按压时，微囊内芯材可在压力作用下发生化学色变反应或微囊破裂，导致染料渗漏显现颜色变化，从而实现油墨防伪效果。微囊也可以对纸张的结构性能产生特殊的影响，如今已有多种微囊技术应用于纸张的生产，形成了用途各异的特种纸。将微囊化的磁性薄片涂于纸上，在磁性薄片与纸成平行状态排列时，入射光全部反射，记录纸为白色的，当用记录针对纸面施加垂直磁场时，使磁性薄片旋转，就会使入射光散乱或吸收而得到记录信息，根据磁性薄片的旋转程度不同而得到相应的磁场记录。又如，用悬浮聚合法制备的物理膨胀微囊，也可以用于盲人使用的立体拷贝纸及凹凸纹的壁纸 [125]，将立体拷贝纸微囊用于热敏发泡层上，依靠电子照相过程和高辉度光源的组合，可以形成立体画面，从而实现防伪效果。

第六节
总结和展望

本章主要介绍了高分子微球和微囊在电子信息领域的发展历程和具体实例，

着重阐述了微囊的特殊结构在信息记录、光学显示、自修复、功能印刷等领域所具有的优势和特点。从简单复印、打印技术相关的压敏微囊到构思精巧、设计复杂的光电信息记录材料，微囊技术在电子信息领域中的应用经历了巨大的变革。然而，目前用于信息记录和功能印刷领域的微囊技术在许多方面还不成熟，其结构修饰和性能稳定等方面的问题仍需进一步改进。

近些年来，与信息记录相关的微囊专利大量增加，但真正在商业上取得成功的产品尚不多。可以预测，在不久的将来，在微球和微囊的粒径均匀性和多功能性进一步得以调控的前提下，微囊墨液化和3D打印材料方面将会诞生更多的新型产品，并应用于数字印刷和增材制造技术领域。同时，伴随着智能手机、物联网、可视化技术的不断发展，功能化微囊产品和技术在电子信息领域依然存在着巨大的发展潜力，特别是在越来越小型化的人工智能器件方面，将发挥修复、阻隔、显示、存储等不同的作用。总之，随着人们对电子化、信息化和绿色环保意识的不断加强，高分子微球和微囊在显示、记录、隔离等方面的特性将会进一步被重视，进而推动更多商业化产品的开发和推广。

参考文献

[1] 宋健，陈磊，李效军.微囊化技术及应用 [M].北京：化学工业出版社，2001:2-3.

[2] 李岚，袁莉.微囊技术及其在复合材料中的应用 [J].塑料工业，2006, 34:287-292.

[3] Nagamoto M, Koseki Y, Iwata S. Diazo type thermosensitive recording material[P]: US, 4411979.1983-10-25.

[4] Usami T, Hatakeyama S, Shimomura A. Heat sensitive recording material[P]: US, 4644376. 1987-02-17.

[5] Bailey J C. Nonaqueous cell employing an anode having a boron-containing surface film[P]: US, 4440836.1984-04-03.

[6] Usami T, Tanaka T, Satomura M. Light and heat sensitive recording material[P]: US, 4529681. 1985-01-16.

[7] Shanklin M, Gottschalk P, Adair P. Photohardenable composition containing borate salts and ketone initiators[P]: US, 5055372.1991-10-08.

[8] Gottschalk P, Neckers D C, Schuster G B. Cationic dye-triarylmonoalkylorate anion complexes[P]: US, 5151520. 1992-09-29.

[9] Arai Y, Fukushige Y. Photopolymerizable composition, recording material and image forming method[P]: US, 20030077542. 2003-04-24.

[10] 梁荣昌，陈天德，张秀彬，等.含热显影光敏微囊的成像介质 [P]: 中国，01802048.8. 2002-12-18.

[11] 李晓苇，王文丽，孙曙旭，等.热敏微囊型信息记录技术的研究进展 [J].材料导报，2007, 04:17-20.

[12] 李晓苇，江晓利，秦长喜，等.一种光热敏微囊和含有该光热敏微囊的光热敏记录材料 [P]: 中国，200510012744.6. 2006-02-08.

[13] 梁治齐.微囊技术及其应用 [M].北京：中国轻工业出版社，1999:88-89.

[14] 李路海，何君勇，张淑芬，等.微囊制作技术及其在电子纸中的应用 [J].功能材料，2004, 4:407-413.

[15] 李路海 . 微囊电泳显示电子墨水构成与性能关系研究 [D]. 大连：大连理工大学 , 2003.

[16] 李路海 , 蒲嘉陵 , 滕枫 , 等 . 电子纸技术及其在包装领域的应用展望 [J]. 包装工程 , 2006, 5:10-12.

[17] 韩玄武 , 金玉洁 . 电子书显示技术的研究进展 [J]. 中国印刷与包装研究 , 2009, 1(04):8-13.

[18] 李国相 , 孟舒献 , 冯亚青 . 彩色双粒子微囊电泳显示的研究进展 [J]. 化工进展 , 2015, 34(S1):131-136.

[19] 刘仁庆 . 电子纸及其发展 [J]. 中华纸业 , 2011, 31(9):77-81.

[20] Wightman R M, May L J, Michael A C, et al. Detection of dopamine dynamics in the brain[J]. Analytical Chemistry, 1988, 60(13):769-779.

[21] Tan W, Shi Z, Smith S, et al. Submicrometer intracellular chemical optical fiber sensors[J]. Science, 1992, 258(5083):778-781.

[22] Zhang S, Zhang H, Yao G, et al. Highly stretchable, sensitive, and flexible strain sensors based on silver nanoparticles/carbon nanotubes composites[J]. Journal of Alloys and Compounds, 2015, 652.

[23] Nativo P, Prior I A, Brust M, et al. Uptake and intracellular fate of surface-modified gold nanoparticles[J]. ACS Nano, 2008, 2(8):1639-1644.

[24] De Koker S, De Geest B G, Singh S, et al. Polyelectrolyte microcapsules as antigen delivery vehicles to dendritic cells: Uptake, processing, and cross-presentation of encapsulated antigens[J]. Angewandte Chemie, 2009, 48(45):8485-8489.

[25] Wang B, Zhang Y, Mao Z, et al. Cellular uptake of covalent poly(allylamine hydrochloride）microcapsules and its influences on cell functions[J]. Macromolecular Bioscience, 2012, 12(11):1534-1545.

[26] Clark H A, Barker S L, Brasuel M, et al. Subcellular optochemical nanobiosensors: Probes encapsulated by biologically localised embedding (PEBBLEs)[J]. Sensors and Actuators B-Chemical, 1998, 51(1):12-16.

[27] McShane M J, Brown J Q, Guice K B, et al. Polyelectrolyte microshells as carriers for fluorescent sensors: Loading and sensing properties of a ruthenium-based oxygen Indicator[J]. Journal of Nanoscience and Nanotechnology 2002, 2(3-4):411-416.

[28] 郑艺华 , 王芳芳 , 徐斐 . 微囊化提高生物传感器中固定化鸡肝酶操作稳定性的研究 [J]. 食品科学 , 2005, 4:32-36.

[29] Gu Z, Yan M, Hu B, et al. Protein nanocapsule weaved with enzymatically degradable polymeric network[J]. Nano Letters, 2009, 9(12):4533-4538.

[30] Casey J R, Grinstein S, Orlowski J. Sensors and regulators of intracellular pH[J]. Nature Reviews Molecular Cell Biology, 2009, 11(1):50-61.

[31] Khramtsov, V. Biological imaging and spectroscopy of pH[J]. Current Organic Chemistry, 2005, 9(9):909-923.

[32] Haložan D, Riebentanz U, Brumen M, et al. Polyelectrolyte microcapsules and coated $CaCO_3$ particles as fluorescence activated sensors in flowmetry[J]. Colloids and Surfaces A: Physicochemical and Engineering Aspects, 2009,342(1-3):115-121.

[33] Kassal P M, Zubak G Scheipl, et al. Smart bandage with wireless connectivity for optical monitoring of pH[J]. Sensors and Actuators B: Chemical, 2017, 246:455-460.

[34] Kreft O, Javier A M, Sukhorukov G B, et al. Polymer microcapsules as mobile local pH-sensors[J]. Journal of Materials Chemistry, 2007, 17(42):4471.

[35] Gil P R, Nazarenus M, Ashraf S, et al. pH-sensitive capsules as intracellular optical reporters for monitoring lysosomal pH changes upon stimulation[J]. Small, 2012, 8(6):943-948.

[36] Carregal-Romero S, Rinklin P, Schulze S, et al. Ion transport through polyelectrolyte multilayers[J]. Macromolecular Rapid Communications, 2013, 34(23):1820-1826.

[37] 段菁华，王柯敏，何晓晓，等．基于核壳荧光纳米颗粒的一种新型纳米 pH 传感器 [J]. 湖南大学学报（自然科学版），2003, 30(2):1-5.

[38] Cai Z, Xu H Y. Point temperature sensor based on green upconversion emission in an Er: ZBLALiP microsphere[J]. Sensors and Actuators A-Physical, 2003, 108(108):187-192.

[39] Knight J C, Cheung G, Jacques F, et al. Phase-matched excitation of whispering-gallery-mode resonances by a fiber taper[J]. Optics Letters, 1997, 22(15):1129-1131.

[40] 张邦彦．透明热敏记录材料制备技术 [J]. 影像技术，2003, 3:9.

[41] 江晓利，李晓苇，田晓东．热敏微囊热响应应特性研究 [J]. 信息记录材料，2006, 7(2):21.

[42] Li X, Meng S, Zhang N, et al. Heat-response characteristic of microcapsules for photo-heat sensitive recording material [J]. Information Recording Materials, 2007, 4.

[43] 柳艳敏，王志坚，盖树人．一种热敏微囊和含有该微囊的多层彩色感热记录材料 [P]: 中国，CN200510123938.3. 2006-06-14.

[44] 吕奎．液晶微囊的制备与显示应用性能研究 [D]. 天津：天津大学，2012.

[45] Ryu J H, Choi Y H, Suh K D. Electro-optical properties of polymer-dispersed liquid crystal prepared by monodisperse poly(methyl methacrylate)/fluorinated liquid crystal microcapsules[J]. Colloids Surface A, 2006, 275:126-132.

[46] Ryu J H, Lee S G, Suh K D. The influence of nematic liquid crystal content on the electro-optical properties of a polymer dispersed liquid crystal prepared with monodisperse liquid crystal microcapsules[J]. Liquid Crystals, 2004, 31(12):1587-1593.

[47] 李昌立，孙晶，蔡红星，等．胆甾相液晶的光学特性 [J]. 液晶与显示，2002, 3:193-198.

[48] 李寒阳，杨军，王岩，等．一种染料掺杂液晶微球温度传感器及其制备方法 [P]: 中国，ZL201610629729.4. 2019-06-11.

[49] Shi Y, Wang M, Ma C, et al. A conductive self-healing hybrid gel enabled by metal–ligand supramolecule and nanostructured conductive polymer[J]. Nano Letters, 2015, 15(9):6276-6281.

[50] Ge J, Shi L, Wang Y, et al. Joule-heated graphene-wrapped sponge enables fast clean-up of viscous crude-oil spill[J]. Nature Nanotechnology, 2017, 12(5):434-440.

[51] Zhang Y, Hu Y, Zhu P, et al. Flexible and highly sensitive pressure sensor based on microdome-patterned PDMS forming with assistance of colloid self-assembly and replica technique for wearable electronics[J]. ACS Applied Materials & Interfaces, 2017, 9(41):35968-35976.

[52] 焦琳青，王仪明，武淑琴，等．基于微囊感压传感原理的模切压力测试方法研究 [J]. 机械设计，2019, 36(05):100-104.

[53] 王平，史博，程丽华，等．CdSe/SiO$_2$ 复合微球的光电性及在安培型生物传感器中的应用 [J]. 材料导报，2011, 25(22):25-28.

[54] 姚荣沂．基于微流控技术的荧光微囊制备以及梯度共聚物自组装 [D]. 武汉：武汉理工大学，2015.

[55] Laine J P, Tapalian C, Little B E, et al. Acceleration sensor based on high-Q optical microsphere resonator and pedestal antiresonant reflecting waveguide coupler[J]. Sensors and Actuators A-Physical, 2001, 93(1):1-7.

[56] 金乐天，王克逸，周绍祥．光学微球腔及其应用 [J]. 物理，2002, 10:642-646.

[57] Schmid A, Sutton L R, Armes S P, et al. Synthesis and evaluation of polypyrrole-coated thermally-expandable microspheres: An improved approach to reversible adhesion [J]. Soft Matter, 2009, 5(2):407-412.

[58] Cingil H E, Balmer J A, Armes S P, et al. Conducting polymer-coated thermally expandable microspheres [J]. Polymer Chemistry, 2010, 1(8):1323-1331.

[59] Lee C H, Jeong J W, Liu Y, et al. Materials and wireless microfluidic systems for electronics capable of chemical

dissolution on demand [J]. Advanced Functional Materials, 2015, 25(9):1338-1343.

[60] Zhang X Y, Wang X D, Wu D Z. Design and synthesis of multifunctional microencapsulted phase change materials with silver/silica double-layered shell for thermal energy storage, electrical conduction and antimicrobial effectiveness[J]. Energy, 2016, 111:498-512.

[61] Jiang X, Luo R L, Peng F F, et al. Synthesis, characterization and thermal properties of paraffin microcapsules modified with nano-Al_2O_3[J]. Applied Energy, 2015, 137:731-737.

[62] Chen S Y, Sun Z C, Li L H, et al. Preparation and characterization of conducting polymer-coated thermally expandable microspheres[J]. Chinese Chemical Letters, 2017, 28(3):658-662.

[63] Chu K, Song B, Yang H, et al. Smart passivation materials with a liquid metal microcapsule as self-healing conductors for sustainable and flexible perovskite solar cells[J]. Advanced Functional Materials, 2018, 28(22):1800110.

[64] Lan Y J, Chang S, Li C C. Synthesis of conductive microcapsules for fabricating restorable circuits[J]. Journal of Materials Chemistry A, 2017, 5(48):25583-25593.

[65] Song Q W, Li Y, Xing J W, et al. Thermal stability of composite phase change material microcapsules incorporated with silver nano-particles[J]. Polymer, 2007, 48(11):3317-3323.

[66] Chen L, Zhang L Q, Tang R F, et al. Synthesis and thermal properties of phase-change microcapsules incorporated with nano alumina particles in the shell[J]. Journal of Applied Polymer Science, 2012, 124(1):689-698.

[67] Kooti M, Kharazi P, Motamedi H. Preparation, characterization, and antibacterial activity of $CoFe_2O_4$/polyaniline/Ag nanocomposite[J]. Journal of the Taiwan Institute of Chemical Engineers, 2014, 45(5):2698-2704.

[68] Zhang S, Zhou Y F, Nie W Y, et al. Preparation of uniform magnetic chitosan microcapsules and their application in adsorbing copper ion（Ⅱ）and chromium ion（Ⅲ）[J]. Industrial & Engineering Chemistry Research, 2012, 51(43):14099-14106.

[69] Jiao S Z, Sun Z C, Zhou Y, et al. Surface-coated thermally expandable microspheres with a composite of polydisperse graphene oxide sheets[J]. Chemistry-An Asian Journal, 2019, 14(23):4328-4336.

[70] George V, Magnus J, Eva M, et al. Synthesis and properties of poly（3-*n*-dodecylthiophene）modified thermally expandable microspheres[J]. European Polymer Journal, 2013, 49(6):1503-1509.

[71] Li M, Chen M R, Wu Z S. Enhancement in thermal property and mechanical property of phase change microcapsule with modified carbon nanotube[J]. Applied Energy, 2014, 127:166-171.

[72] Zhu Y L, Chi Y, Liang S, et al. Novel metal coated nanoencapsulated phase change materials with high thermal conductivity for thermal energy storage[J]. Solar Energy Materials and Solar Cells, 2018, 176:212-221.

[73] Jiao S Z, Sun Z C, Li F R, et al. Preparation and application of conductive polyaniline-coated thermally expandable microspheres[J]. Polymers, 2019, 11(1):22-28.

[74] Kijewska K, Głowala P, Wiktorska K, et al. Bromide-doped polypyrrole microcapsules modified with gold nanoparticles[J]. Polymer, 2012, 53(23):5320-5329.

[75] 陶栋梁，崔玉民，乔瑞，等. 二氧化硅包覆稀土配合物 Eu(TTA)₃phen 制备及其荧光性能研究 [J]. 光谱学与光谱分析，2011, 31(3):723-726.

[76] Odom S A, Tyler T P, Caruso M M, et al. Autonomic restoration of electrical conductivity using polymer-stabilized carbon nanotube and graphene microcapsules[J]. Applied Physics Letters, 2012, 101(4):043106.

[77] 郝广杰，梁志武，申小义，等. 包埋铕（Ⅲ）络合物的聚氨酯微球的研究 [J]. 高分子材料科学与工程，2005, 2:275-277.

[78] Marco A, De P, Waltman R J, et al. An electrically conductive plastic composite derived from polypyrrole and poly（vinyl chloride）[J]. Journal of Polymer Science: Polymer Chemistry Edition, 1985, 23(6):1687-1698.

[79] Debra R R, Bruce D. Electrically conductive oxide aerogels: New materials in electrochemistry[J]. Journal of Materials Chemistry, 2001, 11(4):963-980.

[80] Kirsi I, Kalle N, Juha S, et al. Conductive plastics with hybrid materials[J]. Journal of Applied Polymer Science, 2009, 114(3):1494-1502.

[81] Jay A. Conductive plastics for electrical and electronic applications[J]. Reinforced Plastics, 2005, 49(8):38-41.

[82] Susan A O, Sarut C, Benjamin J B, et al. A self-healing conductive ink[J]. Advanced Materials, 2012, 24(19):2578-2581.

[83] Choi J, Kim Y, Lee S, et al. Drop-on-demand printing of conductive ink by electrostatic field induced inkjet head[J]. Applied Physics Letters, 2008, 93(19):193508.

[84] Nie X L, Wang H, Zou J. Inkjet printing of silver citrate conductive ink on PET substrate[J]. Applied Surface Science, 2012, 261:554-560.

[85] Majid A, Pedram M. A novel integrated dielectric-and-conductive ink 3D printing technique for fabrication of microwave devices[C]// 2013 IEEE MTT-S International Microwave Symposium Digest (MTT). IEEE, 2013:1-3.

[86] Huang Y, Xuan Y M, Li Q, et al. Preparation and characterization of magnetic phase-change microcapsules[J]. Chinese Science Bulletin, 2009, 54(2):318-323.

[87] Azim S S, Satheesh A, Ramu K K, et al. Studies on graphite based conductive paint coatings[J]. Progress in Organic Coatings, 2006, 55(1):1-4.

[88] Vecino M, González I, Muñoz M E, et al. Synthesis of polyaniline and application in the design of formulations of conductive paints[J]. Polymers for Advanced Technologies, 2004, 15(9):560-563.

[89] Joseph E M, Ilker S B, Marco S, et al. Durable and flexible graphene composites based on artists' paint for conductive paper applications[J]. Carbon, 2015, 87:163-174.

[90] White S R, Sottos N R, Geubelle P H, et al. Autonomic healing of polymer composites [J]. Nature, 2001, 409(6822):794-797.

[91] Yuan Y C, Ye X J, Rong M Z, et al. Self-healing epoxy composite with heat-resistant healant [J]. ACS Applied Materials & Interfaces, 2011, 3(11):4487-4495.

[92] Li Q, Siddaramaiah, Kim N H, et al. Effects of dual component microcapsules of resin and curing agent on the self-healing efficiency of epoxy[J]. Composites Part B: Engineering, 2013, 55:79-85.

[93] 罗永平. 自修复微囊的合成与应用研究 [D]. 广州：华南理工大学, 2011:24-54.

[94] Caruso M M, Delafuente D A, Ho V, et al. Solvent-promoted self-healing epoxy materials[J]. Macromolecules, 2007, 40(25):8830-8832.

[95] Vimalanandan A, Lv L P, Tran T H, et al. Redox-responsive self-healing for corrosion protection[J]. Advanced Materials, 2013, 25(48): 6980-6984.

[96] Cui J, Li X, Pei Z, et al. A Long-term stable and environmental friendly self-healing coating with polyaniline/sodium alginate microcapsule structure for corrosion protection of water-delivery pipelines [J]. Chemical Engineering Journal, 2019, 358:379-388.

[97] Guo W, Jia Y, Tian K, et al. UV-triggered self-healing of a single robust SiO$_2$ microcapsule based on cationic polymerization for potential application in aerospace coatings[J]. ACS Applied Materials & Interfaces, 2016, 8(32):21046-21054.

[98] Garcia A, Schlangen E, van de Wen M. Properties of capsules containing rejuvenators for their use in asphalt concrete[J]. Fuel, 2011, 90(2):583-591.

[99] Liu Z. Preparation of microcapsule and its influence on self-healing property of asphalt[J]. Petroleum Science

and Technology, 2019, 37(9):1025-1032.

[100] Shirzad S, Hassan M M, Aguirre M A, et al. Evaluation of sunflower oil as a rejuvenator and its microencapsulation as a healing agent[J]. Journal of Materials in Civil Engineering, 2016, 28(11):9.

[101] 许勐 . 基于分子动力学模拟的沥青再生剂扩散机理分析 [D]. 哈尔滨 : 哈尔滨工业大学，2015.

[102] 黄志钱 , 汪欢欢 , 寇彦平 , 等 . 纳米纤维素改性相变储能材料的制备与表征 [J]. 热固性树脂，2014, 29(6):30-33.

[103] 张秋香 , 陈建华 , 陆洪彬 , 等 . 纳米二氧化硅改性石蜡微囊相变储能材料的研究 [J]. 高分子学报，2015(6):692-698.

[104] Lang S, Zhou Q. Synthesis and characterization of poly(urea-formaldehyde）microcapsules containing linseed oil for self-healing coating development[J]. Progress in Organic Coatings, 2017, 105:99-110.

[105] Brochu A B W, Chyan W J, Reichert W M. Microencapsulation of 2-octylcyanoacrylate tissue adhesive for self-healing acrylic bone cement[J]. Journal of Biomedical Materials Research Part B: Applied Biomaterials, 2012, 100(7): 1764-1772.

[106] Huang M, Yang J. Facile microencapsulation of HDI for self-healing anticorrosion coatings[J]. Journal of Materials Chemistry, 2011, 21(30):11123.

[107] Sun D, An J, Wu G, et al. Double-layered reactive microcapsules with excellent thermal and non-polar solvent resistance for self-healing coatings[J]. Journal of Materials Chemistry A, 2015, 3(8):4435-4444.

[108] Garcia A, Schlangen E, Ven M V D. Two ways of closing cracks on asphalt concrete pavements: Microcapsules and induction heating[J]. Key Engineering Materials, 2010, 417-418:573-576.

[109] Sun D, Lu T, Zhu X, et al. Optimization of synthesis technology to improve the design of asphalt self-healing microcapsules[J]. Construction and Building Materials, 2018, 175:88-103.

[110] Zhang X L, Guo Y D, Su J F, el al. Investigating the electrothermal self-healing bituminous composite material using microcapsules containing rejuvenator with graphene/organic hybrid structure shells[J]. Construction and Building Materials, 2018, 187:1158-1176.

[111] 万健 . 韩超 . 微囊自修复混凝土的实验研究及性能评价 [J]. 新型建筑材料 , 2014, 41(5):40-44.

[112] Blaiszik B J, Kramer S L B, Grady M E, et al. Autonomic restoration of electrical conductivity[J]. Advanced Materials, 2012, 24(3):398-401.

[113] Caruso M M, Schelkopf S R, Jackson A C, et al. Microcapsules containing suspensions of carbon nanotubes[J]. Journal of Materials Chemistry, 2009, 19(34):6093-6096.

[114] 郑木莲 , 张金昊 , 田艳娟 , 等 . 沥青材料微囊自修复技术研究进展 [J]. 中国科技论文 , 2019, 14(12):1374-1382.

[115] Bleay S M, Loader C B, Hawyes V J, et al. A smart repair system for polymer matrix composites [J]. Composites, 2001, 32A:1767.

[116] Song G, Ma N, Li H N. Applications of shape memory alloys in civil structures[J]. Engineering Structures, 2006, 28(9):1266-1267.

[117] 蔡涛 , 王丹 , 宋志祥 , 等 . 微胶囊的制备技术及其国内应用进展 [J]. 化学推进剂与高分子材料，2010, 8(2):20-26.

[118] 徐静逸 , 吴潮 , 张大德 , 等 . 微囊技术与影像材料 [Ｊ] . 信息记录材料 , 2005, 6(4):11-16.

[119] Rastogi A K, Wright R F, CycolorÃ ,Â. Imaging technology[J]. International Society for Optics and Photonics, 1989, 1079: 183-214.

[120] Frederick W, Sanders, Gary F, et al. Transfer imaging system[P]. US, 4399209. 1983-08-16.

[121] Adair P C, Burkholder A L. Photosensitive microcapsules useful in polychromaticimaging having radiation absorber[P]. US, 4566891. 1986-3-18.

[122] Gottschalk P C, Douglas C, Neckers, et al. Photosensitive materials containing ionic dye compounds as initiators[P]. US, 4772530. 1988-09-20.

[123] Masashi M, Toshiharu I, Kazuhiro N, et al. Thermal microcapsule transfer technology for full -color printing controlled by photo and thermal energies[Z]. Hard Copy and Printing Materials, Media and Process, Santa Clara, California, 1990.

[124] Li F R, Zhang Q Q, Jiao S Z, Sun Z C, et al. Preparation, characterization and foaming performance of thermally expandable microspheres[J]. Materials Research Express, 2020, 7(11): 115302.

[125] 陈姝颖，孙志成，李路海，等 . 微球物理发泡油墨的丝网印刷效果及特性 [J]. 包装工程 , 2017, 38(1):51-54.

[126] Gupta M K, Meng F, Johnson B N, et al. 3D printed programmable release capsules[J]. Nano Lett, 2015, 15:5321-5329.

[127] García-López E, Olvera-Trejo D, Velásquez-García L F. 3D printed multiplexed electrospinning sources for large-scale production of aligned nanofiber mats with small diameter spread[J]. Nanotechnology, 2017, 28(42):425302.

[128] Wang J, Xie H, Weng Z, et al. A novel approach to improve mechanical properties of parts fabricated by fused deposition modeling[J]. Materials & Design, 2016, 105:152-159.

[129] Jeon O, Lee Y B, Jeong H, et al. Individual cell-only bioink and photocurable supporting medium for 3D printing and generation of engineered tissues with complex geometries[J]. Materials Horizons, 2019, 6(8):1625-1631.

[130] 吴宝龙 , 吴赞敏 , 冯文昭 . 有机热敏变色材料及应用 [J]. 济南纺织服装 , 2008, 1:22-28.

第九章
高分子微囊在储热材料中的应用

随着经济和社会的可持续发展，能源需求快速增长，对能源进行有效储存成为解决能源巨大需求的重要手段之一。相变材料（Phase Change Material，PCM）作为一类通过发生相变来吸收、存储和释放大量热能的材料受到广泛关注，利用其相变储能的特性对热能进行储存，并在合适的时间和地点进行释放，对于有效利用能源、解决能源短缺具有重要意义。然而，相变材料在相变过程中固态向液态转变而发生泄漏以及易与外界发生反应等问题成为限制其实际应用的重要阻碍。通过微囊化技术，将石蜡、羧酸、脂和多元醇等相变储热材料封装在高分子微囊中得到一种核-壳结构（储热材料为核、高分子材料为壳）的新型储热材料，即高分子储热微囊材料（图9-1），微囊的粒径一般为0.1～1000μm。通过利用高分子外壳使相变储热芯材与外界环境隔离，既可以避免相变材料在相变温度附近发生固-液（或者液-固）相变时产生泄漏，又可以实现相变材料的固态化，利于相变材料的使用、运输和存储，扩大其实际应用范围。因此，高分子相变微囊成为储热材料研究的前沿和热点之一。

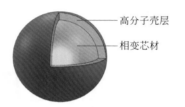
——— 高分子壳层
——— 相变芯材

图9-1
高分子储热微囊示意图

高分子储热微囊的壳材在决定密封效果和热性能方面起着关键性作用，基于高分子储热微囊的储热/放热性能，它们一方面使相变芯材与环境隔绝，可以为相变芯材提供屏障和保护，使其免受环境的不利影响；另一方面，与块状相变材料相比，相变储热微囊比表面积更大，因此，高分子壳材还可以为相变材料提供巨大的传热面积。理想的壳材应满足以下几个标准：①具有惯性特性，可满足相变芯材发生稳定的相变而不会与壳体材料发生任何反应；②足够的密封性和机械强度可防止相变芯材泄漏；③良好的热稳定性，为封装的相变材料提供足够高的上限工作温度；④良好的抗渗透性，以确保长期的使用寿命；⑤具有高导热性，可为相变芯材保持快速的热响应。

高分子储热微囊的壳材主要包括明胶-阿拉伯树胶、聚苯乙烯、聚丙烯酸酯、聚乙烯、聚脲、环氧树脂、脲醛树脂、酚醛树脂、蜜胺树脂等等，可以分为天然高分子、半合成高分子和合成高分子材料。天然高分子材料例如明胶、阿拉伯树胶等具有无毒、成膜性好等优点。半合成高分子材料如甲基纤维素和羟甲基纤维素钠等具有毒性小、易水解的特点。而合成高分子材料种类多、成膜性好且化学稳定性好，可以用多种方法合成粒径可控的球形微囊，因此研究较为广泛。表9-1对几类高分子微囊壳材进行了总结。高分子储热微囊的芯材通常选用有机相变材料，如直链烷烃、石蜡类、脂肪酸、醇类、聚乙二醇等，因为这些有机相变材料在人类的热舒适范围（约20℃附近）具有合适的熔点，并且具有化学惰性，对环境无毒且无害，不会促进腐蚀，也没有过冷和相分离的问题。

表9-1　高分子微囊壳材简表

类别	壳材物质	特点
天然高分子材料	明胶、阿拉伯树胶、蛋白类、淀粉、糊精蜡、松脂、骨胶原等	无毒，成膜性好，耐热性不理想，通常还需要耐水处理
半合成高分子材料	羧甲基纤维素钠、甲基纤维素、乙基纤维素、硝酸纤维素等	毒性小，黏度大，易水解，不宜高温处理，需要临用时现配制
合成高分子材料	聚乙烯、聚苯乙烯、聚丁二烯、聚醚、聚脲、聚乙二醇、聚乙烯醇、聚酰胺、聚氨酯、聚甲基丙烯酸甲酯、聚乙烯吡咯烷酮、环氧树脂、氨基树脂、蜜胺树脂、脲醛树脂、聚硅氧烷等	成膜性好，化学稳定性好

　　高分子储热微囊的制备方法（图9-2）可以分为物理和化学方法，有原位聚合法、界面聚合法、悬浮聚合法、细乳液聚合法复凝聚法和喷雾干燥法等等。随着科学技术的发展，不断有新的制备技术被用于制备高分子储热微囊，下面只着重介绍几类典型的方法。更全面的微球和微囊制备方法请参考第二和第三章。

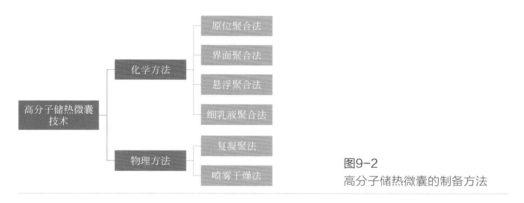

图9-2
高分子储热微囊的制备方法

第一节
高分子储热微囊的制备技术

一、原位聚合法

　　原位聚合法（In Situ Polymerization）是把形成壳材的单体（或预聚体）和

催化剂都分散于芯材的外部或者内部，通过单体的聚合反应形成高分子，原位沉积在芯材乳化液滴的表面并包覆形成相变材料微囊。所用单体必须可溶，生成的高分子必须不可溶。原位聚合法制备的微囊常采用脲醛树脂、蜜胺树脂等作为壁材，制备工艺较为成熟，所制备的微囊致密性和稳定性较好。见图9-3。

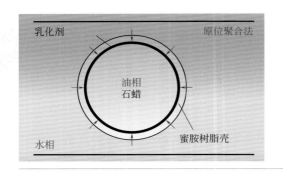

图9-3
原位聚合法制备蜜胺树脂-石蜡
储热微囊原理图

Zhang 等[1]利用原位聚合法制备了蜜胺树脂为壳材、正十八烷为相变芯材的高分子储热微囊，并系统研究了多种乳化剂/稳定剂对微囊形貌的影响，他们发现用苯乙烯-顺丁烯二酸酐共聚物（SMA）作乳化剂可以制备出光滑外壳的球形微囊；使用十二烷基硫酸钠（SDS）作乳化剂易导致微囊具有不规则的形状和较厚的壳层；而使用聚乙烯醇（PVA）作乳化剂也容易导致产生不规则形状的微囊，并且微囊易出现团聚问题。李建强等[2]也采用原位聚合法，使用苯乙烯-马来酸酐共聚物（SMA）为乳化剂，成功制备了蜜胺树脂-液体石蜡高分子储热微囊，如图9-4所示。他们经过大量实验获得颗粒清晰、无粘连的球形高分子微囊的制备工艺。此外，李建强团队后续利用膜乳化技术替代高速搅拌的乳化方式进一步获得了粒径更均一、粒径分布更窄的高分子相变微囊。Wang 等人[3]提出一种快速、绿色、环境友好的微波辅助原位聚合法，并以该方法成功制备了以月桂醇为相变芯材、聚脲醛为壳材的高分子微囊。微囊的直径为150nm，壳材厚度约为10nm，潜热为156.0kJ/kg，微囊包埋率为75%。这种微波辅助法可以缩短反应时间，减少副反应，提高产品的产量。

由于高分子壁材的热导率通常比较低，影响其在使用过程中的导热效率。因此，许多学者通过在高分子微囊外壳上负载高热导率的纳米粒子来提高微囊的热导率。如 Sarier 等人[4]采用原位聚合法将脲醛树脂作为外壳包覆在正十六烷或正十八烷芯材外面得到了高分子微囊。他们利用高分子壳材具有的氨基和羰基官能团与银颗粒的相互作用，将银纳米颗粒成功地沉积在了高分子壳材上。银纳米粒子有效地提高了微囊的热导率。在室温下，负载了银纳米粒子的高分子相变微囊的热导率相比未负载银纳米粒子的相变微囊的热导率提高了121%，其中负载了银纳米粒子的高分子相变微囊的热导率为 0.1231W/(m•K)，未负载银纳米粒子的相变微囊的热导率为 0.0557W/(m•K)。该团队还发现增加壳材与银纳米粒子的作用力会导致微囊的团聚。

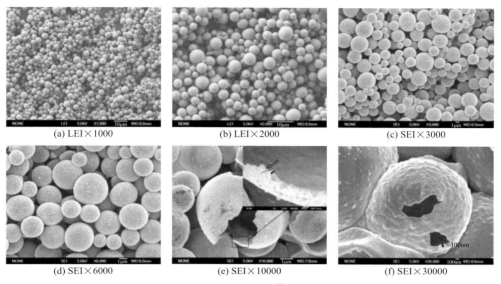

(a) LEI×1000　　　　(b) LEI×2000　　　　(c) SEI×3000

(d) SEI×6000　　　　(e) SEI×10000　　　　(f) SEI×30000

图9-4 蜜胺树脂-液体石蜡储热微囊的扫描电镜图[2]

　　虽然目前采用原位聚合法制备高分子微囊的工艺较为成熟，但多数原位聚合过程中存在游离甲醛的问题，在制备和实际使用过程中会对环境和人体造成严重危害。为了降低甲醛含量，Sumiga 等人[5]采用三聚氰胺 - 甲醛预聚体原位聚合的方法对石蜡相变材料进行了微囊化，并在微囊的悬浮液中加入氯化铵作为甲醛清除剂与甲醛反应，通过对甲醛残留量进行测定发现，氯化铵的添加量与残留甲醛的降低量呈线性相关。与未处理的微囊悬浮液中 0.45% 甲醛相比，氯化铵浓度为 0.80%、0.90% 和 1.35% 时，残留甲醛浓度分别为 0.27%、0.20% 和 0.09%，可见通过添加氯化铵有效降低了微囊中的甲醛含量。并且氯化铵的添加提高了微囊壁的弹性和耐用性，相比未添加氯化铵的微囊更不容易破裂。

二、界面聚合法

　　界面聚合法是两种反应单体分别存在于乳液中不相溶的分散相和连续相中，在相界面上进行聚合反应。这种制备微囊的工艺简便，不需要昂贵复杂的设备，有些反应可以在常温下进行。通常界面聚合法产生微囊壳的速率要比原位聚合法更快，并且不存在游离甲醛的问题。但界面聚合法对包覆材料要求较高，包覆单体必须具备较高的反应活性，才可以进行界面缩聚反应。

Zhang 等人[6]利用界面聚合法，以正十八烷为芯材、2,4-甲苯二异氰酸酯（TDI）和多种胺反应合成聚脲为壳材的高分子相变微囊，如图9-5所示。研究发现，相比乙二胺（EDA）和二亚乙基三胺（DETA），聚醚胺和2,4-甲苯二异氰酸酯反应获得的微囊壳最光滑，微囊直径最大（16μm左右）并且粒径分布最窄。此外，他们提出相变储热微囊的核-壳质量比为 70∶30 最佳。Sarier 等[7]采用界面聚合法制备了以聚氨酯/脲为壳材、木糖醇为芯材的高分子微囊。他们使用了油包水型乳液代替了传统的水包油型乳液。研究发现，脲键的形成增强了高分子聚合物壳的稳定性并减少了木糖醇的扩散，从而降低了低聚物的形成。核-壳的质量比不仅影响了壳的形成机理，而且还影响微囊的平均直径、形态、包覆率和木糖醇含量。因此，选择核-壳质量比为 77.0 ～ 23.0 最适合获得高的包覆率

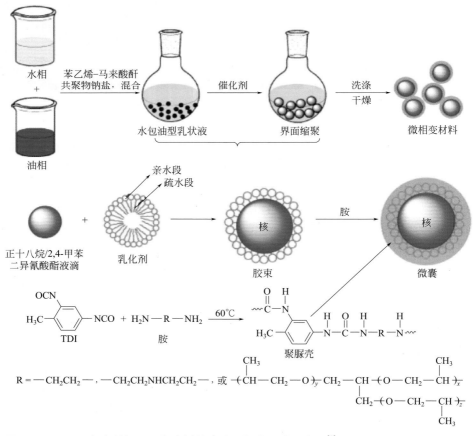

图9-5　界面聚合法制备聚脲为壳材的高分子相变微囊示意图[6]

和高的木糖醇负载量。Yang 等[8] 选择不含甲醛的聚氨酯作为壳，双组分储能模式的复合聚乙二醇为核，利用界面聚合法制备出了直径 2μm 左右的高分子微囊。结果表明，通过核 - 壳质量比优化和乳化剂的协同作用，获得的高分子相变微囊的尺寸分布均匀。2009 年，Liang 等人[9] 以硬脂酸丁酯为芯材，以 2,4- 甲苯二异氰酸酯（TDI）和乙二胺（EDA）为成壳单体，并以烷基酚聚氧乙烯醚（OP-10）作为表面活性剂，采用界面聚合法在环己烷和水界面发生聚合反应成功制备了高分子聚脲微囊。这种高分子相变微囊的相变温度约为 29℃，潜热约为 80J/g，粒径为 20 ～ 35μm。

三、悬浮聚合法

悬浮聚合法通常是首选不溶或难溶于水相的单体和引发剂，用水作为溶剂。单体和引发剂组成油相，通过乳化过程以离散液滴的形式悬浮在连续水相中。乳化可以通过添加乳化剂和连续机械搅拌而进行。这是一个自由基聚合的过程。当外界施加热等诱力，引发剂会释放自由基触发聚合反应。悬浮聚合中使用的典型引发剂主要是不溶于水的过氧化苯甲酰、2,2- 偶氮二异丁腈（AIBN）等。

这种方法主要用于制备聚甲基丙烯酸甲酯（PMMA）类有机壳材。Huang 等[10] 利用悬浮聚合法将 PMMA 高分子外壳包覆在了水合盐外，由于微囊较大的比表面积加速了凝固过程中水合盐的成核，从而改善了无机相变储热材料的过冷问题。Tang 等[11] 利用这种方法将马来酸单十八酰胺（ODMA）和甲基丙烯酸（MAA）共聚物（PODMAA）包覆在正十八烷外形成高分子微囊。他们报道这种共聚物高分子微囊可以降低过冷现象。制备的高分子微囊起始晶化温度只比正十八烷低 4℃。当 PODMAA 通过正十八烷基侧链堆积来结晶时，会形成许多小的烷基纳米域。在冷却过程中，位于微囊内壁上的这些小的烷基纳米域充当晶核，随后诱导正十八烷芯材的异质成核，从而降低了芯材的过冷程度。Zhao 等[12] 通过悬浮聚合法以正十八烷为芯材，以掺杂有二氧化钛纳米颗粒的聚甲基丙烯酸甲酯（PMMA）为壳材成功制备了具有热能储存和紫外线屏蔽双功能的高分子相变储热微囊（图 9-6）。该相变储热微囊（MPCMs/TiO$_2$）为球形，粒径范围为 10 ～ 20μm，掺杂修饰的 TiO$_2$ 纳米颗粒固定在 PMMA 外壳的交联网络结构上。微囊具有较高的储热能力、良好的热可靠性和稳定性，并具有良好的防紫外线性能。这种 MPCMs/TiO$_2$ 可能在智能纺织上得到应用。

悬浮聚合法也被用来合成类似高分子壳的相变微囊，Li 等[13] 采用悬浮聚合法合成制备了以正十八烷为芯材、苯乙烯 -1,4- 丁二醇二丙烯酸酯共聚物（PSB）、苯乙烯 - 二乙烯基苯共聚物（PSD）、苯乙烯 - 二乙烯基苯 -1,4- 丁二醇二丙烯酸酯共聚物（PSDB）和聚二乙烯基苯（PDVB）分别用作外壳材料。他们认为，相比水溶性过硫酸铵（APS）引发系统，油溶性 AIBN 引发系统更适合正十八烷在悬浮聚合过程中的微囊化。在 AIBN 引发系统中，温度应不低于 85℃。以 PSDB 为外壳的相变微囊，形态优于以 PSB、PSD 和 PDVB 为外壳的相变微囊。PSDB 外壳具有一定的密封性，可以防止正十八烷泄漏，当温度高于 200℃时，失重为 5%，该微囊在节能建筑方面具有广阔的应用前景。

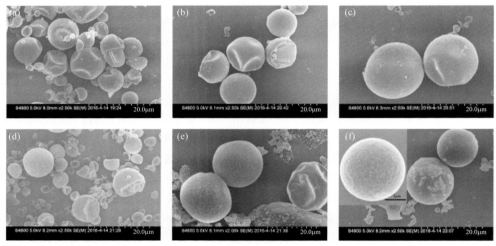

图9-6 悬浮聚合法制备掺杂有二氧化钛纳米颗粒的聚甲基丙烯酸甲酯-正十八烷相变储热微囊的扫描电镜图[12]

四、细乳液聚合法

细乳液聚合法（Miniemulsion Polymerization）是在高剪切力的作用下形成分散的、稳定的、大小介于 50 ～ 500nm 之间的微小液滴，液滴内包含单体、乳化剂、助乳化剂及引发剂等，引发剂直接引发液滴内单体聚合的方法。由于芯材是单体高分子的不良溶剂，所以随着聚合反应的进行，液滴内发生相分离，最终形成以高分子为壳、相变材料为核的纳米微囊材料。由于细乳液聚合通常在体系中引进助乳化剂和超声振荡均化，因此容易获得粒径更小、更均一的材料。

Zhou 等 [14] 通过细乳液聚合法合成了以硬脂酸正丁酯和正十八烷二元相变材料为芯材、聚丙烯酸酯为壳的纳米微囊。该纳米微囊为球形，平均粒径约为 170nm，其熔融和结晶温度以及潜热分别为 26.07℃ 和 24.85℃，56.89J/g 和 54.02J/g，并且包封率高于 55.09%。将该纳米微囊添加到棉织物中，发现成品棉织物具有良好的温度调节和耐久性能，在智能纺织品领域具有潜在的应用前景。Yu 等 [15] 通过细乳液聚合反应，以甲基丙烯酸甲酯为单体，分别以丙烯酸丁酯、丙烯酰胺和丙烯酸为共聚单体制备了可用于储能的含相变材料正十二烷醇的聚甲基丙烯酸甲酯共聚物纳米微囊。结果表明，共聚单体的类型和数量对纳米微囊的热性质和形貌有很大的影响。在 4%（质量分数）的相同剂量下，用共聚单体丙烯酰胺制备的纳米微囊显示出最高的相变潜热 109.3J/g 和最高包封率 91.3%，纳米微囊的大小在 50 ~ 100nm 之间，具有均匀的球形和明显的核 - 壳结构。此外，他们还研究了可聚合乳化剂 DNS-86 和助乳化剂十六烷对该纳米微囊性能的影响 [16]。结果表明，当 DNS-86 与正十二烷醇的质量比和助乳化剂十六烷与正十二烷醇的质量比分别为 3% 和 2% 时，纳米微囊的相变潜热和包封率达到最大值，分别为 98.8J/g 和 82.2%，其平均直径为 150nm，相变温度为 18.2℃。郝敏等 [17] 采用商业级可聚合乳化剂，通过细乳液法制备了以聚苯乙烯为壳、十六烷为芯材的相变纳米微囊，发现在苯乙烯体系中加入适量的亲水性单体、交联剂以及合适比例的单体与相变材料等，都有助于得到具有核 - 壳结构的纳米微囊相变材料。陈春明等 [18] 利用细乳液聚合法制备了正十二醇 / 高分子相变纳米微囊，研究了乳化剂、共聚单体的用量以及正十二烷醇的投料量对纳米微囊结构与性能的影响。研究发现，亲水共聚单体的加入有助于相变材料的包封，当乳化剂［烯丙氧基壬基酚聚氧乙烯（10）醚硫酸铵］的用量为 3%、丙烯酰胺用量为 2%、苯乙烯与正十二烷醇的投料比为 1∶1 时，制备的纳米微囊相变潜热及相变材料包封率分别为 109.3J/g 和 92.1%。

五、复凝聚法

复凝聚法（也称为相分离法）是将微囊的芯材与壳壁材高分子溶于两者的共溶剂中，乳化得到水包油型的乳液体系，再通过改变温度、蒸发溶剂或在溶液中加入无机盐电解质、成膜材料的非溶剂，或创造条件诱发两种成膜材料间相互结合，使壳材高分子与芯材在乳液液滴中发生相分离，形成高分子储热微囊。壳材溶液产生高分子壳材，形成两个新相，一个是含壳材浓度高的高分子丰富相，另一个是含壳材少的高分子缺乏相。高分子丰富相能够稳定地逐步环绕囊芯微粒的周围，从而形成高分子储热微囊。

例如，以明胶与阿拉伯树胶通过复凝聚法在水相中进行微囊化可以包覆许多疏水性液体。阿拉伯树胶是复杂的多糖和糖蛋白混合物，它一般在 pH 大于 2.2 时带负电。明胶则是由各种单条或多条多肽链组成的混合物，它含有很多氨基酸，所以易带正电。在适当条件下（调节体系的温度和盐含量等使离子所带相反电荷数恰好相等），这两个带相反电荷的高分子材料相互作用发生凝聚。最后还需要对絮凝下的微囊进行固化和过滤。固化常使用甲醛、戊二醛溶液等进行交联。Hawlader 等 [19] 利用明胶与阿拉伯树胶为壳材包覆了石蜡相变材料，成功制备了球形和粒径均一的高分子相变微囊，微囊表面光滑没有缺陷，如图 9-7 所示。

高分子相变储热微囊的最大储热焓值 ΔH 为 239.78kJ/kg。Hawlader 等人[20] 还进行了实验和模拟，以研究复凝聚法制备高分子相变微囊。

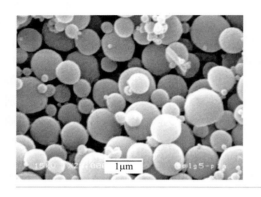

图9-7
复凝聚法制备明胶/阿拉伯树胶-石蜡相变微囊扫描电镜图[19]

Bayés-García 等[21] 成功通过复凝聚法包覆商用石蜡 Rubitherms RT27，获得了两种不同高分子壳材的石蜡相变微囊材料。他们使用的两种不同的壳材为灭菌的明胶-阿拉伯树胶（Sterilized Gelatine/Arabic Gum，SG/AG）和琼脂-阿拉伯树胶（Agar-Agar/Arabic Gum，AA/AG）。扫描电镜结果显示，SG/AG 壳的高分子微囊的平均直径为 12μm；而 AA/AG 壳的高分子微囊直径较小，平均直径为 4.3μm，也观察到了纳米微囊。Özonur 等[22] 通过简单和复杂的凝聚技术使用廉价的天然可可脂肪酸作为芯材，脲醛树脂、三聚氰胺-甲醛树脂、β-萘酚-甲醛树脂、明胶-阿拉伯树胶等为壳材。结果表明，明胶-阿拉伯树胶是可可脂肪酸的最佳微囊的壳材。由于原料价格较低，所制备的高分子相变微囊可能用在建筑节能等领域。Tangsiriratana 等人[23] 通过复凝聚法制备了以甘蔗蜡-Al$_2$O$_3$ 复合材料为相变芯材、明胶-阿拉伯树胶为高分子壳材的高分子储热微囊。他们研究了用这种高分子相变微囊集成的太阳能电池板的热性能。甘蔗蜡基复合相变层的比热容为 2.86J/（g·℃）时，其散热性能和热稳定性受其厚度的影响。将复合相变层的厚度从 4mm 增加到 7mm，可以将模块的正面玻璃温度降低 4%，从而在峰值时将光伏发电量提高 12%。此外，使用稳态一维能量平衡方程式计算了甘蔗蜡基高分子微囊的热导率，发现复合相变层的温度与深度有关。

六、喷雾干燥法

喷雾干燥法是将芯材和壳材的混合乳液通过喷雾头雾化成微小的液滴，这些小液滴被气流喷射进高温干燥室内，液滴与热空气接触时，其中的水分受热迅速蒸发，使壳材凝固，从而将芯材包裹起来，形成微囊。Hawlader 等[19] 用这种方法制备了明胶与阿拉伯树胶为壳材的石蜡相变材料，当调控芯材与壳材的原料比为 1 : 2、1 : 1 和 2 : 1 时，获得高分子储热微囊的热焓值分别为 145.28J/g、210.78J/g 和 216.44J/g，但发现都略低于悬浮聚合法制备的微囊的热焓。

Borreguero 等 [24] 使用这种方法合成了用低密度聚乙烯（LDPE）和乙烯 - 醋酸乙烯酯共聚物（EVA）为壳材包覆商业石蜡的高分子微囊，如图 9-8 所示。他们制备的微囊平均粒径为 3.9μm，最高包覆率 63%，还具有高的储热能力和热稳定性，可以循环使用 3000 次。然而他们也报道了这种方法存在微囊团聚的问题，当大量制备的时候可能存在团聚或未包覆的产品，并且有时微囊的形貌不均。Dang 等人 [25] 用喷雾干燥法制备了明胶 / 氧化玉米淀粉复合壳材的高分子微囊，氧化玉米淀粉和明胶之间具有混溶性和相容性，并且在高达 326℃ 的温度下具有很高的热稳定性。微囊复合壳材的溶胀随 pH 值的增加而增加，而随着离子强度的降低而减小，这主要是由于明胶和氧化玉米淀粉之间官能团的电离和交联。相比单纯明胶为壳材的高分子微囊，复合壳材微囊具有更好的热稳定性。

图9-8
喷雾干燥法制备高分子微囊
扫描电镜图[24]

第二节
高分子储热微囊在绿色建筑领域的应用

在 2010 年，根据国际能源署（International Energy Agency, IEA）的估算，建筑领域（包括住宅和商用房）大概需要消耗 115EJ 的能源，占到全球能耗需求的 32%。而供暖和制冷方面大概占建筑领域总能耗的 32% ~ 33%。这部分能源效率的些许提高都会对全球能源需求产生重大影响，并可以减少环境污染。提高建筑物空间供暖和制冷效率的一种方法是将热质体概念纳入建筑物设计中，该设计可增强热惯性，从而抵抗温度波动。热惯性大，可以有效抑制室内温度波动，使建筑冬暖夏凉。相变储热材料在舒适温度范围内具有很高的热能存储密度，是增加相同质量建筑物热惯性的理想选择。相变储热微囊被尝试嵌入地板、干墙、混凝土、天花板、面板、石膏板、保温板、墙板等中。尽管未微囊化的相变储热材料是一种低成本选择，但是其长期的稳定性以及对建筑材料的负面影响是一个必须关注的问题。例如，在含有 $Ca(OH)_2$ 的混凝土中，高碱度会影响脂肪酯和脂肪醇等相变材料的稳定性。无机相变材料具有腐蚀性，因此会对建筑材料产生负面影响。有机相变材料易燃，燃烧时可能释放出有毒烟雾。此外，当温度高于相变材料的熔点时，包含相变材料的建筑材料（如砂浆）的多孔性质会导致泄漏问题。另外，在混凝土中直接浸渍相变材料也可能削弱机械强度。由于相变材料的导热性较差，因此，使用宏观封装相变材料的尝试并不成功，这是因为：当需要从液相中回收热量时，相变材料会在边缘凝固，这阻止了有效的热传递。解决这一问题的有效方法是使用具有抗燃性和防泄漏性的相变储热微囊。相变材料的微囊封装提高了相变材料与建筑材料的兼容性，获得了长期稳定性，并且微囊比表面积更大，提高了传热效率。

一、混凝土和水泥砂浆

德国巴斯夫（BASF）公司率先研制了将石蜡封装在高分子壳中的商用相变储热微囊，并将其应用于节能建筑中。Cabeza 等人[26]尝试了在混凝土中加入商用相变储热微囊的情况（来自 BASF 的相变储热微囊产品，熔点为 26℃，相变焓为 110kJ/kg），测试了具有 5% 相变储热微囊的混凝土混合物的机械强度和热性能。发现，即使经过六个月的观察，相变储热微囊对混凝土也没有表现出负面影响。与没有相变材料的常规混凝土相比，带有嵌入式相变储热微囊的混凝土墙改善了热惯性，并导致室内温度降低。Lecompte 等[27]研究了含有相变储热微囊的硬化混凝土和砂浆混合物的热和机械特性，并与经典的土木工程模型进行了比较，发现相变储热微囊造成空隙，降低了混凝土和砂浆混合物的机械强度。用相变储热微囊配制混凝土混合物需要额外的水，最多占相变储热微囊质量的 10%。在混凝土拌合料制备过程中必须格外小心，以免微囊破裂。他们得出结论，通过保持灰浆中的相变储热微囊体积分数低于 14.8%，混凝土中的相变储热微囊体积分数低于 8.6%，并通过增加混合物中的水泥含量，可以实现与普通水泥基材料相同数量级的机械强度。

Cao 等[28]研究了用相变储热微囊增强的硅酸盐水泥混凝土和地质高分子混凝土（无机矿物高分子混凝土）的热性能。他们得出结论，添加相变储热微囊会导致混凝土抗压强度的显著降低。对于硅酸盐水泥混凝土，添加 3.2%（质量分数）的相变储热微囊导致抗压强度降低 42%，对于地质高分子混凝土，添加 2.7%（质量分数）的相变储热微囊导致抗压强度降低 51%。但是，在相变储热微囊如此低的添加量下，尽管混凝土抗压强度的损失非常显著，但仍符合欧洲法规。相变储热微囊含量为 3.2%（质量分数）的硅酸盐水泥混凝土的供暖和制冷能耗降低了

11%，相变储热微囊含量为 2.7%（质量分数）的地质高分子混凝土的能耗降低了 15%。他们还指出，进一步提高相变储热微囊浓度会导致混凝土的可加工性过低。

Shadnia 等[29] 报道了掺入相变储热微囊的地质高分子砂浆的实验研究，所研究的地质高分子砂浆由粉煤灰、沙子和氢氧化钠溶液组成。在灰浆 - 相变材料混合物中使用熔点为 28℃的 MPCM-28D 相变储热微囊。将准备好的带有和未带有相变储热微囊的地质高分子砂浆的测试样品密封在塑料袋中，并保持在 60℃的烘箱中直至测试。将"热"样品从烘箱中取出后立即进行测试，此时相变材料处于液态。从烘箱中取出后，将"冷"样品放在温度为 23℃的环境中，并在测试前将其在此放置 6h 以上。他们发现掺入相变储热微囊的砂浆的抗压强度降低相对较小，而热容的提高却很明显，并且掺入相变储热微囊会降低地质高分子砂浆的密度，从而使建造更轻的建筑结构成为可能。

为了在添加高分子相变储热微囊后保持高抗压强度，Pilehvar 等[30] 开发了一种地质高分子混凝土（GPC）的混合设计工序。考虑了影响含相变储热微囊的粉煤灰 / 矿渣基地质高分子混凝土性能的最相关因素，他们选择 F 级粉煤灰和矿渣，氢氧化钠和硅酸钠分别作为黏结剂和碱性溶液。为了更好地了解不同基质对 GPC 性能的影响，使用了两种石蜡相变储热微囊 PE-EVA-PCM（外壳材料为乙烯 - 醋酸乙烯酯共聚物）和 ST-DVB-PCM（外壳材料为苯乙烯 - 二乙烯基苯共聚物）作为蓄热材料（图 9-9）。发现地质高分子混凝土的凝固时间取决于微囊吸附的水量、样品的黏度以及其潜热。因此，随着相变储热微囊浓度的增加，初始凝固时间会增加而最终凝固定型时间会缩短。坍落度测试和抗压强度测量也被用于检查新混合料设计的可加工性和机械性能。研究发现，添加相变储热微囊降低了坍落度和地质高分子混凝土的抗压强度。虽然相变储热微囊的添加降低了地质高分子混凝土的抗压强度，但固化 28 天后的混凝土机械性能高于波特兰水泥混凝土。通过 SEM 成像和 X 射线断层扫描的结合，发现相变储热微囊的团聚、相变储热微囊与集料混凝土基质之间的间隙、截留的空气量增加以及在应力作用下破裂的微囊可能会降低地质高分子混凝土的抗压强度。

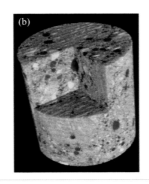

图9-9
含有PE-EVA-PCM（a）和ST-DVB-PCM（b）的地质高分子混凝土的彩色3D模拟图。相变储热微囊和空隙显示为蓝色[30]

二、石膏板

石膏灰泥和石膏板以及带有相变储热微囊的复合材料已越来越多地用于建筑结构中。通过添加相变储热微囊来开发具有高热能存储能力的石膏砌块，可以减少住宅和第三产业的能源需求[31]。Zhang 等人[32] 通过原位聚合法合成了三聚氰胺-甲醛共聚物为壳材、正十八烷为芯材的相变储热微囊，并将该相变储热微囊加入到石膏粉和玻璃纤维的混合物中充分搅拌，然后用压模法制备得到了新型的热调节石膏板。如图 9-10 所示，在掺有 60% 相变储热微囊的石膏板中，22 ~ 27℃的温度可以持续 1735s。此外，所有不同质量分数的相变储热微囊样品都具有有效的温度调节性能，这为进一步开发可温度调节建筑物材料提供了广阔的空间。

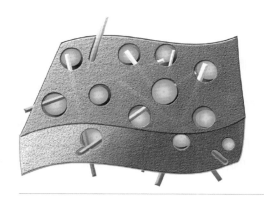

图9-10
掺有微囊化相变材料和玻璃纤维的热调节石膏板的示意图[32]

Borreguero 等人[33] 利用悬浮聚合法，制备了 Rubitherm RT27 石蜡芯材和聚苯乙烯壳材的高分子相变储热微囊，并研究了三种石膏墙板的热行为，其中一种不使用相变储热材料，另两种则掺有质量分数为 4.7% 和 7.5% 的高分子相变储热微囊。研究发现，Rubitherm RT27 与苯乙烯单体的质量比等于 1.5，可以得到具有最高储能能力和良好包埋率的微囊。掺入的相变储热微囊质量越高，石膏墙板的外壁温度达到最终稳态所需的时间越长。他们发现添加 7.5% 相变储热微囊可以有效减小室内温度的波动范围，可以提高房间的舒适度，证实了相变储热微囊可以提高石膏板的隔热性能。

Toppi 等人[34] 采用巴斯夫生产的 Micronal 相变储热微囊（聚甲基丙烯酸甲酯为壳材，十七烷、正十八烷和十九烷混合物为芯材）与传统石膏基建材复合，获得相变储热微囊复合的石膏材料。进行包含 PCM 的复合材料的建筑结构的动态模拟时，需要根据其成分来确定复合材料的热性能。为了避免需要测量每种可能的成分的密度、热导率和比热容，在这项工作中，模拟得出了用于估算具有相变储热微囊的石膏基复合材料的这些热性能的相关性。在实验方法的基础上，给出了复合材料的热学性能与石膏、水和相变储热微囊质量和体积分数的关系。验证了密度和热导率的相关性可以在整个温度范围内应用。相关性与实验数据拟合的误差与测量不确定度相当，当在一个商业产品上测试时，它们能够很好地预测其热特性。

Errebai 等[35] 提出了一种改善热性能的新相变储热微囊复合石膏板。他们将聚甲基丙烯酸甲酯为壳材、石蜡为芯材的相变储热微囊（巴斯夫制造 Micronal DS 5001）掺入有孔的石膏板中，如图 9-11 所示，其中相变储热微囊的熔点为 26℃，潜热容量为 110kJ/kg。测试结果表明：在石膏板上打一定的小孔会与周围空气产生更大的接触表面积，从而增加热量的吸收和释放。此外，发现吸收和释放的热量值与石膏板上的孔距有直接关系，当孔距从 300mm 减少到 43mm 时，吸热量平均增加 100%，散热量平均增加 175%。对于孔距 43mm 的情况，使用穿孔相变储热石膏板可以比 3 倍厚无孔的相变储热石膏板吸收更多的热量。因此，对于相同的能量存储量，这将节省 3 ~ 4 倍的材料用量。

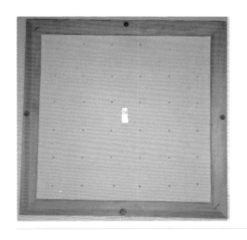

图9-11
具有36个孔的多孔PCM石膏板[35]

Zhang 等人[36] 采用司盘 80、吐温 80 和氧化石墨烯作为乳化剂，利用原位聚合法制备了石蜡为芯材、脲醛树脂为壳材的相变储热微囊，并将其和石膏粉混合制得了石膏建材。掺入适量的相变储热微囊，石膏建材具有一定的调温性能。然而，随着相变储热微囊添加量的增加，石膏建材的热导率逐渐降低，其机械性能也会随之降低。因此，制备具有良好调温性能的石膏建材，选择合适的相变储热微囊添加量至关重要。

三、夹芯板等

夹芯板是一种很好的建筑材料，因为它们具有出色的模块化特性。这些面板主要用于体育馆和工业建筑中，使它们具有其他产品无法达到的绝缘性等施工技术。夹芯板融合了隔热、防水性、机械强度和美学性等特性。夹芯板通常是由两块金属板和在它们之间注入的聚氨酯泡沫芯等绝缘聚酯制成的。一些研究尝试将封装的相变储热微囊引入夹芯板原型中。例如，Castellón 等[37] 报道在夹芯板中加入巴斯夫的 Micronal 相变储热微囊层（该相变储热微囊的熔化温度约为 26℃，相变焓为 100kJ/kg），通过测试发现，相比未添加相变储热微囊的参考板材，添加相变储热微囊的板材重量没有明显增加。将温度均为 9℃ 的参考板材和添加相变储热微囊的板材放入约 35℃ 的环境中，参考板材在 450s 后达到 32℃，而添加了相变储热微囊的夹芯板在约 900s 后才达到该温度，即添加相变储热微囊明显延缓了板材温度的升高。因此，相变储热微囊的加入会减少最终建筑物的能源需求。

在现代节能建筑中，轻量化施工越来越受到设计师的青睐。欧盟的立法鼓励这种设计，尤其是使用木材作为一种可持续的材料时。Arkar 等人[38] 开发了一种由木质板、商业相变材料板（PCM，型号为 DuPont Energain）和真空隔热板（VIP，型号为 TURVAC Si）组成的复合木材立面墙。该复合木材建筑单元的厚度为 68mm，不会超过建筑元素（例如门窗）的厚度。所用商业相变材料板是使用石蜡高分子微囊复合的铝层压板，潜热为 70kJ/kg。将这种复合木材立面墙与普通的层压木材进行实验对比，实验中使用真空绝热板与相变材料层的复合木墙示意图和层压木材与复合木材墙的现场测量比较如图 9-12 所示。通过对比发现，在热波传播中复合木材立面墙实现了近 9 ～ 12h 的时间迟滞，并且夜间的热损失比普通的层压木材要低 90%。因此，这种复合木材立面墙可以满足能源效率的要求，并改善了动态热性能。

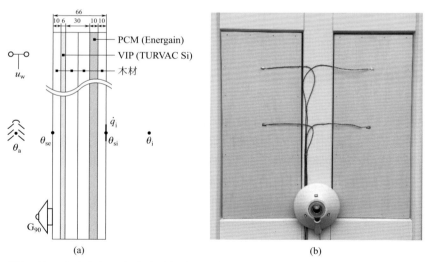

图9-12　实验中使用真空绝热板（VIP）和相变材料层（PCM）的复合木墙示意图（a），层压木材和复合木材墙的现场测量比较（b）[38]。图中 PCM（Energain）为相变材料层，VIP（TURVAC Si）为真空绝热板，θ_a 为外界温度，θ_i 为内部温度，G_{90} 为太阳辐射，$\dot{q}_i$ 为内表面热流，θ_{se} 为外表面温度，θ_{si} 为内表面温度，u_w 为风速

Konuklu 等[39] 开发了一种由相变储热微囊和绝缘材料组成的夹芯板，并进行了测试，评估了在地中海气候盛行的土耳其亚达那地区的一个测试舱所产生的加热和冷却负荷的降低情况。他们所使用的相变储热微囊是巴斯夫的 Micronal 5001（熔点 26℃）和 Micronal 5008（熔点 23℃）石蜡高分子微囊。结果表明，对于地中海气候下的建筑应用，推荐相变储热微囊的熔化范围应在 24 ~ 26℃之间。在夏季，在仅有相变储热微囊的情况下，房中温度波动的最高降低为 4.3℃。在相变储热微囊夹芯板中包含绝缘材料会降低夏季太阳增益管理的性能。对于冬季，相变夹芯板外壳夜间最大温升为 4.0℃。夹芯板内的绝缘材料在冬季太阳增益管理方面有积极的效果。根据平均温度变化计算，夏季制冷和冬季制热负荷的总体降低分别为 7% 和 17%。

法国 Younsi 等人[40] 采用商用石蜡高分子微囊（巴斯夫的 Micronal 5001）作为相变材料层研发了多层混合砖墙，并通过热焓和孔隙率对带有嵌入式相变储热微囊的砖墙的热性能进行了数值模拟。他们发现模拟收集到的结果与实验非常吻合。他们预测这种多层混合砖墙可以用于节能建筑物，更好地存储所使用热能，提高建筑整体能源效率。此外，也有研究者将相变储热微囊应用于多层装饰板[41,42]、建筑窗装饰复合薄膜[43] 和建材涂层中，增加建筑围护结构的隔热保温，从而降低室内温度波动，增加建筑舒适度。张等人[44] 就将石蜡芯材、聚丙烯酸甲酯壳材的相变储热微囊与立邦涂料混合，研究发现涂覆在房间的东西南北墙面，显示出了调温作用，含有相变储热微囊涂料的房间节能率约为 26%。

四、集成屋顶、墙板和地板等

相变储热微囊与建筑结构集成的一种应用方式就是通过墙板，可用于内表面和外表面，可以是混凝土或者石膏等掺混的墙体材料，也可以是轻质板来增强墙体储热能力，不同需求对其性能要求不同。许多用于室内表面的墙板都使用石膏灰泥作为基本材料。在美国，48% 的住宅最终能源消耗用于空间供暖和空调制冷。通过在建筑围护结构中应用相变材料减少屋顶、墙体或者地板等产生的加热和冷却负荷可以提高能源效率，减少建筑物的能源消耗。Biswas 等[45] 研究发现，将掺杂相变储热微囊的建材集成到建筑上，其热性能跟地理环境、室内外空气流动情况、集成技术、房屋设计等多方面因素有关。

Jamil 等人[46] 将脂肪酸为芯材的高分子相变储热微囊（BioPCM Q25）引入到一典型的复式房屋的一间卧室的天花板中。相变储热微囊熔化温度为 25℃，最大焓为 260kJ/kg。通过对比在天花板上安装和未安装相变储热微囊层的两个房间测试数据，白天安装相变储热微囊天花板的房间室内空气温度降低了 1.1℃，热不适时间减少了 34%。为了确定用户行为对相变储热微囊有效性的影响，进行了包括不同用户行为情况（窗户和内门操作在内）的几种模拟。可以观察到，如果晚上将窗户保持打开状态以进行夜间吹扫，并且内部门始终保持关闭状态，以防止与没有相变储热微囊材料的周围区域进行任何混合，则相变储热微囊的集成可以更有效地减少热不适时间。当在天花板和墙壁上散布相似数量的相变储热微囊时，可以观察到相变储热有效性的进一步提高。因此，正确选择相变储热微囊材料并进行适当的集成技术可以提高效率。

Kusama 等人[47]开发了一种 25℃、潜热 170kJ/kg 的石蜡相变储热微囊复合石膏，并将其涂抹在日本北海道的实验测试房（2.08m×4.55m×2.40m）的墙壁和天花板上。比较了使用石蜡相变储热微囊复合石膏和传统石膏板的房间的室温波动和热容量。石蜡相变储热微囊复合石膏大大降低了温度波动，减少了 35% 热负荷。后来，石蜡相变储热微囊复合石膏（100kg）也用于一栋完整的住宅建筑中，提供约 20℃舒适和稳定的室内温度以及适度的节能效果。

Arce 等人[48]评估了在不同室外测试条件下相变储热微囊集成到混凝土墙建造的房屋室内舒适性。该房间位于西班牙的莱里达，混凝土墙板包含 5%（质量分数）的巴斯夫 26℃石蜡相变储热微囊，房间屋顶还配备了遮阳篷，遮阳篷（4.4m×4m）安装在小隔间屋顶上方 12cm 处，如图 9-13 所示。通过实验他们发现，夏季室外温度高峰和太阳辐射对相变储热微囊的吸热放热产生影响，其在夜间也难以凝固，从而降低了其可实现的潜在热效率。加上遮阳篷，可以提供测试室的屋顶和墙壁的防晒，会促进相变材料的熔化和凝固，从而使室内的舒适度更高。相比没有遮阳篷的隔间，在自然冷却（夜间窗户保持打开状态）的情况下，峰值温度降低了约为 6%，而峰值时间延迟了 36%，舒适时间增加了至少 10%。

图9-13 带有遮阳篷的混凝土隔间的外部视图[48]

第三节
高分子储热微囊在纺织品领域的应用

　　随着人们对纺织品舒适性要求的提高，蓄热调温纺织品无疑是纺织品保温功能的革新，研究和开发智能调温纺织品对于提高人体舒适性和人体健康甚至节能环保都具有重要意义。早在 20 世纪 70 年代末，美国国家航空航天局（NASA）就试图利用相变材料吸收、存储和释放热能的性能，将其封装成微囊，再加入到纺织品中，制成可以抵抗太空极端温度的太空服和保温品以保护航天员及航天设备。20 世纪 80 年代中期，美国 Triangle 公司得到了美国国家航空航天局以及美国空军和海军专项基金的资助，系列研究了储热微囊调温纺织品和泡沫。20 世纪 90 年代初美国 Outlet 公司获得 Triangle 公司的专利授权，又经过数年研究改进，生产销售含有储热微囊的纤维、织物和泡沫。日本和欧洲等也相继开展了类似的研究。如今，随着各国研究人员的不断开发，基于相变高分子储热微囊的调温纺织品已从尖端科技走向民用市场，被广泛地应用在智能调温服装、鞋袜、床上用品、运动防护服等。

一、调温机理

　　普通的纺织品材料吸热（冷）量小，当环境温度发生变化时，纺织品的温度会随之发生变化，人体与纺织品温度差 5℃ 左右人体就会有冷暖感，过热或过冷的温度都会使人感觉不舒适。蓄热调温纺织品是将高分子储热微囊应用于纺织材料中，当人体皮肤温度或环境温度高于高分子储热微囊的熔点时，储热微囊中的相变材料会吸收过量的热量从固态逐渐转为液态，从而保持温度相对恒定，起到制冷效果；而当环境温度低于高分子储热微囊的结晶点时，微囊中的相变材料又会从液体变回固态，将储存的热量进行释放而起到保温的作用。这种智能调温纺织品作为缓冲层起到调节温度的作用，可以保持服装与人体的温度基本恒定，一直处于舒适的"微气候"。研究人员经过研究，筛选了适合寒冷气候的相变材料，相变温度在 18 ~ 29℃；适合温暖气候的相变材料的相变温度在 26 ~ 38℃；用于炎热气候的相变材料的相变温度在 32 ~ 43℃。目前，用于纺织品的相变材料主要是石蜡类烷烃，不同的烷烃通过成分的配比可以组成具有不同相变温度的烷烃混合物，从而满足不同相变温度的纺织品的要求。而且石蜡类烷烃通常具有无毒、无腐蚀性、不吸湿、性能稳定以及无过冷和相分离的特点。

二、高分子微囊载入方法

将高分子微囊载入纺织品中可以利用微囊中相变材料的相变性能进行调温，来满足各种环境下的应用。纺织品调温能力的大小在于载入的微囊的相变储热能力以及载入量，载入的微囊储热能力越强，载入量越大，纺织品的调温能力越强。在保证纺织品调温能力的同时也要保证最终织物的手感、悬垂性、柔软度、颜色以及对后续加工整理没有较大影响。将微囊引入纺织品的方法主要有：熔融纺丝法、静电纺丝法、浸渍法、浸轧法和涂层法等。下面将对这几种方法进行介绍。

1. 熔融纺丝法

熔融纺丝法用于制备智能调温纤维，是将纺丝高聚物与高分子微囊共混制成切片，然后将切片加热到纺丝高聚物熔点以上使其变成熔融态，再通过喷丝孔射出到空气中快速冷凝成纤维。由于熔融纺丝速度快，工艺简单，是目前将高分子微囊载入调温纤维中使用比较广泛的一种方法。然而由于温度较高，微囊在纺丝液中容易发生破损和升华，因此熔融纺丝法对微囊芯材和壁材的耐热性要求非常高。美国 Outlast 公司一直致力于利用熔融纺丝法制备智能调温纤维的研究，目前已成功制备出包含高分子微囊的聚丙烯腈纤维、黏胶和聚酯短纤维，并实现在服用纺织品中的应用。Zhang 等[49]以正十八烷作为芯材、脲 - 三聚氰胺 - 甲醛树脂作为壁材合成高分子微囊，再将高分子微囊与聚乙烯作为芯材、聚丙烯作为皮材，通过熔融纺丝法得到芯材被皮材均匀包裹的复合调温纤维，如图 9-14 所示。随着高分子微囊含量的增加，纤维的吸热温度和放热温度保持不变（分别在 32℃和 15℃）。纤维的热熔约为 11J/g，表现出较好的机械性能。当相变高分子微囊的含量不超过 20%（质量分数）时，可以满足织物生产。

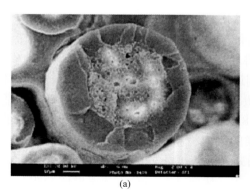
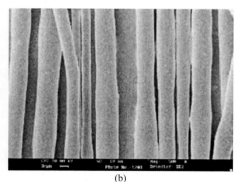

(a)　　　　　　　　　　　(b)

图9-14　高分子微囊含量为20%（质量分数）的调温纤维剖面图（a）和侧面图（b）[49]

2. 静电纺丝法

静电纺丝通常分为溶液静电纺丝和熔融静电纺丝，是将多种高分子与相变微囊的混合溶液或熔体在高压电场中进行喷射纺丝的方法，可以生产出纳米级直径的高分子细丝。目前，制备智能调温纤维的方法主要有混合静电纺丝和同轴静电纺丝。Romeo 等[50] 将以正二十烷为相变芯材的高分子微囊分散在聚己内酯（PCL）- 丙酮溶液中，在室温下采用混合静电纺丝获得潜热为 40.2J/g 的复合调温纤维。Alay 等[51] 制备了正十六烷纳米微囊，其熔化和结晶潜热分别为148.05J/g 和 -147.63J/g，然后采用混合静电纺丝的方法将制备的纳米微囊载入聚丙烯腈（PAN）中，获得的调温纤维的潜热为 36.8J/g。

然而，高分子微囊合成工艺复杂，在纺丝过程中囊壁容易破裂，并且纺丝过程对微囊粒径要求很高。同轴静电纺丝的内外针头分别连接不同的溶液通道，通过高压电场的喷射可以得到内部为相变材料而外部为高分子的核 - 壳结构的调温纤维。由于不存在微囊囊壁破裂的问题，又可以解决相变材料在相变过程发生泄漏的缺陷，因此，同轴静电纺丝用于制备相变调温纤维获得越来越多研究者的关注。Lu 等[52] 以石蜡作为核心材料、聚甲基丙烯酸甲酯作为封装材料，通过同轴静电纺丝技术获得核 - 壳结构的柔性纳米调温纤维，如图 9-15 所示。随着芯材进料速度从 0.1mL/h 增加到 0.5mL/h，纤维内芯直径从 395nm 增加到 848nm。所获得的纳米纤维的最高潜热为 58.25J/g，凝固潜热为 -56.49J/g，经过 200 个热循环后其潜热几乎不发生变化，具有很好的热稳定性。

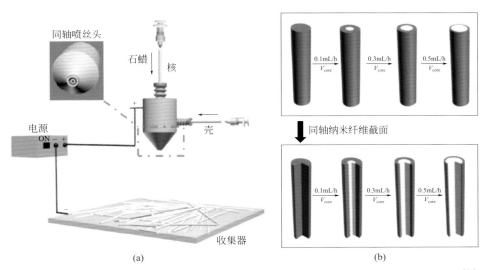

图9-15 同轴静电纺丝示意图（a）和不同芯材进料速度获得的调温纤维示意图（b）[52]

3．浸渍法

浸渍法通常是将高分子微囊和助剂配成混合液，然后将织物在混合液中浸渍一段时间后，取出织物并在一定温度下烘干，得到复合调温织物。柯孝明等[53]以正十四醇为相变芯材、苯乙烯和丙烯酸丁酯的共聚物为壁材，采用细乳液聚合法制备得到峰值相变温度为40.95℃、相变潜热为77.8J/g的高分子相变微囊。然后将棉织物放入不同质量浓度的相变微囊溶液中浸渍一定时间后取出并烘干，通过测试发现浸渍后棉织物的相变潜热可以达到2580J/（g·m²），表现出明显的调温性能，且浸渍后棉织物的手感度下降幅度较小，但透气性明显降低。毛雷等[54]采用浸渍法将相变材料微囊（MPCMs）均匀地整理到棉织物表面，并对浸渍前后棉织物的结构和性能进行测试，发现MPCMs浸渍对棉织物的微观结构未产生影响，浸渍前后织物的SEM照片如图9-16所示。经MPCMs浸渍后棉织物的熔融热熔值由1.03J/g增大到7.36J/g，表明经MPCMs浸渍后的棉织物可以吸收一定的热量，从而达到调温的目的。并且经MPCMs浸渍后的棉织物经、纬向断裂强度均提高，但是透气性能有一定程度的下降。

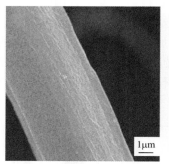 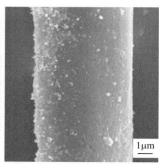 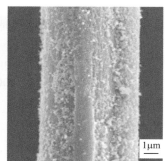

(a) 棉织物浸渍前 　　　　(b) 10%（质量分数）MPCMs 　　　　(c) 20%（质量分数）MPCMs

图9-16 棉织物浸渍前后的SEM照片[54]

4．浸轧法

浸轧法是在轧槽内将织物在高分子微囊和黏合剂等的混合液中快速浸渍后，再快速通过两只辊筒挤轧，然后再将织物进行烘干或定型，赋予织物一定的手感。通常将高分子微囊整理到织物上采用二浸二轧工艺。申天伟等[55]以硬脂酸丁酯为芯材、聚氨酯为壁材，采用界面聚合法制备了熔融温度和熔融热熔分别为22.5℃和86.37J/g的高分子相变微囊。然后采用浸轧法将相变微囊整理到纺织品中，通过研究发现相变微囊的质量浓度为70g/L，黏合剂质量浓度为60g/L，于120℃焙烘3min可以得到具有良好控温性能的织物。杨建等[56]采用乳液聚合法制备了硬脂酸-月桂酸/聚（苯乙烯-丙烯酸丁酯）相变微囊，并将微囊通过浸轧法整理到棉织物上。浸轧整理后棉织物峰值相变温度为39.47℃，相变潜热为25.41J/g，说明经过微囊整理后的棉织物具有良好的蓄热调温功能，其热成像图如图9-17所示，且调温棉织物的耐水洗牢度较好。浸轧法可以使高分子微囊均匀分布织物表面甚至深入纱线内部，但浸轧辊挤轧容易导致高分子微囊破裂而降低织物的调温效果。此外，浸轧法适用于织物密度较低时的双面整理，无法满足织物单面整理时相变微囊的合理分布，且难以实现高分子微囊在高密或多层织物内的均匀分布。

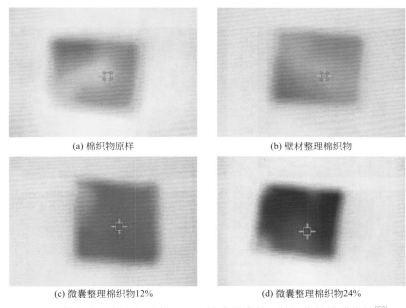

(a) 棉织物原样

(b) 壁材整理棉织物

(c) 微囊整理棉织物12%

(d) 微囊整理棉织物24%

图9-17 棉织物原样及经壁材和不同浓度微囊整理棉织物的热成像图[56]

5. 涂层法

涂层法是将高分子微囊与黏合剂、平滑剂等配成涂层液，然后将其均匀刮涂到织物表面后进行烘干。宋庆文等[57]制备了掺杂碳纳米管的相变微囊和同规格常规的相变微囊，采用涂层法将两种相变微囊整理到涤棉织物上，涂层厚度约为80～100μm。研究发现，碳纳米管复合相变微囊涂层织物具有更显著的温度缓冲功能，当织物增重30%时，碳纳米管复合相变微囊涂层织物在相变温度区间（吸热16～20℃，放热-4～4℃）可分别保持520s和220s的接近于零的升降温速率，显示出优良的热调节能力。Sánchez等人[58]通过悬浮聚合法合成了聚苯乙烯包覆的石蜡高分子微囊，并采用涂层法将微囊固定到纺织品基质中。分别研究了Texprint Ecosoft N10和Wst Supermor作为黏合剂对织物储热性能的影响，发现当采用Wst

Supermor 作为黏合剂时，织物具有更好的储热性能，添加35%（质量分数）高分子微囊的织物显示出 7.6J/g 的储能能力。经过高分子微囊整理后的织物与未经过高分子微囊整理的织物离开加热器不同时间的热成像图如图 9-18 所示，显示了经过高分子微囊整理后的织物具有较好的调温性能。而且整理后的织物具有很好的耐用性，在洗涤、耐磨程度测试和熨烫处理后具有足够的稳定性。涂层法可以使高分子微囊均匀地涂覆到织物表面，所制备的调温织物蓄热调温能力强，但刮涂过程刮刀易导致高分子微囊囊壁破损，因此需要平衡刮涂力度与微囊的承受能力，而且涂层使织物增厚，所以织物普遍存在透气性和柔软性变差的问题。

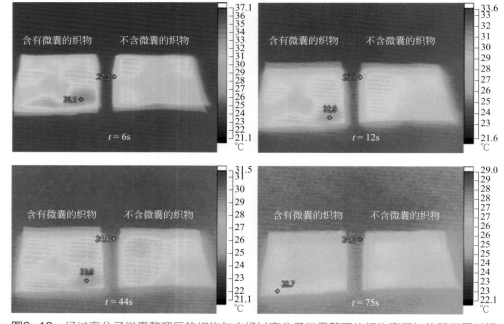

图9-18 经过高分子微囊整理后的织物与未经过高分子微囊整理的织物离开加热器不同时间的热成像图[58]

三、调温纺织品的应用

1. 民用服装

普通衣物由于热容比较小，无法达到调温的作用。而基于高分子相变微囊制得的智能调温纺织品由于良好的调温性能，在制作高温／低温环境工作服、运动服装、鞋袜、手套等方面具有明显优势。早在 1997 年，Outlast 公司利用高分子相变微囊进行纺丝生产出了腈纶纺织品，加工出的用于滑雪、登山等运动的服装可以较长时间地保持在一个舒适的温度范围，具有双向温度调节作用，实现了微囊整理织物的商业化，并在欧美等进行销售。赵连英等[59]利用40%美国Outlast公司开发生产的空调纤维、30%丝光羊毛和30%天丝3种纤维进行混纺，采用合适的纺纱、纱线染色、服装加工工艺确保在每个加工工序中Outlast腈纶型空调纤维中的具有智能调温功能的相变材料微囊不被破坏，开发出了具有智能温度调节功能的毛衣。此外，他们还基于Outlast公司生产的空调纤维开发了智能调温功能的T恤和内衣[60,61]。

2．军用服装

红外热像仪可以将物体发出的不可见红外能量转变为可见的热图像，由于军事目标的温度高于环境温度，红外热成像仪可以使军事目标被清晰地暴露在敌人的视野范围，导致军事目标的生存受到严重威胁。因此，要使军事目标不会暴露于红外热像仪下，需要降低军事目标的表面温度。高分子相变微囊中的相变材料在发生相变时，可以吸收大量的热量，以这一特性将高分子相变微囊整理到军用服装中，当军事目标身体散发热量时，相变材料通过发生相变将热量进行储存而表面温度基本不发生变化，从而避免被红外热像仪探测到而达到隐身的效果。乔榛等[62]制备了石墨烯改性的三聚氰胺-尿素-甲醛树脂（MUF）微囊并研究了石墨烯对其红外发射率以及热性能的影响。研究发现，MUF@石墨烯复合材料包埋率为80.4%，熔化潜热和凝固潜热分别为147.2J/g和132.1J/g，在1～14μm波段，MUF@石墨烯微囊的红外发射率为0.69，比未用石墨烯改性的微囊的红外发射率下降27.3%；热导率为0.5037W/（m·K），比未用石墨烯改性的微囊的热导率提高159%，这些优异的性能使其具有一定的实用价值。Xu等[63]通过原位聚合法制备了石蜡@脲醛树脂高分子相变微囊，平均粒径为425.7nm，热焓值为51.3J/g。然后将高分子相变微囊涂覆在织物上得到红外防护面料，如图9-19所示。与未整理的织物相比，红外防护织物可以将温度降低5～10℃，与人体皮肤和棉织物相比具有更低的红外发射率，他们所制备的石蜡@脲醛树脂高分子相变微囊可以被用于制备红外隐身面料。

3．医用防护

医用防护服通常封闭性较好，医护人员在工作过程中由于自身热量不易排出，很容易产生不适感。将高分子相变微囊整理到医用防护服、病服、医院床单、被褥等面料中可以提高医护人员以及病人的舒适感。张寅平等[64]研究发现医用降温服所用相变材料相变温度在25℃左右为宜，他们采用铠甲式设计了一种医用降温服，将相变材料放置于降温服的口袋中，可根据热舒适要求灵活放置降温袋，具有良好的降温效果和热舒适感觉。此外，一些对温度敏感的药物在运输和存储过程中需要保证其温度不会产生太大变化，使用高分子相变微囊整理的织物来包装药品可以使药品维持在一定温度而不被破坏。

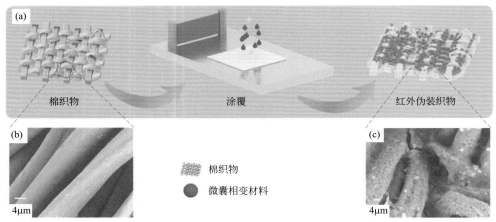

图9-19 （a）红外伪装织物的制备（对棉织物进行水洗、烘干，并将所得到的涂层涂在棉织物上，然后进行烘干）；（b）未完成织物和（c）红外伪装织物的SEM图像[63]

4. 其他装饰品

随着人们生活水平的提高，对日常用品舒适性的要求也逐渐变高。由于智能调温织物具有双向调温功能，能够在环境温度产生变化时通过相变材料发生相变而进行吸收/释放热量来保持温度平衡、减小温度变化梯度，从而为人们提供舒适的生活环境。因此，基于高分子相变微囊的智能调温织物也被用作床单、被罩等床上用品或室内窗帘、壁纸、地毯，汽车遮阳帘和汽车内衬等装饰用品。宋向东[65]发明了一种反光蓄热冷暖调温窗帘，外侧为铝箔反光隔热布，里侧为衬布，在衬布两面以及反光布背面均粘涂上室温相变蓄热材料。该调温窗帘既可以利用反光面阻挡热辐射，又可以利用相变蓄热材料吸收室内热量，从而维持室内温度恒定，该窗帘也可用于车窗玻璃内侧，从而保持汽车内部环境的舒适性。

第四节
高分子储热微囊在功能流体中的应用

普通单相传热流体的比热容比较小，流体能够储存的热量非常有限，因此其传热能力较差。将相变材料微粒（一般为微米尺寸，特殊情况下为毫米尺寸）与单相传热流体进行混合构成的一种新型固-液多相流体称为潜热型功能流体（Latent Functionally Thermal Fluid，LFTF）。相变材料微粒主要包括高分子相变乳状液和高分子相变微囊。高分子相变乳状液在多次使用后存在破乳分相现象，容易堵塞管道。而高分子相变微囊由于被高分子外壳包裹，具有更好的稳定性，在使用过程中不易破裂。基于高分子相变微囊的潜热型功能流体在相变材料发生相变时具有非常大的比热容，可以吸收、存储和释放大量的热能，从而具有更好的传热能力。将其作为传热介质时，可以显著减小换热器及传热流体输送管道的尺寸，并且降低输送功耗；当作为蓄能介质时，可以实现能量存储与介质输运一体化，解决能量供求在时间和空间上不匹配的矛盾，而且可以缩小系统规模，节约系统搭建的成本。因此，潜热型功能流体在建筑清洁供暖、工业余热回收、空调制冷、电子器件和航空航天等领域具有广阔的应用前景。

一、潜热型功能流体的研究

目前，已有大量研究表明潜热型功能流体相比传统的水具有更好的换热效果。清华大学的张寅平等[66]阐述了潜热型功能流体的强化换热机制为：流体中的相变颗粒的存在及其流动像导热过程中的内热源或内热汇改变导热过程一样改变了流体内部的温度场分布，使壁面处温度梯度增大，从而提高了壁面处的换热效率。他们自研的潜热型功能流体可看成牛顿流体，摩擦阻力系数符合 $64/Re$ 关系，黏度约是水的 5.57 倍；通过计算得到在相同换热量下潜热型功能流体的泵耗比水小，在实际应用中具有较好的经济性和可行性。Rao 等[67]发现相变微囊悬浮液的冷却性能很大程度上取决于悬浮液的质量流速和质量浓度。在整个质量流速范围内，浓度为 5% 的悬浮液始终表现出比水更好的冷却性能，从而降低了壁面温度，提高了传热系数。然而，高质量浓度的悬浮液只有在低质量流速下才更有效，在较高的质量流速下，它们的冷却效果不如水。

然而，基于高分子相变微囊的潜热型功能流体的热导率普遍较低，导致对流换热能力减弱。因此，许多研究者在流体中添加高热导率的纳米颗粒增加流体的热导率。如王亮等[68]在潜热型功能流体中添加 0.5% 纳米 TiO_2 颗粒使得流体的对流换热能力得到明显的改善，且相变微囊的浓度越高，纳米 TiO_2 颗粒对换热性能的改善幅度越大，可使平均壁面温度降低达 18.9%。

二、潜热型功能流体的应用

1. 清洁供暖

我国供暖规模大，建筑供暖能耗高，尤其是北方地区燃煤取暖导致大气污染物排放量大，并且增加了区域性、大范围重度雾霾爆发的趋势，不仅影响人民的居住环境，而且严重制约经济发展。因此，迫切需要推进北方冬季建筑清洁供暖的发展。

用"蓄热式电锅炉"取代传统的燃煤供暖锅炉，将电能转换成热能并进行储存，既充分利用低谷电蓄能，又可以减少环境污染。潜热型功能流体利用相变材料在相变过程中吸收 / 释放大量潜热以达到能量储存和可控释放的目的。以潜热型功能流体来替代传统的热水，用于蓄热式电锅炉供暖系统中，可以大大节省蓄热水箱的空间和输送流体过程中输送泵的功耗。唐志伟等[69]采用数值模拟的方法，比较分析了蓄热式电锅炉蓄热材料板不同布置方式及换热板不同形貌对储热性能的影响，发现锯齿板分流通道蓄热模块的换热效果最优。钟声远等[70]将分布式蓄热和相变蓄热相结合，构建了城市区域分布式相变蓄热站的模型。他们对基于城市功能区划分的分布式相变蓄热站进行了经济性分析，发现在一定范围内，当相变蓄热站容量增大时，蓄热站年收益显著增加，但最终增长速度会逐步趋平；相变蓄热站设置在热负荷大且峰谷差较小的区域更能发挥其提高风电消纳量和降低热电厂供热压力的作用。

2. 电子器件

刘东等[71]针对现代电子器件的散热需求，搭建流动换热实验台，研究了含 5%（质量分数）、10%（质量分数）和 15%（质量分数）的高分子相变微囊的潜热型功能流体与去离子水在微小圆形管道内的换热特性，发现在雷诺数 Re 为 300 ~ 1000 范围内，潜热型功能流体均表现出比去离子水更好的冷却性能而获得更低的壁面温度。合适的相变温度范围和低电导率使脂肪酸基相变乳液浆料成为冷却高压直流电子设备的良好选择。但由外部电场引起的乳滴形状不稳定性可能会改变其有效的热物理性质，从而改变其传热性能。Li 等[72]用数值方法研究了流体 - 热电耦合场作用下脂肪酸乳液液滴的形状、稳定性和流动特性，发现电场作用使脂肪酸乳液液滴发生变形，当乳液同时暴露在高剪切速率下时，乳液液滴可能会破开乳化剂保护层，最终导致流体系统的完全破坏。由于高分子相变微囊的外壳具有良好的塑性变形能力，在高剪切速率下高分子相变微囊比乳液液滴具有更好的稳定性。因此，基于高分子相变微囊的潜热型功能流体在冷却高压直流电子设备方面更具优势。

3. 工业余热回收

工业余热指的是钢铁、化工、机械和建材等行业生产过程中排放的废气、废液和废渣所载有的能量。工业余热的排放导致能源的极度浪费和环境的严重污染。将工业余热进行回收，能够用于余热发电，也可以用于居民日常生活供暖等，不仅可以减少能源浪费、提高能源利用率，而且可以降低环境污染。由于相变材料储能密度大，储热效率高，在工业余热回收中的应用已经受到人们的广泛关注。金属基或熔融盐等高温相变材料是高温工业余热回收的良好选择。Zhang 等[73]采用周期性电沉积法将毫米级铜球封装在铬和镍层内得到高温相变微囊，如图 9-20 所示。该微囊可以承受 1050 ~ 1150℃的 1000 次热循环而不会泄漏，具有出色的抗氧化性和稳定性，在高温余热回收领域表现出极大的潜力。高分子相变微囊的相变温度通常在中低温区，将其与单相传热流体进行混合作为工作介质封装在铜、铁、铝等金属管中对中低温余热进行回收，不仅传热速率快、余热回收效率高，而且可以减小管路尺寸，缩小占用空间。但是，由于高分子相变微囊的工艺复杂，制备成本较高，因此，基于高分子相变微囊的潜热型流体在工业余热回收领域的应用还处于研究阶段。

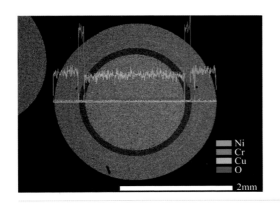

图9-20
用铬和镍层封装的铜微囊[73]

4．其他领域

太阳能是取之不尽、用之不竭的绿色可再生能源，但存在能量供应非稳态、间歇性和供需不匹配的问题，这些问题限制了太阳能被广泛地开发和利用。利用基于高分子相变微囊的潜热型功能流体对太阳能进行储存，并用于热发电、日常供暖和太阳能空调制冷等，可以大幅提高太阳能利用率，解决太阳能的本质缺陷。另外，也有研究将高分子相变微囊与光热转换材料进行复合，获得集光热-储热一体化的相变微囊，在充分利用太阳能、提升太阳能利用效率方面具有更明显的优势。此外，利用潜热型功能流体储能量大、传热迅速的特点，能够将其作为冷却循环液用在航空航天领域以提高空间站室外运行时的热传递能力和热储藏能力，还可以将其用于飞机、轮船、汽车等交通工具，磨床、铣床等机械设备的降温。

第五节
总结和展望

高分子相变储热微囊不仅具有相变材料的相变储热特性，而且可以解决相变材料的泄漏、相分离、易腐蚀、传热效率低等问题。近年来，国内外研究者针对高分子相变储热微囊的制备、工艺优化，以及在实际应用过程中的调温性能、稳定性等进行了大量的研究并已经取得了重要的进展。然而，目前高分子相变储热微囊的制备及应用仍然存在以下问题：①完整包覆的高质量微囊的产率需要进一步提高，目前微囊包覆率偏低，一方面导致后续筛分困难，另一方面造成相变芯材以及壁材等原材料的浪费；②有机壁材的微囊热导率不高，实际应用过程中换热较慢；③微囊粒径的精确调控比较困难，有必要开发单一粒径微囊制备技术；④高分子相变储热微囊的规模化制备技术需要提升，目前多数制备工艺仍处于实验室研究或中试阶段，放大过程中突破关键装备和核心工艺缺乏，导致微囊质量下降、产品稳定性偏低、成本偏高，限制了微囊产品的大规模应用。

因此，开发新型相变储热微囊制备技术，进一步优化现有工艺，提高高分子相变储热微囊的包覆率和长期使用下的循环稳定性；开发新型高热导率壁材，如载入高热导率纳米材料、使用无机壁材等；将实验室微囊制备工艺放大，实现微囊的工业生产等，将是未来高分子相变储热微囊的研究重点。在当前全球能源紧张和环境污染日益严重的压力下，相变储能必将受到越来越多的关注。高分子相变储热微囊在绿色建筑、智能调温纺织品以及潜热型功能流体等领域也将具有更广阔的应用前景。

参考文献

[1] Zhang H Z, Wang X D. Fabrication and performances of microencapsulated phase change materials based on *n*-octadecane core and resorcinol-modified melamine-formaldehyde shell[J]. Colloids and Surfaces A: Physicochemical and Engineering Aspects, 2009, 332: 129-138.

[2] 徐哲，李建强. 液体石蜡相变微胶囊的制备及性能表征 [J]. 过程工程学报，2012, 12(2): 293-301.

[3] Wang G X, Xu W B, Hou Q, et al. Microwave-assisted synthesis of poly(urea-formaldehyde)/lauryl alcohol phase change energy storage microcapsules[J]. Polymer Science Series B, 2016, 58(3): 321-328.

[4] Sarier N, Onder E, Ukuser G. Silver incorporated microencapsulation of *n*-hexadecane and *n*-octadecane appropriate for dynamic thermal management in textiles[J]. Thermochimica Acta, 2015, 613: 17-27.

[5] Sumiga B, Knez E, Vrtanik M, et al. Production of melamine-formaldehyde PCM microcapsules with ammonia scavenger used for residual formaldehyde reduction[J]. Acta Chimica Slovenica, 2011, 58(1): 14-25.

[6] Zhang H, Wang X. Synthesis and properties of microencapsulated *n*-octadecane with polyurea shells containing different soft segments for heat energy storage and thermal regulation[J]. Solar Energy Materials and Solar Cells, 2009, 93(8): 1366-1376.

[7] Salaün F, Bedek G, Devaux E, et al. Microencapsulation of a cooling agent by interfacial polymerization: Influence of the parameters of encapsulation on poly(urethane–urea) microparticles characteristics[J]. Journal of Membrane Science, 2011, 370(1-2): 23-33.

[8] Yang Y, Xia R, Zhao J, et al. Preparation and thermal properties of microencapsulated polyurethane and double-

component poly(ethylene glycol) as phase change material for thermal energy storage by interfacial polymerization[J]. Energy Fuels, 2020, 34(1): 1024-1032.

[9] Chen L, Xu L, Shang H, et al. Microencapsulation of butyl stearate as a phase change material by interfacial polycondensation in a polyurea system[J]. Energy Conversion and Management, 2009, 50(3): 723-729.

[10] Huang J, Wang T, Zhu P, et al. Preparation, characterization, and thermal properties of the microencapsulation of a hydrated salt as phase change energy storage materials[J]. Thermochimica Acta, 2013, 557: 1-6.

[11] Tang X, Li W, Zhang X, et al. Fabrication and characterization of microencapsulated phase change material with low supercooling for thermal energy storage[J]. Energy, 2014, 68: 160-166.

[12] Zhao J, Yang Y, Li Y, et al. Microencapsulated phase change materials with TiO$_2$-doped PMMA shell for thermal energy storage and UV-shielding[J]. Solar Energy Materials and Solar Cells, 2017, 168: 62-68.

[13] Li W, Song G, Tang G, et al. Morphology, structure and thermal stability of microencapsulated phase change material with copolymer shell[J]. Energy, 2011, 36(2): 785-791.

[14] Zhou J, Cui Y, Yao H, et al. Nanocapsules containing binary phase change material obtained via miniemulsion polymerization with reactive emulsifier: Synthesis, characterization, and application in fabric finishing[J]. Polymer Engineering and Science, 2019, 59(s2): E42-E51.

[15] Yu F, Chen Z H, Zeng X R, et al. Poly(methyl methacrylate) copolymer nanocapsules containing phase-change material (*n*-dodecanol) prepared via miniemulsion polymerization[J]. Journal of Applied Polymer Science, 2015, 132(31): 42334.

[16] Chen Z H, Yu F, Zeng X R, et al. Preparation, characterization and thermal properties of nanocapsules containing phase change material *n*-dodecanol by miniemulsion polymerization with polymerizable emulsifier[J]. Applied Energy, 2012, 91(1):7-12.

[17] 郝敏，李忠辉，吴秋芳，等. 可聚合乳化剂细乳液聚合法制备十六烷相变纳米胶囊 [J]. 化工新型材料，2016, 44(1): 55-58.

[18] 陈春明，陈中华，曾幸荣. 细乳液聚合法制备正十二醇 / 高分子相变纳米胶囊及其性能研究 [J]. 功能材料，2011, 11(42): 2112-2115.

[19] Hawlader M N A, Uddin M S, Khin M M. Microencapsulated PCM thermal-energy storage system[J]. Applied Energy, 2003, 74(1/2): 195-202.

[20] Hawlader M N A, Uddin M S, Zhu H J. Encapsulated phase change materials for thermal energy storage: Experiments and simulation[J]. International Journal of Energy Research, 2002, 26: 159-171.

[21] Bayés-García L, Ventolà L, Cordobilla R, et al. Phase change materials (PCM) microcapsules with different shell compositions: Preparation, characterization and thermal stability[J]. Solar Energy Materials and Solar Cells, 2010, 94: 1235-1240.

[22] Özonur Y, Mazman M, Paksoy H Ö, et al. Microencapsulation of coco fatty acid mixture for thermal energy storage with phase change material[J]. International Journal of Energy Research, 2006, 30: 741-749.

[23] Tangsiriratana E, Skolpap W, Patterson R J, et al. Thermal properties and behavior of microencapsulated sugarcane wax phase change material[J]. Heliyon, 2019, 5(8): e02184.

[24] Borreguero A M, Valverde J L, Rodríguez J F, et al. Synthesis and characterization of microcapsules containing Rubitherm (R) RT27 obtained by spray drying[J]. Chemical Engineering Journal, 2011, 166(1): 384-390.

[25] Dang X, Yang M, Shan Z, et al. On spray drying of oxidized corn starch cross-linked gelatin microcapsules for drug release[J]. Materials Science and Engineering: C, 2017, 74: 493-500.

[26] Luisa F C, Cecilia C, Miquel N, et al. Use of microencapsulated PCM in concrete walls for energy savings[J].

Energy & Buildings, 2007, 39(2): 113-119.

[27] Lecompte T, Le Bideau P, Glouannec P, et al. Mechanical and thermo-physical behavior of concretes and mortars containing phase change material[J]. Energy and Buildings, 2015, 94: 52-60.

[28] Cao V D, Pilehvar S, Salas-Bringas C, et al. Microencapsulated phase change materials for enhancing the thermal performance of Portland cement concrete and geopolymer concrete for passive building applications[J]. Energy Conversion Management, 2017, 133: 56-66.

[29] Shadnia R, Zhang L, Li P. Experimental study of geopolymer mortar with incorporated PCM[J]. Construction and Building Materials, 2015, 84: 95-102.

[30] Pilehvar S, Cao V D, Szczotok A M, et al. Physical and mechanical properties of fly ash and slag geopolymer concrete containing different types of micro-encapsulated phase change materials[J]. Construction and Building Materials, 2018, 173: 28-39.

[31] Barreneche C, Gratia A D, Serrano S, et al. Comparison of three different devices available in Spain to test thermal properties of building materials including phase change materials[J]. Applied Energy, 2013, 109: 421-427.

[32] Zhang H, Xu Q, Zhao Z, et al. Preparation and thermal performance of gypsum boards incorporated with microencapsulated phase change materials for thermal regulation[J]. Solar Energy Materials and Solar Cells, 2012, 102: 93-102.

[33] Borreguero A M, Carmona M, Sanchez M L, et al. Improvement of the thermal behaviour of gypsum blocks by the incorporation of microcapsules containing PCMS obtained by suspension polymerization with an optimal core/coating mass ratio[J]. Applied Thermal Engineering, 2010, 30(10): 1164-1169.

[34] Toppi T, Mazzarella L. Gypsum based composite materials with micro-encapsulated PCM: Experimental correlations for thermal properties estimation on the basis of the composition[J]. Energy and Buildings, 2013, 57: 227-236.

[35] Errebai F B, Chikh S, Derradji L, et al. Experimental and numerical investigation for improving the thermal performance of a microencapsulated phase change material plasterboard[J]. Energy Conversion and Management, 2018, 174: 309-321.

[36] Zhang Y, Wang K, Tao W, et al. Preparation of microencapsulated phase change materials used graphene oxide to improve thermal stability and its incorporation in gypsum materials[J]. Construction and Building Materials, 2019, 224: 48-56.

[37] Castellón C, Medrano M, Roca J, et al. Effect of microencapsulated phase change material in sandwich panels[J]. Renew Energy, 2010, 35 (10): 2370-2374.

[38] Arkar C, Domjan S, Medved S. Lightweight composite timber façade wall with improved thermal response[J]. Sustainable Cities and Society, 2018, 38: 325-332.

[39] Konuklu Y, Paksoy H. Phase change material sandwich panels for managing solar gain in buildings[J]. Journal of Solar Energy Engineering-transactions of the ASME, 2009, 131(4): 041012.

[40] Younsi Z, Naji H. Numerical simulation and thermal performance of hybrid brick walls embedding a phase change material for passive building applications[J]. Journal of Thermal Analysis and Calorimetry, 2020, 140(3): 965-978.

[41] Politechnika Rzeszowska. The manner of production of composite with a sandwich panel structure on the basis of aerogel mat, polyurethane or epoxy resin modified with glycolisate obtained on the basis of waste polyethylene terephthalate and encapsulated phase change material (PCM): [P] Poland, WOPL15050040. 20170316.

[42] 李婧, 刘洪丽, 李亚静, 等. 一种相变微胶囊复合调温装饰板 [P]：中国，209163308 U. 2019-07-26.

[43] 成都新柯力化工科技有限公司. 一种具有温度调节功能的建筑窗装饰复合薄膜及制备方法 [P]：中国，108559121 A. 2018-09-21.

[44] 张璐丹，韩旭，李永．相变微胶囊涂料在建筑中应用的节能分析 [J]. 建筑节能，2017, 45(11): 46-48.

[45] Biswas K, Lu J, Soroushian P, et al. Combined experimental and numerical evaluation of a prototype nano-PCM enhanced wallboard[J]. Applied Energy, 2014, 131: 517-529.

[46] Jamil H, Alam M, Sanjayan J G, et al. Investigation of PCM as retrofitting option to enhance occupant thermal comfort in a modern residential building[J]. Energy and Buildings, 2016, 133: 217-229.

[47] Kusama Y, Ishidoya Y. Thermal effects of a novel phase change material (PCM) plaster under different insulation and heating scenarios[J]. Energy and Buildings, 2017, 141: 226-237.

[48] Arce P, Castellón C, Castell A, et al. Use of microencapsulated PCM in buildings and the effect of adding awnings[J]. Energy and Buildings, 2012, 44: 88-93.

[49] Zhang X X, Wang X C, Tao X M, et al. Energy storage polymer/MicroPCMs blended chips and thermo-regulated fibers[J]. Journal of Materials Science, 2005, 40(14): 3729-3734.

[50] Romeo V, Vittoria V, Sorrentino A. Development of nanostructured thermoregulating textile materials[J]. Journal of Nanoscience & Nanotechnology, 2008, 8(9): 4399-4403.

[51] Alay S, Göde F, Alkan C. Preparation and characterization of poly(methylmethacrylate-coglycidyl methacrylate)/ *n*-hexadecane nanocapsules as a fiber additive for thermal energy storage[J]. Fibers and Polymers, 2010, 11(8): 1089-1093.

[52] Lu Y, Xiao X, Zhan Y, et al. Core-sheath paraffin-wax-loaded nanofibers by electrospinning for heat storage[J]. ACS Applied Materials & Interfaces, 2018, 10: 12759-12767.

[53] 柯孝明，王汉，张国庆，等．正十四醇相变微胶囊的储能调温性及其在棉织物上的应用 [J]. 浙江理工大学学报，2017, 37(5): 611-615.

[54] 毛雷，刘华，王曙东．相变微胶囊整理棉织物的结构与性能 [J]. 纺织学报，2011, 32(10):93-97.

[55] 申天伟，陆少锋，辛成．相变储热微胶囊的制备及在智能纺织品上的应用 [J]. 西安工程大学学报，2017, 31(3): 306-314.

[56] 杨建，张国庆，刘国金，等．复合相变微胶囊制备及其在棉织物上的应用 [J]. 纺织学报，2019, 40(10): 127-133.

[57] 宋庆文，陆少锋，孟家光，等．纳米复合相变微胶囊涂层织物的热缓冲性能 [J]. 印染，2017, 43(5): 6-9.

[58] Sánchez P, Sánchez-Fernandez M V, Romero A, et al. Development of thermo-regulating textiles using paraffin wax microcapsules[J]. Thermochimica Acta, 2010, 498(1-2):16-21.

[59] 赵连英，董卫东，杜维强，等．Outlast 空调纤维开发智能调温毛衣的实践 [J]. 现代纺织技术，2010, 18(6): 42-43.

[60] 赵连英，杜维强，章水龙．Outlast 粘胶型空调纤维开发智能调温 T 恤的实践 [J]. 江苏纺织，2008(12): 37-38.

[61] 赵连英，董卫东，杜维强，等．Outlast 空调纤维开发智能调温内衣的实践 [J]. 上海纺织科技，2010, 38(9): 41-42.

[62] 乔榛，毛健．石墨烯包覆的 MUF 石蜡微胶囊的制备及在红外隐身领域的应用 [J]. 化工新型材料，2016, 44(12): 88-90.

[63] Xu R, Xia X, Wang W, et al. Infrared camouflage fabric prepared by paraffin phase change microcapsule with good thermal insulting properties[J]. Colloids and Surfaces A, 2020, 591: 124519.

[64] 张寅平，王馨，朱颖心，等．医用降温服热性能与应用效果研究 [J]. 暖通空调，2003, 33(U06): 58-61.

[65] 宋向东．反光蓄热冷暖调温窗帘 [P]：中国，CN201320120181.2. 2013-12-11.

[66] 张寅平，王馨，陈斌娇，等．潜热型功能热流体的制备及其传热和流动特性研究进展 [J]. 高技术通讯，2006, 16(5): 485-491.

[67] Rao Y, Dammel F, Stephan P, et al. Convective heat transfer characteristics of microencapsulated phase change

material suspensions in minichannels[J]. Heat and Mass Transfer, 2007, 44: 175-186.

[68] 王亮, 林贵平, 陈海生, 等. 纳米材料增强的潜热型功能热流体的对流换热特性 [J]. 中国科学: E 辑, 2009, 39(8): 1407-1413.

[69] 唐志伟, 胡梦迪, 张学峰, 等. 高温相变蓄热电锅炉结构优化与数值模拟 [J]. 北京工业大学学报, 2019, 45(12): 1261-1268.

[70] 钟声远, 赵军, 李浩, 等. 基于城市功能区划分的分布式相变蓄热站热经济性分析 [J]. 华电技术, 2020, 42(4): 23-30.

[71] 刘东, 何蔚然, 钟小龙, 等. 潜热型功能热流体在微小管道内的换热特性 [J]. 化工进展, 2016, 35(10): 3042-3048.

[72] Li Q, Mura E, Li C, et al. Shape stability and flow behaviour of a phase change material based slurry in coupled fluid-thermo-electrical fields for electronic device cooling[J]. Applied Thermal Engineering, 2020, 173: 115117.

[73] Zhang G, Li J, Chen Y, et al. Encapsulation of copper-based phase change materials for high temperature thermal energy storage[J]. Solar Energy Materials and Solar Cells, 2014, 128:131-137.

第十章
高分子微球和微囊在日化品中的应用

鉴于微型包埋技术有助于实现功能材料的微型化、敏感物质的隔离保护、有效成分的缓/控释等有益效果，其技术日臻完善，应用领域不断扩大。目前，通过各种方法制备的微球和微囊已经广泛应用于日化品行业，包括化妆品、洗涤剂、牙膏、香料香精、食品等行业。

日化产品中通常添加有一些功效成分（如维生素、酶制剂、抗氧化剂、美白剂、杀菌剂等），赋予其新的功能和效能。但是由于这些功效成分往往不稳定，在常温环境与空气接触容易发生氧化或降解而失去活性；有些则容易在产品的储存期内与其他组分发生反应，使产品在货架储存时衰减或变质。

微球和微囊技术应用于日化品行业，可以：①赋予产品色、香、生物活性或其他功能；②避免功效成分降解或原料间反应；③掩蔽不良颜色或气味；④减少对皮肤刺激；⑤缓慢释放；⑥提高功效成分的生物利用度。

本章将详细介绍相关研究现状与应用技术方面的进展，最后总结本领域研究和产业方面存在的问题，并对其创新趋势与发展前景作一展望。

第一节
用于日化品中的特殊微球和微囊制备技术

微球和微囊的制备技术因涉及许多新型制剂工艺，其具体实施方法的特殊性不言而喻。微球和微囊的制备方法在第二、第三章已有详细介绍，本章仅介绍和日化品相关的特殊制备技术。微球制备技术包括喷雾造粒法、挤出造粒法、研磨法、Pickering乳液聚合法、自组装法等；微囊制备技术主要包括原位聚合法、界面聚合法、喷雾干燥法以及酵母细胞包埋法。

一、微球制备技术

1. 喷雾造粒法

喷雾造粒法是近年来发展起来用于制备微球的一种很有前途的方法，其采用液相溶剂雾化过程，溶质能在短时间内析出，制备过程连续，操作简单，反应无污染，在大规模成套设备来生产微球时其相应成本较低。该制备方法需要用到喷雾-冷冻造粒联用装置，基于冷却介质的差异可分为喷雾气冷和喷雾冷冻。

喷雾气冷法的基本原理是：先将目标前驱体配成溶液或熔化，再通过喷雾装置将液体雾化破碎成一系列微小的液滴，随后再将液滴通过冷空气加以迅速冷却或凝固，从而获得微球。通过控制雾化参数和气冷效率可以制备具有相对狭窄粒径分布特征的大量微球。

例如，费金华[1]将香精或香料提取物溶于壳聚糖醋酸溶液，再泵入喷雾干燥器喷出，液滴与热空气一起进入干燥腔，使液滴中的溶剂蒸发并由废液管排出，最后分离收集得到产物纯度高、粒径分布及表面成分均匀的壳聚糖香精微球。

Lu 等[2]发现，若液滴表面的溶剂迅速蒸发时，溶质发生热分解等化学反应沉淀下来，有可能形成球壳，从而得到空心结构。研究表明，影响空心球粒径和壁厚的因素很多，溶液浓度是影响成球的关键因素，雾化液滴的大小及浓度也会影响空心球的粒径和空心率。

喷雾造粒技术还可与其他技术联用以实现协同效应。例如，Anwar 等[3]采用喷雾造粒联用流化床涂膜技术，制备了表面有羟丙基 -β- 环糊精涂膜，内部含鱼油、可溶性大豆多糖和麦芽糊精的混合物鱼油微球。研究表明，喷雾造粒是鱼油粉的良好制备方法，微球表面所形成的"洋葱皮"结构可使鱼油免受氧化。

张彩虹等[4]将银杏抗性淀粉与其他辅料在一定比例下混合，先在胶体磨中研磨，随后制备成均一的乳状液体进行喷雾造粒，再经一系列后续处理，得到表面有微孔隙分布、可负载药物的银杏抗性淀粉微球，有效扩大了抗性淀粉的应用范围。

与上述喷雾气冷法相比，喷雾冷冻法则是一种较为新颖的微球制备方法。其基本原理是：先使干燥的溶液喷雾在冷冻剂中冷冻，然后在低温低压下真空干燥，将溶剂挥发升华除去，就可以得到微球。通过控制溶液浓度、冻结速率可以明显地改善生成微球的均匀性。若经冻结干燥，还可生成多孔、透气性良好的微球。目前，喷雾冷冻法制备技术的加工成本还较高，暂未广泛用于工业生产。

例如，高晶鑫[5]针对乳酸菌通过喷雾干燥方式存活率较低、冷冻干燥方式的加工工序复杂、得到的产品品质及活菌率均不是很理想的问题，对乳酸菌喷雾冷冻干燥过程中的喷雾冻结过程进行了探究，通过喷雾粒度分析仪测量了两种不同型号的喷嘴在不同雾化压力下的流量以及喷出的喷雾粒径的变化，在此基础上通过液体真空喷雾冻结实验证明了液滴真空闪蒸冻结效应的正确性，并制备得到粒径均匀的乳酸菌微球，表明其品质明显改善。

张玉倩[6]通过前驱液体溶液制取、溶液冻结和冻结物冻干三个步骤，对比考察了直接冷冻、真空蒸发冷冻和喷雾冷冻等三种冷冻方式制备超细碳酸氢钠的可行性及其工艺规律。研究发现，喷雾冷冻得到的粉体粒径最小，约为 2μm，其中喷射压力对碳酸氢钠粉体的粒径影响最大，溶液浓度次之。在此基础上进一步优化工艺参数，最终得到粒径小而均匀、粒度分布狭窄、粒子间团聚少、分散性好，且其晶化程度有所降低的高品质超细碳酸氢钠粉体。

2．挤出造粒法

挤出造粒法广泛应用于食品工业中。此法的基本原理是：将一种固体体系通过一个或多个小孔挤出，然后通过适当设备滚制形成稳定微球。通过设计成平行挤出模式，还可以增加挤压法形成的微球数量。

例如，戴蓉等[7]将提取自天麻中的不溶于醇且溶于水的多糖、天麻素等多种有效成分的滤饼部分，先干燥后粉碎，再过 200 目筛，随后加入微粉硅胶和泊洛沙姆混合均匀，接着加入黏合剂，采用挤出造粒方式制备成 20 ~ 40 目的微球，最后干燥至水分质量分数在 5% 以下。本书作者认为该方法制备简单、可控，适合工业化生产。

Severino 等[8]将三聚磷酸钠（Sodium Tripolyphosphate）、氢氧化镁、二达诺嘧啶的混合物在搅拌下加到壳聚糖醋酸水溶液中，两者发生交联作用，再经挤出和滚圆工艺，制备得到平均粒径 250 ~ 1000μm 的壳聚糖微球。

赵瑞峰等[9]采用挤出滚圆技术，将多孔淀粉、微晶纤维素、羟丙甲纤维素（Hydroxypropyl Methylcellulose，HPMC）和水混合均匀，先将其制成粒状的湿颗粒，再经气流干燥、过筛后得到平均直径 250 ~ 400μm 的玉米多孔淀粉微球，最后将热敏性薄荷油膏体分散负载其上，平衡后获得了能温和释放薄荷油的热敏型加香微球。

徐捍山等[10]以 5- 氨基水杨酸为模型功能因子，辅助微晶纤维素和药用淀粉，采用挤出滚圆和流化床薄膜包衣技术，构建了基于液态食品体系的醋酸酯抗消化淀粉薄膜包衣微球递送系统，微球的平均粒径为 200 ~ 400μm。此项研究为适合液态食品体系的功能因子控释递送系统的构建奠定了基础。

3．研磨法

研磨法是固体颗粒进一步微粉化所常用的方法。其原理是利用撞击与碾碎作用，并配合恰当的液体进行分散以降低分子间引力而将颗粒研磨粉碎至微米级粒径微球，通常在球磨机、胶体磨、流能磨等专用研磨机械设备中进行。

球磨机是一种广泛使用的制备微球的研磨设备。例如，金磊等[11]采用热熔挤出法结合研磨法，将药物黄体酮与生物可降解高分子聚乳酸（Polylactic acid，PLA）、聚羟乙酸（Polylactic Glycolic Acid，PGA）及其共聚物（Polylacticcoglycollic Acid，PLGA）与聚己内酯（Polycaprolactone，PCL）等均匀热熔混合，随后挤出冷却后进行低温粉碎，粉碎物于湿法循环式球磨机中进行研磨处理，初步用氧化锆珠研磨，再用聚乙烯珠进行深度打磨，进一步降低粒径。通过调节研磨参数，微球的粒径可以控制在 1 ~ 10μm 范围内。最后，将研磨液分装至西林瓶中进行冷冻干燥，制成骨架型黄体酮缓释微球。

周务农等[12]将处理的洁净羽绒粉末投入球磨机，以无水乙醇作为研磨介质磨浆，加热干燥后用戊二醛进行表面接枝处理，随后与氯化钙、磷酸氢二铵溶液反应交联，所得产物离心沉淀，经喷雾干燥后得到一种超细羽绒纤维 - 羟基磷灰石复合微球。微球具备羽绒纤维与羟基磷灰石的综合优点和良好的力学性能，可有效改善聚氨酯涂层的综合性能，长效改善织物的穿戴体验。

与球磨机类似但更精细的胶体磨技术也已广泛应用于微球制备。其原理是利用一对固体磨子和高速旋转磨体的相对运动所产生的强大剪切、摩擦、冲击等作用力来粉碎或分散物料颗粒。被处理的浆料通过两个磨体之间的微小间隙，被有效地粉碎、分散、乳化和微球化。经处理的产品在短时间内粒径便可达 1μm，这样能有效地减小悬浮液中固体颗粒的尺寸。

例如，郭东旭等[13]将氨基葡萄糖基琼脂糖溶液通过胶体磨进行处理后，再经微波加热釜充分溶解形成胶液；同时将油相经预混加热釜混合加热，再经超声均一消泡釜进行均质预乳化消泡处理后形成无泡油相；随后将无泡油相与胶液输送到超声波均质釜进行混合，然后将混合液输送到油水分离器，将分离得到的水相输入微球清洗器进行清洗后，得到的含氨基葡萄糖基的琼脂糖凝胶微球粒径均匀、球形光滑且无杂质。

史义林等[14]将尿素、玉米淀粉在包衣材料（明胶、卡波姆、聚维酮、羧甲基纤维素钠等）溶液中分散均匀，经胶体磨研磨成乳浊液，在常温下置喷雾干燥机中干燥，得到一种适用于反刍动物的非蛋白氮饲料添加剂微球。其具有加工方便、成本较低、分解速度快的优点，同时还解决了尿素适口性差的缺点。

4．Pickering 乳液聚合法

如图 10-1 所示，Pickering 乳液是一种通过某些纳米固体颗粒来稳定乳化作用的新型分散体系[15]。目前化妆品中一些具有负载活性物质、吸收油分、柔滑肤感、填充细纹及美白防晒等功能性高分子的微球，通常采用丙烯酸酯类、硅氧烷类等通过传统乳液聚合制备，其需要使用的某些表面活性剂可能导致皮肤过敏和损害且不能直接负载功能粒子，工艺较复杂。

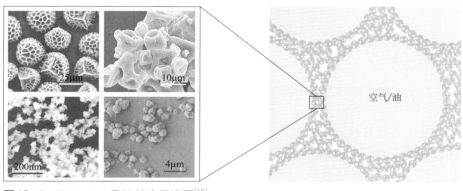

图10-1　Pickering乳液结构示意图[15]

Lu[16] 采用 Pickering 乳液聚合法，仅需一步即可实现各种性能稳定的化妆品用微球的制备，该方法可以有效避免传统表面活性剂带来的毒性和刺激，近年来在护肤品和彩妆中得到广泛应用。Lv 等[17] 利用 Pickering 乳液一步聚合法，成功制备了一系列功能性有机硅弹性微球体，在护肤品配方应用中取得了较好效果。

5．自组装法

自组装过程是指分子等构筑单元在氢键、静电和疏水等各种弱相互作用下，自发形成形态多样的超分子有序结构。由于在自组装过程中不需要添加其他有机试剂并且反应条件温和，特别适合蛋白质或多肽等采用常规方法较难实现微球化的大分子。

例如，Cao 等[18] 将乙醇在低速搅拌下加入到不同浓度梯度的丝素溶液中，冻干后得到粒径为 200 ～ 1500nm 的再生丝素微球。结果表明，随着乙醇添加量的增大，丝素蛋白由无规则卷曲转换成折叠结构，使得微球粒径变小；降低冷冻温度导致丝素分子链运动受限，阻止了丝素蛋白聚集，同样使微球粒径变小；增加丝素蛋白浓度，加速自由丝素分子以及微球间的反应，使得微球粒径变大。

Ye 等[19] 制备了由 2- 羟丙基 -β- 环糊精复合物和再生丝素蛋白自组装法形成的复合纳米微球（如图 10-2 所示），其基质中的香精包封率大于 90%。与香料 / 环糊精包合物相比，所制备的复合材料能够更有效地保存挥发性香气物质，且释放速率较慢。

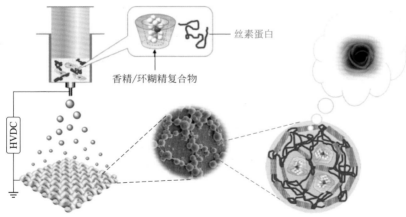

丝素蛋白

香精/环糊精复合物

HVDC

图10-2　环糊精–丝素蛋白自组装形成的复合纳米微球[19]

Wang 等先将丝素溶液与聚乙烯醇（Polyvinyl Alcohol，PVA）溶液共混成膜后溶于超纯水，振荡离心与超声波处理后，经低压冻干得到丝素微球。研究发现，当丝素与 PVA 共混后，PVA 相互交联形成的网状结构为丝素提供了自组装空间，并阻止聚集，使得微球粒径分散性更均匀；随着超声波功率的增加，微球粒径有所减小，同时分散性也变得更好。

杨明英等[20]采用两步法合成了具有核-壳结构的丝素蛋白纳米微球。首先，将异丙醇溶液与丝素溶液混合，经过搅拌反应、低温冷冻、室温复融等工序，得到乳白色丝素悬浮液。将其进行离心、重悬、沉淀、超声、冷冻干燥后，可以获得直径为 100 ~ 1000nm 的丝素纳米微球；随后，将微球与硝酸锌、二甲基咪唑搅拌反应，经离心、酒精清洗、沉淀、重悬、超声、冷冻干燥后，最终获得具有核-壳结构的丝素蛋白纳米微球。所用整个操作过程时间短，耗能低，生物安全性高，价格低廉，操作简单方便且对环境无污染。

二、微囊制备技术

1. 原位聚合法

原位聚合法是一种制备微囊的常用方法。在微囊化体系中，单体在芯材和分散相的界面定向排列发生预聚，然后预聚体分子量逐渐增大聚合沉积在芯材表面，随着聚合及交联的不断发生最终形成包覆芯材的微囊外壳，过程如图 10-3 所示[21]。

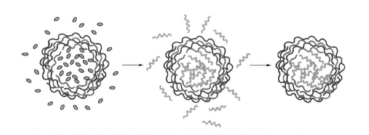

图10-3
原位聚合反应示意图[21]

刘景勃等[22]以脲醛树脂为囊壁、环氧树脂 E-51 的乙酸乙酯溶液为囊芯，采用原位聚合法成功制备了脲醛树脂包覆环氧树脂溶液的微囊。通过改变尿素、甲醛、芯材用量等研究了制备工艺对微囊形貌和结构的影响。结果成功制备了外表面粗糙和光滑的两种微囊，且这两种微囊的芯材都具有良好的流动性；外表面粗糙的微囊力学性能较好，热稳定性优良。

原位聚合法制备的微囊多以固体或液体物质为芯材，研究气体芯材者甚少。靳晓菌等[23]以三聚氰胺甲醛树脂（Melamine Formaldehyde Resin，MF）为微囊壁材、空气为芯材、十二烷基硫酸钠（Lauryl Sodium Sulfate，SDS）为乳化剂，利用原位聚合法合成了空气微囊，并将其作为填料制备轻型纸。

该方法具有操作简单方便、重复性好、反应易于控制、成本低、适合工业化生产等优点。但是，原位聚合法制备微囊强烈依赖于成壁高分子及芯材的极性，这使得它仅适用于某些类型芯材的封装。

2. 界面聚合法

界面聚合又称界面缩聚，是由溶于不同溶剂中的活性单体在界面发生的聚合，聚合过程如图10-4所示[24]。与本体聚合相比，界面聚合是在两个不混溶相的界面上发生的一步增长聚合，使高分子材料具有独特的拓扑和化学特性，例如各向异性形状、中空结构或替代性表面化学特性。作为一种常见的微囊包埋技术，界面聚合广泛应用于以聚氨酯、聚脲、聚酰胺为壁材的微囊的制备。

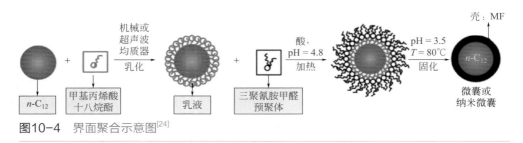

图10-4　界面聚合示意图[24]

以聚脲为壁材的优点为包埋率高、球形度好，缺点是原料有一定的毒性和致癌性，单体较难反应完全，会残留有未反应完全的壁材，不符合绿色、环保、健康的化学理念。

聚氨酯可以保持壁材和芯材的原有特性，延长了材料的有效期，加工方式多样，适用性广泛。耐高温性能一般，特别是耐湿热性能不好，不耐强极性溶剂和强酸碱介质。刘珂[25]以甲苯二异氰酸酯（Toluene Diisocyanate，TDI）为芯材、二苯基甲烷二异氰酸酯（Diphenylmethane Diisocyanate，MDI）和聚乙二醇（Polyethylene Glycol，PEG）为壁材原料，采用界面聚合法制备出以聚氨酯为壁材包覆有异氰酸酯的自修复微囊。

聚酰胺微囊的机械强度好、囊壁薄、空隙小、具有可生物降解、靶向性、副作用和刺激性小、缓释性好的特点得以广泛应用。冯喜庆等[26]以对苯二甲酰氯和乙二胺为反应单体，以生梨香精为芯材，通过界面聚合法制备出包埋生梨香精的聚酰胺微囊，可用于纸张中的加香。

3. 复凝聚法

复凝聚法（Complex Coacervation）是指利用两种及两种以上水溶性高分子在溶液 pH 值改变时生成的相反电荷，通过静电相互作用引起凝聚而形成高分子的反应。复凝聚法的优点是不使用有机溶剂，工艺操作简单，反应条件温和，稳定高效，能最大限度地包覆生物活性成分或易挥发性物质，包覆率也相对较高，制备的产品有良好的控释或缓释功能，并且能够通过改变反应条件及原料投入比例控制产物性质，因此人们在食品、药品、日化、工程材料等各个领域对其进行了广泛的研究。

方芳等[27]以壳聚糖和海藻酸钠作为壁材、白术挥发油作为芯材，使用复凝聚法得到不容易氧化变质、挥发油药效作用时间更长的白术挥发油微囊；并通过单因素实验确定在芯壁比为1:2（质量分数），乳化剂用量为5%（质量分数），反应温度为40℃，果糖质量分数为1%，海藻酸钠质量分数2%，pH 1.5，乳化转速600r/min条件下制备的微囊包埋效果较好。

4．喷雾干燥法

喷雾干燥是常见微囊制备的方法之一，将物料在干燥室中通过雾化器使之雾化，与热空气进行接触，水分迅速汽化，得到干燥品。它的工作原理是壁材通过加热形成一种具有筛分作用的网格结构，壁材原料中的水分及其他的溶剂经过热蒸发而通过网格，而分子较大的芯材则留在网格结构内，通过与芯材不同的物质或几种混合的物质作为壁材，可以通过调整进风温度、雾化压力、料液相对密度等手段来控制芯材透过的大小，从而实现包裹不同成分的终产品[28]。工作原理见图10-5。

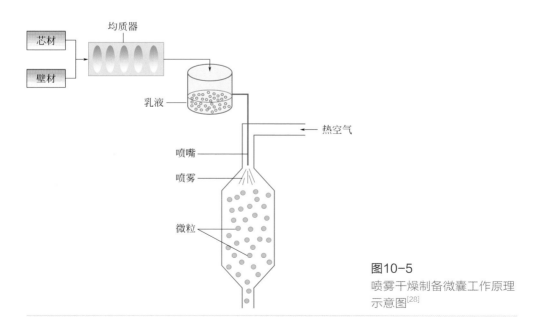

图10-5
喷雾干燥制备微囊工作原理示意图[28]

在微囊的制备中，壁材的选择较为多样化，大致可分为碳水化合物类（淀粉、麦芽糊精、环糊精、壳聚糖、果胶、纤维素及其衍生物等）、蛋白质类（玉米醇溶蛋白、明胶、大豆分离蛋白等）、脂质类（脂肪酸类、卵磷脂等）几种，芯材有效包裹在壁材内的前提条件是壁材具有优异的乳化和成膜性。江连洲等人[29]利用喷雾干燥技术，用麦芽糊精（MD）作为壁材，在150℃进风温度、300mL/h进料速度的条件下制备出了包埋率达到90%左右的大豆油脂体微囊，其水含量低，溶解性好，结构紧密，大幅度提高了油脂的抗氧化性，延长了油脂保质期。

经过喷雾干燥得到的微囊产品表面大多数会有凹陷和褶皱，少部分微囊表面会因为囊壁破裂产生孔洞，Rosenberg 等[30]认为这是喷雾干燥制备微囊的独有特征。Bruschi 等[31]、Li[32]等的研究认为破裂现象是因为微囊内的气体受热膨胀，压力过大在薄壁处冲破而导致的。

喷雾干燥有以下优点：

（1）干燥设备容易获得，操作成本低，且生产力高，工艺简单，可以连续操作，适于自动化工业生产；

（2）壁材种类选择性高；

（3）产品的质量好，分散性和溶解性高，可直接在水或溶剂中溶解；

（4）产品的纯度高；

（5）物料加热的时间短，节约资源。

相对上述优点，喷雾干燥也有着一定的局限性，其最显著的问题即容易粘壁，可以通过加入助喷剂改善干燥中粘壁的问题；芯材有可能会黏附在微囊颗粒的表面，影响产品质量；在降低产品中残留溶剂的含量时，干燥过程会有干燥介质通过直接排出方式排出，造成了能源的浪费；喷雾干燥工艺参数的设计难以通过数学模型来预算和验证，给试验过程造成了不便[33]。

5．酵母细胞

1977 年，Shank 发明了利用酵母细胞作为天然壁材制备微囊的技术。酵母细胞一般呈球形或者椭圆形，以分散的单细胞状态存在。其直径范围在 1 ~ 20μm，完整的细胞壁和细胞膜结构具有一定的强度和通透性，是理想的包埋壁材。由于酵母细胞通透性好，芯材容易被包埋，制备好的微囊经冻干后保存，利于芯材稳定储存。

相对传统的微囊化技术而言，将酵母细胞作为壁材有以下优点：酵母细胞靠其自身的吸附性能来完成包埋，故在制备过程中无需或者很少引入其他化学试剂，因此无溶剂残留或去除的问题，非常适合药物和食品添加剂的包覆；酵母细胞本身具有生物黏附性，使其包覆的芯材能够缓慢持久释放；获得的微囊产品大小均一、无毒、生物相容性好、易生物降解；酵母来源广泛，废的酵母细胞也可利用，并且其价格低廉；酵母具有天然的双层囊腔结构，对芯材具有良好的保护能力。然而，这种制备技术对芯材具有一定的要求：要有一定的疏水性，分子量要足够小，分子粒径需足够小。

第二节
微粒的力学性能表征技术

    微粒（微球和微囊）的外形、结构及性能众多，因此用来描述其性质的特征参数众多，例如微粒粒径、粒径分布、宏观及微观外貌、物质组成、囊壁的厚度、芯材含量、各种稳定性、芯材释放速度、力学性能等。本章主要介绍其他章节未介绍，但对于用于日化品的微球和微囊极其重要的力学性能。

    微粒的力学性能是一个综合的概念，它实际上包括微粒的破裂力、破裂时的变形量、屈服应力和应变、壁材的杨氏模量等一系列力学性能参数，用于界定在外部载荷下微粒的变形程度及破裂行为。因此，对微粒的力学性能表征，需要合适的评价方法。到目前为止，国内外关于微粒的研究主要集中在微粒的制备和运用方面，仅有部分工作针对不同运用领域开展了微粒力学性能相关的研究，专门针对微粒力学性能表征方法的综述工作比较少[34,35]。其中李建立等[36]针对相变材料微粒，综述了国内外的微粒机械性能评价方法研究进展，介绍了平板按压法、流体循环法、离心剪切法及显微操作技术，指出应根据具体应用时的真实受力状态，构建具有较宽使用范围的机械性能评价方法；同时，李建立等[37]在用于功能热流体的相变材料微粒力学性能研究中，简要综述了原子力显微镜（Atomic Force Microscope，AFM）和显微操作技术这两种精确测试方法，提出应规范力学性能测试表征方法、拓展研究对象范围。Fery等[38]简要介绍了单个微粒力学性能测试技术的相关发展，包括平板压缩试验及其变形、AFM胶体探针技术、微观吸吮、光镊和磁镊、流体剪切应力技术，给出了总括性的概述和具体应用实例；Neubauer等[39]从微粒的受控力学性能和功能应用方面，对单个及批量微粒的力学性能测试技术做出较为全面的概述，其中包括剪切方法、渗透压实验、平板挤压法、微操作技术、AFM、流体剪切应力技术、微管吸吮、光镊和磁镊，但没有涉及具体的测试方法原理，仅提及有关的研究工作；Liu[40]也对批量及单个微粒的力学性能测试方法进行了总结，包括平板压缩法、涡轮反应器中的剪切破裂、渗透压测试、AFM、微管吸吮、质构仪、微操作技术和纳米操作技术。以上的综述工作针对微粒的力学性能测试方式进行了较为系统的介绍，但还没有针对批量和单个测量方法的局限提出一种既可以快速进行多样品分析，又能够直接得到力学性能参数的方法。

一、批量表征法

批量表征法，也称作群体测试法，能够快速进行大量微粒的同时表征。该方法对一批微粒进行测定时，先得到整个微粒群体的力学性能参数，然后再均分到单个微粒。这种方法效率较高，能大大减少测量时间，但是它不能具体表征单个微粒的力学特性（如破裂力、壁材杨氏模量）及同批次样品中不同个体之间的差异性，所以只能粗略表征某一批次微粒的整体性能。根据测试原理的不同，又可以将该方法细分为剪切力法、渗透压法和玻璃板挤压法。

1. 剪切力法

剪切力法通常是将微粒样品置于涡轮反应器或者鼓泡塔装置中，利用装置中产生的剪切力或流体力对微粒样品进行作用，然后通过统计流体作用后悬浮液中微粒的破损率或测定芯材活性组分的释放量来间接表征微粒力学强度。Poncelet 等[41]在涡轮反应器中，通过磁力搅拌棒和 1mm 大小玻璃珠产生的剪切力促使微粒破裂，研究了包覆葡聚糖的尼龙膜微粒的破裂行为与释放动力学间的关系，间接评估了微粒的相对强度。由于该方法需要依靠高剪切力使微粒破裂，易受限于测试装置的流体动力学特性及微粒壁材的力学强度，所以主要用于快速批量估计大形变和极限应力作用下微粒的破裂释放行为。

2. 渗透压法

渗透压法通常将微粒置于一系列不同浓度的低渗溶液中，通过观察并统计破裂的微粒数量或者完好的微粒的百分比，来快速评价微粒的力学强度。该方法操作简单，不需要特殊装置，是一种粗略评价方法。van Raamsdonk 等[42]运用该方法评价了不同条件下制备的海藻酸钠微粒的力学稳定性。Gao 等[43]通过该方法得到多层聚苯乙烯磺酸钠/聚烯丙基胺盐酸盐微粒的壁材弹性模量介于 500～750MPa 之间。图 10-6 为不同浓度聚苯乙烯磺酸钠溶液中聚电解质微粒的变形及破裂[43]。该方法的核心是微粒壳层的渗透性，外界介质需要透过微粒囊壁引起凹陷、破裂，因此仅适用于具有半透性膜壁材的微粒，并且只能用于力学性能较弱的微粒，对于壳层密实、力学性能强度大的微粒不适用。

3. 玻璃板挤压法

玻璃板挤压法是在两层玻璃板间施加已知大小的压力，然后保持一定时间，通过扫描电子显微镜观察微粒的破裂及表面变形情况来评价微粒的力学强度。

Ohtsubo 等[44]用该方法研究了包覆杀螟松的聚氨酯微粒的破裂强度，采用达到50%破裂率时施加在微粒上的平均压力表示。图 10-7 为该方法示意图[45]。该方法操作简单，但难以确保两玻璃板间的平行性，并且同一微粒样品中，微粒尺寸大小不一，可能导致较大的测量误差。

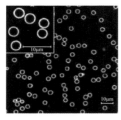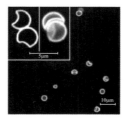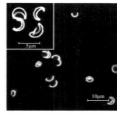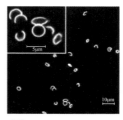

图10-6 聚电解质微粒在不同浓度聚苯乙烯磺酸钠溶液中的变形及破裂[43]

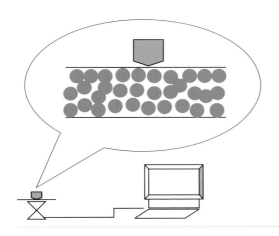

图10-7
玻璃板挤压法示意图[45]

二、单个微粒表征法

利用批量法表征微粒的力学性能得到的通常是破裂微粒数量的统计数据，不能直接得到单个微粒的力学性能参数。因此，在批量表征法的基础上，发展了几种对单个微粒力学性能表征的手段。图 10-8 为常见的单个微粒力学性能表征方法一览图[39]。通过单个微粒的力学性能测试方法，能够得到更详细的力学性能参数，例如破裂力、破裂形变、屈服应力和应变、杨氏模量等。但是，利用单个表征法对某一批次的微粒力学性能进行评价时，一般需要测试多个微粒，耗费大量时间。目前，对单个微粒直接进行力学性能表征的方法主要有显微操纵技术、原子力显微镜、纳米压痕技术等几种，详细介绍如下。

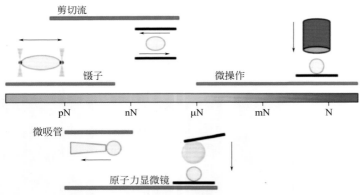

剪切流

镊子

微操作

pN　　　nN　　　μN　　　mN　　　N

微吸管

原子力显微镜

图10-8　单个微粒力学性能测试技术及作用力范围和方向示意图[39]

1. 显微操作技术

　　显微操作技术是在平板压缩实验的基础上发展起来的。该技术在大气环境或水相测试环境下，利用显微操作装置中与传感器连接的探针挤压单个微粒，观察微粒变形和破裂行为，得到施加载荷与形变量之间的关系曲线，从而确定微粒的破裂应力和破裂形变。此外，通过在较小形变下的加载和卸载实验，该方法还可用来确定微粒的壳层材料性质，如杨氏模量。显微操作技术的核心是具有足够精度的力传感器和位移控制系统，力分辨率一般为 0.1μN，位移控制精度为 0.2μm，目前该技术可以施加微牛顿（μN）到牛顿（N）之间的作用力。Zhang 等相关人员 [46-48] 对单个三聚氰胺甲醛微粒力学性能进行了详细研究，指出力曲线在相对变形 ε=11% ~ 19% 的范围时偏离弹性变形区域。对于粒径范围在 1 ~ 12μm 的微粒，在 ε=19%±1% 的相对变形下达到屈服点，在 ε=70%±1% 的相对变形时破裂，且破裂力与粒径成正比，比例系数为（148±6）μN/μm。图 10-9 所示为显微操作装置示意图 [48]。Stenekes 等 [49] 使用显微操作技术测试单个葡聚糖微球，发现该方法得到的伪弹性模量与动态机械分析测定的相同组成的宏观水凝胶的弹性模量相当，均在 0.9 ~ 4.5MPa 之间。Kim 等 [50] 通过基于微机电系统（MEMS）电容式力传感器的测试装置研究了不同溶液环境中单个海藻酸钠 - 壳聚糖微粒的力学性能，指出对于 1%、2% 和 3% 壳聚糖包被的微粒，在去离子水中测定的杨氏模量分别为（143±33）kPa，（354±34）kPa 和（459±84）kPa。显微操作的这种技术已逐渐被接受用于测量微粒力学性能的标准技术，预计将得到越来越多的应用。

2. 原子力显微镜 (AFM)

　　该方法的原理与显微操作技术类似，也是一种单颗粒压缩技术，主要通过不同的修饰探针（如胶体颗粒探针）压缩固定在基底上的单个微粒，间接得到载荷与变形关系曲线，与适当的模型结合得出微粒的力学性能参数。同时 AFM 可以测量皮牛顿（pN）到微牛顿（μN）之间的力，具有纳米级的位移分辨率和皮牛顿（pN）级的力分辨率，测量精度相对于显微操作技术明显有了很大的提高，适用于在壁厚尺寸的较小变形下研究微粒壁材的弹性和塑性行为，也能够在微粒粒径尺度范围测试微粒的力学性能，因此是另一种常见的单个微粒力学性能测试技术。同时存在一定的缺点，那就是很难确保要测试的粒子与力探针之间的正确对齐，因为只有点接触。通常，粒子需要用化学物质固定在载物台上，这可能会改变它们的力学性能。图 10-10 为压缩单个微粒的胶体探针 AFM 装置展示图[51]。Lulevich 等[51,52]用 AFM 研究了多层聚电解质微粒的力学性能，指出在较小的相对变形下（$\varepsilon \leqslant 0.2$），变形是弹性可逆的，壳材杨氏模量的下限在 1 ~ 100MPa；ε 在 0.2 ~ 0.8 范围内时，壳材表现出塑性变形行为。Pretzl 等[53]用带有胶体探针的原子力显微镜研究了单个三聚氰胺甲醛微粒的力学性能，指出壁材的弹性模量约为 1.7GPa。

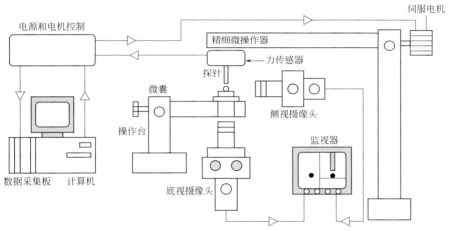

图10-9 显微操作装置示意图[48]

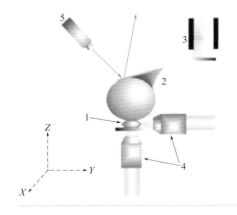

图10-10

胶体探针AFM装置[51]

1—胶囊；2—玻璃球；3—压电转换器；4—共焦显微镜物镜；5—激光

3．纳米压痕技术

纳米压痕技术是一种新兴的、应用比较广泛的探测材料微观力学性能的方法，该技术通过纳米压痕仪记录加载过程中的载荷和深度，得到微粒压痕测试的位移 - 载荷曲线，然后结合不同材料自身的特点，进行分析得到力学性能参数。图 10-11 为半径 10μm 的圆锥形金刚石压头测试单个相变材料微粒机械性能的过程示意图[50]。Rahman 等 [54] 建立了一个标准的微纳米压痕系统，使用半径为 10μm 的金刚石锥形压头测试平均粒径为 11.2μm 的单个相变材料微粒的破裂力，通过加载位移关系曲线发现位移在 3000nm 时，破裂力约为 8.5mN；Lee 等 [55] 通过纳米压痕技术使用大小约为 3μm 的锥尖形压头，研究了平均粒径分别为 50μm 和 100μm 的包覆环氧树脂和硫醇硬化剂的三聚氰胺甲醛微粒的杨氏模量和硬度，发现前者的杨氏模量和硬度分别为 4.66GPa 和 0.138GPa，后者的为 2.83GPa 和 0.093GPa，表明粒径和负载组分对微粒的杨氏模量及硬度具有显著影响；由于纳米压痕技术具有很高的分辨率和灵敏性，能够得到准确度较高的微粒力学性能参数，因此是一种比较通用的表征方法。但由于缺乏能够使单个微颗粒定位的成像技术，通常无法系统地进行测试。

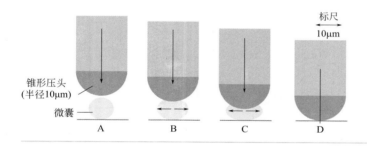

图10-11
圆锥形压头挤压微粒至破裂示意图[50]

4．剪切应力技术

该方法与前面三种的原理完全不同，主要是利用微粒在剪切流场中所受剪切应力和拉伸力所引起的形状变化来研究微粒囊壁的弹性特征，能够施加的应力在毫帕（mPa）到千帕（kPa）之间。图 10-12 为单个聚硅氧烷微粒在不同剪切速率线性剪切流中的变形和破裂图像[56]。Walter 等 [57] 将粒径在 150 ～ 250μm 的聚酰胺微粒放置在两个同轴反向转动的充满液体的圆筒中，调节两圆筒的相对转速改变剪切速率，利用高速摄像机观察微粒的形状变化和取向，最后得到壁材的杨氏模量约为 0.2N/m²。

5．质构仪

质构仪的主要组成部件是带有力传感器的探针，当微粒受静态或动态力时，伴随产生压力或形变力的变化，同时能够精确地测定载荷、位移和时间，根据三者之间的关系能够得到相关力学性能参数。Han 等 [58] 将相变材料微粒嵌入海藻酸钙凝胶基质材料，制得粒径约为 2mm 的大微囊，通过质构仪表征了大微囊的机械性能。由于受仪器自身分辨率的限制，一般来说该方法适用于直径在几百微米到几毫米的颗粒，因此在微粒力学性能方面应用相对较少。

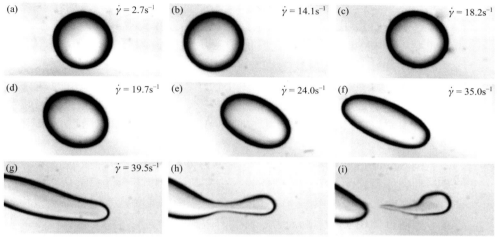

图10-12 不同剪切速率下的聚硅氧烷微粒[56]

此外，基于显微操作技术发展起来的纳米操作技术可以测量粒径小至 530nm 的核 - 壳结构颗粒的力学性能 [35]。对于包覆油性芯材的微粒，还可以利用热膨胀法研究其壁材力学强度，但只有当油性芯材的热膨胀系数大于壳材的膨胀系数时才能使用该方法 [59]。

在现有的微粒力学性能测试表征技术中，纳米压痕技术、与平板压缩相关的显微操作技术和 AFM 是目前微粒力学性能研究最常用的方法。其他力学性能测试方法应用范围有限，只能简单评估相关的力学性能参数。到目前为止，还没有可以直接用于快速分析测量批量微粒破裂力的测试方法，仍需要不断地研究。总之，需要开发一种作用力范围广、操作简单方便、成本适中、更加自动化和高效且准确规范的新技术来表征微粒群体和个体的力学特性，以促进对微粒力学性能的理解和在工业方面的应用。

第三节
微囊在日化产品中的应用

一、洗涤剂

  洗涤剂在日化用品中占据着重要的位置，如今工业和公共设施洗涤剂发展非常迅猛[60]。近年来，人们环境保护意识的增强和微囊化技术的快速发展，使洗涤剂中也引入了微囊技术。洗涤剂中存在一些活性成分，如酶、抑菌剂、香精、表面活性剂、漂白剂等，如果不使用微囊技术，可能会导致活性物质之间的相互作用，也可能导致香气物质的挥发，降低洗涤剂的品质。因此可以将这些物质作为芯材包装在微囊中，使其在运输、储藏和使用过程中得到有效保护。

  美国 Schnoring[61] 等人，于 1983 年 9 月 6 日发布了一种微囊技术，该技术涉及一种壳体材料的配方，该壳体材料仅在特定温度下允许香水从微囊中扩散出来。还有一些产品使用不溶于碱性水而可溶于中性或酸性水的特殊共聚物包埋的微囊。当通过使用衣物柔顺剂为芯材生产微囊时，它们可用于掺入洗涤剂中，在这种情况下，由于在洗涤过程中洗涤、脱水和漂洗阶段洗涤液的 pH 值发生变化，而洗涤剂中所含的微囊也会在特定 pH 值下发生释放[62]。Sheng 等[63] 公开了一种洗涤剂组合物，该组合物包含填充有酶或漂白催化剂的油性分散体的微囊。微囊本身由一种可溶于水或可分散在水中的高分子组成。通过与高分子的非溶剂混合，从高分子的水溶液中的油性分散体中沉淀微囊。此外，在从高分子溶液挤出过程中，可以围绕油性分散体形成微囊。该微囊不溶于液体洗涤剂组合物，但在使用时可迅速溶解在由此产生的洗涤液中。

  然而所使用的洗涤剂中的微囊并非总是能够获得确定的均匀微囊厚度且能迅速溶解在洗涤液中。因此，Boeckh 等[64] 开发了一种微囊漂白助剂，通过单体的自由基聚合，在液滴周围原位产生高分子外壳。微囊使其可以储存在洗涤剂配方中而不会对其他洗涤剂成分产生不利影响，并且允许漂白助剂在洗涤剂或清洗液中有限定延迟释放。

  尽管微囊在洗涤剂中的应用已经十分广泛，但是仍有一些问题亟待解决，例如香料香精微囊在洗涤剂中的应用效率相当有限，微囊和衣物等目标基材的结合能力有限，在水洗过程中容易脱落。另外，微囊在洗涤过程中容易发生破裂，导致香气物质的提前释放，而难以保持持久的释香效果。因此，环境响应的微囊显示出了更好的价值。以上方面的问题还需要科研工作者的进一步研究，而随着科学技术的发展，微囊在洗涤剂中的应用也必将迎来更广阔的前景。

二、牙膏

市场上牙膏的种类琳琅满目。所有牙膏都含有同样的基本组分：发泡剂、摩擦剂、润湿剂、表面活性剂、黏合剂、香精、甜味剂、防腐剂等。随着科技和生活水平的提高，牙膏的使用目的已从传统的口腔卫生转移到预防和干预口腔疾病。人们将越来越多的活性成分（维生素、酶制剂、杀菌剂和一些药物活性成分等）添加到牙膏中，赋予其新的功效。但是由于膏体中含有的一些活性成分对环境敏感，在常温下与空气接触的环境中易氧化分解或者与其他组分发生反应，使牙膏在货架储存期内的质量下降甚至变质。所以，在牙膏配方的开发过程中，如何保持原有成分的活性，是许多研发工作者的难点之一。通过不断的探索和研究，近年来发展起来的微囊技术可以帮助克服这一问题。

牙膏组分中的微囊粒子与普通微囊相比有很大差异。在牙膏的工业生产过程中，必须经过强力搅拌及高速剪切均质，有可能使牙膏中的微囊破裂，导致芯材泄漏，产生不良后果。这就要求牙膏微囊具有良好的机械性能。同时，又要确保在刷牙过程中，牙齿与刷毛之间的摩擦可使微囊破裂在口腔中释放活性成分[65]。因此，牙膏中微囊的大小以及壁材的类型和厚度均有非常严格的要求。

琼脂类物质是牙膏中微囊的优良壁材[66]。如选用明胶，尽管微囊可在刷牙过程中易于破裂，但牙膏工业生产时的高速搅拌和均质也容易引起微囊破裂，导致芯材泄漏；而若是选用蜡类材质，虽然在牙膏的工业生产期间有足够的韧性来对抗高速的机械搅拌，然而在刷牙时却不易被刷破。牙膏中的微囊粒径也有一定的要求。只有微囊尺寸足够大，刷牙时刷毛才通过摩擦力把微囊磨破。否则，微囊粒子过小未能破损，反而可能会导致口腔中的异物感。因此，牙膏中的微囊尺寸通常不应小于 0.3mm[66]。微囊壁材的尺寸和厚度也会影响牙膏中香精、色素和活性分子等破裂时的释放情况。使用微囊的另一个优势是可以在降低香精用量的同时，达到相同或更好的效果。

牙膏中的香精往往含有数十甚至上百种香料化合物。这些化合物具有不同的物理和化学性质，其复杂的相互作用可能影响香精品质及稳定性。易封萍课题组[67]开发了含有金佛手精油微囊的制备方法，并将其应用在牙膏中。他们先将 β- 环糊精完全溶解在水中，再使用有机溶剂分散金佛手精油，然后将二者混合在一起搅拌，将混合液冷藏过夜后，通过真空抽滤和干燥等手段，最终得到金佛手精油微囊成品。再将该产品应用到牙膏中，使牙膏散发出金佛手精油的强橘子清香的感官体验，同时具有抑菌的效果。

我国居于全球牙膏市场的首位，占全球市场的四分之一以上。到2023年，预计全球牙膏市场规模将突破277亿美元[68]。目前一些香精、活性分子、药物成分等经微囊包埋后加入牙膏中，赋予了牙膏愉快的口感及特殊的功能[69]。人们对牙膏香味和口味的多元需求，使研发专家更加关注活性成分的微囊化及其与牙膏其他组分间的相互作用。未来，微囊牙膏将朝着更加个性化、健康化和智能化的方向发展，其将成为推动牙膏市场发展的新方向。

三、化妆品

化妆品是以涂抹、喷洒或者其他类似的方法作用于人体（肤、发、指、趾、唇、齿等）的个人护理产品，它可以达到清洁、保养、美化、修饰和改变外观等效果，或者用以修正人体异味，保持良好的身心状态。但化妆品中具有的许多生物活性成分稳定性较差，容易在光、热、氧气等情况下变性或分解，或失去部分活性影响产品效果。使用微囊技术可对活性成分进行包埋，有效保护芯材不受外界影响，从而提高活性物质的稳定性、降低失活情况的发生、延长产品的储存时间、降低储存难度并起到良好的缓释效果，所以微囊技术在化妆品中得到了广泛的关注与应用。

纳米技术的飞速发展带来了多种新型的纳米递送体系，主要包括脂质体、固体脂质纳米粒、纳米乳液、有机微球、高分子纳米粒等，将这些微囊技术应用于化妆品中可以起到提高活性组分的稳定性、促进渗透、降低刺激性等作用。Cefali等[70]通过体外防晒系数（Sun Protection Factor，SPF）评估对微囊化防晒剂进行了稳定性研究，证明经过微囊化的防晒剂更有助于进行防晒产品的创新。Lourenco等[71]使用喷雾干燥法制备了表面光滑的球形微囊，名为FucoPol的细菌外多糖作为壁材，芯材为没食子酸（Gallic Acid，GA）和牛至精油（Oregano Essential Oil，OEO），以保持其抗氧化活性，可用于化妆品等多个行业领域。Nosari等人[72]制备并表征了含有生咖啡油的微囊，结果发现经过微囊化的生咖啡油在光、热、氧气下的抗氧化性均得到了改进。Christian Dior、欧莱雅（L'Oreal）、Nikko Chemicals等国外化妆品企业相继推出了脂质体、类脂质体化妆品[73]。

微囊在化妆品行业中有巨大的发展潜力，但是仍然有许多问题需要深入研究和探讨。首先，微囊技术往往具有过高的成本；其次是壁材所带来的安全性问题，例如，广泛应用于化妆品中的纳米级微囊对人体是否存在毒性，部分微囊壁材中有塑料成分，这些含塑料微珠的日化用品对人体与环境造成的影响应该如何解决；最后，还应关注微囊的技术标准以及技术保障等问题。

四、纺织品

自 20 世纪 80 年代，微囊技术逐渐在纺织行业中得到应用，目前已被广泛应用于织物的印染、功能性整理和智能化等方面。通常选用成膜性良好的天然（如阿拉伯树胶、海藻酸钠、环糊精等）或合成（如聚酯、聚醚、聚酰胺等）的高分子材料为微囊的壁材，从而达到保护芯材的目的。往往根据芯材的特性和微囊的需求来选择不同的壁材。在纺织品领域中，常用的芯材有染料、芳香剂、药剂、抗菌剂、驱虫剂、阻燃剂、相变材料等功能性整理剂及助剂。

1．微囊技术与印染

纺织产品的新开发主要是通过在传统印花的基础上增添多种新颖的印花工艺，不少工艺则使用了微囊化染料。其中，应用较多的是分散染料微囊化，还包括微囊化彩虹染色、微囊化多组分纤维染色、高介电常数微囊化静电染色、微囊化干法染色等。不少分散染料微囊化是通过破裂微囊来发色从而达到特殊的染色效果，以实现无序点状局部染色，最终开发出色彩斑斓的纺织品。李立等[74]以尿素和甲醛为壁材通过原位聚合法包封分散染料酸性红制备了分散染料微囊。苟育军[75]采用微囊技术（原位缩聚法、界面聚合法和原位聚合法）分别以蜜胺树脂、聚乙烯吡咯烷酮和脲醛树脂为壁材包埋耐晒黄 G，并且应用于热熔染色、高温高压染色和转移印花，结果表明研制的微囊化有机颜料具有理想的彩虹染色效果。在印花工艺中，微囊技术同样得到了广泛应用，根据印制效果及印花工艺的不同大致可分为微囊化多色多点印花、微囊化感温变色印花、微囊化转移印花和微囊化发泡印花等。微囊化感温变色印花是指将温敏材料制成微囊，配制印花色浆并应用于纺织品中，赋予纺织品动态美，以满足消费者对服饰更高层次美的追求。胡亚康等[76]将所研制的感温变色微囊进行色牢度和服用性能测试，结果表明其具有良好的拼色性能，可有效改善纺织品的静态效果，极大丰富了织物色彩变化。

2．微囊技术与功能整理

（1）微囊在抗菌、防蛀整理中的应用　微生物繁衍过多不仅会产生令人生厌的气味和霉菌斑，还会直接引发疾病，最常见的就是真菌、霉菌引起的皮肤过敏。将抗菌剂封装于微囊中应用于纺织品整理，可有效提高其耐用性，并得到安全高效的抗菌功能化纺织品。高冬梅等[77]采用复凝聚法以纳米银为芯材、阿拉伯胶和壳聚糖为壁材自制出纳米银微囊，整理后使纺织品具有较好的抗菌功效。英国纺织技术集团研制出包封 Irgasan DP-300、Kathon 等微生物抗菌剂的微囊，并将其应用到棉、棉毛混纺或纯毛纤维织物上，研究表明整理后的产品杀菌性能很强，功能化作用时间长达 100 天。日本 ExLan 公司将粒径小于 10μm 的含有香料、除臭剂等成分的微囊和纺丝原液混制合成功能纤维，进而产出功能性的纺织产品。日本钟纺公司从艾草中提取出具有抗菌防臭功效的重要成分，通过微囊技术将其微囊化，涂层加工整理到尼龙上，赋予该全棉织物抗菌防臭、保湿的功能。

（2）微囊在香味整理剂中的应用　多数芳香物质能散发出宜人的香味，将其整理织物后，可具有芳香效果，带来持久清馨的香气。然而，如果把香料直接喷洒至织物上会导致香味留香时间短暂且不耐洗涤。利用微囊技术不仅可缓和香味挥发，还能防止香料的氧化和污染，使织物附加上"尊贵"价值。如特殊香型微囊处理后的被子或睡衣会给予人们轻松的睡眠感；特殊香型微囊处理后的运动服可使人情绪高涨并保持清醒的头脑，而且运动后还能放松肌肉；特殊香型微囊处理后的职业装可使人思维清晰、增强信心。法国 Euracli 公司自制含香料的微囊通过浸轧、涂层或喷雾的方式应用至纺织品上，如香味围巾、丝方巾、女性内衣、紧身衣袜和女装等不少纤维类型的产品。英国 I. J. Special Nes 公司研发具有科隆香水和新鲜果味的微囊，作用于床单、毛巾和服装中，经研究日常轻度磨损即能释出香料，能耐反复洗涤。日本 Daiwabo 公司采用香味微囊整理纺织品表面生产出芳香衬衫。胡心怡等[78]自制茉莉香精微囊对机织物和针织物进行整理，结果表明其自然放置留香时间大大增加。李月霞等[79]采用包结络合法以薄荷香精为芯材、β-环糊精为壁材制备成微囊并对真丝织物进行整理加香。

（3）微囊在阻燃整理中的应用　使用阻燃织物越来越重要，不仅可以防止火势蔓延，还能保护生命和财产。微囊化的阻燃剂不仅可以控制阻燃剂的密度、体积等物理性质以满足材料加工中的不同需求，而且还可减少加工过程中有毒成分的释放，从而达到绿色环保的目的。微囊化的阻燃剂在军需品中应用也具有重大意义。美国军方研究将阻燃化学品和膨胀剂均微囊化应用于军用织物，研究表明整理后的军需用品对阻燃有效。贺晓亚等[80]采用改性次磷酸铝阻燃剂制备的微囊对防辐射纺织物进行整理，研究表明整理后的织物极限氧指数、热学性能、防辐射性能等指标均得到改善。Luo 等[81]采用原位聚合法以十溴联苯醚为芯材、树脂为壁材制备成微囊阻燃剂，结果显示其热稳定性得到明显改善。

3. 微囊技术与智能纺织材料

在特定温度的变化过程中，利用微囊包覆技术应用于变色领域使纺织品实现可逆热致变色。同时，通过涂层法整理至织物，可致变色能力增强。日本 MATSUI 色素工业公司和英国 Merk 化学公司均开发自制出变色涂料系列，并将其微囊化整理至服装上。随着季节、地区、时间及室内外的温度变化，该服饰展现出多变的色彩效果。美国 Louisiana 州的某一医院提议给麻风病人使用特殊的手套和短袜。一旦病人四肢力过大，该产品由于含有压敏变色染料微囊就能显示出来，对帮助病人过上正常生活有重大的意义。郝鸿飞等[82]以液晶材料为芯材、三羟甲基三聚氰胺为壁材自制出相变材料微囊，研究表明经该微囊整理后的热致变色织物的变色温度与人体相近。根据周围环境温度调节的保暖织物应运而生，这是由相变材料微囊随着温度的变化而改变相态吸放出热量实现的。早在20世纪的80年代，美国航空航天局就利用该技术将微囊化的相变材料填充于中空纤维以研发出航天员防护服。杨建等[83]采用乳液聚合法以共混的相变材料为芯材，以苯乙烯、丙烯酸丁酯为壁材制备微囊，并将其浸轧对棉织物进行整理。研究表明，整理后的棉织物的热稳定性提高，并具有较好的蓄热调温功能。Onder等[84]分别将正十六烷、十八烷、十九烷3种微囊整理到机织物上，并对其进行储热性能和稳定性能测试。结果表明，在一定的温度范围内整理后的织物蓄热能力较普通织物高1.5～3.5倍。

由于微囊技术独特的优点，在国内外纺织品领域中得到了广泛应用，尤其是在织物功能化整理方面。但是微囊化产品仍存在一些局限性，如成本较高，后整理中的附着原理不明确从而影响手感。随着科技的发展，相信未来微囊能为纺织品的应用提供更优越的条件。

五、香料香精

香料香精的化学性质不稳定，是易挥发的热敏感性物质，从而使得有效化学成分易流失或减少，致使香气减弱，这些特性使得香料香精在多数领域的应用受到限制，如柠檬香精中有香茅醛和柠檬醛等成分，在贮存过程中，这些成分易挥发造成柠檬香精的留香时间较短。为保护香料香精不受氧气、湿度、温度、光和其他物质等外界环境因素的影响，目前，将香料香精微囊化是最为有效的方式。微囊壁材可以有效地防止外界不良因素对芯材的破坏，能减缓芯材中有效的活性成分挥发损失，即将香料香精用合适的壁材包裹，将香料复合物保护起来与外界隔绝，从而来达到保护芯材、缓释和控释的效果。因此运用微囊技术便于香料香精的贮存、加工和处理。

1．香料香精微囊的制备与应用

尽管微囊制备技术众多，但常用于香精微囊制备的主要为喷雾干燥、单凝聚法、复凝聚法、界面聚合和原位聚合等。

香精微囊技术中常用的壁材有：碳水化合物类，如淀粉、麦芽糊精、淀粉糖浆干粉、壳聚糖等；胶质：阿拉伯胶、果胶、卡拉胶、黄原胶；蛋白质类，如乳蛋白、明胶、酪蛋白、大豆蛋白等；纤维素衍生物，如CMC、乙基纤维素、甲基纤维素物质等；蜡，如虫蜡、石蜡、蜂蜡等以及一些脂类。香精微囊芯材的主体是香精，如花香型香精：玫瑰、茉莉、白兰等，非花香型香精：檀香、蜜香和皮革香等，果香型香精：苹果、香蕉、草莓、葡萄、橘子、甜橙、樱桃、柠檬等，以及姜油、蒜油、芥子油、薄荷油等精油或树脂等。

上海应用技术大学肖作兵课题组在香料香精微囊领域进行了大量深入研究，采用天然高分子、合成有机材料研发了多种花香、果香、木香等香型的微囊香精，并应用在造纸、皮革、纺织、食品、日化等众多领域，取得了较好的效果。例如，该课题组根据主客体化学原理，采用分子包络法成功制备的新型西瓜纳米缓释香精装载率高、热稳定性好、缓释性佳，在食品、日化、纺织、皮革、造纸等行业具有广阔的应用前景。同时，该课题组还研究了香气成分在缓释香精中的释放规律，为今后缓释香精的精准设计提供了理论依据[85]。该课题组以辛烯基琥珀酸淀粉酯和麦芽糊精为壁材、玫瑰香精为芯材，制备出安全环保且具有控释效果的淀粉基玫瑰缓释香精，并深入研究了辛烯基琥珀酸淀粉酯和麦芽糊精对玫瑰香精中特征香气物质释放的影响[86]。该课题组通过分析有机改性 SiO_2 芳香纳米球与皮革间的键合力类型与强度，使更多的改性 SiO_2 芳香纳米球吸附在皮革上，为纳米香精与生物基材料之间的相互作用提供了新的见解[87]。该课题组还研究了聚甲基丙烯酸甲酯纳米颗粒在浸渍过程中在纸张纤维素表面的吸附机理[88]。该课题组在此领域研究成果众多，感兴趣的读者可以查阅相关论文与专利。

2．市场上的香精微囊产品

在国内，华宝、波顿和铭康等领先的香精香料公司都开展了微囊缓释技术方面的研究，也取得了一定的研究成果和市场效益。自 2008 年以来，贵州中烟工业有限责任公司、湖北中烟工业有限责任公司、江西中烟工业有限责任公司等各大烟草集团纷纷推出采用"爆珠添加"香精微囊技术的卷烟产品。安徽美科迪研发了多种香精微囊产品，具有调温、抗紫外、驱蚊等作用，并且具有耐受高温、留香持久、无毒无害等优良性能。

在国际上，芬美意（Firmenich）是全球缓释香精微囊技术最领先的香精公司，目前其已推出了 Durarome®、Flexarome®、Captarome®、Thermarome®、FirCaps®、Popscent® 和 Dynarome® 等先进包埋释放技术的香精微囊产品。而奇华顿（Givaudan）为全球最大的香精香料企业，其已经推出了 PureDelivery®、Qpearl®、Granuseal®、Ultraseal®、Permaseal®、FlavourBurst® 和 Mechacaps® 等包埋释放技术的香精微囊产品。

六、食品、动物饲料及营养素

微囊技术具有保护食品中的功能性成分、延长食品货架期、掩盖不良气味等功能，故广泛应用于食品工业的多个领域。如鱼肝油有腥味、维生素 B_2 呈橘黄色、维生素 C 酸味较强、硫酸亚铁有铁锈味等，采用微囊技术后不仅可以提高这些物质在人体中的利用率，也提高了食品的营养价值和经济价值。此外，近年来随着养殖水平的提高，农业工业化进程的加快，维生素、氨基酸、微生态制剂等饲料添加剂产业规模日益增大。然而这些产品大都存在不易保存和运输，耐胃酸和耐胆盐性能差，利用率低等问题，微囊技术可以使这些问题得到有效解决。

食品微囊的壁材选择要求无毒、无刺激性，具有一定的黏度和强度，还需具有符合产品要求的溶解性、渗透性、稳定性等。微囊常用壁材主要包括 3 类：碳水化合物，如麦芽糊精、壳聚糖等；植物胶类，如黄原胶、果胶、卡拉胶等；蛋白类，如酪蛋白、乳清蛋白、明胶及明胶衍生物等。蛋白质类壁材为最常用的微囊壁材，其主要成分为蛋白质，是营养物质的同时也是一种良好的乳化剂。在实际的应用中，往往单一壁材的效果不理想，为获得良好的乳化效果以及较高的包埋率，一般选择几种壁材复配后使用。

Yuan 等 [89] 将叶黄素装载于玉米醇溶蛋白纳米微囊中。该微囊为球形，粒径约 200nm，包封率为 90.04%，载药量为 0.82%。玉米醇溶蛋白纳米微囊对叶黄素具有很好的稳定性、可再分散性和较高的水溶性。Luo 等 [90] 制备了羧甲基壳聚糖 - 玉米醇溶蛋白纳米微囊，用于包裹维生素 D_3。该微囊为球形结构，粒径在 86 ~ 200nm 之间，包封率为 87.9%。该方法是一种很有前途的提高化学稳定性和控释性能的方法。Yang 和 Ciftci[91] 通过雾化二氧化碳膨胀的脂质混合物制备了鱼油空心固体脂质纳微颗粒，所得颗粒呈球形，可自由流动，鱼油载率达到 92.3%（质量分数）。通过该方法，EPA 和 DHA 的生物利用度从 9.7% 显著提高到 18.2%。Shtay 等 [92] 通过热均质法制备表没食子儿茶素没食子酸酯固体脂质纳米微囊，该微囊由可可脂和食品级表面活性剂的混合物制成，平均粒径为 108 ~ 122nm，最大包封率为 68.5%。

第四节
总结和展望

微囊技术问世以来，因其赋予微囊化产品的独特性能而被广泛应用于各行各业，受到了众多研究者的重视和青睐，成为一项重点研究开发的高新技术。目前，微囊技术已广泛应用于制药、农业、纺织、食品和化妆品中，不仅可以有效利用功能性物质，而且具有较高的经济价值。但是微囊产品仍然存在着一些问题，需要进行更加深入的探究。

就壁材而言，

（1）在微囊制备过程中，壁材在对芯材进行包埋时会存在包覆不均匀的情况，影响微囊的性能。

（2）目前微囊的壁材功能有待进一步强化。比如当壁材为高分子时，有助于提高微囊的耐水性，但在高温条件下的适用性并无太大提升。

（3）在一些国家中，塑料微球已被禁止在非必需品中使用。因此，对天然高分子壁材的开发尤为重要。

（4）单一有机或无机材料壁材的微囊应用面相对较窄，可供选择的种类较少。因此，积极寻找易得、价廉、适用范围广的原料，以及对 pH 值、温度、紫外线等敏感的壁材是微囊技术研究的必然趋势。性能优良且成本低廉的新型壁材还有待开发。

就芯材而言，小分子、水溶性活性分子和氧化剂分子以及不稳定成分等封装率依然不高，尚需对这些成分在特定条件下的装载和稳定性进行研究，以期达到特定包覆效果。此外，微囊中活性成分的释放机制仍需系统研究，以达到芯材的智能释放，并对功能性组分实现实时高效监测。

微囊的制备技术和应用性有待改善。

（1）在实际应用时，微囊和基材的附着作用机制尚未明晰。比如在织物的整理时，微囊大量使用可能会影响织物的服用性能，多次洗涤微囊容易脱落；微囊应用在高分子材料上时，随着用量的不断增加，高分子的强度和硬度也随之增加。不断完善微囊的性能，诸如降低微囊粒径、提高包埋率、延长储存期、控制释放率等仍然是微囊技术中的难点。目前对于微囊芯材释放机理的研究不足，因此应更加注重探讨控制芯材释放机理。

（2）尽管当前市场上微囊产品众多，但很多技术项目只停留在实验室水平上，尚未实现纳米微囊技术从基础研究到产业化的顺利转化。因此亟需创新制备方法，改进工艺，控制质量，降低成本，使微囊技术实现大规模生产。

此外，目前微囊的表征方法越来越多样化，在研究微囊的表面吸附性能及其相关理论时，使用的显微操作术和原子力显微镜仅能对单个微囊进行力学性能测试。因此，亟需通过自动化等手段对传统方法进行改良或者开发新的表征方法。

总之，尽管微囊技术发展迅速，但该领域依然面临许多挑战亟待科学家克服，如高分子材料之间、壁材和芯材之间、微粒体系与基材之间的相互作用等。此外，安全性、稳定性、规模化制备也是该技术走向工业化中必须要回答的问题。

参考文献

[1] 费金华 . 一种抑菌香水的制备工艺 [P]: 中国，103341195A. 2016-03-30.

[2] Lu Y, Zhu R, Li S, et al. Morphology and phase compositions of hydroxyapatite powder particles plasma-sprayed into water[J]. Journal of Materials Science & Technology, 2002, 18(4): 381-382.

[3] Anwar S H, Weissbrodt J, Kunz B. Microencapsulation of fish oil by spray granulation and fluid bed film coating[J]. Journal of Food Science, 2010, 75:E359-E371.

[4] 张彩虹，黄立新，谢普军，等 . 一种银杏抗性淀粉微球的制备方法 [P]: 中国 ,105435236A. 2016-03-30.

[5] 高晶鑫 . 乳酸菌溶液真空喷雾冻结过程的理论与实验研究 [D]. 沈阳：东北大学 , 2017.

[6] 张玉倩 . 冷冻干燥法制备超细碳酸氢钠工艺研究 [D]. 南京：南京理工大学 , 2010.

[7] 戴蓉，高军，张昊楠，等 . 一种天麻缓释微丸的制备方法 [P]: 中国 ,109793722. 2019-05-24.

[8] Severino P, de Oliveira G G G, Ferraz H G, et al. Preparation of gastro-resistant pellets containing chitosan microspheres for improvement of oral didanosine bioavailability[J]. Journal of Pharmaceutical Analysis, 2012, 2(3):188-192.

[9] 赵瑞峰，叶荣飞，黄艳，等 . 热敏型薄荷油加香颗粒的制备工艺优化 [J]. 香料香精化妆品 , 2014(03):17-21.

[10] 徐捍山，郑波，李琳，等 . 基于食品液态体系的功能因子靶向传输系统的构建及其释放研究 [J]. 现代食品科技 , 2018, 34(11):46-51.

[11] 金磊，唐星，张士权，等 . 骨架型黄体酮缓释微球及其制备方法和黄体酮缓释注射剂 [P]: 中国 , 107157956A. 2017-09-15.

[12] 周务农，周茂林 . 一种含超细羽绒纤维 - 羟基磷灰石复合微球的水性聚氨酯涂层剂 [P]: 中国 ,105780487A. 2016-07-20.

[13] 郭东旭，黎泉香，郭梓林，等 . 一种含氨基葡萄糖基的琼脂糖凝胶微球及其制备方法 [P]: 中国 ,105944686A. 2016-09-21.

[14] 史义林，陈文录 . 一种适用于反刍动物的非蛋白氮饲料添加剂及其生产方法 [P]: 中国 ,101077126A. 2007-11-28.

[15] Lam S, Velikov K P, Velev O D. Pickering stabilization of foams and emulsions with particles of biological origin[J]. Current Opinion in Colloid & Interface, 2014, 19(5):490-500.

[16] Lu S. Cosmetic compositions containing swelled silicone elastomer powders and gelled block copolymers[P]:US, 20050220745A1. 2005-10-05.

[17] Lv X M, Yang C. Preparation of nano-silica coated silicone elastomer microspheres [J]. Silicone Material, 2018, 32(1):16-22.

[18] Cao Z, Chen X, Yao J, et al. The preparation of regenerated silk fibroin microspheres[J]. Soft Matter, 2007, 3(7):910-915.

[19] Ye L, Li Z, Niu R, et al. All-aqueous direct deposition of fragrance-loaded nanoparticles onto fabric surfaces by electrospraying[J]. ACS Applied Polymer Materials, 2019, 1(10):2590-2596.

[20] 杨明英，周官山，陈玉平 . 一种合成丝素蛋白 @ZIF8 核壳结构纳米微球的方法 [P]: 中国 ,107184564A. 2017-09-22.

[21] Dähne L, Leporatti S, Donath E, et al. Fabrication of micro reaction cages with tailored properties[J]. Journal of the American Chemical Society, 2001, 123(23):5431-5436.

[22] 刘景勃，龚桂胜，钟玉鹏，等 . 原位聚合法制备脲醛树脂包覆环氧树脂微胶囊 [J]. 合成树脂及塑料 ,2015,32(05):27-31.

[23] 靳晓菡，刘文波 . 原位聚合法制备空气微胶囊及其在轻型纸中的应用 [J]. 中国造纸 ,2019,38(08):14-21.

[24] Peng H, Zhang D, Ling X, et al. *n*-Alkanes phase change materials and their microencapsulation for thermal energy storage: A critical review[J]. Energy & Fuels, 2018, 32(7):7262-7293.

[25] 刘珂. 聚氨酯微胶囊的制备及涂层自修复性能的研究 [D]. 秦皇岛：燕山大学,2018.

[26] 冯喜庆，刘文波. 纸张用水溶性香精微胶囊的制备 [J]. 中国造纸,2015,34(04):33-38.

[27] 方芳，张志兴，程翎，等. 复凝聚法制备白术挥发油微胶囊及表征 [J]. 中国粮油报，2020，35(03):105-109.

[28] Bakry A M, Abbas S, Ali B, et al. Microencapsulation of oils: A comprehensive review of benefits, techniques, and applications[J]. Comprehensive Reviews in Food Science and Food Safety, 2016, 15(1):143-182.

[29] 朱建宇，齐宝坤，张小影，等. 喷雾干燥制备大豆油脂体微胶囊及其品质分析 [J]. 食品工业科技，2020, 41(7):146-153,160.

[30] Rosenberg M, Kopelman I J, Talmon Y. A scanning electron microscopy study of microencapsulation[J]. Journal of Food Science,1985, 50(1):139-144.

[31] Bruschi M L, Cardoso M L C, Lucchesi M B, et al. Gelatin microparticles containing propolis obtained by spray-drying technique: Preparation and characterization[J]. International Journal of Pharmaceutics,2003, 264(1-2):45-55.

[32] Li D X, Oh Y K, Lim S J, et al. Novel gelatin microcapsule with bioavailability enhancement of ibuprofen using spray-drying technique[J]. International Journal of Pharmaceutics,2008, 355(1-2):277-284.

[33] 杨净尧，王仁广，王畅，等. 喷雾干燥研究进展 [J]. 亚太传统医药，2018,9:97-99.

[34] Luong-Van E, Grøndahl L, Nurcombe V, et al. In vitro biocompatibility and bioactivity of microencapsulated heparan sulfate[J]. Biomaterials, 2007, 28(12):2127-2136.

[35] Zhang Z, Stenson J D, Thomas C R. Micromanipulation in mechanical characterisation of single particles[J]. Advances in Chemical Engineering, 2009, 37:29-85.

[36] 李建立，刘录，赵杰. 相变材料微胶囊机械性能评价方法研究进展 [J]. 北京石油化工学院学报，2013, 20(4):29-33.

[37] 李建立，刘录. 用于功能热流体的相变材料微胶囊力学性能研究进展 [J]. 化工进展,2015,34(7):1928-1932.

[38] Fery A, Weinkamer R. Mechanical properties of micro-and nanocapsules: Single-capsule measurements[J]. Polymer,2007,48(25):7221-7235.

[39] Neubauer M P, Poehlmann M, Fery A. Microcapsule mechanics:From stability to function[J]. Advances in Colloid and Interface Science,2014,207:65-80.

[40] Liu M. Understanding the mechanical strength of microcapsules and their adhesion on fabric surfaces[D]. Birmingham: University of Birmingham,2010.

[41] Poncelet D, Neufeld R J. Shear breakage of nylon membrane microcapsules in a turbine reactor[J]. Biotechnology and Bioengineering,1989,33(1):95-103.

[42] van Raamsdonk J M, Chang P L. Osmotic pressure test: A simple,quantitative method to assess the mechanical stability of alginate microcapsules[J]. Journal of Biomedical Materials Research Part A,2001,54(2):264-271.

[43] Gao C, Donath E, Moya S,et al. Elasticity of hollow polyelectrolyte capsules prepared by the layer-by-layer technique [J]. The European Physical Journal E: Soft Matter and Biological Physics,2001,5(1):21-27.

[44] Ohtsubo T, Tsuda S, Tsuji K. A study of the physical strength of fenitrothion microcapsules[J]. Polymer,1991,32(13):2395-2399.

[45] Su J F, Wang L X, Ren L,et al. Mechanical properties and thermal stability of double-shell thermal-energy-storage microcapsules [J]. Journal of Applied Polymer Science,2007,103(2):1295-1302.

[46] Zhang Z. Mechanical strength of single microcapsules determined by a novel micromanipulation technique[J]. Journal of Microencapsulation,1999,16(1):117-124.

[47] Hu J, Chen H Q, Zhang Z. Mechanical properties of melamine formaldehyde microcapsules for self-healing materials[J]. Materials Chemistry and Physics,2009,118（1）:63-70.

[48] Long Y, York D, Zhang Z,et al. Microcapsules with low content of formaldehyde: Preparation and characterization[J]. Journal of Materials Chemistry,2009,19(37）:6882-6887.

[49] Stenekes R J H, De Smedt S C, Demeester J,et al. Pore sizes in hydrated dextran microspheres[J]. Biomacrom olecules,2000,1(4）:696-703.

[50] Kim K, Cheng J, Liu Q, et al. Investigation of mechanical properties of soft hydrogel microcapsules in relation to protein delivery using a MEMS force sensor[J]. Journal of Biomedical Materials Research Part A,2010,92(1）:103-113.

[51] Lulevich V V, Vinogradova O I. Effect of pH and salt on the stiffness of polyelectrolyte multilayer microcapsules[J]. Langmuir,2004,20(7）:2874-2878.

[52] Lulevich V V, Andrienko D, Vinogradova O I. Elasticity of polyelectrolyte multilayer microcapsules[J]. The Journal of Chemical Physics,2004,120(8）:3822-3826.

[53] Pretzl M, Neubauer M, Tekaat M, et al. Formation and mechanical characterization of aminoplast core/shell microcapsules[J]. ACS Applied Materials and Interfaces,2012,4(6):2940-2948.

[54] Rahman A, Adschiri T, Farid M. Microindentation of microencapsulated phase change materials[J]. Advanced Materials Research Trans Tech Publications,2011,275:85-88.

[55] Lee J, Zhang M, Bhattacharyya D, et al. Micromechanical behavior of self-healing epoxy and hardener-loaded microcapsules by nanoindentation[J]. Materials Letters,2012,76:62-65.

[56] Koleva I, Rehage H. Deformation and orientation dynamics of polysiloxane microcapsules in linear shear flow[J]. Soft Matter,2012,8(13):3681-3693.

[57] Walter A, Rehage H, Leonhard H. Shear-induced deformations of polyamide microcapsules[J]. Colloid & Polymer Science,2000,278(2):169-175.

[58] Han P, Lu L ,Qiu X,et al. Preparation and characterization of macrocapsules containing microencapsulated PCMs (phasechange materials）for thermal energy storage[J]. Energy,2015,91:531-539.

[59] 何艳萍，王帅帅，潘宇亭，等 . 微胶囊力学性能表征方法研究进展 [J]. 昆明理工大学学报（自然科学版），2018,43(2):94-101.

[60] 王培祥，刘云，王涛，等 . 微胶囊技术在洗涤剂中的应用 [J]. 日用化学工业 ,2006,36(4):239-242,250.

[61] Schnoring H, Bomer B, Dahm M. Microcapsules with a defined opening temperature, a process for their production and their use[P]: US,4402856A. 1983-09-06.

[62] Onouchi T, Sugai H, Sekiguchi K, et al. Water-soluble microcapsules[P]: US,4898781A. 1990-02-06.

[63] Sheng T L, Shiji S, Paul A M, et al. Detergent composition[P]: EP，0653485A1. 1995-05-17.

[64] Bertleff W, Biastoch R, Boeckh D, et al. Microcapsules containing bleaching aids[P]: US, 5972508A. 1999-10-26.

[65] Cooper R. Encapsulation of calcium and phosphate ions in a toothpaste formulation[D]. Omaha: Creighton University, 2013.

[66] 张环 . 微胶囊化牙膏 [J]. 牙膏工业 , 2004(2):34-35.

[67] 易封萍，朴栖西 . 一种含有金佛手精油微胶囊的洗衣粉及其制备方法 [P]: 中国 ,108531298A. 2018-09-14.

[68] 徐春生 . 牙膏行业产品技术的最新进展与趋势展望 [J]. 日用化学品科学 , 2018, 041(008):1-3.

[69] 徐春生 . 中国口腔清洁护理用品技术发展的现状与趋势 [J]. 日用化学品科学 , 2019(8):11-16.

[70] Cefali L C, De Oliveira D C B, Franzini C M, et al. Development and evaluation of microencapsulated sunscreen [J]. Journal of Dispersion Science and Technology, 2018, 39(8):1149-1152.

[71] Lourenco S C, Torres C A, Nunes D, et al. Using a bacterial fucose-rich polysaccharide as encapsulation material

of bioactive compounds[J]. International Journal of Biological Macromolecules, 2017,104:1099-1106.

[72] Nosari A B, De Lima J F, Serra O A, et al. Improved green coffee oil antioxidant activity for cosmetical purpose by spray drying microencapsulation[J]. Revista Brasileira De Farmacognosia-Brazilian Journal of Pharmacognosy, 2015, 25(3):307-311.

[73] 高广宇, 李昊俣, 李明媛. 纳米脂质体技术在化妆品领域的应用相关专利分析 [J]. 江西化工, 2019 (2):184-186.

[74] 李立, 薛敏钊, 王伟, 等. 原位聚合法制备分散染料微胶囊 [J]. 精细化工, 2004,21(1):76-80.

[75] 荀育军. 微胶囊化有机颜料耐晒黄 G 的研制 [D]. 长沙: 中南大学, 2003.

[76] 胡亚康, 史丽敏, 王晓春, 等. 感温变色微胶囊印花工艺及其应用研究 [J]. 纺织导报, 2015 (11): 38-41.

[77] 高冬梅, 金菊花, 韩菲菲, 等. 纳米银微胶囊的抗菌整理 [J]. 毛纺科技, 2008(9):20-22.

[78] 胡心怡, 王韶辉. 芳香微胶囊整理织物的留香效果 [J]. 纺织学报,2009,30(7):93-98.

[79] 李月霞, 宋晓秋, 王景文, 等. 环糊精微胶囊对真丝织物的加香整理 [J]. 丝绸, 2013,50(01): 19-23.

[80] 贺晓亚, 彭庆慧. 阻燃整理对防辐射织物性能的影响 [J]. 印染, 2019,45(14):33-36.

[81] Luo W J, Yang W, Jiang S, et al. Microencapsulation of decabromodiphenyl ether by in situ polymerization: Preparation and characterization [J]. Polymer Degradation & Stability, 2007,92(7):1359-1364.

[82] 郝鸿飞, 刘晓艳. 胆固醇液晶热致变色微胶囊的制备及其性能 [J]. 纺织学报, 2017,38(6):75-79.

[83] 杨建, 张国庆, 刘国金, 等. 复合相变微胶囊制备及其在棉织物上的应用 [J]. 纺织学报, 2019,40(10):127-133.

[84] Onder E, Sarier N, Cimen E. Encapsulation of phase change materials by complex coacervation to improve thermal performance of woven fabrics[J]. Thermochimica Acta, 2008, 467(1-2):63-72.

[85] Xiao Z, Hou W, Kang Y, et al. Encapsulation and sustained release properties of watermelon flavor and its characteristic aroma compounds from γ-cyclodextrin inclusion complexes[J]. Food Hydrocolloids, 2019, 97:105202.

[86] Xiao Z, Kang Y, Hou W, et al. Microcapsules based on octenyl succinic anhydride (OSA)-modified starch and maltodextrins changing the composition and release property of rose essential oil[J]. International Journal of Biological Macromolecules, 2019, 137:132-138.

[87] Xiao Z, Xu J, Niu Y, et al. Effects of surface functional groups on the adhesion of SiO$_2$ nanospheres to bio-based materials[J]. Nanomaterials, 2019, 9(10):1411.

[88] Xiao Z, Jia J, Niu Y, et al. The adsorption mechanism of poly-methyl methacrylate microparticles onto paper cellulose fiber surfaces without crosslinking agents[J]. Journal of Applied Polymerence, 2020, 137(42):49269.

[89] Yuan Y, Li H, Liu C, et al. Fabrication and characterization of lutein-loaded nanoparticles based on zein and sophorolipid: Enhancement of water solubility, stability, and bioaccessibility[J]. Journal of Agricultural and Food Chemistry, 2019, 67(43): 11977-11985.

[90] Luo Y, Teng Z, Wang Q. Development of zein nanoparticles coated with carboxymethyl chitosan for encapsulation and controlled release of vitamin D$_3$[J]. Journal of Agricultural and Food Chemistry, 2012, 60(3):836-843.

[91] Yang J, Ciftci O N. In vitro bioaccessibility of fish oil-loaded hollow solid lipid micro-and nanoparticles[J]. Food & Function, 2020, 11(10):8637-8647.

[92] Shtay R, Keppler J K, Schrader K, et al. Encapsulation of (−)-epigallocatechin-3-gallate (EGCG）in solid lipid nanoparticles for food applications[J]. Journal of Food Engineering, 2019, 244:91-100.

第十一章

高分子微球和微囊在涂料中的应用

涂料广泛应用于建筑、家具、汽车、大型工业装置、纸张、电子设备、光纤等领域，主要起装饰性和保护性作用。装饰涂料主要用于改变建筑物、家具等的颜色、纹理和光泽，从而起到美化的作用。保护性涂料则起防腐蚀、防损坏的作用。

全球涂料 2018 年产量约 4800 万吨，产值约 1400 亿欧元[1]。其中，我国涂料总量 2515 万吨，其中建筑涂料产量 890 万吨，工业涂料总产量达 1625 万吨。在工业涂料中，工业防护涂料 1010 万吨，船舶涂料 80 万吨，集装箱涂料 35 万吨，车用涂料 21 万吨，工业木器涂料 155 万吨，粉末涂料 200 万吨。

涂料工业技术的发展主要受日益提高的环保法规和成本的压力而推动。当今，世界大部分国家和地区都规范了涂料行业的 VOC 排放。VOC 是指沸点低于 252.6℃ 的挥发性有机化合物。水性涂料中的 VOC 包括残余单体、溶剂、成膜助剂、防腐剂等。图 11-1 展现了过去 60 年里，家居涂料中 VOC 含量的变化[2]。由图可见，受环保法规的推动，涂料工业在降低 VOC 含量方面，取得了巨大的成就，目前正朝着近零 VOC 的目标而努力。

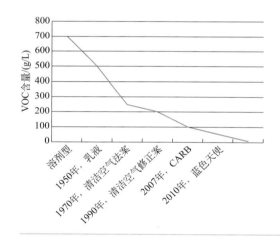

图11-1
受环保法规推动的涂料中VOC
含量的减排历史[2]

"十三五"期间，随着我国对大气污染治理的深入，大气质量明显改善，六项监测指标［细颗粒物（PM2.5）、可吸入颗粒物（PM10）、二氧化硫（SO_2）、二氧化氮（NO_2）、臭氧（O_3）、一氧化碳（CO）］中的五项迅速下降，唯有臭氧浓度稳步上升。臭氧浓度偏高与 NO_x 和 VOC 排放密切相关。溶剂型涂料、黏结剂、油墨是重要的 VOC 排放源。2017 年，我国溶剂型涂料产量超过 1000 万吨，占比 52%，水性涂料占比约为 35%。作为对比，溶剂型涂料在美国占比不到 30%，德国 20% 左右。涂料、胶黏剂、油墨领域的"油改水"空间巨大，对降低我国 VOC 排放、提高空气质量意义重大。

降低涂料中 VOC 含量主要依赖于不断优化高分子黏结料和涂料配方。早期的建筑涂料主要为油溶醇酸涂料，通过溶剂来溶解高分子。20 世纪 40 年代，水性建筑涂料开始使用，大大降低了 VOC 含量。时至今日，油性涂料主要用于工业涂料和少数地区、特殊用途的建筑涂料中。水性涂料主要包括水、有机溶剂、颜料、填料、高分子黏结料、流变改性剂及其他助剂。水性涂料是个典型的多组分体系，各组分间相互作用对涂料的稳定性、附着力、耐沾污性、光泽有重要的影响。高分子功能微球广泛用于水性涂料的黏结剂、颜料、流变调节剂等各类功能组分。用于水性涂料的高分子微球，主要由乳液聚合制得，通常又称为高分子胶乳（Latex）。高分子胶乳具有很好的流动性，其黏度远小于相同浓度的高分子溶液，便于涂层加工；干燥过程中，高分子微球在毛细管力的作用下，相互挤压、变形，高分子链彼此相互扩散，形成致密而且有强度的高分子薄膜，干燥过程释放的主要是水，因而相对于传统的溶剂型涂料具有突出的环保特性。

随着环保法规日益严格，涂料工业将持续改进高分子微球的组成和聚集态结构以进一步降低 VOC 含量。要完全消除 VOC 而不影响涂料的性能面临巨大挑战，要求精致地设计与调控高分子微球形态和发展新型室温交联技术，高分子功能微球的设计与开发日显重要[3]。

第一节
高分子胶乳/分散体的表征

高分子胶乳/分散体（Dispersions）为高分子微球稳定分散于水中的胶体体系，除高分子微球的化学组成和形态结构外，以下指标对其应用性能有重要影响[4]。

（1）固含量　将高分子胶乳干燥后（100 ～ 140℃下干燥至恒重），剩余的不挥发物的重量占高分子胶乳总重量的百分比，就是高分子胶乳固含量，主要包括高分子和少量残余引发剂、乳化剂、调节 pH 值而生成的无机盐。

（2）pH 值　高分子胶乳表面通常带有羧基和氨基等基团，调节 pH 值可调节高分子胶粒表面的电荷密度，从而调节高分子胶乳的稳定性，大部分高分子胶乳表面带羧基，pH 值通常调节至 7 ～ 9。

（3）表面张力　水的表面张力高达 72mN/m，高分子胶乳通常含有表面活性剂，表面张力要低一些。表面张力是涂料用高分子胶乳重要的性能指标，涂料的表面张力通常必须低于基材，以使良好地润湿基材表面，形成高质量的涂层。

（4）流变特性　对涂料来说，其流变性能是一个核心的加工参数。涂料通常为非牛顿流体，在低剪切速率下表现为高黏流体（甚至是固体）、在高剪切速率下成为低黏流体，这一性质避免了涂装过程的流挂，使得在任意形状的基材表面均可实现高质量的涂装。如何调节涂料的流变特性，以满足特定加工工艺的要求，是涂料配方研究的重要内容。通常通过各类增稠剂来调变涂料的流变特性。

（5）粒径与粒径分布　粒径和粒径分布是高分子胶乳的重要指标，其与胶乳的黏度、涂层表面质量有密切关系。对清漆来说，粒径越小，表面光泽度通常越高。

（6）胶体稳定性　高分子胶乳为热力学不稳定体系，通常通过外加离子型乳化剂和非离子型乳化剂来构建动力学稳定体系。受机械剪切作用、水中离子、溶剂等的影响，胶粒易发生聚并而失去稳定性。高分子胶乳需要具备足够的耐机械剪切稳定性、耐离子稳定性、耐溶剂稳定性。由于离子型乳化剂的存在，高分子胶粒表面带电荷，胶粒间发生静电排斥，使其难以聚并，非表面活性剂则可提高乳液的耐离子稳定性。Zeta电位可以表征胶粒表面电势，从而间接表征其稳定性。

第二节
功能高分子微球在水性涂料中的应用

水性涂料通常由颜料、填料、黏结料、水及各种助剂组成，其中颜料提供色彩和遮盖功能，而高分子微球黏结料则将颜料、填料黏结成一体，成为有一定力学强度的涂层，高分子黏结料是决定涂料性能的关键组分。例如，黏结料和涂料中的无机组分（颜填料）的比例（颜积比）对涂料的光泽和力学性能有重要的影响。

用于水性涂料的黏结料通常又称为高分子胶乳（Polymer Emulsion），为高分子微球的水分散液。高分子黏结料主要包括醋酸乙烯酯胶乳、丙烯酸酯胶乳和丁苯胶乳三大类。这些胶乳主要由乳液聚合制得，乳液聚合的聚合机理为自由基聚合。聚氨酯、环氧树脂等无法通过自由基聚合制得，这类高分子的分散体（Dispersions）则通过高分子溶液的相反转或直接乳化法制得，俗称为水性聚氨酯、水性环氧。高分子微球粒径通常在20～600nm之间，固含量则在20%～60%（质量分数）。高分子胶乳必须有良好的分散稳定性，以耐受涂料制备过程中搅拌剪切作用，同时具有足够的储存稳定性。但是，高分子胶乳如果太稳定，则会影响成膜过程和涂料的耐水性。高分子微球通常由阴离子和非离子型复合表面活性剂稳定，粒径通过表面活性剂含量调控，阴离子表面活性剂含量大约为 0.5% ～ 2%（质量分数，基于高分子），非离子表面活性剂可提高胶乳的冻融稳定性和耐盐特性。为进一步提高微球的分散稳定性，在乳液聚合过程中，通常会添加 1% ～ 3%（质量分数）的丙烯酸／甲基丙烯酸单体。乳化剂种类和用量对胶膜的耐水性有重要的影响。在胶膜中，乳化剂通常聚集成团，使涂膜耐水性变差，胶膜泡水后，乳化剂聚集体吸水，出现"水白"现象。为降低乳化剂对涂料性能的影响，反应型乳化剂使用日益受到重视。

黏结料的性能主要受以下几方面的影响：单体种类、高分子的分子量与分子量分布、高分子链结构（支化与交联）、玻璃化转变温度、粒径和粒径分布。含丁二烯单体的高分子在热和紫外的作用下最易黄变，因而耐候性不好，苯乙烯单体次之，丙烯酸酯单体则最不易黄变。醋酸乙烯酯乳液和苯丙乳液比丁苯乳液更易形成多孔性涂层。高分子的分子量通常必须大于 5 万，否则涂层力学强度低、性脆。乳液聚合的产物通常分子量都很高，可达百万，有时会加链转移剂，以调节分子量和分子量分布，后者对成膜过程的高分子链扩散有重要影响。

对于涂料应用来说，高分子微球的玻璃化转变温度是首先要设计的参数。为了获得性能良好的涂层，施工温度必须高于最低成膜温度（Minimum Film Formation Temperature，MFFT），以形成致密的涂层。一般，MFFT 略低于高分子胶乳的玻璃化转变温度。MFFT 主要取决于玻璃化转变温度，但平均分子量、组成、粒径也会对其有一定的影响。通常施工温度在 10 ～ 40℃，据此高分子的玻璃化转变温度应在 10 ～ 15℃间。但许多涂层的玻璃化转变温度要比这高，以达到最佳的使用性能。此时，涂料配方中必须加入成膜助剂，否则涂料难以成膜。成膜助剂将扩散进入胶乳粒子中，临时性地降低高分子的玻璃化转变温度和 MFFT，干燥成膜结束后，成膜助剂逐渐挥发，高分子玻璃化转变温度提高，涂膜的力学强度增强。装饰性和保护性涂层的使用温度通常在 −20 ～ 45℃之间，因而高分子胶乳的玻璃化转变温度通常设计在 0 ～ 50℃之间，低于 0℃时，涂层在室温下发黏、无强度；如远高于 50℃，涂层在室温下会发脆[4]。一般涂料颜积比（PVC）越低，高分子的玻璃化转变温度可以设计得越高。高分子胶乳通常为两元或多元的共聚物，通过共聚物组成调节玻璃化转变温度。无规共聚物的玻璃化转变温度通常可以通过 FOX 方程进行预测：

$$\frac{1}{T_g} = \frac{w_1}{T_{g1}} + \frac{w_2}{T_{g2}}$$

式中，w_1，w_2 分别为单体 1 和单体 2 的质量分数；T_{g1}，T_{g2} 分别为单体 1 和单体 2 的均聚物的玻璃化转变温度。除主单体外，高分子微球通常还含有 1% ～ 2%（质量分数）的丙烯酸／甲基丙烯酸单体和一些提供后交联能力的功能性单体（如丙烯酸羟乙酯），丙烯酸／甲基丙烯酸单体可增加高分子微球的稳定性，同时对提高胶膜的力学性能也有一定的帮助。

胶膜的亲/疏水性也是高分子微球设计的重要考量因素之一。醋酸乙烯酯、丙烯酸乙酯、丙烯酸甲酯是比较亲水的单体，而苯乙烯、丙烯酸异辛酯则是相对憎水的单体，胶膜的亲/疏水性主要由亲/疏水性单体的比例调节。

第三节
各类涂料用的典型高分子微球

高分子微球广泛应用于水性涂料或涂层中，主要应用领域包括建筑、工业防腐、汽车、交通与纸张处理等，在应用端，通常根据功能和成本需求，选用不同的高分子微球，简述如下[4]。

1．水性内墙涂料

由于水性涂料突出的环保特性，且易用、低气味、快干、良好的外观、颜色稳定、易于清洗，已成为内墙涂料的主流。内墙涂料通常要求低光泽（85℃的光泽度小于4%），光泽和颜色的均一性、遮盖性和易清洗性是关键指标。醋丙、醋乙、苯丙胶乳常用于光面内墙涂料，醋丙、苯丙和丙烯酸酯乳液常用于高光和亚光内墙涂料。为提高醋丙乳液的耐水性，可引入一些长侧链的乙烯酯憎水共聚单体。

2．外墙涂料

相比于内墙涂料，外墙涂料的耐候性、耐沾污性要求更高，其颜积比通常较低。丙烯酸酯胶乳由于突出的耐老化性能而更常用于外墙涂料。在人工成本较低的区域，也常用苯丙和醋丙胶乳。

3．弹性涂料

涂层具有优异的弹性，可以很好地桥接墙面由于热胀冷缩而引起的裂纹，可以阻止雨水渗入墙体，因而具有优异的装饰性和保护性，多用于砖石建筑的面涂。弹性涂料通常需要在一个较宽的温度范围内（−10 ～ 30℃）具有较好的抗张强度和断裂伸长率。用于弹性涂料的高分子胶乳玻璃化转变温度通常低于−20℃，高分子耐沾污性差，需要对高分子微球中引入硅橡胶或含氟材料进行改性，以提高其耐沾污性。

4．水性底涂

底涂是在基材与面涂之间的一层功能性涂层，其主要作用是[4]：
（1）促进对不同基材的黏结；

（2）防止污渍从基材迁移到面层；

（3）提高抗腐蚀能力；

（4）在尺寸稳定性不佳的基材和面涂间提供一个柔性缓冲层；

（5）降低基材的不规则性、缺陷和粗糙度。

通常底涂的固含量较高、PVC较低，不需要高的遮盖力和耐候性。如需防止污渍的迁移，底涂的高分子胶乳通常采用丙烯酸酯胶乳和苯丙等疏水性更强的高分子胶乳。

5．保护性工业涂料

保护性工业涂料通常用于工业设施、机器与设备、金属容器、木质家具、海洋防腐、交通标志涂料。工业涂料用于防腐以延长大型金属与混凝土构件的寿命，其性能要求较高，溶剂型涂料特别是醇酸漆占主导地位，近年来，随着环保法规日益严厉，在轻、中等防腐领域，水性涂料增长迅速，我国的集装箱涂料已实现水性化。

在水性工业涂料中，丙烯酸酯乳液的应用最为常见，水性环氧、聚氨酯和乳化的醇酸树脂也有应用。用于工业涂料的丙烯酸酯乳液的玻璃化转变温度通常为30～60℃，高于装饰性涂料，以提高保护性。另外，通常需降低分子量以提高成膜性，提高疏水性（如增加苯乙烯、丙烯酸异辛酯的用量）以提高对水和离子的阻隔性能，有时也会加入丙烯腈以提高其耐油性。在工厂涂装领域，还可用热固性的丙烯酸酯体系。

6．交通标志涂料

交通标志漆已大量使用水性涂料，高分子黏结料要对反射玻璃微珠有高的黏结力，通常采用丙烯酸酯乳液；同时，配方的固含量高达60%左右，以尽可能降低水含量、利于快速干燥。

7．汽车水性涂料

受低VOC排放法规的推动，水性涂料已大量应用于车用涂料。车用涂层包括电泳涂料、底涂、中涂和面涂等四层。每层的功用不一：电泳涂料起长期的防腐作用，底涂要有良好的黏结力和抗石击能力，中涂则赋予最佳的视觉效果和耐久的颜色，面涂则用于抵抗太阳辐射和空气污染。除面涂外，其他均为水性涂料，各涂层用的高分子微球性质如表11-1所示[4]。

表11-1　汽车水性涂料高分子微球性质

涂层	微球化学组成	电荷种类	制备方法
电泳涂料	氨基环氧	阳离子	乳化分散
底涂	聚酯	阴离子	乳化分散

涂层	微球化学组成	电荷种类	制备方法
中涂	聚丙烯酸酯	阴离子	乳化分散
中涂	聚丙烯酸酯	阴离子	乳液聚合
中涂	聚酯	阴离子	乳化分散
中涂	聚氨酯	阴离子、非离子	乳化分散
中涂	丙烯酸酯改性聚氨酯	阴离子	乳化分散

电泳涂料起防腐作用，其树脂必须具有优异的水解稳定性和耐盐特性，同时必须与上一层涂层有优异的黏结性。目前，用得最多的是氨基改性的环氧树脂，环氧树脂主链通常由柔性的聚酯、聚醚二元醇、低玻璃化转变温度的脂肪族环氧等组成，环氧树脂与多元胺反应，引入氨基，随后通过有机酸中和氨基而分散于水中。环氧树脂开环后形成的羟基将与异氰酸酯反应，形成交联结构。

底涂喷涂于电泳涂料之上，其主要作用是增加中涂与电泳层的黏结，同时具有良好的抗石击性能，除此之外，还需良好的耐老化性能，以免紫外降解而引起分层。主流产品为聚酯和聚酯－聚氨酯，聚酯的端基为羟基和羧基，酸值通常控制在 35 ～ 60mg KOH/g。用氨中和聚酯上的羧基，从而将聚酯分散于水中，羟基则提供了三聚氰胺的交联位点。为避免使用乳化剂，可引入亲水性的共聚功能单体。

中涂和面涂（清漆）对车的外观视觉效果极为重要，它们必须具备以下特性：高光泽；金属光泽效果；高耐候和耐化学品性质；易于修补和抛光。

中涂的树脂包括丙烯酸酯乳液、水性聚酯、水性聚氨酯等。由于聚丙烯酸酯链中极易引入羧基、羟基、酰胺等功能基团，丙烯酸酯乳液正成为中涂的主流。硬核软壳结构丙烯酸酯胶乳已成为水性金属中涂漆的主要高分子树脂。软壳由疏水性单体和较大量的羧基单体组成，当 pH 值在 7.0 ～ 8.0 之间时，阴离子的壳层赋予涂料假塑性的流变特性，喷涂后，金属铝片在湿漆膜中形成平行性的取向结构，从而使漆膜变现出强烈的金属光泽和色炫。可后交联的高分子胶乳可用于热固性汽车漆。低玻璃化转变温度的聚丙烯酰胺在不需成膜助剂下即可形成致密的漆膜，通过水溶或水分散烷基化三聚氰胺甲醛树脂作交联剂，交联后即可使漆膜达到所需的力学强度。

在溶剂型面漆中还会利用到微凝胶这种功能性微球。微凝胶是一种具有内交联结构的微球，通常由乳液聚合制备，以避免宏观网络结构的形成。微凝胶微球直径通常在亚微米，可在溶剂中溶胀，作为面漆的流变调节剂使用。涂料的流变特性非常重要，必须同时具有良好的喷涂性、防流挂和流平性。在喷枪中，黏度必须低，而一旦涂料触及车体时，黏度必须非常高，以阻止流挂。涂料必须有剪切变稀的特性。溶胀型丙烯酸酯微凝胶已广泛用于赋予涂料触变特性，对形成车用涂料的颜料取向结构至关重要。同时，加入这些微凝胶粒子后，中涂中的颜料排列方式不会受到面涂施工的影响。在最终的涂膜中，微凝胶与丙烯酸酯黏结料的折射率几乎一致，因此不会影响炫色。微凝胶粒子的粒径、交联密度、共聚物组成、粒子形态、表面改性对涂料的性能均有很大的影响。

车用涂层对耐候性和视觉效果的要求远高于其他涂层。为保证优异的流平效果，车用涂料树脂的分子量都比较低，这些树脂的合成通常以丙烯酸酯单体（甲基丙烯酸、丙烯酸丁酯、甲基丙烯酸丁酯），功能单体（丙烯酸羟乙酯、甲基丙烯酸羟乙酯）与亲水性单体丙烯酸为原料，在醇溶剂中进行溶液聚合。树脂的酸值通常在 40 ~ 60mg KOH/g，分子量 <6000。树脂通过有机胺中和、分散、乳化成水分散体。所有的汽车漆都需要通过后交联反应来提高漆膜的硬度、耐磨和耐溶剂性。羟基可与三聚氰胺、异氰酸酯发生交联反应，羧基可以和环氧、氮丙啶、碳二亚胺发生交联反应，常用的后交联反应如图 11-2 所示[4]。

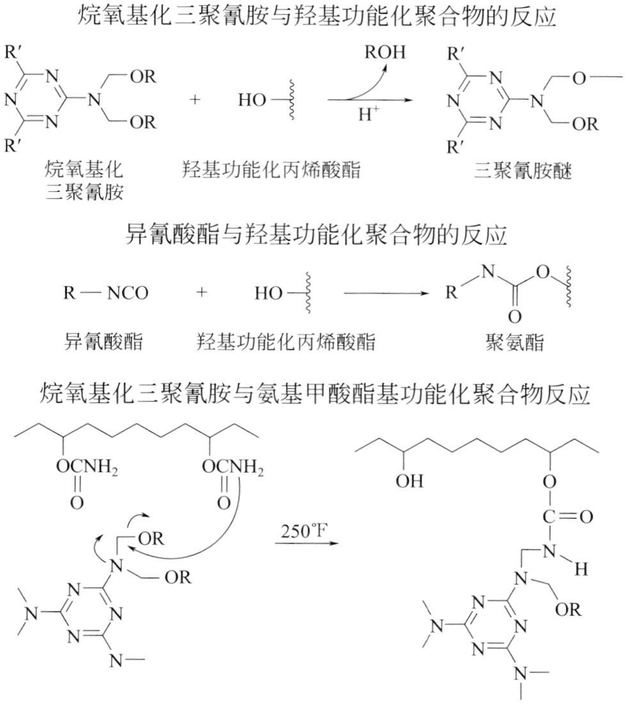

烷氧基化三聚氰胺与羟基功能化聚合物的反应

烷氧基化
三聚氰胺　　　羟基功能化丙烯酸酯　　　三聚氰胺醚

异氰酸酯与羟基功能化聚合物的反应

异氰酸酯　　　羟基功能化丙烯酸酯　　　聚氨酯

烷氧基化三聚氰胺与氨基甲酸酯基功能化聚合物反应

图11-2
汽车涂料中常用后交联反应[4]
$t/^{\circ}\mathrm{C} = \dfrac{5}{9}(t/^{\circ}\mathrm{F} - 32)$，下同

含羟基或酰胺基的丙烯酸酯树脂与三聚氰胺甲醛树脂在 130℃下可发生交联反应，产品具有很高的光泽和耐久性，该反应可用酸催化。羟基与异氰酸酯的交

联反应则常用于阳极电泳涂料中。

另一类常用于涂料的后交联反应为酮羰基和酰肼基加成反应，该反应为可逆反应，水存在、碱性条件下几乎不反应，干燥后，氨挥发后，在酸性条件下发生交联反应，反应机理如图 11-3 所示。

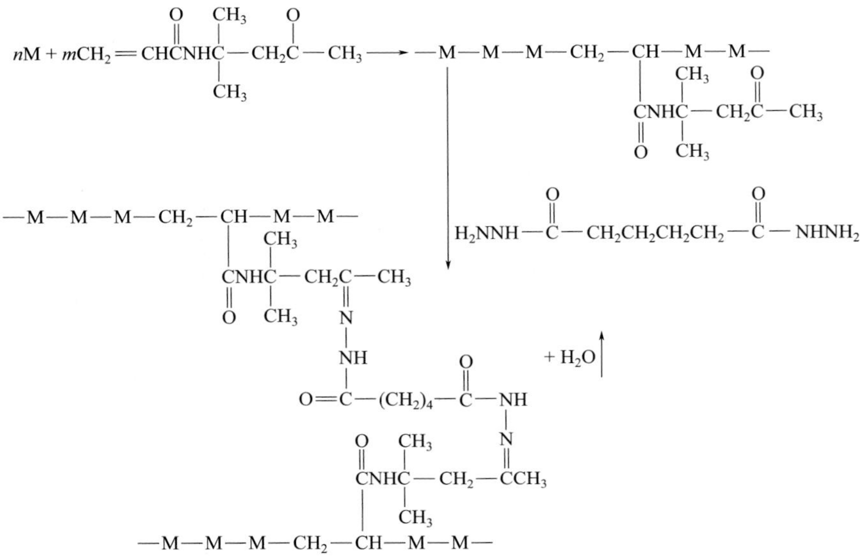

图11-3 酮羰基和酰肼基加成反应生成腙与水的反应机理

8. 纸涂层

高分子微球乳液大量用于纸张的表面处理，作为施胶剂和涂层黏结料。其作用在于使纸张表面平整和均一、高亮、高不透明性、高强。施胶剂的作用是提高纸张表面的疏水性。高分子的施胶剂通常为核-壳结构的丙烯酸酯共聚胶乳，其壳层为被水溶胀的阴离子或阳离子的保护胶体，增强其与淀粉和纸纤维的相容性，核为疏水性的聚丙烯酸酯共聚物。

纸张涂层由颜料和黏结料组成，常用的黏结料包括：丁苯胶乳、苯丙胶乳、纯丙胶乳、醋酸乙烯酯胶乳、醋丙胶乳、醋乙胶乳。不同结构的黏结料将影响纸张的以下性能：干强度、湿强度、光泽、光亮、平整度、空隙率、可压缩性、模量、吸墨性、油墨干燥速度、吸水性、起泡性等。平板印刷的黏结料玻璃化转变温度通常在 0 ~ 30℃，而用于凹版印刷的黏结料，其玻璃化转变温度通常设定在 0℃以下。高分子胶乳的粒径通常在 100 ~ 300nm，随着粒径下降，涂料的黏度上升，湿强度提高。纸张强度和阻泡性与高分子结构密切相关，强度随着凝胶含量、分子量增加而增加，但通常也更易起泡，所以需要通过聚合工艺合理调整高分子结构。

第四节
低VOC水性涂料用高分子微球

    高分子微球在水性涂料中起关键性的作用，良好的成膜性和一定的力学性能是涂料用高分子微球的最基本要求。成膜质量对涂料性能起关键性作用，涂料的力学性能除受高分子链结构影响外，还受水性涂料成膜后期高分子链在粒子间的相互扩散和缠结的影响。添加成膜助剂和降低高分子玻璃化转变温度（T_g）有助于提高成膜质量。为保证优良的力学性能，现有水性涂料中，高分子胶乳的玻璃化转变温度设计在50℃左右，在通常施工温度（10 ~ 40℃）下，必须添加一定量的成膜助剂，以形成致密的胶膜。随着环保法规日益严厉，低VOC甚至零VOC水性涂料的开发，成为重要的课题。在低VOC含量的涂料中，为获得良好成膜质量，通常必须使用低玻璃化转变温度胶乳，但低玻璃化转变温度的涂层硬度低，耐沾污性差。如何解决涂膜力学性能和涂膜的成膜性这一内在矛盾是近零VOC水性涂料设计的关键。

一、胶乳共混

    高分子胶乳共混复合技术有助于解决前述问题。共混体系通常由低玻璃化转变温度和高玻璃化转变温度两种胶乳组成，低玻璃化转变温度的胶乳提供成膜性能，而高玻璃化转变温度胶乳则起力学增强作用。加拿大多伦多大学的 Winnik 教授率先提出通过乳液共混来制备零VOC水性涂料的想法，并研究了软/硬复合乳液的成膜过程[5]。其研究发现：硬胶粒在成膜过程中不会变形，软胶粒则作为硬胶粒的黏结剂，软/硬胶乳粒的粒径比对于共混胶乳能否成透明膜很重要。要形成透明膜，硬胶粒的粒径至少要小于可见光的波长，软胶粒的体积分数必须高于50%。硬胶粒的质量分数（ϕ）对共混胶膜的力学性能有显著的影响[6]。随着 ϕ 的增大，拉伸强度不断增加，在 ϕ 为0.3时拉伸强度增大了大约67%；当 ϕ 超过0.3时共混乳液膜的拉伸强度就开始下降。软胶粒的 T_g 以及软乳粒与硬胶粒的粒径比 SR 对共混胶乳中硬胶粒的最大质量分数 ϕ_{max} 的影响（ϕ_{max} 表示能够形成透明无裂纹胶膜时，硬胶粒占软硬胶乳总重量的百分比）：当 T_g（软）<0℃时，ϕ_{max} 为常数0.55；0℃ <T_g（软）<17℃时，ϕ_{max} 从0.55降到0；T_g（软）>17℃时成膜带有裂纹；而 SR 对 ϕ_{max} 影响很小。

    EL-Aasser 等人研究了软/硬胶粒表面羧基的存在对胶乳成膜行为的影响[7]。研究表明：无论羧基是存在于软胶粒的表面还是硬胶粒的表面都会降低共混胶乳的成膜速度，当水的挥发百分率降低到50%，后成膜速度的差别就不是很大了。对存在于胶乳粒表面上的羧基进行中和对成膜行为的影响取决于羧基在硬胶粒表面上的覆盖率和用来中和羧基的碱的性质。此外，他们还对硬胶粒上羧基的存在对力学性能的影响进行了研究，发现：硬胶粒最大体积分数在 50% ~ 60% 之间时，硬胶粒表面的羧基可提高膜的拉伸强度和杨氏模量。

有研究者提出，为改进涂层性能，在涂层中硬相高分子应形成逾渗结构，通过不同硬/软高分子微球的共混可以实现这一结构（如图 11-4）[8]，这种结构难以通过简单胶乳共混来实现。

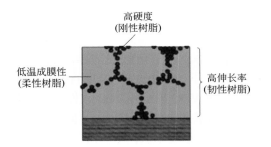

图11-4
低VOC涂料涂层结构的设计[8]

二、结构型胶乳

将两种不同的胶乳粒子共混时常会引起相分离。如果两种粒子的折射率不匹配，胶膜要发雾。解决这一问题的方法是通过种子乳液聚合设计制备结构型胶乳粒子。通过控制聚合过程中不同阶段不同单体的滴加顺序和速度，可以得到不同高分子微球的形态结构（如图 11-5）[3]。

(a) 树莓状结构　　(b) 多相区结构　　(c) 核-壳结构　　(d) 花生状结构　　(e) 多瓣状结构

图11-5　乳液聚合制备的高分子微球形态结构[3]

高分子微球的最终形态结构并不简单依赖于加料顺序而是由反应热力学和动力学共同决定。从热力学上说，由于聚合在水介质中进行，亲水性单体总是倾向聚集于微球的外部，而疏水性单体则相反[9]。有时，通过改变加料顺序、通过动力学因素来获得与热力学稳态相反的亚稳态结构[10]。要细致表征高分子微球的形态结构并不容易，早期通过电镜直接观察并无法解析复杂的结构，更先进的一些表征手段则包括荧光共振能量转移谱、液腔透射电镜、固体核磁等技术。

相比于胶乳共混体系，核-壳结构高分子微球有望在保持良好成膜性的条件下，获得力学性能更优良的涂层。研究者通过调节粒径和核-壳比例在室温下可以得到透明并具有好的力学性能的膜。对于软核（PBA）硬壳（PMMA）胶乳膜体系，尽管相邻胶粒的壳之间的界面结合力很弱，胶膜仍然同时具有高的屈服应力和优异的延展性，其性能明显好于胶乳共混体系[11]。后者所得的胶膜却是要么具有好的延展性但是软、要么硬而脆。胶乳粒的薄壳之间通过表面张力紧密结合，软核分散在由薄壳形成的连续的硬相中。连续的硬相使体系具有刚性，因此胶膜不发黏。共混乳液膜因为硬相组分的体积分数很小，连续相是由软粒子组成的，它控制着膜的力学性能，使得弹性模量低而发黏。对于软壳硬核结构的胶乳形成的胶乳膜，研究发现分散均匀的极细硬粒子有很强的力学增强作用。涂膜的力学性能随硬粒子含量的增大而增强，并且远高于高分子填充体系的理论预测值，与理论预测相反，断裂伸长率并没有随拉伸强度的增加而大幅度下降[12]。

涂料的流变特性对其施工性和涂层外观有重要影响，缔合型增稠剂通过其疏水基团可逆"桥接"高分子黏结微球，从而实现剪切变稀特性。为提高"桥接"效果，有专利报道，将传统球形粒子设计成如图11-6所示多叶形粒子。这种独特的几何构型增加了比表面积，从而可降低增稠剂的用量，有望降低涂料成本并且提高涂料性能[13]。

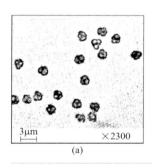
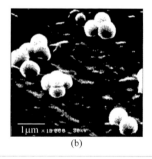

图11-6
多叶胶乳粒子形貌：（a）光学显微图片；（b）电子显微图片[13]

第五节
中空高分子微球

对涂料性能评价的一个重要指标是遮盖力。涂层遮盖的原理在于光线在到达基材前即被完全散射，遮盖力差的涂料需要多次涂刷才能获得满意的涂装效果，如何提高涂膜的散射强度是提高遮盖力的关键。不同配方组成对涂层遮盖的影响可以用 MIE 理论来描述[14,15]。散射强度取决于涂膜中分散相的尺寸和分散相与连续相的折射率差。大部分高分子的折射率约为 1.5。TiO_2 的折射率高达 2.7，纳米 TiO_2 是工业涂料中最有效的遮盖剂之一[16]。在涂料主要组分的全生命周期环境评价中，TiO_2 环境印迹最为显著[2]，且 TiO_2 是建筑涂料中最贵的组分之一，其减量使用不仅有利于降低涂料成本，也可进一步降低涂料的环境影响。

中空高分子微球是一种替代 TiO_2 的白色颜料或遮盖剂[17]，已广泛应用于涂料中。本质上，中空微球的使用是将纳米空气（折射率为 1.0）引入涂膜中，其与高分子的折射率差虽比 TiO_2 小，但仍很显著[18]。另外，与常用的白色颜料 TiO_2 相比，高分子中空微球密度更低，耐紫外线更好，具有更低的热膨胀系数、低成本的优势。光散射的效果由壳层高分子与空气的折射率差、空气芯的大小决定。因此，空气芯的大小（250 ~ 300nm）必须严格控制，以达到最佳的遮盖效果[19]。此外，涂膜的遮盖力直接正比于中空微球的使用量，而不会像纳米 TiO_2 那样，随着 TiO_2 用量的增加，TiO_2 粒子间的聚并变得严重，导致遮盖力随着用量增加而减弱[20]。高分子中空微球平均粒径大约在 0.5 ~ 1.2μm，空隙率大约在 40 ~ 60%。在涂料配方中，高分子中空微球可以在不损失遮盖力的条件下，替代 10% ~ 20% 的 TiO_2。商业上使用的高分子中空微球壳层主要为丙烯酸酯或苯乙烯/丙烯酸酯共聚物，其在 20 世纪 80 年代首先由 ROHM&HASS 实现商业化[21]，BASF 将高分子中空微球用于内、外墙涂料中[22]，道化学公司则将羧基化苯乙烯/丙烯酸酯共聚物中空微球用于纸张和纸板的增白颜料[23, 24]。

工业上，高分子中空微球的制备主要应用渗透压溶胀法。首先制备一种核-壳高分子微球，其中芯为含 10% ~ 30%（甲基）丙烯酸的亲水性共聚物，壳层则为更疏水的苯乙烯/丙烯酸酯共聚物。在高于壳层玻璃化转变温度下，加碱将芯中的羧基离子化，在渗透压作用下，水被吸入到芯中，水蒸发后即形成中空结构[17]。为降低芯表面的亲水性以便形成疏水的壳层，有时会引入中间层。

另一种制备高分子中空微球的方法是种子乳液聚合。控制聚合配方和工艺使聚合主要发生在种子的表面，从而形成高分子壳层。在形成壳层的过程中，溶胀的单体和处于中心的种子高分子一道移至聚合场所，形成中空结构[25,26]。种子和交联壳层高分子的不相容性、聚合过程的体积收缩、渗透压的作用，使中空结构进一步扩大。引发体系、疏/亲水单体对、相分离对完整中空结构的形成有重要影响。引发体系将聚合反应控制于种子表面；单体对的设计须有利于吸附自由基低聚物和吸纳种子高分子；与此同时，种子高分子和壳层高分子要快速实现相分离。中空微球通常为球形，种子乳液聚合还可应用于制备非球形的中空结构[27]。这种非球形的中空结构作为白色颜料时有更高的遮盖力。

第六节
高分子复合微球

一、高分子/TiO₂复合微球

为提高 TiO₂ 在涂层中的分散性，提出了将高分子微球预先组装在 TiO₂ 粒子表面的想法（如图 11-7）[2]。这种高分子/颜料复合微球使得 TiO₂ 可更均匀地分散，从而提高遮盖力（如图 11-8）[20]。在相同遮盖效果条件下，TiO₂ 的使用量可以降低 20% 甚至更多。使用复合微球的另一好处是：涂膜的缺陷更少、更为致密，因而有更好的阻隔性能、抗沾污性能、耐擦洗性能、耐粉化性能、耐盐雾性能（如图 11-9）[2]。用于预组装用途的高分子微球不仅要满足黏结性能要求，还要精确控制其与 TiO₂ 粒子的相互作用，如果相互作用太弱，高分子微球无法吸附到 TiO₂ 粒子表面；如果过强，则会使体系失稳，产生聚并物或凝胶。

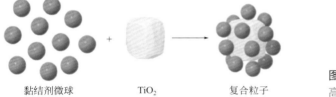

黏结剂微球　　　　TiO₂　　　　复合粒子

图11-7
高分子/颜料复合微球[2]

常规涂料　　　　　　　　　　　复合粒子涂料

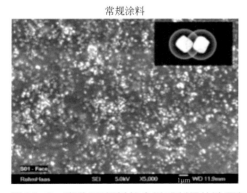

图11-8　高分子/颜料复合微球制得的涂层与常规涂层形态结构对比[20]

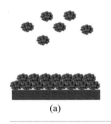
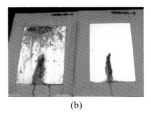

图11-9
普通涂料与复合微球涂料耐盐
雾试验结果对比[2]

二、加尼斯（Janus）粒子

近来，加尼斯粒子的合成与应用受到广泛关注。加尼斯粒子的两面由不同性质的高分子组成，其可视为胶体版的表面活性剂分子[28]。加尼斯粒子在涂料领域一个重要的潜在应用是用其稳定乳液[29]，从而有望消除表面活性剂分子给涂层的力学性能、耐水性能带来的不良影响。此外，加尼斯粒子可以作为一种非常独特的黏结料[30,31]。加尼斯粒子的合成通常都较为特殊，难以工业放大，尚需开发一些通用且易于放大的合成工艺。

第七节
功能与智能涂料用高分子微球

智能材料是指能对外界刺激做出响应的材料，当把智能材料嵌入涂料配方后，涂膜就具有适应环境变化的功能。据预测，智能涂料的市场将从 2015 年的 6.1 亿美元快速增加到 2020 年的 58 亿美元[32]。防止生物吸附的绿色海洋防污涂料受到广泛的关注，含氟高分子微球制得的涂层具有超疏水特性，防污效果优异。在空气污染严重的地区，建筑外墙涂料对自清洁功能有重要的需求，人们尝试通过模仿荷叶效应[33]，构建超疏水涂层来实现自清洁功能。超疏水表面是指与水接触角超过 150°、迟滞角低于 10° 的表面[34]，其通常通过疏水性微球在表面构建具有微纳米粗糙度的结构来实现。超疏水涂层对亲水性污渍有一定的自清洁效果。对于油性污渍则需依赖憎油的含氟高分子微球[35]。市面上所谓的自清洁或易清洁涂料主要是提高了涂膜的憎水性。现有超疏水涂层的耐久性差，附着力不尽人意，制备具有实际应用价值的超疏水涂层还有诸多困难。首先，是成本问题，含氟高分子成本非常高；其次，要通过涂料直接制备出精致的表面结构并不容易；再次，要在超疏水的条件下，保持涂膜的光泽和附着力也有困难[3]。

建筑能耗占社会总能耗的三分之一，建筑能效的提高对节约能源有重要意义。将纳米 TiO_2 组装在高分子中空微球表面，形成杂化粒子，将其应用于外墙涂料中，可以同时起到反射太阳光和降低热导率的效果，可反射 87.3% 的阳光、热导率与传统涂料比降低为 $1/9$[36]。

甲醛是一种致癌物。室内的家具、地毯等通常会持续释放甲醛。为提高建筑能效，建筑的密封性日益增强，使得室内甲醛污染问题日受重视。在高分子微球中引入可与甲醛反应的功能基团，可实现室内空气净化功能。例如，壳聚糖已被用于改性中空高分子微球，壳聚糖表面丰富的伯氨基可以与甲醛反应生成席夫碱，从而净化室内空气[37]。

对于油管、飞行器等这些应用领域，保证涂层的完整性非常重要，但涂层修复成本非常高，因此需要开发自修复涂层。一种典型的设计思路是：将反应性的修补组分分别包裹于不同的高分子微囊中，涂层被破坏的同时，微囊也被破坏，修补液流出，进行修补。由 SiO_2 和 TiO_2 作为皮科林（Pickering）稳定剂的聚甲基丙烯酸 -2-（N,N- 双乙基氨基）乙酯微囊被用于自修复的疏水涂料[38]。氨基质子化和 TiO_2 UV 诱导光催化作用下壳层降解将触发包裹物的释放[39]。

第八节
RAFT 乳液聚合及其在高分子功能微球中的应用

乳液聚合是制备高分子胶乳的主要方法，其聚合机理属于自由基聚合。传统自由基聚合对高分子链结构的调控能力弱，仅能实现平均分子量、共聚物组成的调控，产品主要为无规共聚物[40]。无规共聚物只有一个玻璃化转变温度，因此涂层通常表现出"热黏冷脆"的问题。在乳液聚合中，可以通过核 - 壳高分子微球的设计[41]、后交联等技术一定程度上解决这一问题，但远不能满足涂层的对高强、高韧、适用温度宽的性能需求。

20 世纪 90 年代，活性 / 可控自由基聚合的研究取得突破，形成了可逆加成断裂链转移自由基聚合（RAFT）[42]、原子转移自由基聚合（ATRP）[43,44]、氮氧自由基聚合（NMP）等[45]三大主流技术。活性 / 可控自由基聚合化学的进展为可控制备嵌段共聚物胶乳提供了可能性。活性 / 可控自由基聚合研究取得突破后，研究者们几乎同步开展活性 / 可控自由基乳液聚合的研究。在乳液聚合中，聚合反应主要发生在 100nm 左右的胶乳粒子中，动力学特征符合所谓的 "0-1" 模型：

胶乳粒内要么没有自由基、要么只有一个自由基。因此，单个自由基被隔离在不同粒子中从而难以相互终止，从而大幅度降低双自由基终止反应速率。利用乳液聚合这一纳米隔离效应，有望克服活性／可控自由基聚合中仍存在不可逆双自由基终止反应这一内在缺陷，从而实现高分子量聚合产物高效且可控的制备。理论和实验研究都表明[46]，仅有 RAFT 聚合可表现出强烈的自由基隔离效应，而ATRP 和 NMP 即使在乳液聚合中也无法实现快速聚合。

RAFT 乳液聚合与传统乳液聚合在工艺上非常相近，但在配方中需依聚合产物分子量的要求引入不同量的聚合调控剂：RAFT 试剂（通常为二硫酯或三硫酯化合物）。由于 RAFT 试剂是一种可逆的链转移剂，在研究的初期，研究者们认为 RAFT 试剂的引入不应对乳液聚合有显著影响。但以经典的乳液聚合配方和工艺来实施 RAFT 聚合时，聚合过程往往会出现乳液失稳、分子量失控、分子量分布偏宽的问题[47-51]。随后，众多研究者对 RAFT 乳液聚合展开了细致而系统的研究。经近 20 年的持续努力，对 RAFT 乳液聚合机理已有比较明确的认识，揭示了乳液失稳、分子量失控、分子量分布偏宽的机理，发明了以合适结构的双亲性大分子 RAFT 试剂为乳化剂和聚合调控剂的 RAFT 乳液聚合方法，研究了制备高分子量、窄分子量分布多嵌段共聚物的工艺技术，开启了开发新一代基于嵌段共聚物胶乳的涂料用高性能高分子之门[52]。

一、嵌段共聚物胶乳

嵌段共聚物就是两种不同的高分子主链通过化学键连接而成的共聚物。通常两种高分子链互不相容，因而嵌段共聚物通常表现出微相分离的纳米聚集态结构，其特征尺寸可依据嵌段分子量来精确调控，相态结构则依共聚物组成的不同而变化。Bates 等人认为随着活性／可控自由基聚合等合成技术的发展，将有更多的不同性质单体可用于制备不同结构的嵌段共聚物，通过增加单体数、链段数和调变链段的组合方式，可以调控材料的组成、纳米聚集态的几何形态和对称性，从而为新材料和新产品的定制提供了近乎无限的可能性[53]。Leibler 等人则认为嵌段共聚物将促成一个纳米塑料的时代[54]。

通过 RAFT 乳液聚合可在温和的条件下高效且可控地制备高活性、高分子量聚合产物，使其成为定制新型嵌段共聚物的平台型技术，制备出不同组成和预设粒子形态结构的嵌段共聚物胶乳。应用"软"单体和"硬"单体，可设计合成以硬单体链段组成的纳米微区为物理交联点的热塑性弹性体，这种材料集塑料的强度、可加工性和橡胶的高弹性与韧性于一体，具有高强、高韧的特征，同时可有效解决传统无规共聚物"热黏冷脆"的问题，将可能是新一代的高性能涂层材料。同时，以双亲性大分子 RAFT(macroRAFT) 为乳化剂进行的 RAFT 乳液聚合，其产物为嵌段共聚物无皂胶乳，这对改善涂膜的耐水性非常有益。

图 11-10 所示为 RAFT 乳液聚合制备得到的 SIS 胶乳。由图 11-10（b）可见 [55]，嵌段共聚物胶乳可展现出精致的三层结构，分别为聚苯乙烯最外层、聚异戊二烯中间层以及聚苯乙烯最内层，除层状结构外，微球的形态可方便地由嵌段共聚物组成来调控。除 SIS 和 SBS 外，还制得了高分子量聚苯乙烯 - 聚丙烯酸正丁酯 - 聚苯乙烯三嵌段共聚物（SnBAS）热塑性弹性体 [56]。当 SnBAS 材料苯乙烯段组成在 40% ~ 50%（质量分数）时，最终材料的断裂强度达到 10MPa，而断裂伸长率达到 500%。在相同单体组成和平均分子量情况下，三嵌段共聚物力学性能

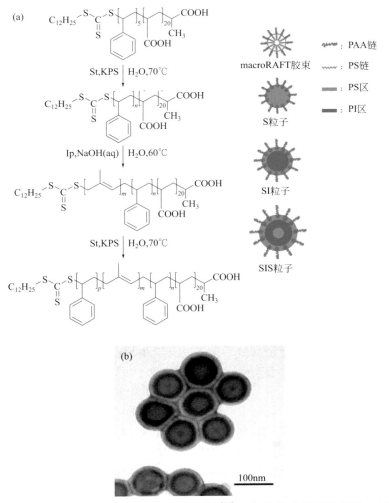

图11-10 RAFT乳液聚合制备SIS胶乳[55]：（a）聚合机理示意图；（b）胶乳粒子电镜图

明显优于无规共聚物（如图11-11），在保留较高的断裂伸长率情况下，断裂强度与无规共聚物相比有明显提升。除 SnBAS 外，还合成了 SMAS、SEAS、SEHAS[57]、S/AN-BA-S/AN[58] 等新型三嵌段共聚物材料。通过改变中间链段的侧基大小，可以调控高分子材料的链缠结密度，从而调变材料的力学特性。随着侧基的减小，链缠结密度增加，弹性体的模量、强度和断裂伸长率都可大幅度提高[57]。通过在苯乙烯链段中引入丙烯腈，可以进一步提高材料的极性，提高弹性体的耐油性。

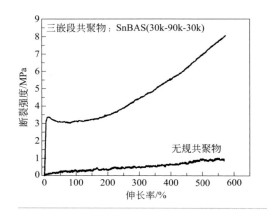

图11-11
组成和平均分子量相同下 SnBAS三嵌段共聚物与无规共聚物的拉伸性能比较[59]

二、梯度共聚物胶乳

梯度共聚物的单体序列结构介于嵌段共聚物和无规共聚物之间，其单体组成沿高分子分子链的一端到另一端呈一定梯度分布[60]。依据 RAFT 乳液聚合具有高活性、高聚合速率等特点，发展出一种多步投料可控制备梯度共聚物胶乳新方法（如图11-12）。通过多步依序添加预设组成的单体，每次加料后，直到单体基本反应完全，再进行后续加料，使得每个极短链段的组成等于其对应的加料单体组成，该方法可高效、简便地定制高分子量梯度共聚物[61]。

在相同单体组成（苯乙烯质量分数为55%）和分子量（9万）情况下，梯度共聚物聚（苯乙烯 -g- 丙烯酸丁酯）拉伸性能与嵌段共聚物在室温下具有明显差异[62]，线性梯度共聚物（LG）相比于两嵌段共聚物（DI），表现出优良的弹性体性能，断裂伸长率高达 370%（如图11-13）。如将苯乙烯单元的组成设计成沿链长方向先减小后增加的 V 字形，可得到 V 形梯度共聚物（VG）。相比于同组成嵌段共聚物 SBAS 三嵌段共聚物，双向梯度共聚物弹性模量更低，断裂伸长率更高，而断裂强度几乎一样。梯度共聚物中的过渡相能够减弱相界面的应力集中，抑制空穴的生成乃至断裂，因而梯度共聚物中断裂伸长率和断裂强度能够同时得以提升，这是一般材料难以实现的。由于梯度共聚物存在宽玻璃化转变温度，梯度共聚物胶乳可应用阻尼减震涂料中。

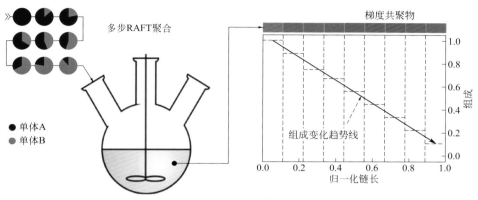

图11-12 "多嵌段"法制备梯度共聚物示意图[61]

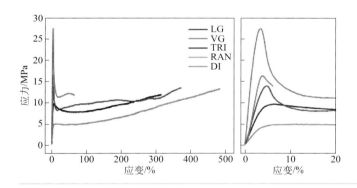

图11-13

室温条件下各种共聚物拉伸性能曲线[62]，LG, VG,TRI,RAN,DI分别代表线性梯度、V形梯度、三嵌段、无规、两嵌段共聚物

三、嵌段共聚物胶乳智能颜料

传统的颜料或染料通过生色基团对可见光的吸收作用而产生颜色，其在印染过程中会产生大量废水[63]、在印品回收过程中分离困难，不符合绿色环保的理念。物理结构生色大量见于生物界[64, 65]，其通过周期性聚集态结构设计，制造光学禁带而产生颜色，一旦周期性的物理结构受到破坏，颜色就消失了，因此物理结构生色材料不仅有望避免由传统颜料和染料生产与使用过程中的重污染问题，且由于其独特的结构与光学性质能够用于伪装涂层等领域。

通过亚微米大小的胶体颗粒自组装形成胶体光子晶体是一种研究最为广泛的

制备结构生色材料的方法[66,67]。其中原料胶乳粒子的粒径与粒径分布对胶体晶体的形成尤为重要。经典的无皂乳液聚合可以简便制备出单分散高分子粒子，广泛应用于制备胶体晶体材料[68]。软粒子在干燥过程中容易发生聚并影响规整结构的生成，因此研究最为广泛的胶体晶体主要采用聚苯乙烯等硬质胶体颗粒自组装制备得到。胶体晶体本质上是这些硬质颗粒的有序密堆积，颗粒相互接触面积小、相互作用力弱，颗粒间充斥着大量纳米"气孔"等材料缺陷，因而胶体晶体材料力学性能较低，限制了其在涂料中的应用[69]。

胶体晶体材料最为普遍的制备方式为单分散微球乳液的垂直沉积法，制备方式耗时耗力，且不适合用于涂料领域[70,71]。由于用来组装胶体晶体的胶乳粒子刚性强，其自组装过程以及最终胶体晶体材料的结构容易受到基材粗糙度、洁净度的影响，进一步限制胶体晶体材料在涂料中使用。通过对高分子微球的设计，通过旋涂、喷涂、打印等方式可实现胶体晶体材料的大面积制备，实现给基材赋色。一个重要进展是 Song 等人制备了外壳为亲水性的聚（丙烯酸 -co- 甲基丙烯酸甲酯）材料、内核为疏水性的聚苯乙烯核 - 壳型纳米粒子。亲水性外壳中含有大量羧基，羧基之间存在强烈的氢键作用，能够提供额外的驱动力使之在短时间内即可完成自组装[72]。大量羧基的存在还能够有效避免该纳米粒子在干燥成膜过程中互相黏结，有利于规整结构的形成。聚（丙烯酸 -co- 甲基丙烯酸甲酯）外壳之间存在黏附作用，可以显著增加胶乳粒子之间的连接，使得最终胶体晶体材料呈现优良的力学性能。纳米压痕测试显示该胶体晶体材料的模量为 14.57GPa、硬度为 0.14GPa，相较于传统的聚苯乙烯胶体晶体材料（模量 2.15GPa、硬度 0.033GPa）均有了数倍的提升。也可采用硬壳软核纳米粒子来改善胶体晶体材料的力学性能。利用苯乙烯、丙烯酸丁酯、丙烯酸（ST∶BA∶AA=1∶1∶0.1）制备得到了一系列无规共聚物"柔性"胶乳粒子，将其与二氧化硅纳米粒子共混后共同自组装形成胶体晶体材料[73]。由于二氧化硅纳米粒子表面的硅羟基与高分子粒子表面的羧基存在氢键作用，使得"柔性"高分子胶乳粒子周围存在大量二氧化硅粒子，这样特殊的结构使得该胶体晶体材料能够承受剪切、弯曲等操作。

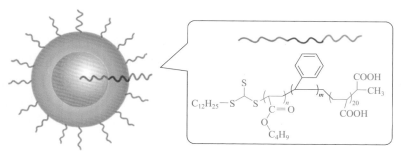

图11-14　用于制备响应性胶体晶涂料的高分子微球结构设计[74]

通过 RAFT 乳液聚合制备得到的嵌段共聚物为无皂胶乳状态，这类无皂胶乳粒子结构、粒径、组成及分子量可调，能够高效、可控制备单分散嵌段共聚物纳米核 - 壳粒子，因而可从分子层面上设计与可控制备单分散的具有冕 - 硬壳 - 软核三层结构的柔性高分子胶乳粒子，以其为结构单元，可构建出具有致密结构的高性能结构生色涂层。RAFT 乳液聚合利用大分子 RAFT 试剂同时作为表面活性剂与链转移剂[74]，本质上是一种界面聚合，高分子链将从胶乳粒子内部由内往外扩张，因此只需通过顺序添加两种单体，即可制备得到单分散的核 - 壳纳米粒子。反应结束后通过后补加一定量的大分子 RAFT 试剂，由于其双亲性，大分子 RAFT 试剂会物理吸附在核 - 壳粒子表面。此时若添加少量单体进行聚合，后补加的大分子 RAFT 试剂则会加入聚合反应从而固定在核 - 壳粒子表面，形成一层富含羧基的"冕层"，由此纳米核 - 壳粒子转变成冕 - 硬壳 - 软核三层结构纳米粒子（如图 11-14 所示）。冕 - 硬壳 - 软核三层结构纳米粒子中，"冕层"由富含羧基的聚丙烯酸构成，羧基官能团的引入带来了优异的多重响应性能。内部为硬壳软核纳米粒子，外壳为玻璃化转变温度较高的聚苯乙烯刚性嵌段，能够有效保护干燥成膜过程中胶乳粒子的聚并黏结，有利于胶体晶体规整结构的形成；而内核则采用玻璃化转变温度较低的聚丙烯酸丁酯柔性嵌段，用于调控粒子的整体模量，有助于形成不开裂、致密、力学性能优良的胶体晶体涂层。冕层的羧基在吸附亲水性物质后，胶体晶体展现出鲜艳的颜色，如图 11-15 所示。

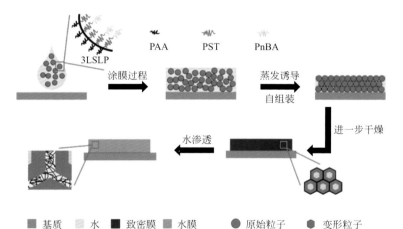

■ 基质　░ 水　■ 致密膜　▨ 水膜　● 原始粒子　● 变形粒子

图11-15　胶体晶体涂料的制备过程示意图[74]，3LSLP, PAA, PST, PnBA分别代指：三层结构纳米粒子，聚羧酸，聚苯乙烯，聚丙烯酸正丁酯

无皂胶乳粒子的结构、粒径、组成可方便地调整，当高分子微球的粒径从 169nm 逐渐提高到 265nm 时，胶体晶体涂层颜色从蓝逐渐变至红（如图 11-16）。

由于羧基冕层的存在，涂层具有 pH 值响应性，pH 值升高时，颜色红移（图 11-17）。该胶体晶体对亲水性物质也具有响应性，涂层浸泡离子液体后，形成永久的颜色；加少量水可以显色，水挥发后则变回原来的底色；如果希望延长显色时间，可以用挥发性更低的乙二醇替代水。当用不同挥发性的显色剂构建图案时，生成的图案会随时间而演变，表现出有趣的时空响应性。（图 11-17）

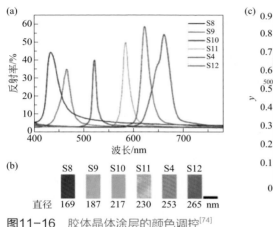

图11-16 胶体晶体涂层的颜色调控[74]

胶体晶体的pH值响应性

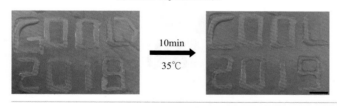

图11-17
胶体晶体涂层的时空响应性[74]

四、可重分散高分子微球

高分子胶乳固含量通常为 40% ～ 55%，大量的水增加了运输和储存成本。为降低这些成本，研究者们尝试开发可重分散高分子微球技术。在生产端，这些微球可以凝聚成粉末或浆料来储运。在应用端，这些粉末或浆料可重分散成高分子胶乳。凝聚后高分子微球通常难以重分散，通过响应性功能微球的设计，制得了可重分散高分子微球。Cunningham 等率先报道用含脒基的引发剂进行无皂乳液聚合制得固含量为 7%、可重分散的聚苯乙烯胶乳。脒基与 CO_2 反应形成亲水性基团 [75]，因此该高分子微球在通入 CO_2 后，可稳定分散在水中；通入空气将 CO_2 驱走，微球即聚并沉淀。为提高乳液聚合产品的固含量，Wang 等以环脒基共单体进行了苯乙烯的无皂乳液聚合，所得胶乳可用微量苛性碱凝聚、通入 CO_2 分散。除脒基外，含氨基单体也可用于构建无皂可重分散高分子微球 [76]。低玻璃化转变温度的软高分子微球较难以实现可重分散性 [77]。通过硬壳/软核的策略可改善软高分子微球的重分散性。利用含羧基的双亲性大分子 RAFT 乳液聚合采取次序添加单体的方式可制备得到聚苯乙烯 -b- 聚丙烯酸正丁酯两嵌段共聚物胶乳粒子。制备得到的两嵌段共聚物应呈现明显的核 - 壳结构，外壳为第一嵌段聚苯乙烯嵌段，内核为第二嵌段聚丙烯酸正丁酯嵌段。由于表面羧基的存在，该高分子微球可加酸破乳凝聚，加碱实现重新分散 [78]。

第九节
活性界面聚合与纳米中空微球

　　基于活性自由基聚合的特点，研究者们构建了一种可控制备纳米高分子微囊的新方法——活性界面聚合法。RAFT 细乳液界面聚合法率先被用于制备可控结构的纳米高分子微囊 [79, 80]。其核心思想是应用双亲性的大分子 RAFT 试剂作为制备细乳液的乳化剂。油相由芯层材料和壳层单体组成，在细乳化过程中，大分子 RAFT 自组装在单体液滴的界面上，制得细乳液。在聚合过程中，由于大分子 RAFT 试剂具有较高的链转移常数，可将自由基捕获并限定在油水界面上，使得聚合反应一直被限定在界面上持续进行，"就地"生成高分子壳层，核芯材料则留在芯层，最后制备得到核 - 壳结构规整的纳米高分子微囊，其聚合反应机理如图 11-18 所示。从整个过程来看，高分子壳层是从粒子界面处由外而内逐渐增长而成 [79]，可以方便地制得壳层厚度均一和核 - 壳结构完整的高分子微囊，解决了传统乳液聚合制备核 - 壳结构中由于动力学限制而带来的诸多难题。随后，活性界面细乳液聚合被进一步拓展到原子转移自由基聚合（ATRP）细乳液界面聚合 [81]、氮氧自由基聚合（NMP）细乳液界面聚合、RAFT 反相细乳液界面聚合中[82, 83]。

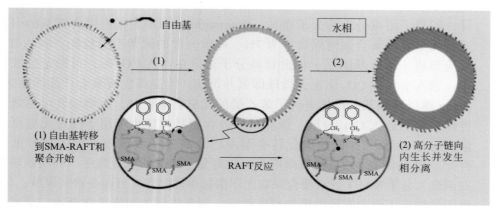

图11-18 RAFT细乳液界面高分子法制备纳米微囊的机理图[79]

亚微米高分子中空粒子已广泛应用于涂料领域，但壳层太薄、力学强度弱[84]，高孔容、小粒径的纳米高分子中空粒子难以制备，通过RAFT细乳液界面交联聚合可制得高交联度、不塌陷的高孔容纳米高分子中空粒子，这些粒子可用于超绝热涂层[85]或防反射涂层。

防反射涂层（Anti-reflection Coating）广泛应用于太阳能电池、液晶显示器、数码相机镜头[86-88]，其可在一定的波长范围内，减少或消除光在界面处的反射，以增强光的透过率。根据光的干涉原理和Fresnel方程，理想的防反射涂层必须满足以下两个条件[89,90]：①涂层的光学厚度，即涂层的厚度和折射率的乘积为干涉波长的四分之一；②涂层的折射率（n_1）的平方需等于基材折射率（n_2）与空气折射率（n_0）的乘积，即$n_0 n_2 = n_1^2$。通常n_0为1，而常用的石英、玻璃和一些透明性高分子基材的折射率在1.45 ～ 1.53左右，故n_1要求在1.21 ～ 1.24左右。由于现有纯物质折射率最低值为1.38，防反射涂层必须为纳米多孔膜，以满足透明且折射率低的要求。

图11-19为通过旋涂法可控制备多孔纳米防反射薄膜的原理示意图。通过RAFT界面聚合制备一定粒径和一定核-壳比的微囊分散液。控制分散液浓度，通过旋涂工艺可制得单层微囊涂层，随后通过加热挥发去除核芯，制得纳米多孔涂层。通过改变纳米高分子中空微球粒径、分散液浓度和纳米高分子中空微囊的空腔体积分数即可精确调控防反射薄膜的厚度和折射率，实验所制备的防反射薄膜的厚度和折射率可分别在74 ～ 127nm和1.153 ～ 1.264范围内自由调节，从而满足不同基材对防反射薄膜的要求。经双面涂覆防反射涂层，可将玻璃的透过率提高近7%[91]（图11-20）。

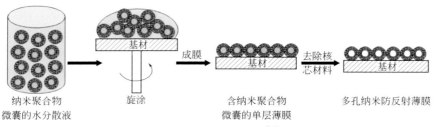

纳米聚合物
微囊的水分散液 | 旋涂 | 含纳米聚合物
微囊的单层薄膜 | 多孔纳米防反射薄膜

图11-19 制备多孔纳米防反射薄膜的原理示意图[91]

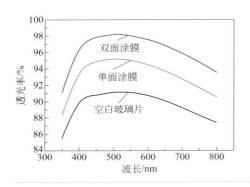

图11-20
玻璃单面和双面涂有防反射薄膜
后的透光率曲线[91]。

粒径100nm，空腔体积分数0.34，薄膜
厚度和折射率分别为96nm和1.232

第十节
总结和展望

　　涂料工业技术的发展一直以来主要受日益严格的国家环境法规和成本压力的推动，近年来功能与智能涂层技术开始受到重视。由均质高分子胶乳粒子组成高分子胶乳已广泛地应用于环保型水性涂料。随着社会对可持续绿色发展的重视，通过对涂料各组分的全生命周期的碳足迹分析，发展新的功能高分子复合粒子技术，从而开发低VOC水性涂料、高性能水性涂料以彻底取代油性涂料，降低碳排放的需求日益迫切。

　　涂料是个多相、多组分体系，结构化、复合化微球的设计与可控制备技术为涂料的绿色化、环保化、高性能化和功能化提供了巨大的发展空间。这类技术可总结为四类：首先，高分子中空微囊作为白色颜料已被用于部分取代纳米TiO_2，后者是建筑涂料的重要组成部分，其生产过程能耗高、污染大；其次，通过半连续种子乳液聚合技术可制备出由高、低玻璃化转变温度高分子组成的"结构化"的胶乳粒子，相比于均质化的胶乳粒子，其涂层力学性能更好，可用于低 VOC 含量水性涂料的制备；然后，粒子组装技术、高分子微囊技术可以很好地控制涂层中颜料的分散性从而降低 TiO$_2$ 的使用量，提高涂层的致密性，从而降低涂料的污染并提高涂层的力学性能和防腐性能；最后，基于复合微球技术已发展出空气净化、自清洁、自愈合、防反射、响应性变色等新型的功能、智能涂层材料，这些概念性的涂层材料应用尚需进一步考虑工业放大、涂层耐久性、施工简便性等方面的要求。

RAFT 乳液聚合技术发展与进步具有革新性的意义，该技术可制备出传统乳液聚合无法制备的嵌段共聚物胶乳，通过嵌段共聚物独特的微相分离结构的设计，可以精准地合成结构化胶乳粒子，解决膜性与力学性能之间的内在矛盾，有望在高性能、低 VOC 水性涂料，高性能弹性涂料中获得应用。此外，通过活性界面聚合，可以更方便和精准地调控功能高分子粒子的界面与粒子内部多层次结构，从而实现功能性高分子粒子、高分子微囊、颜料／高分子杂化微球、可重分散微球的高性能化。

当前，学术界和工业界的研究存在脱节问题。工业界正受到绿色可持续发展的社会压力和低成本竞争压力，难以开展革新性技术研发。学术界在活性乳液聚合技术，纳米粒子、加尼斯粒子、功能与智能高分子粒子合成技术，复合粒子组装技术等领域获得了诸多重要成果。学术界和工业界应该更紧密地合作，将学术界在功能性高分子粒子可控合成技术方面的科研成果应用于环保、功能涂料领域，开展其工业化及其应用技术研究，从而推动涂料工业的绿色发展。

参考文献

[1] 孙莲英 . 2018, 迎面而来 ![J]. 中国涂料 , 2018, 033(001): 1.

[2] Jiang S, Fasano D, Adamson L, et al. Measuring and controlling wet hiding of architectural coatings[C] //Coating Trends and Technologies, 2015.

[3] Jiang S, Dyk A V, Maurice A, et al. Design colloidal particle morphology and self-assembly for coating applications[J]. Chemical Society Reviews, 2017, 46(12):3792-3807.

[4] Urban D, Takamura K. Polymer dispersions and their industrial applications[M].Weinheim Wiley-VCH Verlag GmbH & Co. KgaA (Electonic), 2003.

[5] Feng J, Winnik M A, Shivers R R, et al. Polymer blend latex films: Morphology and transparency[J]. Macromolecules, 1995, 28(23):7671-7682.

[6] Lepizzera S, Lhommeau C, Dilger G, et al. Film-forming ability and mechanical properties of coalesced latex blends[J]. Journal of Polymer Science-Part B：Polymer Physics,1997, 35(13):2093-2101.

[7] Tang J, Dimonie V L, Daniels E S, et al. Study of the drying behavior of model latex blends during film formation: Influence of carboxyl groups[J]. Macromolecular Symposia, 2000, 155(1):139-162.

[8] Geurts J, Bouman J, Overbeek A. New waterborne acrylic binders for zero VOC paints[J]. Journal of Coatings Technology & Research, 2008, 5(1):57-63.

[9] Schuler B, Baumstark R, Kirsch S, et al. Structure and properties of multiphase particles and their impact on the performance of architectural coatings[J]. Progress in Organic Coatings, 2000, 40(1-4):139-150.

[10] Park J M. Core-shell polymerization with hydrophilic polymer cores[J]. Macromolecular Research, 2001, 9(1): 51-65.

[11] Fabrice Domingues Dos Santos, Ludwik Leibler. Large deformation of films from soft-core/hard-shell hydrophobic lattices[J]. Journal of Polymer Science-Part B: Polymer Physics, 2003,41:224-234.

[12] Zhao C L , Roser J, Heckmann W, et al. Structured latex particles with improved mechanical properties[J]. Progress in Organic Coatings, 1999,35:265-275.

[13] Kowalski A, Wilczynski J, Blankenship R M, et al. Multilobals[P]: US, 4791151. 1988-12-13.

[14] Fitzwater S, Hook J W. Dependent scattering theory: A new approach to predicting scattering in paints[C]// Journal of Coatings Technology. 492 Norristown Road, Blue Bell:Federation Soc Coating Tech, 1984,: 54.

[15] Fitzwater S, Hook J W. Dependent scattering theory: A new approach to predicting scattering in paints[J]. Journal of Coatings Technology, 1985, 57(721): 39-47.

[16] Braun J H, Baidins A, Marganski R E. TiO$_2$ pigment technology: A review[J]. Progress in Organic Coatings, 1992, 20(2):105-138.

[17] Fasano D M. Use of small polymeric microvoids in formulating high PVC paints[J]. Journal of Coatings Technology, 1987, 59(752): 109-116.

[18] Wichaita W, Polpanich D, Tangboriboonrat P. Review on synthesis of colloidal hollow particles and their applications[J]. Industrial & Engineering Chemistry Research, 2019, 58(46): 20880-20901.

[19] Mcdonald C J, Devon M J. Hollow latex particles: Synthesis and applications[J]. Advances in Colloid & Interface Science, 2002, 99(3):181-213.

[20] Stieg Jr F B. The effect of extenders on the hiding power of titanium pigments[J]. Official Digest, 1959, 31(408): 52-64.

[21] Kowalski A, Vogel M, Blankenship R M. Sequential heteropolymer dispersion and a particulate material obtainable therefrom, useful in coating compositions as a thickening and/or opacifying agent[P]: US,4427836. 1984-1-24.

[22] BASF Corporation. AQACell HIDE 6299 na Opaque polymer for architectural coatings, 2019(2019-7-3)[EB/OL].http://www.highperformancecommunity.com/files/pdf/BASF_Arch%20Coatings_AQACell6299na_Information%20Guide.pdf.

[23] Lee D I, Mulders M R, Nicholson D J, et al. Process of making hollow polymer latex particles[P]: US,5157084. 1992-10-20.

[24] Kelly J P, Pollock M J, Dunnill H L, et al. Paper coating compositions, coated papers, and methods[P]: US, 12131570. 2008-12-18.

[25] Lv H, Lin Q, Zhang K, et al. Facile fabrication of monodisperse polymer hollow spheres[J]. Langmuir, 2008, 24(23): 13736-13741.

[26] Itou N, Masukawa T, Ozaki I, et al. Cross-linked hollow polymer particles by emulsion polymerization[J].

Colloids and Surfaces A: Physicochemical and Engineering Aspects, 1999, 153(1-3): 311-316.

[27] Sudjaipraparat N, Kaewsaneha C, Nuasaen S, et al. One-pot synthesis of non-spherical hollow latex polymeric particles via seeded emulsion polymerization[J].Polymer, 2017,121:165-172.

[28] Walther A, Muller A H E. Janus particles: Synthesis, self-assembly, physical properties, and applications[J]. Chemical Reviews, 2013, 113(7): 5194-5261.

[29] Tu F, Lee D. Shape-changing and amphiphilicity-reversing Janus particles with pH-responsive surfactant properties[J].Journal of the American Chemical Society,2014, 136(28):9999-10006.

[30] Bohling J C, Brownell A S, Sathiosatham M. Stable aqueous dispersion of particle polymers containing structural units of 2-(methacryloyloxy）ethyl phosphonic acid and composites thereof[P]: US, 9464204. 2016-10-11.

[31] Brown W T, Bardman J K. Polymer particles having select pendant groups and composition prepared therefrom[P]: US, 7179531. 2007-2-20.

[32] n-Tech Research.Smart Coatings Markets 2015–2022, 2015[Z].

[33] Lafuma A, Quéré D. Superhydrophobic states[J]. Nature Materials, 2003, 2(7): 457-460.

[34] Wang S, Jiang L. Definition of superhydrophobic states[J].Advanced Materials,2007, 19(21):3423-3424.

[35] Brown P S, Bhushan B. Mechanically durable, superoleophobic coatings prepared by layer-by-layer technique for anti-smudge and oil-water separation[J]. Rep, 2015, 5:8701.

[36] Ye C, Wen X, Lan J, et al. Surface modification of light hollow polymer microspheres and its application in external wall thermal insulation coatings[J]. Pigment & Resin Technology, 2016,45：45-51.

[37] Nuasaen S, Opaprakasit P, Tangboriboonrat P. Hollow latex particles functionalized with chitosan for the removal of formaldehyde from indoor air[J]. Carbohydrate Polymers, 2014, 101: 179-187.

[38] Diesendruck C E, Sottos N R, Moore J S, et al. Biomimetic self-healing[J]. Angewandte Chemie International Edition, 2015, 54(36): 10428-10447.

[39] Cong Y, Chen K, Zhou S, et al. Synthesis of pH and UV dual-responsive microcapsules with high loading capacity and their application in self-healing hydrophobic coatings[J]. Journal of Materials Chemistry A, 2015, 3(37): 19093-19099.

[40] 潘祖仁 . 高分子化学 [M].5 版 . 北京：化学工业出版社，2014: 119.

[41] Ma J, Liu Y, Bao Y, et al. Research advances in polymer emulsion based on "core–shell" structure particle design[J]. Advances in Colloid and Interface Science, 2013, 197: 118-131.

[42] Chiefari J, Chong Y K, Ercole F, et al. Living free-radical polymerization by reversible addition− fragmentation chain transfer: the RAFT process[J]. Macromolecules, 1998, 31(16): 5559-5562.

[43] Matyjaszewski K, Xia J. Atom transfer radical polymerization[J]. Chemical Reviews, 2001, 101(9):2921.

[44] Kamigaito M, Ando T, Sawamoto M. Metal-catalyzed living radical polymerization[J]. Chemical Reviews, 2001, 101(12): 3689.

[45] Hawker C J, Bosman A W, Harth E. New polymer synthesis by nitroxide mediated living radical polymerizations[J]. Chemical Reviews, 2001, 101(12):3661.

[46] Zetterlund P B, Kagawa Y, Okubo M. Controlled/living radical polymerization in dispersed systems[J]. Chemical Reviews, 2008, 108(9):3747.

[47] Uzulina I, Kanagasabapathy S, Claverie J. Reversible addition fragmentation transfer (RAFT）polymerization in emulsion[J]. Macromolecular Symposia, 2000, 150(1):33.

[48] Charmot D, Corpart P, Adam H, et al. Controlled radical polymerization in dispersed media[J]. Macromolecular Symposia, 2015, 150(1):23.

[49] Monteiro M J, SjBerg M, Vlist J V D, et al. Synthesis of butyl acrylate-styrene block copolymers in emulsion by reversible addition-fragmentation chain transfer: Effect of surfactant migration upon film formation[J].Journal of Polymer Science-Part A: Polymer Chemistry, 2000, 38(23):4206.

[50] Michael J, Monteiro Jean, de Barbeyrac. Free-radical polymerization of styrene in emulsion using a reversible addition−fragmentation chain transfer agent with a low transfer constant:Effect on rate, particle size, and molecular weight[J]. Macromolecules, 2001, 34: 4416.

[51] Monteiro M J, Adamy M M, Leeuwen B J, et al. A "living" radical ab initio emulsion polymerization of styrene using a fluorinated xanthate agent[J]. Macromolecules, 2005, 38(5):1538.

[52] 项青 , 罗英武 . RAFT 乳液聚合 [J]. 化学进展，2018,30(1)：101-111.

[53] Bates F S, Hillmyer M A, Lodge T P, et al. Multiblock polymers: Panacea or Pandora's box[J]. Science, 2012, 336(6080):434-440.

[54] Ruzette, Anne-Valérie, Leibler L. Block copolymers in tomorrow's plastics[J].Nature Materials, 2005, 4(1):19.

[55] 梅云肖 . RAFT 乳液聚合制备聚苯乙烯 -b- 聚异戊二烯 -b- 聚苯乙烯 [D]. 杭州：浙江大学，2013.

[56] Luo Y W,Wang X G,Zhu Y, et al. Polystyrene-block-poly(n-butyl acrylate)-block-polystyrene triblock copolymer thermoplastic elastomer synthesized via RAFT emulsion polymerization[J]. Macromolecules, 2010, 43 (18): 7472.

[57] Mao J, Li T F, Luo Y W. Significantly improved electromechanical performance of dielectric elastomers via alkyl side-chain engineering[J]. Journal of Materials Chemistry C, 2017, 5(27): 6834-6841.

[58] Huang J, Zhao S M, Gao X, et al. Ab initio RAFT emulsion copolymerization of styrene and acrylonitrile[J]. Industrial & Engineering Chemistry Research 2014, 53 (18):7688.

[59] 罗英武 . 复杂高分子链结构的可控制备与新材料 [J]. 化工学报 , 2013, 64(002):415-426.

[60] Sun X Y, Luo Y W, Wang R, et al. Semibatch RAFT polymerization for producing ST/BA copolymers with controlled gradient composition profiles[J], AIChE J, 2008, 54 (4): 1073.

[61] Guo Y L, Zhang J H, Xie P L, et al. Tailor-made compositional gradient copolymer by a many-shot RAFT emulsion polymerization method[J]. Polymer Chemistry, 2014,5(10): 3363.

[62] Guo Y L，Gao X, Luo Y W. Mechanical properties of gradient copolymers of styrene and n-butyl acrylate[J]. Journal of Polymer Science-Part B: Polymer Physics, 2015, 53(12): 860.

[63] 王振东 , 张志祥 . 印染废水的污染与控制 [J]. 环境科学与技术 , 2001(01):19-23.

[64] Kinoshita S, Yoshioka S, Miyazaki J. Physics of structural colors[J]. Reports on Progress in Physics, 2008, 71(7):175-180.

[65] Vukusic P, Sambles J R, Wootton C R L J. Quantified interference and diffraction in single morpho butterfly scales[J]. Proceedings: Biological Sciences, 1999, 266(1427):1403-1411.

[66] Russell P. Photonic crystal fibers[J]. Science, 2003, 299(5605):358-362.

[67] Knight J C. Photonic crystal fibres [J]. Nature, 2003, 424(6950):847-851.

[68] Zhang Y Z, Wang J X, Huang Y, et al. Fabrication of functional colloidal photonic crystals based on well-designed latex particles[J].Journal of Materials Chemistry,2011,21(37): 14113-14126.

[69] Wong S, Kitaev V, Ozin G A. Colloidal crystal films: Advances in universality and perfection[J]. Journal of the American Chemical Society, 2003,125(50):15589-15598.

[70] Jiang P, Bertone J F, Hwang K S, et al. Single-crystal colloidal multilayers of controlled thickness[J]. Chemistry of Materials, 1999, 11(8):2132-2140.

[71] Vlasov Y A, Bo X Z, Sturm J C, et al. On-chip natural assembly of silicon photonic bandgap crystals[J]. Nature, 2001, 414(6861):289-293.

[72] Wang J, Wen Y, Ge H, et al. Simple fabrication of full color colloidal crystal films with tough mechanical strength[J]. Macromolecular Chemistry & Physics, 2010, 207(6):596-604.

[73] You B, Wen N, Shi L, et al. Facile fabrication of a three-dimensional colloidal crystal film with large-area and robust mechanical properties[J]. Journal of Materials Chemistry, 2009, 19(22):3594-3597.

[74] 项青. 基于 RAFT 乳液聚合设计并制备结构生色材料 [D]. 杭州：浙江大学 , 2019.

[75] Su X, Jessop P G, Cunningham M F. Surfactant-free polymerization forming switchable latexes that can be aggregated and redispersed by CO_2 removal and then readdition[J]. Macromolecules, 2012, 45(2): 666-670.

[76] Zhang Q, Wang W J, Lu Y, et al. Reversibly coagulatable and redispersible polystyrene latex prepared by emulsion polymerization of styrene containing switchable amidine[J]. Macromolecules, 2011, 44(16):6539-6545.

[77] Zhang Q, Yu G, Wang, W J, et al. Switchable block copolymer surfactants for preparation of reversibly coagulatable and redispersible poly(methyl methacrylate）latexes[J]. Macromolecules, 2013, 46(4):1261-1267.

[78] Wang F Z,Luo Y W,Li B G, et al. Synthesis and redispersibility of poly(styrene-block-*n*-butyl acrylate）core–shell latexes by emulsion polymerization with RAFT agent–surfactant design[j]. Macromolecules, 2015, 48,（5）: 1313-1319.

[79] Luo Y W, Gu H Y. A General strategy for nano-encapsulation via interfacially confined living/controlled radical miniemulsion polymerization[J].Macromolecular Rapid Communications, 2010, 27(1):21-25.

[80] Luo Y W, Gu H Y. Nanoencapsulation via interfacially confined reversible addition fragmentation transfer (RAFT）miniemulsion polymerization[J].Polymer,2007,48(11):3262-3272.

[81] Stoffelbach F, Belardi B, Santos J M R C A, et al. Use of an amphiphilic block copolymer as a stabilizer and a macroinitiator in miniemulsion polymerization under AGET ATRP conditions[J]. Macromolecules, 2007, 40(25):8813-8816.

[82] Lu F J, Luo Y W, Li B G, et al. Synthesis of thermo-sensitive nanocapsules via inverse miniemulsion polymerization using a PEO−RAFT agent[J]. Macromolecules, 2010, 43(1): 568-571.

[83] Utama R H, Stenzel M H, Zetterlund P B. Inverse miniemulsion periphery RAFT polymerization: A convenient route to hollow polymeric nanoparticles with an aqueous core[J]. Macromolecules, 2013, 46(6): 2118-2127.

[84] Bohme T R, de Pablo J J. Evidence for size-dependent mechanical properties from simulations of nanoscopic polymeric structures[J].Journal of Chemical Physics,2002,116(22): 9939-9951.

[85] Luo Y W, Ye C H. Using nanocapsules as building blocks to fabricate organic polymer nanofoam with ultra low thermal conductivity and high mechanical strength[J]. Polymer, 2012, 53(25): 5699-5705.

[86] Walsh G. Automobile windscreen rake, spectacle lenses, and effective transmittance[J]. Optometry and Vision Science, 2009, 86(12): 1376-1379.

[87] Chunder A, Etcheverry K, Wadsworth S, et al. Fabrication of anti-reflection coatings on plastics using the spraying layer-by-layer self-assembly technique[J]. Journal of the Society for Information Display, 2009, 17(4): 389-395.

[88] Chen D G. Anti-reflection (AR）coatings made by sol-gel processes: A review[J]. Solar Energy Materials and Solar Cells, 2001, 68(3-4):313-336.

[89] Walheim S. Nanophase-separated polymer films as high-performance antireflection coatings[J]. Science, 1999, 283(5401):520-522.

[90] Du Y, Luna L E, Tan W S, et al. Hollow silica nanoparticles in UV-visible antireflection coatings for poly(methyl methacrylate）substrates[J]. ACS Nano, 2010, 4(7): 4308-4316.

[91] Sun Z J, Luo Y W. Fabrication of non-collapsed hollow polymeric nanoparticles with shell thickness in the order of ten nanometres and anti-reflection coatings[J]. Soft Matter, 2011, 7(3): 871-875.

索引